普通高等院校地理信息科学系列教材

地理信息科学导论

崔铁军　编著

天津市品牌专业经费资助

科学出版社

北　京

内 容 简 介

　　地理信息科学是集地理、信息、测绘和遥感等科学于一体的交叉学科，在应用过程中形成了理论、技术、系统、工程、应用和服务等方面的知识体系。全书首先介绍了地理信息科学的形成、体系、发展趋势及与其他学科的关系；其次研讨了地理认知与传播、地理信息表达和地理信息基本特征等理论问题；然后详细论述了地理信息获取处理、地理空间数据管理、地理信息可视化和地理空间分析的技术体系；最后介绍了地理信息系统、地理信息工程、地理信息系统应用和地理信息服务等。

　　本书条理清晰、叙述严谨、实例丰富，既适合作为地理信息科学专业或相关专业本科生、研究生教材，也可供信息化建设、信息系统开发等有关科研、企事业单位的科技工作者阅读参考。

图书在版编目(CIP)数据

地理信息科学导论 / 崔铁军编著. —北京：科学出版社，2018.9
普通高等院校地理信息科学系列教材
ISBN 978-7-03-058870-8

Ⅰ.①地…　Ⅱ.①崔…　Ⅲ.①地理信息学-高等学校-教材　Ⅳ.①P208

中国版本图书馆 CIP 数据核字(2018)第 212818 号

责任编辑：杨　红　程雷星/责任校对：樊雅琼　王晓茜
责任印制：吴兆东/封面设计：陈　敬

科学出版社 出版
北京东黄城根北街 16 号
邮政编码：100717
http://www.sciencep.com

北京中石油彩色印刷有限责任公司 印刷
科学出版社发行　各地新华书店经销
*
2018 年 9 月第 一 版　开本：787×1092 1/16
2021 年 6 月第三次印刷　印张：26 1/2
字数：628 000
定价：**79.00** 元
（如有印装质量问题，我社负责调换）

前　言

　　1997 年中华人民共和国教育部（简称教育部）在高等教育专业目录中增设了地理信息系统本科专业，地理信息系统从研讨课、一门课程发展成为一个学科、一个专业。地理信息系统以应用为目的，以技术为引导，在为社会各行各业服务中逐步从地理学、测绘学和信息学中自然形成一门边缘学科——地理信息科学。2012 年教育部将地理信息系统专业更名为地理信息科学专业。地理信息系统转变为地理信息科学，发生了质的变化。

　　随着地理信息系统应用的深入，人们开始越来越关注时空分布的地球表层（地理现象、社会发展及其外层空间整个环境）及其动态变化的过程在计算机中的表达（如地理空间理解、地图结构表达和空间语言理解）的合理性、地理建模分析（如地理对象建模、空间尺度分析和空间决策过程）的科学性，以及地理信息系统技术（如人机交互界面、地理数据共享和地理信息系统互操作）的智能性等理论问题。

　　地理信息系统运用各种测绘技术和工具获取有关客观世界的地理空间数据，构建了现实世界的抽象化数字模型，以数据库技术存储和管理地理空间数据，以可视化为地理信息表达的主要手段，以定量分析描述地理现象的空间分布和相互关系，运用不同地理应用模型模拟和预测地理过程，以计算机编程为平台逐步完善了地理信息的获取、处理、存储、管理、提取、可视化和分析等技术体系。

　　在地理信息技术基础上，人们从信息系统和计算机视角重构了地理信息系统，地理信息系统侧重于计算机技术在地理信息系统构建中的作用。它是在计算机软、硬件系统支持下，对整个或部分地表空间中的有关地理分布数据进行采集、储存、管理、运算、分析、显示和描述的信息系统。

　　地理信息系统建设是一项艰巨而复杂的工程任务。应用工程化的方法，逐步完善形成了需求分析、系统设计、实施管理、质量评估和标准体系等地理信息工程技术体系。

　　地理信息系统应用与服务是地理信息科学产生与发展的驱动力。地理信息系统为人类社会的持续发展提供了信息技术手段。它被广泛应用于国民经济的许多部门，如城市规划、资源环境管理、生态环境监测与保护、灾害监测防治等，成为信息产业的重要支柱。

　　地理信息科学内容涵盖了基础理论、技术体系、软件系统、工程质量标准和应用服务五个领域。地理信息系统已经涵盖不了地理信息科学的知识体系，而成为地理信息科学的重要组成部分。

　　面对地理信息产业中地理空间数据获取与生产处理、地理信息系统开发与建设、地理信息系统应用与服务等方面的专业人才需求，天津师范大学对地理信息科学专业的课程体系进行了改革，重新梳理了地理信息科学专业的课程体系，开设了"地理信息科学概论"课程。虽然近几年有关学者出版了很多地理信息科学专著，但对地理信息科学专业的"地理信息科学概论"教学来讲，已出版的专著内容不够全面，在教学过程中没有适合学生使用的教材。为此，作者在出版地理信息科学系列教材的基础上，编写了《地理信息科学导论》这本书。由于作者学识浅薄，地理信息科学发展日新月异，书中欠妥之处，请各位同仁批评指正。

　　在本书撰写过程中，宋宜权副教授认真校对并提出许多宝贵意见，在读研究生协助完成了插图绘图和初稿校对等工作。对此，作者向他们表示衷心的感谢。还需要说明的是，本书在编著过程中参考了大量国内外有关论著的理论和技术成果，书中仅列出了部分参考文献，未公开出版的文献没有列在书后参考文献中，部分资料可能来自于某些网站，但未能够注明其出处，在此向被引用资料的作者表示感谢。

　　值此成书之际，感谢天津师范大学地理与环境科学学院领导和老师的支持；感谢历届博士生、硕士生在地理信息科学研究方面所做出的不懈努力。本书的撰写得到科学出版社杨红编辑的热情指导和帮助，在此表示衷心的感谢。

作　者

2018 年 6 月 1 日于天津

目　　录

第1章 绪 论

地理（geography）是关于人地关系的学问，是研究地球表层自然和人文现象的时空变化规律的科学。在当今信息时代，为了更好地解决地理问题，地理学"如饥似渴"地吸收信息科学（information science）的精华，用数据表示地理现象，用计算机模拟和推演地理规律，辅佐人们分析地理问题和进行科学决策。在地理科学与信息科学交叉融合过程中产生了一门从信息流的角度研究地球表层自然要素与人文要素相互作用及其时空变化规律的科学——地理信息科学（geographic information science，GIScience）。它是以地理学理论为基础，以测绘技术为数据获取工具，以计算机数据库存储管理为核心，以图形可视化为信息传播手段，以数学建模分析计算应用为目的，以地理现象的位置和形态特征为操作对象，通过地理现象的感知测量、获取处理、存储管理、量算、可视化分析、插值统计、建模推理、模拟和预测等方法求解地理问题，在实践应用过程中形成了独有的理论、方法和技术体系。

1.1 地理信息科学的形成

地理信息科学是以应用为目的，以技术为引导，在为社会各行各业服务中逐步从地理科学、测绘科学、遥感科学和信息科学中交叉形成的一门边缘学科。它的形成与发展经历了计算机辅助地图制图和地理信息系统（geographic information system，GIS 或 GISystem）两种不同的发展思路。GIS 与多种信息技术集成构建了地理信息服务（geographic information service，GIService）。随着地理信息应用与服务的广度和深度逐渐加深，人们开始探索地理信息理论问题，从 GISystem 到 GIService 再到 GIScience。

1.1.1 地图制图催生了数字地图制图

20 世纪 50 年代，计算机控制的行式打印机开始能够输出图形。人们把行式打印机输出图形引入地图制图，产生了计算机辅助地图制图技术，其主要特征为将连续的以模拟方式存在于纸质地图的物体离散化，以便计算机能够识别、存储和处理。1964 年，英国牛津自动制图系统问世。1967 年，美国 H.T.费希尔领导的实验室研制出组合统计制图软件包。1970 年，美国人口统计局设计出具有拓扑编辑功能的双重独立地图编码（dual independent map encoding，DIME）技术，奠定了机助制图数据结构的拓扑学基础。在我国，1972 年中国科学院地理研究所开始研制制图自动化系统，刘岳在制图自动化的进展和实验研究中实现了多种曲线光滑、绘制等值线图、统计图和趋势面分析等程序；1977 年 6 月南京大学地理系开设了计算机制图课程；1978 年解放军测绘学院刘光运等实现了地形图图廓整饰自动化；1981 年吴忠性和杨启和完成了"在电子计算机辅助制图情况下地图投影变换的研究"等。20 世纪 80 年代专题地图的计算机制图得到了广泛的应用。从 1995 年开始，计算机制图逐渐进入实用化和规模化阶段。中国地质大学研制出地图编辑出版系统 MapCAD，实现了地图制图与地图制印一体化（编印一体化）的突破，通过数字制图技术与桌面出版系统的有机结合，形成了桌面地图出版系统，通过激光照排系统输出把地图编绘的成果输出成高精度的分色胶片，直接制版印刷，从而使地图生产实现批量化和实用化，走上了全数字化生产的发展道路。

计算机制图的诞生不但改变着传统的地图制作技术，引起地图生产方式和地图面貌的变化，也改变了地图使用的实质，也促使地图制图理论与方法的研究不断深入。

1. 计算机制图过程

计算机制图指运用电子计算机的处理分析功能制作地图。根据地图制图原理，利用电子计算机和图形输入、输出等设备，通过应用数据库技术和图形的数字处理方法，实现地图信息的离散化、编辑、传输、处理，最后以自动或人机结合的方式输出地图，称为计算机辅助地图制图，简称机助制图，也称数字制图或自动化制图。计算机制图可分为编辑准备阶段、数字化阶段、计算机处理阶段、图形输出四个阶段。①编辑准备阶段。收集地图资料和地图数据，并加以分析评价，确定地图投影和比例尺，选择地图内容和表示方法，确定使用的软件和数字化方法，最后成果是数字化规范。②数字化阶段。地图和影像通过数字化变为机器可读的数字。数字化方法有很多种。早期是采用脱机/联机方式的手扶跟踪数字化方法。这种方法的速度较慢，但实用、可靠、数据处理简单。现在最普遍方式是扫描数字化方法，将像片或地图通过扫描数字化仪离散为一系列由不同灰度值构成的二维矩阵像元组，速度快，但所含数据量相当大。③计算机处理指计算机对数据进行的各种加工，包括数据的编辑加工、数据检索和更新，以及图形的变换、简化和处理，如比例尺和投影的变换、数据压缩和内容分类、专门要素的符号化等。④图形输出指计算机驱动绘图机输出图形。根据数据的不同来源、不同图形特点和对绘图质量的不同要求，可以采用矢量绘图机、光栅绘图机、阴极射线管显示或计算机输出缩微胶片等。

2. 计算机制图系统组成

计算机制图系统包括硬件系统和软件系统两大部分。

1）硬件系统

典型的计算机制图硬件系统由以下几部分构成：①图形输入设备（键盘、鼠标、数字化仪、图形输入板和扫描仪等），数字化仪可将地图图形转换为数字形式，常用的有手扶跟踪数字化仪和扫描数字化仪。②电子计算机，用于处理地图信息和控制绘图装置，主要设备有主机（计算机）、显示器、外存储器（软盘、硬盘和光盘等）。③图形输出设备，自动绘图机可根据计算机输出数据进行绘图，可分为数控绘图机和扫描绘图机。

目前，微型计算机硬件系统中央处理器（central processing unit，CPU）的功能更加强大、内外存储器的容量更大，图形处理和显示设备的性能优越，在速度、精度及内外存容量等方面已能充分满足计算机绘图的要求，为处理各种复杂图形提供了更好的硬件环境。计算机网络技术又实现了（图形）软件资源和硬件资源的共享。

2）软件系统

由于地图内容和制作过程复杂，计算机制图软件系统的类型和功能也多种多样。按数据类型可分为矢量制图软件和栅格制图软件；按设备类别可分为行式打印机制图软件、绘图机软件和屏幕显示软件；按制图目的可分为地形图制图软件、专题地图制图软件和晒图制图软件；按应用功能可分为基本软件、功能软件和应用软件等。根据目前开发的机助制图软件，制图程序分为：①数据采集、编辑和管理。②基本绘图操作。③绘制地图的点、线和面状符号。④插值和绘制等值线。⑤三维图形表示。⑥建立地图数学基础和地图投影转换。⑦图表和统计地图的显示。⑧屏幕显示系统。⑨距离和面积的量算。⑩其他分析和处理程序。

早期的计算机制图软件由各类研究单位和院校自己研制，国内教学机构、科研院所及工矿企业根据计算机硬件环境和业务需求，自主开发了各种计算机绘图软件，主要解决地图的数据获取、处理和图形自动绘制。随着国内外商业软件的发展与功能完备，自主开发和维护软件费用太高，因此广大制图工作者逐步用商业化的、通用的图形类软件制作地图。美国 Autodesk 公司的 AutoCAD 软件、加拿大 Corel 公司的 CorelDRAW、美国 Adobe 公司的 Illustrator、Freehand，以及图像处理软件 Photoshop 等是当今世界上应用最广泛的计算机辅助设计软件，这些软件的图形表现完美，工具丰富，支持用户定义符号、图层操作、矢量栅格叠加，且系统稳定，可直接输出成印前系统接受的 eps 格式，输出挂网胶片，其应用遍及机械、建筑、地质、交通、气象等众多领域。国内常用的计算机制图软件有 MapCAD、方正智绘等。

通用图形类软件在生产一些图集、插图等幅面较小、不需要同时获取空间数据的实际应用方面有一定优势，但是也存在一定的问题：①这些软件的重点在通用图形设计上，而不是专门针对地图制图，在使用之前必须做很多准备工作，如建立符号库、分层设定等，使用不是很方便；②这些软件都是封闭的系统，只能接受一些通用的图形或图像格式数据，不能接受地图矢量数据（空间数据），生产作业只能在该软件中采集、编辑和输出；③数据按图形方式组织，地图符号没有相应的地理属性，因而这些数据文件不能作为空间数据使用；④采用平面坐标系。各类绘图软件没有地图投影功能，给多种地图数据格式转换、地图投影变换和坐标变换带来很多困难。

为了解决上述问题，部分商业软件提供二次开发环境，如 Microstation、AutoCAD，制图工作者在此基础上开发了一些制图系统，使其满足地图制图的特殊要求。

3. 地图数据特点

计算机制图带来了巨大的经济和社会效益。国家、军事部门和企业根据各自对地图数据的需要，投入了大量的人力、物力，进行各种比例尺的地图数字化，产生了大量的地图数据。与其他数据相比，地图数据有特殊的数学基础、非结构化数据结构和动态变化的时间特征，给数据获取、处理和存储带来很大难度，如何妥善保存和科学管理这些地图数据是人们长期以来十分关注的课题。随着计算机数据组织存储技术的发展，地图数据的维护、更新和管理经历了从低级向高级的发展过程。最初采用文件系统的形式，后来逐步发展为地图数据库系统（map database system，MDBS）。

早期 MDBS 设计与建设的主要目的是地图生产。大规模地图数据库建设主要资料来源是普通地形图。地图数据是某一特定比例尺的地图经数字化而产生的，以相应的图式、规范为标准，依然保留着地图的各项特征。地图数据强调可视化，忽略了实体的空间关系。因此，地图数据有以下几个特点。

（1）地图比例尺影响。地图数据是某一特定比例尺的地图经数字化而产生的。地理物体表示的详细程度，不可避免地受地图综合的影响。经过了人为制图综合，地理物体的几何精度（形状）和质量特征已经不是现实世界中的真实反映。为了满足地图应用的需要，应对不同比例尺地图建立不同地理数据库。

（2）按地图印刷色彩分层管理。为满足地图印刷的需求，依据地图制图覆盖理论，对地图数据按色彩分层管理，而不是按照地理物体的自然属性进行分类分级。这种分层不仅割裂了地理物体之间的有机联系，还导致了同一个地物在不同层内重复存储。例如，河流两岸的加固陡坎隐含着河流的水涯线，道路与绿化带平行接壤使道路边沿线隐含着绿化带的边沿，河流、道路和铁路等线状地物可能隐含着区划界限。

（3）地图图幅限制了数据范围。受印刷机械、纸张和制图设备的限制，传统的地图用图幅限制地图的大小，地图数据用图幅来组织和管理。地图图幅割裂了地理物体的完整性和连续性。例如，一条境界线因为地图的分幅而断作几条记录存储在不同的图幅内。

（4）强调数据可视化，忽略了实体的空间关系。地图数据主要为地图生产服务，强调数据的可视化特征。采取的方式主要为"图形表现属性"，地理物体的数量特征和质量特征用大量的辅助符号表示，包括线型、粗细、颜色、纹理、文字注记、大小等数十种。地图数据是以相应的图式、规范为标准的，依然保留着地图的各项特征。各种地理现象之间的空间位置关系，如道路两旁的植被或农田、与之相邻的居民地等，是通过读图者的形象思维从地图上获取的。地理物体如道路、居民地和河流在空间关系上是相互联系的有机整体，但在地图数据表示中是相互孤立的。因此，地图数据不强调实体的关系表示。

随着科学技术的发展和地图数据应用的深入，特别是计算机技术、数据库技术、网络通信技术的发展，地图数据的应用已不再局限于制作地图这一单一用途上，特别是计算机应用于地学研究，迫切需要以地图数据为基础，融合各种地学数据，包括资源、环境、经济和社会等领域的一切带有地理坐标的数据，通过属性数据描述地理实体的定性特征，用数字表示地理实体的数量特征、质量特征和时间特征。初期的地图数据仅仅把各种地理实体简单地抽象成点、线和面，这远远不能满足实际需要，必须进一步用计算机表示它们之间的关系（空间关系）。广大科学工作者开始思索如何利用它来反映自然和社会现象的分布、组合、联系及其时空发展和变化，研究在计算机存储介质上如何科学、真实地描述、表达和模拟现实世界中地理实体或现象、相互关系及分布特征。地图数据与位置相关的社会信息（属性数据）相结合，形成了各种地理数据。基于计算机技术解决与地理信息有关的数据获取、存储、传输、管理、分析及其在地学领域的应用导致了 GIS 的产生和发展。

1.1.2　应用分析催生了地理信息系统

GIS 概念的提出，要追溯到 20 世纪 50 年代。几乎与计算机制图同时，人们用计算机来收集、存储和处理各种与地理空间分布有关的属性数据，并希望通过计算机对数据的分析来直接为管理和决策服务。1956 年，奥地利测绘部门首先利用计算机建立了地籍数据库，随后各国的土地测绘和管理部门都逐步发展土地信息系统（land information system，LIS）用于地籍管理。1963 年，加拿大测量学家 R.F.Tomlinson 首先提出 GIS 这一术语，并建立了世界上第一个加拿大地理信息系统（Canada geographic information system，CGIS），用于自然资源的管理与规划。1981 年美国环境系统研究所公司（Environmental Systems Research Institute，ESRI）发布了 ArcInfo 商业软件。2001 年 ESRI 推出 ArcGIS 8.1，其提供了对地理数据的创建、管理、综合、分析能力。国际商用机器公司（International Business Machines Corporation，IBM）和 Colorado 公共服务公司开始致力于用计算机工具管理公用事业的设施，也就是电力线、煤气管道、阀门、仪表、土地等。2000 年北京超图软件股份有限公司推出了 SuperMap软件。这些 GIS 软件为用户提供地理数据的处理和分析能力。研究 GIS 主要是为了解决各种地理问题。地图数据与其他专题地理信息结合，由此产生了反映自然和社会现象的分布、组合、联系及其时空发展和变化的地理数据。计算机地理数据可科学、真实地描述、表达和模拟现实世界中地理实体或现象、相互关系以及分布特征。地理数据是一类具有多维特征，即时间维、空间维及众多的属性维的数据。其时间维描绘了空间对象随着时间的迁移行为和状态的变化；空间维决定了空间数据具有方向、距离、层次和地理位置等空间属性；属性维则表示空间数据所代表的空间对象的客观存在的性质和属性特征。

在地理信息表示方面，空间关系通过一定的数据结构来描述与表达具有一定位置、属性和形态的地理实体之间的相互关系。当人们用数字形式描述空间物体，并使系统具有特殊的空间查询、空间分析等功能时，就必须把空间关系映射成适合计算机处理的数据结构，这时必须考虑数据的表示方法。

在地理信息组织上，为了满足地理分析需求，不受传统图幅划分的限制组织数据，在人们认识世界和改造世界的一定区域（即现实世界地理空间）内，不管逻辑上还是物理上均组织为连续的整体。

从理论上讲，地物在地理空间只有唯一的地理数据表示，空间物体本身没有比例尺的含义，应尽可能详细、真实地描述物体形状、几何精度和属性。但人们对地理环境的认识往往需要一个从总体到局部、从局部到总体反复认识的过程。为了满足人们对地理空间这种认识需求，必须考虑空间物体的多尺度性，以满足不同的社会部门或学科领域的人群对空间信息选择的需求。

综上所述，从数据内容、获取手段、表示方法和数据组织上看，这些数据均已超出地图数据的表达能力，为了与地图数据区分，人们称之为地理数据。管理地理数据的系统是地理数据库（geographic data base，GDB）系统。GDB 在一定的地域内，将地理空间信息和一些与该地域地理信息相关的属性信息结合起来，实现对地理几何特征和属性信息的采集、更新和综合管理。在地理数据库系统基础上，加上地理数据分析应用功能，形成了 GISystem。

1. 地理信息系统定义

GISystem 是以地理空间数据库为基础，采用地理模型分析方法，适时提供多种空间和动态的地理信息，为地理研究和地理决策服务的计算机技术系统，有以下 3 个方面的特征：①具有采集、管理、分析和输出多种地理空间信息的能力，具有空间性和动态性；②以地理研究和地理决策为目的，以地理模型方法为手段，具有区域空间分析、多要素综合分析和动态预测能力，产生高层次的地理信息；③由计算机系统支持进行空间地理数据管理，并由计算机程序模拟常规的或专门的地理分析方法，作用于空间数据，产生有用信息，完成人类难以完成的任务。

一般来说，GISystem 可定义为：用于采集、存储、管理、处理、检索、分析和表达地理空间数据的计算机系统，是分析和处理海量地理数据的通用技术。从 GISystem 应用角度，可进一步定义为：GISystem 由计算机系统、地理数据和用户组成，通过对地理数据的集成、存储、检索、操作和分析，生成并输出各种地理信息，从而为土地利用、资源评价与管理、环境监测、交通运输、经济建设、城市规划及政府部门行政管理提供新的知识，为工程设计、规划和管理决策服务。国际学术界对它的定义多种多样，如俄罗斯学者 Trofimov 认为 GISystem 是：一种解决各种复杂的地理相关问题，具有内部联系的，一组方法上、数学上、软件硬件上和组织上的工具集合；英国著名 GIS 与自动制图学家 H.D.Paraker 认为 GISystem 是："一种存储、分析和显示空间信息和非空间信息的信息技术。有些学者，如 Calkins 和 R. F. Tomlinson，甚至认为 GIS 并不一定基于计算机，在 Star 和 Estes 合著的《地理信息系统导论》一书中，还专门讨论了人工 GIS。

国内对 GISystem 的定义不统一：黄杏元等编著的《地理信息系统概论》中把 GISystem 定义为：GISystem 是在计算机软件和硬件的支持下，运用系统工程和信息科学的理论，科学管理和综合分析具有空间内涵的地理数据，以提供规划、管理、决策和研究所需信息的技术系统。或者简单地说，GISystem 就是综合处理和分析空间数据的一种技术系统。李德仁在他的文章《当前国际地理信息系统的研究和应用现状》中认为，GISystem 是一种特定而又十分重要的空间信息系统，它是以采集、存储、管理、分析和描述整个或部分地球表面（包括大气层在内）与空间和地理分布有关数据的空间信息系统；邬伦等在《地理信息系统——原理、方法和应用》中定义 GISystem 是 20 世纪 60 年代开始迅速发展起来的地理学研究新技术，是多种学科交叉的产物，它是以地理空间数据库为基础，采用地理模型分析方法，适时提供多种空间的和动态的地理信息，为地理研究和地理决策服务的计算机技术系统；边馥苓编著的《GIS 地理信息系统原理和方法》中定义的 GISystem 是反映人们赖以生存的现实世界的现势与变迁的各类空间数据及描述这些空间数据特征的属性，在计算机软件和硬件的支持下，以一定的格式输入、存储、检索、显示和综合分析应用的技术系统。

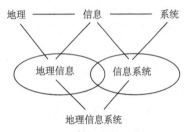

图 1.1　地理信息系统

本书的解释是：GISystem 是地理信息与信息系统的集成产物（图 1.1），是进行地理空间数据的采集、储存、管理、运算、分析、显示和描述的计算机信息系统，与其他信息系统相比，具有以下特点。

（1）GISystem 的物理外壳是计算机化的技术系统，它又由若干个相互关联的子系统构成，如数据采集子系统、数据管理子系统、数据处理和分析子系统、图像处理子系统、数据产品输出子系统等，这些子系统的优劣、结构直接影响着 GISystem 的硬件平台、功能、效率、数据处理的方式和产品输出的类型。

（2）GISystem 的操作对象是空间数据，即点、线、面、体这类有三维要素的地理实体。空间数据的最根本特点是每一个数据都按统一的地理坐标进行编码，实现对其定位、定性和定量的描述，这是 GISystem 区别于其他类型信息系统的根本标志，也是其技术难点所在。

（3）GISystem 的技术优势在于它的数据综合、模拟与分析评价能力，可以得到常规方法或普通信息系统难以得到的重要信息，实现地理空间过程演化的模拟和预测。

（4）GISystem 重视对拓扑结构的管理，重视拓扑关系的自动生成，强调与空间相关的查询统计，强调空间分析，强调三维模型分析。

（5）GISystem 中"地理"的概念并非指地理学，而是广义地指地理坐标参照系中的坐标数据、属性数据，以及以此为基础而挖掘出来的知识。

（6）GISystem 是一种以地理（空间）坐标为骨干的信息系统。

2. 地理信息系统组成

GISystem 由硬件、软件、数据、方法和人员五部分组成。硬件和软件为 GISystem 建设提供环境；数据是 GISystem 的重要内容；方法为 GISystem 建设提供解决方案；人员是系统建设中的关键和能动性因素，直接影响和协调其他几个组成部分。其核心内容是计算机硬件和软件，地理空间数据反映了应用 GISystem 的信息内容，用户决定了系统的工作方式。

（1）硬件系统。计算机硬件系统是计算机系统中实际物理设备的总称，主要包括计算机主机、输入设备、存储设备和输出设备。

（2）软件系统。计算机软件系统是 GIS 运行时所必需的各种程序。包括：①计算机系统软件。这些软件通常由计算机生产厂家提供。②GIS 软件及其支撑软件。包括 GIS 工具或 GIS 实用软件程序，以完成空间数据的输入、存储、转换、输出及其用户接口功能等。③应用程序。这是根据专题分析模型编制的特定应用任务的程序，是 GIS 功能的扩充和延伸。一个优秀的 GIS 工具，对应用程序的开发应是透明的。应用程序作用于专题数据上，构成专题 GIS 的基本内容。

（3）地理空间数据。数据是 GISystem 的重要内容，是系统分析加工的对象，是 GISystem 表达现实世界的经过抽象的实质性内容，也是 GISystem 的灵魂和生命。数据来源包括室内数字化和野外采集，以及从其他数据源的转换。在 GISystem 中储存和处理的数据可以分成两大类：第一类是反映事物地理空间位置的信息，称空间信息（也称图形数据）。空间信息的表达可以采用栅格和矢量两种形式，空间信息表现了地理实体的位置、大小、形状、方向及几何拓扑关系。第二类是与地理位置有关的反映事物其他特征的信息，称属性信息或属性数据（也可称为文字数据、非图形数据）。通常，它们以一定的逻辑结构存放在地理空间数据库中，地理空间数据来源比较复杂，随着研究对象不同、范围不同、类型不同，可采用不同的地理空间数据结构和编码方法，其目的就是更好地管理和分析地理空间数据。

（4）系统使用管理和维护人员。GISystem 是一个复杂的系统，仅有计算机硬件、软件及数据还不能构成一个完整的系统，必须要有系统的使用管理人员。其中包括具有 GISystem 知识和专业知识的高级应用人才，具有计算机知识和专业知识的软件应用人才，以及具有较强实际操作能力的硬、软件维护人才。

人员是 GISystem 的能动部分。人员的技术水平和组织管理能力是决定系统建设成败的重要因素。系统人员按不同分工有项目负责人、项目开发、项目数据、系统文档撰写和系统测试等人员。各个部分齐心协力、分工协作是 GISystem 成功建设的重要保证。GISystem 的用户范围包括从设计和维护系统的技术专家，到那些使用该系统并完成他们每天工作的人员。

3. 地理信息系统功能

GISystem 的功能分为基本功能和应用功能。GISystem 软件一般由 5 部分组成，即地理空间数据输入与处理、地理空间数据管理、地理空间数据编辑与更新、空间分析及地理空间数据输出，如图 1.2 所示。

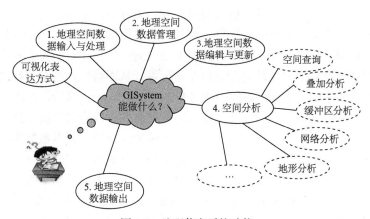

图 1.2 地理信息系统功能

（1）地理空间数据输入与处理。数据输入模块是将 GISystem 中各种数据源输入，并转换成计算机所要求的数字格式进行存储。随着数据源种类的不同（如文本数据、数字数据和模拟数据等），输入设备的不同、系统选用数据结构及数据编码的不同，在数据输入部分配有不同的软件，以确保原始数据按要求存入空间数据库中。通常，空间数据输入的同时，伴随着对输入数据处理，以实现对数据的校验和编辑。数据处理包括：①数据变换。指将数据从一种数学状态转换为另一种数学状态，包括投影变换、比例尺缩放、误差改正和处理等。②数据重构。指将数据从一种几何状态转换为另一种几何状态，包括数据拼接、数据截取、数据压缩、结构转换等。③数据抽取。指对数据从全集到子集的条件提取，包括类型选择、窗口提取、布尔提取和空间内插等。

（2）地理空间数据管理。同一般数据库相比，GISystem 数据库不仅要管理属性数据，还要管理大量图形数据，以描述空间位置分布，以及拓扑关系。而且，属性数据和图形数据之间具有不可分割的联系。此外，GISystem 中数据库的数据量大，涉及内容多，这些特点决定了它既要遵循常用关系型数据库管理系统来管理数据，又要采用一些特殊的技术和方法，来解决通常数据库无法管理的地理空间数据问题。在地理空间数据组织与管理中，其关键是如何将空间信息和属性信息融合为一体。当前大多现行系统都是将二者分开存储在关系型数据库中，通过公共项（一般定义为地物标识码）来连接。栅格模型、矢量模型或栅格／矢量混合模型是常用的地理空间数据组织方法。

（3）地理空间数据编辑与更新。地理空间数据的编辑是对采集后的数据进行编辑操作。它是丰富完善地理空间数据及纠正错误的重要手段。地理空间数据的编辑主要包括数据几何图形的编辑和数据的属性编辑。几何图形的编辑针对的是图形的操作，如新建、修改和删除空间要素等。属性编辑针对的是属性的操作，如添加、删除和修改图形要素的属性项。

（4）空间分析。空间分析能力是 GISystem 的主要功能，也是 GISystem 与计算机制图软件相区别的主要特征。空间分析是从空间物体的空间位置、联系等方面去研究空间事物，以及对空间事物做出定量的描述。一般地讲，它只回答 what（是什么？）、where（在哪里？）、how（怎么样？）等问题，但并不（能）回答 why（为什么？）。它把数量关系和空间图形结合起来去分析问题、解决问题，是数形结合思想。数形结合思想遵循形象思维的认知规律。空间分析需要复杂的数学工具，其中最主要的是空间统计学、图论、拓扑学、计算几何等，其主要任务是对空间构成进行描述和分析，以达到获取、描述和认知空间数据；理解和解释地理图案的背景过程；空间过程的模拟和预测；调控地理空间上发生的事件等目的。

空间分析模块通常为 GISystem 提供一些基本和常用的分析功能，空间分析功能包括：①空间数据几何量测，包括长度、面积、分布中心等的计算。②空间集合分析。空间集合分析是按照两个逻辑子集给定的条件进行布尔逻辑运算，从而得到新的空间和属性数据，以帮助人们解决现实世界中的实际问题。③叠加分析。通过将同一地区的两个不同图层的特征相叠合，不仅建立新的空间特征，而且能将输入的特征属性予以合并，易于进行多条件的查询检索、地图裁剪、地图更新和应用模型分析等。④缓冲区分析。根据数据库的点、线、面实体，自动建立各种要素的缓冲多边形，用以确定不同地理要素的空间接近度或邻近性。⑤网络分析。对地理网络（交通网络）、城市基础设施网络（电力线、电话线）进行地理分析和模型化。⑥数字地形分析。GISystem 提供了构造数字高程模型及有关地形分析的功能模块，包括坡度、坡向、地表粗糙度、立体图和透视分析等，为地学研究、工程设计和辅助决策提供了重要的基础属性数据。⑦空间数据统计。进行地理参数的统计计算与分析。

由于 GISystem 应用范围越来越广，常规系统提供的处理和分析功能很难满足所有用户的要求。因此一个优秀的 GISystem 应当为用户提供二次开发手段，以便用户开发新的空间分析模块，即开发各种应用模型，扩充 GISystem 功能：①数据建模。将湿地地图与在机场、电视台和学校等不同地方记录的降雨量关联起来是很困难的。然而，GISystem 能够描述地表、地下和大气的二维、三维特征。例如，GISystem 能够将反映降雨量的雨量线迅速制图，这样的图称为雨量线图。通过有限数量的点的量测可以估计出整个地表的特征，这样的方法已经很成熟。一张二维雨量线图可以和 GISystem 中相同区域的其他图层进行叠加分析。②拓扑建模。在过去的 35 年，湿地边上有没有任何加油站或工厂经营过？有没有任何满足在 2 英里（1 英里≈1.61km）内且高出湿地的条件的这类设施？GISystem 可以识别并分析这种在数字化空间数据中的空间关系。这些拓扑关系允许进行复杂的空间建模和分析。地理实体的拓扑关系包括连接（什么和什么相连）、包含（什么在什么之中）、邻近（两者之间的远近）。③网络建模。如果所有在湿地附近的工厂同时向河中排放化学物质，那么排入湿地的污染物的数量多久就能达到破坏环境的数量？GISystem 能模拟出污染物沿线性网络（河流）扩散的路径。例如，坡度、速度限值、管道直径之类的数值可以纳入这个模型，使得模拟更精确。网络建模通常用于交通规划、水文建模和地下管网建模。

（5）地理空间数据输出。GISystem 中输出数据种类很多，可能是地图、表格、文字、图像等；输出介质可以是纸、光盘、磁盘、显示终端等。由于输出数据类型的不同和输出介质的不同需配备不同软件，最终向用户报告分析结果。GISystem 为用户提供了许多用于显示地理数据的工具，其表达形式可以在计算机屏幕上显示，也可以是诸如报告、表格、地图等硬拷贝图件，尤其强调的是 GISystem 的地图输出功能。

1.1.3　多技术集成构建了地理信息服务

GIService 是为了实时回答"在哪里"和"周围是什么"这两个与人类生活劳动息息相关的基本问题，以及吸引更多潜在的用户，提高地理信息数据与系统的利用率，所建立的一种面向服务的商业模式。用户可以通过互联网按需获得和使用地理数据及计算服务，如地图服务、空间数据格式转换等，让任何人在任何时间任何地点获取任何空间信息，即所谓的 4A（anybody、anytime、anywhere、anything）。

1. 地理信息服务定义

自古以来，人类在认识世界和改造世界过程中，所接触到的信息中有 80%以上与空间位置有关。人们在社会活动中必须实时回答"在哪里"和"周围是什么"这两个基本问题。因此，传统 GIService 有两个任务：一是提供地球上任意点的空间定位数据；二是提供区域乃至全球的各种比例尺地图。随着遥感（remote sensing，RS）、GIS 和全球定位系统（global positioning system，GPS）的广泛应用及通信技术的迅猛发展，地理信息服务步入了数字化、集成化和网络化的新阶段。在 GPS、GIS 和 RS 的集成应用中（图 1.3），GPS 主要用于实时、快捷提供目标的空间位置；RS 用于实时提供目标及其环境的信息、发现地球表面的各种变化、及时对 GIS 进行更新；GIS 则是对多种来源的时空数据进行综合处理、集成管理和动态存取，作为新的集成系统的平台，并为智能化数据采集提供地学知识。

GPS、GIS、RS 三者相互作用形成了"一个大脑，两只眼睛"的框架，即 RS 和 GPS 向 GIS 提供或更新区域信息及空

图 1.3　GPS、GIS 和 RS 集成

间定位；GIS 进行相应的空间分析，提取有用的信息，进行综合集成，为决策提供科学的依据。由此可以看出，GIService 是空间定位技术和地理信息技术的有机结合。没有空间实时定位技术，人们无法及时知道自己的位置，地理信息（地图）就无法发挥它的效益。反之，即使知道自己的空间位置，如果没有 GISystem 的支撑，也无法知道相关位置和周围的地理空间环境。只有把实时定位技术所获取的空间位置与 GIS 通过通信技术的有机集成，才能构成完整的地理信息服务。

GPS、GIS 和 RS 集成大大开拓了地理信息的应用空间，从传统军事、国民经济建设应用拓宽到大众公共服务和个人地理信息服务。现代地理信息服务的任务除了传统的各种比例尺的纸质地图外，增加了基于存储介质的数字产品（数字地图）服务和基于计算机网络的 GIService 等新的模式。

结合以上分析，GIService 是把实时空间定位技术（惯性导航定位、无线电定位导航、GPS、北斗和移动通信定位）、GIS、移动无线通信技术（无线电专网、蜂窝移动通信和卫星通信）、计算机网络通信技术及数据库技术等现代高新技术有机地集成在一起，实现地理信息收集、处理、管理、传输和分析应用的网络化，在网络环境下为地理信息用户提供实时、高精度和区域乃至全球的多尺度地理信息，对移动目标实现实时动态跟踪和导航定位服务的系统。这种建立在计算机技术、网络技术、空间技术、通信技术及地理信息技术基础上的现代网络地理信息服务改变了早期以地图为载体的地理信息传递模式，大大缩短了地理空间数据生产者与地理信息用户之间的距离，实现了地理信息服务的实时性。随时随地（anytime，anywhere）为用户提供连续的、实时的和高精度的自身位置和周围环境信息。

地图数据和地理数据共同支撑了 GIService。地图数据和地理数据是地理空间信息两种不同的表示方法，地图数据强调数据可视化，采用"图形表现属性"的方式，忽略了实体的空间关系，而地理数据主要通过属性数据描述地理实体的数量和质量特征。地图数据和地理数据所具有的共同特征就是地理空间坐标，统称为地理空间数据。地理空间数据代表了现实世界地理实体或现象在信息世界的映射，与其他数据相比，地理空间数据具有特殊的数学基础、非结构化数据结构和动态变化的时间特征，提供给人们多尺度地图和各种应用分析。

2. 地理信息服务模式

目前，GIService 主要有 3 种形式：一是提供各种比例尺的纸质地图；二是提供存储在各种介质上的数字产品（数字地图）；三是在计算机网络环境下为用户提供地理信息数据和功能，使用户能直接通过网络对地理空间数据进行访问，实现空间数据和业务数据的检索查询、空间分析、专题图输出、编辑修改等功能。

（1）基于 Internet 的地理信息服务模式。此种模式最大的优点在于不受地域限制，全球范围内的用户均可享受其服务。目前，国内外已经有许多提供地理信息服务的网站（如百度地图、谷歌地图等）。该服务模式，从技术角度讲，相对比较成熟，反而是在商业运营方面还存在一些不足之处。

（2）基于移动终端的地理信息服务模式。随着无线通信网络及移动终端设备的不断发展，近年来，越来越多的移动通信商家开始结合其他的内容服务（如新闻、游戏等）向用户提供地理信息服务，主要服务内容为基于地图的空间信息查询，如查询行车路线，寻找最近的宾馆、饭店等。由于此种类型的服务是基于无线通信和移动设备的，所以，用户可以随时随地享受信息服务。移动通信有着广泛的用户群，并且已经具有良好的商业运营模式，这将是地理信息服务的主要模式。

（3）基于位置的地理信息服务模式。近年来兴起的基于位置的服务（location based service, LBS）成了地理信息服务的又一个新的领域。其应用主要针对车辆和个人，可以划分为监控和导航两大类。车辆监控广泛应用于公安、银行、出租车等行业。个人监控主要应用于老人和小孩。LBS 往往会与基于无线通信的内容（包括地理信息）服务相结合。

（4）提供数字产品方式的地理信息服务模式。目前，向用户提供数字化的地理信息产品主要有两种常见的方式。一种方式是专业的数字产品机构（如测绘部门）通过 Internet 提供，如数字正射影像图、数字高程模型、数字栅格地图和数字矢量地图等，它应该具有一套健全的数据分发模式。另一种方式是向公众提供普及型产品如电子地图光盘等。

3. 地理信息服务架构

地理信息服务体系构建，必须符合现有的地理空间数据的生产和服务机制。从数据生产到应用整个流程来看，可以将地理空间信息技术体系划分为信息发现、甄别、获取、处理、管理、分发、传输、表现，以及与其他系统集成应用等阶段。在地理信息服务整个流程基础上构建地理信息服务网络化平台框架（图 1.4）。网络化地理信息服务平台可划分为地理信息网络化发现与标注、信息分析与甄别、外业数据采集、地理空间数据分布式生产与管理、地理空间数据网络服务、地理信息移动服务、移动目标位置服务及地理信息应用集成等组成部分。这些部分不是孤立的，是相互联系的，通过网络连接有机的整体，形成一个完整的地理信息服务网络化共享平台。这些部分之间的界限如何界定，有待于在实践中逐步完成。

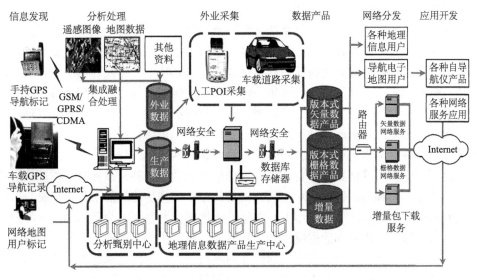

图 1.4 地理信息服务体系结构

（1）地理信息快速发现。地理信息的变化每天都有，如何使变化的地理信息及时被发现是一个亟待解决的难题。因为信息服务者获取变化信息的渠道是有限的，用户所提供的变化消息是多渠道的、多源的、也是非专业的，不能直接转化为服务产品，只有将这些消息进行甄别和专业化处理，才能实现信息共享。目前地理信息发现的主要手段是：①建立 Web 地图社区和客户问题管理系统，通过互联网的形式，汇总客户标注的地理信息变化内容，并传递到地图情报信息中心；②基于广播、电视、报纸等多媒介的新闻报道，建立城市动态变化档案和分析系统，并将分析结果传递到地图情报信息中心；③收集最新高清航空/航天遥感图像资料，使用图像识别技术，辨识地理信息变化情况，形成分析结果资料图层，传递到地图情报信息中心；④在移动终端上增加地理信息发现功能，实现地理信息变化的自动记录，由用户通过无线传输网络，主动将变化的消息和内容传递到地图情报信息中心。

（2）地理信息变化消息的甄别与认证。变化的地理信息通过不同的渠道传送到地理变化信息中心，同一个变化地理目标被不同的方式采集，通过多源数据融合将同一地区的多源数据加以智能化合成，产生比单一信息源更精确、更完全、更可靠的估计和判断，提高数据生产效率并降低作业成本。

这些公众采集的地理信息的真伪必须由数据分析人员进行甄别，才能发布给用户。地理信息变化消息的甄别与认证是一个复杂的工作，需要多种报道相互印证，证实消息的可靠性，分析该消息涉及的内容是否需要采集，难以判断的情况需要采集时，编制外业采集计划，予以实施。

（3）地理信息变化数据的快速采集。地理信息变化数据的快速采集技术途径主要包括：①现场更新技术。该技术主体采用嵌入式软件模式，通过 PDA、手机或专门数据采集电子手簿，实现数据的现场增量更新。②基于无线通信的实时数据传输技术。该技术主要保障全国多区域作业成果快速、同步回传总部数据中心，总部作业人员及时进行数据的集中处理，实现整体数据库的更新。③基于互联网的实时数据编辑平台。基于互联网的实时数据编辑平台能有效地将总部数据中心的功能进行无限延伸。通过严格的权限认证，为现场的作业人员提供直接的数据制作平台，及时将最新数据进行处理，其成果经过严格的检核程序后，直接进入整体数据库，完成数据的快速更新。

（4）网络化地理空间数据库管理系统。我国地域辽阔，在地理信息更新机制上有其特殊性，属地化采集和分布式系统架构作业模式可以减少数据维护成本和数据更新周期。地理空间数据显著的海量性和地域分布特征使其更适合于网络环境下分布式存储。分布式存储通过集成网络上分布的多个数据资源，形成单一虚拟的数据访问、管理和处理环境，为用户屏蔽底层异构的物理资源，建立分布式海量数据的一体化数据访问、存储、传输、管理和服务架构。在分布式地理空间数据库管理系统支持下地理数据（正射影像图、数字高程模型、像素图或纸质地图、矢量地理信息数据）的生产与管理是 GIService 基础。

（5）地理空间数据网络服务平台。随着地理信息在国民经济建设和政府管理信息化上的广泛应用，各个部门和应用领域中对空间数据及其分析处理功能的需求日益增长，应用信息系统对空间数据的依赖程度也逐渐增大。在保护数据提供者数据安全和知识产权的前提下，为数据生产者、数据管理者和数据应用者之间搭建一座桥梁，将在地理上分布、管理上自治和模式上异构的数据源有机地集成在一起，在网络服务、宽带传输和超大规模数据存储等网络支撑环境基础上建立一个多层次的地理空间应用服务体系，通过数据服务和功能服务两种形式实现将最有用的信息用最快捷的方法和最低的成本送给最需要的用户。用户结合本地开发的功能，很快就能完成一个比较完整的 GIS 项目，解决传统 GIS 无法跨平台、无法实现异构空间数据互操作、开发调试困难及无法资源共享等问题。

（6）地理信息移动服务终端。现代交通手段扩展了人们的活动空间，人们生活节奏加快，也使空间、方位信息的及时获得显得更加重要，人们对 GIService 的需求越来越强烈：一方面需要掌握移动目标的空间位置、时间和状态；另一方面需要了解移动目标周边的地理环境。在移动环境下实现实时定位技术与地理信息技术集成的小型化（嵌入式）移动导航终端正好满足人们这两种要求。它是嵌入式 GIS 技术、现代无线通信、实时导航定位和计算机技术等技术相结合的产物。地理信息移动服务终端由定位单元、信息处理单元、显示单元和通信单元组成。

（7）移动目标位置服务平台。通过移动目标监控系统，人们可以全面、实时和动态掌握移动目标的位置信息和环境信息等态势，这对应急调度的成功显得尤为重要。移动目标位置服务平台通过移动服务终端所获取的多源位置轨迹数据进行有效的管理和发布。

（8）地理信息集成与应用。实时掌握人们活动的位置信息和环境信息，这就需将地理信息技术、实时定位技术和通信技术进行集成。空间定位与地理信息服务网络化集成是将以定位导航卫星为代表的实时动态定位技术、移动数字无线通信、Internet 互联网有线通信技术和 GIS 等现代高新技术有机地结合在一起，实现对移动目标进行实时动态跟踪监控，随时随地更新地理信息，为移动或固定终端用户提供连续的、实时的和高精度的位置和周围环境信息。地理信息网络化集成与应用主要包括定位系统、地理信息网络服务、数字通信系统、移动服务终端、移动位置服务中心和固定服务终端六大部分，为各部门专业信息应用系统的开发建设提供基础平台。

1.1.4　多学科融合催生了地理信息科学

GIS 以应用为目的，以技术为引导，在社会各行各业服务中逐步从地理学、测绘学和信息学中形成一门边缘交叉学科，它的内容涵盖了基础理论、技术体系、软件系统、工程质量标准和应用领域。

GIScience 的产生有其学科内部与外部的多种因素。在学科内部，GIS 的可持续发展，迫切需要探讨并解决一些理论问题，如地理信息空间基准、空间数据表达、信息变化发现、空间数据采集、空间数据精度、空间数据可视化、空间数据分析、地理空间数据尺度和空间数据不确定性、基于 GIS 的知识发现、空间数据的可交换性与安全性等问题。要解决这些问题，需要计算机科学、信息科学、通信科学、地理科学、环境科学、管理科学、测绘与遥感科学、数学和人工智能等学科和技术领域的协同合作。GIS 从地理学、测绘学和信息学理论视角凝练出地理空间和时空基准、空间认知、地理信息传输过程、地理信息计算机表达、空间数据可视化与尺度、尺度分级规律及地理数据不确定性等理论作为 GIScience 的基础理论。在学科外部，解决时空分布的地球表层地理现象、社会发展、外层空间整个环境及其动态变化过程在计算机中的表示，创造和发展了一系列理论成果。在发展过程中以测绘为基础，以数据库作为数据储存和使用的数据源，以计算机编程为平台逐步完善了地理信息的获取、处理、存储、管理、提取、可视化和分析等技术体系，使 GIScience 不仅包含了现代测绘科学的所有内容，而且研究范围较之现代测绘学更加广泛。GIScience 也如饥似渴地吸收信息科学的精华，与计算机技术结合，形成了网络、嵌入式和组件式等各种各样的 GIS，同时也推动了计算机信息科学与技术的发展。

1. 地理信息科学的定义

1992 年，Goodchild 提出了 GIScience 的概念和科学体系，明确将其定义为"信息科学有关地理信息的一个分支学科"，并列出了 GIScience 的主要研究问题，描绘了 GIScience 的学科领域与范围。Goodchild 认为，GIScience 主要研究地理学在应用计算机技术对信息进行处理、存储、提取，以及管理和分析过程中所提出的一系列基本理论问题和技术问题，如数据的获取和集成、分布式计算、地理信息的认知和表达、空间分析、地理信息基础设施建设、地理数据的不确定性及其对于 GIS 操作的影响、GIS 的社会实践等，包括关于 GIS 的研究及应用 GIS 的研究两个方面；并认为关于 GIS 的研究，最终可以促进技术的改进；应用 GIS 的研究，可以推动 GIS 科学的进步与发展。因此，它更加侧重于将 GIS 看做一门科学，而不仅仅是一个技术实现。Goodchild 这一观点对 GIScience 的发展产生了广泛的影响。

1994 年，美国成立了大学地理信息科学联盟（the University Consortium for Geographic Information Science，UCGIS），为新的组织与该学科领域界定了一个解释性的"间接"定义：大学地理信息科学联盟致力于理解地理过程、地理关系与地理模式，研究和利用新的理论、方法、技术和数据，将地理数据转换成有用的信息是地理信息科学的核心。并于 1996 年提出了 GIScience 中的 10 个优先研究主题，包括空间数据获取与集成、分布式计算、地理表达扩展、地理信息认知、地理信息互操作、尺度、GIScience 环境下的空间分析、空间信息基础设施的未来、地理数据不确定性与基于 GIScience 的分析、GIScience 与社会。后来在上述基础上又扩展了 4 个主题：地学空间数据挖掘与知识发现、地理信息科学的本体论基础、地理可视化，以及地理信息科学中远程获取的数据与信息。Mark 在美国纽约州立大学布法罗大学讲授地理信息科学课程，认为地理信息科学主要包括 3 个部分，即地理概念的认知模型、地理模型的计算与实现，以及 GIScience 与社会的交互。

1999 年，美国国家科学基金委员会（National Science Foundation，NSF）的一个工作组提出了 GIScience 的一个"完整"定义：GIScience 是一为追求重新定义地理概念并在地理信息系统中成功应用的基础研究领域。GIScience 将深入研究以地理信息为主要研究对象的一些传统科学（如地理学、地图学、大地测量学）中的最基本命题，同时将结合认知与信息科学中的最新发展；它也将与某些较为专门的研究领域（如计算机科学、统计学、数学、心理学等）互为交叠，并继续对这些领域的发展做出贡献；它将支持政治科学、人类学领域的研究工作，利用这个领域的知识研究地理信息和社会的关系。

2. 地理信息科学与地球信息科学的区别

国内外关于地理信息理论及 GIScience 的相关研究，在概念上主要还是采用地球信息科学（geo-information science 或 geoinformatics 或 geomatics）或者地球空间信息科学（geo-spatial information science）、空间信息科学（spatial information system）等。虽然在很多场合，GIScience 与地球信息科学可以互相通用，但是，GIScience 的研究背景主要来自 GISystem 及地理学、地图学等领域，而地球信息科学主要来自于地球系统科学与信息科学的结合与集成，从而在研究内容、研究特征上仍有一定的差异。例如，马蔼乃认为地球系统科学及地球信息科学研究地球圈层及其相互作用，主要归属于自然科学，而地理科学及地理信息科学面对的是地球表层环境的人地关系复杂巨系统，属于自然科学与社会科学的"桥梁科学"。对于空间信息科学与地理信息信息科学两个概念，Longley 等认为"地理"比"空间"具有更多的丰富含义，因此，采用地理信息科学的叫法。

在国内，如前所述，与地理信息理论和学科相关的有地球（空间）信息科学和地理信息科学。陈述彭于 1995 年提出要发展地球信息科学的倡议，在 1996 年创办了学术期刊《地球信息科学》，并初步提出了地球信息科学的 7 大研究领域：地球信息科学基础理论；地球信息获取和处理技术；地球信息数字集成技术系统；地球科学信息共享；应用技术；中国特色的地球科学信息资源；地球信息科学技术的产业化政策。童庆禧与李德仁也都提倡发展地球空间信息科学。童庆禧认为地球空间信息科学的科学体系包括 3 个部分：地球空间信息基础理论、地球空间信息方法技术及地球空间信息应用范畴。

从 GIScience 与地理科学角度，陈洪经提出建立信息地理学，认为信息地理学需要研究地理信息的实质、基本概念、定义、机理、数量、质量、分类和评价方法等。间国年等认为地理信息科学是研究地理信息产生、运动与转化规律的一门交叉学科，是以广义 GIS 为研究对象的一门交叉学科，包括客观地理信息科学、主观地理信息科学，以及地理信息技术系统。客观地理信息是指地理客体中物质运动与能量转化的形式，是地理客体之间本质联系或本质属性的反映；主观地理信息是地理认知的成果。马蔼乃从 2000 年起系统思考 GIScience 与地理科学的基本理论、技术与工程，出版了包括《地理科学与地理信息科学论》《地理科学导论——自然科学与社会科学的"桥梁科学"》等系列专著，认为 GIScience 是一门技术科学，包括卫星遥感信息、定位自动观测信息、卫星定位信息、社会统计信息、地理信息系统、地理专家系统、管理信息系统、辅助决策系统、虚拟地理环境实现、增强地理环境实现、地理信息计算机网络与地理信息卫星通信等。马蔼乃同时也提出了信息地理学问题，并认为信息地理学是脱离计算机的使用，专门研究地物的影像信息、属性信息（狭义信息）和经过人脑加工的地理知识信息、逻辑信息、图形信息（广义信息）。

3. 地理信息科学与地理信息系统的区别

从 GIScience 的概念可以看出 GIS 与地理信息科学的关系。有人将 GIScience 称为超越技术的 GIS。认为 GIS 本质上是技术系统，而 GIScience 的基本原理和应用实践中隐含特定的科学问题，具有组织与社会属性。英国东伦敦大学地理信息研究中心将其涉及的研究领域界定为 GIScience、GISystem 和地理信息工程，并指出 GIScience 主要关注空间数据处理与分析中的通用问题，如数据结构、可视化、空间分析、空间数据质量与不确定性等；GISystem 主要关注技术及其在不同领域的应用；地理信息工程则关注特定空间信息解决方案的设计。由上可见，GIScience 是 GISystem 发展到一定阶段的必然产物。它关注地理信息的基本和普遍的科学问题，重视 GIS 应用所涉及的社会、经济、组织和管理问题，并从信息科学的普遍规律出发，深化 GIS 的研究，推动 GIS 的不断发展。

综上所述，GIScience 作为一门学科存在已成共识。但是关于地理信息科学的思想、概念及具体研究内容，从不同的背景与角度出发，仍然有不同的理解与看法。另外，地球信息科学、地球空间信息科学等概念的存在与发展，既说明了地理信息科学概念产生与应用的某种背景与目标，也说明了当前地理信息科学这个学科具有的复杂性、可能存在的局限性与未来的发展潜力。

1.2 地理信息科学的体系

关于 GIScience 的内涵、技术知识体系，不同的团体在不同的时间有着不同的观点。1995年，美国国家地理信息与分析中心（National Center for Geographic Information & Analysis，NCGIA）向 NSF 提交了一份名为"推进地理信息科学"的研究建议，将新形成的 GIScience 定义为基于三个基础研究领域的一门学科，分别是地理空间的认知模型、地理概念表达的计算方法和信息社会的地理学。1996 年，USGIS 提出了 GIScience 的研究主题：空间数据采集与综合；地理数据与各种基于 GIScience 活动的不确定性；GIS 环境中的空间分析；空间信息基础设施的未来；地理信息互操作；分布式计算；GIScience 与社会；比例尺；地理信息认知；地理表达的扩展等。USGIS 在 2002 年再次推出了新的研究议程白皮书，从长期研究挑战和短期优先研究领域两方面规划了地理信息科学主要的研究论题。提出长期研究挑战涉及的论题包括空间本体、地理表达、空间数据获取与集成、尺度、空间认知、时空分析与建模、地理信息不确定性、可视化、GIScience 与社会、地理信息工程。近期优先研究领域则包括：GIScience 与决策、基于位置的服务、地理信息相关管制与伦理问题、地理空间语义网络、遥感数据信息与 GIS 的集成、地理信息资源管理、应急数据获取与分析、分级与不确定边界、地理信息安全、地理空间数据融合、空间数据基础设施的机构问题、地理信息协作与共享、地理计算、全球化表达与建模、空间化、普适计算、地理数据挖掘与知识发现、动态建模。2006 年，UCGIS 提出了地理信息科学与技术知识体系，将地理信息科学与技术知识体系划分为概念基础、地理空间数据、地图学与可视化、系统设计、数据建模、数据操作、地理计算、分析方法、地理信息科学技术与社会、组织与机构方面十大模块。可以看出，以上知识体系的划分既涵盖了传统 GIS 研究的基本内容，同时密切关注相关方向的最新研究发展，并面向地理信息产业化发展与社会化应用，强调 GIScience 与社会及相关的组织机构问题。GIScience 的内涵、技术、知识体系的变化，也表明了在保持连续性与不断拓展范畴的基础上，GIScience 的快速发展。

1.2.1　地理信息科学的研究内容

GIScience 通过对地球圈层间信息传输过程与物理机制的研究来揭示地理信息机理。由对地观测系统、空间定位技术与信息高速公路所构成的以 GIS 为核心的集成化技术体系，由于实现了地理信息的获取、分析与传播，因而形成了 GIScience 的重要技术框架。全球变化与区域可持续发展则是 GIScience 的重要应用领域。GIScience 的主要研究内容由 3 部分组成：

1. 地理信息机理研究

GIScience 是一门从信息流的角度研究地球表层自然要素与人文要素相互作用及其时空变化规律的科学。通过对地表各圈层间信息的形成和变化机制及传输规律的研究，揭示地理信息的发生和形成，以及相互作用的机理。研究地理信息机理的目的是更好地认识地理科学规律。它起源于对地理环境的感知，用技术手段获取地理信息，用语言或图形方式表达地理信息，通过人类大脑思维分析将信息变成知识，从而加深人们对地理环境的认知。地理空间认知是 GIScience 研究的起点，也是 GIScience 研究的归宿。人类在认识地理环境时离不开特定时间和空间，用地理信息可视化手段表达地理信息。由于现实世界的复杂性、模糊性及人类认识和表达能力的局限性，人们对地理信息的认知是一个由浅入深的过程，由此产生了地理信息不确定性。这种认知→获取→表达→传播→解译→再认知螺旋式地理认知规律是 GIScience 的理论产生之本（图 1.5）。地理空间认知、地理信息时空基准、表达与可视化、空间尺度、空间数据可视化、空间数据解译和不确定性成为 GIScience 的主要研究内容。

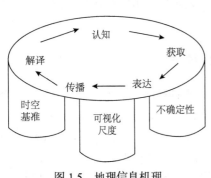

图 1.5　地理信息机理

2. 地理信息技术方法研究

GIScience 的方法与技术主要包括地理空间数据获取技术，多源、多尺度地理信息数据融合处理技术，空间数据索引技术，空间数据安全技术，地理信息传输技术，地理信息标准化与规范化，空间数据共享和互操作技术，空间数据可视化，空间数据分析，地理信息综合，空间数据挖掘技术等内容。

3. 地理模拟和推演

随着 GIS 在地学应用中的深入，地理学研究的信息化是必然趋势。为了解决时空分布的地球表层地理现象、社会发展、外层空间环境及动态变化的过程在计算机中的表示、模拟和推演，必须创造和发展一系列基础理论，并利用这些基础理论去推动 GIScience 及相关学科的发展。GIScience 的理论核心是地理信息机理。通过对地理信息传输过程与物理机制的研究，揭示地球表层自然要素与人文要素的几何形态和空间分布及变化规律。应用数理模型进行动态模拟、科学预测和辅助决策。

1.2.2 地理信息科学基本理论体系

李德仁曾扼要地叙述了地球空间信息科学的 7 大理论问题：①地球空间信息的基准，包括几何基准、物理基准和时间基准。②地球空间信息标准，包括空间数据采集、存储与交换标准，空间数据精度与质量标准，空间信息的分类与代码标准，空间信息的安全、保密及技术服务标准及元数据标准等。③地球空间信息的时空变化理论，包括时空变化发现的方法和对时空变化特征及规律的研究。④地球空间信息的认知，主要通过各目标、各要素的位置、结构形态、相互关联等从静态上的形态分析、发生上的成因分析、动态上的过程分析、演化上的力学分析及时态上的演化分析达到对地球空间的客观认知。⑤地球空间信息的不确定性，包括类型的不确定性、空间位置的不确定性、空间关系的不确定性、逻辑的不一致性和信息的不完备性。⑥地球空间信息的解译与反演，包括定性解译和定量反演，贯穿在信息获取、信息处理和认知过程中。⑦地球空间信息的表达与可视化，涉及空间数据库多分辨率表示、数字地图自动综合、图形可视化、动态仿真和虚拟现实等。

陈述彭院士说过，没有高新技术支持的科学是落后的科学，没有科学理论指导的技术则是盲目的技术。GIScience 主要来源于 3 种主流观点：第一种观点认为，GIScience 是信息社会的地理学思想，地理计算或地理信息处理强调使用计算机完成地理数值模拟和地学符号推理，辅助人类完成地理空间决策，地理科学是研究地理信息的出发点，也是地理信息研究的归宿。第二种观点认为，GIScience 是面向地理空间数据处理的信息科学分支，从信息科学概念出发，GIScience 定义为地理信息的收集、加工、存储、传输和利用的科学。第三种观点认为，地理信息是人类对地理空间的认知，GIScience 是人们直接或间接地（借助计算机等）认识地理空间后形成的知识体系。在应用计算机技术对地理信息进行处理、存储、提取及管理和分析的过程中逐步完善形成了地理信息科学技术体系。

1. 时空理论

地球是一个时空变化的巨系统，其特征之一是不同现象在时间及空间尺度上演变和变化着。地理信息时空理论一方面从地理信息机理入手，揭示地理信息的时空变化特征和规律，并加以形式化描述，形成规范化的理论基础；另一方面应用时空理论使地球传统的静态描述转化为对过程的多维动态描述和监测分析，通过不同时间尺度和空间尺度的组合，解决不同尺度下地理信息的衔接、共享、融合和变化监测等问题。

地理信息定位和量算必须依靠一个或多个参照物或参照体系。空间基准主要包括国家统一的大地空间坐标基准、高程基准、深度基准和重力基准等。地理信息的空间基准涉及参考椭球、坐标系统、水准原点、地图投影、分带等多种因素，因此地理信息的空间基准是一个复杂问题。不同历史时期我国采用不同的空间基准，造成不同时期地理信息数据的空间基准不一致的现象，给空间数据共享和应用带来极大困难，空间基准的统一成为多源空间数据集成与融合研究的主要研究方向之一。

　　地理空间是物质、能量、信息的数量及行为在地理范畴中的广延性存在形式。特指形态、结构、过程、关系、功能的分布方式和分布格局同时在"暂时"时间的延续（抽象意义上的静止态），讨论所表达出的"断片图景"。地理空间的研究是地理学的基本核心之一。其主要内容为：①地理空间的宏观分异规律与微观变化特征；②地理事物在空间中的分布形态、分布方式和分布格局；③地理事物在空间中互相作用、互相影响的特点；④地理事物在空间中所表现的基本关系及此种关系随距离的变化状况；⑤地理事物的空间效应特征；⑥地理事物的空间充填原理及规则；⑦地理事物的空间行为表现；⑧地理空间对于物质、能量和信息的再分配问题；⑨地理事物的空间特征与时间要素的耦合；⑩地理空间的优化及区位选择的经济价值。

　　美籍瑞士地理学家 Waldo Tobler 提出了地理学第一定律（Tobler's First Law 或者 Tobler's First Law of Geography）：Everything is related to everything else, but near things are more related to each other（任何事物都是与其他事物相关的，只不过相近的事物关联更紧密）。地理事物或属性在空间分布上互为相关，存在集聚（clustering）、随机（random）、规则（regularity）分布。地球上地理实体之间有无数种关系，定义一种在地球表层地理实体集上的关系就自然定义了一种地理空间，几何关系是所有这些关系中的基础关系，物理距离是这些关系中的一种度量关系，空间位置和拓扑关系、几何关系联系在一起，是地理信息中重要的空间关系。空间关系描述与推理是 GIS、语言学、认知科学和人工智能等学科的重要理论问题之一，在空间查询、空间分析、空间推理、空间数据理解、遥感影像解译、基于关系的匹配等过程中起着重要作用，也是智能化 GIS 的理论基础。

　　强调地理事物随时间的变化特征。在可感知的和可测量的基础上，按照时间尺度即时段的长短，建立依照时序各类地理性质的表现，而后把这些性质放在某个规定的范畴中进行分析，得到在纵向上的表现规律。地理信息的时间序列及对此所做的分析结果，共同构成了地理过程的研究内容，大致分为：①认识有限时段内的变化规律。在一定的时间间隔内，尽可能详尽地记录地理现象的依时行为，从中发现地理事实变化规律，以便作为推测该时段之前或之后的变化状况的依据。②对未来可能发生的地理行为进行模拟和预测。这是地理过程研究的最高层次，也是地理学科学性与实用性的集中体现。③研究地理过程与地理分布之间的耦合关系，从而把地理学的规律统一于时间与空间的共同基础之中。

2. 空间认知理论

　　认知是一个人认识和了解他生活于其中的世界所经历的各种过程的总称，包括感受、发现、识别、想象、判断、记忆、学习等，揭示事物对人的意义与作用的心理活动。

　　空间认知是指人们对物理空间或心理空间三维物体的大小、形状、方位和距离的信息加工过程。它研究人们怎样认识自己赖以生存的环境，包括其中的事物、现象的相关位置、空间分布、依存关系，以及它们的变化和规律。

　　地理空间认知作为认知科学与地理科学的交叉学科，需将认知科学研究成果进行基于地理科学的特化研究。空间认知理论是地理信息可视化的重要理论基础。地理空间认知分为地理空间感知、表象、记忆和思维四个过程。感知过程是指刺激物作用于人的感觉器官，从而使人产生对地理空间的感觉和知觉的过程；表象过程是通过回忆、联想使在知觉基础上产生的映像再现出来；记忆过程对输入的信息进行编码、存储和提取；思维过程提供关于现实世界客观事物的本质特性和空间关系的知识，实现"从现象到本质"的转化。在所有感官器官中，眼睛是接收输入刺激的主要感觉器官，因此视觉是人空间认知的主要形式。

3. 地理信息表达

地理信息的表达方式很多，主要有语言、文字、地图和录像多媒体等。计算机技术的引入，更加丰富了地理信息的表达内容，在现有的地理认知和地理概念计算模型研究背景下，探讨多维、动态的空间数据表达模型，用非结构化语言表示点、线、面几何形状，用地理信息的属性表表示关系，还可以用时间描述自然现象和社会发展的时序变化。由于地理信息表达的抽样性、概括性和多态性等特征，同种信息采用不同的表达方式，虽然满足了不同应用的实际需要，但也给信息共享带来了极大困难。因此，近几年来科学工作者试图用本体论研究地理信息本原，通过对地理客观存在的概念和关系的描述，揭示基于自然语言的空间关系认知表达与形式化空间关系的映射机制。

4. 可视化理论

地理信息可视化为人们提供了一种空间认知的工具。地图是地理信息可视化的主要形式。为了更好地揭示地理信息的本质和规律，便于人类认识并改造世界，借助一些规则、直观、形象、系统的符号或视觉化形式来表达和传输地理信息。这些符号或形式不仅易于人类辨别、记忆、分析，也能被计算机所识别、存储、转换和输出。传统的表达方式有图形与图像类，如地形图、专题地图和遥感图等；文字数据类，如原始的测绘数据、文字报表等。为了满足可视化需求，人们设计和发展了相应的符号系统和运算规则。计算机技术出现后，地理空间数据可视化借助计算机图形学和图像处理等技术，用几何图形、色彩、纹理、透明度、对比度等技术手段，以图形图像信息的形式，直观、形象地表达出来，并进行交互处理。

5. 空间尺度理论

人类认知能力有限，超过一定的详细程度，一个人能看到的越多，他对所看到的东西能描述的就越少。人类信息获取实际上是以一种有序的方式对思维对象进行各种层次的抽象，以便自己既看清细节，又不被枝节问题扰乱了主干。

地理信息具有空间分布特性。图形是地理信息最好的表达方式。尺度一般表示物体的尺寸与尺码，有图形就必须有大小，有大小就有空间尺度。地理信息不同尺度的表达引出了地图比例尺的概念。不同尺度的变化不仅是尺度的缩放，而且带来了空间结构的重新组合，由此引出制图综合的理论。

空间尺度是地理信息表达的概念。尺度影响着地理信息可视化的表达内容、分析结果并最终影响人类的认知。空间尺度理论对地理空间信息的获取、数据组织、表达和分析有着重要影响。空间尺度理论是空间认知、地理信息表达和可视化理论的产物。

当空间数据可视化比例尺变化时，在计算机屏幕上地理空间数据点、线、多边形等图形的视觉信息变化各有不同，随着比例尺变小，图形符号和图形间距离也呈比例缩小，当比例尺缩小到一定程度后，屏幕图形将拥挤难辨。为了研究空间数据可视化的尺度变化规律，这里把地理空间数据点、线、多边形等图形抽象为一个与具体形状无关的单元图形，通过单元图形的缩放来研究图形随尺度变化的规律。大量实践证明，空间数据的分级应以比例尺变化4倍为参考依据，从而揭示了地理信息可视化尺度变化规律。

6. 地理信息传输理论

地理信息存在于一定物质、能量载体上，并能从一个载体向另一个载体传递，形成信息流。地理信息传输过程与机制是地理信息科学理论研究的核心。捷克地图学家柯拉斯尼

（Kolacny）提出了信息源、传递信息的信道和信息的接收者三个要素构成的地图信息传输模型。该模型涉及地理信息生产者认知、表达、接受者的感受、解译等过程和方法的理论。地理信息认知是研究人类如何对客观环境进行认知和信息加工，探索地理信息数据制作的思维过程，并用信息加工机制描述、认识地理信息加工处理的本质。地理信息感受论是研究信息接受者的视觉感受的基本过程和特点，分析信息接受者对地理信息感受的心理、物理因素和感受效果的理论。接受者对地理信息的定性解译和定量反演，揭示和展现了地球自然现象和社会发展现今状态及时空变化规律。从现象到本质，回答地球所面临的诸多重大科学问题，如资源、环境和灾害等，是地理信息科学的最终科学目标。地理信息的解译涉及地理科学的许多领域。

7. 地理信息解译

地理信息解译是从地理信息载体（语言、文字、地图、地理空间数据）中提取可信的、有效的、有用的地理信息（知识）的理论、方法和技术。地理信息解译过程是一个地理空间认知的过程。传统的地图解译主要是一种目视解译过程。地图是地理信息的可视化产品，地图的信息传输大部分是通过人的视觉感受来进行的，对地图信息的提取是由人的视觉系统将图形信息传送至大脑，由大脑再加上一些心理因素而做出判定。人的视觉感受是个复杂的过程，读图过程都须经过觉察、辨别、识别和解译。其中，觉察、辨别过程主要受生理、心理因素的影响，识别和解译与读图者的知识水平、实践经验、思维能力有关。地图的视觉感受过程、视觉变量、视觉感受效果，以及地图视觉感受的生理与心理因素等研究形成了地图视觉感受理论。

相比纸质地图，数字环境下地理空间数据能储存数量更为巨大的地理信息，需要利用计算机硬件和软件对地理数据进行读取、显示、检索和分析来提取地理知识。数字环境下地理信息解译离不开目视解译过程，但应用计算机对地理空间数据查询和空间分析可以派生出更多信息、新的知识和挖掘潜在空间信息。地理空间数据挖掘和知识发现已成为地理信息科学研究的热点之一。

8. 不确定性理论

地理空间数据不确定性（uncertainty）的实质主要指数据的误差、不确定性和误差常被任意选用，较多的还是使用"误差"这一简洁的概念。随着现代测量技术的迅速发展，以及地理空间数据信息来源的多源化，考虑误差的范围也从数字上扩大到概念上，虽然以数值误差为主，但也要顾及不能用数值来度量的误差。这样，传统的误差理论已远远不能满足需要，数据不确定性的研究逐渐得到重视。时至今日，人们趋向于认为，数据不确定性主要指数据"真实值"不能被肯定的程度。从这个意义看，数据不确定性可以看做是一种广义误差，但它比误差更具有包容性与抽象性，既包含随机误差，也包含系统误差；既包含可度量的误差，也包含不可度量的误差。因此，数据的随机性、模糊性、未确定性等均可视为不确定性的研究内容。

从研究的具体形式看，地理空间数据不确定性的研究又可细分为：位置不确定性、属性不确定性、时域不确定性、逻辑一致性、数据完整性、不确定性的传播、不确定性的可视化表示等。地理空间数据不确定性研究的核心，就是建立一套不确定性分析和处理的理论体系和方法体系。地理空间数据误差来源的复杂性及地理信息难以重复采样，使得地理空间数据不确定性既有空间位置的不确定性和空间属性数据的不确定性，还具有与其空间位置相关的结构性问题，同时尺度也是不确定性研究要考虑的因素。不确定性问题是非线性复杂问题。因此，除了经典误差理论、概率论、数理统计仍是研究该问题的理论基础外，还需要寻找证据理论、模糊数学、空间统计学、熵理论、云理论、信息论、人工智能等非线性科学理论的支持，随机几何学、分形几何学、神经网络、遥感信息模型等基于边缘学科的不确定性分析处理方法也逐渐受到重视。

1.2.3 地理信息技术体系

从技术和应用的角度看，GIScience 是解决空间问题的工具、方法和技术。地理信息技术是地理信息获取、处理、管理和应用的手段、方法和技能的总和。地球信息科学的方法与技术主要包括全球定位系统、遥感、地球信息系统及其应用，地球信息空间数据库技术、空间信息分析模型、可视化方法技术，地球信息标准化与规范化、地球信息共享、地球信息综合制图、地学信息图谱等内容。

1. 地理信息获取与处理技术

地理信息获取与处理是 GIS 技术的重要组成部分。它以测绘技术为基础研究不同地理信息感知方法、空间数据处理方法和系统。

（1）实地测量，利用电子经纬仪、光电测距仪、全站型电子速测仪、GPS RTK 技术等先进测量仪器和技术对地球表面局部区域内的各种地物、地貌特征点的空间位置获取与处理，实现大比例尺地面数字测图，完成地面地形空间数据采集、输入、编辑、成图、输出整个过程。

（2）航空摄影测量，利用摄影测量的外业调查、地形地物和数字高程模型的方法，实现地物三维数据获取。

（3）遥感获取，利用遥感图像的几何处理和影像模式识别处理方法，获取地物数据。

（4）地图数字化，利用地图几何处理、几何匹配、数据压缩、多边形拓扑关系自动生成和数据质量检查方法，实现地理实体的图形数据和属性数据的采集、编辑和质量检查。

2. 地理信息存储管理技术

地理信息的空间性和多维性是地理信息存储管理的难点。空间性要求空间数据的操作（增加、删除和修改）必须有一个可视化的编辑界面（图形编辑系统）和利用测绘技术进行坐标定位。传统数据库的一维索引方法不能满足多维性空间数据的快速检索要求，必须建立空间索引机制。在数据结构、计算机网络和数据库技术等基础上研究空间数据模型、空间数据索引方法、查询操作与查询语言和地理空间数据库设计等技术。

3. 地理信息可视化技术

地理信息可视化是指采用计算机技术和系统，把地理信息数据转化成人的视觉可以直接感受的计算机图形图像，从而进行数据探索和分析。主要研究计算机图形可视化基础（计算机图形学）、地图符号可视化（计算机地图制图）、统计数据可视化（专题制图）和地形与地物三维可视化。

4. 空间分析挖掘技术

空间分析对空间信息（特别是隐含信息）的提取和传输功能已成为 GIS 区别于一般信息系统的主要功能特征，也成为评价一个 GIS 功能强弱的主要指标之一。分析内容有空间查询、位置和量算、空间方位、空间分布、空间距离（缓冲区分析、叠加分析和网络分析）、地形分析和空间统计分类分析（主成分分析、层次分析、系统聚类分析、判别分析）。直接从空间物体的空间位置、联系等方面去研究空间事物，以期对空间事物做出定量的描述，它需要复杂的数学工具，如空间统计学、图论、拓扑学、计算几何，主要任务是空间构成的描述和分析（消防站点的选址、最短路径分析）。

地理空间数据挖掘是数据挖掘的一个分支，是在地理空间数据库的基础上，综合利用各种技术方法，从大量的空间数据中自动挖掘事先未知的且潜在有用的知识，提取非显式存在的空间关系或其他有意义的模式等，揭示蕴含在数据背后的客观世界的本质规律、内在联系和发展趋势，实现知识的自动获取，从而提供技术决策与经营决策的依据。它可以用来理解或重组空间数据、发现空间和非空间数据间的关系、构建空间知识库、优化查询等。在已建立的空间数据库中，隐藏着大量的可供分析、分类用的知识，如空间位置分布规律、空间关联规则、形态特征区分规则等，它们并没有直接存储于空间数据库中，必须通过挖掘技术才能挖掘出来。因此，地理空间数据挖掘技术就显得尤为重要。

1.2.4　地理信息系统架构

GIS 是在计算机硬件和软件支持下对地理信息技术的实现。GIS 与软件技术是密不可分的，特别是随着分布式计算技术及网络技术的发展，GIS 软件的体系结构发生了极大的变化，出现了许多开发 GIS 的新技术，如组件技术、中间件技术和分布对象技术等。

1. 单机地理信息系统

从系统论和应用的角度出发，GIS 主要由 4 部分组成：计算机硬件系统，计算机软件系统，空间数据及系统的组织和使用维护人员即用户。其核心内容是计算机硬件和软件，空间数据反映了应用 GIS 的信息内容，用户决定了系统的工作方式。单机 GIS 是指地理信息获取、处理、存储管理和应用分析均运行在一台计算机上完成（图 1.6）。

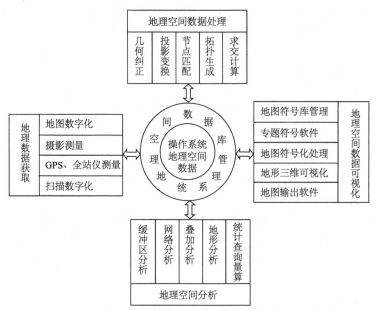

图 1.6　地理信息系统单机体系结构

从系统结构上讲，GIS 应具备 5 大基本功能：数据采集、数据编辑与处理、空间数据库管理、空间查询和空间分析，以及结果输出。从应用目的上讲，应具有 3 个基本功能：其一，作为一种空间信息数据库，管理和储存空间对象的信息数据；其二，作为一种空间分析工具在各对象层间进行逻辑运算和数学运算（建立模型），从而产生新的派生信息和内涵；其三，根据以上两个基本功能所完成的操作，对空间现象的分布、发生、发展和演化做出判断和决策，即空间决策支持系统功能。

2. 网络地理信息系统

网络 GIS（WebGIS）指基于 Internet 平台、客户端应用软件采用网络协议、运行在 Internet 上的 GIS。一般由多主机、多数据库和多个客户端以分布模式连接在 Internet 上而组成，包括：WebGIS 浏览器（browser）、WebGIS 服务器、WebGIS 编辑器（editor）、WebGIS 信息代理（information agent）。网络 GIS 是 GIS 与网络的有机结合，GIS 通过万维网功能得到了扩展，从万维网的任意一个节点，人们可以浏览和获取 Web 上的各种地理空间数据及属性数据、图像、文件，进行地理空间分析，地理数据的概念已扩展为分布式的、超媒体特性的、相互关联的数据。一个网络 GIS 有 3 个部分：客户、服务器和网络，每个部分都由特定的软硬件平台支持。客户发送请求给服务器然后服务器处理该请求，并把结果返回给客户，客户再把结果或数据提供给用户。客户和服务器间的连接根据像 TCP/IP 这样的通信协议来建立。

计算机网络就是用物理链路将各个孤立的工作站或主机连接在一起，组成数据链路，且以功能完善的网络软件（网络协议、信息交换方式及网络操作系统等）实现网络资源共享的系统。建立计算机网络的目的是将计算工作分摊到多台计算机中，减轻集中在单部计算机上的运算负载以降低可能的风险。网络结构模式经历了集中式结构模式和分布式结构模式的演变历程。分布式结构模式主要指客户机/服务器（client/server，C/S）结构和 Web 结构（图 1.7），其中，Web 结构模式包括浏览器/Web 服务器（browser/server，B/S）结构和浏览器/应用服务器/数据库服务器三层结构。图 1.7（b）如果增加 GIS 功能服务，则为四层结构，如图 1.7（c）所示。

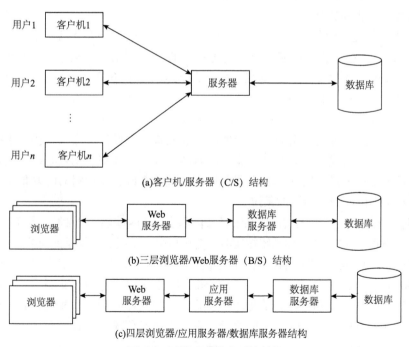

(a)客户机/服务器（C/S）结构

(b)三层浏览器/Web服务器（B/S）结构

(c)四层浏览器/应用服务器/数据库服务器结构

图 1.7　网络地理信息系统结构

C/S 体系模式的优点：①C/S 方式有很强的实时处理能力，与 B/S 方式相比，C/S 结构更适合于对数据库的实时处理和大批量的数据更新；②C/S 方式的面向对象技术十分完善，并且有众多与之配套的开发工具；③由于 C/S 方式必须安装客户端软件，系统相对封闭，这反而使它的保密性能优于 B/S 方式。对于分布式广域网环境下的 GIS 应用，C/S 结构则显得力不从心，特别是涉及分布式环境下异构多数据库系统，这种两层的体系结构就存在很大障碍。

网络技术的发展和普及，要求分布在不同领域、不同部门的空间数据和处理功能能够共享和互操作，使得空间信息不再局限于专业用户，普通民众也能容易地访问和使用。为了适应分布式环境下异构多个数据库系统，由 C/S 结构演变出了 B/S 结构。B/S 结构是一种从传统的 C/S 结构模型发展起来的新的计算模式。B/S 体系结构突破了客户/服务器两层模型的限制，将 C/S 结构中的服务器端分解成应用服务器和多个数据库服务器。B/S 结构本质上是一种三层结构的客户/服务器结构。它把 C/S 结构进一步深化，在服务器端形成 Web 服务器和数据库两层，浏览器和服务器之间通过超文本标记语言（hyper text markup language，HTML）和超文本传输协议（hyper text transfer protocol，HTTP）来实现信息的描述和组织。该模式减轻了客户端和数据库服务器的压力，只需随机增加中间层服务器（应用服务器），即可满足应用需要。

WebGIS 是 Internet 技术应用于 GIS 开发的必然产物。它集 Web 技术、GIS 技术和数据库技术于一身，以新的工作模式和新的数据共享机制，广泛应用于各种涉及地理信息的领域。在 Web 上为用户提供信息发布、数据共享、交流协作，从而实现 GIS 的在线查询和业务处理等功能，使用户能直接通过 Web 浏览器对 GIS 数据进行访问，实现空间数据和业务数据的检索查询、专题图输出、编辑修改等 GIS 功能，完成 GIS 技术从 C/S 模式向 B/S 模式的转变。

WebGIS 继承了 GIS 的部分功能，侧重于地理信息与空间处理的共享，是一个基于 Web 计算平台实现地理信息处理与地理信息分布的网络化软件系统。

3. 嵌入式地理信息系统

随着现代计算机技术的飞速发展和互联网技术的广泛应用，人类已从 PC 时代过渡到了以个人数字助理、手持个人电脑和信息家电为代表的 3C（计算机、通信、消费电子）一体的后 PC 时代。后 PC 时代里，嵌入式系统扮演了越来越重要的角色，被广泛应用于信息电器、移动设备、网络设备和工业控制仿真等领域。嵌入式系统是以应用为中心，以计算机技术为基础，软硬件可裁减，适应应用系统对功能、可靠性、成本、体积、功耗有严格要求的专用计算机系统。嵌入式系统通常由嵌入式处理器、嵌入式外围设备、嵌入式操作系统和嵌入式应用软件等几大部分组成，是对系统功能、可靠性、成本、体积、功耗有严格要求的专用计算机系统。嵌入式 GIS 是以嵌入式处理器和操作系统为基础，通过对 GIS 功能裁减，为专门应用开发的专用 GIS，如道路导航系统。

与通用操作系统相比，嵌入式操作系统具有体积小、实时性强、可裁减、易于扩展、稳定性强、接口统一等优点。嵌入式操作系统按实时性能可以分为两类：一类是面向控制、通信等领域的实时操作系统；另一类是面向消费电子产品的非实时操作系统，这类产品包括个人数字助理（PDA）、移动电话、机顶盒、电子书、WebPhone 等，比较著名的有 Windows CE 和 Palm OS。

受硬件环境的制约，同时由于嵌入式 GIS 的开发与具体应用紧密相连，嵌入式 GIS 的数据模型呈现出许多与桌面型 GIS 的不同之处。最大的特点是嵌入式 GIS 采用了矢量数据分块的方式存储和管理数据，因为任意时刻屏幕显示的图形数据只是读入数据的一部分，所以适当减少非屏幕显示区域的数据，并不影响屏幕图形数据的显示。系统采用矢量数据分块的方法，将空间矢量数据分为 N 份，任意时刻 PDA 显示图形数据时，只是读取部分图形数据以满足快速显示图形的要求和数据存储需要。

4. 组件地理信息系统

组件式 GIS（ComGIS）是 GIS 技术与组件技术结合的产物。其要旨是把 GIS 的各种功能模块进行分类，划分为不同类型的控件，每个控件完成各自的功能。各控件之间，以及 GIS 控件之间与其他非 GIS 控件之间，通过可视化软件开发工具集成起来，形成满足用户特定功能需要的 GIS 应用系统。一般分为基础组件、高级通用组件、行业性组件。

1.2.5 地理信息工程

地理信息工程建设是一项艰巨而复杂的工程任务。工程建设按开发时间序列划分为 4 个阶段：立项与需求分析、系统设计（总体与详细设计）、系统实施工程管理和系统维护与评价。地理信息标准体系也成为地理信息工程的主要内容。

1. 立项与需求分析

需求分析是在对现行系统调查基础上进行的，是工程开发和建设的第一步，主要任务是通过用户调查发现系统存在的问题，完成可行性研究工作，确定建立项目是否合理、可行。这一阶段应完成的工作：①用户情况调查；②明确系统的目的和任务；③系统可行性研究；④提交需求分析报告。

2. 总体与详细设计

工程建设中的系统设计是在需求分析规定的"干什么"基础上，解决系统"如何干"的问题。按照工程规模的大小，可将设计任务分为两个部分完成。第一是总体设计，用来确定系统的总体结构；第二是详细设计，在总体设计的基础上，将各组成部分进一步细化，给出各子系统或模块的足够详细的过程性描述。

总体设计的目的是解决"系统如何实现"的问题，其主要任务是划分各系统的功能模块、确定模块之间的联系及其描述；根据系统的目标，配置适当规模的硬软件及计算机的运行环境。系统开发各阶段的文档，即技术手册、用户手册、培训材料应包括基本要点的制定；系统的质量、性能、安全性估计或规定。详细设计在总体设计的基础上进一步深化，是对总体设计中已划分的子系统或各大模块的进一步深入细化设计。

3. 系统实施工程管理

系统实施工程管理是 GIS 建设付诸实现的实践阶段，即对系统设计阶段完成的 GIS 物理模型进行建立，把系统设计方案加以具体实施。在这一过程中，需要投入大量的人力物力，占用较长的时间，因此必须根据系统设计说明书的要求组织工作，安排计划，培训人员。开发与实施的内容主要包括：程序编制与调试、数据采集与数据库建立、人员的技术培训和系统测试。

4. 地理空间数据质量控制

地理空间数据的质量和现势性，将直接影响地理信息分析与应用的准确性。因此，地理空间数据比一般的数据精度要求更高，地理空间数据的质量必须通过严格控制。由于人工排错效率低、容易出错，往往借助计算机软件工具进行质量控制。质量控制通常包括几何信息控制、属性信息控制和拓扑关系控制。几何信息表达合理性，主要检查几何位置误差、表示方法和逻辑一致性等。几何位置和表示方法的检查一般相对简单，逻辑一致性的检查比较复杂。属性信息的检查主要包括对属性信息完整性、正确性和一致性的检查。属性信息的完整性只需检查相应的字段值是否为空，属性信息正确性和一致性是质量控制中最复杂也是最重要的检查内容，仅依靠软件是无法实现的，必要时通过人工交互的方式辅助处理。拓扑关系的检查主要包括拓扑一致性的检查，主要是分析现有道路的起止结点关系，以及结点和连接弧段的关系，这部分内容可以通过软件进行。

5. 系统维护与评价

系统测试完毕，即可进入正式运行阶段，提供给用户使用。在这一阶段，系统工作人员要对投入运行后的系统进行必要的调整和修改。

系统维护是指在系统整个运行过程中，为适应环境和其他因素的各种变化，保证系统正常工作而采取的一切活动，包括系统功能的改进和解决在系统运行期间发生的一切问题及错误。GIS 规模大，功能复杂，对 GIS 进行维护是地理信息工程建立中一个非常重要的内容，也是一项耗时、花费成本高的工作，要在技术上、人力安排上和投资上给予足够的重视。

系统评价是指对 GIS 的性能进行估计、检查、测试、分析和评审，包括用实际指标与计划指标进行比较，以及评价系统目标实现的程度。系统评价一般在 GIS 运行一段时间后进行。系统评价的指标应包括经济指标、性能指标和管理指标各方面，最后应就评价结果形成系统评价报告。

6. 地理信息标准

地理信息标准化是关系工程建设的必备条件之一。地理信息标准体系的主要任务是为地理信息制定一套标准，以便确定地理信息数据管理（包括定义和描述）、采集、处理、分析、查询、表示，以及在不同用户、不同系统、不同地方之间转换的方法、工艺和服务。标准项目包括参考模型、地理信息术语、一致性与测试、空间模式、时间模式、应用模式规则、要素分类方法、数据质量、空间参照系统、元数据、地理信息表述、数据编码、影像和栅格数据、实用标准等。

1.2.6　地理信息系统应用

GIS 在应用领域的发展沿着两个方向：其一仍是在专业领域（如测绘、环境、规划、土地、房产、资源、军事等应用系统）的深化，由数据驱动的空间数据管理系统发展为模型驱动的空间决策支持系统，主要包括资源开发与管理、环境分析、灾害监测；其二就是作为基础平台和其他信息技术相融合（如物流信息系统、智能交通和城市管理信息系统等），通过分布式计算等技术实现和其他系统、模型及应用的集成而深入行业应用中，如电子政务、电子商务、公众服务、数字城市、数字农业、区域可持续发展及全球变化等领域。

1. 在地理科学研究中的应用

GIS 在地学中的应用主要解决 4 类基本问题：①与分布、位置有关的基本问题。包括以下两个问题：一是对象（地物）在哪里；二是哪些地方符合特定的条件。②各因素之间的相互关系，对人地关系的研究，即揭示各种地物之间的空间关系，如交通、人口密度和商业网点之间的关联关系。从事人地关系研究，同样需要处理大量社会、人文、经济等统计数据，需要和自然地理数据叠加，这在技术上存在一定难度。而利用 GIS 可以较轻松完美地完成任务。③对未来变化过程的预测、预报，这是科学研究的最终目标。事物发展动态过程和发展趋势，表示空间特征与属性特征随时间变化的过程，回答某个时间的空间特征与属性特征，从何时起发生了哪些变化。④模拟问题，对自然过程进行模拟，即对自然过程进行时空流场的动力学模拟，利用数据及已掌握的规律建立模型，就可以模拟某个地方如具备某种条件时将出现的结果。

GIS 在地学专业领域应用的核心是空间模型分析，其研究可分 3 类：第一类是 GIS 外部的空间模型分析，将 GIS 当做一个通用的空间数据库，而空间模型分析功能则借助于其他软件。第二类是 GIS 内部的空间模型分析，试图利用 GIS 软件来提供空间分析模块，以及发展适用于问题解决模型的宏语言，这种方法一般基于空间分析的复杂性与多样性，易于理解和应用，但由于 GIS 软件所能提供空间分析功能极为有限，在实际 GIS 的设计中较少使用这种紧密结合的空间模型分析方法。第三类是混合型的空间模型分析，其宗旨在于尽可能地利用 GIS 所提供的功能，同时也充分发挥 GIS 使用者的能动性。

综合起来，利用地理空间分析进行地学研究，GIS 可解决以下几个主要方面的问题。

（1）研究各种现象的分布规律。地理位置是指地理事物在某区域的空间分布，是表示地理事物属性的重要内容。地理位置体现了地理事物在地球表面或参照物之间的空间绝对关系，能反映其在宇宙空间、地球表面存在的具体地点或分布的准确范围，反映的是地理事物之间的相对性和联系性。通过空间分析，能比较准确地把握地理事物在空间距离、方位、面积等方面的空间属性。通过对地理事物地理位置的分析，可以得出该事物许多的地理空间特征和空间属性、空间分布规律和特点，从而为解决地理问题提供或明或暗的基础条件，其在理解地理原理、探索地理规律、解决地理问题中扮演着重要的角色。

（2）揭示地理事象的空间关联。地理环境是一个整体，各要素间是相互关联的。这里说的关联是指地理事象之间内在的必然联系。地理事象的空间关联可分为地理位置关联、交通和通信上的关联等，是通过人流、物流和信息流来实现的。在区域研究或行业生产发展中涉及大量的地理事象空间关联的分析。

地理事象总是发生在一定的时间和空间中。工业和农业区位选择经常涉及地理事象的空间关联。例如，气候与自然条件具有一定空间关联；京津唐工业区背靠山西煤炭工业基地，它们之间存在着紧密的空间关联。复杂的空间关联则需要采用多种数学手段，借助 GIS 通过确定相关系数、建立数据模型和空间模型来进行分析。

（3）揭示地理事象的时空演变。把同一地区不同时间的地理数据放在一起进行对比，能反映地理事物的空间演变。例如，对某台风进行追踪监测，通过对台风所经过的同海域卫星遥感影像进行对比，可以预测台风的移动方向、路径、速度和暴风雨出现的范围；将同一城市不同时期的地理数据放在一起进行分析，可以反映该城市的城市化进程和地域空间结构的变化；森林发生火灾时，将该地区不同时期关于火灾的地理数据进行对照分析，可以揭示火灾发生的位置、演变方向和风向的关系等，从而为灭火科学决策提供重要依据。

（4）分析地理事象的空间结构。任何地理事象都不是孤立存在的，总是存在于一定的空间结构之中，利用地理数据能分析地理事象的空间结构、相互联系和发展变化的过程。人们通过对政区图的空间分析能掌握某行政单元处在什么样的地理空间结构之中，通过对某城市遥感图或平面图的空间分析能把握地域空间结构；通过对地域区域空间结构特征进行综合分析和评价，能提出地域空间发展相应的对策。例如，针对我国"山地多，平地少，耕地比重更少"的土地资源结构特征，综合分析评价，在土地利用方面有利有弊，限制种植业的发展，有利于林牧业的发展。把地理事物放到空间结构中去认识，有利于人们形成地理空间智慧。

（5）阐释地理事物的空间效应。在通过对地理事物的空间位置、分布规律、空间结构分析的基础上，进一步阐释地理事象的空间效应。不同的空间位置和空间结构产生不同的空间效应。例如，河流的治理必须考虑上、中、下游之间引起的空间效应。不同自然、社会经济因素在某地点的空间组合会产生不同的空间效应。在工业、农业区位选择中，必须对区位因素所形成的空间效应进行科学的阐释。

不同的地理数据具有不同的空间分析功能。基础地理数据能比较准确地分析地理位置的空间分布；等高线地形图能对地形、地势进行空间分析；专题地理数据能对一个或几个地理要素进行空间分析。

2. 政府管理决策应用

政府管理的事物通常涉及面广、综合性强，往往不是单一政府职能部门可以解决的问题，需要调动各方面力量，协调行动。为实现各类信息的有效关联，地理编码作为连接空间信息与专题信息的桥梁，可以保障地理信息、与地理位置相关的专业信息能够得到统一应用，在此基础上借助空间分析、统计分析及模型分析等功能实现多种信息的快速、及时、准确的集成处理与分析，为政府提供科学的辅助决策信息。

1）政府管理决策作用

政府管理的事务几乎没有一样不与空间位置发生联系。宏观方面，资源、环境、经济、社会、军事等活动都发生在地球上的某个地域；中观方面，政府主管的房屋土地、环保、交通、人口、商业、税务、教育、医疗、体育、文化文物等都有具体位置；微观方面，城市社会服务的内容也都发生在具体地点，如金融商业网点、旅游景点、派出所、机关学校等。通过统一空间位置、地理编码关联可以将各种信息进行关联、定位。通过空间分析快速获取需要的信息，掌握社会、环境动态变化，便于决策者分析问题、建立模型、模拟决策过程和方案，以提高政府应对紧急事件的能力。

（1）为部门专业化管理提供科学依据。专业部门作为政府管理的主要组成部分，其内容与自身的业务特点紧密结合，形成了各具特色的 GIS。例如，地震应急辅助决策空间信息服务系统，服务于中国地震局的地理信息应用系统，利用国家基础地理信息数据、遥感信息、综合县情数据及国民经济统计数据建立了地震重点监视防御区；地理基础信息服务数据库，通过研究人口与经济数据空间的非线性分布规律建立空间数据与人口、重要国民经济统计数据相关的分析模型，获取了任意区域统计数据，提高了统计数据地理定位精度，为抗震救灾指挥提供了空间数据集成与管理技术支持。在河流流域管理方面，充分运用 GIS、先进的三维虚拟仿真可视化技术、大型数据库管理技术及通信技术，对水文专题信息的空间分析模型与查询技术进行整合，实现了从空间结构、时间过程、特征属性和客观规律等方面对流域进行信息化描述。

（2）为地方政府管理提供分析工具。地方政府的管理实际上是一种对区域的管理和治理，涉及区域内的自然环境、经济、人口、社会等各个方面的信息，多数与地理信息密切相关。因此，政府可能是地理信息资源潜在的最大拥有者和应用者，使地理信息成为政务信息化的重要环节。

（3）为政府管理提供决策支持。随着社会的发展，政府面临的需要决策的事情越来越多，政府各部门领导每天要为大量的，且多是从来没有碰到过的问题下结论、做决定。这就要求领导者、政府工作人员等能够迅速及时掌握充分的支持决策的信息，从而做出正确决策。GIS可以为政府领导在决策时提供及时、准确的参考信息，为政府领导提供一套进行宏观分析决策的辅助工具，用以解决经济建设和社会发展中所遇到的各种问题。

2）政府应用领域

GIS 在政府应用领域主要包括：①资源管理（resource management）。可应用于农业和林业等领域，解决各种资源（如土地、森林、草场）分布、分级、统计、制图等问题。②资源配置（resource configuration）。主要应用于各种公用设施、救灾减灾中物资的分配、全国范围内能源保障、粮食供应等资源配置。GIS 在这类应用中的目标是保证资源的最合理配置和发挥最大效益。③城市规划和管理（urban planning and management）。这是 GIS 的一个重要应用领域。例如，在大规模城市基础设施建设中如何保证绿地的比例和合理分布；如何保证学校、公共设施、运动场所、服务设施等能够有最大的服务面（城市资源配置问题）等。

④土地信息系统和地籍管理（land information system and cadastral application）。涉及土地使用性质变化、地块轮廓变化、地籍权属关系变化等许多内容，借助 GIS 技术可以高效、高质量地完成这些工作。⑤生态、环境管理与模拟（environmental management and modeling）。主要应用于区域生态规划、环境现状评价、环境影响评价、污染物削减分配的决策支持、环境与区域可持续发展的决策支持、环保设施的管理、环境规划等。⑥应急响应（emergency response）。在发生洪水、战争、核事故等重大自然或人为灾害时，如何安排最佳的人员撤离路线，并配备相应的运输和保障设施的问题。⑦基础设施管理（facilities management）。城市的地上地下基础设施（电信、自来水、道路交通、天然气管线、排污设施、电力设施等）广泛分布于城市的各个角落，且这些设施明显具有地理参照特征的，它们的管理、统计、汇总都可以借助 GIS 完成，而且可以大大提高工作效率。

3）电子政务应用

电子政务中的信息服务（GIS 是其中一个重要的组成部分）主要目的是加强政府与企业、政府与公众之间的联系与沟通。在电子政务中，往往需要提供各级政府所管辖的行政空间范围，以及所管辖范围内的企业、事业单位甚至个人家庭的空间分布、所管辖范围内的城市基础设施、功能设施的空间分布等信息。另外，政府各职能部门也需要提供其部门独特的行业信息，如城市规划、交通管理等。

GIS 可为政府和企业提供极为有力的管理、规划和决策工具，可用于企业生产经营管理、税收、地籍管理、宏观规划、开发评价管理、交通工程、公共设施使用、道路维护、市区设计、公共卫生管理、经济发展、赈灾服务等。

3. 经济活动决策支持

随着市场经济的快速发展，社会需求的复杂性和多样性使得企业的市场决策变得尤为重要。空间分析成为进行现代商业决策分析不可或缺的利器。利用地理信息可以优化资源配置，降低商业运行成本，并用于规划、监测、改善区域商业环境。空间分析提供了认识空间经济学现象的思维方式和解决空间经济学问题的方法，可用于表现和分析复杂的空间经济现象，其在商业领域的价值也越来越受到人们的关注。

（1）商业地理分析。GIS 在商业上的应用是近年来应用研究的新热点。空间分析正在直接或间接地渗透到包括商业和经济在内的各种社会活动中，主要有市场交易收入预测、市场共享、商店业务分割、商品组合分析、零售店效益监测、促销效果分析、收购及兼并计划、新产品的市场分析、销售网络优化、广场路线设计等。在西方发达国家，地理空间分析已经成为制定商业战略有力的工具，并且现在成为一门新的 GIS 分支——商业地理分析技术。商业地理分析技术具有广泛的应用前景，主要应用有：①零售业（消费者分布与特征、城区及邻区特点、广告布置、按人口的消费者目标区）；②路线选择（垃圾回收、送货服务、出租、公共汽车、救护与消防车）；③银行业[根据地理位置及人口设置广告、银行地址选择、自动取款机（ATM）设置]；④商业建筑地点（选择用户接近度分析、竞争情况分析、环境、交通）；⑤房地产业（地价评估、区域增长历史、自然、环境、给水、设施、当地房地产销售情况）；⑥保险业（客房与市场分析、险情的地理分析与评估）；⑦饭店区位选择与促销（快餐销售覆盖、交通与人流量）。这些应用有的还有待研究和开发，但某些应用已经发展成熟，并在经济生活中被广泛使用。

（2）市场营销辅助决策。信息是决策的宝贵资源，决策离不开信息。拥有了高质量的信息，再辅以 GIS 强大的空间分析功能，GIS 在市场营销决策中的应用也显示出了巨大的优越性和潜力。GIS 在市场营销辅助决策的应用主要表现在：①在目标市场确定中的应用；②在竞争状况分析中的应用；③在销售网络和销售渠道选取中的应用；④在商品供应调控及销售情况空间模拟方面的应用。其基本的模式是：在确定了目标市场的评价体系后，建立适当的评价模型，以各待选市场的地理位置为信息中心，从地理空间数据库中提取出与该地的自然条件、社会经济条件等有关的属性信息，根据建立的模型，在对资料进行空间查询的基础上，进行空间分析，对各区域进行综合评价，通过空间分析功能对各区域进行比较，按照统一的确定标准输出该市场各方面的信息，供进一步的决策应用。

（3）商业选址分析。商业选址在商业经营活动中属于投资性决策的范畴，其重要性远远高于一般的经营性决策，选址的成功在很大程度上可以决定整个商业项目的成功。因选址本身资金投入大，同时又与企业后期经营战略的制定相关，很容易受到长期约束。因此，企业都非常重视其前期商店选址工作，科学、合理的市场需求分析和商业企业区位选定在商业企业家投资决策中成为了重要的依据。

商业选址要宏观、中观、微观分析相结合，不同尺度的视角需要不同来源数据的整合分析。大的方向性问题要注重宏观分析，与城市的总体经济发展水平保持一致；从中观的角度探讨商业选址与城镇体系发展的紧密性；从微观的角度分析消费者的需求、网点的布局等细节问题。从中观和微观分析中抓住商业地址规划的实质。

商业选址的最大特点是空间性。空间分析功能可以直接用于商业与经济管理活动中，解决一些实际问题，如应用缓冲区分析商业区影响区间、竞争对象分布统计；应用叠加分析进行多因素综合评价与预测；应用网络分析进行最佳路径分析、商业网点优化布设与选址和市场配置与优化等。

（4）电子商务。在电子商务中，企业往往需要向客户（企业或个人）提供销售、配送或服务网点的空间分布等空间信息，同时允许客户在电子地图上标注自己的位置或输入门牌号等信息，这样可以准确确定客户的位置。为了使电子商务得以高效实施，企业往往还配备了相应的信息管理系统，以对客户、销售点、配送中心、服务网点等信息加以管理，并实现最近配送点搜索、路径规划、配送车辆监控等功能。电子商务中的地理信息服务以提高电子商务的效率、增加销售额和降低成本为主要目的。房地产开发和销售过程中也可以利用 GIS 功能进行决策和分析。选址分析（site selecting analysis）根据区域地理环境的特点，综合考虑资源配置、市场潜力、交通条件、地形特征、环境影响等因素，在区域范围内选择最佳位置，是 GIS 的一个典型应用领域，充分体现了 GIS 的空间分析功能。

4. 公众出行决策

GIS 已逐步渗透进大众的日常生活中，如车辆导航系统、行车安全驾驶、智能出行服务、信息查询和未来汽车自动驾驶等。面向公众的综合地理信息服务正在迅猛发展。

（1）车辆导航系统。车载导航仪内安装导航电子地图和导航软件，通过 GPS 卫星信号确定的位置坐标与此匹配，实现路况和交通服务设施查询、路径规划、行驶导航等功能。路径规划是车载导航仪的核心功能，在导航电子地图支撑下，找出从节点 A 到节点 B 的累积权值最小的路径，是 GIS 中网络分析的最基本功能。它帮助驾驶员在旅行前或旅途中选择合适的行车路线。如有可能在进行路径规划时还应考虑从无线通信网络中获取的实时交通信息，以便对道路交通状况的变化及时做出反应。路径引导是指挥司机沿着由路径规划模块计算出的路线行驶的过程。该引导过程可以在旅行前或者在途中以实时的方式进行。确定车辆当前的位置和产生适当的实时引导指令，如路口转向、街道名称、行驶距离等，需借助地图数据库和准确的定位。

（2）行车安全驾驶。智能交通是实现了车与车之间、车与路之间信息交换的智能化车辆控制系统。例如，如果离前车太近，控制系统会自动调节与前车的安全距离；前车紧急刹车时，会自动通知周边的车辆，后车可以尽可能避免追尾；道路上出现交通事故时，事故车辆会发出警告，通过车与车或者车与路之间的高速通信，使其他车辆几乎在发生事故的同时就得到信息，便于其他车辆及时采取措施或选择另外的路线；当车辆处于非安全状态时，即使驾驶员实施并线或超车操作，汽车也可以自动启动安全保护功能，使并线和加速不能实现。这些行车安全驾驶的实现需要空间分析算法支撑。

（3）智能出行服务。智能出行查询服务解决了"公交车运行到哪了""哪辆车离我最近""我要坐的车还有几站才来"等问题。市民可以通过电脑及手机移动网络随时随地查询。向公众提供与之衣食住行密切相关的各类地理信息，如购物商场、旅游景点、公共交通、休闲娱乐、宾馆饭店、房地产、医院、学校等空间查询服务。从服务的空间范围来说，有的覆盖全国，有的覆盖全省，有的覆盖某个城市，也有的覆盖某个地区。

1.3　地理信息科学发展趋势

Goodchild 提出 GIS 发展的三个阶段：第一个阶段，GIS 作为地理学者的研究助手；第二个阶段，GIS 作为交流工具；第三个阶段，GIS 作为扩展人类感知地理现实的手段，这个阶段才刚刚浮现。朱庆总结了 GIS 技术的发展动态，认为 GIS 向多维、动态、一体化方向发展；GIS 系统体系结构向开放式、网络化、信息栅格发展；软件实现向组件化、中间件、智能体方向发展；空间信息技术和通信进一步融合；数据获取向"3S 集成"方向发展，尤其是 Sensor Web 的发展；数据存储管理向分布式存储及互操作方向发展；数据处理向移动计算、普适计算和语义网方向发展；人机交互向自然的虚拟环境方向发展等。

GIS 讨论研究的前沿问题如下。

（1）地理空间认知、地理信息本体论及概念格。它与认知心理学、地理思维、地图认知、地理行为学密切相关。地理信息本体论，主要是讨论各个专业应用领域概念与语义的相互关系，以及层次性与一致性等，相关研究涉及语义互联网、GIS 之间的语义互操作、知识级地理信息共享与知识重用，以及地球科学中的语义建模等。在地理信息本体研究中，概念格是一个前沿研究方向，涉及概念的内涵与外延等。

（2）面向"人"，面向社会的 GIS 发展。Harvey J.Miller 于 2005 年讨论了"关于人在地理信息科学中的位置"（what about people in geographic information science）的学术问题。龚建华和林珲从另外一个角度提出面向"人"的 GIS，认为传统的 GIS 是面向"地"的 GIS，侧重于地理生态世界，以点、线、面为基本表达单位；而面向"人"的 GIS，侧重于生活世界及社会世界，以个体、群体、组织为基本表达单位。地理信息科学中关于"人"的研究，主要包括人的心理（心脑）、生理（身体）及社会（个体）三个方面。

（3）地学模拟、情景决策支持分析。地学模拟方法近年来越来越受到学界的关注。相关研究如基于多智能体的 SARS 传播模拟分析等。

（4）时空过程表达、时空数据模型、时空分析，如水环境污染时空模型、滑坡过程时空模型、洪水演进过程模型、风暴过程模型等。

（5）网络环境下的分布式三维可视化、虚拟环境与数字地球。Google Earth 体现了这方面的工作与最新成就。

（6）协同 GIS。过去 GIS 是单用户的，为一个人设计使用的，但是现在是很多人同时用一个 GIS 系统。协同 GIS 就是一组人在 GIS 支持下一起解决一个地理问题。

（7）移动 GIS，移动地理计算。基于手机的 GIS，用户很广，其产业及相关 GIS 服务理念影响很大。

（8）数据挖掘与知识发现。目前这个方向在地理信息科学领域里是个研究热点。

1.4　与其他科学的关系

GIS 是现代科学技术发展和社会需求的产物。人口、资源、环境、灾害是影响人类生存与发展的四大基本问题。解决这些问题必须要自然科学、工程技术、社会科学等多学科、多手段联合攻关。于是，许多不同的学科，包括地理学、测量学、地图制图学、摄影测量与遥感、计算机科学、数学、统计学，以及一切与处理和分析空间数据有关的学科，共同寻找一种能采集、存储、检索、变换、处理和显示输出从自然界和人类社会获取的各式各样数据、信息的强有力工具，其归宿就是 GIS。因此，GIScience 明显地具有多学科交叉的特征，它既要吸取诸多相关学科的精华和营养，并逐步形成独立的边缘学科，又将被多个相关学科所运用，并推动它们的发展。因此，认识和理解 GIScience 与这些相关学科的关系，对准确定义和深刻理解 GIScience 有很大的帮助。

1. 地理信息科学与哲学、数学的关系

地理信息机理研究是地理信息科学理论研究内容之一，通过对地表各圈层间信息的形成和变化机制及传输规律的研究，揭示地理信息的发生和形成，以及相互作用的机理。为了正确地研究和反映客观实际，用辩证唯物主义的思想方法去认识和揭示自然界、人类社会和思维的一般规律是十分重要的。离开哲学，就不可能正确解释地理事物的发展规律，不能理解地理信息机理中的诸多概念，不能对 GIScience 中的许多理论问题做出正确分析。

数学是地理信息科学的基础。它是研究数量、结构、变化及空间模型等概念的一门学科，透过抽象化和逻辑推理的使用，由计数、计算、量度和对物体形状及运动的观察中产生。数学家们拓展这些概念，为了公式化新的猜想及从合适选定的公理及定义中建立起严谨推导出的真理。数学主要的学科产生于商业上计算的需要、了解数字间的关系、测量土地及预测天文事件。这四种需要基本均与数量、结构、空间及变化（即算术、代数、几何及分析）等数学广泛的子领域相关联。

地理空间数据的获取、处理、存储管理、分析应用环节都需要数学的支撑。数学的许多分支，尤其是几何学、图论、拓扑学、统计学、决策优化方法等被广泛应用于 GIS 空间数据的分析。

2. 地理信息科学与认知科学的关系

认知科学（cognitive science）是一门研究信息如何在大脑中形成及转录过程的跨领域学科，其研究领域包括心理学、哲学、人工智能、神经科学、语言学、人类学、社会学和教育学，是 20 世纪 70 年代末才形成的关于心智、智能、思维、知识的描述和应用的学科，研究智能和认知行为的原理及对认知的理解，探索心智的表达和计算能力及其在人脑中的结构、功能和表示。其研究对象为人类、动物和人工智能机制的理解和认知，即能够获取、储存、传播知识的信息处理的复杂体系。认知科学建立在对感知、智能、语言、计算、推理甚至意识等诸多现象的研究和模型化上。人类的感知系统包括视觉、听觉、触觉、嗅觉、味觉等，依靠这些感知器官将感知对象接收并传入大脑，经过识别、分析、组合后进入记忆系统。

认知科学应用于地图学，有助于研究地图工作者在设计和制作地图过程中所运用的知识和思维加工过程，从而促进地图学理论，尤其是地图信息表达和地图信息感知的深入研究。认知科学同地图学的结合，产生了心象地图（mental map）或认知地图，并由此引出了认知地图学的新概念。认知地图学研究的主要任务是探索地图设计制作的思维过程并用信息加工机制描述、认识地图信息加工处理的本质。

地理信息的传播是一个将客观世界转化为 GIS 从而被使用的信息加工过程。通过 GIS，不仅可以反映客观世界，而且能够认识客观世界。GIS 具有空间认知和图形认知两方面的功能。认知心理对于设计者的设计理念和使用者的视读理解均有着极深刻的影响。因此，研究、理解和掌握认知心理学原理和方法，既有利于增进设计者对使用者的认知了解，又有利于 GIS 的创新设计。

3. 地理信息科学与地理学的关系

地理学就是研究人与地理环境关系的学科，研究的目的是更好地开发和保护地球表面的自然资源，协调自然与人类的关系。地理学研究的是地球表面这个同人类息息相关的地理环境，地理学者曾用地理壳、景观壳、地球表层等术语称呼地球表面。

自然地理的变化影响人文地理，人文地理也反作用于自然地理。特别是在现代工业化时期，人类的活动使地球表面发生深刻的变化，一方面控制或减轻了某些自然灾害，另一方面森林的砍伐、污染、荒漠化等情况的出现，破坏了自然生态系统的平衡。随着人口的急剧增加、资源的大量消耗，人类的影响程度还在加剧。

随着在地学中应用的深入，GIS 为地理问题的解决提供了全新的技术手段，地理学研究的信息化是必然趋势。为了解决时空分布的地球表层地理现象、社会发展、外层空间环境及动态变化的过程在计算机中的表示、模拟和推演，必须创造和发展一系列基础理论，并利用这些基础理论去推动地理信息学及相关学科的发展。

地理学为 GIS 提供了有关空间分析的基本观点与方法，是 GIS 的基础理论依托。空间分析是 GIS 的核心，地理学是 GIS 的分析理论基础。

4. 地理信息科学与测绘学的关系

测绘技术不但为 GIS 提供快速、可靠、多时相和廉价的多种信息源，而且它们中的许多理论和算法可直接用于空间数据的变换、处理。地理信息科学包含了现代测绘科学的所有内容，但其研究范围较之现代测绘学更加广泛。测绘科学研究的对象主要是地球的形状、大小和地球表面各种物体的几何形状及其空间位置，目的是为人们了解自然和改造自然服务。具体地讲，测绘学是研究测定和推算地面点的几何位置、地球形状及地球重力场，据此测量地球表面自然形状和人工设施的几何分布，并结合某些社会信息和自然信息的地理分布，编制全球和局部地区各种比例尺的地图和专题地图的理论和技术学科。在发展过程中形成了大地测量学、普通测量学、摄影测量学、工程测量学、海洋测绘和地图制图学等分支学科。大地测量、工程测量、矿山测量、地籍测量、航空摄影测量和遥感技术为 GIS 中的地理实体提供不同比例尺和精度的定位数；电子速测仪、GPS 全球定位技术、解析或数字摄影测量工作站、遥感图像处理系统等现代测绘技术的使用，可直接、快速和自动地获取空间目标的数字信息产品，为 GIS 提供丰富和更为实时的信息源，并促使 GIS 向更高层次发展。

GPS 卫星大地测量的出现，为地理信息科学的发展做出了巨大贡献：一是建立了世界大地坐标系；二是精化了地球形状；三是填补了海洋上的测量空白；四是拓宽了 GIS 的应用领域；五是提供导航和实时定位时空坐标；六是对传统的常规测量提供检测手段。

5. 地理信息科学与地图学的关系

地图是 GIS 重要的数据来源之一。GIS 脱胎于地图，并成为地图信息又一种新的载体形式。GIS 将丰富多彩的现实世界，经过人类的感知、认识和抽象分类后成为系统、规则性的客体信息，再经过模数转换变成计算机可处理的数字形式进行存储、处理，并通过数模转换用多种媒体的地图形式表现出来，用户通过交互式可视化操作，重现客观实体的形象-符号模型，再通过解释来了解、认识和归纳出空间事物的分布、结构、特征、规律等，从而为实际利用提供依据。地图学理论与方法对 GIS 有重要的影响。

GIS 是从机助制图起步的，早期的 GIS 往往受到地图制图在内容表达、处理和应用习惯等方面的影响。但是，建立在计算机技术和空间信息技术基础上的 GIS 数据库和空间分析方法，并不受传统地图纸平面的限制。GIS 不应当只是存取和绘制地图的工具，而应当是存取和处理地理实体的有效工具和手段，存取和绘制地图只是其功能之一。计算机制图离不开可视化。它是将数据转化为图形，以便于研究人员观察计算过程。在数字地图条件下，地图信息的可视化已经成为当代地图学研究中的一个重要领域。这就引起了人们对可视化的研究，产生了空间信息可视化这样一个全新的概念。

6. 地理信息科学与遥感的关系

遥感是一门使用传感器对地球进行测量的科学和技术。遥感技术为 GIS 提供快速、可靠、多时相和廉价的多种信息源。遥感是一门 20 世纪 60 年代以后发展起来的新兴学科。遥感信息所具有的多源性，弥补了常规野外测量所获取数据的不足和缺陷，以及在遥感图像处理技术上的巨大成就，使人们能够从宏观到微观的范围内，快速而有效地获取和利用多时相、多波段的地球资源与环境的影像信息，大大地扩展了人们的观察视野及观测领域，形成了对地球资源和环境进行探测和监测的立体观测体系，使地理学的研究和应用进入到了一个新阶段。

遥感技术促进地理信息采集手段的革新。遥感技术与计算机技术结合，使遥感地理对象识别从目视解释走向计算机化的轨道，并为地理信息更新、研究地理环境因素随时间变化情况提供了技术支持。

7. 地理信息科学与信息学的关系

因为地球是人们赖以生存的基础，所以 GIS 是与人类的生存、发展和进步密切关联的一门信息学与技术。地理信息科学如饥似渴地吸收信息科学的精华，同时也推动了计算机信息科学技术的发展。信息学是研究信息的获取、处理、传递和利用的规律的一门新兴学科。信息学是以信息为主要研究对象，以信息的运动规律和应用方法为主要研究内容，以计算机等技术为主要研究工具，以扩展人类的信息功能为主要目标的一门新兴的综合性学科，又称信息科学。信息科学由信息论、控制论、计算机科学、仿生学、系统工程与人工智能等学科互相渗透、互相结合而形成。主要的研究课题集中在以下 6 个方面：①信源理论和信息的获取，研究自然信息源和社会信息源，以及从信息源提取信息的方法和技术；②信息的传输、存储、检索、变换和处理；③信号的测量、分析、处理和显示；④模式信息处理，研究对文字、图像、声音等信息的处理、分类和识别研制机器视觉系统及语音识别装置；⑤知识信息处理，研究知识的表示、获取和利用，建立具有推理和自动解决问题能力的知识信息处理系统，即专家系统；⑥决策和控制，在对信息的采集、分析、处理、识别和理解的基础上做出判断、决策或控制，从而建立各种控制系统、管理信息系统和决策支持系统。

8. 地理信息科学与计算机科学的关系

计算机科学是研究计算机及其周围各种现象和规律的科学，即研究计算机系统结构、程序系统（即软件）、人工智能及计算本身的性质和问题的科学。计算机科学是一门包含各种各样与计算和信息处理相关主题的系统学科，从抽象的算法分析、形式化语法等，到更具体的主题如编程语言、程序设计、软件和硬件等。计算机技术包括计算机领域中所运用的技术方法和技术手段：运算方法的基本原理与运算器设计、指令系统、CPU 设计、流水线原理及其在 CPU 设计中的应用、存储体系、总线与输入输出。随着计算机技术和通信技术各自的进步，以及社会对将计算机结成网络以实现资源共享的需求日益增长，计算机技术与通信技术已紧密地结合起来，将成为社会的强大物质技术基础。离散数学、算法论、语言理论、控制论、信息论、自动机论等，为计算机技术的发展提供了重要的理论基础。

GIS 与计算机科学密切相关。GIS 处于计算机应用层，是计算机在地理信息化方面的应用。GIS 是在计算机基础上发展形成的。计算机辅助设计（CAD）为 GIS 提供了数据输入和图形显示的基础软件；数据库管理系统（database management system，DBMS）更是 GIS 的核心。近年来，随着计算机技术的飞速发展，特别是计算机网络、面向对象数据库、计算机图形学、虚拟现实等前沿技术促使 GIS 技术发生了很大的变化，给 GIS 的发展提供了新的机遇。

9. 地理信息科学与地球信息科学的关系

地学是对以人们所生活的地球为研究对象的学科的统称，通常有地理学、地质学、海洋学、大气物理、古生物学等学科。地学研究的目的是更好地开发和保护地球表面的自然资源，使人地关系向着有利于人类社会生活和生产的方向发展。地球信息科学是地球系统科学、信息科学、地球信息技术交叉与融合的产物，它以信息流为手段研究地球系统内部物质流、能量流和人流的运动状态与方式，由 3 部分组成：①地球信息科学通过对地球圈层间信息传输过程与物理机制的研究来揭示地球信息机理，它是地球信息科学的重要理论支撑；②以对地观测系统、地理信息系统、电子地图与信息高速公路所构成的以地理信息系统为核心的集成化技术体系，由于实现了地球信息的获取、分析与传播，因而形成了地球信息科学的重要技术框架；③全球变化与区域可持续发展则是地球信息科学的重要应用领域。地球信息科学是地球科学的一门新兴的重要分支学科和应用学科。地球系统科学及地球信息科学研究地球圈层及其相互作用，主要归属于自然科学。

地理信息科学的主要研究对象是地球表层环境的人地关系复杂巨系统，属于自然科学与社会科学的"桥梁科学"，"地理"比"地球空间"有更多的丰富含义。由于地理信息科学和地球信息科学采用的技术手段、系统相同，地球信息科学的方法与技术主要包括 GPS、RS、地球信息系统及其应用，地球信息空间数据库技术、空间信息分析模型、可视化方法技术、地球信息标准化与规范化、地球信息共享、地球信息综合制图、地学信息图谱等内容，所以在很多场合，地理信息科学与地球信息科学可以互相通用。

1.5　本书内容和基础知识

GIScience 是在地理学、地图学、测量学、信息学、遥感、统计学和计算机科学等学科基础上发展起来的一门综合学科，现已成为独立的学科体系。学习本学科必须了解掌握四类学科领域的知识：第一类为数学。数学是地理信息科学的基础，必须掌握高等数学、线性代数、概率论、数理统计、离散数学等数学知识。第二类为地理科学知识，如地理科学概论、自然地理学、人文地理和环境与生态科学、经济地理、环境科学等。第三类为测绘学知识，包括测绘学概论、测量基础、GPS 原理与应用、航空摄影测量、卫星遥感图像处理、地图学、遥感图像分析、专题地图制图学等。第四类为信息科学知识和技能，主要掌握程序语言设计、数据结构算法、计算机图形学、数据库原理、计算机网络和人工智能等。

　　GIScience 分为基础理论、地理信息技术、地理信息系统、地理信息工程和地理信息系统应用和地理信息服务六个部分。每个部分所含学科内容如图 1.8 所示。

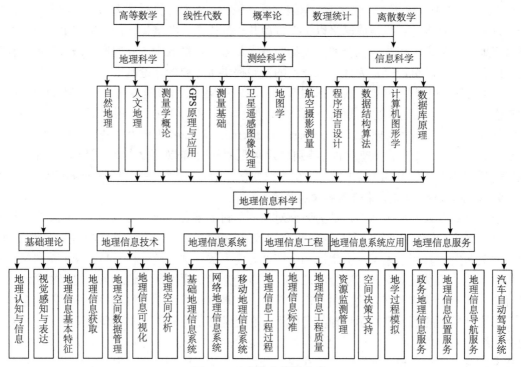

图 1.8　地理信息科学内容

第 2 章　地理认知与传播

在自然界和人类社会中，事物都是在不断发展和变化的。客观变化的事物不断地呈现出各种不同的信息。信息是人对客观的感受，是人们感觉器官的反应和在大脑思维中的重组。认知指通过心理活动（如形成概念、知觉、判断或想象）获取信息。认知科学是研究人类感知和思维信息处理过程的科学，包括从感觉的输入到复杂问题求解、从人类个体到人类社会的智能活动，以及人类智能和机器智能的性质。地理空间认知是认知科学与地理科学的交叉，研究如何将人类对于空间的认知模型和语义模型转化为数学或逻辑模型，将人类对于时空推理的概念和方法融合在 GIS 中，是实现基于地理学的智能化的关键。信息的重要价值在于传播。视觉感知是地理信息传播过程中的重要环节。地理信息的认知、表达、传播和分析解译的理论和方法是地理信息科学的重要研究内容之一。

2.1　认知与地理认知

2.1.1　认知与认知科学

人们认识活动的过程，即个体对感觉信号接收、检测、转换、简约、合成、编码、储存、提取、重建、概念形成、判断和问题解决的信息加工处理过程。认知研究关注人类与其他智慧生物的知识的获取、存储、检索、处理和使用。

1. 认知定义

认知（cognition）是一个人认知和了解他生活于其中的世界所经历的各个过程的总称。认知包括感觉、知觉、思考、想象、推理、求解、记忆、学习和语言。认知是人脑反映客观事物的特性与联系，揭示事物对人的意义与作用的心理活动。1967 年美国心理学家奈瑟尔（Neisser）《认知心理学》一书的出版，标志着认知心理学学派的成熟。奈瑟尔把认知定义为"感觉输入被转换、简化、加工、存储、发现和利用等过程"。可以说，认知就是"信息获取、存储转换、分析和利用的过程"，简言之，就是"信息的处理过程"。美国心理学家 T.P.Houson 将认知归纳为：①认知是信息的处理过程；②认知是一组相关的活动，如知觉、记忆、思维、学习、概念形成、判断、推理、想象、问题求解、语言使用等；③认知是心理符号处理；④认知是思维；⑤认知是问题求解。

2. 人脑的基本功能

人脑是认知客观世界的器官，要研究人类的认知过程和思维活动，就必须了解人脑的生理机制。研究人脑的结构和功能、大脑和思维、大脑和行动的关系，研究人类信息加工系统的结构，对认知科学的发展具有重要作用。

可以通过心理学实验来研究人脑的信息加工过程，从而了解人脑是怎样进行思维活动的，也可以从进化的角度来研究人是怎样获得信息加工能力的。研究表明，在人类的进化过程中，人脑发展了认知活动的 3 种机能。

（1）人是通过搜索来解决问题的。搜索，就是提出策略并用其来解决面临的问题。由于人脑搜索过程是串行的，而人的计算能力是有限的，所以，对解决问题的办法只能一个一个地加以尝试。人脑在搜索时并不能同时考虑解决问题的各种可能性，并对各种可能性进行权衡比较。也就是说，人类在解决问题时，不可能把各种可能性同时考虑到，一般只能采取一些启发式规则来指导行动。

（2）人在解决问题时，一般并不去寻求最优方法，而只要求找到一个满意的方法，因为即使是解决最简单的问题，要想得到搜索次数最少而效能最高的解决方法也是非常困难的。显然，用满意的方法解决问题要比用最优方法解决问题容易得多，因为它不依赖于问题的空间，不需要进行全部搜索，而只要能达到解决问题的程度就可以了。

（3）人在解决问题时，具有可变的志向水平。这与前述人脑的第（2）个机能有关。人的一个重要特点是可以调节需要的程度。人根据不同的情况，在不同的环境下，调节自己满足需要的幅度可以是很大的。随着外界条件的变化，人的志向水平即满足需要的程度，可以自我调节。人解决问题时所具有的这种机能，对于现实不同环境或外界条件的空间认知目标具有重要意义。

3. 人脑信息处理系统

人类信息处理系统包括信息输入、存储记忆、输出，以及围绕着存储记忆的控制过程。

（1）信息输入。人类信息加工系统中，信息输入是从外界输入刺激到人的感觉器官。感觉器官包括眼、耳、鼻、舌、身等，其中眼是接受输入刺激的主要感觉器官，它是人们认识客观世界的信息输入系统，通过感觉器官把客观世界与主观世界联系起来。对于空间认知来说，信息输入主要通过反映空间关系的地图从外界输入刺激。

（2）存储记忆。根据认知心理学研究，人类信息处理经常被表现为一系列步骤，每一步骤都具有有限的信息处理。一个完整的记忆系统包括感觉记忆、短时记忆和长时记忆。人类的记忆系统与计算机的存储系统十分相似。在计算机系统中，存储层次可分为高速缓冲存储器、主存储器、辅助存储器构成的多级层次存储器，速度由快到慢，容量由小到大。长时记忆的存储形式是指信息在人脑中的内部表示，信息存储的内部结构不能为人所观察，可以用计算机模拟的方法来研究信息的内部结构，从而加深对人类记忆的认知。

（3）控制过程。人类信息处理的"控制过程"，如注意、模式识别和复述等，被认为是信息在感觉记忆、短时记忆和长时记忆之间移动的思维过程。

4. 认知科学

认知科学是研究人类感知和思维信息处理的科学。认知科学把认知心理学研究大脑的信息加工扩展到了机器的信息加工，即计算机智能的领域，因此它是现代心理学、信息科学、神经科学、数学、语言学、人类学乃至自然哲学等学科交叉发展的结果。认知科学研究的目的就是说明和解释人在完成认知活动时是如何进行信息加工的。认知科学的进展与突破将促使人类教育、社会、经济发展和信息科技革命。

20 世纪 50 年代初，信息论和计算机科学的问世，给了人们一个重要的启示：人脑就是一个信息加工系统，人们对外界的知觉、记忆、思维等一系列认知过程，可以看成是对信息的产生、接收和传递的过程。虽然计算机和人脑的物理结构大不相同，但计算机软件所表现出的功能和人的认知过程却很雷同，即两者的工作原理是一致的，都是信息加工系统。它们采用相同的步骤对信息进行处理：输入信息，对信息进行加工编码、存储记忆并做出决策，输出处理结果。因此，认知学派把人脑看成一个计算机式的信息加工系统，可以在计算机与人脑之间进行类比，并力求通过计算机模拟等方式发现人们获取和利用知识的规律，并最终实现人工智能。人工智能主要研究怎样将人的某些智能赋予计算机，让计算机模拟和代替人的某些智能，他的研究强有力地支持了把人看做是和计算机相似的信息处理系统的思想，并最终导致了认知科学的产生。1975 年 D.Bobrow 首次使用"认知科学"（cognition science）一词，他把人看做是和计算机相似的信息处理系统的思想导致了认知科学的产生。1977 年，《认知科学》创刊，1979 年，美国成立了认知科学学会，并正式承认《认知科学》期刊为学会的正式刊物，这标志着认知科学这门学科的正式确立。

2.1.2　空间认知

1. 空间认知定义

空间知觉是指人的感觉器官以不同方式与环境的突出刺激发生物理作用后，形成典型特征感知图像的空间，它由与感知方式有关的人的位移（或移动）组成，是一种复杂的知觉。它依赖于从生活经验中不断掌握各种空间现象，通过肢体体验是学习空间认知的重要途径，如距离的"远""近"；位置的"这里""那里""上面""下面""前""后""左""右"等。

空间认知处理世界的空间属性，包括位置、大小、距离、方向、形状、格局、移动，以及事物间关系的认知。空间认知心理学研究大脑空间信息加工处理的机制。空间认知是人们认识在生存环境中事物、现象的形态与分布、相互位置、依存关系及变化和趋势的能力和过程。

空间认知（spatial cognition）是认知科学的一个重要研究领域，是心理学、生理学、计算机技术和地理学相结合的产物。认知心理学家认为空间认知就是对空间信息的表征，是大小、形状、方位及空间区分和对空间关系的理解等空间概念在人脑中的反映。

空间认知是指人们对物理空间或心理空间三维物体的大小、形状、方位和距离的信息加工过程。它研究人们怎样认识自己赖以生存的环境，包括其中的诸事物、现象的相关位置、空间分布、依存关系，以及它们的变化和规律。这里，之所以强调"空间"这一概念，是因为人们认知的对象是多维的、多时相的，它们存在于空间环境之中。

2. 人类的空间认知感官

形状、大小、方位、位置、维数和相互关系等空间结构的知识，形成了人们对自身生存环境的认知图像，并影响人们的空间决策和行为。那么，人类是依靠什么感官通道和手段来获得形成位置和空间结构所必要的信息呢？

显然，人类的所有感觉器官对于获取空间信息都有帮助。人们通过视觉、触觉、听觉和嗅觉等感觉器官去获取、存储和表示空间信息，这些感觉器官密切配合，给任何一个空间环境以综合的表示。但是，假使这些信息不能结合或组织成明确的位置和空间结构序列（系统），它们对形成较完整的空间概念的影响就很小。在视觉和听觉中，形状、大小、颜色、位置、关系、运动、声音等，就很容易被结合成各种明确的和高度复杂多样的空间、时间的组织结构，所以这两种感觉就成为理智活动得以进行和发挥的卓越的或最理想的媒介和场地。视觉还能得到触觉的帮助，但触觉却不能反过来借助于视觉，这主要是因为触觉不是一种远距离的感觉，它只能通过直接接触去探查事物的形状，它费尽全力才能建立起一个比较模糊的总体的三维空间概念，"盲人摸象"的故事就是一个例子，而这样一件事对于视觉却不费吹灰之力，转瞬完成。更进一步地说，触觉所探查到的信息中，没有如大小、颜色、方位等方面的变化，也没有视觉领域中的那些使之变得丰富起来的重叠、视差等关系。视觉之所以能做到这一点，是因为视觉表象是通过光线投射作用从远距离之外的物体上获得的。

视觉表象或意象也称为心象（mental image），可以定义为不在眼前的物体或事件的心理表征。心象和感知觉都是感性认识，都是生动的直观。心象研究涉及认知心理学的一个基本问题，即信息是如何储存在记忆里并从记忆中再现的。所有的人都在某种程度上有过心象的主观体验，例如，通过熟悉的形体特征能"看见"这些形体；有时能重现很多年前曾经去过的某个城市或某个风景点的景象，仿佛"历历在目"；有时某个老朋友的音容笑貌突然出现在我们面前，等等。这些在头脑中保留着的生动的形象，就是心象。

视觉的一个很大的优点，不仅在于它是一种高度清晰的媒介，还在于它能提供关于外部世界中的各种物体和事件的无穷无尽的丰富的信息。由此看来，视觉乃是思维的一种基本的工具或媒介。人们得到的关于空间的概念性知识大多数是通过视觉获得的，视觉感官能使人同时感觉环境信息，并执行对通过其他感觉通道获取的信息进行组织和解释的功能。因此，视觉在人的空间认知中起着重要作用，是人类空间认知的主要感官通道。

3. 人类的空间认知能力

人类的空间认知能力是人类日常生活中不可缺少的一种基本能力。人类生活在一定的空间范围内，无时无刻不与空间信息打交道，空间意识是人类生存最重要的先决条件。人们无论是去上班，还是去学校；无论是去购物，还是去游玩；无论是了解国家大事，还是了解国际新闻，都要用到空间认知能力。那么，什么是空间认知能力呢？人类的空间认知能力是先天就有的，还是后天培养发展的？

人类的空间认知能力就是人类所具有的研究人们怎样认识自己赖以生存的环境，包括其中的诸事物、现象的相关位置、空间分析、依存关系，以及它们的变化和规律的能力。在心理学上，空间认知能力是一种不同于一般的形象思维和抽象思维能力的特殊能力，涉及时间和空间交织而成的四维空间，是一种认知图形，并运用图形在头脑的心象进行图形操作的能力。

人类的空间认知能力来自认知结构，而认知结构又从何而来呢？对此，有两种不同的观点：一种认为认知结构是天赋的，也就是在人的器官甚至是基因中就已经"编制好的"，后天的发育和环境因素只不过是促使这种结构成熟；另一种观点认为认知结构是后天建构的，也就是说认知结构来源于后天的活动、操作和实践。笔者认为，人类的空间认知能力和人的其他心理过程一样，是逐渐形成、发展和完善的，认知结构是过去经验知识的结晶，是长期认知活动中发展起来的，后天的学习和培养是发展良好的空间认知能力的基础。

空间认知是一个复杂的过程，包括感知过程、表象过程、记忆过程和思维过程。感知过程是指刺激物作用于人的感觉器官产生对地理空间的感觉和知觉的过程；表象过程是通过回忆、联想使在知觉基础上产生的映象再现出来；记忆过程对输入的信息进行编码、存储和提取；思维过程提供关于现实世界客观事物的本质特性和空间关系的知识，实现"从现象到本质"的转化。

空间认知是认知科学的一个重要研究领域。认知科学研究的目的就是说明和解释人在完成认知活动时是如何进行信息加工的。空间认知就是研究空间信息的处理过程。

2.1.3　地理空间认知

地理空间认知（geospatial cognition）是空间认知的一个方面，指在日常生活中人类如何逐步地理解地理空间，进行地理分析和决策，包括地理信息的知觉、编码、存储、记忆和解码等一系列心理过程。认知、空间认知、地理空间认知、地理学、心理学之间的关系如图 2.1

所示。地理空间认知是地理信息认知研究的基础，它的研究对于
地理信息的理解与表达具有决定意义。

图 2.1　几个学科的关系

地理空间认知研究包括两部分内容：地理事物在地理空间中
的位置（where）和地理事物本身的性质（what）。具体内容包
括：①地理空间作为一个有关人的"心象空间"或"经验空间"
是怎样变化的；②人们是怎样获取地理信息的；③地理信息在人
脑中是怎样编码的；④编码的地理信息是怎样解码的；⑤个体的年龄、文化、性别或特殊的
背景等因素是如何影响人们对于地理信息的认知的。

1. 主要手段

人类地理空间认知的手段多种多样，如实地考察、阅读材料、使用地图等。其中，主要
手段是使用地图。

1）实地考察

实地考察，对于从事地学工作的人来说，是一种常用的获得关于研究对象的第一手材料
的方法。通过实地考察，可以获得关于周围环境中空间结构的印象。但从地理空间认识的角
度讲，实地考察还存在以下局限性。

（1）空间的局限性。直接的感官印象只能达到人们视野所及的范围，而且实地考察通常
只能在点、线上进行。在大多数情况下，人的视野是很有限的，即使利用现代化的交通工具
和现代化的观测工具，人们通过视觉所能观察到的仍然只限于地球的一小部分。

（2）时间的局限性。实地考察时，视觉感官所获取的感官信息都和一个特定的瞬间印象
联系着，可是地理现象一般是随时间的变化而变化的，需要连续不间断地进行观察，才能获
得关于现象随时间的推移而变化的规律性的认识，对于具有一定地域的空间来说，实地考察
一般是不易连续而不间断进行的。

（3）视觉感知的局限性。对于许多地理现象，尤其是社会经济现象，一般都不能直接用
眼睛感觉到，因为社会经济现象一般具有时间（如不同年份、不同月份等）的可比性和空间
域不同行政单元（如不同国家、不同省份）的可比性，若不进行专门的统计分析，就很难获
得关于现象在时间和空间的变化规律的信息。

（4）心理的局限性。通过实地考察获得现实世界的空间概念，是要把人们所观察到的周
围世界和印象摄入头脑并转变成生动的心象地图，这需要构成心象地图的能力。事实上，除
极少数人由于得天独厚的条件而具备这种能力外，一般人在这方面的能力是很有限的。

心象地图也称认知地图，它是人们通过感知途径获取空间环境信息后，在头脑中经过抽
象思维和加工处理所形成的关于认知环境的抽象替代物，是表征空间环境的一种心智形式。
这种将空间环境现象的空间位置、相互关系和性质特征等方面的信息进行感知、记忆、抽象
思维、符号化加工的一系列变换过程，被称为心象制图。心象地图是人类对地理空间多次感
知的基础上（实地考察、地图参考、文献阅读）综合形成的一种印象或者心理表征。

2）阅读材料

阅读文字资料、统计数字和图片，也可以获得有关地理空间概念的某些信息，可以作为
实地考察的补充。文字资料的描述，如描述某城市由甲地到乙地的距离、方位、沿途经过的
主要地物及其周围的环境资料，人们可以依据这种描述性资料形成概略的心象。但是文字资
料的描述只能表达空间概念的一部分，缺乏空间位置的确定性和空间关系的完整性。即使表
述得很好的文字资料，也只能概略地表达空间信息。因此，文字资料不能完整地表达出复杂

的空间概念。

统计数字最具典型性的是社会与经济统计数字，它可以详细地说明行政单元的社会与经济情况，如国民生产总值及其产业结构、人均国民收入、人口数及其职业或文化构成等，但数据本身一般不具有明确的定位特征和空间结构特征，很难形成空间概念的心象。

3）使用地图

地图是人类空间认知的结果，又是人类空间认知的工具，这是由地图的本质特征所决定的。地图最本质的特征是具有空间物体或现象赖以定位的严密的数字基础，遵循抽象表达现实世界的制图综合原则，使用抽象化的符号系统。

地理空间认知就是利用地图学方法来实现对地理空间环境的认知。地图既是人类认知地理空间环境的结果，又是进一步认知地理空间环境的工具。地图制图者通过对现实世界（制图地区地理环境）的认识，根据制图的目的和要求获得地图制图信息，构成制图员头脑中的地图，然后通过地图语言符号化构成地图；地图使用者通过阅读地图，将图形-符号通过联想还原成地图使用者头脑中的现实世界（区域地理环境），并指导自己的行动。

尽管地图制图者和地图使用者的空间认知过程不同，但都包含两个重要的地理空间认知概念，即认知制图和心象地图。

2. 基本过程

地理空间认知与人的认知具有相同的过程，包括感知过程、表象过程、记忆过程、思维过程等。

1）感知过程

地理空间认知的感知过程，是研究地图图形（刺激物）作用于人的视感觉器官使人产生对地理空间的感觉和知觉的过程。这里，地图实际上是现实世界的替代物。感觉是客观事物的个别属性、特性在人脑中的反映；知觉是各种感觉的综合，是客观世界整体在人脑中的反映，它比感觉全面和复杂。在这个过程中，地图上的图形符号作为刺激物首先作用于人的视感觉器官，即图形符号（包括颜色、形状等）的光线射入眼中，通过折光系统，聚焦后在视网膜上成像。神经冲动从视网膜发出，经视神经到达大脑皮层视区，产生视感觉。视网膜是感受光刺激的神经组织，称为感光系统，能感受光的刺激，发放神经冲动。视觉的适应性功能很强，它对光的强度具有极低的感觉阈限，即具有非常高的感受性。当然，必须有一定强度的光，黑夜只有发光物质制成的荧光地图才能使人产生感觉。应该强调指出，地理空间认知过程中，直接刺激物是地图图形符号，它是现实世界的替代物。因此，人们要获得关于现实世界客观事物的个别属性、特性，还必须有个联想或转换的心理活动过程，从信息传输过程来讲，这叫译码。例如，当人们在1:100万地图上读到由三个不同半径的同心圆构成的符号时，他的视网膜上的成像就是这个符号，然后根据约定（图式规定）才知道它是一个100万人口以上的城市，这时人们感觉到的才是现实世界中某个人口在100万以上的大城市。可见，这种联想或转换的心理活动是很重要的。人们对地图图形符号的视感觉总是从单个图形符号开始的。

2）表象过程

地理空间认知的表象过程，是研究在地图知觉的基础上产生表象的过程。地理空间认知的表象是在地图知觉的基础上产生的，它是通过回忆、联想使在知觉基础上产生的映象再现出来。从认识论的角度讲，表象和感觉、知觉都属于感性认识，都是生动的直观。但是，表象与感觉、知觉不同，它是在过去对同一事物或同类事物多次感知的基础上形成的，具有一定的间接性和概括性。还是利用前面的例子，人们通过多次感知觉在大脑中形成的关于"武汉市"的表象，并不是地图图形符号那种直接刺激物的复制品，而是经过概括了的表象；说表象具有一定的间接性，是指在形成表象的过程中还加进了人的主观因素，如人的知识、经验、倾向性、目的性等，并非现实世界客观事物作用于人脑的直接反映，而是客观事物的能动的反映。只是由于表象是一种内部化的心理过程，不像感知觉那样外显，因而表象的研究一直是一个很困难的问题。心象地图的形成过程确实十分复杂，但随着认知心理学研究的深入，对地理空间认知过程中心象形成过程的研究会有新进展。根据现代认知心理学的研究，研究地理空间认知过程的心象，就是研究在没有地图这种直接刺激物的作用下，人对空间地理环境信息的内部加工过程。这种内部加工过程包括对地理信息的综合处理（如事物选取、形状化简等）及相互关系的重构等，经过加工生成心象地图，显然，它与人的认知地理环境的目的性和倾向性有关。

3）记忆过程

记忆是人的大脑对过去经验中发生过的事物的反映。也可以说，神经系统能存储自身和环境信息，这就是记忆。由于人脑的记忆功能，人才能保持过去的反映，使当前的反映在过去反映的基础上进行，使反映更全面、更深入。记忆是心理在时间上的持续，有了记忆，先后的经验才能联系起来，使心理活动成为一个持续发展的过程。

人的大脑在何处及如何存储它的记忆，这是神经心理学研究的范畴，本书不涉及。但是应该知道，人脑的记忆能力是非常强的。有的文献介绍，在 70 年中，若不考虑睡眠期间的任何信息输入，那么，进入大脑并可能储存的信息可达 15 万亿比特。这个数字比人脑神经细胞总数大 1000 倍以上。所以，充分利用大脑在地理空间认知过程中的记忆功能是非常重要的。

关于地理空间认知中的记忆问题，根据记忆操作时间的长短，可将其分为感觉记忆、短时记忆和长时记忆等三种基本类型，有关的还有动态记忆和联想记忆。

4）思维过程

地理空间认知的思维构成了地理空间认知的高级阶段。地理空间认知的思维提供关于现实世界客观事物的本质特性和空间关系的知识，在地理空间认知过程中实现着"从现象到本质"的转化，它是对现实世界的非直接的、经过复杂中介——心象地图的反映，是在心象地图及其存储记忆的基础上进行的。

2.2　信息与地理信息

信息普遍存在于自然界、人类社会和人的思维之中。从地理学的角度看，地理环境中的研究对象（能源、资源与环境）在信息系统中，它们都是信息源，可以概括为一个要素就是地理信息。地理信息是地球表面自然和人文要素空间分布、相互联系和发展变化规律的信息，是地理文献、地图和地理数据所表达的地理内容，包括表示地球表面自然形态所包含的如地貌、水系、植被和土壤等自然地理要素，以及人类在生产活动中改造自然界所形成的社会经济要素，如居民地、道路网、通信设施、工农业设施、经济文化和行政标志等。

2.2.1　信息与信息科学

1. 信息概述

人类自诞生以来就在利用信息。信息的概念是人类社会实践的深刻概括，并随着科学技术的发展而不断发展。近半个世纪以来，许多科学家和哲学家都在探讨信息的本质和定义。

1）信息定义

信息的英文名称"information"一词来源于拉丁文"infomatio"，原意是解释、陈述。1948 年信息论的创始人 Claude E. Shannon 在研究广义通信系统理论时把信息定义为信源的不定度。这就是说，对信宿（接收信息的系统）而言，未收到消息前不知道信源（产生信息的系统）发出什么信息，这里消息是信息的载体。只有在收到消息后才能消除信源的不定度。如果没有干扰，信宿得到的信息量与信源的不定度相等。这个定义建立在信源产生的消息具有随机性的假定上，称为概率信息，属于统计信息的范畴。因为它不涉及语义和语用，所以是一种语法信息，又称客观信息。

信息利用载体从一个系统传递到另一个系统就称为通信。此时，必须先要把传递的信息加在载体上，即通过编码把它变换成便于传递的形式，到达目的地后再把信息从载体上卸下来，即通过译码变换成编码前的形式。编码最初是指把文字变换成由点、划和间隔空位组成的代码，后来把编码的概念加以推广，用语言文字表达一定的内容，把一种形式的信号变换成另一种形式的信号，都称为编码。依靠编码可以从消息中提取信息。认识过程就是一个不断获得信息的过程。如果把认识的对象看作一个系统，则获得有关这个系统的知识就是了解这个系统的状态。得到的信息越多，对这个系统的认识就越清楚。一句话、一段文字和一幅图像称为一份消息，它们所包含的内容称为信息，消息是信息的载体。从一条消息中可以获得的信息往往与一个人的智力和知识背景有关。

从哲学含义上讲，信息是一个抽象的概念，尽管它本身并不是物质，但它具有物质性，绝不能离开作为它的载体的物质。信息也不是能量，就是说它本身并不具备对一个物体做功的能力。物质的运动需要能量，但在某个特定时间，某个特定的信息，可使得某物质按照带来的信息，依靠另外的能量而运动。从哲学本源上讲，信息就是事物运动的状态及其状态变化方式在另一事物运动状态及其方式上的反映。

从本体论层次上定义，信息就是事物运动的状态和方式，也就是事物内部结构和外部联系的状态和方式。认识论层次定义：某主体关于某事物的认识论层次信息，是指该主体所表述的相应事物的运动状态及其变化方式，包括状态及其变化方式的形式、含义和效用。

2）信息的特征

信息具有主观和客观的两重性。信息的客观性表现为信息是客观事物发出的信息，信息以客观为依据；信息的主观性反映在信息是人对客观的感受，是人们感觉器官的反应和在大脑思维中的重组。认识信息的主客观两重性意义重大：信息的主客观两重性使信息成为认识的基础。信息的主客观两重性中信息的主观性使人们对客观产生不同的认识。

信息的无限延续性。知识是信息、科学技术是信息，它们都是用符号表达的社会信息。科技知识（社会信息）却是永不消失、万世流芳的。信息不仅在时间上能无限延续，而且在空间上还能无限扩散，这是由于信息具有"不守恒"的特性。以声、光、色、形、热等构成的自然信息，以及各种以符号表达的社会信息都可以产生，可以扩散，可以湮灭，可以放大、缩小，也可以畸变、失真。正是由于信息的不守恒才演化出千变万化、绚丽多姿的物质世界，以及神秘莫测、威力无穷的精神世界。这就导致了信息的一个重要特性——可共享性。正是这种共享性，使信息区别于物质和能量，成为驾驭当今社会的又一种基本要素。

3）信息的分类

信息有许多种分类方法。人们一般把它分为宇宙信息、地球自然信息和人类社会信息。

宇宙信息是指在宇宙空间，恒星不断发出的各种电磁波信息和行星通过反射发出的信息，形成了直接传播的信息和反射传播的信息。

地球自然信息是指地球上的生物为繁衍生存而表现出来的各种行动和形态，生物运动的各种信息及无生命物质运动的信息。

人类社会信息是指人类通过手势、眼神、语言、文字、图表、图形和图像等所表示的关于客观世界的间接信息。

4）信息的功能

钟义信把信息的功能归结为八个方面：信息是生存资源；信息是知识的源泉；信息是决策的依据；信息是控制的灵魂；信息是思维的材料；信息是实践的准绳；信息是管理的基础；信息是组织的保证。笔者着重强调其中 3 个功能：

（1）信息是知识的源泉。生产力是人类征服自然、改造自然的能力，它由劳动者、劳动资料和劳动对象三个要素构成。知识不像上述三个要素那样构成单独的方面，而是渗透到各个因素中起作用。劳动者作为生产力发展的主导因素，只有掌握了大量的科学文化知识，才能更好地改造世界，改进生产工具等生产资料也要靠知识。知识的获得首先得靠各种各样的信息，没有大量的信息作保证，知识的获得将会成无源之水、无本之木。

（2）信息是决策的依据。决策，就是在充分掌握信息的基础上根据客观形势和实际条件，权衡利弊，确定目标和实施战略的过程。掌握信息是决策的第一步，"知彼知己，百战不殆；不知彼而知己，一胜一负；不知彼不知己，每战必殆"说明了解情况对战争决策的重要性。所以，了解情况全面而深刻、准确而及时，决策就会正确。在决策中应了解哪些信息呢？①及时掌握对手的信息，即充分了解对手的情况。对于交战的双方来讲，不仅要了解对手的兵力部署、后勤保障，而且要了解对手的、盟友的动向。为了在商战中求胜，就要了解对方的资金、人员投资环境、投入产出比、产品性能及市场需求等因素，以便改善自己的投资环境，生产出适销对路的产品。②用户的信息。经营活动必须了解顾客。产品能够吸引顾客，适应市场需求就能发展。③正确了解自己。对自己企业的资金、技术、设备、产品、市场等都要有清楚的了解。决策人员要有强烈的信息知识，有获取、加工、处理信息的专业人员，有综合分析信息的能力。"决策民主化"实际上是一种集多方面信息求最佳方案的决策方法，使决策者了解更多方面的情况和人们的愿望。

（3）信息是管理的基础。企业发展、公司生存、农业兴旺、社会进步，在很大程度上都需要依赖管理水平的提高，现代化的管理已被视为现代社会的一个重要特征，做好管理工作需要以信息来做保证。作为企业或公司的管理人员，如果不了解本公司或企业的人、财、物，不了解产、供、销等各方面的信息，不掌握大量的情报，那么搞好管理将成为一句空话。

这里所讲的信息是管理的基础与下文所要论述的如何对信息和信息资源加以管理是有区别的：前者重在管理，在管理的基础之上，强调利用信息加强管理；后者重在对信息和信息资源的管理。

2. 信息科学

信息科学是以信息为主要研究对象，以信息的运动规律和应用方法为主要研究内容，以计算机等技术为主要研究工具，以扩展人类的信息功能为主要目标的一门新兴的综合性学科。信息科学是由信息论、系统论、控制论、仿生学、人工智能与计算机科学等学科互相渗透、互相结合而形成的。它主要是指利用计算机及其程序设计来分析问题、解决问题的学问。

信息科学主要研究内容包括：①阐明信息的概念和本质（哲学信息论）；②探讨信息的

度量和变换（基本信息论）；③研究信息的提取方法（识别信息论）；④澄清信息的传递规律（通信理论）；⑤探明信息的处理机制（智能理论）；⑥探究信息的再生理论（决策理论）；⑦阐明信息的调节原则（控制理论）；⑧完善信息的组织理论（系统理论）。

信息科学对工程技术、社会经济和人类生活等方面都有巨大的影响，在 20 世纪 70 年代兴起的新的科学技术中，信息科学占有极其重要的地位。信息科学正在形成和迅速发展，人们对其研究内容的范围尚无统一的认识。

3. 信息技术

对人类而言，人的五官生来就是为了感受信息，它们是信息的接收器，它们所感受到的一切，都是信息。然而，大量的信息是人类的五官不能直接感受的，人类正通过各种技术手段，发明各种仪器来感知它们、发现它们、扩展人类的信息器官功能，提高人类对信息接收和处理的能力，实质上就是扩展和增强人们认识世界和改造世界的能力。这既是信息科学的出发点，也是它的归宿。

1）信息技术定义

信息技术（information technology，IT），是主要用于管理和处理信息所采用的各种技术的总称。一切与信息的获取、加工、表达、交流、管理和评价等有关的技术都可以称为信息技术。人类信息活动经历语言的获得、文字的创造、印刷术的发明、摩尔斯电报技术的应用、计算机网络的应用。信息技术就是能够扩展人的信息器官功能，能够完成信息的获取、存储、传递、加工、再生和施用等功能的一类技术。它是指感测、通信、计算机和智能、控制等技术的整体。信息技术可以从广义、中义、狭义三个层面来定义：

广义而言，信息技术是指能充分利用与扩展人类信息器官功能的各种方法、工具与技能的总和。该定义强调的是从哲学上阐述信息技术与人的本质关系。

中义而言，信息技术是指对信息进行采集、传输、存储、加工、表达的各种技术之和。该定义强调的是人们对信息技术功能与过程的一般理解。

狭义而言，信息技术是指利用计算机、网络、广播电视等各种硬件设备及软件工具与科学方法，对文图声像各种信息进行获取、加工、存储、传输与使用的技术之和。该定义强调的是信息技术的现代化与高科技含量。

人们对信息技术的定义，因其使用的目的、范围、层次不同而有不同的表述：

（1）信息技术就是获取、存储、传递、处理分析及使信息标准化的技术。

（2）信息技术包含通信、计算机与计算机语言、计算机游戏、电子技术、光纤技术等。

（3）现代信息技术以计算机技术、微电子技术和通信技术为特征。

（4）信息技术是指在计算机和通信技术支持下用以获取、加工、存储、变换、显示和传输文字、数值、图像及声音信息，包括提供设备和提供信息服务两大方面的方法与设备的总称。

（5）信息技术是人类在生产斗争和科学实验中认识自然和改造自然过程中所积累起来的获取信息、传递信息、存储信息、处理信息及使信息标准化的经验、知识、技能和体现这些经验、知识、技能的劳动资料有目的的结合过程。

（6）信息技术是管理、开发和利用信息资源的有关方法、手段与操作程序的总称。

（7）信息技术是指能够扩展人类信息器官功能的一类技术的总称。

（8）信息技术指应用在信息加工和处理中的科学、技术与工程的训练方法和管理技巧；上述方法和技巧的应用；计算机及其与人、机的相互作用，与人相应的社会、经济和文化等诸种事物。

（9）信息技术包括信息传递过程中的各个方面，即信息的产生、收集、交换、存储、传输、显示、识别、提取、控制、加工和利用等技术。

2）主要特点

有人将计算机与网络技术的特征——数字化、网络化、多媒体化、智能化、虚拟化当做信息技术的特征。笔者认为，信息技术的特征应从如下两方面来理解。

（1）信息技术具有技术的一般特征——技术性。具体表现为：方法的科学性、工具设备的先进性、技能的熟练性、经验的丰富性、作用过程的快捷性、功能的高效性等。

（2）信息技术具有区别于其他技术的特征——信息性。具体表现为：信息技术的服务主体是信息，核心功能是提高信息处理与利用的效率、效益。由信息的秉性决定信息技术还具有普遍性、客观性、相对性、动态性、共享性、可变换性等特性。

3）信息技术分类

信息技术可以分为基础技术、支撑技术、主体技术和应用技术 4 层。

（1）基础技术。基础技术包括新材料技术和新能源技术，开发新材料、掌握新的能量技术是发展和改善信息技术最基本的途径。不仅有新能源技术，还有新的能量转换和能量控制技术等。

（2）支撑技术。支撑技术包括机械技术、电子技术、激光技术、生物技术、其他技术。

（3）主体技术。主体技术包括感测技术、通信技术、计算机技术（人工智能）和控制技术，通信技术、计算机与智能技术处在整个信息技术的核心位置。感测技术和控制技术则是核心与外部世界之间的接口。

（4）应用技术。应用技术主要领域有工业、农业、国防、科学技术、交通运输、商业贸易、文化教育、医疗卫生、社会服务、组织管理等。应用技术是针对种种实用目的，由"四基元"衍生出来的，丰富多彩的具体技术群类，包括信息技术在工业、农业、国防、交通运输、科学研究、文化教育、商业贸易、医疗卫生、体育运动、文学艺术、行政管理、社会服务、家庭劳作等各个领域中的应用。这样广泛普遍的实际应用，体现了信息技术强大的生命力和渗透力，体现了它与人类社会各个领域的密切而牢固的联系。信息技术对人类社会各个领域和国民经济各个部门的渗透无孔不入，影响无所不在。

4）信息技术核心

微电子技术和软件技术是信息技术的核心。集成电路的集成度和运算能力、性能价格比继续按每 18 个月翻一番的速度呈几何级数增长，支持信息技术达到前所未有的水平。现在每个芯片上包含上亿个元件，构成了"单片上的系统"（system on chip，SOC），模糊了整机与元器件的界限，极大地提高了信息设备的功能，并促使整机向轻、小、薄和低功耗方向发展。软件技术已经从以计算机为中心向以网络为中心转变。软件与集成电路设计的相互渗透使得芯片变成"固化的软件"，进一步巩固了软件的核心地位。软件技术的快速发展使得越来越多的功能通过软件来实现，"硬件软化"成为趋势，出现了"软件无线电""软交换"等技术领域。嵌入式软件的发展使软件走出了传统的计算机领域，促使多种工业产品和民用产品的智能化。软件技术已成为推进信息化的核心技术。

2.2.2　地理信息

"地理"一词最早见于《易经》。古代的地理学主要探索关于地球形状、大小的测量方法，或对已知的地区和国家进行描述。现代地理学主要研究地球表层自然要素与人文要素相互作用与关系及其时空规律。地理信息是指地球表层自然和人文现象变化而产生的信息。

1. 地理信息构成

地理信息（geographic information）是指与地理要素空间分布、相互联系及发展变化有关的信息，是表示地表物体和环境固有的数量、质量、分布特征，联系和规律的数字、文字、图形、图像等的总称。地理信息可以定义为地球表层特定地方的一组事实，它是有关地球表层附近的要素和现象的信息。关于地理信息有不同的定义和描述，各种定义对地理信息的描述和内涵有不同的侧重。直观地讲，地理信息是鉴别地球上各种自然或人工特征、不同界线的地理位置及其属性的信息。从信息角度看，地理信息指与地球参考空间（二维或三维）有关的，表达地理客观世界各种实体和过程、空间存在状态与属性的信息。不论如何描述及定义地理信息，其内涵至少包含：空间位置，即地理信息表达的对象在一定的空间坐标系统中的描述；属性，即地理信息描述的对象具有一定的属性特征；时间，地理信息描述的是地理对象在一定时间的状态，时间特征可很长，或很短，甚至是瞬时的；精度，即地理信息是对地理实体一定细致程度的描述。当然，地理信息还有其他方面的属性构成。

地理信息覆盖的范围十分广泛，从信息来源角度看，地理信息包括：地表探测，即通过一定的技术手段对地球表面（大气及地壳之间一定垂直范围内）地理实体及现象过程进行探测，获得其位置及相关的信息；对地观测（遥感、遥测）的地球信息，即通过遥感方式获得地球表面（大气及地壳之间一定垂直范围内）地理实体及地理现象过程的位置及相关信息；处理信息，即经过加工处理将统计等来源的属性信息与地理实体及现象过程对应起来的信息。从应用角度看，地理信息包含各部门使用的空间信息、社会公众使用的地理信息、基础性地理信息、专业性地理信息等。我国目前的地理信息从应用上主要分为：基础地理信息、遥感影像及各部门的专业地理信息。

地理信息的构成十分复杂，但地理信息的实质是对地表各种地理特征及现象过程的分门别类的表达。地理信息从空间上覆盖地球表面的任何位置，并且不同的地理信息在空间上交织重叠；地理信息的属性之间存在或弱或强的关联性，这些关联性即自然科学及社会科学中各种规律的表达；从时间上看，不同地理信息表达时间相互交织或重叠。因此，很难用统一的标准及基础分析地理信息的构成，而从不同的角度分析，地理信息的构成有不同的描述方式：从地理信息的获取途径分析，包括如下构成。

（1）地图数字化。由于以往地理信息的主要表达形式或载体是地图，所以数字化地图就成为地理信息的主要来源之一。由地图到地理信息有两种主要途径，即直接数字化地图和地图扫描后提取。虽然在该过程中不确定性、误差、质量控制是个争论不休的问题，但它仍是地理信息最快捷、最有效的来源。

（2）实测数据。通过野外实地测量获取的数据，如由水文测量站测得的河流含沙量。用这种方法得到某些典型或主要地理实体和地理过程的数据可以补充其他方法获取的数据，如实测影像数据中的控制地物、模糊部分等。

（3）试验数据。更加深入地认识地理环境，开展了若干实验研究。地理学研究的对象是一个极为广阔的空间，在时间上和地区上又处在不断地变化之中，凭借简单的手工工具和视力观察很难触及它们的本质。建立定位实验研究，可以得到长期、连续、可靠的地理信息，以此进行较深层次的理论解释。地理定位实验过程产生的数据，表示在特定条件下的实际状况，如农业试验站获取的各种数据，可以近似表达某区域中大气-土壤-植被系统运作状况；地貌发育试验获取的数据，可以近似表达某种环境条件下地貌发育过程及各种特征。试验数据与实测数据的结合使用效果较好。

（4）遥感与 GPS 数据，是由航空、航天各种设施获取的数据，特别是卫星影像数据获取、处理发展很快。今后，遥感数据将成为地球空间数据的主要来源之一。这些数据面对的主要问题是影像解译、分类、提取等一系列操作的自动化程度和信息质量。随着智能系统的应用和地学知识规则数据库的建立，基于知识的遥感影像的自动化处理是可以实现的。GPS 可以准确获取地物的空间位置，它已逐渐成为其他地球空间数据源的订正、校准手段。GPS、RS、GIS 的一体化使用是地球空间数据获取和成功实现的一个方向。

（5）理论推测与估算数据。在不能通过其他方法直接获取数据的情况下，常用有科学依据的理论推测获取数据，如地球演化、地质过程、地貌演化、生物物种的分布和变迁、沙漠化进程等数据，依据现代地理特征和过程规律，去推测过去的各种数据，地质上常用这种方法获取数据。另外，对于一些短期内需要，但又不能直接测量获取的数据，如洪水淹没损失、地震影响区、风灾损失面积和经济财产损失等常采用有依据的估算方法。

（6）历史数据，指历史文献中记录下来的关于地理区域及地理事件的各种信息，这类信息在中国是十分丰富的，它对于建立序列地球空间数据是很宝贵的。经过基于地学知识关联的整理和完善，这些信息将成为可用的地球空间数据。由于种种原因，这些数据中存在不确定的描述、错漏、重复、不系统、不规范等问题，应予以订正。例如，在地震历史数据中，可能有两个地点记录的是同一次地震，由于距震中的距离不同，则记录为两次震级不同的地震。这应根据各种专业和非专业背景知识修订。

（7）统计普查数据。有空间位置概念的统计数据通过与空间位置关联或其他处理，可以转化为地球空间数据。普查方法获取的数据比统计数据更准确，普查涉及经济、社会、自然环境各方面，如人口普查、工业普查、农业普查、自然资源普查等。这方面过去已有大量的积累，但往往以非空间信息格式存在，因而将这些数据转化为符合一定标准的地理空间信息是项艰巨的工作。首先，地学领域的人员应向人们展示把普查数据按地理空间信息进行利用的优越性和效益，然后用适当的方法诱导普查数据地理空间信息化。例如，美国人口普查局已开始与 ESRI 合作，以实现人口调查数据在地理空间概念上的应用。

（8）集成数据，主要是指由已有的地球空间数据经过合并、提取、布尔运算、过滤等操作得到新的数据。其实，用这种方法获取数据在地图界已有传统，但在 GIS 和计算机制图系统出现和应用以来，这一工作才变得快速、准确、有效。集成数据有多种方法和类型，但需强调这些操作应基于可靠的地学相关知识。

2. 地理信息资源

我国具有丰富的地理空间信息资源，并且具备稳定的信息资源更新能力，可为电子政务基础信息库整合等应用提供可靠的信息源。中华人民共和国成立以来我国积累了系统性和标准化程度较高、覆盖全国、多期、不同比例尺的基础地理信息，并建立了大量土地、矿产、森林、水资源和基础测绘、海洋、环境、交通和部分区域、城市的地理信息系统，这些基础性和战略性地理空间信息集中在国家和省级政府管理的专业信息中心。

政府及社会公众对不同类型的地理信息的需求程度不尽相同，其中有社会广泛共享意义的地理信息称为公益性和基础性地理信息（公共地理信息资源）。这类信息的采集、处理需要国家的宏观管理及组织，其中，公益性和基础性信息需要政府直接投资或组织生产和规范其社会化共享，主要包括：国家或区域性空间定位框架数据，有基准测绘数据、覆盖全国或区域的公益性基础测绘数据及其不同类型的标准化系列产品；卫星对地观测信息和国家投资产生的航空对地观测信息；国家投资产生的资源环境调查信息和经济社会统计信息；公共图书馆、国家专业图书馆和国有档案、资料馆馆藏的空间图形、图像和结构化文本信息。

我国 GIS 的发展和应用达到了一定规模，带动了地理信息产业的形成和发展。"九五"以来，自然灾害监测、资源环境动态监测、农作物估产等一批重要的应用系统投入业务运行，成为政府管理决策的重要支撑；全国 1∶100 万、1∶25 万和 1∶5 万基础地理数据库已经或即将提供给各部门使用。一批国家级资源环境地理信息应用系统相继建成，并纳入国家相关的资源环境调查和社会经济管理的经常性工作，形成了对地理空间信息的规模化处理和应用能力，在资源调查、生态环境和自然灾害监测、作物估产、城市规划和地质、测绘、交通、能源、水利等重大工程整合和区域可持续发展中发挥了显著的经济社会效益。这些数据库为自然资源和地理空间信息库的整合和应用奠定了基础。

我国地理信息应用前景广阔，21 世纪，在国民经济社会信息化和全球地理信息技术快速发展的背景下，我国地理信息应用进入了新的发展阶段，各地、各部门加速了地理空间信息技术应用的步伐，许多省（区、市）、市和县规划或起步整合以地理空间信息应用为主要内容的"数字城市""数字省（区）"计划。西部大开发一系列重大生态工程和基础设施整合，特别是可持续发展战略的实施，进一步推动了自然资源与地理信息的整合和应用，并且带动了地理信息产业成长。各行各业对基础性地理信息的标准化和社会化共享需求日益迫切，地理信息技术的应用领域几乎涉及经济社会发展的各个领域。

3. 地理信息类型

1）基础地理信息

基础地理信息主要是指通用性最强、共享需求最大，几乎为所有与地理信息有关的行业采用，作为统一的空间定位和进行空间分析的基础地理单元，主要由自然地理信息中的地貌、水文、植被及社会地理信息中的居民地、交通、境界、特殊地物、地名等要素构成。另外，还有用于地理信息定位的地理坐标系格网，并且其具体内容也同所采用的地图比例尺有关，随着比例尺的增大，基础地理信息的覆盖面应更加广泛。基础地理信息的承载形式也是多样化的，可以是各种类型的数据、卫星像片、航空像片、各种比例尺地图，甚至声像资料等。基础地理信息的管理，也应纳入国家空间数据基础设施建设的重点项目之中，也需要国家组织相应的人力物力进行统一规划、系统建设，以减少重复投资、重复建设，避免浪费。目前，我国已建成国家基础地理信息系统 1∶400 万地形数据库，1∶100 万地形数据库，1∶100 万数字高程模型库，1∶25 万地形数据库、地名数据库和数字高程模型库，1∶5 万地形数据库、地名数据库和数字高程模型库，1∶1 万地形数据库、地名数据库和数字高程模型库。这些基础地理信息数据库已经在国民经济建设中发挥了巨大的作用，它们的建成为促进我国信息化进程也起到了积极的作用。

基础性地理空间信息库信息内容为覆盖全球、全国或大区域的多尺度的基础地理信息，信息的内容及指标如下。

（1）全国（或大区域）基础地理空间信息分库及其标准化系列产品，数据的类型包括矢量、栅格、影像等，数据精度为 1∶400 万、1∶100 万、1∶25 万、1∶5 万序列，重点地区的精度更高，信息的更新频率为 5~10 年，主要区域更新时间少于 5 年。

（2）全球基础地理空间信息分库及其标准化系列产品，数据的类型包括矢量、栅格、影像等，数据精度为 1：3300 万、1：400 万、1：100 万序列，重点地区的精度更高，信息的更新频率为 5 年，主要区域更新时间少于 5 年。

（3）全国航天与航空遥感数据目录和标准化产品系列，该信息以标准化影像及栅格信息为主，信息的空间精度为 1000m、250m、30m、15m、10m、3m 系列，重点地区的空间分辨率为 1m 或更高。信息的更新周期根据具体需要变化，主要需求有 5 年、1 年、季、月、旬、日等。

（4）基础地理空间元数据系统。各地理信息库建立完整的元数据系统，元数据系统的标准采用信息库规定的标准规范。

（5）地理空间基础信息库整合运行标准规范和管理办法，主要内容包括：基础地理信息共享管理办法、数据资源目录和交换系统、信息资源安全机制等。

2）自然资源信息

自然资源是指在特定的区域地质、地理和人类活动综合环境条件下，自然形成的人类可以利用的物质及能量，通常分为土地、水、矿、气候和生物。自然资源具有可变性、可用性、整体性和分布的时空差异性等特征，但每种自然资源又具有自身特点，如土地资源的不可移动性及有限性、水资源的可再生性、能源的耗竭性等。自然资源作为人类生存及活动的物质基础，在社会经济发展中具有至关重要的作用。

自然资源信息是关于资源存在状况、资源量及其空间分布、开发利用情况、开发利用潜力、资源存在问题、资源平衡及安全等有关的信息。自然资源信息多为自然资源与人类活动相互作用过程中形成的信息，具有人文特征。根据信息涉及对象的差异，自然资源信息可以分为若干类型。

3）人文社会经济信息

人文地理学研究注重区域和空间的主线，并继承了人地关系的传统。空间是人文地理学的核心概念之一，人文社会信息是地理信息的重要组成部分，包括人口的变化、农业地域的形成与发展、工业地域的形成与发展、人类与地理环境的协调发展，人口过程、城市化过程、农业和工业地域形成过程、人地关系思想演变过程等人文地理要素的发展变化历程。

（1）人口地理信息。

人口、资源、环境是当今世界关注的三大问题，而人口问题又是这三大问题产生的根源。人口问题是全球性的问题，全球的许多问题都与人口问题有着直接或间接的关系。人口地理学是人文地理学中较新的分支学科之一，是介于地理学、人口学、社会学、经济学、历史学等学科间的边缘学科，是研究在一定的历史条件下人口分布、人口构成、人口变动和人口增长的空间变化及其与自然环境和社会经济环境的关系的学科，是研究人口数量与质量、人口增长与人口构成的时空差异及其同地理环境相互关系的科学。人口地理研究离不开人口的基本信息，我国人口信息资源分布于劳动和社会保障、公安、民政、卫生、教育等承担社会保障和百姓服务职能的各个政府部门。

人口信息来源有 3 种途径：一是全国人口普查；二是公安户籍管理；三是政府各业务主管部门业务登记资料。空间信息是人口地理信息区别于人口信息的主要标志。人口地理信息中的空间信息主要表现形式是地址（农村表示为省+地+县+乡+村，城市表示为省+市+区+道路+小区+楼号）和现居住地代码。为了便于实时定位技术的应用，地址通过地理编码技术转化为地理经纬度坐标。

人口数据是城市经济和社会发展的重要统计指标，也是制定城市经济和社会发展战略与规划的重要依据，并且对城市的产业布局、就业安排、住房建设、基础设施配置，以及科技、教育、医疗卫生和文化事业发展等有着重要的参考作用，因而它是城市最重要的基础信息资源之一。通过城市的人口调查，利用 GIS 技术，建立含城市人口数量、结构及地理分布的人口资源地理数据库，将非常有利于掌握城市人口的基本情况。

（2）交通地理信息。

交通运输地理学是研究交通运输在生产力地域组合中的作用、客货流形成和变化的经济地理基础，以及交通网和枢纽的地域结构的学科。作为研究交通运输活动空间组织的学科，交通运输地理可分为理论交通运输地理、部门交通运输地理、区域交通运输地理、城市交通运输地理四个部分。理论交通运输地理主要研究交通运输网的构成及各种交通方式的地位、交通运输在生产布局中的作用、运输联系和客货流分布及其演变趋势、合理运输与货流规划的理论和方法、交通运输布局的经济效益计算和地域系统评述、交通网络和站场布局的类型和模式、交通运输区划的原理和方法。

部门交通运输地理分别研究铁路、水运、公路、管道、航空等运输方式的经济技术特点及地域的适应性。

城市交通运输地理主要研究和预测城镇内部道路交通网和客货流与交通流的形成变化规律、城市对外交通线和站港空间布局，以及综合交通系统。

交通运输地理学研究的目的是通过寻求自然条件有利、技术措施先进、经济社会效益最大的交通运输地域组合方案，使交通网的布局合理化，减少生产过程在流通中的延续耗费，节约居民用于交通的支出，从而提高社会劳动生产率。它的基本任务是参与有关生产布局的工作，如国土规划、区域规划、城市规划及厂址选择等，解决有关交通运输的地理问题、交通网和客货流的调查和规划、运输区划、交通运输布局的条件分析和经济论证。

从地理学的角度研究铁路、水路、公路、航空和管道 5 种运输方式的特点、运输网布局和不同地域的物流结构。人和物的移动，随不同的运输方式又可区分为：航空交通、铁路交通（或称为轨道交通，包括城市间的铁路和城市内的地铁，以及其他的轨道交通）、道路交通（城市道路和城市间道路）、船舶交通、管道交通等。这里不难发现，交通与信息具有同源的关系。交通系统考虑研究的对象：一是线路，公路、航道、航线及在线路上的各类设施，如站点、码头、机场及其监管设施等；二是交通工具，如汽车、轮船、飞机等；三是交通工具在线路上的运行状况，如流量、运量、堵塞、事故。交通信息的定义应包括上述交通系统各要素所关联的一切信息。

（3）聚落地理信息。

聚落地理学，是研究聚落形成、发展和分布规律的学科，又称居民点地理，是人文地理学的一个分支学科。聚落地理学的研究内容主要包括不同地区聚落的起源和发展；聚落所在地的地理条件；聚落的分布，揭示聚落水平分布和垂直分布的特征并分析其产生的自然、历史、社会和经济原因；聚落的形态，这是聚落地理学中研究较多的方面，涉及的内容有聚落组成要素、聚落个体的平面形态、聚落的分布形态、聚落形态的演变、自然地理因素（主要是地形和气候）及人文因素（包括历史、民族、人口、交通、产业）对聚落形态的影响。

（4）经济地理信息。

经济地理学是地理学最重要的分支学科之一，它研究的基本问题是为什么经济活动在地球表层的分布是不均匀的。从经济地理学的研究视角出发，造成经济空间分布有疏有密的根本动力是自然环境本身的非均匀分布及经济自身的集聚和扩散力量。基于这种研究议题，经济地理学显示出典型的交叉性和综合性学科特点。一方面，影响经济集聚和扩散的因素是多元的，包括各种自然要素及经济、社会、文化、制度等人文要素；另一方面，人类在地表的经济活动已经并且正在强烈地改变着自然格局，造成了全球性、区域性和地方性等不同空间尺度的环境变化和环境问题，成为改变自然环境最主要的动力。这种学科特性使经济地理学最有资格成为人与自然环境关系研究的纽带和各类空间尺度的可持续发展研究的基础。应该承认，离开对人类经济活动的空间规律的认识，就无法正确透视各种空间尺度的可持续发展问题。因此，在摆脱单纯追求经济增长的发展观之后，经济地理学越来越显示出重大价值，其可以为塑造新的发展观做出重要贡献。此外，由于经济地理学长期以来对区域问题的综合性研究，这门学科也在社会经济实践中起着重要作用，特别是在国土开发、区域发展和区域规划、地区可持续发展战略、重大项目的战略布局等领域。

4）城市地理信息

城市是一种超大型的、复杂的人文与自然的复合系统，是人口、资源、环境和社会经济要素高度密集的、以获得综合集聚效益为目的的地理综合体。这就决定了城市是最复杂、最活跃、人地交流强度最高的地球组成部分。因此，城市地理信息是数字城市最重要的应用方向，也是建立数字城市的最关键部分。城市地理信息具有一些特征，这些基本特征对城市地理信息分析具有重要意义。

城市地理信息是指与所研究对象的城市空间地理分布有关的信息，是有关城市地理实体的性质、特征和运动状态表征的一切有用的知识。它表示地表物体及环境固有的数量、质量、分布特征、联系和规律。城市地理信息可分为两类：一是基础地理信息，主要包括各种平面和高程控制点。建筑物、道路、水系、境界、地形、植被、地名及某些属性信息等，用于表示城市基本面貌并作为各种专题信息空间位置的载体。二是专题地理信息，是指各种专题性城市地理信息，主要包括城市规划、土地利用、交通、综合管网、房地产、地籍和环境等，用于表示城市某一专业领域要素的空间分布及规律。

（1）城市地籍与土地规划利用。

地籍是记载土地位置、界址、数量、质量、权属和用途（地类）的基本状况的图簿册。地籍的图簿册中，图主要是指宗地图和地籍图，宗地图的空间集合构成地籍图；簿是指土地登记簿，是由土地登记卡的集合构成的；册是指土地归户册，由土地归户卡的集合构成。土地归户卡记录同一土地使用者或所有者使用或所有的全部土地数量、分布及其他状况，具体为其所使用或所有的宗地情况。土地登记卡以宗地为单位记录土地所有权和使用权状况。土地质量采用分等定级的方式确定。

地籍管理的核心是土地登记，而土地登记的基本单元是宗地。土地登记实质是土地的权属管理，是确立权利人对宗地的所有、使用及其他权利关系的过程，包括设定、变更、注销和他项权利登记。这种关系具有法律效力，通过土地行政主管部门发放土地证（土地所有证、使用证和他项权利证明）来保证。

宗地是被权属界限所封闭的地块。若一地块为两个以上权属单位共同使用，而其间又难以划清权属界线，这块地也作一宗地处理，称为共用宗或混合宗。宗地与权利人的关系为多对多的关系，如共用宗表示多个权利人共同使用一宗地；同一个权利人可以使用多宗地，这也是使用归户卡的目的所在。

随着人口的增加、社会经济的发展，土地的需求日益增加，因为土地资源的有限性和土地需求不断增长之间的矛盾，土地利用中的问题越来越多，成为威胁人类生存发展的重要因素。所以，世界各国对土地资源采取了较严格的管制，土地利用规划成为政府实施土地管理的重要手段。

（2）房地产管理信息。

随着城市建设的飞速发展，尤其是房改以来，房屋产权登记和抵押登记的工作量迅速增加，传统手工办卷的方式已不能适应新形势的要求。为了提高工作水平，满足政府和群众对房产管理的需要，城市房产管理也引入了计算机信息技术。

房地产管理的数据从总的角度来分，主要有空间信息、房屋（丘、幢、层、户）的属性信息、分层分户图和办公信息四部分。空间信息主要是由房产分幅平面图，以及修测补测（包括大规模的外业修测补测和配证中单个幢图更新的修测补测）过程中获取的更新信息组成；分层分户图主要是用于配证的分幢图和分层分户平面图，多在日常办证过程中产生；房屋的属性信息指调查数据或日常办公中产生的测绘数据（内容主要来自勘丈表），如房屋的各类尺寸、幢号、间数、层数、结构、用途、坐落、建成时间、面积、所有权人、产权性质、房屋价格等；办公信息是指房产管理办公过程中产生的信息，如申请表的有关内容、审批的意见、日期、审批工作人员的姓名、费用及归档等。

（3）管网地理信息。

城市各类管线是一个城市重要的基础设施，有信息传输、能源输送等功能，是城市赖以生存和发展的物质基础。城市综合管线数据是通过管线现状调绘、管线探查及管线测量获得的关于综合管线及其附属设施类型、位置及特征的数据，主要包括给水、排水（污水、雨水）、天然气、电力、路灯、通信、热力、工业管道、有线电视、军用光缆、交通信号等要素。城市各专业管线分别由各权属单位负责日常的管理和维护，错综复杂的地下管线，如同巨大的地下迷宫，包括各类专业管线、管孔、井盖等的信息内容。城市管理地理信息为规划、设计、施工等部门提供准确可靠的地下管线的分布、走向、埋深等状态信息及各专业属性信息，满足决策、管理部门和施工单位的需要。

城市具有人口集中、社会财富集中、现代化设施集中等特点，一旦发生突发性火灾、地震、洪涝、爆炸、毒气泄漏、破坏等各种自然或人为的灾害，往往会变成大量的人员伤亡和惨重的财产损失，严重影响城市可持续发展和社会的稳定。综合管网信息和与之相关的地形、环境信息从根本上是地理信息，这些地理信息具有空间定位、数据量巨大、信息载体多的特点。研究各种地理实体及相互关系，应根据实际需求，通过多种因素综合分析，适时提供多种空间和动态的地理信息，以满足人们对空间信息的要求，并借助特有的空间分析功能和可视化表达，进行各种辅助决策、动态模拟和统计分析等服务。

工业管网是工业生产的"血管"，纵横交错、纷繁复杂。管线的种类高达十多种，如高煤、焦煤、转煤、混煤、蒸汽、氧气、氮气、氩气、压气、热水、生产水、生活水、污水、电力通信、软水、循环水等；管线层层叠叠，一个区域有八九层管线叠置在一块；在实际生产过程中，生产管网经常发生变更，各种专业生产管线时增时减，有的甚至还要改道。管线的这种复杂程度和经常变更在其他行业是不多见的，这是工业管网的一个特点。

（4）规划地理信息。

城市规划部门对城市建设单位具有用地审批权，行使城市规划与管理中的"一书三证"（建设项目选址意见书、建设用地规划许可证、建设工程规划许可证和乡村建设规划许可证）的审批管理职能，规划部门的日常业务工作正是围绕着这一审批管理职能展开的。"一书三证"的业务办理过程中，要依据大量的文本信息（如用户申请、批文、有关的法律法规等），还要参考大量的图形信息（如城市总体规划图、基础地形图、影像图等）。建设项目报建、监控数据，包括从审批到竣工的平面图、立面图、剖面图、效果图及相关的文件，如建设项目报建表、"一书三证"、建设工程规划设计红线审批表等。这些信息主要包括基础地形图、市政管线、道路交通、城市规划成果、城市建设用地、地籍信息（规划局已发放用地证的宗地图形）和城市建设政策法规，包括与城市规划相关的政策法规信息，如城市用地分类与规划建设用地标准、城市用地分类代码、城市道路绿化规划设计等。

（5）市政建设与管理信息。

城市市政工程与大型工程建设管理在我国现有政府职能上归属建设委员会（局），主要有市政工程与大型工程立项调研，施工图报审工作并组织相关专家及部门对施工图进行审核，施工招标，开工建设及施工过程中的工程管理及竣工验收、工程结算；办理城市的建筑工程施工许可、城市道路挖掘许可、城市道路占用许可及建设工程竣工验收备案等各项行政审批工作；市政公用行业管理即城市供排水、燃气、热力、市政设施、市容环卫等行业管理；新建、改建、扩建、装修、防腐、管道安装、设备维护等建设工程项目登记备案工作；建设工程勘察合同、设计合同、施工合同、监理合同审查、登记、备案和工程安全质量监督管理等职责。需要建筑工程、工地、标段、施工单位、施工许可证、招投标等地理信息。

重点工程项目信息包括项目登记数据、项目前期信息、项目施工期信息、重点工程信息和其他部门的信息，如规划、土地、地质、地震和文物，地下水与土壤的污染类型、程度和范围，地下水资源储存与开发现状，地下水资源保护规划和环保等信息（环保设施、环境污染源）等。

城市基础设施建设管理信息主要包括基础设施信息、法人单位信息、建筑物现状信息、综合管线信息、全球定位系统数据库、信息资源目录体系，以及各类城市公共基础信息数据库等。

5）生态环境信息

生态学是研究有机体及其周围环境相互关系的科学。生物的生存、活动、繁殖需要一定的空间、物质与能量。生物在长期进化过程中，逐渐形成对周围环境某些物理条件和化学成分，如空气、光照、水分、热量和无机盐类等的特殊需要。各种生物所需要的物质、能量及它们所适应的理化条件是不同的，这种特性称为物种的生态特性。任何生物的生存都不是孤立的：同种个体之间有互助有竞争；植物、动物、微生物之间也存在复杂的相生相克关系。人类为满足自身的需要，不断改造环境，环境反过来又影响人类。随着人类活动范围的扩大与多样化，人类与环境的关系问题越来越突出。因此近代生态学研究的范围，除生物个体、种群和生物群落外，已扩大到包括人类社会在内的多种类型生态系统的复合系统。人类面临的人口、资源、环境等几大问题都是生态学的研究内容。

生态系统内在结构中生产、消费、分解等功能的发挥及同环境之间的物质、能量交换，维持着动态平衡状态和自然循环过程。任一生态系统中这种状态和过程的破坏所引起的后果都不是孤立的，会引起地理系统的连锁反应。一般而言，生态系统的恶性循环，必然导致地理环境的恶化。故对地理环境中处于不同自然带的各类生态系统的发生与起源、适应与演化规律的研究，如何维护生态平衡，积极建立新的生态平衡，是当前地理学研究的重点；而人类生态系统的管理和调控（包括人工生态系统）也是其中的重要环节。运用实际调查和其他测量手段获取：①区域的主要植被类型和主要农林虫害类型。②区域主要植被类型、主要经济植物、濒危动植物、重要农林昆虫和杂草的分布图和数据，并运用量测统计功能计算出各种植被类型和重要植物的分布面积、森林覆盖率、虫害和草害面积、虫害率、经济损失等。③不同植被类型的生物量（森林蓄积量、农作物产量）、光合、蒸散、叶面积指数、叶绿素和木质素含量，重要植物和农林昆虫的种群数量，虫情指数，各种防治措施如化防、生防的效果。④分析植被分布、虫害发生及扩散迁飞等与生物地理环境要素之间的关系。⑤研究昆虫和植物种群的分布格局、植被和景观空间异质性、景观和生态环境评价。⑥利用多年植被、昆虫及气象资料，建立植被季相、植被演替和昆虫动态的时空模型，结合气象中长期预报，推测未来区域植被分布和害虫发生程度；模拟全球变暖、气候异常、人类活动（如砍伐、防治）等对植被和昆虫动态的影响。根据预测结果，直接指导人们的农林生产和病虫害防治。

　　6）环境地理信息

　　环境是人类赖以生存的所有因素和条件的综合体。环境与发展已成为当今国际普遍关注的重大问题。环境科学是研究人类生存的环境质量及其保护与改善的科学。环境科学研究的环境，是以人类为主体的外部世界，即人类赖以生存和发展的物质条件的综合体，包括自然环境和社会环境。自然环境是直接或间接影响到人类的，一切自然形成的物质及其能量的总体。现在的地球表层大部分受过人类的干预，原生的自然环境已经不多了。环境科学所研究的社会环境是人类在自然环境的基础上，通过长期有意识的社会劳动所创造的人工环境。它是人类物质文明和精神文明发展的标志，并随着人类社会的发展不断丰富和演变。环境具有多种层次、多种结构，可以作各种不同的划分。按照环境要素可分为大气、水、土壤、生物等环境；按照人类活动范围可分为村落、城市、区域、全球、宇宙等环境。环境科学是把环境作为一个整体进行综合研究。

　　环境科学主要运用自然科学和社会科学的有关学科的理论、技术和方法来研究环境问题。在与有关学科相互渗透、交叉中形成了许多分支学科。属于自然科学方面的有环境地学、环境生物学、环境化学、环境物理学、环境医学、环境工程学；属于社会科学方面的有环境管理学、环境经济学、环境法学等。

　　环境地理学是一门新兴的地理学与环境科学交叉的边缘科学，它从人地关系的整体思路出发，研究地球各圈层的环境变化及它们与人类活动之间的关系，主要包括大气环境、水环境、岩石圈表生环境、土壤和生态环境的变化及其与人类活动的相互作用和影响。环境地理信息通过野外调查与观测可以获取。

　　环境地理信息主要包括：①大气污染化学成分、分布及其扩散模型；②地球上水的分布、化学成分、水体污染物的来源和种类、污染物在水环境中的迁移转化；③土壤物理化学性质及分布、人类活动（土地利用、污染物和工程建设）对土壤环境的影响、污染物的迁移转化和土壤退化与土壤环境保护等；④岩石类型及其化学组成及分布、人类活动及矿产资源开发对表生带的影响范围；⑤原生环境引起的地方性疾病类型及分布、环境污染与疾病分布。

2.3　地理信息传输

　　信息通过感觉器官在人脑中直接反映，感觉器官是信息的接收器，时刻在感受来自外界各种各样的信息。然而，大量的信息是通过人的眼睛直接感受的，人类通过视觉获取地理信息是一个心智过程。为此，用图形表示地理世界就有了地图。地图用简单的、抽象的地图符号描述复杂的地理现象，是地理学家最常用的地理信息载体和地理语言，也是最受人们欢迎的地理信息表示方法之一。地图是信息的载体，可容纳大量信息。地图是空间信息的图形传递形式，是信息传输工具之一。人们利用各种信息技术来传播地理信息，扩展器官感知能力。

2.3.1　地图传输模型

地理信息是人类对地球认知的结果，它的传播需要载体（地理语言），用地理语言描述地理世界就产生了文字、语言和地图表达。地图用简单的、抽象的地图符号描述复杂地理现象。地理信息传输是一个被人们所认识、理解、转换、表示和利用的过程。

受心理学理论和方法的影响，英国地图学家 Keates 于 1964 年最先定义了"地图传输"的概念，并建议通过地图把地图传输和信息论联合起来。捷克人柯拉斯尼于 1969 年在《制图信息——现代制图学的一个基本概念和术语》一文中提出了一个制图传输系统模型，如图 2.2所示。

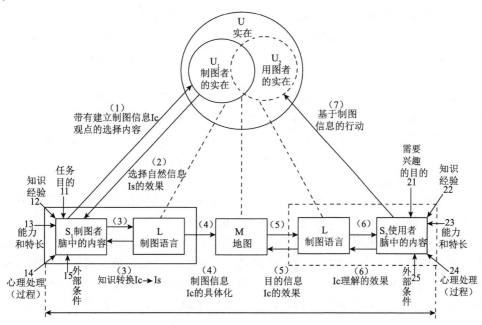

图上（1）至（4）代表地图的制作阶段，（5）至（7）代表地图的使用阶段

图 2.2　柯拉斯尼地图制图传输系统模型

柯拉斯尼认为地图的用途就是在地图作者和地图读者之间传递信息，试图把地图制作和使用结合成一个单一过程，"把地图的制作和使用看作是一个统一过程的两个阶段。在这一过程中，制图信息产生、传递、最终产生效能"。柯拉斯尼最早用模型法来研究地图信息传输的方式和途径，用信息科学的观点来阐述制图与用图的关系。柯拉斯尼的观点一经提出，立即引起了广大地图学者和地理学者的极大兴趣，引起了国际制图学术界对这一问题的关注。国际上对地图传输问题的讨论十分活跃，纷纷用信息传理论来阐明地图和地图学的性质和作用，并提出了各种地图信息传递的模型。波兰的拉塔依斯基（Ratajski）教授于 1973 年发

表了题为《理论制图学的研究结构》的文章，并提出了一个地图传输模型，是柯拉斯尼模型的进一步发展。1976 年，美国的莫里逊（Morrison）提出了一个更为详细的反映拉塔依斯基所描述的地图传输模型。还有其他一些学者提出地图传输模型。这些模型虽各不相同，但都可以理解为：制图者（信息发送者）把对客观世界（制图对象）的认识加以选择、分类、简化等信息加工并经过符号化（编码），通过地图（通道）传递给用图者（信息接收者），用图者经过符号识别（译码），同时通过对地图的分析和解译形成对客观世界（制图对象）的认识。

地图作为再现客观世界的形象符号模型，不仅能反映制图对象空间结构特征，还可反映时间系列的变化，并可根据需要，通过建立数学模式、图形数字化与数字模型，经计算机处理完成各种评价、预测、规划与决策。

2.3.2　地理信息传输模型

随着信息科学的介入，传统的地图传输理论遇到了新的挑战，信息科学和技术扩充了传统的地图传输理论。特别是借助于近代数学、空间科学和计算机科学，科学工作者已经有可能迅速地采集到地理空间的几何信息、物理信息和人为信息，并定期和适时地识别、转换、存储、传输、显示和控制应用这些信息，这也已经成为现代地理学的重要任务之一。地理信息传输是一个被人们所认识、理解、转换、表示和利用的过程。地理圈或地理环境是客观世界最大的信息源，从地理实体到地理数据，从地理数据到地理信息的被认知，反映了人类从认识物质、能量到认识信息的一个巨大飞跃。

地理信息传输模型可以这样来理解，如图 2.3 所示，信息加工者把对客观世界的认识，根据认知的目的加以选择、分类、简化等信息加工，用计算机可以识别的数据进行表达，并经过编码，通过传输通道发送给信息接收者。一方面信息接收者接收信息加工者发送的数据进行译码，使其变成地理空间信息数据，根据应用的需求，通过接收者选择、分类等加工成所需要的信息，再通过可视化手段被人感知；另一方面可以通过查询、分析和计算获得接收者所需要的信息，完成接收者对客观世界的认识。接收者对空间信息接收的水平，受个人知识、专业素质、经验水平，以及任务目的等外部因素的影响。

这个模型与地图信息传输模型的最大差别在于：地图图形是地图用户唯一的信息源，人类获取地理知识依据唯一的特定的图式规范，通过视觉对地图符号编码进行解译操作，人的大脑与眼是解译地图的工具。在数字环境下地理信息传输模型不但保留地图信息传输的特征，同时强调计算机的自动理解和辅助分析决策辅助工具，更强调人在接收信息时的主观能动性。

地理信息传输模型把地理空间环境、空间信息加工者、空间信息产品、空间信息使用者这几个相互独立的事物构成了一个相互联系的整体，组成了一个系统。地理空间信息在这个系统内进行传递。加工者在地理信息传输模型中不是漫无目的获取、处理和存储地理信息，而是根据地理信息应用需求、加工的任务和目的，并融入个人的知识背景、经验等因素，对空间信息进行挑选、过滤、组织等。接收者认知的目的是选取最主要的信息内容和最合适的表现形式，从而提高地理信息传输效率。接收者根据接收到的空间信息，结合自身的空间知识与背景，以及对空间信息和客观环境的实际对比，完成对接收到的信息认知，从而达到认知客观世界的目的。

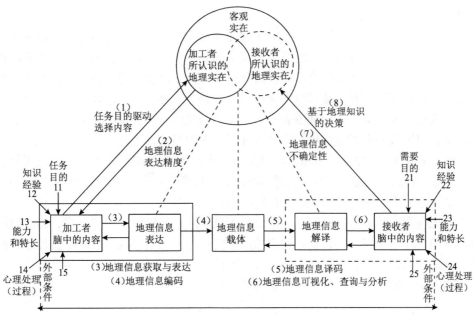

图 2.3　地理信息传输的模型

2.3.3　地图信息传输过程

任何信息系统，实质上都是一个信息传输过程。如果把一般信息传输系统引进地图学领域，地图创作者与地图用户之间看做一种通信，就可以得出一个最简单的地图信息传输系统。信息传输是一个复杂的过程，人的认识在信息传输过程中具有重要作用。

1. 地理信息获取

1）地理信息加工者

地理信息加工者是地理信息的主要信息源。人类对地理环境的认知主要通过两种途径：一种是实地考察，通过直接认知获得地理知识，但世界之大，人生有限，一个人在有限的生命里不可能阅历地球的方方面面；另一种是通过阅读文字资料，获得地理知识。地理信息加工者获取和解读信息、调动和运用知识、描述和阐释事物、论证探讨地理的能力成为地理信息源质量的重要保证。

常见的地理信息源有：地图、图表、图片、报纸杂志、电视广播、因特网等。获取地理信息的途径很多，大致可以分为 3 类：第一类是通过实地测绘、调查访谈等获取原始的第一手资料，这是最重要、最客观的地理信息来源。第二类是借助空间科学、计算机科学和遥感技术，快速获取地理空间的卫星影像和航空影像，并适时适地识别、转换、存储、传输、显示等技术手段获取地理信息。第三类是通过各种媒介简介等获取人文经济要素信息，如通过各行业部门的综合信息、地图、图表、统计年鉴等获取地理知识。

现阶段，航空摄影测量仍然是我国测制地形图，获取地理信息数据的主要技术手段。随着高分辨率卫星遥感技术的发展，高分辨率卫星图像将成为快速获取地理信息数据、更新基础 GIS 数据库的主要信息源。为解决好基础地理信息主要数据源的问题，我国正在抓紧研究建设地理信息数据获取系统，包括对地观测系统（航空、航天遥感系统）、野外数据采集系统和人文经济要素信息搜集系统。目前，我国已经拥有了气象、资源、海洋等系列卫星系统，并正在实施测绘、减灾等应用卫星计划，稳定的卫星遥感平台初步形成。

　　2）地理信息获取方法

　　地理信息的载体是各不相同的，有的蕴藏在地理文字中，有的蕴藏在各种地理图形的表达语言中，有的蕴藏在各种地理统计图表的文字和数字中，还有的蕴藏在各种地理图形的主图和附图中、各种地理图形的组合和整合的分析中。由于地理信息载体的不同，获取和解决地理信息的途径就存在差异。地理信息大致上可以分为3种类型：①地理文字信息。②地理图像信息。③地理表格信息。地理图表相对于文字表述而言，提供的地理信息具有更直观、形象的特点，以图表的形式提供地理信息体现了地理学科的特色。

　　（1）从文字背景材料中获取和解读地理信息。地理所涉及的门类较广，甚至触及社会的各个领域：工业、农业、贸易、旅游、交通、城建、环保等。从文字材料中提取有效信息，首先要读懂，要领会文章主旨，要善于捕捉文中关键词。

　　（2）从地理图形的表述中获取和解读地理信息。地图是地理的第二语言，阅读地图是地理的最基本能力。由地图的语言直观地表示出来的信息，叫做显性信息；由显性信息经逻辑推理或合理猜想得到的信息，叫做隐性信息。因此一张貌似简单的地图它所含有的信息量可能是惊人的。从某地图上可以读出该示意图的比例尺、海域岛屿名称、河流分布、城市的分布、冬季风的来向，北回归线穿过的地区等显性信息。地球上的位置决定气候（降水、热量），气候影响农业；地形影响河流的走向和流速，流速决定水能；地形和气候对人口分布与经济发展的影响等，这些隐性信息可从地理思维的角度进行获取。

　　地理图形语言是指气压、气温、降水等值线图、柱状图、区域图等各种图形所承载的地理信息。地理图形语言的解读和应用能力向来是地理学科考查的重要能力之一，由于地理图表承载着非常丰富的地理信息，因此判读时要注意分清主次，在尽量短的时间内确定应该从地图上获取哪些方面的信息，如经纬度、大陆轮廓、国界线和省界线、等值线、特殊地名、特殊地理景观等。

　　（3）从地理表格的组合中获取和解读地理信息。表格是地理统计信息资料的分类列表展现形式，是为反映某种地理现象（事物）的特征或比较某类地理现象（事物）的差异而提供的信息。表格中展示的各项地理要素均是紧密相关的，表格中的数据资料均是客观、真实的。将地图和表格组合起来构成一种新的情景提供信息，关键是从表格的数据中提取出有效的信息，如最高数值或最低数值、大小的变化规律、数据相互之间的比较等。

　　2. 地理信息表达

　　地理信息表达是地理学的一个基本问题，也是地理信息科学研究面临的一个重大挑战。本质上，地理表达是一个空间认知、信息转换与信息传输的交互过程。地理表达内容涉及地理实体及其空间关系、不确定性、地理动态及地理本体等方面。地理表达形式经历了从自然语言、地图到地理空间数据的演变过程。地理表达是对地球表层及近表层的描述，是人类认识地球环境和人类社会交流与传递地理信息的重要媒介。地理表达是对地理世界特定的抽象过程，它主要解决描述哪些、如何描述地理对象与过程的问题。从实质上看，类似于地图，地理表达是信息传递的中间媒介，在制图学领域，地图被认为是进行信息传输的中间工具。它应用图形语言向用户传递经过抽象的地理信息，并由用户接收，进行分析、解释，形成用户自己对某一区域地理环境的理解。地理表达的过程也是一个信息转换、传输的过程。无论表达哪些地理现象，或采用哪一种表达形式，均由研究人员按照一定的表达规则与方法对地理现象与过程进行抽象，并以一定方式（语言、图形、符号等）进行描述；而应用人员对相应的地理现象与过程的感知、理解则是以这一表达的结果为基础的，通过用户自己的空间认知能力，将描述地理现象与过程的地理表达转换为自己的空间知识。这里的两类人员是相对的，应用人员也可以根据自己的地理知识，采用适当的形式描述地理现象与地理过程，在这种情况下，其角色转变为研究人员；而研究人员在应用其他地理表达结果进行空间思维时，其角色也相应地转变为应用人员。

1）地理表达内容

包含位置信息的地理世界是纷繁复杂的，无论是现实地理空间还是赛博空间，均包含多种多样的空间对象；这些对象具有由不同测度方法测度的空间关系；对象之间的空间交互作用，又形成了不同时空尺度的、多样化的地理现象与地理过程。从系统的角度来看，空间实体的运动状态及运动方式不断发生着变化，诸多组成系统的要素（实体）之间存在着相互作用、相互制约的依赖关系，反映出不同的空间现象和空间过程。从地理表达的内容来看，主要包括地理实体及其空间关系、不确定性、地理动态、地理本体等方面。

2）地理表达形式及其演化

常见的地理表达形式包括语言、视觉、数学、数字、认知等。从演变的角度看，地理表达经历了从早期的自然语言描述，到地图表达，再到 GIS 中对地理空间与对象的格局与过程表达的变化；并且随着对地理表达的扩展，出现了新型表达形式，包括虚拟地理环境、地理增强现实及地理超媒体等。

（1）自然语言表达。自然语言表达是通过翔实的语言描述来重建景观，这种方式几乎是早期的地理学所唯一依赖的表达方式。它通过对地理现象的多角度、全方位的、以定性描述为主的语言表达，来向人们传递地理对象或现象的相关信息。由于自然语言也是人类进行日常交流的媒介，因此基于自然语言进行地理表达易于被人们接受与理解。同时，基于机器学习与自然语言识别技术，可以利用自然语言进行地理信息的语义描述与表达，而不仅仅是数字表达方式下一些抽象的符号。因此，自然语言描述是基于计算机的数字表达与人类自然表达方式之间的桥梁。Wawrzyniak 等研究了基于空间关系识别的二维图形对象间集合关系、拓扑关系及方位关系等空间关系的自然语言描述系统，即为自然语言表达的典型案例。

（2）地图表达。地图是地理研究的基础，是表达地理空间最重要的方式之一。它是基于特定的数学基础对具有时空维度的地理空间进行平面的、二维的、静态的表达。根据一定的制图符号系统，基于对地理对象与现象特定的选择、概括与抽象，地图能够描述与表达纷繁复杂的地理世界；而基于地图，用户可以进行分析与图解，获取对地理世界的与个人经验相关的地理知识。无论从尺度上还是抽象级别上，地图都占据着地理表达形式的中心。由于地图在地理表达中的核心地位，与地图有关的相关概念影响了其他所有的表达形式，并且地图学也成为 GIS 的基础学科之一。同时，地图也是 GIS 进行成果表达的主要形式。与自然语言表达相比，地图更有信息表达的优越性，特定的符号系统包含了丰富的信息，严密的数学基础使得可以进行相应的量算与分析，而地图概括又为地理要素表达提供了选择表达对象的依据。相对于传统纸质地图，近年来地图表达又出现了许多新形式与新概念，如电子地图、心象地图、实景地图、立体地图、地学信息图谱等。其中，地学信息图谱是由陈述彭先生首创的地理表达方法，是应用地学分析的系列多维图解来描述现状，并通过建立时空模型来重建过去和虚拟未来；不仅可表达地理现象，还可描述地理过程。这一表达形式对地理表达具有重要价值。

（3）地理空间数据的表达。随着计算机图形技术的发展，脱胎于地图的 GIS 应运而生，成为地理信息的又一种新的表达形式。基于地理表达的数据模型是 GIS 发展过程中的焦点问题。从面条模型到拓扑模型，地理空间数据的表达继承了传统地图学以纸张作为表达媒介的研究范式。

从二维角度来看，地理空间数据提供了基于要素的矢量数据模型与基于场的栅格数据模型进行二维地理实体及其关系的表达，依据其实现方法，又延伸出不同的数据结构，如面条结构、拓扑结构、对象结构、四叉树结构。

从三维角度来看，由于传统地图学研究范式无法直接处理三维对象，地理空间数据提供了不同的三维表达模型，包括：①基于表面表示的模型，如格网、不规则三角网、边界模型、参数表面等。②基于体素表示的模型，如三维格网、八叉树、实体结构几何、四面体格网等。这些表达方法适用于不同的应用需求。

从时间维角度来看，地理空间数据提供了多样化的表达时空信息的模型，包括：①基于时间戳的模型，如基于表级时间戳的序列快照模型、基于元组级时间戳的时空复合模型、基于分量级时间戳的时空对象模型等。②基于事件的模型，如地理事件模型、基于事件的时空数据模型等。③基于移位的模型，如地理生命线（geospatial life line）模型、潜在路径区域（potential path area，PPA）模型及时态地图集（temporal map set，TMS）模型。④基于过程的模型，如基于元胞自动机、智能体等数学模型。除上述四类之外，地理空间数据中进行的时空信息表达模型还包括基态修正模型、时空三域模型（three domain model）、面向对象的时空数据模型等。这些模型为通过地理空间数据表达地理动态提供了有效工具。

地理表达作为描述地理现象、传递地理信息的重要工具，在地理数据分析、推理及建模方面扮演着重要角色。

3. 地理信息载体

传统地理信息传输载体是地图。地图经历几千年的发展而长盛不衰。从地图学的发展可以知道，即使在未来，地图仍然有不可替代的作用。地图的存在与发展，是因为地图本身具有很多强大的功能。从哲学角度来说，这些功能是人们认识客观规律，能动地利用客观规律并改造社会的必然结果。这不仅仅是依靠对地图制作技术、表示方法、艺术感染力的改进与提高所能解决的。现代科学技术的进步，电子计算技术与自动化技术的引进，信息论、模型论的应用，以及各门学科的相互渗透，促使地图学飞速发展，给地图的功能赋予了新的内容。

现代地理信息传输载体是地理数据，指表征地理圈或地理环境固有要素或物质的数量、质量、分布特征、联系和规律的数字、文字、图像和图形等的总称。它是有关地理系统及地理因素的状态、特征、分布演化，以及人们对地理系统利用、管理、规划等的数据。它是直接或间接关联着相对于地球的某个地点的数据，是表示地理位置、分布特点的自然现象和社会现象的诸要素文件，包括自然地理数据和社会经济数据，如土地覆盖类型数据、地貌数据、土壤数据、水文数据、植被数据、居民地数据、河流数据、行政境界及社会经济方面的数据等。

地理数据包括空间位置、属性特征及时态特征三个部分。在计算机中地理数据通常按矢量数据结构或网格数据结构存储，构成 GIS 的主体。对于不同的地理实体、地理要素、地理现象、地理事件、地理过程，需要采用不同的测度方式和测度标准进行描述和衡量，这就产生了不同类型的地理数据，包括观察数据、分析测定数据、遥感数据和统计调查数据。按内容可分为自然条件数据和社会经济数据两大类。社会经济数据在计算机中按统计图表形式存储，是 GIS 分析的基础数据。

4. 地理信息解译

地理信息解译是从地理信息载体（地图、地理空间数据）中提取可信的、有效的、有用的地理信息（知识）的理论、方法和技术，是地理信息传输中重要的、最后的、高级的处理过程，也是地理信息认知过程。地图是空间信息的图形表达形式，是一种视觉语言，利用人类的视觉特征获取知识。地图具有直观一览性、地理方位性、抽象概括性、几何精确性等特点，以及信息传输、信息载负、图形模拟、图形认识等基本功能。

自从有了地图，人们就自觉或不自觉地进行着各种类型的空间分析。例如，在地图上测量地理要素之间的距离、面积，以及利用地图进行战术研究和战略决策等。空间分析主要通过空间数据和空间模型的联合分析来挖掘空间目标的潜在信息，而这些空间目标的基本信息，无非是其空间位置、分布、形态、距离、方位、拓扑关系等，其中，距离、方位、拓扑关系组成了空间目标的空间关系，它是地理实体之间的空间特性。地图作为信息的载体，使人们通过视觉直接读取信息：①通过图解分析可获取制图对象空间结构与时间过程变化的认识；②通过地图量算分析可获得制图对象的各种数量指标；③通过数理统计分析可获得制图对象的各种变量及其变化规律；④通过地图上相应要素的对比分析可认识各现象之间的相互联系；⑤通过不同时期地图的对比分析，可认识制图对象的演变和发展，这就要充分发挥地图在分析规律、综合评价、预测预报、决策对策、规划设计、指挥管理中的作用。

地理信息解译是用图者视觉感受与思维活动相结合的分析方法，可以获得对制图对象空间结构特征和时间系列变化的认识，包括分布范围、分布规律、区域差异、形状结构、质量特征和数量差异。利用同一地区相关地图的对比分析，可以找出各要素或各现象之间的相互联系。利用同一地区不同时期地图的对比分析，可以找出同一要素或同一现象在空间与时间中的动态变化。通过综合系列地图或综合地图集的分析，可以全面系统地了解和认识制图区域的全貌和各项特征。

（1）各种现象的分布规律。包括一种要素或现象的分布特点与区域差异，或同一要素中各种类型的交替与变化。首先，分析地图的分类、分级与图例符号，了解制图对象的内在联系和从属关系。其次，分析制图现象的分布范围、质量特征、数量差异和动态变化等方面的分布特征和规律。例如，分布范围分散或集中程度、固定范围或迁移变动的特点；质量特征的形态结构及其成因规律；数量在空间和时间上的差异与变化规律；动态变化的范围、强度、趋势及形成原因等。在分析中，对制图现象轮廓界线的形状结构应予以注意，因为轮廓界线是制图对象及其不同类型、不同区划的分界，分析其形状结构不仅能够揭示制图现象的分布特征和规律，而且能在一定程度上反映同其他要素与现象之间的联系。各现象分布的形状结构是现象本身内在机制和外界条件综合影响的结果，在一定程度上可以揭示制图现象形成的原因与发展趋势。

（2）各种现象的相互联系。利用地图的可比性，分析相关地图，可以发现各要素和现象之间的内部联系。例如，把植被图、土壤图与气候图、地形图作对比分析，可以了解植被和土壤的水平地带分布与气候的关系、垂直地带变化及地形的关系，同时可了解植被与土壤之间的具体联系，并且通过图解分析与相关系数的计算，可以确定各要素和现象之间相互联系的程度。

（3）各种现象的动态变化。有两种情况：一是利用地图上所表示的同一现象不同时期的分布范围和界线，或对采用运动符号法、等变量线、等位移线所表示的制图现象的动态变化进行分析研究，如利用运动符号法的地图可直观地分析台风路径、动物迁移、货运流通、军队行动等动态变化。二是利用不同时期的地形图可以确定居民点的变化、道路的改建和发展、水系的变迁、地貌的变动等。同时，通过地图量算可以具体确定各现象的变化强度与速度。

第 3 章　地理信息表达

人们在认识和改造自然过程中，长期以来用语言、文字、地图等手段描述自然现象和人文社会发生和演变的空间位置、形状、范围及其分布特征等方面的地理信息。随着计算机技术和信息科学的引入，为了使计算机能够识别、存储和处理地理实体，人们不得不将以连续的模拟方式存在于地理空间的物体离散化、数字化，将以连续图形模拟的物体表示成计算机能够接受的数字形式，用数据描述地球表面地理信息。由此产生了用来表示地理实体位置、形状、大小及其分布特征等方面信息的地理空间数据。

3.1　地理实体概念

地理学研究地球表层自然和人类社会等事物的空间存在秩序，探讨地球表面众多现象、过程、特征及人类和自然环境的相互关系在空间及时间上的分布，如地表自然的地带性、非地带性规律，生物、气候、地形、水文的区域分布、结构、组织，以及空间演化规律。现实世界是复杂多样的，要正确地认识、掌握与应用这种广泛而复杂的现象，需要进行去粗取精、去伪存真地加工，这就要求人们对地理环境进行科学的认识。对复杂对象的认识是一个从感性认识到理性认识的抽象过程。

3.1.1　地理实体描述

概念化研究是理论研究的基础。如果不能确定地理研究对象究竟是什么，就很难展开理论上的演绎。地理概念是对地理实体特征的抽象和概念化。地理概念是地理事物、现象或地理演变过程的本质属性。它是认识各种地理事物的基础，是区分不同地理事物的依据，也是进行地理思维的"细胞"。可以说，地理概念的理解是地理认知的中心环节，地理知识起始于一般的基础的地理概念，即地理概念中的"地理术语""地理名词""地理名称"等基本地理空间信息单元。概念化指某一概念系统所蕴含的语义结构，可以理解或表达为一组概念（如实体、属性、过程）及其定义和相互关系。一种地理现象可以是一个真实的地理客观存在，如建筑物、河流等；也可以是一种分类结果，如林地、园地等；还可以是对某种现象的度量结果，如高温区、高雨区等；它们统称为地理实体（geographic entity 或 geoentity）。

1. 地理实体抽象

抽象是抽取知识的非本质属性或本质属性的一种思维方法。地理实体是地球上的一种真实现象。它是客观存在的具有一定特征的对象，不能再细分为同一种类型的现象，一个地理实体可以由对它的标识和对它的属性描述来定义。地理实体是具有相同类别，具有共同特征和关系的一组现象。抽象是人们观察和分析复杂事物和现象的常用手段之一。将地理系统中复杂的地理现象进行抽象得到的地理对象称为地理实体或空间实体、空间目标，简称实体（entity）。实体是在现实世界中客观存在的、并可相互区别的事物。实体可以指个体，也可以指总体，即个体的集合。

抽象概括是形成地理概念的基本方法。抽象就是把地理事物的非本质属性加以舍弃，而将其本质属性抽取出来；概括就是在头脑中把抽象出来的地理事物本质属性再推广到具有同类属性的一切事物中去，从而获得地理事物的普遍概念。地理概念是对地理感性材料进行分析比较和抽象概括，然后用定义的形式表示出来。此外，在逻辑上减少概念的内涵，扩大其外延，也是一种概括。

开放地理空间信息联盟（OGC）的九层抽象包括现实世界（real world）、概念世界（conceptual world）、地理空间世界（geospatial world）、尺度世界（dimensional world）、项目世界（project world）、地理点世界（point world）、几何特征世界（geometry world）、地理要素世界（feature world）、地理要素集世界（feature collections world），如图 3.1 所示。

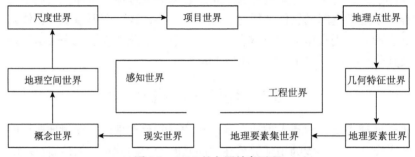

图 3.1　OGC 的九层抽象过程

2. 地理实体描述与划分

《基础地理信息要素数据字典》（GB/T 20258）明确指出："实体（entity）指现实世界的一种现象。它不能再细分为同种类型的现象"。关于地理实体有多种描述。

（1）地理实体是指在地球表层系统中与人类活动有关的物质实体，如城市、资源中心、企业等，它们的显著特点就是具有内在的结构、独占的地理位置和相对高的密度，呈离散分布状态。

（2）地理实体是指现实中的地理物体和地理现象，它表现在地图上称为地图元素。从图形学的角度看地理实体可看作基本的图元，地图则是图元按地理位置组成的复合图形。

（3）地理实体是对某种现象的度量结果，如高温区、高雨区等，这些都统称为地理实体。

（4）地理实体一般表现为一个物质区域。用地理属性区域加以精确定义将有助于精确地描述各种地理实体，也有助于精确地研究各种地理实体的运动与变化规律。

通过对上述描述分析可见，不同的背景下，认知角度不同，对于地理实体的认识也不同；但可以看出，这些认识对地理实体认知的本质是一致的，即地理实体以某种或多种属性特征作为划分标准，同类地理实体具有相同的地理属性特征。通过分析研究笔者认为，对于地理信息中的地理实体组成，可从以下几个主要方面来考虑：①地理实体属性特征可为单一性，也可能为多种特性，但是其中作为划分依据的属性是唯一的、稳定的，并且为关键性的属性，是某一地理实体区别于其他地理实体的依据。②划分地理实体特征的依据可为自然特征，如河流、山脉等；也可为社会经济等人文特征，如各种政治、经济及各种文化特征区域，城市，道路等；也有同时具有自然和人文特征的地理实体，如在自然基础上改造的水库、人工湖、运河等；具体可根据其主要属性和数据应用领域需要加以界定。③地理实体是可辨认的，可以通过唯一标识符标识。④现实世界是由不同类别的地理实体组成的，某一地理实体的存在离不开其他地理实体，所以各种地理实体之间的关系是其重要属性。⑤不同的地理实体具有不同的行为方法。⑥地理实体是一个概括、复杂、相对的概念，划分地理实体一般是人为的。

地理实体类别及实体内容的确定是从具体需要出发的，是人们根据自己的研究问题的需要而定的。因此，地理实体的划分方式与数量可以无穷多，例如，省（自治区、直辖市）可看成一个地理实体，以省（自治区、直辖市）为单元的地理实体是不可分割的；若按其他单元来划分则可划分成若干部分，但这些部分不能是省（自治区、直辖市）地理实体，只能是其他单位的地理实体，如市、县地理实体等。⑦地理实体具有层次性，或称具有粒度性。例如，京广线为一公路实体，但京广线由不同的路段组成；长江从发源地开始实际上是由不同的河流组成的，这些组成部分是由认知的不同层次/粒度而产生的；不同的层次因分析问题的需要而确定其粒度的大小。⑧任何地理实体都是历史性的，它的存在具有时间性。

由此可见，地理实体是指自然界现象和社会经济事件中具有确定的位置和形态特征、并具有地理意义的不能再分割的地理空间物体单元。确定的位置和形态特征是指至少在给定的时刻，地理实体具有确定的形态，但是"确定的形态"并不意味着地理实体必须是可见的、可触及的实体，也可以是不可见的东西。地理意义是指在特定的地学应用环境中，被确认为有分析的必要。河流、道路、城市是看得见摸得着的地理实体，而境界、航线等则是不可见的地理实体。地理实体是客观存在的、不以人为的描述形式而改变其存在方式的。地理实体可以用表格、图形、数据等方式来表达，但不能改变其本质。

3. 地理实体维数和延展度

地理实体的维数随应用环境而定，取决于分析空间的维数。在应用环境可变的情况下，分析空间可能是二维的，也可能是三维的，从三维空间向二维空间投影是容易的，而其逆在很多情况下是不可能的，也是没有意义的。

空间物体的延展度反映了地理实体的空间延展特性。在二维分析空间中，区分点、线、面这三类地理实体；在三维分析空间中，则区分点、线、面、曲面（体）这四类地理实体，相应地将点、线、面、曲面（体）的延展度分别记为 0、1、2、3。一般地说，地理实体显然可看作是分析空间的点集，可以 R2（或 R3）的点集描述，但在地理实体的数值表示中，这种描述实施起来相当困难，例如，维数为 2，延展度为 2 的地理实体是一个平面域，无法用 R2 中的一个子集给予确定地描述，而代之以一个多边形即闭合曲线来表示，同样维数但延展度为 1 的地理实体即可用曲线表示（闭合或不闭合）。

地理实体的维数和延展度构成了对地理实体几何特征的概括与描述，是对地理实体以数值表示的坐标串的补充，可以用来进行空间分析运算、语法正确性的检验及数据正确性的检验。例如，延展度为 2 的地理实体的坐标串，其首末点必须闭合，三维物体的坐标必须是三元组。

4. 地理实体的变量和属性

以地理实体为定义域，随地理实体的延展而变化的地理现象（变量）是空间变量，相反，不随地理实体的延展而变化的地理现象是地理实体的属性。空间变量如河流的深度、水流的速度、水面宽度、土壤类型等；地理实体属性如河流的名称、长度、区域的面积、城市人口等。空间变量是对其定义域的地理实体的局部描述，而地理实体的属性则是对其全局的描述。

地理实体的属性即描述的内容，通常需要从如下方面对地理实体进行属性描述：①位置。通常用坐标的形式表示地理实体的空间位置。位置是地理实体最基本的属性。②类别。指明该地理实体的类型；不同类别的地理实体具有不同的属性。③编码。用于区别不同的地理实体的标识码。编码通常包括分类码和识别码。分类码标识地理实体所属的类别，识别码对每个地理实体进行标识,是唯一的,用于区别不同的地理实体。④行为。指明该地理实体可以具有哪些行为和功能。⑤属性。指明该地理实体所对应的非空间信息,如道路的宽度、路面质量、车流量、交通规则、时间等。⑥说明。用于说明实体数据的来源、质量等相关的信息。⑦关系。与其他地理实体的关系信息。

地理实体(包括定义其上的空间变量和地理实体属性)的全体构成了现实的地理空间,但在空间分析中,只是对其部分内容进行分析。地理实体是空间变量的定义域,如地形,一般来说,可以认为是定义于分析区域(多边形)上的二维空间变量,同时地形也可以认为是一种三维空间物体,一个三维空间变量。

一个空间变量是定义于一个地理实体上的,完全可以根据变量的变化情况将实体进行分解。分解的原则是在每一部分,变量是不变的实体或者可看作是不变的,这时地理实体就被分解成若干空间变量,而空间变量则转化成地理实体的属性。地理实体的分解、变量与属性的转化,是空间分析的内容之一。

5. 地理实体之间的关系

现实生活中的实体大多数都不是孤立存在的,国道可能和省道相接,河流可能穿过城市,学校可能和工厂为邻。这些地理实体在地理空间中的分布简称为空间关系。地理实体关系有拓扑关系、方向关系和度量关系三种基本类型。拓扑关系描述地理实体之间的相邻、关联和包含等空间关系。方向关系又称为方位关系、延伸关系,它定义了地理实体对象之间的方位。度量关系主要是指空间对象之间的距离关系,可以用欧几里得距离、曼哈顿距离和时间距离等来描述。

6. 地理实体的时空变化

时间、空间和属性是地理实体和地理现象本身固有的三个基本特征,是反映地理实体的状态和演变过程的重要组成部分。严格地说,空间和属性数据总是在某一特定时间或时间段内采集或计算产生的。空间、时间和变化已经成为客观世界中不可分割的一部分,客观世界每时每刻都在发生变化。那么,什么是变化?如果地理实体对象 O 有且仅有一个属性 P,在不同的时间 t 和 t',对象 O 在 t 具有属性 P,在 t' 不具有属性 P,则认为对象 O 发生了变化。时空变化是对一个或者多个地理实体状态的改变。本书将时空变化分为两大类:影响单个实体的时空变化和影响多个实体的时空变化。变化发生前后的实体集可包括 $n(n>0)$ 个实体,因此,可按变化前后实体集中的实体数量来划分:①变化前的实体集中实体个数为 0,变化后的实体集中实体个数为 1;②变化前的实体集中实体个数为 1,变化后的实体集中实体个数为 0;③变化前的实体集中实体个数为 1,变化后的实体集中实体个数为 1;④变化前的实体集中实体个数为 1,变化后的实体集中实体个数为 $n(n>1)$;⑤变化前的实体集中实体个数为 $n(n>1)$,变化后的实体集中实体个数为 1;⑥变化前的实体集中实体个数为 $n(n>1)$,变化后的实体集中实体个数为 $m(m>1)$。

前三类可看作是影响单个地理实体的变化,后三类是影响多个地理实体的变化。其中,第 6 种变化可以利用前 5 种变化组合表达实现。因此,本书只考虑前 5 种情况。其中,影响单个地理实体的时空变化基本类型如图 3.2 所示。图中叶子节点就是时空变化的基本类型,包括出现、消失、突变、属性项减少、属性项增加、属性值减少、属性值增加、属性值改变、变形、扩张、收缩、延长和缩短 13 种。

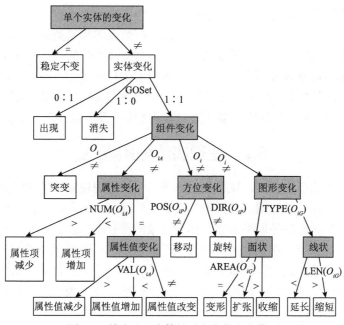

图 3.2　单个地理实体的时空变化基本类型

3.1.2　地理实体分类

分类是认识自然事物的重要途径。一般分类是通过对自然界各种事物进行整理，使复杂无序的事物系统化，从而达到认识和区分客观世界，并进一步掌握客观世界的目的。以地理要素为基础所发展起来的空间概念叫做基于地理要素的空间概念。地理概念是对地理事物进行客观描述的空间概念。空间概念一般可以分为 3 类：第一类称为原子空间概念，包括点、线、面等空间目标，描述地理事物的空间分布特征和位置特征；第二类称为地理概念，是对地理事物进行客观描述的空间概念，如桥、森林、丘陵等；第三类称为应用性地理概念，是具有很强应用色彩的地理概念，如资源、环境等。满足地理信息语义共享要求的空间概念既不是几何空间概念，也不是随着应用目的的不同结构发生变化的各种资源环境等应用概念，而应该是与几何空间概念和资源环境等应用概念具有继承关系，但又具备相对独立性的地理概念。

地理空间体系反映了一种有序性。基于地理分类的地理概念之间的概括、继承关系形成空间等级体系，这种地理概念体系反映了地理实体类别之间的有序性。面对纷繁复杂的地理空间，首先要在概念上进行有序化研究。这里的地理分类体系是指基于地理分类的地理概念之间概括、继承关系所形成的空间等级体系。

现实世界非常复杂，虽然地理科学领域已经建立了很多分类系统和标准，如地貌学中各种地貌的分类系统等。但这些分类系统的合理性和科学性评价方面的研究还相对滞后。由于人们对世界认知的不同，对同一地理现象观察描述会侧重于对象不同的切面，从而产生表述语言上的差异，形成语义异构，导致建立各个领域内所有实体的统一分类很难。所以根据人们对同一地理对象的描述的异同将其分为不同地理分类体系，保留对现实世界的不同看法，通过集成并转换各种分类系统及解决这些不同分类系统之间语义异质性的科学方法，可能是一个比较合理的研究方向。

对地理实体的描述，需要从语义学和逻辑学的角度来解决，而且需要一种能把某些实体或信息表达清楚的形式化系统，以及说明该系统不同组成间相互关系和作用的若干规则，在较高的抽象层次上研究地理空间，需要解决以下地理实体特性的表达：①地理空间存在着地理实体（地理实体不可分解成其他单元）；②地理实体具有属性（属性可以赋值）；③地理实体之间存在着不同的关系；④地理实体具有不同的状态（属性和关系随着时间的推移而改变）；⑤不同的时刻会有事件发生（事件能导致其他事件发生或状态改变）。

3.2　地理实体地图表达

人们用数据表达地理信息时，往往先用地图思维将地理现象抽象和概括为地图，再进行数字化转变，成为地理空间数据。地图是人类表达地理信息图形语言，按照比例建立的客观存在的地理空间模型。地图是反映自然和社会现象的符号模型，它是在一定的载体上表达地球上各种事物的空间分布、联系及发展变化状态的图形。基于地图思维的地理信息图形表达就是四维时空域的地理信息映射二维平面的过程，它具有严格的数学基础、符号系统和文字注记，并能依据地图概括原则，运用符号系统和最佳感受效果表达人类对地理环境的认知。地图在抽象概括表达过程中基于对象和场两种观点描述现实世界。

3.2.1　地理实体的地图抽象

1. 地图的抽象和概括

地图是人类对地理世界抽象和概括表达的结晶。概括是对地理物体的化简和综合及对物体的取舍。地图概括性主要表现为：①空间概括性。根据空间数据比例尺或图像分辨率对地图内容按照一定的规律和法则，通过删除、夸大、合并、分割和位移等综合手法实现对图形的化简，用以反映地理空间对象的基本特征和典型特点及其内在联系的过程。②时间概括性，包括统计的周期和时间间隔的大小。③质量概括性，通过扩大数量指标的间隔（或减少分类分级）和减少地理对象中的质量差异来体现。④数量概括性，包括计量的单位、分级情况和使用量等信息。

2. 地图降维表示

地球表面物体在地理空间场中维度延伸，地物形态决定了空间物体具有方向、距离、层次和地理位置等。早期利用二维地图表达地理物体，无法真实表达三维地理空间。三维地物映射到平面而形成曲线和平面，只能将地理物体抽象为点状、线状和面状几何形态。基于地图思维的地理信息图形表达就是四维时空域的地理信息映射二维平面的过程，它具有严格的数学基础、符号系统和文字注记，并能依据地图概括原则，运用符号系统和最佳感受效果表达人类对地理环境的认知。

3. 地图选择表达

对于同一客观世界，不同社会部门和学科领域的研究人员通常在所关心的问题和研究对象等方面存在差异，从而产生不同的环境映像。地理信息的获取、处理和存储是以应用为主导的，根据不同专业的需求，着重突出并尽可能完善、详尽地表示自然和社会经济现象中的某一种或几种要素，集中表现某种主题内容。

4. 地图比例尺选择

人们认知世界、研究地理环境时，往往从不同空间尺度（比例尺）上对地理现象进行观察、抽象、概括、描述、分析和表达，传递不同尺度的地理信息，这就需要多种比例尺地图的支撑。尺度变化不仅引起地理实体的大小变化，通过不同比例尺之间的制图综合，还会引起地理实体的形态变化和空间位置关系（制图综合中位移）的变化。在不同尺度背景下，地图要素往往表现出不同的空间形态、结构和细节。

5. 地图时态表达

地球上自然和人文现象是随时间发展变化的。地图只能表达地理现象某一时刻的状态，地理现象变化信息需要通过不同地图出版版本来反映，时间因素也是评价地图质量的重要因素。

3.2.2　基于对象的地理实体表达

基于对象观点，采用面向实体的建模方法将地理现象抽象为点、线、面、体的基本单元，每个基本单元表示为一个实体对象。对象之间具有明确的边界，每个对象可用唯一的几何位置形态和一系列的属性表示。几何位置在地理空间中可以用经纬度或坐标来表达。属性则表示对象的质量和数量特征，说明其是什么，如对象的类别、等级、名称和数量等。

1. 地理实体的几何表示

地理信息在图形上表示为一组地图元素。位置信息通过点、线和面来表示。点表示点状要素，如井和电线杆位置等；线表示线状要素，如水系、管道和等高线等；面表示面状要素，如湖、县界和人口调查区界等。

（1）点状要素：一个点状要素由一个单一位置表示，它规定这样一个地理实体，其整个界线或形状很小以至不能表现为线状和面状要素。通常用一个特征符号或标识号来描绘一个点位。

（2）线状要素：地理实体和现象太窄而不能显示为一个面，或者可能是一个没有宽度的要素，用一个线状连接起来以线形表示地理实体。

（3）面状要素：一个面状要素是一个封闭的图形，其界线包围一个同类型区域，如州、县和水体。

2. 地理实体的属性表示

地图用符号和标记来表示属性信息。下面列举了一些地图表示描述性信息的常用方法：①不同道路采用不同线宽、线型、颜色和标识号进行描述；②河流和湖泊绘成蓝色；③机场以专门的符号表示；④山峰标注高程；⑤市区图标出街道名称。

3. 地理实体的关系表示

地图要素之间的空间关系以图形表示于地图上，依靠读者去解释它们。例如，观察地图可以确定一个城市的邻近湖泊，确定沿某条道路两个城市间的相对距离及两者间最短路径，识别最近的医院及行车路线，等高线组可以确定一个地形高程起伏，等等。这些信息并不是明显地表示在地图上，但是，读者可由地图来派生或解释这些空间关系。

3.2.3　基于场的地理实体表达

地理现象借助物理学中场的概念进行表示，场表示一类具有共同属性值的地理实体或者地理目标的集合。根据不同应用目的，场可以表现为二维或三维，如果包含时间即为四维。基于场模型的地理现象在任意给定的空间位置都对应一个唯一的属性值。根据这种属性分布的表示方法，场模型可分为图斑模型、等值线模型和选样模型。

1. 图斑模型

图斑将地貌、土地利用类型基本相同，水土流失类型基本一致的地理单元分为一类，以其为调查研究对象，将单元勾绘到地图上成为图斑。图斑模型将一个地理空间划分成一些简单的连通域，每个区域用一个简单的数学函数表示一种主要属性的变化。根据表示地理现象的不同，可以对应不同类型的属性函数。比较简单的情况，每个区域中的属性函数值保持一个常数。图斑模型常常被用于描述土壤类型、土地利用现状、植被及生物的空间分布。除了单一属性值，还有多属性值的情况。

2. 等值线模型

等值线模型经常被视为由一系列等值线组成，一条等值线就是地面上所有具有相同属性值的点的有序集合。用一组等值线将地理空间划分成一些区域，每个区域中属性值的变化是相邻两条等值线的连续插值。等值线模型常表示等高线、等温线、大气压、地下水文线等。

表示高程场常用等高线。等高线是通过对地球表面的水平切割而产生的连续的曲线。在相同曲线上的高程值相同，相同高程的等高线至少有一条或多条。用等高线表示连续的地球表面的主要不足之处是在经过不同的高程面进行水平切割的过程中丢失了大量详细的地表信息，这些地表信息是不可能从等高线中恢复的。

3. 选样模型

选样模型是以有限的抽样数据表达地球表面无限的连续现象，地理现象在地理空间上任何一点的属性值是通过有限个点的属性值插值计算的。按采样点分为无规律的离散点（如地形图上高程点）、等值线（如地形图上等高线）和规则格网点等。

3.2.4　地理实体的三维描述

地图上地理实体的三维描述是将地球表面起伏不平的地形以抽象图形和视觉感知再现的图像形式表示在平面图（地形图）上，如写景（描景）（scenography）法、晕滃（hachuring）法、晕渲（shading）法、等高线（contouring）法、分层设色（layer tinting）法等。

1. 地形的写景表达

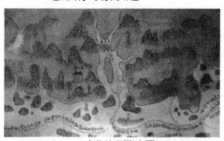

(a) 古代地形图(中国)

(b) 前寒武纪基地(挪威)

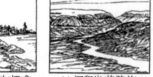

(c) 沉积岩(格陵兰)

图 3.3　以写意绘画形式表达地形的古代地图

古代人们用写意的山脉图画表示山势。常常以绘画为主要的写景（描景）表达形式，如以侧视写景的符号表达山脉、用闭合的山形线表示山脉的位置及延伸方向（图 3.3）。直到 18 世纪前，人们用透视或写景法以尖锥形（三角形）或笔架形符号表示山势和山地所在的位置。虽然图画可以把人们看到的和接触到的各种地形景观生动地描绘出来，但这些信息仅能粗略地展示地形起伏的形态特征和地物的色彩特性，精确的定量描述能力则非常有限。

2. 地形的图形表达

地形的图形表达主要是指用线划或符号来表达，如晕滃法和等高线等。晕滃图在早期西方地图中很常用。早在 1749 年，晕滃法就由帕克用在《东肯特地区自然地理图》中表示河谷地区的地表形态；德国人莱曼于 1799 年正式提出了具有统一标准的科学地貌晕滃法。晕滃法的表达方式是坡度线。线段的长度表示坡线长度；线段的方向表示坡线方向；线段粗细表示坡度陡缓，线段越粗，坡度越陡。这样的处理使地形图的显示效果中，坡度低平的地方颜色明亮，而坡度陡峭的地方颜色阴暗，并建立一定的立体感（图 3.4）。

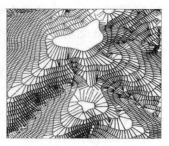

　　　　(a)手工绘制晕滃图　　　　　　　　　　　　(b)计算机绘制晕滃图

图 3.4　地形的晕滃法表示

　　等高线被认为是地图史上的一项重大发明（图 3.5）。1791 年，杜朋·特里尔最早用等高线绘制了法国的地形。等高线将地形表面相同高度（或相同深度）的各点连线，按一定比例缩小投影在平面上呈现为平滑曲线。等高线也称等值线、水平曲线。地形等高线的高度以海平面的平均高度为基准起算，并以严密的大地测量和地形测量为基础绘制而成，它能把高低起伏的地形表示在地图上。可量测性使得等高线表达在过去、现在及将来都很重要。

3. 地形的图像表达

　　广义上，图像就是所有具有视觉效果的画面，如晕渲图（图 3.6）和景深图。早在 1716 年，德国人高曼首先采用晕渲法。晕渲法是应用光照原理，以色调的明暗、冷暖对比来表现地形的方法，又称阴影法。基本原理是"阳面亮、阴面暗"。它的最大特点是立体感强，在方法上有一定的艺术性。晕渲通常以毛笔及美术喷笔为工具，用水墨绘制，也可用水彩（或水粉）绘制成彩色晕渲。晕渲法对各种地貌进行立体造型，能得到地形立体显示的直观效果，便于计算机实现且具有良好的真实感，是当今应用较多的一种地形表示法。

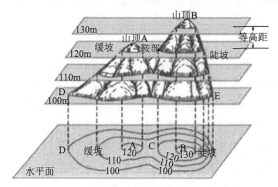

　　　　图 3.5　等高线表示　　　　　　　　　　　　图 3.6　彩色晕渲表示

　　深度图（景深图）是指包含从视点到场景中对象表面的距离的图像。深度图用亮度呈比例地显示从摄像机（或焦平面）到物体的距离，越近的物体颜色越深。根据这种原理，假设视点无限高，用不同的灰度值来表达不同高程的影像也是一种深度图。根据高低用颜色来表示，称为分层设色法。

与各种线划图形相比，影像无疑具有自己独特的优点，如细节丰富、成像快速、直观逼真等，因此摄影术一出现就被广泛用于记录人们周围的这个绚丽多彩的世界。从 1849 年开始，就出现了利用地面摄影相片进行地形图的编绘，航空摄影由于周期短、覆盖面广、现势性强而被广泛采用。仅仅利用单张相片，虽然可以得到粗略的地面起伏信息，但难以得到高精度的地面点信息。要完全重建实际地面的三维形态，利用两张以上具有一定重叠度的相片便能够重建逼真的立体模型，并在此基础上进行精确的三维量测，这种技术称为摄影测量。

4. 图形与图像结合表达

根据对各种地形表达效果的分析，发现晕滃法自身存在着严重的不足，而同时代的晕渲法和等高线法与晕滃法相比，却具有众多的优点。因此，地形图表达方式主要是等高线法、分层设色法和晕渲法。在实际应用时，可根据不同用途、不同目的选择不同的方法，或者结合使用，如等高线加分层设色、等高线加晕渲、分层设色加晕渲等。有些特殊地形及地形目标还需用符号法加以补充，如等高线加分层设色、等高线加晕渲地形、具有晕渲效果的明暗等高线等。

5. 地形的模型表达

模型（model）是指用来表现事物的一个对象或概念，按比例缩小并转变到人们能够理解的形式的事物本体。建立模型可以有许多特定的目的，如定量分析、可靠预测和精准控制等。在这种情况下，模型只需要具备足够重要的细节以满足需要即可。同时，模型也可以用来表现系统或现象的最初状态，或者用来表现某些假定或预测的情形等。实物模型通常是一个模拟的模型，如用橡胶、塑料或泥土制成的地形模型等。摄影测量中广泛使用的基于光学或机械投影原理的三维立体模型，以及全息影像都属于实物模型。

3.3　地理实体数据表达

为了使计算机能够识别、存储和处理地理实体，人们不得不将以连续的模拟方式存在于地理空间的物体离散化。物体离散化的基本任务就是将以图形模拟的空间物体表示成计算机能够接受的数字形式。空间物体数据的表示必然涉及数据模型和数据结构的问题。

3.3.1　地理实体数据抽象

数据是对事物的描述，可以以文字、数字、图形、影像、声音等多种方式存在，但是数据不是事物本身。数据是以人工统计、仪器测量、社会调查等多种方式获取的，这就导致数据可能甚至是必然存在各种误差，如人为误差、仪器的系统误差等。因此，数据只能从有限的方面描述事物，而不可能也没有必要全面、详尽、保真地复制事物本身。数据是被描述事物的另一种存在方式。这种转换经历了三个领域：现实世界、观念世界和数据世界，如图 3.7 所示。现实世界是存在于人们头脑之外的客观世界，事物及其相互联系就处在这个世界之中。事物可分成"对象"与"性质"两大类，又分为"特殊事物"与"共同事物"两个重要级别。观念世界是现实世界在人们头脑中的反映。客观事物在观念世界中称为实体，反映事物联系的是实体模型。数据世界是观念世界中信息的数据化，现实世界中的事物及联系在这里用数据模型描述。

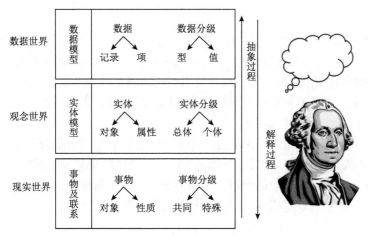

图 3.7　地理实体的数据描述

　　地理现象以连续的模拟方式存在于地理空间，为了能让计算机以数字方式对其进行描述，必须将其离散化。受地图思维的影响，用离散数据描述连续的地理客观世界也有两种模型：一是表达场分布的连续的地理现象；二是表达离散的地理对象。基于场模型在计算机中常用栅格数据结构表示；基于对象模型在计算机中常用矢量数据结构表示，如图 3.8 所示。

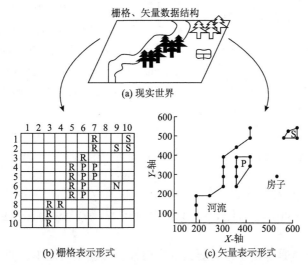

图 3.8　实体表示基于对象的矢量结构和基于场的栅格结构

3.3.2　地理实体矢量表示

　　基于对象的地理实体矢量数据表示将现象看作原形实体的集合，强调了离散现象的存在，且组成地理实体。在二维模型内，原形实体是点、线和面，由边界线（点、线、面）来确定边界；而在三维中，原形也包括表面和体。

1. 地理实体的几何表示

　　地球表面的特征都可以绘制到一个由点、线、面组成的平面的二维地图上。利用笛卡儿坐标系，地面上的位置可以 X, Y 坐标表示在地图上。为了使空间信息能够用计算机来表示，必须把连续的空间物体离散成数字信号。用离散的数据表示地图要素及其相互联系。

1）点

单个位置或现象的地理特征表示为点特征。点可以具有实际意义，如水准点、井、道路交叉点、小比例尺地图上的居民地等，也可以无实际意义。点由一对坐标对(x, y)来定义，记作$P\{x, y\}$，没有长度和面积。没有线状要素相联结的点称为孤立点。有一条线状要素相联结的点称为悬挂点。两条或两条以上的线状要素相联结的点称为结点。

2）链（弧段、边）

线状物体的几何特征用直线段来逼近，链以结点为起止点，中间点以一串有序坐标对(x, y)表示，用直线段连接这些坐标对，近似地逼近了一条线状地物及其形状。链可以看作点的集合，记为$L\{x, y\}n$，n表示点的个数。特殊情况下，线状地物用以$L\{x, y\}n$作为已知点所建立的函数来逼近。链可以是道路、河流、各种边界线等线状要素。

3）面

一个面状要素是一个封闭的图形，其界线包围一个同类型区域。因此，面状物体界线的几何特征用直线段来逼近，即用首尾连接的闭合链来表示，记为$F\{L\}$。面状地理要素以单个封闭的$F\{L\}$作为一个实体。由面边界的x、y坐标对集合及说明信息组成，是最简单的一种多边形矢量编码。

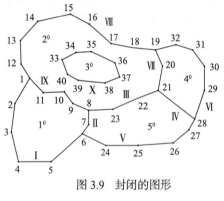

图 3.9 封闭的图形

图 3.9 记为以下坐标文件：

1^0：x_1, y_1；x_2, y_2；x_3, y_3；x_4, y_4；x_5, y_5；x_6, y_6；x_7, y_7；x_8, y_8；x_9, y_9；x_{10}, y_{10}；x_{11}, y_{11}。

2^0：x_1, y_1；x_{12}, y_{12}；x_{13}, y_{13}；x_{14}, y_{14}；x_{15}, y_{15}；x_{16}, y_{16}；x_{17}, y_{17}；x_{18}, y_{18}；x_{19}, y_{19}；x_{20}, y_{20}；x_{21}, y_{21}；x_{22}, y_{22}；x_{23}, y_{23}；x_8, y_8；x_9, y_9；x_{10}, y_{10}；x_{11}, y_{11}。

3^0：x_{33}, y_{33}；x_{34}, y_{34}；x_{35}, y_{35}；x_{36}, y_{36}；x_{37}, y_{37}；x_{38}, y_{38}；x_{39}, y_{39}；x_{40}, y_{40}。

4^0：x_{19}, y_{19}；x_{20}, y_{20}；x_{21}, y_{21}；x_{28}, y_{28}；x_{29}, y_{29}；x_{30}, y_{30}；x_{31}, y_{31}；x_{32}, y_{32}。

5^0：x_{21}, y_{21}；x_{22}, y_{22}；x_{23}, y_{23}；x_8, y_8；x_7, y_7；x_6, y_6；x_{24}, y_{24}；x_{25}, y_{25}；x_{26}, y_{26}；x_{27}, y_{27}；x_{28}, y_{28}。

面结构最大的优点是保留了地理要素的完整性，数据结构简单，便于软件系统设计和实现。这种方法的缺点是：①多边形之间的公共边界被数字化和存储两次，不仅产生冗余和碎屑多边形，而且造成共享公共链的几何位置不一致；②每个多边形自成体系，缺少邻域信息，难以进行邻域处理，如消除某两个多边形之间的共同边界，无法管理共享公共链的面状要素之间的空间关系；③岛只作为一个单个的图形建造，没有与外包多边形的联系；④不易检查拓扑错误。这种方法可用于简单的粗精度制图系统中。

为了克服上述缺点，按照拓扑学的原理，人们提出了多边形的结构。

4）多边形

多边形由一组或多组链首尾连接而成，它的意思是"具有多条边的图形"，记作$P\{L\}n$，n表示链个数。它可以是简单的单连通域，也可以是由若干个简单多边形嵌套的复杂多边形，如地图的行政区域、植被覆盖区、土地类型等面状要素。多边形数据是描述地理信息最重要的一类数据。在区域实体中，具有名称属性和分类属性的，多用多边形表示，如行政区、土地类型、植被分布等；具有标量属性的，有时也用等值线描述，如地形、降水量等。

多边形结构采用树状索引以减少数据冗余并间接增加邻域信息，方法是对所有边界点进行数字化，将坐标对以顺序方式存储，由点索引与边界线号相联系，以线索引与各多边形相联系，形成树状索引结构。图 3.10 和图 3.11 分别为图 3.9 的多边形文件和线文件树状索引示意图。

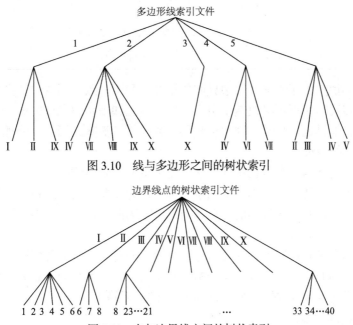

图 3.10　线与多边形之间的树状索引

图 3.11　点与边界线之间的树状索引

采用上述的树状结构，图 3.9 的多边形数据记录如下。

（1）点文件。

点号	坐标
1	x_1，y_1
2	x_2，y_2
⋮	⋮
40	x_{40}，y_{40}

（2）线文件。

线号	起点	终点	特征点号
I	1	6	1, 2, 3, 4, 5, 6
II	6	8	6, 7, 8
⋮	⋮	⋮	⋮
X	33	33	33, 34, 35, 36, 37, 38, 39, 40, 33

（3）多边形文件。

多边形编号	多边形边界
1^0	Ⅰ，Ⅱ，Ⅸ
2^0	Ⅲ，Ⅶ，Ⅷ，Ⅸ，Ⅹ
3^0	Ⅹ
4^0	Ⅳ，Ⅵ，Ⅶ
5^0	Ⅱ，Ⅲ，Ⅳ，Ⅴ

　　树状索引编码消除了相邻多边形边界的数据冗余和不一致的问题，在简化过于复杂的边界线或合并相邻多边形时可不必改造索引表，邻域信息和岛状信息可以通过对多边形文件的线索引处理得到，但是比较烦琐，因而给相邻函数运算、消除无用边、处理岛状信息及检查拓扑关系带来一定的困难。

　　多边形矢量编码不但要表示位置和属性，更为重要的是要能表达区域的拓扑性质，如形状、邻域和层次等，以便这些基本的空间单元可以作为专题图资料进行显示和操作，由于要表达的信息十分丰富，基于多边形的运算多而复杂，因此多边形矢量编码比点和线实体的矢量编码要复杂得多，也更为重要。

　　多边形矢量编码除有存储效率的要求外，一般还要求所表示的各多边形有各自独立的形状，可以计算各自的周长和面积等几何指标；各多边形拓扑关系的记录方式要一致，以便进行空间分析；要明确表示区域的层次，如岛-湖-岛的关系等。

2. 地理实体的属性描述

　　地图属性数据对地理要素进行定义，表明其"是什么"，属性数据实质是对地理信息进行分类分级的数据表示。与地图特性有关的描述性属性，在计算机中的存储方式是与坐标的存储方式相似的，属性是以一组数字或字符的形式存储的。例如，表示道路的一组线的属性包括：道路类型，1表示高速公路，2表示主要公路，3表示次要公路，4表示街区道路；路面材料，混凝土、柏油、石；路面宽度，12m；行车道数，4道；道路名称，中原路。

　　每个地理实体对应一个坐标对序列和一组属性值。为了使坐标和属性建立关系，坐标记录块和属性记录共享一个公共的信息——用户识别号。该识别号将属性与几何特征联系起来。

　　这一组数字或字符称为编码，地理信息的编码过程，是将信息转换成数据的过程，首先要对表示的信息进行分类分级。

1）信息分类分级

　　信息分类，就是将具有某种共同属性或特征的信息归并在一起，与不具有上述共性的信息区分开来的过程。分类是人类思维所固有的一种，是人们在日常生活中用以认识事物、区分事物和判断事物的一种逻辑方法。人们认识事物就是由分类开始的，必须把相同的与不同的事物区别开来，才能认识是这一种，还是那一种事物。

　　信息分类必须遵循的基本原则：①科学性。要选择事物或概念（分类对象）的最稳定的属性或特征作为分类的基础和依据，同时尽量避免重复分类。②系统性。将选择的事物或概念的属性或特征按一定排列加以系统化，并形成一个合理的科学分类体系。低一级的必须能归并和综合到高一级的系统体系中去。③可扩延性。通常要设置收容类目，以保证在增加新的事物或概念时，不至于打乱已建立的分类系统。④兼容性。与有关分类分级标准协调一致，已有统一标准的应遵循。⑤综合实用性。既要考虑反映信息的完整、详尽，又要顾及信息获取的方式途径，以及信息处理的能力。

信息分级是指在同一类信息中对数据的再划分。从统计学角度看，分级是简化统计数据的一种综合方法。分级数越多，对数据的综合程度就越小。信息分级主要应解决如何确定分级数和分级界线的问题。确定分级一般根据用途和数据本身特点而定，没有严格标准，如空间数据的分级既要考虑比例尺、用途，又要考虑尽量反映数据的客观分布规律。分级界线的确定，随着计算机技术的普及，出现了许多数学方法和分级数学模型，人们用各种统计学方法寻求数据分布的自然裂点作为分级界线。无论采用何种方法，都应满足确定分级界线的基本原则，即任何一个等级内部都必须有数据，任何一个数据都必须属于相应的等级。此外，在分级数一定的条件下，应使各级内部差异尽可能小，保持数据分布特征，同时，尽可能使分级界线变化有规则。

2）信息的编码

编码，是确定信息代码的方法和过程，但实际工作中，有时也视编码为代码。代码是一个或一组有序的易于计算机或人识别与处理的符号，简称"码"。

编码必须遵循的基本原则：①唯一性。一个代码只唯一表示一个分类对象。②合理性。代码结构要与分类体系相适应。③可扩充性。必须留有足够的备用代码，适应扩充的需要。④简单性。结构应尽量简单，长度尽量短，减少计算机存储空间和录入差错率，提高处理效率。⑤适用性。代码应尽可能反映对象的特点，以助记忆，便于填写。⑥规范性。一个信息分类编码标准中，代码的结构、类型及编写格式必须统一。

3）代码的功能

代码的基本功能有：①鉴别。代码代表分类对象的名称，是鉴别分类对象的唯一标识。②分类。当按分类对象的属性分类，并分别赋予不同的类别代码时，代码又可以作为区分分类对象类别的标识。③排序。当按分类对象产生的时间、所占的空间或其他方面的顺序关系分类，并分别赋予不同的代码时，代码又可以作为区别分类对象排序的标识。

代码的类型指代码符号的表示形式，一般有数字型、字母型、数字和字母混合型三类：①数字型代码是用一个或若干个阿拉伯数字表示分类对象的代码。特点是结构简单，使用方便，排序容易，但对分类对象特征描述不直观。②字母型代码是用一个或多个字母表示对象的代码，其特点是比用同样位数的数字型代码容量大，还可以提供便于识别的信息，便于记忆。③数字和字母混合型代码是由上述两种代码或数字、字母、专用符号组成的代码，其特点是兼有数字型、字母型代码的优点，结构严密，直观性好，但组成形式较复杂。

4）常用编码方法

对空间信息的编码也常采用字符或数字代码。通常，人们可以视用途决定编码的规模，如以制图为目的的地图数据，可以采用简单编码方案，而空间数据库要用于信息查询，应尽量详细表示信息，编码就比较复杂。一种简单的编码方案是采用三级、六位整数代码描述地图要素。

第一级表示地图要素类别。可以按相应地图图式，将地图要素分成水系、居民地、交通网、境界、地貌、植被和其他要素七类，分别用六位编码的前两位依次由 01 至 07 定义。这保留了传统的地图符号分类结构，便于用户检索、查询地图信息。

第二级表示要素几何类型，便于计算机进行处理。将每类要素按点、线、面划分，分别用六位编码的中间两位数，划分为三个区间表示。其中 00～39 作为点符区间，40～69 作为线符区间，70～99用来定义面符。划分区间是避免分类层次较多造成编码位数较长。

第三级区分一种要素的某些质量特征，这些质量特征多用不同符号表示，如道路的等级，是普通道路还是简易公路；干出滩的质地，是沙滩还是珊瑚滩；沙地的形态，平沙地还是多垄沙地等。

这种编码方案对地图要素符号具有定义的唯一性，并且简单、合理、可以扩充，不足之处是不便于记忆，且与图式符号编号不一一对应，这会影响检索速度。该编码方案中，未包括地理名称注记，是因为地名有其相对独立性、特殊性，宜单独建立地名库。

因第一级只分了七类，实际该编码方案只用五位整数即可表示。

3. 地理实体关系的表示

空间关系研究的是通过一定的数据结构或一种运算规则来描述与表达具有一定位置、属性和形态的地理实体之间的相互关系。当人们用数字形式描述地图信息，并使系统具有特殊的空间查询、空间分析等功能时，就必须把空间关系映射成适合计算机处理的数据结构，借助拓扑数据结构来表示地图要素间的关联关系、邻接关系、重叠关系（包含关系）。由此可以看出，空间数据的空间关系是空间数据库的设计和建立、进行有效的空间查询和空间决策分析的基础。要提高空间数据分析能力，就必须解决空间关系的描述与表达等问题。

1）地理要素的基本元素

不考虑空间关系的空间数据往往以地理实体作为管理、存储和处理的对象，例如，道路往往不考虑道路交叉的情况，面状地理要素以单个封闭的多边形作为一个实体。其最大的优点是保留了地理要素的完整性，数据结构简单，便于软件系统设计和实现；缺点是道路无法进行网络分析。多边形地理实体的公共弧段存储两次，这不仅造成共享公共弧段的几何位置不一致，而且无法管理共享公共弧段的多边形之间的空间关系，这种重复数据存储方式很难进行地理分析。为了克服上述缺点，针对所研究的地理现象，按照拓扑学的原理，人们提出了拓扑关系（topological relations），将完整的地理实体进一步进行离散，以点（point，node）、链（line，edge）、多边形（polygon）这三种基本空间特征类型来记录地理位置和表示地理现象。

2）基本元素的空间关系

为了便于计算机管理、分析和查询，对要素进行分层存储；但这样却又破坏了不同层间要素的相互关系，因为拓扑关系只适合在同一层中建立。建立拓扑数据结构的关键是对元素间拓扑关系的描述，最基本的拓扑关系包括：①关联，指不同拓扑元素之间的关系；②邻接，指借助于不同类型的元素描述相同拓扑元素之间的关系；③包含，指面与其他元素之间的关系；④几何关系，指拓扑元素之间的距离关系；⑤层次关系，指相同拓扑元素之间的等级关系。

3）基本元素的拓扑关系

在拓扑结构中，多边形（面）的边界被分割成一系列的线（弧、链、边）和点（结点）等拓扑要素，点、线、面之间的拓扑关系在属性表中定义，多边形边界不重复。具体表示拓扑元素之间的各种基本拓扑关系则构成了对实体的拓扑数据结构的表达。图3.12中基本元素的拓扑关系如表3.1～表3.4所示。

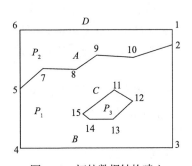

图 3.12　拓扑数据结构建立

表 3.1　弧段坐标	
弧段号	坐标系列（变长字段）
A	x_2, y_2, x_{10}, y_{10}, …
⋮	⋮

表 3.2　弧段与多边形和结点关系				
弧段号	左多边形	右多边形	起点	终点
A	P_1	P_2	2	5
⋮	⋮	⋮	⋮	⋮

表 3.3　多边形与弧段	
多边形号	弧段号（变长字段）
P_1	A, B, $-C$
⋮	⋮

表 3.4　结点与链关系	
点号	弧段号（变长字段）
2	A, B, D
⋮	⋮

注：–表示与坐标串方向相反。

在基于矢量的数据结构中，地理实体之间的拓扑关系是许多年来人们研究的重点。虽然还没有完全统一的拓扑数据结构，但通过建立边与结点的关系、面与边的关系、面包含岛的关系，隐含或显式地表示几何目标的拓扑结构已有了近似一致的方法。

几何数据的离散存储使整体的线目标和面目标离散成了弧段，破坏了要素本身的整体性。创建要素，就是把离散后的数据再集合，恢复要素的整体性，建立要素拓扑，找出要素间的关系。

4）基本元素的网络关系

现实世界许多地理事物和现象可以构成网络，如铁路、公路、通信线路、管线，自然界中的物质流、能量流和信息流等，都可以表示为相应的点之间的连线，由此构成现实世界中多种多样的地理网络。按照基于对象的观点，网络是由点对象和线对象之间的拓扑空间关系所构成的。

网络模型从图论中发展而来。在网络模型中，空间要素被抽象为链、节点等对象，同时还要关注其间的连通关系。这种模型适合用于对相互连接的线状现象进行建模，如交通线路、电力网线等。网络模型可以形式化定义为

$$网络图 =（节点，\{节点间的关系，即链\}）$$

由于其复杂性，网络图不易在空间数据库中表达，一般是在进行网络分析时基于对象模型数据（矢量数据）进行重构。

交通地理信息基于网络描述主要表示道路和道路交叉口的关系，难以表达交通控制中的转弯限制，可扩展为

$$R_w =(N,\ R,\ L_R)$$
$$R =<x,y>|\ x,y \in N, 且 L(x,y)$$
$$L_R =<m,n>|\ m,n \in N, 且 L(m,n),\ 且 m 与 n 存在公共结点$$

式中，R_w 代表道路网络；N 代表节点集；R 代表道路集合，其元素是有序对 $(x,\ y)$，谓词 $L(x,\ y)$ 表示由节点 x 到节点 y 存在一条有向通路；L_R 代表转弯限制的集合，其元素是有序对 $(m,\ n)$，谓词 $L(m,\ n)$ 表示从道路 m 到道路 n 存在转弯限制。

4. 地理实体矢量的表示分类

地理实体的矢量数据表达有两种不同侧面：一是基于图形可视化的地图数据。地图数据

是一种通过图形和样式表示地理实体特征的数据类型，其中图形是指地理实体的几何信息，样式与地图符号相关。二是基于空间分析的地理数据。这种数据主要通过属性数据描述地理实体的定性特征、数量特征、质量特征、时间特征和地理实体的空间关系（拓扑关系）。

1）地图数据

早期的计算机制图（地图制图自动化）只是把计算机作为工具来完成地图制图的任务。计算机辅助制图迅速发展，从试验阶段过渡到了应用阶段，它利用软件系统解决了地图投影变换、比例尺缩放和地图地理要素的选取与概括，实现了地图编辑的自动化。许多国家陆续建立了地图数据库。地图数据的主要来源是普通地图，早期地图数字化的主要驱动力是地图制图。因此地图数据有以下几个特点。

（1）地图比例尺影响。地图数据是某一特定比例尺的地图经数字化而产生的。地理物体表示的详细程度，不可避免地受制图综合的影响。经过了人为制图综合，地理物体的几何精度（形状）和质量特征已经不是现实世界的真实反映，只能是现实世界的近似表达。为了满足地图应用的需要，对不同比例尺地图建立不同地理数据库，如 1：5 万数据库、1：25 万数据库和 1：100 万数据库等。

（2）强调数据可视化，忽略了实体的空间关系。地图数据主要是为地图生产服务的，强调数据的可视化特征，主要采用"图形表现属性"的方式。地图上地理物体的数量特征和质量特征用大量的辅助符号表示，包括线型、粗细、颜色、纹理、文字注记、大小等数十种。地图数据是以相应的图式、规范为标准的，依然保留着地图的各项特征。数据中不表示各种地理现象之间的空间位置关系，如道路两旁的植被或农田、与之相邻的居民地等，是通过读图者的形象思维从地图上获取的。地理物体如道路、居民地和河流在空间关系上是相互联系的有机整体，但在地图数据表示中是相互孤立的。因此，地图数据不强调实体的关系表示。

（3）按地图印刷色彩分层管理。为满足地图印刷的需求，依据地图制图覆盖理论，对地图数据按色彩分层管理，不是按照地理物体的自然属性进行分类分级。这种分层不仅割裂了地理物体之间的有机联系，也导致了同一个地物在不同层内重复存储，如河流两岸的加固陡坎隐含着河流的水涯线信息，道路与绿化带平行排壤使道路边沿线隐含着绿化带的边沿，河流、道路和铁路等线状地物可能隐含着区划界线。

（4）地图图幅限制了数据范围。受印刷机械、纸张和制图设备的限制，传统的地图用图幅限制地图的大小，地图数据用图幅来组织和管理。地图图幅割裂了大区域地理物体的完整性和连续性。例如，一条境界线因为地图的分幅而断作几条记录存储在不同的图幅内。

2）地理数据

随着信息科学技术的发展和地图数据应用的深入，地图数据仅仅把各种空间实体简单地抽象成点、线和面，这远远不能满足实际需要，地图数据应用不再局限于地图生产，已广泛应用于环境监测、社会管理、公共服务、交通物流、资源考察和军事侦察等。地图数据与其他专题地理信息结合产生各种地理数据，包括资源、环境、经济和社会等领域的一切带有地理坐标的数据，用于研究解决各种地理问题，由此产生了反映自然和社会现象的分布、组合、联系及其时空发展和变化的地理数据。地理数据利用计算机地理数据科学、真实地描述、表达和模拟现实世界中地理实体或现象、相互关系及分布特征。空间关系通过一定的数据结构来描述与表达具有一定位置、属性和形态的空间实体之间的相互关系，如图 3.13 所示。

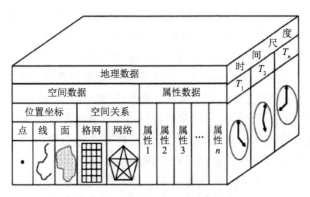

图 3.13　地理数据的多维结构示意图

地理数据是一类具有多维特征，即时间维、空间维及众多的属性维的数据。其时间维描绘了空间对象随着时间的迁移行为和状态的变化；其空间维决定了空间数据具有方向、距离、层次和地理位置等空间属性；其属性维则表示空间数据所代表的空间对象的客观存在的性质和属性特征。

地理世界时序数据表达。时间问题是人类认知领域的一个最基本、最重要的问题，也是一个永恒的主题。在地理学中，时间、空间和属性是地理实体和地理现象本身固有的三个基本特征，是反映地理实体的状态和演变过程的重要组成部分。地理数据描述了地理区域的一个快照，没有对时态数据作专门的处理，因而是静态的，它只能反映事物的当前状态，无法反映事物的历史状态，更无法预测未来发展趋势。而客观事物的存在都与时间紧密相连，因此，在地理数据中增加对时间维的表达，是时空地理研究的一个独特优势。时空数据是指具有时间元素并随时间变化而变化的空间数据，是描述地球环境中地物要素信息的一种表达方式，是该地物对象的变化历程集合，即为描述地理实体对象空间和属性状态信息随时间的变化信息。

地理世界关系数据表达。拓扑关系反映了地理实体之间的逻辑关系，可以确定一种地理实体相对于另一种地理实体的空间位置关系，它不需要坐标、距离信息，不受比例尺限制，也不随投影关系变化。空间拓扑关系描述的是基本的空间目标点、线、面之间的邻接、关联和包含关系。基于矢量数据结构的结点-弧段-多边形，用于描述地理实体之间的连通性、邻接性和区域性。这种拓扑关系难以直接描述空间上相邻但并不相连的离散地物之间的空间关系。

地理世界属性数据表达。属性数据指的是实体质量和数量特征的数据，描述或修饰自然资源要素属性。包括定性数据、定量数据和文本数据。定性数据用来描述自然资源要素的分类、归属等，一般都用拟定的特征码表示，如土地资源分类码、权属代码。定量数据说明自然资源要素的性质、特征或强度等，如耕地面积、产草量、蓄积、河流的宽度、长度等。文本数据进一步描述自然资源要素特征、性质、依据等，主要包括各种文件、法律法规条例、各种证明文件等。一般通过调查、收集和整理资料等方式获取属性数据。属性数据是自然资源评价分析的基础数据。

3）地理数据与地图数据的差异

地理数据是面向计算机系统的分析型数据，而地图数据是面向人类视觉的可视化数据。归纳起来，两者的差异主要表现在：地理数据能够真实反映客观世界，而地图数据在形成过程中有可能改变原有的空间信息，导致部分地图数据不能真实映射实际的地理实体。例如，在制图综合过程中，为了避免一些地物的互相压盖，在编辑过程中必须位移相应的地理要素，这将改变原有制图对象的空间位置，使地理空间数据与地图数据产生一定的偏差。

地理数据将客观世界以一个整体来看待，表达的是实体的"本质"，要求保证地理要素完整的地理意义。为了符合读者视觉的要求，地图数据无须考虑地理实体的完整性，它强调的是实体"形式"。在表达一个独立的地理要素时，地理数据一般采用一个目标表示，以保证目标的完整性，而地图数据可能习惯性地采用多个目标表示，如道路通过居民地和桥梁时应断开。

地理数据可以没有分幅和比例尺的概念。地理数据中的要素应该是完整、不间断的，例如，对于一条道路，不会因为地图分幅而被分割成几条记录。理论上，通过地理数据可以产生任意分幅的地图数据。虽然人们在实际应用中将地理数据划分为不同的比例尺进行管理，但从理论上讲，地理数据本身没有比例尺的含义。比例尺是人类认知局限性产生的结果，它含有人类模拟客观世界的主观因素。在可视表达实体时，每个实体的地图信息都对应于某一特定的比例尺，同种要素在不同比例尺下展现的细节不同。

两者表达属性信息的方式不同。地图数据强调的是"图形表现属性"，包括符号、线型、粗细、颜色、文字和大小等，所表达的属性内容有限。在地理数据中，可以用属性表的形式表示任何属性信息。属性信息描述了地理要素的属性特征，也称非几何信息，它说明了要素的名称、类型、等级和状态等信息。

地理数据不包含地图符号。地理数据是对地理世界的抽象表达，它考虑的重点是便于计算机识别和处理。地理数据可视化是为了满足人眼的视觉识别要求，计算机不需要在可视化的基础上进行空间分析，也很难根据这些可视化后产生的地图信息进行分析。因此，地图数据必须包含地理实体的符号信息才能完成制图显示。另外，要素的符号化将会改变要素几何形态。例如，对于一个线状空间目标的位置坐标，在地理数据中表现为一串有序的几何特征点，而在地图数据中则可能表现为单线、双线、虚线等不同的形式。

两者的数据分层方式不同。为了便于计算机的识别、处理和查询，地理数据中通常以要素分类为依据对地理要素进行分层存储和管理，也叫做地理分层方式。由于地图数据考虑更多的是图形效果，它分层的主要依据是要素压盖关系、颜色压印等影响图形显示效果的因素，这种方式称为地图分层方式。

为了进行有效的空间分析，地理数据中还必须包含拓扑关系。依据拓扑关系提高地理数据拓扑查询的效率，也是地理数据网络分析的基础，而地图数据并不包含拓扑关系。

地图数据和地理数据都是带有地理坐标的数据，是地理空间信息两种不同的表示方法，地图数据强调数据可视化，采用"图形表现属性"的方式，忽略了实体的空间关系，而地理数据主要通过属性数据描述地理实体的数量和质量特征。地图数据和地理数据所具有的共同特征就是地理空间坐标，统称为地理空间数据。与其他数据相比，地理空间数据具有特殊的数学基础、非结构化数据结构和动态变化的时间特征。

地理空间数据代表了现实世界地理实体或现象在信息世界的映射，是地理空间抽象的数字描述和离散表达。地理空间数据是描述地球表面一定范围（地理圈、地理空间）内地理事物（地理实体）的位置、形态、数量、质量、分布特征、相互关系和变化规律的数据，是地理空间物体的数字描述和离散表达。地理空间数据作为数据的一类除了具有空间特征、属性特征和时间特征三个基本特征外，还具备抽样性、时序性、详细性与概括性、专题性与选择性、多态性、不确定性、可靠性与完备性等特点。这些特点构成了地理空间数据与其他数据的差别。

3.3.3　地理实体栅格表示

场模型在计算机中常用栅格（raster）数据结构表示。栅格数据结构把地理空间划分成均匀的网格。由于场值在空间上是自相关的（它们是连续的），所以每个栅格的值一般采用位于这个格子内所有场点的平均值表示。这样，就可以利用代表值的矩阵来表示场函数。基于场的地理实体栅格表示主要包括：栅格坐标系的确定、栅格单元的尺寸（分辨率）、栅格代码（属性值）的确定、栅格数据的编码和栅格数据的操作方法 5 个方面。

1. 地理实体的栅格表达

基于栅格的空间模型把空间看作像元（pixel）的划分，每个像元都与分类或者标识所包含的现象的一个记录有关。像元与"栅格"两者都是来自图像处理的内容，其中单个的图像可以通过扫描每个栅格产生。栅格数据经常来自人工和卫星遥感扫描设备中，以及用于数字化文件的设备中。

用栅格格式描述的地理信息通常用点表示为一个像元，线表示为在一定方向上连接成串的相邻像元集合，面表示为聚集在一起的相邻像元集合。地图点状要素的几何位置可以用其定位点所在单一的像素坐标表示，线状要素可借助于其中心轴线上的像素来表示，这种中心轴线是恰为一个像素组，即恰有一条途径可以从轴线上的一个像素到达相邻的另一个像素。由于表示像素相邻的方法有两种，即"4 向邻域"和"8 向邻域"，因而由一像素到另一像素的途径可以不同，所以对于同一线状要素，其中心线在栅格数据中，可得出不同的中心轴线。面状要素可借助于其所覆盖的像素的集合来表示，如图 3.14 所示。

图 3.14　点、线和面的栅格表达

点：由一个单元网格表示；其数值与近邻网格值明显差异。

线段：由一串有序的相互连接的单元网格表示；其上数值近似相等，且与邻域网格值差异较大。

区域：由聚集在一起的、相互连接的单元网格组成。区域内部的网格值相同或差异较小，而与邻域网格值差异较大。

2. 栅格数据结构表示

栅格数据基于连续铺盖空间的离散化，即用二维铺盖或划分覆盖整个连续空间，地理表面被分割为相互邻接、规则排列的结构体，如正方形方块、矩形方块、等边三角形、正多边形等。在边数从 3 到 N 的规则铺盖（regular tessellations）中，方格、三角形和六角形是空间数据处理中最常用的。三角形是最基本的不可再分的单元，根据角度和边长的不同，可以取不同的形状，方格、三角形和六角形可完整地铺满一个平面（图 3.15）。

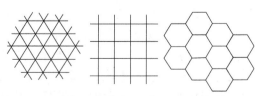

图 3.15　三角形、方格和六角形划分

常规的栅格数据为正方形网格（regular square grids）。把像元换成网格，则像元值对应地物或空间现象的属性信息。如果给定参照原点、XY 轴的方向及网格的生成规则，则可以方便地使网格位置与平面坐标对应起来，即每个网格都具有明确的平面坐标，用行列式方式直接表示各个网格属性值。

在栅格数据中，每个栅格只能赋予唯一的值，若某一栅格有多个不同的属性，则分别存储于不同层，分为不同的文件存储。在文件中每个代码本身明确地代表了实体的属性或属性的编码。

3. 栅格坐标系的确定

正方形网格数据结构实际就是像元阵列，每个像元行列确定它的位置。由于栅格结构是按一定的规则排列的，所表示的实体位置很容易隐含在数据结构中，且行列坐标可以很容易地转换为其他坐标系下的坐标（图 3.16）。

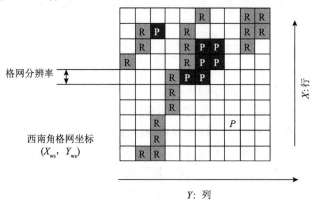

图 3.16　栅格数据坐标系

由于栅格编码一般用于区域性，原点（X_{ws}，Y_{ws}）的选择常具有局部性质，但为了便于区域的拼接，栅格系统的起始坐标应与国家基本比例尺地形图公里网的交点相一致，并分别采用公里网的纵横坐标轴作为栅格系统的坐标轴。

表示具有空间分布特征的地理要素，不论采用什么编码系统、什么数据结构（矢量、栅格），都应在统一的坐标系统下，而坐标系的确定实质是坐标系原点和坐标轴的确定。

为了空间数据处理，栅格模型的一个重要特征就是每个栅格中的像元位置被预先确定，这样很容易进行重叠运算以比较不同图层中所存储的特征。由于像元位置是预先确定的，且是相同的，在一个具体应用的不同图层中，每个属性可以从逻辑或者算法上与其他图层中的像元的属性相结合以便产生相应的重叠中一个的属性值。其不同于基于图层的矢量模型之处在于，图层中的面单元彼此是独立的，直接比较图层必须做进一步处理以识别重叠的属性。

4. 栅格单元代码的确定

由于像元具有固定的尺寸和位置，所以栅格趋向于表现在一个"栅格块"中的自然及人工现象。因此，分类之间的界线被迫采用沿着栅格像元的边界线。一个栅格图层中每个像元通常被分为一个单一的类型。这可能造成对现象分布的误解，其程度取决于所研究的相关像元的大小。如果像元针对特征而言是非常小的，栅格可以是一个用来表现自然现象的边界随机分布的特别有效的方式，该现象趋于逐渐地彼此结合，而不是简单地划分。如果每个像元限定为一个类，栅格模型就不能充分地表现一些自然现象的转换属性。除非抽样被降低到一个微观的水平，否则许多数据类事实上都是混合类。模糊的特征通过混合像元，在一个栅格内可以被有效地表达，其中组成分类通过像元所有组成度量的或者预测的百分比来表示。尽管如此，也应该强调一个栅格的像元仅仅被赋予一个单一的值。

　　在决定栅格代码时应尽量保持地表的真实性，保证最大的信息容量。如图 3.17 所示的一块矩形地表区域，内部含有 A、B、C 三种地物类型，O 点为中心点，将这个矩形区域近似地表示为栅格结构中的一个栅格单元时，可根据需要，采取如下的方式之一来决定栅格单元的代码。

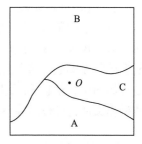

图 3.17　栅格单元代码的确定

　　（1）中心点法，用处于栅格中心处的地物类型或现象特性决定栅格代码。在图 3.17 所示的矩形区域中，中心点 O 落在代码为 C 的地物范围内，按中心点法的规则，该矩形区域相应的栅格单元代码为 C。中心点法常用于具有连续分布特性的地理要素，如降水量分布、人口密度图等。

　　（2）面积占优法，以占矩形区域面积最大的地物类型或现象特性决定栅格单元的代码。在图 3.17 所示的例子中，显然 B 类地物所占面积最大，故相应栅格代码定为 B。面积占优法常用于分类较细、地物类别斑块较小的情况。

　　（3）重要性法，根据栅格内不同地物的重要性，选取最重要的地物类型决定相应的栅格单元代码。假设图 3.17 中 A 为最重要的地物类型，即 A 类比 B 类和 C 类更为重要，则栅格单元的代码应为 A。重要性法常用于具有特殊意义而面积较小的地理要素，特别是点、线状地理要素，如城镇、交通枢纽、交通线、河流水系等，在栅格代码中应尽量表示这些重要地物。

　　（4）百分比法，根据矩形区域内各地理要素所占面积的百分比数确定栅格单元的代码，如可记面积最大的两类 B、A，也可以根据 B 类和 A 类所占面积百分比数在代码中加入数字。

　　由于栅格数据可以表示不同的数据类型，如遥感图像、图形和各种数字模型等，栅格数据的获取途径也各不相同。目前，主要有目读法、矢量数字化法、扫描数字化法、分类影像输入和数值计算法等。由此可知，栅格格式和遥感图像及扫描输入数据的数据格式基本相同。在空间数据库中用这种数据结构来存储图像数据，由于栅格数据结构表达的数据是由一系列的网格按顺序有规律排列组成的，所以很容易用计算机处理和操作。

　　明显地，栅格数据结构具有以下优点：通过网格位置直接表征空间地理实体的位置、分布信息；而结合网格位置及属性值则可以直观表示地理实体之间的空间关系；多元数据叠合操作简单；不同数据源在几何位置上配准，将代表地理实体的属性值的网格值按一定规则进行简单的加、减等处理，便可得到异源数据叠合的结果。其上容易实现各类空间分析（除网络分析）功能及数学建模表达；可以快速获取大量相关数据。但同时也有一些不便之处：精度取决于原始网格（像元）的尺寸大小；处理结果的表达受分辨率限制；数据相关造成冗余，当表示不规则多边形时数据冗余度更大；在遥感影像中存在大量的背景信息；不同数据有各自固定的格式，处理时需要加以适当转换；建立网络连接关系比较困难；几乎不可能对单个地理实体进行处理；数学变化针对所有网格（像元）时，耗时较多。

　　针对上述栅格数据结构具有的优势及不便之处，许多学者在具体系统功能区分时采取扬长避短策略，并设计了不同的编码方法来表达原有空间数据。

5. 栅格数据编码方法

　　自从 1948 年 Oliver 提出 PCM 编码理论开始，迄今已有上百种，如 Huffman 码（霍夫曼编码）、Fano 码、Shannon 码、行程（游程）编码、Freeman 编码、B 码等。总体而言，可分为两大类：信息保持编码；失真及限失真编码。

1）直接栅格编码

这是最简单最直观而又非常重要的一种栅格结构编码方法。直接编码就是将栅格数据看作一个数据矩阵，逐行或逐列逐个记录代码，可以每行都从左到右逐个像元记录，也可以奇数行从左到右而偶数行从右向左记录，为了特定目的还可采用其他特殊的顺序（图 3.18）。其优点是编码简单，信息无压缩、无丢失，缺点是数据量大。通常称这种编码的图像文件为网格文件或栅格文件，栅格结构不论采用何种压缩编码方法，其逻辑原型都是直接编码网格文件。

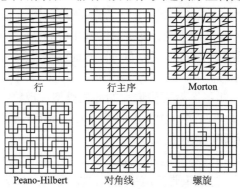

图 3.18 一些常用的栅格排列顺序

2）压缩编码方法

栅格数据压缩编码是指在满足一定的数据质量的前提下，用尽可能少的数据量来表示原栅格信息。其主要目的是消除数据间冗余，用不相关的数据来表示栅格图像。目前有一系列栅格数据压缩编码方法，如链码、游程长度编码、块码和四叉树编码等。其目的，就是用尽可能少的数据量记录尽可能多的信息，其类型又有信息无损编码和信息有损编码之分。信息无损编码是指编码过程中没有任何信息损失，通过解码操作可以完全恢复原来的信息；信息有损编码是指为了提高编码效率，最大限度地压缩数据，在压缩过程中损失一部分相对不太重要的信息，解码时这部分难以恢复。在 GIS 中多采用信息无损编码，而对原始遥感影像进行压缩编码时，有时也采取有损压缩编码方法。

（1）链码（chain codes），又称 Freeman 编码或边界编码。主要记录线状地物或面状地物的边界。它把线状地物或面状地物的边界表示为由某一起始点开始并按某些基本方向确定的单位矢量链。前两个数字表示起点的行列号，从第三个数字开始的每个数字表示单位矢量的方向，如图 3.19 所示。

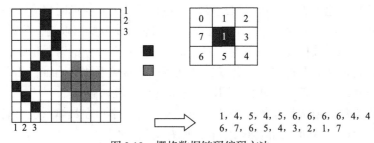

图 3.19 栅格数据链码编码方法

优点：很强的数据压缩能力，并具有一定的运算功能，如面积、周长等的计算，类似于矢量数据结构，比较适合存储图形数据。

缺点：叠置运算，如组合、相交等很难实施，对局部的改动涉及整体结构，而且相邻区域的边界重复存储。

（2）游程长度编码（run-length codes），是栅格数据压缩的重要编码方法，游程意指连续的具有相等属性值（灰度级）网格的数量。游程编码的基本思想是：合并具有相同属性值的邻接网格，记录网格属性值的同时记录等值相邻网格的重复个数。游程长度编码有两种方案：一种是，只在各行（或列）数据的代码发生变化时依次记录该代码及相同的代码重复的个数，从而实现数据的压缩。另一种是逐个记录各行（或列）代码发生变化的位置和相应代码。对于一个栅格图形，常常有行（列）方向上相邻的若干栅格单元具有相同的属性代码，因而可采取某种方法压缩那些重复的内容。

若顾及邻域单元格网，把栅格数据整体当成一行向量（或列向量），将这一行向量（或列向量）映射成各个属性值与相应游程的二元组序列（属性值，游程），并将映射结果加以记录，则得到此栅格数据的游程编码。图 3.20 展示了二值图像的游程编码。

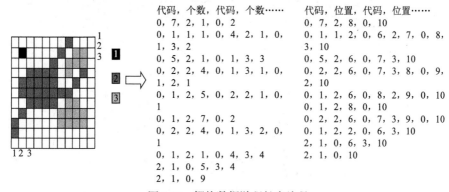

代码，个数，代码，个数……　　代码，位置，代码，位置……
0, 7, 2, 1, 0, 2　　　　　　　0, 7, 2, 8, 0, 10
0, 1, 1, 1, 0, 4, 2, 1, 0,　　0, 1, 1, 2, 0, 6, 2, 7, 0, 8,
1, 3, 2　　　　　　　　　　 3, 10
0, 5, 2, 1, 0, 1, 3, 3　　　　0, 5, 2, 6, 0, 7, 3, 10
0, 2, 2, 4, 0, 1, 3, 2, 0,　　0, 2, 2, 6, 0, 7, 3, 8, 0, 9,
1, 2, 1　　　　　　　　　　 2, 10
0, 1, 2, 5, 0, 1, 2, 0,　　　 0, 1, 2, 6, 0, 8, 2, 9, 0, 10
1　　　　　　　　　　　　　 0, 1, 2, 8, 0, 10
0, 1, 2, 7, 0, 2　　　　　　　0, 2, 2, 6, 0, 7, 3, 9, 0, 10
0, 2, 2, 4, 0, 1, 3, 2, 0,　　0, 1, 2, 2, 0, 6, 3, 10
1　　　　　　　　　　　　　 2, 1, 0, 6, 3, 10
0, 1, 2, 1, 0, 4, 3, 4　　　　2, 1, 0, 10
2, 1, 0, 5, 3, 4
2, 1, 0, 9

图 3.20　栅格数据游程长度编码

游程编码压缩数据量的程度主要取决于栅格数据的性质。属性的变化越少，行程越长，压缩比例越大，即压缩比的大小与图的复杂程度成反比。对图像而言，若图像灰度级层次少，相等灰度级的连续像元数多（如洪水图、广大的水域等），则图像数据的压缩效果明显。故这种方法特别适用于二值图像的编码处理。

游程编码的优点是压缩效率高（保证原始信息不丢失），易于检索、叠加、合并操作；缺点是只顾及单行单列，没有考虑周围的其他方向的代码值是否相同。压缩受到一定限制。

游程编码针对所有网格处理，是一种信息熵保持编码方法。通过解码，可以完全恢复原始栅格模式。实际应用中，除着重考虑数据的压缩效果外，还应顾及实际可行性及方便性，常需与其他编码方法结合使用。

（3）块状编码，简称块码，是游程长度编码扩展到二维的情况，采用方形区域作为记录单元，每个记录单元包括相邻的若干栅格，数据结构由初始位置（行、列号）和半径，再加上记录单位的代码组成。对图 3.21（a）所示图像的块码编码如下：

（1，1，1，0），（1，2，2，4），（1，4，1，7），（1，5，1，7），
（1，6，2，7），（1，8，1，7），（2，1，1，4），（2，4，1，4），
（2，5，1，4），（2，8，1，7），（3，1，1，4），（3，2，1，4），
（3，3，1，4），（3，4，1，4），（3，5，2，8），（3，7，2，7），
（4，1，2，0），（4，3，1，4），（4，4，1，8），（5，3，1，8），
（5，4，2，8），（5，6，1，8），（5，7，1，7），（5，8，1，8），

（6，1，3，0），（6，6，3，8），（7，4，1，0），（7，5，1，8），
（8，4，1，0），（8，5，1，0）。

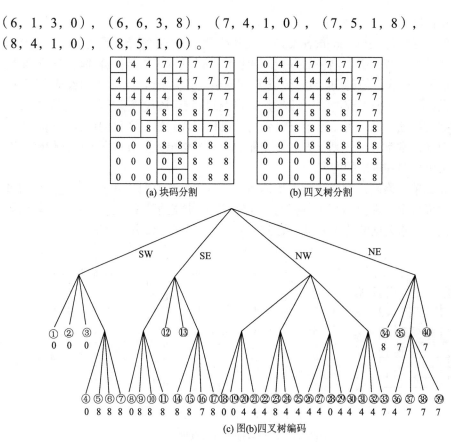

(a) 块码分割　　　　　　　　　　　(b) 四叉树分割

(c) 图(b)四叉树编码

图 3.21　块状编码与四叉树编码

该例中块码用了 120 个整数，比直接编码还多，这是因为例中为描述方便，栅格划分很粗糙，在实际应用中，栅格划分细，数据冗余多，才能显出压缩编码的效果，而且可以做一些技术处理，如行号可以通过行间标记而省去记录，行号和半径等也不必用双字节整数来记录，可进一步减少数据冗余。

块码具有可变的分辨率，即当代码变化小时图块大，就是说在区域图斑内部分辨率低；反之，以小块记录区域边界地段，分辨率高，以此达到压缩的目的。因此，块码与游程长度编码相似，随着图形复杂程度的提高而降低效率，就是说图斑越大，压缩比越高；图斑越碎，压缩比越低。块码在合并、插入、检查延伸性、计算面积等操作时有明显的优越性。然而在某些操作时，则必须把游程长度编码和块码解码，转换为基本栅格结构进行。

（4）四叉树编码。四叉树又称四元树或四分树，是最有效的栅格数据压缩编码方法之一，绝大部分图形操作和运算都可以直接在四叉树结构上实现，因此四叉树编码既压缩了数据量，又可大大提高图形操作的效率。四叉树将整个图像区逐步分解为一系列单一类型区域的方形区域，最小的方形区域为一个栅格像元。其分割的原则是，将图像区域划分为四个大小相同的象限，每个象限又可根据一定规则判断是否继续等分为次一层的四个象限。其终止依据是，不管是哪一层上的象限，只要划分到仅代表一种地物或符合既定要求的少数几种地物时，则不再继续划分，否则一直划分到单个栅格像元为止。四叉树通过树状结构记录这种划分，并通过这种四叉树状结构实现查询、修改、量算等操作。图 3.21（b）为图 3.21（a）图形的四叉树分解，各子象限尺度大小不完全一样，但都是同代码栅格单元，其四叉树如图 3.21（c）所示。

3.3.4　地理实体三维描述

现实世界中所遇到的现象从本质上说是三维连续分布的。地质、地球物理、气象、水文、采矿、地下水、灾害、污染等方面的自然现象是三维的，当这些领域的科学家试图以二维系统来描述它们时，就不能够精确地反映、分析或显示有关信息。地理三维实体可分为地形与地物。

1. 地形三维数字表达

数字地形模拟是针对地形表面的一种数字化建模过程，这种建模的结果通常就是一个数字高程模型（digital elevation model，DEM）。DEM 是用规则的小面块集合来逼近不规则分布的地形曲面。DEM 的理论基础是采样理论、数学建模、数值内插与地形分析。它吸取了统计学、应用数学、几何学及地形学的一些理论而形成了一个自成一体的科学分支。数值逼近、计算几何、图论和数学形态学等数学分支的有关理论和方法则奠定了数字高程模型的数学基础。数学模型一般是基于数字系统的定量模型，地形是复杂的，一个数学模型很难准确描述大范围的地形变化。地理学也对 DEM 的发展有极大的推进作用，基于 DEM 可进行各种地学分析，如地形因子的提取、可视化分析、汇水面积的分析、地貌特性分析等。

DEM 数据结构主要有五种不同的形式：离散点、不规则三角网（triangulated irregular network，TIN）结构、断面线、格网（Grid）结构和 Grid 与 TIN 的混合结构。

1）离散点

数字高程模型是将连续地球表面形态离散成在某一个区域 D 上的以 X_i、Y_i、Z_i 三维坐标形式存储的高程点 $Z_i((X_i,Y_i) \in D)$ 的集合。其中，$((X_i,Y_i) \in D)$ 是平面坐标；Z_i 是 (X_i,Y_i) 对应的高程。离散点数字高程模型往往是通过测量直接获取地球表面的原始或没有被整理过的数据，采样点往往是非规则离散分布的地形特征点。特征点之间相互独立，彼此没有任何联系。因此，(X_i,Y_i) 坐标值往往存储其绝对坐标。它是数字高程模型中最简单的数据组织形式。地球表面上任意一点 (X_i,Y_i) 的高程 Z 是通过其周围点的高程进行插值计算求得的。在这种情况下，离散点 DEM 在计算机中仅仅存放浮点格式的 $\{(X_1,Y_1,Z_1),(X_2,Y_2,Z_2),\cdots,(X_i,Y_i,Z_i),\cdots,(X_n,Y_n,Z_n)\}n$ 个三维坐标。

2）不规则三角网

对于非规则离散分布的特征点数据，可以建立各种非规则的采样，如三角网、四边形网或其他多边形网，但其中最简单的还是三角网。最常用的表面构模技术是基于实际采样点构造 TIN。TIN 方法将无重复点的散乱数据点集按某种规则（如 Delaunay 规则）进行三角剖分，使这些散乱点形成连续但不重叠的不规则三角面片网，并以此来描述三维物体的表面。TIN 是按一定的规则将离散点连接成覆盖整个区域且互不重叠、结构最佳的三角形，实际上是建立离散点之间的空间关系。数字高程由连续的三角面组成，三角面的形状和大小取决于不规则分布的测点的密度和位置，能够避免地形平坦时的数据冗余，又能按地形特征点表示数字高程特征。TIN 常用来拟合连续分布现象的覆盖表面。

（1）直接表示网点邻接关系。这种数据结构由离散点号（可以显式或隐式表示）、坐标与其他离散点邻近关系指针链构成。离散点邻接的指针链是用每个点的所有邻接点的编号按顺时针（或逆时针）方向顺序存储构成（图3.22）的。这种数据结构的最大优点是存储量小，编辑方便；缺点是三角形及邻近关系都需要实时生成，且计算量较大，不便于 TIN 的快速检索与显示。

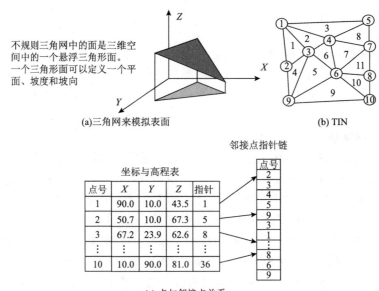

(a)三角网来模拟表面　　　　　　　　　　　　(b) TIN

邻接点指针链

坐标与高程表

点号	X	Y	Z	指针
1	90.0	10.0	43.5	1
2	50.7	10.0	67.3	5
3	67.2	23.9	62.6	8
⋮	⋮	⋮	⋮	⋮
10	10.0	90.0	81.0	36

点号
2
3
4
5
9
3
1
⋮
8
6
9

(c) 点与邻接点关系

图 3.22　直接表示网点邻接关系

（2）直接表示三角形及邻接关系。这种数据结构由离散点三维坐标、三角形及邻接三角形等三个表构成（离散点号和三角形号可以显式和隐式表示），每个三角形都作为数据记录直接存储，并用指向三个离散点的编号定义。三角形中三边相邻接的三角形都作为数据记录直接存储，并用指向相应三角形的编号来表示。这种数据结构最大优点是检索网点拓扑关系效率高，便于等高线快速插绘、TIN 快速显示与局部结构分析；其不足之处是需要的存储量较大，编辑也不方便（图 3.23）。

坐标与高程表				三角形表				邻接三角形表			
点号	X	Y	Z	△号	P_1	P_2	P_3	△号	△1	△2	△3
1	90.0	10.0	43.5	1	1	2	3	1	2	4	
2	50.7	10.0	67.3	2	1	3	4	2	1	3	6
3	67.2	23.9	62.6	3	1	4	5	3	2	8	
⋮	⋮	⋮	⋮	⋮	⋮	⋮	⋮	⋮	⋮	⋮	⋮
10	10.0	90.0	81.0	11	6	7	8	10	9	11	

图 3.23　直接表示三角形及邻接关系

3）断面线

断面线采样是对地球表面进行断面扫描，断面间通常按等距离方式采样，断面线上按不等距离方式或等时间方式记录点的坐标。断面线数字高程模型往往是利用解析测图仪、附有自动记录装置的立体测图仪和激光测距仪等航测仪器或从地形图上所获取的地球表面的原始数据来建立。

断面线数字高程模型的基本信息应包括 DEM 起始点（一般为左下角）坐标 X_0，Y_0，断面线 DEM 在 X 方向或 Y 方向的断面间隔 D_x 或 D_y，以及断面线上记录的坐标个数 N_x 或 N_y，断面线上记录的坐标串 $Z_1, X_1, Z_2, X_2, \cdots, Z_{N_x}, X_{N_x}$ 或 $Z_1, Y_1, Z_2, Y_2, \cdots, Z_{N_y}, Y_{N_y}$ 等。断面线在 X 方向的平面坐标 Y_i 为

$$Y_i = Y_0 + i \cdot D_y \quad (i = 0, 1, \cdots, N_y - 1)$$

在 Y 方向的平面坐标 X_i 为

$$X_i = X_0 + i \cdot D_y \quad (i = 0, 1, \cdots, N_x - 1)$$

4）规则网格

规则网格通常是正方形，也可以是矩形、三角形等。规则网格将区域空间切分为规则的格网单元，每个格网单元对应一个数值。数学上可以表示为一个矩阵，在计算机实现中则是一个二维数组。每个格网单元或数组的一个元素，对应一个高程值。对于每个格网的数值有两种不同的解释：第一种是格网栅格观点，认为该格网单元的数值是其中所有点的高程值，即格网单元对应的地面面积内高程是均一的高度，这种模型是一个不连续的函数。第二种是点栅格观点，认为该网格单元的数值是网格中心点的高程或该网格单元的平均高程值，这样就需要用一种插值方法来计算每个点的高程。

规则格网模型与断面线模型不同的是，断面线模型在 X 方向上和在 Y 方向上按等距离方式记录断面上点的坐标，规则格网模型是利用一系列在 X、Y 方向上都是等间隔排列的地形点的高程 Z 表示地形，形成一个矩阵格网 DEM。矩阵格网 DEM 可以由直接获取的原始数据派生，也可以由其他数字高程模型数据产生。其任意一点 P_{ij} 的平面坐标可根据该点在 DEM 中的行列号 i，j 及存放在该 DEM 文件头部的基本信息推算出来。这些基本信息应包括 DEM 起始点（一般为左下角）坐标 X_0、Y_0，DEM 格网在 X 方向与 Y 方向的间隔 D_x、D_y 及 DEM 的行列数 N_x、N_y 等。点 P_{ij} 的平面坐标 (X_i, Y_j) 为

$$Y_i = Y_0 + i \cdot D_y \quad (i = 0, 1, \cdots, N_y - 1)$$

$$X_j = X_0 + j \cdot D_x \quad (j = 0, 1, \cdots, N_x - 1)$$

在这种情况下，除了基本信息外，模型为一组规则存放的高程值。由于矩阵格网模型量最小（还可以进行压缩存储），非常便于使用且容易管理，因而是目前运用最广泛的一种数据结构形式。但其缺点是不能准确地表示地形的结构，在格网大小一定的情况下，无法表示地形的细部。

一个 Grid 数据一般包括三个逻辑部分：①元数据，描述 DEM 一般特征的数据，如名称、边界、测量单位、投影参数等；②数据头，定义 DEM 起点坐标、坐标类型、格网间隔、行列数据等；③数据体，沿行列分布的高程数据阵列。

Grid 数据结构为典型的栅格数据结构，非常适于直接采用栅格矩阵进行存储。采用栅格矩阵不仅结构简单，占用存储空间少，还可以借助其他简单的栅格数据处理方法进行进一步的数据压缩处理。常用栅格编码方法包括：行程编码、四叉树方法和霍夫曼编码。

2. 地物三维数字表达

地物三维模型是地表景观的三维表达，是地物几何、纹理和属性信息的综合集成。地物三维模型过程中，着重于道路、水系和建（构）筑物等的构造，其中最重要的是建（构）筑物的构建。地物实体几何模型根据建筑物的位置、顶面形状（或底面形状）及高度信息构建。地物实体几何信息主要来源是大比例尺地形图、建筑物楼层（楼高）数据、航空摄影（包括倾斜摄影）、激光雷达（light detection and ranging，LiDAR）在空中和地面扫描获取地物实体的点云数据。纹理数据有虚拟纹理和实景拍摄两种方法。三维实体模型在计算机内部存储

的信息不是简单的边线或顶点的信息，而是比较完整地记录了生成物体的各个方面的信息的数据。

三维实体模型在计算机内部以实体的形式描述现实世界的实体。它具有完整性、清晰性和准确性。它不仅定义了形体的表面，还定义了形体的内部形状，使形体的实体物质特性得到了正确的描述。从理论上讲，对任意的三维物体，只要它满足一定的条件，总可以找到一个合适的平面多面体来近似地表示这个三维物体，且使误差保持在一定的范围内。一般地讲，如果要表示某个三维物体，首先从这个物体表面 S 上测得的一组点 $P_1, P_2, \cdots, P_N$ 的坐标；其次，要为这些点建立起某种关系，这种关系有时被称为这些点代表的物体的结构。通常这种近似（或叫做逼近）有两种形式：一种是以确定的平面多面体的表面作为原三维物体的表面 S 的逼近；另一种则是给出一系列的形体（体元，voxel），这些体元的集合就是对原三维物体的逼近。前者着眼于物体的边界表示（类似于三维曲面的表示），而后者着眼于三维物体的分解，就像一个三维物体可以用体元来表示一样，如图 3.24 所示。

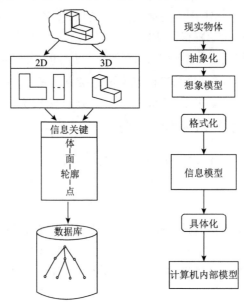

图 3.24　三维物体的信息

过去十余年中，研究者提出了 20 余种空间建模方法，与二维建模一样可分为面向对象和面向场两种方式。

1）面向对象的三维模型表示

若不区分准三维和真三维，则可以将现有面向对象空间建模方法归纳为基于面模型（facial model）、基于体模型（volumetric model）和基于混合模型（nixed model）的三大类建模体系。

（1）基于面模型。在形形色色的三维物体中，平面多面体在表示与处理上均比较简单，而且又可以用它来逼近其他各种物体。平面多面体的每一个表面都可以看成是一个平面多边形。为了有效地表示它们，总要指定它的顶点位置及由哪些点构成边、哪些边围成面这样一些几何与拓扑的信息。这种通过指定顶点位置、构成边的顶点及构成面的边来表示三维物体的方法称为三维边界表示（boundary representation，BRep）法。

边界表示法是一种以物体的边界表面为基础，定义和描述几何形体的方法。它能给出物体完整、显示的边界的描述（图 3.25）。

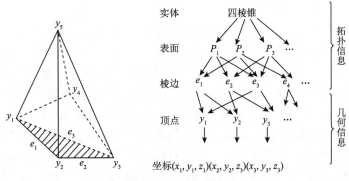

图 3.25　BRep 模型

　　一个形体可以通过包容它的面来表示，每一个面又可以用构成此面的边描述，边通过点、点通过三个坐标值来定义。这种方法的理论是：物体的边界是有限个单元面的并集，而每一个单元面都必须是有界的。边界描述法必须具备如下条件：封闭、有向、不自交、有限、互相连接、能区分实体边界内外和边界上的点。边界表示法其实就是将物体拆成各种有边界的面来表示，并使它们按拓扑结构的信息来连接。计算机内部存储了这种网状的数据结构。

　　BRep 中必须表达的信息分为两类：一类是几何信息。描述形体的大小、位置、形状等基本信息，如顶点坐标、边和面的数学表达式等。另一类是拓扑信息。拓扑信息描述形体上的顶点、边、面的连接关系。拓扑信息形成物体边界表示的"骨架"，形体的几何信息犹如附着在"骨架"上的"肌肉"。在 BRep 中，拓扑信息是指用来说明体、面、边及顶点之间连接关系的这一类信息，如面与哪些面相邻、面由哪些边组成等。描述形体拓扑信息的根本目的是便于直接对构成形体的各面、边及顶点的参数和属性进行存取和查询，便于实现以面、边、点为基础的各种几何运算和操作。

　　实体的边界将该实体分为实体内点集和实体外点集，是实体与环境之间的分界面。确立了实体的边界，实体就被唯一定义。实体的边界通常由面的并集来表示，面可以是一组曲面（或平面），而每个面又由它的数学定义加上其边界来表示，面的边界是环边的并集，而边又是由点来表示的。点用三维坐标表示，是最基本的元素；边是形体相邻面的交界，可为空间直线或曲线；环是由有序、有向的边组成的封闭边界。环有内、外环之分，外环最大且只有一个；内环的方向和外环相反，外环边通常按逆时针方向排序，内环边通常按顺时针方向排序。

　　面是一个单连通区域，可以是平面或曲面，由一个外环和若干个内环组成。根据环的定义，在面上沿环的方向前进，左侧总在面内，右侧总在面外。面的方向用垂直于面的法矢表示，法矢向外为正向面。实体是由若干个面组成的闭包，实体的边界是有限个面的集合。

　　BRep 表示法的优点：①表示形体的点、线、面等几何元素是显式表示，使得形体的显示很快并且很容易确定几何元素之间的连接关系；②可对 Brep 法的形体进行多种局部操作；③便于在数据结构上附加各种非几何信息，如精度、表面粗糙度等；④Brep 表示覆盖域大，原则上能表示所有的形体。

　　BRep 表示法的缺点：①数据结构复杂，需要大量存储空间，维护内部数据结构及一致性的程序较复杂；②对形体的修改操作较难实现；③Brep 表示不一定对应一个有效形体。

　　（2）基于体模型。基于体表示的模型用体元信息代替表面信息来描述对象的内部，是基于三维空间的体元分割和真三维实体表达，侧重于三维空间实体的边界与内部的整体表示，如地层、矿体、水体、建筑物等。

构造实体几何模型（construction solid geometry，CSG）是以简单几何体素构造复杂实体的造型方法，也称几何体素构造法。CSG 的基本思想是：一个复杂物体可以由比较简单的一些形体（体素），经过布尔运算后得到。它是以集合论为基础的。在构造实体几何中，建模人员可以使用逻辑运算符将不同物体组合成复杂的曲面或者物体。通常 CSG 都是表示看起来非常复杂的模型或者曲面，但是它们通常都是由非常简单的物体组合形成的。

最简单的实体表示叫做体元，通常是形状简单的物体，如立方体、圆柱体、棱柱、棱锥、球体、圆锥等。在物体被分解为单元后，又通过拼合运算（并集）使之结合为一体。CSG 可进行既能增加体素，又能移去体素的布尔运算。一般造型系统都为用户提供了基本体素，它们的尺寸、形状、位置都可由用户输入少量的参数值来确定，因此非常便捷。首先定义有界体素（集合本身），然后将这些体素进行交、并、差运算。CSG 可以看成将物体概括分解成单元的结果。在建模软件包中，如立方体、球体、环体及其他基本几何体都可以用数学公式来表述，它们统称为体元。通常这些物体用可以输入参数的程序来描述，如球体可以用球心坐标及半径来表示。这些体元都可以经下面的操作组合成复杂的物体：①将两个物体组合成一个；②从一个物体中减去另一个；③两个物体共有的部分。由于可以用相对简单的物体来生成非常复杂的几何形状，因此构造实体几何得到了广泛的流行。如果构造实体几何是程序化的或者参数化的，那么用户可以通过修改物体的位置或者逻辑运算对复杂物体进行修改。

CSG 表示法先定义体素，然后通过布尔运算将它们拼合成所需要的几何体。拼合过程中的几何体都可视为半成品，其自身信息简单，处理方便，并详细记录了构成几何体的原始特征和全部定义参数，甚至可以附加几何体体素的各种属性。CSG 表示的几何体具有唯一性和明确性。然而一个几何体的 CSG 表示方式却是多样的，可用几种不同的 CSG 树表示。就像一个半球体，既可以看做是一个球减去一半，又可以看做是两个相同的 1/4 个球拼合而成。

CSG 中物体形状的定义以集合论为基础，先定义集合本身，其次是集合之间运算。最简单的实体表示叫做体元，通常是形状简单的物体，如立方体、圆柱体、棱柱、棱锥、球体、圆锥等。根据每个软件包的不同这些体元也有所不同，在一些软件包中可以使用弯曲的物体进行 CSG 处理，在另外一些软件包中则不支持这些功能。

构造物体就是将体元根据集合论的布尔逻辑组合在一起，这些运算包括：并集、交集及补集（图 3.26）。

(a)并集　　　　　　　(b)交集　　　　　　　(c)补集

图 3.26　CSG 布尔逻辑组合

CSG 是通过基本体素及它们的集合运算进行表示的，也叫做体素拼合法。CSG 法存储的主要是物体的生成过程，所以也称为过程模型。在计算机内部，形体的 CSG 法是用一棵有序的二叉树记录一个实体的所有组合基本体素及正则集合运算和几何变换过程。其中，树的叶结点是基本体素或刚体运动的变换参数，中间结点是正则的集合算子或是刚体的几何变换，树根结点则表示得到的实体。

（3）基于混合模型。CSG 与 BRep 的混合表示法建立在边界表示法与构造实体几何法的基础之上，在同一系统中，将两者结合起来，共同表示实体。混合表示法以 CSG 法为系统外部模型，以 BRep 法为内部模型，CSG 法适于做用户接口，方便用户输入数据，定义体素及确定集合运算类型，而在计算机内部转化为 BRep 的数据模型，以便存储物体更详细的信息。

混合模式由两种不同的数据结构组成，以便互相补充或应用于不同的目的，即在原来 CSG 树的结点上再扩充一级边界表示法数据结构，以便达到快速实现图形显示的目的。因此，混合模式可理解为是在 CSG 系统基础上的一种逻辑扩展，起主导作用的是 CSG 结构，结合 BRep 的优点可以完整地表达物体的几何、拓扑信息，便于构造产品模型，使造型技术大大前进了一步。

用 CSG 作为高层次抽象的数据模型，用 BRep 作为低层次的具体表示形式。CSG 树的叶子结点除了存放传统的体素的参数定义外，还存放该体素的 BRep 表示。CSG 树的中间结点表示它的各子树的运算结果。这样的混合模型对用户来说十分直观明了，可以直接支持基于特征的参数化造型功能，而对于形体加工，分析所需要的边界、交线、表面不仅可显式表示，且能够由低层的 BRep 直接提供。

2）基于场地物的三维模型表示

（1）四面体格网。四面体格网（tetrahedral network，TEN）是将目标空间用紧密排列但不重叠的不规则四面体形成的格网来表示，四面体的集合（又称为四面体格网）就是对原三维物体的逼近。其实质是二维 TIN 结构在三维空间上的扩展。在概念上首先将二维 Voronoi 格网扩展到三维，形成三维 Voronoi 多面体，然后将 TIN 结构扩展到三维形成四面体格网，用四面体格网表示三维空间物体，如图 3.27 所示。

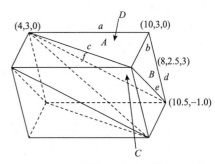

图 3.27　四面体格网表示三维空间物体

（2）体元模型。地理数据的一些类型，并不总是由边界表示的，因为数据值可能与一个属性相关，而该属性随着位置的变化而变化，而且并不是清楚地理边界。这类数据的一个比较合适的模型就是体元模型。二维的栅格表示被扩展到三维产生了体元（voxel）模型，体元模型可以根据体元的规整性分为规则体元和非规则体元两个大类。该模型能很好地表现渐进的、特殊的位置变化，并适用于产生这种变化的剖面图。

基于场表示的模型通过体信息来描述对象的内部，而不是通过表面信息来描述。运用这样的描述，对象的体信息能够被表示、分析和观察。基于场表示的模型用体元信息代替表面信息来描述对象的内部，是基于三维空间的体元分割和真三维实体表达，侧重于三维空间实体的边界与内部的整体表示，如地层、矿体、水体、建筑物等，体元的属性可以独立描述和存储，因而可以进行三维空间操作和分析。体元模型可以按体元的面数分为四面体、六面体、棱柱体和多面体共 4 种类型，也可以根据体元的规整性分为规则体元和非规则体元两大类。实际应用中，规则体元通常用于水体、污染和磁场等面向场物质的连续空间问题构模，而非规则体元均是具有采样约束的、基于地质地层界面和地质构造的面向实体的三维模型。这类数据模型包括三维栅格结构、八叉树、结构实体几何法和不规则四面体结构。

3.3.5 地理空间数据特性

地理空间数据代表了现实世界地理实体或现象某一时刻在信息世界的静态映射，是地理空间抽象的数字描述和连续现象的离散表达，也是描述地球表面一定范围（地理圈、地理空间）内地理事物的（地理实体）位置、形态、数量、质量、分布特征、相互关系和变化规律的近似模型。地理空间数据作为数据的一类，具有数据的一般特性（如空间性、时序性、尺度多态性、不确定性等）外，还具有抽样性、详细性与概括性、专题性与选择性、可靠性与完备性等特点。这些特点构成了地理空间数据与其他数据的差别。

1. 概括性

地理空间认知与概括是地理信息传输过程中两个不同层次的信息处理子过程。地理空间认知偏重于心理感知和分析，认知者既感知图上明显的信息也挖掘潜在的信息，不仅仅是探测、识别或区分信息，更要主动地解译信息，形成对客观世界的整体认识。从地图学者在编制地图时的地理认知，到用图者在读图时的地理认知，这整个过程反映了人对地理客体的认识由浅入深的特点。因为从原始制图资料到地图再到新地图的地理信息传输过程，正是人们对地理事物的认知深度的螺旋式上升过程。制图概括则在地理认知的基础上对上述信息进行抽象和概括，形成对应于特定的制图目的，适合于在一定比例尺下显示的地理要素的分类、分级和空间图形格局。因此，地理认知是制图概括的主客观依据，而制图概括则是在认知过程中对地理客体的科学抽象和概括。

地理空间数据只有恰当地表达地理对象，才具有最优化的可读性，而按应用要求进行表达，就必然要使用概括手段。概括是空间数据处理的一种手段，是对地理物体的化简、综合及取舍。空间物体的概括性区别于前面所述的数据的详细性。空间数据的空间详细性反映人为规定的系统的数据分辨力，也就是可描述最细微差异的程度及最细小物体的大小。在地理空间数据中，由于主题不同，人们可能舍去较为次要的地物，尽管这些地物如果用空间详细性来衡量是应该描述和记录的；或者对一些地物的形态在抽样的基础上进行进一步化简，这种化简并不是比例尺的限制使然，而是地理数据应用环境和任务的要求。

（1）空间概括性：根据地理空间数据比例尺或图像分辨率对数据内容按照一定的规律和法则，通过删除、夸大、合并、分割和位移等综合手法实现对图形的化简，用以反映地理空间对象的基本特征和典型特点及其内在联系的过程。

（2）时间概括性：包括统计的周期，时间间隔的大小。

（3）质量概括性：是以扩大数量指标的间隔（或减少分类分级）和减少地理对象中的质量差异来体现的。根据地理空间数据表达主题的选择性，在分类指标体系中简略表示或直接舍去与表达主题无关的地物。

（4）数量概括性：指计量的单位、分级情况、使用的量。

2. 抽样性

空间物体以连续的模拟方式存在于地理空间，为了能以数字的方式对其进行描述，必须将其离散化，即以有限的抽样数据表述无限的连续物体。

1）矢量地理空间数据的抽样性

矢量地理空间数据将地理现象作为实体对象的集合，用构成现实世界空间对象的边界来表达地理实体，其边界可以划分为点、线、面等三种类型，空间位置用采样点的地理空间坐标表达，地理实体的集合属性如线的长度、区域间的距离等均通过点的空间坐标来计算。空间对象的边界形态"以直代曲"表示，即连续的曲线用直线线段逼近。人们在数字化时，抽样选择曲线的特征点，用特征点连线逼近原始连续的曲线。空间物体的抽样不是对空间物体的随机选取，而是对物体形态特征点的有目的的选取，其抽样方法根据物体形态特征的不同而不同，其抽样的基本准则就是力求能够准确地描述物体的全局和局部的形态特征。所以说，地理空间数据是地理空间物体的近似表达。同一物体曲线、即使同一个人，用同样方法和同一设备，每次操作的结果也不相同。矢量地理空间数据表达地理现象的实体不是唯一的。

　　2）数字高程模型的抽样性

　　地球表面高低起伏，呈现一种连续变化的曲面。用数字高程模型描述地球表面形态，一般用等高线、离散点、规则格网和不规则三角网等方法表示。不管采用哪种方法，都是对地球表面抽样，都是对地球表面的近似描述。数字高程模型对地球表示的精度取决于抽样的密度。密度越高，逼近度越高。对于规则格网数字高程模型而言，其分辨率是刻画地形精确程度的一个重要指标，同时也是决定其使用范围的一个主要的影响因素。分辨率是指规则格网数字高程模型最小的单元格的长度。因为规则格网数字高程模型是离散的数据，所以 (X, Y) 坐标其实都是一个一个的小方格，每个小方格上标识出其高程。这个小方格的长度就是规则格网数字高程模型的分辨率。长度数值越小，分辨率就越高，刻画的地形程度就越精确，同时数据量也呈几何级数增长。所以规则格网数字高程模型在制作和选取的时候要依据需要，在精确度和数据量之间做出平衡选择。

　　3）遥感图像数据的抽样性

　　遥感是通过遥感器这类对电磁波敏感的仪器，在远离目标和非接触目标物体条件下探测目标地物，获取其反射、辐射或散射的电磁波信息（如电场、磁场、电磁波、地震波等信息），并进行提取、判定、加工处理、分析与应用的一门科学和技术。遥感探测能在较短的时间内，从空中乃至宇宙空间对大范围地区进行对地观测，并从中获取有价值的遥感数据。遥感探测所获取的是同一时段、覆盖大范围地区的遥感数据，这些数据综合地展现了地球上许多自然与人文现象，宏观地反映了地球上各种事物的形态与分布，真实地体现了地质、地貌、土壤、植被、水文、人工构筑物等地物的特征，全面地揭示了地理事物之间的关联性，并且这些数据在时间上具有相同的现势性。遥感图像素大小（也称图像空间分辨率）从 1km、500m、250m、80m、30m、20m、10m、5m 发展到 1m，军事侦察卫星传感器可达到 15cm 或者更高的分辨率。同数字高程模型一样，不同时空尺度的遥感数据也是对地球表面自然现象的抽样。正是由于遥感图像的这种抽样性，同一地区两次（相同传感器、相同的轨道高度和摄影位置）获取的遥感图像不可能相同。

3. 选择性

　　选择性，数据只能从某一个（些）侧面或角度描述地理事物的属性特征，而事物的属性特征有多个方面。获取地理信息是为了某种需要，任何没有行业需要的信息都毫无价值可言，因此，地理空间数据的获取、处理和存储是以应用为主导的。选择性不仅仅指从这些侧面进行内容的取舍，同时还存在描述方式的选择，如用文字和数字描述事物或用图像来描述事物。

　　地理空间数据的选择性，又称专题性，就是根据不同专业的需求，着重突出而尽可能完善、详尽地表示自然和社会经济现象中的某一种或几种要素，集中表现某种主题内容。

　　1）按内容性质分类

　　按内容性质可分为自然要素、社会经济（人文）要素和其他专题要素。

　　（1）自然要素：反映区域中自然要素的空间分布规律及其相互关系。主要包括：地质、地貌、地势、地球物理、水文、气象气候、植被、土壤、动物、综合自然地理（景观）、天体、月球、火星等。

（2）社会经济（人文）要素：反映区域中的社会、经济等人文要素的地理分布、区域特征和相互关系。主要包括：人口、城镇、行政区划、交通、文化建设、历史、科技教育、工业、农业、经济等。

（3）其他专题要素：不宜直接划归自然或社会经济的，用于专门用途的专题要素。主要包括：航海、规划、工程设计、军事、环境、教学、旅游等。

2）按内容结构形式分类

按内容结构形式分类：分布、区划、类型、趋势、统计。①分布是指反映地理对象空间分布特征，如人口分布、城市分布、动物分布、植被分布、土壤分布等。②区划是指反映地理对象区域结构规律，如农业区划、经济区划、气候区划、自然区划、土壤区划等。③类型是指反映地理对象类型结构特征，如地貌类型、土壤类型、地质类型、土地利用类型等。④趋势是指反映地理对象动态规律和发展变化趋势，如人口发展趋势、人口迁移趋势、气候变化趋势等。⑤统计是指反映不同统计区地理对象的数量、质量特征，内部组成及其发展变化。

第4章 地理信息基本特征

地球是一个时空变化的巨系统，地理信息描述地球表面上时空变化的自然物体和人文现象。地理信息认知与表达需要一个时间和空间基准，没有时空基准将无法实现地理信息处理，也无法进行地理信息传播、共享及分析应用。人脑认知、表达、获取和处理信息能力有限，为此，人类利用抽象概括的方法认知和表达地理世界。地理信息尺度规定了与地理区域相适应的地理信息的详尽程度。地理信息尺度特征也导致了地理信息不确定性。造成地理信息不确定性因素很多，有自然界客观原因，也有人类的主观原因。地理信息精度是地理信息位置定位、量算、转换和参与空间分析的可信度的基础。

4.1 地理信息时空特征

地球表层的结构包括空间和时间两个结构，空间结构是各组成要素的分布格局。空间结构又包括垂直结构和水平结构，垂直结构包括大气圈、水圈、岩石圈。水平结构是各组成成分在水平方向上发生分异，如从赤道到极地分为热带、温带、寒带。时间结构是地球表层从简单到复杂不断发展进化的。空间性和时序性是地理信息的基本特征。地理空间有特殊的空间坐标系和基准。这是地理信息区别于其他类型信息最显著的标志。

4.1.1 宇宙三公理

空间和时间的依存关系表达着事物的演化秩序。时、空都是绝对概念，是存在的基本属性。空间用以描述物体的位形；时间用以描述事件之间的顺序，但其测量数值是相对于参照系而言的。"时间"内涵是无尽永前，外延是各时刻顺序或各有限时段长短的测量数值。"空间"内涵是无界永在，外延是各有限部分空间相对位置或大小的测量数值。空间和时间的物理性质主要通过它们与物体运动的各种联系而表现出来。在宇宙哲学中，人类的所有概念都可以由下述 3 条公理直接定义或演绎定义。

1. 时间公理

时间无尽永前。表达式：$T = \{t \in (-\infty, +\infty)\} \cap \{\Delta t > 0\}$。时间公理分为时刻分理和时段分理两部分。

（1）时刻分理：$t \in (-\infty, +\infty)$ 为"无尽"，指"时间没有起始和终结"。时刻无限多、刻刻不同是时间本性之一。t 为时刻，其测量数值为实数。

（2）时段分理：$\Delta t > 0$ 为"永前"，指"时间的增量总是正数"。时段单向延续是时间本性之二。Δt 为时段，其测量数值为大于 0 的实数。

2. 空间公理

空间无界永在。表达式：$U = \{r \in [0, +\infty)\} \cap \{r = ct\}$。空间公理分为点分理与空时关系分理两部分。

（1）点分理：$r \in [0, +\infty)$ 为"无界"，指"空间里任一点都居中"。点数无限多、点点不同又点点平权是空间本性。这里点 $P = (r, \theta, \phi)$ [球坐标]，r 为 P 点到球坐标系原点的距离，其测量数值为非负实数，$\theta \in [0, \pi]$，$\phi \in [0, 2\pi]$。

（2）空时关系分理：$r = ct$ 为"永在"，指"空间永现于当前时刻"。任何空间点都必然出现在当前时刻是空间与时间的基本关系。这里 c 为光速，是常量。因为根据狭义相对论中的四维时空概念，时空间隔 $ct - r = 0$ 是不变量，即时间和空间之间没有间隔，所以 $r = ct$ 表示 P 点是光即时到达之点，也就是表示"空间永现于当前时刻"。

3. 质量公理

质量无限永有。表达式：$M = \{m \in (0, +\infty)\} \cap \{(d\rho)\_\eta \neq (d\rho)\_0\}$。质量公理分为总体分理和质空关系分理两部分。

（1）总体分理：$m \in (0, +\infty)$ 为"无限"，指"宇宙的总质量无限大"。总质量无限大是质量本性。这里 m 为静质量。

（2）质空关系分理：$(d\rho)\_\eta \neq (d\rho)\_0$ 为"永有"，指"永不均匀地布满空间"。"宇宙空间内的任何部分都充满着质量，不存在不含质量的纯空，但各点的微密度都不相同"，这是质量与空间的基本关系。$(d\rho)\_0$ 为任意指定一空间点的密度，$(d\rho)\_\eta$ 为其他的任意空间点的密度，$(d\rho)\_\eta \neq (d\rho)\_0$ 表示每点的微密度都不相等，就是说"质布空间永不均"。这里密度 $\rho = m / u$，微密度 $d\rho = dm / du$，其中，dm 为无穷小的质元；du 为无穷小的空元，u 为域积，包括点、线、面、体之积；η 为正整数。"质布空间永不均"在量子力学上表达为"测不准原理"。著名的布朗运动就是由"质布空间永不均"造成的。

这三公理概括了所有人类学科关于时间、空间、质量定义的内涵和外延。时、空、质在内涵上是既各自独立又相互联系着的三个绝对概念。时间公理、空间点分理、质量总体分理表达了它们的各自独立性，而空时关系分理和质空关系分理则表达了它们的相互联系性。空间所经历者为时间，质量所充满者为空间，就是说"时空随质度"。质量是三要素中的原生要素，没有质量就没有空间，没有空间就没有时间，如果采用老子《道德经》的诗化描述，则有：原生质，质生空，空生时，时生万物。

时空质的外延部分涉及其数值测度问题，其测度数值都是相对于参照系的，而且都只能够是近似值。测度时空质的数值是科学上要具体解决的问题。因为在狭义相对论中，光速是测量时、空的共同尺子，时、空的变化在此共尺上表现依存规律，即遵从洛伦兹变换。所以，时、空的测量数值是相对于具体惯性系的，如同时性在测量上不是绝对的，相对于某一参照系为同时发生的两个事件，相对于另一参照系可能并不同时发生；长度和时段在测量上也不是绝对的，运动的尺相对于静止的尺变短，运动的钟相对于静止的钟变慢。光速在狭义相对论中是绝对量，对于任何惯性参照系光速都是常量 c。爱因斯坦增加了在实际运动参照系下的以光速为共尺的测度方法，具体了它们的相互联系性。

4.1.2　时间度量基准

时间基准，就是在当代被人们确认为是最精确的时间尺度，长期以来，人们一直在寻求着这样的时间尺度。随着科学技术（特别是航天、空间物理、军事等）的飞速发展，人们对时间尺度的精度需求越来越高。

1. 时间的数理逻辑

时间是宇宙事件顺序的度量。时间随宇宙的变化而变，时间是因变量。时间的本质，Deng's 时间公式：

$$t = T(U, S, X, Y, Z, \cdots)$$

式中，U 为宇宙；S 为空间；$X, Y, Z, \cdots$ 为事件顺序。在 Deng's 时间公式中世界事件发生次序的序列，时间就是对这些事件发生顺序的排序，标志的计量。时间不是自变量，而是因变量，它随宇宙的变化而变化。

2. 时间度量

时间是一个较为抽象的概念，是物质的运动、变化的持续性、顺序性的表现。时间是地球（其他天体理论上也可以）上的所有其他物体（物质）三维运动（位移）对人的感官影响形成的一种量。时间包含时段和时刻两个概念。

1）时段

时段是对运动过程的量度，具体地说，是指能通过某一运动周期的计数来对该运动过程进行的量度。时间是人类用以描述物质运动过程或事件发生过程的一个参数，确定时间，是不受外界影响的物质周期变化的规律，如月球绕地球周期、地球绕太阳周期、地球自转周期、原子震荡周期等。

2）时刻

时刻是指某一瞬间，在时间轴上用点表示。时刻衡量一切物质运动的先后顺序，它没有长短，只有先后，它是一个序数。对应的是位置、速度、动量等状态量。时刻既没有大小，又没有方向，所以时刻不是标量也不是矢量，因为时刻不是量，是一个时间点，它只是时间中的一个点。

3）时间度量单位

长于等于年有：银河年(GY，也称为宇宙年)、千年、世纪、年代、年。

长于等于天短于年有：季度，月、旬、周、天。

长于等于秒短于天有：小时、分、秒。

短于秒有：毫秒（ms，10^{-3}s）、微秒（μs，10^{-6}s）、纳秒（ns，10^{-9}s）、皮秒（ps，10^{-12}s）、飞秒（fs，10^{-15}s）、阿秒（as，10^{-18}s）和普朗克时间（大约为 10^{-34}s），普朗克时间被认为是可能持续的最短时间。

这里引用一个已知的事实，关于 GPS 时间与地球上时间的不同。GPS 卫星以每小时 14000km 的速度绕地球飞行。根据狭义相对论，当物体运动时，时间会变慢，运动速度越快，时间就越慢。因此在地球上看 GPS 卫星，它们携带的时钟要走得比较慢，用狭义相对论的公式可以计算出，每天慢大约 7μs。GPS 卫星位于距离地面大约 2 万 km 的太空中。根据广义相对论，物质质量的存在会造成时空的弯曲，质量越大，距离越近，就弯曲得越厉害，时间则会越慢。受地球质量的影响，在地球表面的时空要比 GPS 卫星所在的时空更加弯曲，这样，从地球上看，GPS 卫星上的时钟就要走得比较快，用广义相对论的公式可以计算出，每天快大约 45μs。

3. 时间基准

远古时期，人类以太阳的东升西落作为时间尺度；公元前 2 世纪，人们发明了地平日晷，一天差 15 分钟；1000 多年前的希腊和我国的北宋时期，能工巧匠们曾设计出水钟，精确到每日 10 分钟误差；600 多年前，机械钟问世，并将昼夜分为 24 小时；到了 17 世纪，单摆用于机械钟，使计时精度提高近 100 倍；到了 20 世纪的 30 年代，石英晶体振荡器出现，对于精密的石英钟，300 年只差 1s……

1953 年是时频发展一个新的里程碑。世界上第一台原子钟研制成功。1967 年 13 届国际计量大会决定：铯原子 Cs-133 基态的两个超精细能级间跃迁辐射震荡 9192631770 周所持续的时间为 1s，此定义一直沿用至今。

社会在进步，科技在发展，人类对新的时间基准的研究仍在继续，大铯钟作为 Primary Clock 的地位受到严重冲击。例如，喷泉钟的准确度进入 10^{-15}，最好的达到 1×10^{-15}；光抽运铯束基准频标的准确度也进入 10^{-15}。不久的将来，喷泉钟或光频标完全有可能取代目前的微波频标，成为新一代的时间频率基准。

1）恒星时

恒星时（sidereal time，ST）是天文学和大地测量学标示的天球子午圈值，是一种时间系统，以地球真正自转为基础，即从某一恒星升起开始到这一恒星再次升起（23 时 56 分 4 秒）。考虑地球自转不均匀的影响的为真恒星时，否则为平恒星时。以地球相对于恒星的自转周期为基准的时间计量系统。

2）平太阳时

以平太阳作为参考点，由它的周日视运动所确定的时间称为平太阳时（mean solar time，MT），简称"平时"，也就是人们日常生活中所使用的时间。

计量时间单位：平太阳日、平太阳小时、平太阳分、平太阳秒；一个平太阳日=24 平太阳小时=1440 平太阳分=86400 平太阳秒。平太阳时与日常生活中使用的时间系统是一致的，通常钟表所指示的时刻正是平太阳时。

3）世界时

世界时（universal time，UT）是以地球自转为基础的时间计量系统，是根据地球自转周期确定的时间。以平子午夜为零时起算的格林尼治平太阳时定义为世界时 UT。

4）国际原子时

国际原子时（international atomic time，IAT）是以物质内部原子运动的特征为基础建立的时间系统。国际计量局对世界 20 多个国家的实验室的 100 多台原子钟提供的数据进行处理，得出"国际时间标准"，称为国际原子时。原子时秒长的定义是铯 133 原子基态的两个超精细能级间在零磁场下跃迁辐射周期 9192631770 倍所持续的时间。

5）协调世界时

协调世界时，又称世界统一时间、世界标准时间、国际协调时间，简称 UTC。它从英文"coordinated universal time"/法文"temps universel cordonné"而来。为了兼顾对世界时时刻和原子时秒长两者的需要建立了一种折中的时间系统，称为协调世界时 UTC。协调世界时是以原子时秒长为基础，在时刻上尽量接近于世界时的一种时间计量系统。根据国际规定，协调世界时 UTC 的秒长与原子时秒长一致，在时刻上则要求尽可能与世界时接近。这套时间系统被应用于许多互联网和万维网的标准中，例如，网络时间协议就是协调世界时在互联网中使用的一种方式。在军事中，协调世界时区会使用"Z"来表示。又由于 Z 在无线电联络中使用"Zulu"作代称，协调世界时也被称为"Zulu time"。

6）格林尼治标准时

格林尼治标准时（Greenwich mean time，GMT）是指位于伦敦郊区的皇家格林尼治天文台的标准时间，因为本初子午线被定义在通过那里的经线。理论上来说，格林尼治标准时间的正午是指当太阳横穿格林尼治子午线时的时间。由于地球在它的椭圆轨道里的运动速度不均匀，这个时刻可能和实际的太阳时相差 16 分钟。地球每天的自转是不规则的，而且正在缓慢减速。所以，格林尼治时间已经不再作为标准时间使用。

7）GPS 时间系统

GPS 时间系统（GPST）属于原子时系统，它的秒长即为原子时秒长，它的原点与国际原子时 IAT 相差 19s，有关系式：IAT−GPST=19（s）。

GPS 时间系统与各种时间系统的关系如图 4.1 所示。

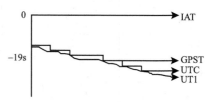

图 4.1　GPS 时间系统与各种时间系统的关系

4.1.3　地理空间基准

地理信息定位和量算必须依靠一个或多个参照物或参照体系。基准就是一组用于描述其他量的量。地理信息的空间基准涉及参考椭球、坐标系统、水准原点、地图投影、分带等多种因素，主要包括国家统一的大地空间坐标基准、高程基准、深度基准和重力基准等。不同历史时期我国采用不同的空间基准，造成不同时期的地理信息数据的空间基准不一致的现象，给空间数据共享和应用带来极大困难，空间基准的统一成为多源空间数据集成与融合研究的主要内容之一。

1. 大地坐标系

1）地球形状与地球椭球

众所周知，地球是一个近似球体，其自然表面是一个极其复杂的不规则曲面。为了深入研究地理空间，有必要建立地球表面的几何模型。根据大地测量学的研究成果，地球表面几何模型可以分为四类，分述如下。

第一类是地球的自然表面，它是一个起伏不平、十分不规则的表面，包括海洋底部、高山高原在内的固体地球表面（图 4.2）。固体地球表面的形态，是多种成分的内、外地貌营力在漫长的地质时代综合作用的结果，非常复杂，难以用一个简洁的数学表达式描述出来，所以不适合于数字建模。因此，在如长度、面积、体积等几何测量中都面临着十分复杂的困难。

第二类是相对抽象的面，即大地水准面。地球表面的 72%被流体状态的海水所覆盖，假设当海水处于完全静止的平衡状态时，从海平面延伸到所有大陆下部，而与地球重力方向处处正交的一个连续、闭合的水准面，这就是大地水准面（图 4.3）。水准面是一个重力等位面。对于地球空间而言，存在无数个水准面，大地水准面是其中一个特殊的重力等位面，它在理论上与静止海平面重合。大地水准面包围的形体是一个水准椭球，称为大地体。尽管大地水准面比起实际的固体地球表面要平滑得多，但实际上由于地质条件等的影响，大地水准面存在局部的不规则起伏，并不是一个严格的数学曲面。

图 4.2　固体地球表面

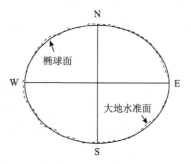

图 4.3　大地水准面

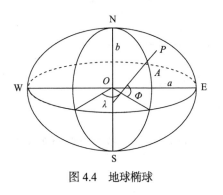

图 4.4　地球椭球

第三类是地球椭球面。总体上讲，大地体非常接近旋转椭球，旋转椭球的表面是一个规则的数学曲面。所以人们选择一个旋转椭球作为地球理想的模型，称为地球椭球（图 4.4）。在有关投影和坐标系统的叙述内容中，地球椭球有时也被称为参考椭球。

地球椭球并不是一个任意的旋转椭球体。只有与水准椭球一致起来的旋转椭球才能用作地球椭球。地球椭球的确定涉及非常复杂的大地测量学内容。在经典大地测量学中，研究地球形状基本上采用的几何方法，其数学公式为

$$\frac{x^2}{a^2} + \frac{y^2}{a^2} + \frac{z^2}{b^2} = 1 \qquad (4.1)$$

式中，a 为长半径，近似等于地球赤道半径；b 为极轴半径，近似等于南极（北极）到赤道面的距离。

第四类是大地基准（geodetic datum）面，设计用为最密合部分或全部大地水准面的数学模式。有了参考椭球，在实际建立地理空间坐标系统的时候，还需要指定一个大地基准面，将这个椭球体与大地体联系起来，在大地测量学中称为椭球定位。定位，就是依据一定的条件，将具有给定参数的椭球与大地体的相关位置确定下来。这里所指的一定条件，可以理解为两个方面：一是依据什么要求使大地水准面与椭球面符合；二是对轴向的规定。参考椭球的短轴与地球旋转轴平行是参考椭球定位的最基本要求，强调局部地区大地水准面与椭球面较好的定位。椭球定位是由椭球体本身及椭球体和地表上一点视为原点之间的关系来定义。此关系能以 6 个量来定义，通常（但非必然）是大地纬度、大地经度、原点高度、原点垂线偏差之两分量及原点至某点的大地方位角。

大地基准面是利用特定椭球体对特定地区地球表面的逼近，因此每个国家或地区均有各自的大地基准面，通常说的北京 54 坐标系、西安 80 坐标系实际上指的是我国的两个大地基准面。相对同一地理位置，不同的大地基准面，它们的经纬度坐标是有差异的。椭球体与大地基准面之间的关系是一对多的关系，也就是基准面是在椭球体基础上建立的，但椭球体不能代表基准面，同样的椭球体能定义不同的基准面。

2）大地坐标基准

大地坐标系是大地测量中以参考椭球面为基准面建立起来的坐标系。地面点的位置用大地经度、大地纬度和大地高度表示。大地坐标系的确立包括选择一个椭球、对椭球进行定位和确定大地起算数据。一个形状、大小和定位、定向都已确定的地球椭球称参考椭球。参考椭球一旦确定，则标志着大地坐标系已经建立。大地坐标系也称为地理坐标系。它是大地测量的基本坐标系，其大地经度 L、大地纬度 B 和大地高 H 为此坐标系的 3 个坐标分量，见图 4.5。

（1）参心大地坐标系：参心空间直角坐标系是在参考

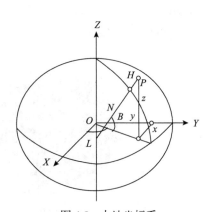

图 4.5　大地坐标系

椭球内建立的 O-XYZ 坐标系。原点 O 为参考椭球的几何中心，通常分为参心空间直角坐标系（以 x，y，z 为其坐标元素）和参心大地坐标系（以 B，L，H 为其坐标元素）。X 轴与赤道面和首子午面的交线重合，向东为正。Z 轴与旋转椭球的短轴重合，向北为正。Y 轴与 XZ 平面垂直构成右手系。

"参心"意指参考椭球的中心。在测量中，为了处理观测成果和传算地面控制网的坐标，通常须选取一参考椭球面作为基本参考面，选一参考点作为大地测量的起算点（大地原点），利用大地原点的天文观测量来确定参考椭球在地球内部的位置和方向。参心大地坐标的应用十分广泛，它是经典大地测量的一种通用坐标系。根据地图投影理论，参心大地坐标系可以通过高斯投影计算转化为平面直角坐标系，为地形测量和工程测量提供控制基础。由于不同时期采用的地球椭球不同或其定位与定向不同，在我国历史上出现的参心大地坐标系主要有 BJZ54（原）、GDZ80 和 BJZ54（新）等三种。

（2）地心大地坐标系：地心坐标系（geocentric coordinate system）是以地球质心为原点建立的空间直角坐标系，或以球心与地球质心重合的地球椭球面为基准面所建立的大地坐标系。以地球质心（总椭球的几何中心）为原点的大地坐标系，通常分为地心空间直角坐标系（以 x，y，z 为其坐标元素）和地心大地坐标系（以 B，L，H 为其坐标元素）。地心坐标系是在大地体内建立的 O-XYZ 坐标系。原点 O 设在大地体的质量中心，用相互垂直的 X，Y，Z 三个轴来表示，X 轴与首子午面与赤道面的交线重合，向东为正。Z 轴与地球旋转轴重合，向北为正。Y 轴与 XZ 平面垂直构成右手系。

WGS（world geodetic system）84 坐标系是一种国际上采用的地心坐标系。坐标原点为地球质心，其地心空间直角坐标系的 Z 轴指向国际时间局（Bureau International de l'Heure，BIH）1984.0 定义的协议地极（coventional terrestrial pole，CTP）方向，X 轴指向 BIH1984.0 的协议子午面和 CTP 赤道的交点，Y 轴与 Z 轴、X 轴垂直构成右手坐标系，称为 1984 年世界大地坐标系。这是一个国际协议地球参考系统（international terrestrial reference system，ITRS），是目前国际上统一采用的大地坐标系。GPS 广播星历是以 WGS84 坐标系为根据的。WGS84 坐标系，长轴为 6378137.000m，短轴为 6356752.314m，扁率为 1/298.257223563。

2000 国家大地坐标系是全球地心坐标系在我国的具体体现，其原点为包括海洋和大气的整个地球的质量中心。Z 轴指向 BIH1984.0 定义的协议极地方向（国际时间局），X 轴指向 BIH1984.0 定义的零子午面与协议赤道的交点，Y 轴按右手坐标系确定。

3）大地高程基准

确定地面点的空间位置，除了要确定其在基准面上的投影位置外，还应确定其沿投影方向到基准面的距离，即确定地面的高程。高程是表示地球上一点空间位置的量值之一，就一点位置而言，它和水平量值一样是不可缺少的。它和水平量值一起，统一表达点的位置。它对于人类活动包括国家建设和科学研究乃至人们生活是最基本的地理信息。从测绘学的角度来讨论，高程是对于某一特定性质的参考面而言的，没有参考面高程就失去意义，同一点，其参考面不同，高程的意义和数值都不同。例如，正高是以大地水准面为参考面，正常高是以似大地水准面为参考面，而大地高则是以地球球面为参考面。这种相对于不同性质的参考面所定义的高程体系称为高程系统，如图 4.6 所示。

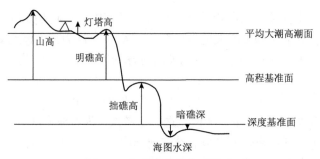

图 4.6 各种高度基准面关系

人们通常所说的高程是以平均海面为起算基准面，所以高程也被称作标高或海拔高。高程起算基准面和相对于这个基准面的水准原点（基点）高程，就构成了高程基准。一个国家和地区的高程基准，一般一经确定不应轻易变更。但事物总是发展的，科学技术不断进步，随着时间的推移也会出现新的问题。所以必要时建立新的基准，又不能完全避免。我国各地的地面点高程，都是以青岛国家水准原点的黄海高程为起算数据，因而高程系统是全国统一的。高程值有正有负，在基准面以上的点，其高程值为正，反之为负。

4）深度基准

海水在不断地变化，海水的深度大约一半时间在平均海面以上，一半时间在平均海面以下，也就是说，若以平均海面向下计算水深，大约有一半时间海水没那么深。这就提出了如何确定深度基准的问题。深度基准是指海水深及其相关要素的起算面。通常取当地平均海面向下一定深度为这样的起算面，即深度基准面。深度基准无论怎样确定都必须遵循两个共同的原则：一要保证航行安全；二要充分利用航道。因此，深度基准面要定得合理，不宜过高或过低。海图图载的深度，为最小水深。

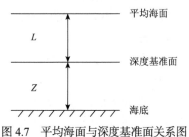

图 4.7 平均海面与深度基准面关系图

平均海面至其下一定深度的基面的距离，称为深度基准面值，常以 L 表示。图载水深是该深度基准面至海底的距离，常以 Z 表示。平均海面、深度基准面的关系，如图 4.7 表示。

深度基准面的选择与海区潮汐情况有关，常采用当地的潮汐调和常数来计算，因此，由于各地潮汐性质不同、计算方法不同，一些国家和地区的深度基准面也不相同。有的采用理论深度基准面、有的采用平均低潮面、平均低低潮面、最低低潮面、印度大潮低潮面、大潮平均低潮面等，还有的海区受潮汐影响不大采用平均海面。

深度基准在实践中是一个复杂的基准面。即或是一个国家，由于各地平均海面的不一致，对应深度基准面也不一致。潮汐性质相同，由于采用的潮汐资料时间间隔长短不同，深度基准面也可能不一致，使用海图时应该首先明了有关情况。

海水深度由深度基准面向下计算的这种图载的深度并不是实际的深度。想要得到实际深度还必须使用潮汐表。潮汐表是各主要港口的潮位与重要航道潮流的预报表，为有关海洋部门提供潮汐未来变化信息。在潮高起算面与深度基准面一致的前提下，某处某时刻的实际海水深度，应该是图载水深与潮汐表得到的该处相应时刻潮高之和。

2. 测量平面坐标系

地球椭球体表面也是个曲面，而人们日常生活中的地图及量测空间通常是二维平面，因此在地图制图和线性量测时首先要考虑把曲面转化成平面。由于球面上任何一点的位置是用地理坐标（λ，ϕ）表示的，而平面上的点的位置是用直角坐标（x，y）表示的，所以要想将地球表面上的点转移到平面上，必须采用一定的方法来确定地理坐标与平面直角坐标或极坐标之间的关系。这种在球面和平面之间建立点与点之间函数关系的数学方法，就是地图投影方法。测量工作中常用的球面坐标系是大地坐标系，平面坐标系是高斯-克吕格平面直角坐标系，常用的高程系是正高系。

1）地图投影

大地坐标系和空间直角坐标系不是一种平面坐标系。其度不是标准的长度单位，不可用其量测面积长度。平面坐标系具有以下特性：①可量测水平 X 方向和竖直 Y 方向的距离；②可进行长度、角度和面积的量测；③可用不同的数学公式将地球球体表面投影到二维平面上而得到广泛的应用。为解决由不可展的椭球面描绘到平面上的矛盾，用几何透视方法或数学分析方法，将地球上的点和线投影到可展的曲面（平面、圆柱面或圆锥面）上，将此可展曲面展成平面，建立该平面上的点、线和地球椭球面上的点、线的对应关系，就产生了各种投影方法。投影以后能保持形状不变化的投影，称为等角投影（conformal mapping），它的优点除了地物形状保持不变以外，在地图上测量两个地物之间的角度也能和实地保持一致。这非常重要，当在两地间航行时必须保持航向的准确；或者无论长距离发射导弹还是短距离发射炮弹，发射角度必须准确测量出来。因此，等角投影是最常使用的投影。等角投影的缺点是高纬度地区地物的面积会被放大。投影以后能保持面积不变化的投影，称为等积投影（equivalent mapping），在有按面积分析需要的应用中很重要，显示出来的地物相对面积比例准确，但是形状会有变化，假设地球上有个圆，投影后绘制出来即变成椭圆。还有第三种投影，非等角等面积投影，意思是既有形状变化也有面积变化，这类投影既不等角也不等积，长度、角度、面积都有变形。其中，有些投影在某个主方向上保持长度比例等于 1，称为等距投影。

每一种投影都有各自的适用方面。等角投影常用于航海图、风向图、洋流图等。现在世界各国地形图采用此类投影比较多。等积投影用于绘制经济地区图和某些自然地图。

2）高斯-克吕格投影

高斯-克吕格投影是一种等角横轴切椭圆柱投影。它是假设一个椭圆柱面与地球椭球体面横切于某一条经线上，按照等角条件将中央经线东、西各 3°或 1.5°经线范围内的经纬线投影到椭圆柱面上，然后将椭圆柱面展开成平面而成的（图4.8）。根据高斯-克吕格投影建立起来的平面直角坐标系称高斯平面直角坐标系。如图4.9所示，设想有一个椭圆柱面横套在地球椭球体外面，使它与椭球上某一子午线（该子午线称为中央子午线）相切，椭圆柱的中心轴通

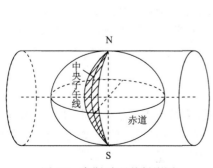

图 4.8　高斯-克吕格投影图

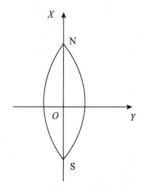

图 4.9　高斯平面直角坐标系

过椭球体中心。然后用一种等角投影的方法，将中央子午线两侧各一定经差范围内的地区投影到椭圆柱面上，再将此柱面展开即成为投影面，故高斯投影又称为横轴等角切椭圆柱投影。

高斯投影是正形投影的一种，投影前后的角度相等。此外，高斯投影还具有以下特点。

（1）中央子午线投影后为直线，且长度不变。距中央子午线越远的子午线，投影后变曲程度越大，长度变形也越大。

（2）椭球面上除中央子午线外，其他子午线投影后，均向中央子午线弯曲，并向两极收敛，对称于中央子午线和赤道。

（3）在椭球面上对称于赤道的纬圈，投影后仍成为对称的曲线，并与子午线的投影曲线互相垂直且凹向两极。

我国从 1952 年开始正式采用高斯-克吕格投影，作为我国 1:50 万及更大比例尺的国家基本地形图的数学基础。

在投影面上，中央子午线和赤道的投影都是直线。以中央子午线和赤道的交点 O 作为坐标原点；以中央子午线的投影为纵坐标轴 X，规定 X 轴向北为正；以赤道的投影为横坐标轴 Y，Y 轴向东为正。这样便形成了高斯平面直角坐标系，如图 4.10 所示。高斯平面直角坐标系与大地坐标系之间的坐标换算可应用高斯投影坐标计算公式。

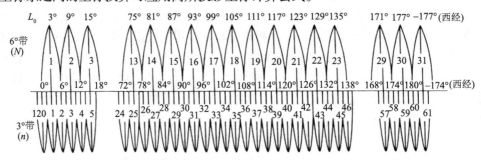

图 4.10　高斯 6° 带与 3° 带投影

在高斯投影中，除中央子午线上没有长度变形外，其他所有长度都会发生变形，且变形大小与横坐标 Y 的平方成正比，即距中央子午线越远，长度变形越大。为了控制长度变形，将地球椭球面按一定的经度差分成若干范围不大的带，称为投影带。分带时，既要考虑投影后长度变形不大于测图误差，又要使带数不致过多以减少换带计算工作。我国规定按经差 6° 和经差 3° 进行投影分带，分别称为 6° 带、3° 带，如图 4.10 所示。在进行 1:2.5 万或更小比例尺地形图测图时，通常用 6° 带，3° 带则用于 1:1 万或更大比例尺地形图测图。特殊情况下也可采用 1.5° 带或任意带。

6° 带：从 0° 子午线起，每隔经差 6° 自西向东分带，依次编号 1，2，3，…，60，每带中间的子午线称为轴子午线或中央子午线，各带相邻子午线叫做分界子午线。我国领土跨 11 个 6° 投影带，即第 13～23 带。带号 N 与相应的中央子午线经度 L_0 的关系是

$$L_0 = 6°N - 3°$$ （4.2）

3° 带：以 6° 带的中央子午线和分界子午线为其中央子午线，即自 1.5° E 子午线起，每隔经差 3° 自西向东分带，依次编号 1，2，3，…，120。我国领土跨 22 个 3° 投影带，即第 24～45 带。带号 n 与相应的中央子午线经度 l_0 的关系是

$$l_0 = 3°N \qquad (4.3)$$

我国位于北半球，在高斯平面直角坐标系内，X 坐标均为正值，而 Y 坐标值有正有负。Y 坐标的最大值（在赤道上）约为 330km，为避免 Y 坐标出现负值，规定将 X 坐标轴向西平移 500km，即所有点的 Y 坐标值均加上 500km，如图 4.11 所示。此外为便于区别某点位于哪一个投影带内，还应在横坐标值前冠以投影带带号。这种坐标称为国家统一坐标。

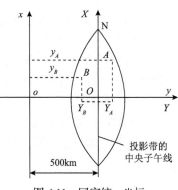

图 4.11　国家统一坐标

3）墨卡托投影

海图是航海必备的资料和工具。如果船舶始终按恒定的航向航行，它的航迹在球面上是一条曲线，该曲线称为恒向线或等角航线。在地球表面上，一般表现为一条与所有子午线相交呈恒定角度的、具有双重曲率的球面螺旋线。在这种投影图中，所有经线成为与赤道垂直、间距相等的平行线；纬线成为与赤道平行与经线垂直的直线。由于经线互相平行，与所有经线交角相等即航向相等的直线为恒向线。要保持等角投影必须使经线方向和纬线方向的局部比例尺相等。地球表面上纬圈长度投影到图上向东西（纬线）方向拉长后，向南北（经线）方向也要做相应的扩大伸长，其伸长倍数正好等于纬线伸长的倍数。

这种正轴等角圆柱投影叫做墨卡托投影，由荷兰地图学家墨卡托（Mercator）于 1569 年创立。假想一个与地轴方向一致的圆柱切或割于地球，按等角条件，将经纬网投影到圆柱面上，将圆柱面展为平面后，即得本投影。

圆柱面展平后纬线为平行直线，经线也是平行直线，而且与纬线直交。圆柱投影按变形性质可分为等角投影、等积投影和任意投影。按圆柱面与地球的相对位置可分为正轴投影、斜轴投影和横轴投影，其中，以等角圆柱投影应用最广，其次为任意圆柱投影。墨卡托投影没有角度变形，由于每一点向各方向的长度比相等，它的经纬线都是平行直线，且相交成直角，经线间隔相等，纬线间隔从标准纬线向两极逐渐增大。墨卡托投影的地图长度和面积变形明显，标准纬线无变形，从标准纬线向两极变形增大，但因为它具有各个方向均等扩大的特性，保持了方向和相互位置关系的正确。在地图上保持方向和角度的正确是墨卡托投影的优点，墨卡托投影地图常用作航海图和航空图，如果循着墨卡托投影图上两点间的直线航行，方向不变可以一直到达目的地，因此它对船舰在航行中定位、确定航向都具有重要作用，给航海者带来很大方便。

3. 地理空间坐标转换

不同来源的地理空间数据一般会存在地图投影与地理坐标的差异，为了获得一致的数据，必须进行空间坐标的变换。空间坐标转换是指把空间数据从一种空间参考系映射到另一种空间参考系中。根据所能获取的空间参考系信息的详尽程度，实现空间坐标转换的具体方法各不相同。那么，对于空间坐标的转换就有两个层面的解释：一是投影的转换，就是说在完成地理坐标值转换的同时，必须完成空间参考框架信息（包括参考椭球、大地基准面及投影规则）的精确转换。此时，坐标转换的基本要求就是必须获取两种空间参考系的投影信息。二是单纯坐标值的变换，只需要把空间数据的坐标值从一种空间参考系映射到另一种空间参考系中，转换后的空间参考系信息直接采用目标空间参考系信息。此类转换一般通过单纯的数值变换完成，主要应用于无法同时获取两种空间参考系的投影信息的情况。值得注意的是，所建立的数值变换方程一般仅适于当前空间区域，更换空间区域时必须建立新的数值变换公式。

1）空间直角坐标系的转换

不同空间大地直角坐标系的换算既包括不同参心空间大地直角坐标系的换算，也包括参心空间大地直角坐标系和地心空间大地直角坐标系的换算。不同空间大地直角坐标系的转换数学模型有多种，其转换方法可分为三参数、七参数等方法。

（1）三参数法。

三参数法，这种方法最为简单，虽然不够合理，但在一定精度条件下，仍被广泛采用。设两个空间大地直角坐标系为 $O_{新}$-$X_{新}Y_{新}Z_{新}$ 和 $O_{旧}$-$X_{旧}Y_{旧}Z_{旧}$，两坐标系各坐标轴相互平行，坐标原点不相一致，则有

$$X_{新} = X + \Delta X_O$$
$$Y_{新} = Y + \Delta Y_O \qquad\qquad (4.4)$$
$$Z_{新} = Z + \Delta Z_O$$

式中，ΔX_O、ΔY_O、ΔZ_O 为旧坐标系原点相对于新坐标系原点在三个坐标轴上的分量，一般称为三个平移参数。

三参数不同空间大地直角坐标系间转换公式是在假设两坐标系间各坐标轴相互平行，即轴系间不存在欧勒角的条件下导出的，这在实际情况中往往是不可能的。但由于欧勒角不大，加之当求得欧勒角误差和欧勒角本身数值属同一数量级时，可近似地这样处置。此种情况在国内外一些坐标换算中屡见不鲜，如北美坐标系相对于地心坐标系的三参数是 $\Delta X_O = 22\text{m}$，$\Delta Y_O = 157\text{m}$，$\Delta Z_O = 176\text{m}$，欧洲坐标系相对于地心坐标系的三参数是 $\Delta X_O = -84\text{m}$，$\Delta Y_O = -103\text{m}$，$\Delta Z_O = -127\text{m}$ 等。

（2）七参数法。

七参数法，这类公式有布尔莎公式、莫洛坚斯基公式和范式公式三种，其中，范式公式采用另一种表示欧勒角的方法。这三种公式七参数间有一定的关系。当略去其中一些参数时，可得四参数、五参数和六参数等公式，在这主要介绍布尔莎公式。

两个空间大地直角坐标系间除了三个平移参数外，当各坐标轴间相互不平行时，还存在三个欧勒角，称为三个旋转参数，又由于两个坐标系尺度不一致，从而还有一个尺度变化参数，共有七个参数，采用布尔莎公式：

$$\begin{bmatrix} X \\ Y \\ Z \end{bmatrix}_{新} = (1+m)\begin{bmatrix} X \\ Y \\ Z \end{bmatrix}_{旧} + \begin{bmatrix} 0 & \varepsilon Z & -\varepsilon Y \\ -\varepsilon Z & 0 & \varepsilon X \\ \varepsilon Y & -\varepsilon X & 0 \end{bmatrix}\begin{bmatrix} X \\ Y \\ Z \end{bmatrix}_{旧} + \begin{bmatrix} \Delta X_O \\ \Delta Y_O \\ \Delta Z_O \end{bmatrix} \qquad (4.5)$$

式中，ΔX_O、ΔY_O、ΔZ_O 为三个平移参数；εX、εY、εZ 为三个旋转参数；m 为尺度变化参数。

采用不同的数学模型，或采用同一模型而含不同的参数，将得出不同的转换结果。这些不同的数学模型各自有不同的假设前提。因此，在实际中，采用哪一种模型比较合理，以及在同一模型中，取哪几个参数比较适宜，要根据转换的精度要求等因素综合决定。

2）投影解析转换

投影变换是地图制图的理论基础，主要用来解决换带计算、地图转绘、图层叠加、数据

集成等问题。

（1）同一地理坐标基准下的坐标变换。

此时，如果参与转换的空间参考系的投影公式存在严密或近似的解析关系式，就可以建立两坐标系的解析关系式。应用建立的解析关系式，直接计算出当前空间参考系下的空间坐标 (x, y, z) 在另一种空间参考系中的坐标值 (X, Y, Z)。

对于多数投影系统，很难精确推求出它们之间的这种解析关系式。此时，就需要采用间接变换，即先使用坐标反算公式，将由一种投影的平面坐标换算为球面大地坐标：$(x, y) \rightarrow (B, L)$，再使用坐标正算公式把求得的球面大地坐标代入另一种投影的坐标公式中，计算出该投影下的平面坐标：$(B, L) \rightarrow (X, Y)$，从而实现两种投影坐标间的变换 $(x, y) \rightarrow (X, Y)$。例如，研究区域恰好横跨两个高斯-克吕格投影带，则应将两个投影带坐标统一到同一个投影带上才能实现图幅的拼接，这时就需要采用间接变换法。

（2）不同地理坐标基准下的坐标变换。

地理坐标基准的不同，使得两种空间参考系的投影解析式之间很难建立直接的解析关系。所以，此时坐标变换一般要涉及两个内容：一是地理坐标基准的变换；二是坐标值的变换。实现整个坐标转换的基本过程为（以 WGS 84 坐标和 1980 西安坐标的转换为例）：① (B, L) 84 转换为 (X, Y, Z) 84，即空间大地坐标到空间直角坐标的转换。② (X, Y, Z) 84 转换为 (X, Y, Z) 80，坐标基准的转换，即参考椭球转换。该过程可以通过上一小节所叙述的七参数或简化三参数法实现。③ (X, Y, Z) 80 转换为 (B, L) 80，即空间直角坐标到空间大地坐标的转换。④ (B, L) 80 转换为 (x, y) 80，通过高斯-克吕格投影公式计算出高斯平面坐标值。

不同地理坐标基准下的坐标变换，最大难点在于第②步涉及转换参数。各地重力值等因素的影响，不同地理坐标基准之间很难确定一套适合全区域且精度较好的转换参数。通常的做法是：在工作区内找三个以上的已知点，利用最小二乘配置法求解七参数。若多选几个已知点，通过平差的方法可以获得较好的精度。

3）数值拟合转换

如果无法获取参与坐标转换的空间参考的投影信息，可以采用下面叙述的单纯数值变换的方法实现坐标变换。

（1）多项式拟合变换。

根据两种投影在变换区内的已知坐标的若干同名控制点，采用插值法、有限差分法、有限元法、待定系数最小二乘法，实现两种投影坐标之间的变换。这种变换公式为

$$
\begin{cases}
X = \sum_{i=0}^{m} \sum_{j=0}^{m-i} a_{ij} x^i y^j \\
Y = \sum_{i=0}^{m} \sum_{j=0}^{m-i} b_{ij} x^i y^j
\end{cases}
\tag{4.6}
$$

取 $m=3$ 时，有

$$
\begin{cases}
X = a_{00} + a_{10}x + a_{01}y + a_{20}x^2 + a_{11}xy + a_{02}y^2 + a_{30}x^3 + a_{21}x^2y + a_{12}xy^2 + a_{03}y^3 \\
Y = b_{00} + b_{10}x + b_{01}y + b_{20}x^2 + b_{11}xy + b_{02}y^2 + b_{30}x^3 + b_{21}x^2y + b_{12}xy^2 + b_{03}y^3
\end{cases}
\tag{4.7}
$$

为了解算以上三次多项式，需要在两投影间选定相应的 10 个以上控制点，其坐标分别为 x_i、y_i 和 X_i、Y_i，按最小二乘法组成方程，并解算该方程组，得系数 a_{ij}、b_{ij}，这样就可确定一个坐标变换方程，由该方程对其他待变换点进行坐标转换。也有人把这种坐标转换法称作待定系数法。

（2）数值-解析变换。

数值-解析变换先采用多项式逼近的方法确定原投影的地理坐标，然后将所确定的地理坐标代入新投影与地理坐标之间的解析式中，求得新投影的坐标，从而实现两种投影之间的变换。多项式逼近形式为

$$\begin{cases} \varphi = \sum_{i=0}^{n}\sum_{j=0}^{n} a_{ij} x^i y^i \\ \lambda = \sum_{i=0}^{n}\sum_{j=0}^{n} b_{ij} x^i y^i \end{cases} \quad (i+j \leqslant n) \tag{4.8}$$

式中，n 为多项式的次数。

4.2　地理信息尺度特征

人类认知能力是有限的，即人们对现实世界的感知能力（心理模型）是一定的。人类接收信息过程中，存在超过一定的详细程度（一个人能看到的越多），对所看到的东西能记忆、理解和描述的就越少的现象。实际上人类信息获取过程中是以一种有序的方式对思维对象进行各种层次的抽象，以便使自己既看清了细节，又不被枝节问题扰乱了主干。由此，人们表达信息内容时，往往经过采样、选取、概括等过程，按不同的层次表达和表现客观事物的内容，根据主题的需要对材料进行取舍，做到主次分明，重点突出。由于地球表层的无限复杂性，人们不可能完全地、详细地观察地理世界的所有细节，只有经过合理的尺度抽象的地理信息才更具利用价值。尺度是地理学的重要特征，凡是与地球参考位置有关的物体都具有空间尺度，因而尺度必定是所有地理信息的重要特性。研究表明，多种地理现象和过程具有明显的尺度依赖特征，对地理现象的研究是通过对其描述的概念、量纲和内容的层次性来实现的，即将不同尺度的过程用特定的概念、量纲来抽象描述。人们认知世界、研究地理环境时，往往从不同空间尺度（比例尺）上对地理现象进行观察、抽象、概括、描述、分析和表达，传递不同尺度的地理信息。

4.2.1　地理尺度概念

尺度一般表示物体的尺寸与尺码，有时也用来表示处事或看待事物的标准。尺度就像宗教中的上帝一样无处不在。尺度是一个许多学科常用的概念，通常的理解是考察事物（或现象）特征与变化的时间和空间范围。从认知科学的观点来看，尺度更多的含义是"抽象程度"，它体现了人们对空间事物、空间现象认知的深度与广度。人们在观察、认识自然现象、自然过程，以及各种社会经济问题时往往需要从宏观到微观，从不同高度、视角来观察、认识。尺度不同、角度不同，分辨率不同很可能得到不同的印象、认识或结果。在地理科学中，尺度有多种含义，如绝对大小、相对大小、分辨率、颗粒度、详细程度等。不同尺度表达的空间范围大小和地理系统中各部分规模的大小分为不同的层次。在地理学的研究中，尺度概念

有两方面的含义：一是物体粒度或空间分辨率，表示测量的最小单位；二是范围，表示研究区域的大小。从不同视角，从宏观或中观或微观的尺度来观察、认识自然现象、自然过程或社会经济事件，获取有关数据、信息，进而分析评价它们，为规划决策、解决问题服务，已成为人们认识自然、认识社会、改造自然，促进社会经济进步、发展的重要论题。选择尺度时必须考虑观察现象或研究问题的具体情况。通常很难有一种确定的方法可以简便地选择一种理想的窗口（尺度），也不太可能以一种窗口（尺度）就能全面而充实地研究复杂的地理空间现象和过程，或者各种社会现象。对于描述地理现象和过程的空间数据的广义尺度，可以细分为空间尺度、时间尺度和语义尺度。

1. 空间尺度

空间尺度一般是指开展研究所采用的空间大小的量度，是客体在其"容器"中规模相对大小的描述。不同的学科、不同的研究领域会涉及不同的形式和类型的尺度问题，还会有不同的表述方式和含义。大尺度下的空间包容较多的地理目标、较复杂的地理现象，受空间表达能力和认知能力的限制，只有重要的突出的地理目标才得以表达；而对于小尺度空间，一般性的目标都可以表达。因此，空间尺度的广度与认识的分辨率是紧密相关的，大尺度数据意味着空间和时间分辨率较低，属性精度也较低。类似的，小尺度数据意味着空间和时间分辨率较高，属性精度也较高。也就是说，大尺度的研究通常采用较粗的分辨率，而小尺度的研究则常采用较精细的分辨率。"尺度"、"比例尺"和"分辨率" 3 个尺度概念密切相关。在进行空间分析时，从获取信息到数据处理、分析往往会涉及四种尺度问题，即观测尺度（地理尺度）、地图比例尺（制图尺度）、分辨率尺度（测量尺度）、操作尺度（有效尺度、运行尺度），如图 4.12 所示。

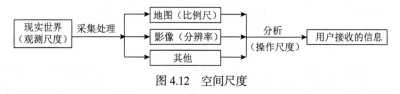

图 4.12　空间尺度

观测尺度是指研究的区域大小或空间范围。认识或观察地理空间及其变化时一般需要更大的范围，即大尺度（地理尺度）研究覆盖范围较大区域，如一个国家、亚太地区，而研究城市分布及其扩展可用中尺度或小尺度。操作尺度是指对地理实体、现象的数据进行处理操作时应采用的最佳尺度，不同操作尺度影响处理结果的可靠程度或准确度。

2. 时间尺度

时间尺度指数据表示的时间周期及数据形成周期的长短。从一定意义上来讲，时间尺度与空间尺度有一定的联系，如较大的空间尺度对应较长的时间尺度。例如：全球范围内气候变化周期可能是几十年或几百年，而城市地籍可能以年为变化周期。正是因为地理特征和过程有一定的自然节律性，才导致空间数据具有时间多尺度。孤立的数据时间尺度研究意义不大，只有结合空间尺度研究，才能表达地理特征和过程的内在规律。

3. 语义尺度

语义尺度指地理实体语义变化的强弱幅度及属性内容的层次性。在数据库中它反映了某类空间目标的抽象程度，表明了该数据库所能表达的语义类层次中最低的类级别。语义的层次性是指属性描述中的类别和等级。也有学者把空间属性数据的多层次性称为语义粒度。

研究表明，多种地理现象和过程具有明显的尺度依赖特征，对地理现象的研究是通过对其描述的概念、量纲和内容的层次性来实现的，即将不同尺度的过程用特定的概念、量纲来抽象描述。

语义尺度与时间、空间尺度有密切的关系。一般情况下，大的时空尺度有较高的属性概括层次，即语义尺度，而小的时空尺度往往具有较低的语义尺度。地理实体之间的语义关系可以通过对象的属性来标识，如图 4.13 所示。

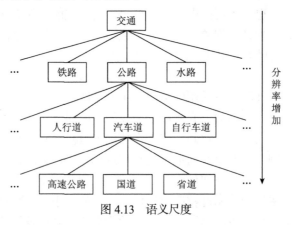

图 4.13　语义尺度

4.2.2　地理信息的空间尺度

尺度是一个许多学科常用的概念，通常的理解是考察事物（或现象）特征与变化的时间和空间范围。例如，在测绘学、地图制图学和地理学中通常把尺度表述为比例尺，在航空摄影、遥感技术中尺度则往往相应于空间分辨率（spatial resolution）。

1. 地图比例尺

地图是地球表面按照比例缩小的。从地球（或其局部地域空间）到地图，必然要经过缩小，这个过程涉及地图比例尺的概念。比例尺表示图上距离比实地距离缩小的程度。从地球到地图，概括地说，主要经过两个阶段，并产生两个地图比例尺概念：第一个阶段是按照一定比例将地球缩小，形成缩小的地球（仪）。这个比例就是随后所编制地图的主比例尺。在地球投影中，切点、切线和割线上是没有任何变形的，这些地方的比例尺皆为主比例尺。在各种地图上通常所标注的都是此种比例尺，故也称普通比例尺。第二个阶段是将缩小了的地球（仪），经过各种地图投影，形成地图。由于投影变形的存在，不同地方的缩小比例就不一样了，有的比主比例尺大（地图投影面之下），有的比主比例尺小（地图投影面之上），有的与主比例尺相等（前述切线、切点、割线之处），这就形成了局部比例尺的概念。

人们从不同的角度认知客观世界时，对于不同的应用目的，对地理实体表达需求的详细程度（尺度）是不一样的。例如，在城市中旅游采用 1∶1 万～1∶3 万比例尺的地图比较合适，这个尺度范围的地图提供了比较详细的信息；而对于城市之间的旅行则应使用 1∶5 万～1∶20 万的地图；国家之间的旅行则应使用 1∶30 万～1∶100 万的地图，这样可以确定总的方向和方位概念并满足一览性的要求。此外，人类对客观地理世界的认知是分层次的，所进行的地理空间分析有很强的区域性。例如，研究全球范围内石油分布情况时，通常将国家看作点，国家内部石油分布的差别就成为次要因素，不需着重考虑；但如果要研究每个国家的石油分布情况，则应把注意力放在国家内部石油分布的差异上。基于空间推理实现辅助决策时，多尺度、分层次的空间表示有助于在空间推理的不同阶段集中推理的注意力。例如，通过概略图、区位图、索引图等方式配合主地图内容实现地物目标的搜索和空间信息的查询；模拟人脑思维活动的智能化推理工具使用自适应的分层推理方法等。在大比例尺地图上，由地图投影因素产生的变形很小，可以只用主比例尺（普通比例尺）及其任何形式（数字式、文字式、线段图解式等）来表示地图的比例尺，并且不必给予说明。据此比例尺对地图内容进行各种量算，可以得到较为准确的结果。

由于投影变形，各局部地区的缩小比例是不一样的。小比例尺地图的比例尺按投影变形的情况可以分为主比例尺和局部比例尺。从根本上说，不能在小比例尺地图上，依据地图上标注的比例尺（即主比例尺）对图面任一区域进行距离、方向、面积等的量算。

地图精度就是地图的精确度，即地图的误差大小，是衡量地图质量的重要标志之一，它与地图投影、比例尺、制作方法和工艺有关。通常用地图上某一地物点或地物轮廓点的平面和高程位置偏离其真实位置的平均误差衡量。地图存在误差，在地图上进行量算时，对量测的数据必须考虑地图的各项误差。地形图上 0.1mm 的长度所代表的实地水平距离称为比例尺精度，用 ε 表示，即

$$\varepsilon = 0.1M \tag{4.9}$$

几种常用地形图的比例尺精度如表 4.1 所示。

表 4.1　几种常用地形图的比例尺精度

比例尺	1：5000	1：2000	1：1000	1：500
比例尺精度/m	0.50	0.20	0.10	0.05

根据比例尺的精度，可确定测绘地形图时测量距离的精度。另外，如果规定了地物图上要表示的最短长度，根据比例尺的精度，可确定测图的比例尺。地图的精度和所表示内容与比例尺大小的关系密切。在图幅相同的地图上，比例尺越大，地图所表示的实地范围越小，图中表示的内容越详细，精度越高；比例尺越小，地图所表示的实地范围越大，图中表示的内容越简略，精度越低。画一幅范围小、内容详细的地图，一般选用较大的比例尺。

在地图学中地图比例尺是传统的尺度典范，定义为表达空间中的长度与实际地理空间长度的比率。这样，"空间尺度"与"比例尺"的关系变为分母与商的关系，即大尺度对应小比例尺、小尺度对应大比例尺，数据尺度与相应地图比例尺呈反比变化。数字技术环境下，由于数据库记录没有距离上的量度，图面的密集程度只受采集的坐标精度和计算机存储空间的限制。因此，传统地图比例尺的概念在数字环境下发生了变化，失去了原有的解释。此时，将数据进入数据库的比例尺作为数据详细程度的指标是非常合适的。因而数字地图的比例尺实际上是指其数据定位精度与同比例尺的纸质产品相当。

地学领域对比例尺提出了两种本质的含义："抽象（和细节）的程度"和"距离的比率"，并认为前者影响对空间关系的理解力，后者影响数据的质量和表达，两者之间最好的桥梁是"分辨率"。

2. 图像分辨率

分辨率是有关图像的一个重要而基本的概念，也是通常人们最容易感到迷惑的地方。分辨率指的是单位长度中所表达的或者是所获取的像素数目。它是衡量图像细节表现力的技术参数。换句话说就是：从输入设备（如扫描仪、数码相机、数字摄像机）的角度来说，图像的解析能力越高，所能获取图像的分辨率也就越高。图像分辨率所使用的单位是 PPI（pixel per inch），意思是：在图像中每英寸（1英寸＝2.54cm）所表达的像素数目。从输出设备（如打印机）的角度来说，图像的分辨率越高，所打印出来的图像也就越细致与精密。打印分辨率使用的单位是 DPI（dot per inch），意思是：每英寸所表达的打印点数。现实生活中，PPI 与 DPI 的度量方式常常被人混淆，这是一个需要注意的问题。

图像的分辨率会影响图像的打印品质及大小，但不会影响它在显示器上所呈现的品质。必须特别注意的是，图像分辨率不仅影响打印时的大小及打印的品质，也会影响在文字排版软件中的原始大小。几种常见的"分辨率"，即扫描仪分辨率、数码相机分辨率、显示器分辨率、打印机分辨率。

在遥感领域，日益增多的多传感器不同分辨率的遥感数字图像给人类提供了地球表面的各种信息。遥感中的尺度集中体现在空间分辨率和时间分辨率方面。

1）空间分辨率

空间分辨率直观地理解就是通过仪器可以识别物体的临界几何尺寸。空间分辨率是指遥感影像上能够识别的两个相邻地物的最小距离。对于摄影影像，通常用单位长度内包含可分辨的黑白"线对"数表示（线对/mm）；对于扫描影像，通常用瞬时视场（instantaneous field of view，IFOV）角的大小来表示（mrad），即像元，是扫描影像中能够分辨的最小面积。空间分辨率数值在地面上的实际尺寸称为地面分辨率。因为遥感拍摄的像片是由位于不同高度，装在不同载体（如飞机、卫星等）上的不同清晰度（分辨率）照相设备，以不同的照相（采集）方式获取的遥感像片（图像、数据、影像等），这些遥感图像是具有不同清晰度、不同分辨率的照片。

遥感卫星的飞行高度一般在 4000～600km，图像分辨率一般为 1km～1m。图像分辨率是什么意思呢？可以这样理解，一个像元，代表地面的面积是多少。

2）时间分辨率

时间分辨率是指在同一区域进行的相邻两次遥感观测的最小时间间隔。对轨道卫星，也称覆盖周期。时间间隔大，时间分辨率低，反之时间分辨率高。

时间分辨率是评价遥感系统动态监测能力和"多日摄影"系列遥感资料在多时相分析中应用能力的重要指标。根据地球资源与环境动态信息变化的快慢，可选择适当的时间分辨率范围。按研究对象的自然历史演变和社会生产过程的周期划分为 5 种类型：①超短期的，如台风、寒潮、海况、鱼情、城市热岛等，需以小时计；②短期的，如洪水、冰凌、旱涝、森林火灾或虫害、作物长势、绿被指数等，要求有以日数计；③中期的，如土地利用、作物估产、生物量统计等，一般需要以月或季度计；④长期的，如水土保持、自然保护、冰川进退、湖泊消长、海岸变迁、沙化与绿化等，则以年计；⑤超长期的，如新构造运动、火山喷发等地质现象，可长达数十年以上。

地理空间数据作为地理信息的载体和客观地理世界的抽象表达，试图以离散的方式描述、模拟自然界的连续分布现象，势必要受采样分辨率的约束。地球的大小和测绘技术的精度限制了地理空间分辨率的合理取值范围，它可以从大到 1000m 的分辨率，到通常可用于对地观测和制图的精细分辨率 1m，或大多数实地测量的最小分辨率如 1mm。在如此丰富的分辨率框架中，用离散方式模拟自然界的连续分布现象时，每一个地理空间对象所代表的只是真实地理实体全部信息的一个子集。该子集的真实度随着为了在计算机中存储、分析和描述而对地物进行数字化时的分辨率的不同而变化，由此满足了人们基于地理空间数据进行地理空间分析、可视化及地图制图不同应用的需求。

4.2.3　地理信息多尺度表达

人们从不同的角度认知客观世界时，对于不同的应用目的，对地理信息的需求详细程度（尺度）是不一样的。例如：车辆导航时需要系统至少提供三种不同详细程度的地图：一幅小比例尺地图用于纵览全局，制定大致航线；中等比例尺地图用于寻找行车路线的出入口、停车点等；大比例尺地图为车辆行驶提供最详细的路径引导信息。如果系统只提供大比例尺和小比例尺地图，当用户寻找市内某条主干道时，过多的细节涌入视野，会干扰用户的思路和判断；而细节过少，则无法获取从小路通往附近主干道、次干道的引导提示等路径引导信息。从微观到宏观的现实世界通常以多个比例尺系列构建地理对象的信息描述，采用系列比例尺表达地理现象的分级层次结构，从不同空间尺度（比例尺）上对地理现象进行观察、抽象、概括、描述、分析和表达，传递不同尺度的地理信息，利用不同粒度的地理实体对现实世界进行抽象和描述。这就需要多种比例尺地理信息的支撑。不同的空间尺度具有不同形态的地理实体，不仅可以分解为更小的地理实体，也可以组成更大的地理实体。

1. 地理实体多尺度形态差异

在几何层面上，同一地理实体在不同的尺度下具有不同抽象程度的几何形状，反映在地理信息中则表现为具有相同或不同的抽象几何类型。这是因为尺度不同，对地物的抽象和化简的程度也不尽相同。地图比例尺决定地图所表示内容的详细程度和量测精度。地图比例尺影响着空间信息表达的内容和相应的分析结果，并最终影响人类的认知，比例尺的变化不仅引起比例大小的缩放，而且带来了空间结构的重组。

尺度变化不仅引起地理实体的大小变化，通过不同比例尺之间的制图综合，还会引起地理实体的形态变化和空间位置关系（制图综合中位移）的变化。在不同尺度背景下，地理空间要素往往表现出不同的空间形态、结构和细节。如图 4.14 所示居民地，比例尺为 1:1 万时，用单个居民地轮廓表示；当比例尺变为 1:2.5 万时，可以将单个居民地轮廓合并，保持居民地的相似性；比例尺变为 1:5 万时简化为几个轮廓表示；而在 1:10 万及更小比例尺下，居民地通常被简化成一个点进行表示。

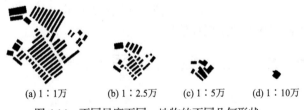

(a) 1:1 万　　　　(b) 1:2.5 万　　　(c) 1:5 万　　　(d) 1:10 万

图 4.14　不同尺度下同一地物的不同几何形状

同一地物在不同尺度下被抽象和概括的程度不同，同一地理对象在不同比例尺下表现为不同的几何外形，以至于同一地理实体在不同尺度下可表现为点、线、面、体 4 种形态。例如，河流在现实世界中是具有一定宽度的条带状的面地物，但在大比例尺地图中，可能表示为双线河流，在小比例尺地图中，可能表示为单线河流。同理，城市在大比例尺地图中可以表示为面状地物，但在比例尺较小的地图中，城市是作为点状地物处理的。

同尺度下不同地理实体按轮廓形态特征可分为点状分布特征、线状形态特征、面状轮廓特征、立体三维外表形态和三维内部分布特征；地理信息多尺度的变化引发地理信息的多态性。地理对象不同形态有不同的属性特征、形态特征、逻辑关系和行为控制机制等描述方法，不同形态地理对象有不同的生成、消亡、分解、组合、转换、关联、运动和表达等计算与操作方法。

2. 地理实体多尺度语义差异

由于地理信息的尺度依赖，地理要素的几何形状、空间关系、属性也是尺度依赖的。在要素的语义层次上，几个要素可在不同的抽象层次下，基于不同的几何、时态或语义准则聚合成新的复合要素。要素在不同比例尺转换时可能会发生聚集/分解或出现/消失的情况，此时，复合要素和底层的对应要素间具有层次性关系，高层要素由低层要素组成。例如，一条街区公路的交叉口，在小比例尺地图中可抽象为一个简单节点，而在大比例尺地图中则对应着由多个节点和车辆行驶路段表示的会交路口。

（1）同一属性的地物在不同的尺度条件下出现聚类、合并或者消失现象。这种情形主要出现在由大比例尺尺度向小比例尺尺度转换的过程中。这是因为对于同一属性的地物，当对它们进行由大比例尺到小比例尺尺度的变换时，它们所遵循的几何、时态和语义等方面的规则都会发生变化。如图4.15所示，在比例尺为1∶500时三个相互独立的同类地物，当比例尺变为1∶1万时，其合并为一个地物进行表示。

(a) 1∶500　　　　　　　　(b) 1∶1万

图4.15　同一属性地物在不同尺度下的聚类、合并和消失现象

（2）同一地物在不同尺度的表达中会表现出不同的属性。低层表达所传递的属性值比高层表达所传递的属性值更准确。例如，点、线、面等几何要素在不同尺度背景下反映出不同层次的要素属性信息；同一地物在不同尺度的表达中会表现出不同的属性。以公路为例，交通公路分为汽车专用公路和一般公路两大类。汽车专用路包括高速公路、一级公路和部分专用二级公路；一般公路包括二、三、四级公路。如表4.2所示，点、线、面等几何要素在不同尺度背景下反映出不同层次的要素属性信息。

表4.2　同一几何抽象要素在不同尺度下反映不同详细层次的属性信息

要素	点	线	面
县级	位置、点属性	位置、形状、方向	位置、形状、结构
省级	位置、高级别点属性	轮廓、走势	位置、结构
国家级	位置、高级别点属性	走势	轮廓

（3）相同的空间位置有不同的属性。地理空间数据表示地球表面的地理环境中各种自然现象和人文现象，有时社会经济人文与自然环境在空间位置上是重叠的。自然现象边界重合，如水域边界和植被边界重合、土壤边界与植被边界重合等。人文现象边界重合，如道路与区域境界重合，居民地边界与道路重合，军事区域、行政区域、经济区域、人口分布密度区域重合等。人文与自然现象边界重合，如长江是水系要素，但同时在不同的地段上，长江又与省界、县界相重叠。相同的空间位置有不同的属性现象，给地理空间数据获取或管理带来麻烦。特别是面向对象的矢量数据表示，重叠部分往往需要两次获取操作。从空间数据抽样性

得知，两次获取的结果是不相同的，这就造成了数据的不一致性。同时，数据存储时，往往重复存储，造成数据维护上的困难。

4.2.4　地理实体多尺度实现方法

在特定空间尺度（比例尺）下，地理空间表示的内容取决于：一是地理信息的用途，决定地理空间数据所应表示和着重表示哪些方面的内容；二是地理信息比例尺，主要决定地理空间数据内容表示的详细程度；三是地理信息的区域地理特点，即应显示本地区地理景观的特点。在这 3 种因素的影响下，以科学的抽象形式，通过选取和概括的手段，从大量地理对象和现象中选出较大的或较重要的，而舍去次要的或非本质的；去掉轮廓形状的碎部而代之以总的形体特征；缩减分类分级数量，减少物体间的差别。

1. 不同尺度地图的数量选取模型

解决在不同比例尺地图上选取多少地物的问题，从宏观上控制选取数量。这类选取模型主要有方根模型、回归模型等。

1）方根模型

（1）方根规律的基本公式。

20 世纪 60 年代德国制图学家弗·特普费尔（F.Topfer）在对分级问题的研究中，发现地物要素的选取数量与地图比例尺之间有着密切的关系，并建立了如下开方根模型的基本公式：

$$N_2 = N_1 \sqrt{\frac{S_1}{S_2}} \tag{4.10}$$

式中，N_1 为原图地物数量；N_2 为新图上地物数量；S_1 为原图比例尺分母；S_2 为新图比例尺分母。

这个公式的意义在于，只要原图和新图比例尺一定，若已知原图上制图物体的数目，就能利用式（4.10）计算新图上应选取的地物数目。大量的试验证明，开方根规律对制图综合实践具有指导意义，特别是对于离散分布的点状（如居民地）和面状（如湖泊群）等要素的选取基本上是正确的。

（2）基本公式的扩展。

在制图综合中，制图物体的选取数量并不完全符合特普费尔开方根规律，它受多种因素的影响，如物体的重要性、表示物体符号的尺寸大小等。为此，将式（4.10）改写为

$$N_2 = N_1 \left(\frac{S_1}{S_2}\right)^x \tag{4.11}$$

式中，x 为选取级，表示被舍弃的可能程度。x 越小，意味着被舍弃的制图物体越少；x 越大，意味着被舍弃的制图物体越多。式（4.11）计算简单，关键在于如何确定模型参数 x 的具体数值。

式（4.11）存在两个明显的缺点：一是模型参数 x 的确定不够严密；二是模型虽在一定程度上考虑了要素的复杂程度，但未顾及地理景观的差异，尤其是物体密度的差异。因此，式（4.11）的选取结果还是经验和人为的，与要素本身的形状结构、分布特征无直接的联系。

2）回归模型

研究定额选取的回归模型比较多，概括起来有一元回归模型和二元回归模型。

（1）一元回归模型：

$$Y(\%) = B_0 X^{1-B_1} \quad （选取率）\tag{4.12}$$

或

$$Y = B_0 X^{B_1} \quad （选取数）\tag{4.13}$$

式中，X 为资料图上单位面积内地物数量；Y 为新编地图上相应面积内选取地物的百分数；Y 为新编地图上相应面积内选取地物的绝对数；B_0、B_1 为模型参数，$B_0 \geqslant 0$，$0 < B_1 < 1$。

（2）二元回归模型：

$$Y(\%) = B_0 X_1^{B_1} X_2^{B_2} \quad （选取率）\tag{4.14}$$

或

$$Y = B_0 X_1^{1+B_1} X_2^{B_2} \quad （选取数）\tag{4.15}$$

式中，X_1 为实地居民地密度或河流条数；X_2 为实地人口密度或河流总长度；Y（%）为新编地图上选取居民地或河流的百分数；Y 为新编地图上选取居民地或河流的绝对数；B_0、B_1 为模型参数，$B_0 \geqslant 0$，$0 < B_1 < 1$，$B_2 \geqslant 0$。

因为回归模型是用抽样统计方法建立的，所依据的资料是各个时期不同单位已出版的地形图，赖以进行统计的样本有一定的局限性，同时模型的建立都是单要素的，所以，它的科学可靠性及对不同地区的广泛适用性受到了一定的影响。

2. 地理实体多尺度表达综合方法

在传统地图学中，制图综合的主要任务是从基础比例尺数据派生出更小比例尺的数据，实现不同比例尺下地理空间信息的表达。地图制图综合是解决在不同尺度下以相适应的不同详细程度的唯一方法，是实现地理实体的多尺度表达的唯一手段。多比例尺空间数据不管来源如何，都是按照制图综合的原理逐步缩小比例尺的。将一个特定尺度下的地理实体转换到另一个尺度下，必然带来地理实体表达内容的变化。

制图综合是对地图内容按照一定的规律和法则进行选取和概括，用以反映制图对象的基本特征、典型特点及其内在联系的过程。制图综合是在地图用途、比例尺和制图区域地理特点等条件下，通过对地图内容的选取、化简、概括和关系协调（即位移），建立能反映区域地理规律和特点的新的地图模型的一种制图方法。

1）选取

选取是制图综合中最重要和最基本的方法。选取，就是从数据库中选取某些实体，舍去另一部分实体，以保证输出结果的清晰性，并反映制图物体的分布特点和密度比。选取的目的是强调主要的事物和本质的特征，舍去次要的事物和非本质的特征。取舍就是从大量的客观事物中选出最重要的事物表示在图上，而舍去次要的事物，要素选取主要解决选取多少和选取哪些的问题。数字地图选取的数学模型主要有：①选取的定额模型，主要有开方根模型和回归模型。②选取的结构模型，是以判断地物的重要程度为基础，目前使用较多的有普通综合评判模型、模糊综合评判模型和图论模型等。③选取的定额结构模型，同时解决定额选取和结构选取的问题，比较通用的是等比数列模型。

2）化简

化简就是对客观事物的形状、数量和质量特征的化简。形状化简是去掉轮廓形状的碎部，以突出事物的总体特征；数量和质量特征的化简就是减少分类和分级的数量，以缩小与客观事物的差别。取舍和化简不是任意的，而是根据地图的比例尺、用途和制图区域的地理特征，对地图上各要素及其内在联系加以分析研究后进行的，空间物体包括内部结构和外部轮廓两个方面，因此，要素化简就是简化空间物体的内部结构和外部轮廓，具体方法有简化、夸大、合并、改变表示方法、曲线光滑等。简化是去除不重要的点或细小的弯曲以简化目标。夸大是指对要素进行放大表示或适当夸大目标小而重要的部分，如对数据中的小弯曲进行夸大。合并是把相互靠得很近的地物拼合在一起表示。改变表示方法即改变要素的维数，如双线改为单线。光滑是减少线划或边线上的特征点数，并形成连续的光滑曲线取代微小的弯曲。

3）概括

概括是指减少地理实体或现象在质量和数量方面的差别，包括质量特征的概括和数量特征的概括，它是通过地理实体的分类分级实现的。质量特征的概括是指用概括的分类代替详细的分类；数量特征的概括是指扩大要素属性信息的数量分级间隔，减少分级数目，以减少不同实体间的数量差别。

4）位移

在制图综合中，当比例尺缩小时，地物之间有可能产生冲突，这时就需要进行位移操作。位移是制图综合中，处理要素相互关系的基本方法，其目的是消除矛盾，将大比例尺中的要素在小比例尺中移动位置。例如道路旁边的房屋，比例尺缩小到一定程度后就会与道路相交，为了消除这一矛盾，可将房屋往旁边移位。在进行位移操作时，有可能导致道路变形。

4.3　地理信息不确定性

地理物体或现象的变化和模糊是自然界的两个固有属性，它们直接影响着人类对空间物体或现象的准确表达。地理信息的不确定性可以认为是地理信息表达（语言、地图和数据）"真实值"不能被肯定的程度。

4.3.1　地理信息不确定性原因

不确定性表示事物的含糊性、不肯定性，也指某事物的未决定或不稳定状态。不同行业和领域对"不确定性"的定义和理解略有区别，但大体上是一致的。地理客观世界本身的不确定性是很普遍的，而确定性则是有条件的、相对的。地理信息的描述和表达同样存在不确定性。地理空间数据不确定性产生有两个方面的原因：一是客观原因；二是主观原因。客观原因是现实世界自身的复杂性和模糊性，地理空间数据只能是客观实体的一种近似和抽象；主观原因是人类对现实世界认识表达能力的局限性、观测手段存在误差及计算机对地理对象表达的局限性和数据处理中存在的误差。事实上，地理空间数据的不确定性遍历地理空间数据的获取、处理、存储、分析应用等地理空间数据处理全过程。由于客观世界的复杂性、人类认知的局限性、数据获取方法与计算设备的水平及对数据质量的限制、空间分析处理方法与模型表达的多样性及数据处理技术与方法的局限性，不确定性普遍存在。

1. 地理对象不确定性

地理对象不确定性主要表现在空间形态的不确定性和语义描述（描述参数变量）的不确定性。

空间形态的不确定性是指地理对象的形态、几何位置和分布随着时间的变化。空间物体或现象的变化过程千差万别，它们在空间和时间上的表现形式或者为连续或者为离散。一般这些连续或者离散现象表现为随机性和模糊性。随机性是由于事物本身有明确定义，只是条件不充分，使得在条件与事物之间不能出现决定的因果关系，从而在事件的出现与否上表现出不确定的程度。大多数情况下，客观世界中具有几何定义的精确的点、线、多边形并不存在。

各个自然地理带，如不同的气候带、不同的植物带之间都具有渐变的、逐步过渡的特征，大多数情况下不存在明显的分界线。例如，草原的范围并不总是确定的，而是向森林或沙漠区域逐渐移动。土壤风蚀、雨水冲刷区的界线也是不清楚的、逐渐过渡的；不同气候带之间不同属性的植被分布也是渐变的，没有明确的界限。模糊性是由于事物本身概念就没有明确含义，一个对象是否符合这个概念难以确定。这种模糊性导致事物的描述不确定性。例如，土壤单元的边界、植被类型的划分是模糊的，不同操作人员往往会得出不同的划分结果等。

除了自然界之外，人类活动范围也具备明显的不确定性特征。城市与乡村、城市的中心区与边缘区、城市的边界、经济区域的边界都具有不确定性，大多数不存在可明确划分的几何上的界线。事实上，客观世界中，大多数各类地理对象间均不存在明显的界限。所谓的界线都是人为界定的。

地理空间上的水域边界线有明显的四维特征（水域高度随着时间变化）。从分形来看，像海岸线这样的曲线，具有分数维数，且不为一维，这与传统的精确几何学的概念是相冲突的。可见，水域边界的形态也具有不确定性。

语义描述的不确定性问题远比空间的不确定性问题复杂得多。对于空间物体或现象来说，空间是基础，语义描述是内涵，是地理实体的纵深描述，它包含了各个地理实体中的社会、经济或其他专题数据，是对地理实体专题内容的广泛、深刻的描述。在地理现象定性描述过程中，普遍存在不精确的术语，例如，这个小镇"附近"是什么、河的南面"适合"农业耕作；在土地利用类型分类过程中，某一块土地可以作为小麦用地，但随着季节的转变，也可作为棉花用地，因此这种分类本身就是不确定的。同一块土地上既种植了某种作物，又种了另一种作物，这就是地理现象分布具有的多义性。

地理对象自身不确定性不仅带来了地理对象空间位置和形态的误差，也带来了对地理对象语义描述的误差。不同方法、不同时间对地理对象的获取，会带来不同的结果。

2. 人类认知的不确定性

人类对客观世界的认知在某一时期总是处于一定的水平，而这种认知是渐进的、不断深入发展的。与客观世界的复杂性相比，人类的认知能力依然非常有限。为了满足生活的需求和欲望，人们试图尽可能地利用其能够理解并熟练操作的技术来感知其身外的客观世界。

人类认知的局限性是地理信息数据不确定性的重要来源。人类对客观世界的认知过程，实际上是客观世界信息的采集、分析、处理及知识提炼过程。基于对客观实体信息的采集、分析与处理，人们得以对客观实体再认知。因此，人类对客观世界的认知很大程度上取决于社会生产力的发展水平与信息量的掌握程度。地理空间数据获取是空间信息采集的主要途径，也是人类认知的重要途径。空间数据获取方法与技术研究是控制空间数据不确定性的基础工作之一，在空间数据不确定性研究领域占有重要地位。

1）对宇宙的认知局限性

人类对宇宙和地球的认知经历了漫长的过程。从最初寄予人类社会神化"天宫"到各类行星、恒星的陆续发现，从对地球和太阳系的认知到浩瀚无涯的河外星系的认知，每一步认知无不打上人类科技进步的烙印。对宇宙认知的每一次进步，都揭示出前一次对宇宙认知的不确定性和局限性。

2）对地球的认知

由于地球系统的巨大及其复杂性，地球表层所发生的许多空间现象，相对于人的认识来说具有模糊性的特点。对于许多自然过程产生的原因，目前仅限于种种假设，尚处于一种模糊的状态。例如，人类对地球上石油分布、储量的认识，对地球板块运动的认识等，都有待于进一步研究。

人类对地球的认知是一个漫长的过程，每一认知阶段都充满了人类对地球认识上的不确定性。从"天圆地方"发展到现在的认知水平大约耗去了人类 1000 年的时间，这也说明了地球的复杂性和认知的艰难性。

3）对环境的认知

人类自诞生以来始终处在各种环境刺激中。人与环境的交互作用是一个信息交换的过程。首先通过"知觉"获得信息，然后通过"认知"对信息进行编码、加工和处理。人与环境息息相关。但人类对环境的认知仍处于初级阶段。人与环境的关系至今没能完全统一。从"环境决定论""人定胜天论""人与环境合一论"到"人与环境关系"争论，现在又有一种新的理论"生态理论"出现，这足以看出人类对环境乃至客观世界的认知过程总是在不断地发展。

4）对属性概念的认知

由于认知上的差异，人们对于同一属性的地物可能有着不同的定义。使用空间数据描述地理实体，不可避免地出现属性数据定义不清、概念模糊和不完善的例子。根本原因在于，客观世界中，地理对象某些真实的属性值是不精确的或难以获得的。某些真实的属性值存在但无法获取，一方面，部分属性数据因为历史久远而无法考证；另一方面，部分属性数据因为本身的复杂性、困难度和昂贵性，受当前认知水平与技术、时间与资金的限制，要开展此属性数据真值的观测实为困难。而对于某些属性值而言，其真值根本就不存在。这一认知也反映了客观世界本身所固有的不确定性。

由于客观世界中地理实体具有复杂性和可变性，人们必须选择最为重要的空间特征来近似逼近真实实体。所有的属性数据均是借助于某些理论、技术和方法来获取的。这些理论、技术和方法隐含地或明显地指出了属性数据所需的抽象和概括的必要水平。因此，对于地理实体的属性而言，人们所描述的数据远少于客观总体数据。属性数据的期望值是由感知的目标近似逼近的。实际上，期望值也受制于当今人们认知的局限性。

5）地理对象表达尺度对不确定性影响

一种尺度，一个世界。人们对客观世界的认知是在一定的尺度下进行的。认知的深度随着尺度的变化而变化。因此，在获取地理对象信息时，人们要慎重选择适当的尺度，因为这直接决定了所获取的地理实体真实信息的不确定性。例如，大比例尺比小比例尺地图负载信息量大、内容丰富、其不确定相对较小，运用不同分辨率的观测技术对同一物体进行观测所得到的观测结果可能是完全不同的。

综上所述，人类认知的局限性是地理信息数据不确定性的重要来源。人类对客观世界的认知过程，实际上是客观世界信息的采集、分析、处理及知识提炼过程。基于对客观实体信息的采集、分析与处理，人们得以对客观实体再认知。因此，人类对客观世界的认知很大程度上取决于社会生产力的发展水平与信息量的掌握程度。地理空间数据获取是空间信息采集的主要途径，也是人类认知的重要途径。空间数据获取方法与技术研究是控制空间数据不确定性的基础工作之一，在空间数据不确定性研究领域占有重要地位。

3. 地理实体观测的不确定性

对地理客观对象使用某一量测技术在一定的时期可能只能达到一定的准确度，而不同的测量技术可能导致不同的准确度。人类在认识自然、改造自然的活动中，学会了用图形科学地、抽象概括地反映自然界及人类社会各种现象的空间分布、组合、相互联系及其随时间动态变化和发展的过程。这种抽象概括不可避免地带来了地理实体或现象表达的不确定性。地理空间数据是一种数字式描述现实世界的简化方式，本质上是对客观地理世界的近似模拟。因此，相同的地理实体重复采集也存在着差异。

地理实体观测不确定原因很多，有的甚至还很复杂，概括起来有以下三方面。

1）仪器误差

测量工作都是使用测量仪器进行的。由于每种仪器只具有一定限度的精度，因此观测值的精度受到了一定的限制。例如，在用只有厘米刻画的普通水准尺进行水准测量时，就难以保证估读厘米以下的尾数时完全正确无误。同时，仪器本身也有一定的误差，如水准仪的视准轴不平行于水准轴、水准尺的分划误差等。因此，使用这样的水准仪和水准尺进行观测，就会使水准测量的结果产生误差。同样，经纬仪、测距仪甚至 GPS 测量仪器的误差也会使三角测量、导线测量的结果产生误差。

遥感是非接触的、远距离的探测技术。人们利用遥感技术对物体的电磁波的辐射、反射特性进行探测，并根据其特性获取物体的性质、特征和状态。但目前遥感传感器存在着"同物异谱"和"同谱异物"的现象，即同类实体可能发射不同的光谱信息，而发同种光谱信息的实体可能属于不同的分类，加上不同的实体信息可能重叠、混合或变形，利用遥感技术认知地理世界时，对具有相同光谱反应的像素进行正确分类也并非易事。因此，认知的程度不仅受制于现有的技术水平，自然现象本身的复杂性也是造成认知不确定性的另外一个重要原因。

2）测量人员的误差

由于测量者感觉器官的鉴别能力有一定的局限性，所以在仪器的安置、照准、读数等方面都会产生误差。同时，测量者的工作态度和技术水平，也是对观测成果质量有直接影响的重要因素。

3）外界条件

观测时所处的外界条件，如温度、湿度、风力、大气折光等都会对观测结果直接产生影响。同时，温度的上升或下降、湿度的大小、风力的强弱及大气折射光的不同，对观测结果的影响不同，因而在这样的客观环境下进行观测，观测的结果必然产生误差。

测量结果等描述数据的模型只能是客观实体的一种近似和抽象。需要说明的是，通常情况下误差的大小并不能直接衡量地理空间数据质量的优劣，对于只含有随机误差的数据，人们一般用精度的概念来衡量，即精度高是指小误差出现的概率大，大误差出现的概率小；精度低是指小误差出现的概率小，大误差出现的概率大，数据的精度反映了数据误差的离散程度。

4. 人类表达能力的局限性

人类在认识自然、改造自然的活动中，学会了用语言、文字和图形科学地、抽象概括地反映自然界和人类社会各种现象的空间分布、组合、相互联系及其随时间动态变化和发展的过程。但人类对地理对象的认知表达能力是有局限性的，主要表现在：

1）形态位置的抽象概括局限性

地图是通过对现实世界的科学抽象和概括，依据一定数学法则，运用地图语言——地图符号实现的。在地图上，人们把复杂的、模糊的地理实体或现象抽象概括为点、线和多边形三种图形。点表示点状要素，如井和电线杆位置等；线表示线状要素，如水系、管道和等高线等；多边形表示面状要素，如湖、县界和人口调查区界等。这种抽象概括不可避免带来了地理实体或现象表达的不确定性。

2）语义描述误差

对地理实体或现象的语义描述往往采用地理实体的变量和地理实体的属性来表达。地理实体的变量的例子如河流的深度、水流的速度、水面宽度、土壤类型等；地理实体的属性的例子如河流的名称、长度，区域的面积，城市人口等。地理实体的变量是对作为其定义域的地理实体的局部描述，而地理实体的属性则是对其全局的描述。

变量的不确定性是在采集、描述和分析真实世界的过程中产生的。实体变量的测量、分析值围绕其变量真值在时间和空间内存在随机不确定性变化域。变量的不确定性是更广义上的变量误差问题，它是由变量的取值与其真值的相差程度决定的。变量有类别（离散）值和连续值两种，它们也可以区别为定性或定量变量值。将有连续值的变量称为连续变量，将类别值的变量称为非连续变量。一个类别变量可以仅仅是一个有限集合内的有限个元素。另外，一个连续的变量，可以取某一个区间内的任何值。对于类别变量而言，数值本身并不一定具有先后、大小的含义。例如，环境质量指标1～4依次表示最好到最差，这时，类别值有先后次序的含义。又如，类别1～4分别表示水、森林、城市用地、植被四种不同类别用地，这时，类别值没有任何大小、先后次序的含义。一个连续变化的变量，如某个城市的温度变化范围为-40～50℃，这时变量可以是（-40，+50）间的任意值，取值是无限个的。可以用测量误差的理论来处理连续变量的不确定性问题，而非连续变量的不确定性问题则较为复杂，这是目前变量不确定性问题研究的重点之一。

属性不确定性主要来自数据源的不确定性、数据建模的不确定性和分析过程中引入的不确定性等。其来源主要有属性误差、时域误差、逻辑性误差和完整性误差，这些误差产生的原因多种多样，难以一一描述。从严格的意义上说，这些误差均为粗差。例如，对于相邻的甲乙两宗土地，由于其位置数据的误差，将甲的部分土地划入了乙的土地，使得甲的土地权属这个属性产生了偏差。这里产生了两个问题：一是这里的属性误差是由位置误差造成的，而不是属性本身出现的；二是这里的土地权属应该是非甲即乙，不可能是在某一范围内属于甲或在另一范围内属于乙。再如，对于一宗属于甲的土地，它是有时间属性的，即在某一特定的时间内土地的权属归于甲，若将其权属时间"从2002年12月起"标定为"从2002年10月起"，则这个属性是错误的而非正确的。但若标定为"从2000年12月起"，则与属性的真值（"从2002年12月起"）相比，"从2002年10月起"这个错误的属性似乎更接近真值些，若用户的要求标准不高，"从2002年10月起"这个错误的属性可能也是可以接受的。由此可见，对属性的评价是一个非常复杂的问题，难以用某一种方法来讨论。对于时域误差、逻辑性误差和完整性误差，有学者把它们独立于属性误差之外，各自分为一类，但作者认为它们具有和属性误差一样的性质，至少也是相近似的，没有必要再去细分。

不管对地理实体或现象的语义描述是采用变量还是属性描述，在地图上都必须将变量和属性转化为地图符号表示。由于人类视觉分辨符号变化有限，地图上地图符号数量是有限的，而地物变量和属性变化是无限的。人们不得不将物体按变量和属性进行分类分级，转化为有限的可视化等级。这种从无限到有限转换不可避免地带来信息丢失，不同的转换方法，信息丢失的内容、多少也不相同。

3）对地理对象变化表达的局限性

技术手段、人力和资金的限制及满足社会需求等方面的原因，地理信息的采集往往是某一时刻的静态信息，不能表达地理对象随时间连续变化的时态。地图擅长于对地理对象的空间和语义表述，但仅能表达地理信息采集时的瞬间状态，对地理对象随时间连续变化信息的描述表达目前存在许多困难，以至于同一个地理对象在不同时间采集会获得不同结果，造成地理信息之间的差异。

4）地图多尺度表达的局限性

人们认识事物往往需要一个从总体到局部，再从局部到总体的反复认识过程。这种认识过程同样适合于地理环境的认识。为了满足对地理空间的这种认识需求，人们生产制作了各种不同用途的比例尺地图。不同比例尺的地图不仅表达的空间范围的相对大小不同，所表达的信息密度及地理实体或现象形态位置的抽象概括和语义描述程度也不同。人们对客观存在的特征和变化规律进行科学抽象的过程中通常采用两种方法：一是运用思维能力对客观存在进行简化和概括（制图综合）；二是采用专门的地图符号和图形，按一定形式组合起来描述客观存在（地图符号化）。

制图综合是在地图用途、比例尺和制图区域地理特点等条件下，通过对地图内容的选取、化简、概括和关系协调，建立能反映区域地理规律和特点的新的地图模型的一种制图方法。由于制图综合是地图制图过程中的创造性劳动，不同的人在创造性思维活动中存在认知差异，以至于在地图用途、比例尺和制图区域地理特点等相同的条件下获取的是不同的结果。

地理实体或现象抽象概括为理想的点、线和多边形三种形状，用地图符号表示地物属性，一方面，地图上的符号有一个人类眼睛可以分辨的最小尺度（一般为图上 0.1mm）；另一方面，用符号的尺寸大小（线划粗度）表示地理实体的分类等级大小。这些地图符号在不同比例尺地图上所占用的实际位置也不相同。例如，在 1∶100 万地图上，0.1mm 相当于实地 100m。按一般地图制图规范要求，绘图误差不超过地图上 0.2mm。所以，按国家规范要求，每种比例尺地图都有一定的精度要求。

5）表达介质的局限性

地图表达在纸上，纸张本身受温度，特别是湿度影响会产生拉伸现象，这样的图纸变形对地形图上的地形地貌及长度、面积等操作会产生误差。目前，一般白纸成图均使用变形很小的聚酯薄膜介质，这种介质经热定型处理，其变形率可小于 0.02%。显然，图纸变形的误差大小与图形的比例尺有关，比例尺的分母越大，其误差也越大。

5. 地理对象数据表达的局限性

地图和地理空间数据有本质的差别，地图解决了如何将特定区域范围内的空间现象抽象表达在特定大小的地图介质上的问题，其目标是地图内容可视化的表达；而地理空间数据则是根据用户需要对地理空间现象的抽象离散化的数字描述，与介质无关。然而由于地图和地理空间数据形成认知过程的一致性，地理空间数据的尺度与地图的比例尺有着千丝万缕的联系。地图是地理空间数据之本，地理空间数据不确定性产生根源往往与地图有关。

1）计算机对地理对象的抽样表达

空间物体以连续的模拟方式存在于地理空间，为了能以数字的方式对其进行描述，必须将其离散化，即以有限的抽样数据表述无限的连续物体。空间物体的抽样不是对空间物体的随机选取，而是对物体形态特征点的有目的地选取，其抽样方法根据物体的形态特征的不同而不同，其抽样的基本准则是力求准确地描述物体的全局和局部的形态特征。

基于对象的数据表述是将点离散为点、线状物体离散为折线、区域映射成多边形线段的有序排列。

基于场的数据表述是将连续的地球高程表面离散成不规则三角形或格网高程矩阵，连续的地球表面离散成不同分辨率（格网）的灰度或颜色图像，不同比例尺的地图扫描成不同分辨率的图形。

地理空间数据的抽样性导致了空间数据采样存在许多不确定性因素，会产生各种误差。这样的地理实体的复原是不可能的，相同的地理实体重复采集也存在着差异。

2）不同数据模型对地理对象近似表达

地理对象的事物是无穷无尽的，要研究、认识、利用和改造它们，就必须做必要的概括与抽象，即理想化和模型化，以便揭示出控制客观事物演变的基本规律，作为利用和改造地理对象的手段，科学研究中一种普遍采用的方法是模型方法。模型是对现实世界事物本质的反映或科学的抽象和简化，能反映事物的固有特征及其相互联系或运动变化规律，但模型不是事物本身，只能是客观实体的一种近似和抽象。这种相似性可以是外表的相似，也可以是内部结构的相似。

数据模型是用不同的数据抽象与表示能力来反映客观事物的，有不同的处理数据联系的方式。它是描述数据库的概念集合。这些概念精确地描述了数据、数据关系、数据语义及完整性约束条件。通常数据模型由数据结构、数据操作和完整性约束三部分组成。地理空间数据模型是空间数据库中关于空间数据和数据之间联系逻辑组织形式的表示，是计算机数据处理中一种较高层的数据描述。空间数据模型是有效地组织、存储、管理各类空间数据的基础，也是空间数据有效传输、交换和应用的基础，它以抽象的形式描述系统的运行与信息流程。

由于人们对地理对象的事物认识不同，所设计的地理空间模型也不相同。每一种空间数据模型以不同的空间数据抽象与表示来反映客观事物，有不同的处理空间数据联系的方式和不同的空间数据组织、存储、管理和操作方法。

6. 空间数据操作与处理的误差

空间数据的操作有许多种，其中数字化就是重要的一种。地形图数字化（无论是手扶跟踪式数字化还是扫描后矢量化）目前仍是 GIS 基础数据的重要来源，地形图数字化采集数据的方法也可称为间接采集的方法。数字化地图是建立空间数据的基础工作之一，它往往也是建立 GIS 的"瓶颈"。由于数字化地图具有廉价、便捷等特点，它是目前矢量空间数据获得的主要方法之一。数字化地图的质量和精度，直接影响 GIS 的应用效果。众所周知，在数字化的过程中，会产生各种各样的误差，正是由于数字化地图的这些误差，必然会在 GIS 中传播，从而使 GIS 的分析和决策产生偏差甚至错误。无论是手扶跟踪式数字化的成图方式还是扫描后矢量化的成图方式，均会产生误差。就目前人们研究的情况来看，一般数字化能达到的精度在 0.1~0.3mm（图上精度）。此项精度的大小同样也与地图的比例尺有关。若加以细分，可划分为数字化仪的误差（仪器误差）、操作员引起的误差（测量人员的误差）和操作方式及条件产生的误差（外界条件）。

在数据处理过程中，容易产生误差的几种情况：

（1）投影变换。地图投影是开口的三维地球椭球面或球面到二维平面的拓扑变换。在不同的投影形式下，地理特征的位置、面积和方向表现会有差异。

（2）地图数字化和扫描后的矢量化处理。数字化过程采点的位置精度、空间分辨率、属性赋值等都有可能出现误差。

（3）数据格式转换。在矢量数据和栅格数据的格式转换中，数据所表达的空间特征的位置具有差异性。

（4）数据抽象。数据发生比例尺变换时，对数据进行的聚类、归并、合并等操作时产生的误差，包括知识性误差（如操作符合地学规律的程度）和数据所表达的空间特征位置的变化误差。

（5）建立拓扑关系。拓扑过程中伴随着数据所表达的空间特征的位置坐标的变化。

（6）与主控数据层的匹配。一个数据库中，常常存储同一地区的多层数据面，为了保证各数据层之间空间位置的协调性，一般建立一个主控数据层以控制其他数据层的边界和控制点。在与主控数据层匹配的过程中也会存在空间位移，导致误差的出现。

（7）数据叠加操作和更新。数据在进行叠加运算及更新时，会产生空间位置和属性值的差异。

（8）数据集成处理。指在来源不同、类型不同的各种数据集的相互操作过程中所产生的误差。数据集成是包括数据预处理、数据集之间的相互运算、数据表达等过程在内的复杂过程，其中，位置误差、属性误差都会出现。

（9）数据处理过程中误差的传递和扩散。在数据处理的各个过程中，误差是累积和扩散的，前一过程的累积误差可能成为下一阶段的误差起源，从而导致新的误差产生。

计算机数据处理引起的误差主要表现在两个方面：第一，计算误差，如结尾误差和舍入误差；第二，数据处理模型误差。计算机处理数据时位数的取舍不同等过程会引入计算误差。有研究表明，此项误差一般较小，通常可以忽略不计。在空间数据处理过程中，数据处理模型容易产生误差的几种情况是：①坐标变换；②栅格矢量或矢量栅格转换处理；③拓扑空间关系处理；④数据叠加匹配操作；⑤数据可视化表达；⑥数据分类分级处理；⑦数据自动综合处理；⑧数据格式转换；⑨数据属性转换与合并等。

叠加分析时往往会产生拓扑匹配、位置和属性方面的质量问题。在 GIS 的查询操作时，往往会涉及长度、面积等参数，当这些参数有误差时，必定会对其操作的结果产生影响，这实际上是误差的传播问题，操作的次数越多，其误差的累计也会越大。

4.3.2　地理空间数据不确定性描述

地理空间数据虽然包含了对客观实体性质、特征和状态的描述，但是由于客观世界的复杂性，加之信息获取、数据处理方法和手段的多样性，数据中不仅含有能够反映客观实体本质特征的有用信息，还携带了一些与客观实体无关的干扰信息。这些干扰信息不确定因素很多，涵盖的面很广。描述地理空间数据不确定性的大小，对于地理空间数据的质量评价和控制有重要的作用。

1. 测量误差描述方法

人们要认识自然、认识世界。但由于认识能力的不足，其认识存在差异和不确定性，所以认识结果带有误差与不确定度。测量是认识自然、认识世界的重要方法，伽利略就是通过测量证明了下落时不同质量物体的重力加速度是相同的。在国民经济建设、国防建设和科学研究中，进行着大量的测量工作。实践证明，测量存在着误差，当对同一量做多次重复测量时，经常发现测量的结果并不完全一致。测量设备不完善、测量环境不理想、测量人员水平有限或被测量的不确定等，都使测量结果与真值之间存在差异，所以有误差存在原理，即误差存在的普遍性。测量误差与不确定度在生产实践、科学研究中极为重要。误差是普遍存在的，随着人们认识的深入和能力的提高，尽管可以逐渐减小误差，但始终不能做到没有误差。不同时期人们研究的误差内容虽然不同，但误差始终客观地存在着。我们的目标并非使误差为零，而是把误差控制在要求的限度之内，或是在力所能及的范围内使其最小。只有认清误差的规律，才能正确地处理地理数据的误差影响，在一定条件下充分挖掘分析数据的信息，力争得出更接近于真值的最佳结果。

1）测量误差和相对误差

（1）测量误差：测量结果减去被测量的真值所得的差，称为测量误差，简称误差。这个定义从 20 世纪 70 年代以来没有发生过变化，用公式可表示为

$$测量误差 = 测量结果 - 真值$$

测量结果是由测量所得到的赋予被测量的值，是客观存在的量的实验表现，仅是对测量所得被测量之值的近似或估计，显然它是人们认识的结果，不仅与量的本身有关，而且与测量程序、测量仪器、测量环境及测量人员等有关。真值是量的定义的完整体现，是与给定的特定量的定义完全一致的值，它是通过完善的或完美无缺的测量才能获得的值。所以，真值反映了人们力求接近的理想目标或客观真理，本质上是不能确定的，量子效应排除了唯一真值的存在，实际上用的真值是约定真值，须以测量不确定度来表征其所处的范围。因而，作为测量结果与真值之差的测量误差，也是无法准确得到或确切获知的。

（2）相对误差：测量误差除以被测量的真值所得的商，称为相对误差。

2）随机误差和系统误差

过去人们有时会误用"误差"一词，即通过误差分析给出的往往是被测量值不能确定的范围，而不是真正的误差值。误差与测量结果有关，即不同的测量结果有不同的误差，合理赋予的被测量之值各有其误差，并不存在一个共同的误差。一个测量结果的误差，不是正值（正误差）就是负值（负误差），它取决于这个结果是大于还是小于真值。实际上，误差可表示为

$$误差 = 测量结果 - 真值 = （测量结果 - 总体均值） + （总体均值 - 真值）$$
$$= 随机误差 + 系统误差$$

（1）随机误差：测量结果与重复性条件下，对同一被测量进行无限多次测量所得结果的平均值之差，称为随机误差。

$$随机误差 = 测量结果 - 多次测量的算术平均值（总体均值）$$

随机误差是在同一量的多次测量中以不可预知的方式变化测量误差分量。随机误差分量是测量误差的一部分，其大小和符号虽然不知道，但在同一量的多次测量中，它们的分布常常满足一定的统计规律。重复性条件是指在尽量相同的条件下，包括测量程序、人员、仪器、环境等，以及尽量短的时间间隔内完成重复测量任务。此前，随机误差曾被定义为：在同一量的多次测量过程中，以不可预知方式变化的测量误差的分量。

（2）系统误差：在同一被测量的多次测量过程中，保持恒定或以可预知方式变化的测量误差分量称为系统误差，简称系差。系统误差包括已定系统误差和未定系统误差。已定系统误差是指符号和绝对值已经确定的误差分量。测量中应尽量消除已定系统误差，或对测量结

果进行修正，得到已修正结果。修正公式为：已修正测量结果=测得值（或其平均值）-已定系统误差。未定系统误差是指符号或绝对值未经确定的系统分量。通过方案选择、参数设计、计量器具校准、环境条件控制、计算方法改进等环节来减小未定系差的限值。

在重复性条件下，对同一被测量进行无限多次测量所得结果的平均值与被测量的真值之差，称为系统误差。它是测量结果中期望不为零的误差分量。

$$系统误差 = 多次测量的算术平均值 - 被测量真值$$

由于只能进行有限次数的重复测量，真值也只能用约定真值代替，因此可能确定的系统误差只是其估计值，并具有一定的不确定度。

系统误差大抵来源于影响量，它对测量结果的影响若已识别并可定量表述，则称之为"系统效应"。该效应的大小若是显著的，则可通过估计的修正值予以补偿。但是，用以估计的修正值均由测量获得，本身就是不确定的。

至于误差限、最大允许误差、可能误差、引用误差等，它们的前面带有正负号（±），因而是一种可能误差区间，并不是某个测量结果的误差。对于测量仪器而言，其示值的系统误差称为测量仪器的"偏移"，通常用适当次数重复测量示值误差的均值来估计。

过去误差传播定律，所传播的其实并不是误差而是不确定度，故现已改称为不确定度传播定律。还要指出的是："误差"一词应按其定义使用，不宜用它来定量表明测量结果的可靠程度。

3）修正值和偏差

（1）修正值和修正因子：用代数方法与未修正测量结果相加，以补偿其系统误差的值，称为修正值。

含有误差的测量结果，加上修正值后就可能补偿或减少误差的影响。由于系统误差不能完全获知，因此这种补偿并不完全。修正值等于负的系统误差，就是说加上某个修正值就像是扣掉某个系统误差，其效果是一样的，只是人们考虑问题的出发点不同而已，即

$$真值 = 测量结果 + 修正值 = 测量结果 - 误差$$

在量值溯源和量值传递中，常常采用这种加修正值的直观的办法。用高一个等级的计量标准来校准或检定测量仪器，其主要内容之一就是要获得准确的修正值。换言之，系统误差可以用适当的修正值来估计并予以补偿。但应强调指出：这种补偿是不完全的，即修正值本身就含有不确定度。当测量结果以代数和方式与修正值相加后，其系统误差之模会比修正前的小，但不可能为零，即修正值只能对系统误差进行有限程度的补偿。

为补偿系统误差而与未修正测量结果相乘的数字因子，称为修正因子。

含有系统误差的测量结果，乘以修正因子后就可以补偿或减少误差的影响。但是，由于系统误差并不能完全获知，因而这种补偿是不完全的，即修正因子本身仍含有不确定度。通过修正因子或修正值已进行了修正的测量结果，即使具有较大的不确定度，但可能仍然十分接近被测量的真值（即误差甚小）。因此，不应把测量不确定度与已修正测量结果的误差相混淆。

（2）偏差：一个值减去其参考值，称为偏差。这里的值或一个值是指测量得到的值，参考值是指设定值、应有值或标称值。例如，

$$尺寸偏差 = 实际尺寸 - 应有参考尺寸$$

$$偏差 = 实际值 - 标称值$$

在此可见，偏差与修正值相等，或与误差等值而反向。应强调的是：偏差相对于实际值而言，修正值与误差则相对于标称值而言，它们所指的对象不同。所以在分析时，首先要分清所研究的对象是什么。

常见的概念还有上偏差（最大极限尺寸与参考尺寸之差）、下偏差（最小极限尺寸与参考尺寸之差），它们统称为极限偏差。由代表上、下偏差的两条直线所确定的区域，即限制尺寸变动量的区域，统称为尺寸公差带。

2. 测量不确定度的评定与表示

1）测量不确定度

表征合理地赋予被测量之值的分散性、与测量结果相联系的参数，称为测量不确定度。"合理"意指应考虑各种因素对测量的影响所做的修正，特别是测量应处于统计控制的状态下，即处于随机控制过程中。"相联系"意指测量不确定度是一个与测量结果"在一起"的参数，在测量结果的完整表示中应包括测量不确定度。此参数可以是标准[偏]差或其倍数，或说明了置信水准的区间的半宽度。测量不确定度从词意上理解，意味着对测量结果可信性、有效性的怀疑程度或不肯定程度，是定量说明测量结果质量的一个参数。实际上由于测量不完善和人们的认识不足，所得的被测量值具有分散性，即每次测得的结果不是同一值，而是以一定的概率分散在某个区域内的许多个值。虽然客观存在的系统误差是一个不变值，但由于人们不能完全认知或掌握，只能认为它是以某种概率分布于某个区域内，而这种概率分布本身也具有分散性。测量不确定度就是说明被测量之值分散性的参数，它不说明测量结果是否接近真值。为了表征这种分散性，测量不确定度用标准"偏"差表示。在实际使用中，往往希望知道测量结果的置信区间，因此规定测量不确定度也可用标准"偏"差的倍数或说明了置信水准的区间的半宽度表示。为了区分这两种不同的表示方法，分别称它们为标准不确定度和扩展不确定度。

在实践中，测量不确定度可能来源于以下十个方面：①被测量的定义不完整或不完善；②实现被测量的定义的方法不理想；③取样的代表性不够，即被测量的样本不能代表所定义的被测量；④对测量过程受环境影响的认识不周全，或对环境条件的测量与控制不完善；⑤对模拟仪器的读数存在人为偏移；⑥测量仪器的分辨力或鉴别力不够；⑦赋予计量标准的值或标准物质的值不准；⑧引用于数据计算的常量和其他参量不准；⑨测量方法和测量程序的近似性和假定性；⑩在表面上看来完全相同的条件下，被测量重复观测值的变化。

由此可见，测量不确定度一般来源于随机性和模糊性，前者归因于条件不充分，后者归因于事物本身概念不明确。这就使测量不确定度一般由许多分量组成，其中一些分量可以用测量列结果（观测值）的统计分布来进行评价，并且以实验标准[偏]差表征；而另一些分量可以用其他方法（根据经验或其他信息的假定概率分布）来进行评价，也以标准[偏]差表征。所有这些分量，应理解为都贡献给了分散性。若需要表示某分量由某原因导致，可以用随机效应导致的不确定度和系统效应导致的不确定度。

2）标准不确定度和标准"偏"差

以标准"偏"差表示的测量不确定度，称为标准不确定度。标准不确定度用符号 u 表示，它不是由测量标准引起的不确定度，而是指不确定度以标准[偏]差表示，来表征被测量之值的分散性。这种分散性可以有不同的表示方式，例如，用 $\dfrac{\sum\limits_{i=1}^{n}\left(x_i-\overline{x}\right)}{n}$ 表示时，由于正残差与负残

差可能相消，反映不出分散程度；用 $\dfrac{\sum\limits_{i=1}^{n}\left|x_i-\overline{x}\right|}{n}$ 表示时，则不便于进行解析运算。只有用标准[偏]

差表示的测量结果的不确定度，才称为标准不确定度。

当对同一被测量作 n 次测量，表征测量结果分散性的量 s 按下式算出时，称它为实验标准[偏]差：

$$s=\sqrt{\frac{\sum\limits_{i=1}^{n}\left(x_i-\overline{x}\right)^2}{n-1}} \tag{4.16}$$

式中，x_i 为第 i 次测量的结果；$\overline{x}$ 为所考虑的 n 次测量结果的算术平均值。

对同一被测量做有限的 n 次测量，其中任何一次的测量结果或观测值，都可视作无穷多次测量结果或总体的一个样本。数理统计方法就是要通过这个样本所获得的信息（如算术平均值 $\overline{x}$ 和实验标准[偏]差 s 等），来推断总体的性质（如期望 μ 和方差 σ^2 等）。期望是通过无穷多次测量所得的观测值的算术平均值或加权平均值，又称为总体均值 μ，显然它只是在理论上存在，表示为

$$\mu=\lim_{n\to\infty}\frac{1}{n}\sum_{i=1}^{n}x_i \tag{4.17}$$

方差 σ^2 则是无穷多次测量所得观测值 x_i 与期望 μ 之差的平方的算术平均值，它也只是在理论上存在可表示为

$$\sigma^2=\lim_{n\to\infty}\left[\frac{1}{n}\sum_{i=1}^{n}\left(x_i-\mu\right)^2\right] \tag{4.18}$$

方差的正平方根 σ，通常被称为标准[偏]差，又称为总体标准[偏]差或理论标准[偏]差；而通过有限多次测量得的实验标准[偏]差 s，又称为样本标准[偏]差。这个计算公式即为贝赛尔公式，算得的 s 是 σ 的估计值。

s 是单次观测值 x_i 的实验标准[偏]差，$s/\sqrt{n}$ 才是 n 次测量所得算术平均值 $\overline{x}$ 的实验标准[偏]差，它是 $\overline{x}$ 分布的标准[偏]差的估计值。为易于区别，前者用 $s(x)$ 表示，后者用 $s(\overline{x})$ 表示，故有 $s(\overline{x})=s(x)/\sqrt{n}$ 。

通常用 $s(x)$ 表征测量仪器的重复性，而用 $s(\overline{x})$ 评价以此仪器进行 n 次测量所得测量结果的分散性。随着测量次数 n 的增加，测量结果的分散性 $s(\overline{x})$ 与 $\sqrt{n}$ 呈反比地减小，这是对多次观测值取平均后，正、负误差相互抵偿所致。所以，当测量要求较高或希望测量结果的标准[偏]差较小时，应适当增加 n；但当 $n>20$ 时，随着 n 的增加，$s(\overline{x})$ 的减小速率减慢。因此，在选取 n 时应予综合考虑或权衡利弊，因为增加测量次数就会拉长测量时间、加大测量成本。通常情况下，取 $n\geqslant3$，以 $n\in[4,20]$ 为宜。另外，应当强调 $s(\overline{x})$ 是平均值的实验标准[偏]差，不能称它为平均值的标准误差。

3）不确定度的 A 类、B 类评定及合成

由于测量结果的不确定度往往由许多原因引起，对每个不确定度来源评定的标准[偏]差，称为标准不确定度分量，用符号 u^i 表示。对这些标准不确定度分量有两类评定方法，即 A 类评定和 B 类评定。

（1）不确定度的 A 类评定。

用对观测列进行统计分析的方法来评定标准不确定度，称为不确定度的 A 类评定，有时也称 A 类不确定度评定。

通过统计分析观测列的方法，对标准不确定度进行的评定，所得到的相应标准不确定度称为 A 类不确定度分量，用符号 uA 表示。

这里的统计分析方法，是指根据随机取出的测量样本中所获得的信息，来推断关于总体性质的方法。例如，在重复性条件或复现性条件下的任何一个测量结果，可以看做是无限多次测量结果（总体）的一个样本，通过有限次数的测量结果（有限的随机样本）所获得的信息（如平均值 $\bar{x}$、实验标准差 s），来推断总体的平均值（即总体均值 μ 或分布的期望值）及总体标准[偏]差 σ，就是所谓的统计分析方法之一。A 类标准不确定度用实验标准[偏]差表征。

（2）不确定度的 B 类评定。

用不同于对观测列进行统计分析的方法来评定标准不确定度，称为不确定度的 B 类评定，有时也称 B 类不确定度评定。

这是用不同于对测量样本统计分析的其他方法，进行的标准不确定度的评定，所得到的相应的标准不确定度称为 B 类标准不确定度分量，用符号 uB 表示。它用根据经验或资料及假设的概率分布估计的标准[偏]差表征，也就是说，其原始数据并非来自观测列的数据处理，而是基于实验或其他信息来估计，含有主观鉴别的成分。用于不确定度 B 类评定的信息来源一般有：①以前的观测数据；②对有关技术资料和测量仪器特性的了解和经验；③生产部门提供的技术说明文件；④校准证书、检定证书或其他文件提供的数据、准确度的等别或级别，包括目前仍在使用的极限误差、最大允许误差等；⑤手册或某些资料给出的参考数据及其不确定度；⑥规定实验方法的国家标准或类似技术文件中给出的重复性限 r 或复现性限 R。

不确定度的 A 类评定由观测列统计结果的统计分布来估计，其分布来自观测列的数据处理，具有客观性和统计学的严格性。这两类标准不确定度仅是估算方法不同，不存在本质差异，它们都是基于统计规律的概率分布，都可用标准[偏]差来定量表达，合成时同等对待。只不过 A 类是通过一组与观测得到的频率分布近似的概率密度函数求得，而 B 类是由基于事件发生的信任度（主观概率或称为经验概率）的假定概率密度函数求得。对某一项不确定度分量究竟用 A 类方法评定，还是用 B 类方法评定，应由测量人员根据具体情况选择。特别应当指出：A 类、B 类与随机、系统在性质上并无对应关系，为避免混淆，不应再使用随机不确定度和系统不确定度。

（3）合成标准不确定度。

当测量结果是由若干个其他量的值求得时，按其他各量的方差和协方差算得的标准不确定度，称为合成标准不确定度。在测量结果是由若干个其他量求得的情形下，测量结果的标准不确定度，等于这些其他量的方差和协方差适当和的正平方根，它被称为合成标准不确定度。合成标准不确定度是测量结果标准[偏]差的估计值，用符号 u_c 表示。

方差是标准[偏]差的平方，协方差是相关性导致的方差。当两个被测量的估计值具有相同

的不确定度来源，特别是受到相同的系统效应的影响（如使用了同一台标准器）时，它们之间即存在着相关性。如果两个都偏大或都偏小，称为正相关；如果一个偏大而另一个偏小，则称为负相关。由这种相关性所导致的方差，即为协方差。显然，计入协方差会扩大合成标准不确定度，协方差的计算既有属于 A 类评定的、也有属于 B 类评定的。人们往往通过改变测量程序来避免发生相关性，或者使协方差减小到可以略计的程序，如通过改变所使用的同一台标准器等。如果两个随机变量是独立的，则它们的协方差和相关系数等于零，反之不一定成立。

合成标准不确定度仍然是标准[偏]差，它表征了测量结果的分散性。所用的合成的方法，常被称为不确定度传播律，而传播系数又称为灵敏系数，用 c_i 表示。合成标准不确定度的自由度称为有效自由度，用 v_{eff} 表示，它表明所评定的 u_c 的可靠程度。

4）测量不确定度的评定和报告

图 4.16 简示了测量不确定度评定的全部流程。在标准不确定度分量评定环节中，《测量不确定度评定与表示》（JJF1059.1—2012）建议列表说明，即列出标准不确定度一览表，以便一目了然。

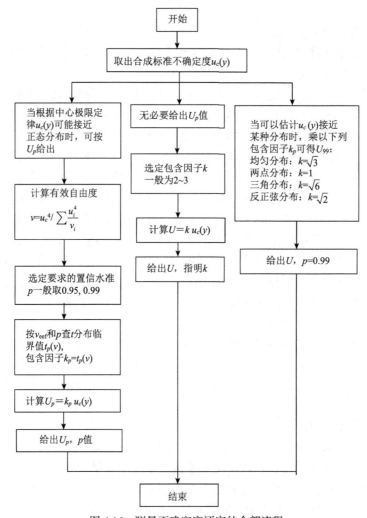

图 4.16　测量不确定度评定的全部流程

3. 测量误差与测量不确定度的区别

误差理论及不确定度表述体系是以概率论与数理统计为数学基础，以计量测试工作为实践基础的一个理论性、方法性的体系，这一体系的方法要用于所有科学技术和工程的测量、检验和控制领域，并涉及质量控制、工业管理、商品检测、环境监控、医卫检验、标准规范和国际合作交流贸易等许多方面。实验标准偏差是分析误差的基本手段，也是不确定度理论的基础，从本质上说，不确定度理论是在误差理论基础上发展起来的，其基本分析和计算方法是共通的。但测量不确定度与测量误差在概念上有许多差异。

1）误差与不确定度在定义上的区别

误差定义是测量值与真值之差，是一个确定值，但真值是一个理想的概念，真值的传统定义为：当某量能被完善地确定而且已经排除了所有测量上的期限时，通过测量所得到的量值。真值虽然客观存在，但通过测量却得不出（因为测量过程中总会有不完善之处，因此一般情况下不能计算误差，只有少数情况下，可以用准确度足够高的实际值来作为量的约定真值，即对明确的量赋予的值，有时叫做最佳估计值、约定值或参考值，这时才能计算误差），误差也就无法知道。而误差加前缀的名词如标准误差、极限误差等，其值是可以估算的，但它们表示的是测量结果的不确定性，与误差定义并不一致。测量不确定度是测量结果带有的一个参数，用以表征合理赋予被测量值的分散性，它是被测量真值在某一个量值范围内的一个评定。显然，不确定度表述的是可观测量——测量结果及其变化，而误差表述的是不可知量——真值与误差，所以，从定义上看不确定度比误差科学合理。

2）误差理论与不确定度原理在分类上的区别

以往计算误差时，首先要分清该项误差属于随机误差还是系统误差。随机误差是符合概率分布的，而系统误差经过校正后，其剩余的系统误差按原误差理论一般认为不具有概率分布。因此，实验教材在数据处理时只能将随机误差和系统误差分开计算。但在实际测量时，有相当多的情形很难区分误差的性质是"随机"的还是"系统"的，而且有的误差还具有"随机"和"系统"两重性。例如，用千分尺测量钢丝直径，测的是不同位置的直径，测量误差应属系统误差，但多次测量数据又具有统计性质，说明测量又有随机误差。又如，磁电式电表，其准确度等级误差是系统误差和随机误差的综合，一般无法将它们分开计算。

不确定度取消了"随机"和"系统"的分类方法，它把不确定度评定分为由观测列的统计分析评定的不确定度（A 类不确定度）和由非统计分析评定的不确定度（B 类不确定度）。这样的分类方法可使初、中级实验人员在处理实验数据时免除由于难以分清误差的"随机"和"系统"性而带来的困惑，使实验结果的不确定度易学可行。

归纳上述内容，可将测量误差与测量不确定度的主要区别列于表 4.3。

表 4.3　测量误差与测量不确定度的主要区别

序号	内容	测量误差	测量不确定度
1	定义的要点	表明测量结果偏离真值，是一个差值	表明赋予被测量之值的分散性，是一个区间
2	分量的分类	按出现于测量结果中的规律，分为随机和系统，都是无限多次测量时的理想化概念	按是否用统计方法求得，分为 A 类和 B 类，都是标准不确定度
3	可操作性	由于真值未知，只能通过约定真值求得其估计值	按实验、资料、经验评定，实验方差是总体方差的无偏估计
4	主客观性	客观存在，不以人的认知程度而改变	与对被测量、影响量及过程的认知有关
5	表示的符号	非正即负，不要用正负号（±）表示	为正值，当由方差求得时取其正平方根

续表

序号	内容	测量误差	测量不确定度
6	合成的方法	为各误差分量的代数和	当各分量彼此独立时为方和根，必要时加入协方差
7	结果的修正	已知系统误差的估计值时，可以对测量结果进行修正，得到已修正的测量结果	不能用不确定度对结果进行修正，在已修正结果的不确定度中应考虑修正不完善引入的分量
8	结果的说明	属于给定的测量结果，只有相同的结果才有相同的误差	合理赋予被测量的任一个值，均具有相同的分散性
9	实验标准[偏]差	来源于给定的测量结果，不表示被测量值估计的随机误差	来源于合理赋予的被测量之值，表示同一观测列中任一个估计值的标准不确定度
10	自由度	不存在	可作为不确定度评定是否可靠的指标
11	置信概率	不需要且不存在	需要且存在，当了解分布时，可按信概率给出置信区间
12	与分布的关系	无关	有关
13	与测量条件的关系	无关	有关

　　误差虽然是客观存在的，但不能准确得到，它是理想条件下的一个定性的概念，反映测量误差大小的术语准确度也是一个定性的概念。误差是不以人的认识程度而改变的客观存在，而测量不确定度与人们对被测量和影响及测量过程的认识有关。测量不确定度表征合理地赋予被测量之间的分散性，是与测量结果相联系的参数。它反映了测量结果不能被肯定的程度，同时它是一个物理量，可以定量表示。不确定度是误差理论发展和完善的产物，是建立在概率论和统计学基础上的新概念，其目的是澄清一些模糊的概念从而便于使用。测量不确定度反映的是对测量结果的不可信程度，是可以根据试验、资料、经验等信息定量评定的量。

第5章 地理信息获取处理

　　地理空间数据是地理信息最主要的表达形式，是构建现实世界抽象化的数字模型。地理信息获取与处理的主要任务是将外业实地测量、现有的地图、数字地图、外业观测成果、航空摄影像片、卫星遥感图像、文本资料转换成 GIS 所需要的数据产品。不同类型的数据采集需要用到不同的硬件设备，不同类型数据源需要不同数据获取方法，不同的数据产品需求需要不同的处理技术。根据 GIS 应用需求，不同的数据源、不同的数据获取方法和不同的处理技术构成了地理空间数据获取与处理的研究内容，这些技术方法成为地理信息科学极其重要的组成部分。

5.1 地理信息感知技术

　　人们认识地理是从感知开始的，没有感知地理事物和现象，就不能获得丰实的地理感性知识，更不能获取地理信息。人的五官生来就是为了感受信息的，它们是信息的接收器。然而，人们的五官感受地理信息的能力是有限的。人类研制各种技术方法和手段、发明各种仪器就是扩展人类的信息器官功能，提高人类对信息接收和处理的能力，实质上就是扩展和增强人们认识世界和改造世界的能力。地理感知是多层次的，一般按感知程度从低到高依次可分为地理位置感知、图像感知、水深感知和地理实地测绘考察。为了解决人类世界和物理世界的地理信息获取问题，人们发明了电子全站仪、经纬仪和水准仪等测量仪器，基于无线电测距全球卫星定位系统定位，基于卫星平台搭载可见光、多光谱、热红外和合成孔径雷达干涉等各类传感设备获取遥感图像，基于有人/无人飞机搭载的各类照相和激光雷达设备获取地理图像，基于车载/机载三维激光雷达等测量设备感知地理物体信息。地理信息技术的发展，地理感知手段的多样化和智能化水平的不断提高，不仅提高了人们获取地球表面数据的效率，也降低了地理信息采集的成本，缩短了地理数据采集周期。

5.1.1 空间感知技术

　　空间感知是指通过各种官能（视觉、听觉、味觉、嗅觉和触觉等）来感觉世界的一个积极的过程。因为进入人类中心神经系统的神经纤维有 2/3 来自眼睛，所以空间感知觉大部分由视觉来支配。人的眼睛有着接收及分析视像的不同能力，从而组成知觉，以辨认物象的外貌和所处的空间（距离），以及该物在外形和空间上的改变。人们利用各种技术手段提高自己的空间感知能力，从早期用尺子测量距离、罗盘角尺测量角度到现代用望远镜、激光等进行距离和角度测量，都是为了扩张人的视觉能力。

1. 距离感知技术

　　激光测距（laser distance measuring）是以激光器作为光源进行测距的。激光测距仪由于激光的单色性好、方向性强等特点，加上电子线路半导体化集成化，与光电测距仪相比，不仅可以日夜作业，而且能提高测距精度，显著减少重量和功耗，使测量到人造地球卫星、月球等远距离的目标变成现实。

激光测距仪一般采用两种方式来测量距离：脉冲法和相位法。脉冲法测距的过程是这样的：测距仪发射出的激光经被测量物体的反射后又被测距仪接收，测距仪同时记录激光往返的时间。光速和往返时间的乘积的一半，就是测距仪和被测量物体之间的距离。根据激光工作的方式分为连续激光器和脉冲激光器。氦氖、氩离子、氦镉等气体激光器以连续工作连续输出，用于相位式激光测距；双异质砷化镓半导体激光器，用于红外测距；红宝石、钕玻璃等固体激光器，用于脉冲式激光测距。脉冲法测量距离的精度一般在 ± 10cm。另外，此类测距仪的测量盲区一般是 1m 左右。

2. 角度感知技术

望远镜是一种利用透镜或反射镜及其他光学器件观测遥远物体的光学仪器。望远镜的第一个作用是放大远处物体的张角，使人眼能看清角距更小的细节；第二个作用是把物镜收集到的比瞳孔直径（最大 8mm）粗得多的光束，送入人眼，使观测者能看到原来看不到的暗弱物体。经过多年的发展，望远镜的功能越来越强大，观测的距离也越来越远。

角度测量分为水平角测量和竖直角测量。水平角测量用于确定地面点的平面位置，竖直角测量用于间接确定地面点的高程和点之间的距离。观测两个方向之间的水平夹角采用测回法，测回法即用盘左（竖直度盘位于望远镜左侧）、盘右（竖直度盘位于望远镜右侧）两个位置进行观测。用盘左观测时，分别照准左、右目标得到两个读数，两数之差为上半测回角值。为了消除部分仪器误差，倒转望远镜再用盘右观测，得到下半测回角值。取上、下两个半测回角值的平均值为一测回的角值。按精度要求可观测若干测回，取其平均值为最终的观测角值。

3. 加速度感知技术

惯性导航（inertial navigation）的基本原理是以牛顿力学定律为基础，通过测量载体在惯性参考系的加速度，将它对时间进行积分，以推算导航方式（从一已知点的位置根据连续测得的运动体航向角和速度推算出其下一点的位置）连续测出运动体的当前位置，并且把它变换到导航坐标系中，就能够得到移动物体在导航坐标系中的瞬时速度、加速度、姿态、位置等信息。加速度传感器是惯性导航核心部件。加速度传感器是一种检测装置，能感受到被测量的信息，并能将检测感受到的信息，按一定规律变换成电信号或其他所需形式的信息输出，以满足信息的传输、处理、存储、显示、记录和控制等要求。

加速度计的分类：按照输入与输出的关系可分为普通型、积分性和二次积分型；按物理原理可分为摆式和非摆式，摆式加速度计包括摆式积分加速度计、液浮摆式加速度计和挠性摆式加速度计，非摆式加速度计包括振梁加速度计和静电加速度计；按测量的自由度可分为单轴、双轴、三轴；按测量精度可分为高精度、中精度和低精度。

加速度计以牛顿第二定律为理论基础，以电容式为例，加速度变化使得质量块移动，质量块的移动使得两电容板的正对面积及其间距发生变化，导致电容变化；电容的变化与加速度成正比，这时通过测量电容的变化值就可检测到加速度值。

4. 水深感知技术

测深是水下地形测量最主要的数据获取手段。测深方法主要有人工测量、测深声呐测量和机载激光雷达测深仪三种。测深声呐工作原理是根据超声波能在均匀介质中匀速直线传播，遇不同介质面产生反射的原理设计的。激光雷达测深仪通过分析激光测水的回波波形来确定水底的位置。水深是指水面到水底的垂直距离。

5.1.2　地理位置测量

地理位置测量是利用距离或角度传感器，计算地球表面地物实体的空间坐标和几何形态，也就是测量其在地球上的位置。平面位置一般采用三角形的交会计算。三角形有 3 个角和 3 个边 6 个元素，三角形的交会计算只要测得其中 3 个要素（至少包括 1 个边），即可解出其他 3 个要素及 3 个角点的位置关系。位置测量分为绝对位置测量和相对位置测量。传统绝对位置测量是天文测量（astronomical survey），它是通过观测太阳或其他恒星位置，以确定地面点的天文经度、天文纬度或两点间天文方位角的测量工作。其结果可作为大地测量的起算或校核数据，以及在进行地质、地理调查和其他有关工作时做控制之用；现代绝对位置测量采用全球导航卫星系统。相对位置测量通过测量距离和角度解算地理目标点的相对位置。人们发明指南针是为了测角，指南车是为了测量角度和距离，利用航位推算原理解算地理目标的相对方位和距离。现代测量设备全站仪、惯性导航和激光雷达（LiDAR）等都是基于测角或测距的位置测量设备。

1. 全站型电子速测仪

早期的测量距离工具简陋，误差大，测量主要以测角为主，尽量少测距离。随着光电测距和激光测距的出现，测量从测角向测距转换。这是因为：①测距精度高。目前测距精度最高可以达到 1+1ppm（ppm 表示 10^{-6}），即固定误差 1mm，距离每增加 1km 测距误差增加 1mm；而测角精度最高为单测回 0.5″。②测距速度快。每次测角均能在 1s 内完成，测距的速度相对测角来说要快很多。整体来说，测距速度比测角速度快 5 倍以上。③测角方便。如果全部采用测距的方法，需要到达每一个未知点，因此目前多采用边角同测的作业方式。

全站型电子速测仪（electronic total station）是一种集光、机、电为一体的高技术测量仪器，是集水平角、垂直角、距离（斜距、平距）、高差测量功能于一体的测绘仪器系统，简称全站仪。电子经纬仪具有自动记录、储存、计算及数据通信功能；智能型全站仪（robotictotal station）新增了自动目标识别与照准的功能，进一步克服了需要人工照准目标的重大缺陷，实现了全站仪的智能化。在相关软件的控制下，智能型全站仪在无人干预的条件下可自动完成多个目标的识别、照准与测量，进一步提高了测量作业的自动化程度。在全站仪坐标（x_0, y_0, z_0）已知的情况下，其可以自动解算目标地物三维坐标（x, y, z）值。

2. 全球导航卫星系统

全球导航卫星系统（global navigation satellite system, GNSS），泛指所有的卫星导航系统，包括美国的全球定位系统（GPS）、我国的北斗卫星定位系统、欧盟的 Galileo 卫星导航系统和俄罗斯的 GLONASS。

全球导航卫星系统是基于无线电测距原理。在地面上的任意一点同时观测到 4 颗以上的卫星，已知卫星在轨道上的坐标位置（x, y, z）和卫星到达观测点的距离 s，利用三维坐标中的距离公式，由 3 颗卫星就可以组成 3 个方程式，解出观测点的位置（X, Y, Z）。考虑卫星的时钟与接收机时钟之间的误差，实际上有 4 个未知数，X、Y、Z 和钟差，因而需要引入第 4 颗卫星，形成 4 个方程式进行求解，从而得到观测点的经纬度和高程。

不同卫星系统，定位精度不同，目前 GNSS 提供的全球绝对定位精度优于 25m，为了提高定位精度，通常采用差分技术，利用载波相位差分（real time kinematic, RTK）技术可使相对定位精度达到厘米级。

3. 惯性导航系统

惯性导航系统（inertial navigation system，INS）是一种自主式的导航方法，它完全依靠载体上的设备自主地确定载体的航向、位置、姿态和速度等导航参数。陀螺仪和加速度计是惯性导航（或制导）系统中的两个关键部件。

陀螺仪是一种既古老又很有生命力的仪器，最主要的基本特性是它的稳定性和进动性。人们从儿童玩的地陀螺中发现高速旋转的陀螺可以竖直不倒而保持与地面垂直，这反映了陀螺的稳定性。研究陀螺仪运动特性的理论是绕定点运动刚体动力学的一个分支，它以物体的惯性为基础，研究旋转物体的动力学特性。陀螺仪的原理就是，一个旋转物体的旋转轴所指的方向在不受外力影响时，是不会改变的。人们根据这个道理制造出来的仪器就叫做陀螺仪。陀螺仪在工作时要给它一个力，使它快速旋转起来，一般能达到每分钟几十万转，可以工作很长时间，然后用多种方法读取轴所指示的方向，并自动将数据信号传给控制系统。

惯性导航系统根据陀螺仪的不同，可分为机电（包含液浮、气浮、静电、挠性等种类）陀螺仪、光学（包含激光、光纤等种类）陀螺仪、微机械（micro electro mechanical systems，MEMS）陀螺仪等类型的惯性导航系统。惯性导航单元（inertial measurement unit，IMU）组合（融合）了陀螺仪和加速度计。IMU 通常由 3 个加速度计和 3 个陀螺组成。3 个陀螺仪和 3 个加速度计分别安装在载体右向（X 轴）、航线（Y 轴）和垂直方向（Z 轴）。3 个加速度计用来测量载体的 3 个平移运动的加速度，指示当地地垂线的方向；3 个陀螺仪用来测量运载器的 3 个转动运动的角位移，指示地球自转轴的方向。陀螺仪测定载体在惯性坐标系中的运动角速度，加速度计测得载体在三个轴向上的运动加速度。在处理时，由运动角速度积分得到载体转动角度，并以此计算载体坐标系至导航坐标系的坐标变换矩阵。通过此矩阵，将加速度信息变换至导航坐标系中然后进行导航计算。计算机根据测得的加速度信号，对测出的加速度进行两次积分，计算出载体的速度和位置数据。

4. 定位定姿系统

惯性导航系统属于一种推算导航方式，即从一已知点的位置根据连续测得的运载体航向角和速度推算出其下一点的位置，因而可连续测出运动体的当前位置。但惯性导航有固定的漂移率，位置经过积分而产生，定位误差随时间而增大，长期精度差。利用 GNSS 绝对定位等对惯性导航进行定时修正，可以获取持续准确的位置参数。定位定姿系统（positioning and orientation system，POS）本质上是 GNSS/INS 组合导航硬件系统加上一套精密数据处理软件（用于对原始数据进行事后处理，进一步提高定位定姿精度）。除去 GNSS/INS 组合导航核心算法，POS 硬件部分中的 GNSS 和 IMU 高精度时间同步和杆臂补偿等，也是保证 POS 系统达到厘米级甚至毫米级定位精度的关键技术。GNSS/INS 组合导航相互补充，在一定程度上解决了 GNSS 的定位不连续问题，也改善了 INS 定位精度，形成一个较为稳定实时的定位平台。

5.1.3　地理图像感知

地理图像感知是通过影像研究地理信息的获取、处理、提取和成果表达的一门技术。

1. 摄影测量技术

摄影测量是利用光学摄影机获取像片，经过处理以获取被摄物体的形状、大小、位置、特性及其相互关系的一门技术。其原理是仿生人的双眼感知物体三维空间位置。立体观察的原理是建立人造立体视觉，人造立体视觉须具备 3 个条件：①由两个不同位置拍摄同一景物的两张像片（称为立体像对或像对）；②两只眼睛分别观察像对中的一张像片；③观察时像对上各同名像点的连线要同人的眼睛基线大致平行，而且同名点间的距离一般要小于眼基线（或扩大后的眼基距）。若用两个相同标志分别置于左右像片的同名像点上，则立体观察时就可以看到在立体模型上一个空间的测标。

在理想情况下，摄影瞬间像投影中心（对像片而言通常是镜头中心）、物点和像点位于同一条直线上，描述这三点共线的数学表达式称为共线条件方程。在像对和实地找几个控制点（不少于 3 个），可以解算共线条件方程的参数。依据共线条件方程可以计算像对上同名点的地面坐标。

近几年数字摄影测量应用计算机技术、数字影像处理、影像匹配、模式识别等多学科的理论与方法，通过对影像内容、特征、结构、关系、纹理及灰度等的对应关系、相似性和一致性分析，寻求相同影像目标的方法研究，提高了影像匹配的精确性、可靠性、算法的适应性及速度，由计算机视觉（其核心是影响匹配与影像识别）代替人眼的立体量测与识别，完成了影像几何与物理信息的自动提取。在少量的地面控制点的条件下，经过一系列的自动化处理，输出包括数字表面模型（DSM）、数字高程模型（DEM）和真正射影像等产品。

倾斜摄影测量技术克服了正射影像只能从垂直角度拍摄的局限，可获得 5 个或更多角度的倾斜摄影影像，实现了城市建筑模型批量自动构建，打破了传统建筑三维建模过程中存在的采集制作周期长、建模费用高、测量精度差、感官不真实等问题。

2. 遥感技术

遥感技术是根据电磁波的理论，应用各种传感器对远距离目标所辐射和反射的电磁波、可见光、红外线等信息，进行收集、处理，并最后成像，从而对地面各种景物进行探测和识别的一种综合技术。传感器的种类很多，主要有照相机、电视摄像机、多光谱扫描仪、成像光谱仪、微波辐射计、合成孔径雷达等。传感器探测地球地表物体对电磁波的反射及其发射的电磁波，从而提取该物体信息，完成远距离识别物体。将这些电磁波转换，识别得到可视图像，即为遥感图像（remote sensing image）。

遥感成像原理与摄影不同，遥感成像依靠机械传动装置使光学镜头摆动，形成对目标地物逐点逐行扫描。由于地物各部分反射的光线强度不同，感光材料上感光程度不同，形成各部分的色调不同。地物辐射（反射、发射或两个兼有）能量的强度转化为图像方式表示。

像元、镜头和地物位于同一条直线上，像元具有中心投影特性，但整个图像的像元不是在同一时间、同一位置扫描，像元之间的几何关系非常复杂。遥感图像几何畸变较大，因为极为复杂的影像变形并不一定都能用多项式来描述，所以大多数情况下，采用二阶多项式就能够满足几何纠正的精度要求。利用一般多项式逼近的基本思想是影像变形规律可以近似看做平移、缩放、旋转、仿射、偏扭、弯曲等基本形变的合成。

3. 激光雷达技术

三维激光扫描技术是继卫星空间定位系统之后又一项测绘技术的新突破。它利用激光测距的原理，通过惯性测量系统和差分定位技术集成实现了运动物体的动态高精度姿态测量。它融合了激光扫描仪、惯性测量单元（IMU）、差分 GPS 及航飞控制与管理系统等多项高科技技术。

激光测距技术利用激光的单色性好、方向性强、能量高、光速窄等特点，实现了高精度的计量和检测，如测量长度、距离、速度、角度等。激光测距技术在传统的常规测量中扮演着非常重要的角色。利用高分辨率的数码相机获取地面的地物地貌真彩或红外数字影像信息，可以弥补 LiDAR 的不足，对生成 DEM 产品的质量进行评价，或作为一种数据源，对目标进行分类识别，或作为纹理数据源。

激光雷达测量以机载、车载、固定三种方式获取高时空分辨率地物表面分布不规则的、离散的三维空间坐标（x, y, z）和激光强度信息。这些不规则分布离散的空间点称为激光雷达点云数据。由于激光扫描工作的发射原理和扫描的范围等特性，点数据有 4 个特征：①数据量大，激光扫描仪水平或者垂直扫描 180° 之后，保存的数据点数据量可能达百兆。②数据失真，由于测量距离过远或过近（不在有效距离方位内）、发射的激光过弱（不能被探测器正确地检测到）、平面的发射发生偏差等，会造成某些点失真，甚至无效。③局部的分辨率存在差异。由扫描工作原理可知，在单位面积相同的情况下，距离扫描仪近的地方数据点密集，距离扫描仪远的地方数据点稀疏。这使得同一物体会因多次不同角度测量或因扫描仪距离不同造成分辨率的差异。④物体表面点云数据残缺。由于激光沿直线传播，在有障碍物，或者扫描对象自身遮挡的情况下，会造成获取的被扫描物体的表面点云数据残缺。解决这个问题的办法是尽量在不同视点下扫描，通过多视点数据的融合处理，获取更多有效的数据点。

5.1.4　多波束测深系统

水深测量是对水体和水下地形进行测量和调查工作，获得水区的各种资料和编制水文或海图。与陆上测绘相比，海洋测绘具有更多不确定性，主要原因在于海洋测绘需要测定的目标地形通常被海水覆盖，测区先验信息较少。传统水深测量所使用的工具和仪器一般有测深杆、回声测深仪和单波束测深仪等。而随着计算机和空间信息技术的飞速发展，海洋测绘出现了以多波束测深系统为代表的高新海洋测量技术。多波束测深系统具有全覆盖、高精度、高效率、高分辨率及自动化程度高等诸多优点，在当前海洋测量特别是海底地形数据获取领域得到越来越广泛的应用。

多波束测深系统能够有效探测水下地形，得到高精度的三维地形图。其工作原理是利用发射换能器阵列向海底发射宽扇区覆盖的声波，利用接收换能器阵列对声波进行窄波束接收，通过发射、接收扇区指向的正交性形成对海底地形的照射脚印，对这些脚印进行恰当的处理，一次探测就能给出与航向垂直的垂面内上百个甚至更多的海底被测点的水深值，从而能够精确、快速地测出沿航线一定宽度内水下目标的大小、形状和高低变化，比较可靠地描绘出海底地形的三维特征。多波束换能器在工作时，发射波束换能器在沿航迹方向上宽度比较窄（典型为 3° 左右），而在垂直于航迹方向上比较宽（典型为 140° 左右），接收波束换能器在沿航迹方向上比较宽，在垂直于航迹方向上比较窄。

多波束测深系统安装于船底或拖体上，系统在与航向垂直的海底发射超宽声波束，接收海底反向散射信号。单个发射波束与接收波束的交叉区域称为脚印，一个发射和接收循环通常称为一个声脉冲，一个声脉冲获得的所有脚印的覆盖宽度称为一个测幅。根据声波到达的时间或相位可以分别测量出每个波束对应点的水深值。若干个测量周期组合起来就形成了一条以测量船航迹为中心线的带状水深图，因此多波束测深系统通常也被称为条带测深系统。其测量条带覆盖范围为水深的 2～10 倍，与现场采集的导航定位及姿态数据相结合，可绘制出高精度、高分辨率的数字成果图。

传统水深测量采用 GPS 进行平面定位，与此同时在测区内设立验潮站进行同步水位观测，并最终应用分带改正方法将测深数据改正到深度基准面起算的水深。当测量水域范围超出了验潮站的有效作用范围或者因无法架设验潮站而不能获取实时验潮资料时，这种水深测量方法的测量精度将受到很大影响。RTK 三维水深测量技术可以有效解决上述问题，其测量原理就是利用 RTK 测得的 GPS 天线三维坐标（X，Y，H），其中 X、Y 确定定位点的平面位置，RTK 高程结合由测深仪同步测得的水深换算出同一平面位置上的水下泥面的高程或水深值，从而获得水下地形数据。

5.2　地理数据获取技术

地理数据获取运用各种地理信息感知手段和工具获取有关地球表面的地理空间数据，构建了地理世界抽象化的各种数字模型。常用方法有地理实地测绘、航空摄影测量、航天遥感、地图扫描数字化、人工数字化录入、车载实地摄影测量等。不同类型的传感器、不同的平台，采用不同的数据获取方法。

5.2.1　地理实地测绘

实地测绘数据是以地球和地球表面上的实体为对象，在实地上直接测量，经过综合取舍，按一定的比例绘制成图。测量就是利用测量仪器测定物体的形状、大小和空间位置。描绘就是将测定的物体用地图的方式表达出来。随着测绘仪器的更新和测绘技术、计算机技术的发展，传统的测绘技术方法逐渐被数字测绘技术方法所取代。利用电子经纬仪、光电测距仪、全站型电子速测仪、全球卫星定位等先进测量仪器和技术对地球表面局部区域内的各种地物、地貌特征点的空间位置进行测量可直接获得矢量数据，实现地面地形空间数据采集、输入、编辑、成图、输出整个过程数字化作业。这些数据通过软件处理和编辑可以形成高精度的地形、地籍和其他专题地理信息数据，为 GIS 提供准确和现势性好的资料。

1. 地面数字测图系统

地面数字测图（也称野外数字测图）系统是利用全站仪或 RTK GPS（实时差分 GPS）接收机在野外直接采集有关绘图信息并将其传输到便携式计算机中，经过测图软件进行数据处理形成绘图数据文件，最后由数控绘图仪输出地形图。其基本系统构成如图 5.1 所示。

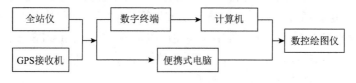

图 5.1　地面数字测图系统

由于全站仪或 RTK GPS 接收机具有较高的测量精度，这种测图方式又具有方便灵活的特点，故在城镇大比例尺测图和小范围大比例尺工程测图中有广泛的应用。随着我国国民经济的发展和城市化进程的加快，许多城市都在建立城市测绘信息系统和土地信息系统，在此过程中，一般都采用野外数字测图的方法作为地理信息的获取和更新手段。

目前，地面数字化测图系统具有多种数据采集方法，具有多功能和多种应用范围，能输出多种图形和数据资料，如图 5.2 所示。

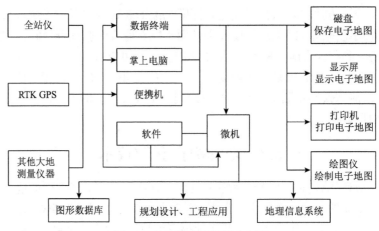

图 5.2　地面数字测图综合系统

地面数字测图的软件是数字测图系统的关键，一个功能比较完善的数字测图系统软件，应集数据采集、数据处理（包括图形数据的处理、属性数据及其他数据格式的处理）、图形编辑与修改、成果输出与管理于一身，且通用性强，稳定性好，并提供与其他软件进行数据转换的接口。目前，国内测绘行业使用的数字测图软件较多，使用比较集中的主要有：广州南方测绘仪器有限公司开发的地形地籍成图系统 CASS 系列软件、北京清华山维新技术开发有限公司开发的电子平板全息测绘系统 EPSW 系列软件、武汉瑞得信息工程有限责任公司开发的数字化测图系统 RDMS 系列软件、北京威远图公司开发的地形地籍测绘系统 SV300R2002。另外，还有多个用于数字地图的矢量化软件和用于野外数据采集的掌上平板。

2. 数字测图基本过程

地面数字测图的作业过程依据使用的设备和软件、数据源及图形输出目的的不同而不同，但不论是测绘地形图，还是制作种类繁多的专题图、行业管理用图，只要是测绘数字图，都必须包括数据采集、数据处理和图形输出 3 个基本阶段。

1）数据采集

地形图、航空航天遥感像片、图形数据或影像数据、统计资料、野外测量数据或地理调查资料等，都可以作为数字测图的信息源。数据资料可以通过键盘或转储的方法输入计算机；图形和图像资料一定要通过图数转换装置转换成计算机能够识别和处理的数据。在地面数字测图中，各种的信息源数据在采集过程中主要使用以下两种方法：①GPS 法，即通过 RTK GPS接收机采集野外碎部点的绘图信息数据。②大地测量仪器法，即通过全站仪、测距仪、经纬仪等大地测量仪器实现碎部点野外数据采集。

野外采集数据是通过全站仪或 RTK GPS 接收机实地测定地形特征点的平面位置和高程，将这些点位信息自动存储在仪器内存储器或电子手簿中，再传输到计算机中（若野外使用便携机，可直接将点位信息存储到便携机中）。每个地形特征点的记录内容包括点号、平面坐标、高程、属性编码和与其他点之间的连接关系等。点号通常是按测量顺序自动生成的；平面坐标和高程是全站仪（或 RTK GPS 接收机）自动解算的；属性编码指示了该点的性质，野外通常只输入简编码或不输编码，用草图等形式形象记录碎部点的特征信息，内业可用多种手段输入属性编码；点与点之间的连接关系表明按何种连接顺序构成一个有意义的实体，通常采用绘草图或在便携机上边测边绘的方式来确定。因为目前测量仪器的测量精度高，很容易达到亚厘米级的定位精度，所以地面数字测图是数字测图中精度最高的一种，是城镇大比例尺（尤其是 1：500）测图中主要的测图方法。

　　2）数据处理

　　数字测图的全过程都是在进行数据处理，这里讲的数据处理阶段是指在数据采集以后到图形输出之前对图形数据的各种处理。数据处理主要包括建立地图符号库、数据预处理、数据转换、数据计算、图形生成及文字注记、图形编辑与整饰、图形裁剪、图幅接边、图形信息的管理与应用等。数据处理通常通过计算机软件来实现，最后生成可进行绘图输出的图形文件。

　　地图符号库中的地图符号分为 3 类，即点状符号、线状符号和面状符号。目前建立地图符号库的方法主要有两种：一种是利用 C 语言等计算机语言开发；另一种是在如 AutoCAD 等开发平台上二次开发。地图符号库是数字测图系统中较为稳定的组成部分，一旦建立就能长期使用。

　　数据预处理包括坐标变换、各种数据资料的匹配、比例尺的统一、不同结构数据的转换等。

　　数据转换内容很多，如将碎部点记录数据（距离、水平角、竖直角等）文件转换为坐标数据文件，简码的数据文件或无码数据文件转换为带绘图编码的数据文件等。

　　数据计算主要是针对地貌关系的。当数据输入计算机后，为建立数字地面模型绘制等高线，需要进行插值模型建立、插值计算、等高线光滑处理 3 个过程的工作。数据计算还包括对房屋等呈直角拐弯的地物进行误差调整，消除非直角化误差等。

　　地形图生成是在地图符号的支持下利用所采集的地形数据生成图形数据文件的过程。

　　要想达到一幅规范的地形图，还要对数据处理后生成的"原始"图形，利用数字测图系统提供的各种编辑功能进行修改、编辑、整理，还需要加上文字注记、高程注记等，并填充各种面状地物符号，这些都属于图形处理。图形处理还包括：测区图形拼接、图廓整饰、图形裁剪、图形信息管理与应用等。

　　数据处理是数字测图的关键阶段，数字测图系统的优劣取决于数据处理功能的强弱。

　　3）图形输出

　　经过图形处理以后，即可得到数字地图，也就是形成一个图形文件，存储在磁盘或磁带上可永久保存。可以将该数字地图转换成 GIS 的图形数据，建立和更新 GIS 图形数据库；也可将数字地图绘图输出。输出图形是数字测图的主要目的，通过对层的控制，可以编制和输出各种专题地图（包括平面图、地籍图、地形图、管网图、带状图、规划图等），以满足不同用户的需要。可采用矢量绘图仪、栅格绘图仪、图形显示器、缩微系统等绘制或显示数字地图。

5.2.2　地图扫描数字化

　　地图数字化是目前应用最广泛的，从地图上获取空间数据的一种方法。把纸质地图通过图形数字化仪或扫描仪等设备输入计算机，再用专业软件进行处理和编辑，将其转换成计算机能存储和处理的数字地图。对地图要素逐点进行数字化时，不仅需要地物的平面坐标数据，还要得到地图要素的其他特征信息，如编码、高程、线型、注记等。地图数字化有两种作业方式：手扶跟踪数字化和扫描矢量化。手扶跟踪数字化是利用手扶跟踪数字化仪跟踪纸介质图形中的点、线等信息，通过数字化软件实现图形信息向数字化信息的转换，将地图图形或图像的模拟量转换成离散的数字量的过程。使用跟踪数字化仪（手扶或自动）将地图图形要素（点、线、面）进行定位跟踪，并量测和记录运动轨迹的 X，Y 坐标值，可以直接获取矢量数据。手扶跟踪数字化是目前最为广泛使用的将已有地图数字化的手段。利用手扶跟踪数字化仪可以输入点地物、线地物及多边形边界的坐标，通常采用两种方式，即点方式和流方式，流方式又分距离流方式和时间流方式。

1. 地图数字化过程

不同地图数字化方法的具体技术流程和方法稍有不同，但其基本步骤都大致可归纳为准备数字化地图—设置数字化设备—数字化。在完成数字化工作之后一般还要对栅格数字地图进行几何纠正—拼接裁剪—图像处理—形成标准图幅数字栅格地图等过程。如图 5.3 所示。

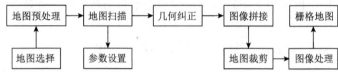

图 5.3　地图扫描的一般流程

2. 数字化地图选取

地图数字化需选择合适的纸质底图作为数据源，并收集与底图有关的各种资料。底图的选择首先要考虑底图的精度和要素的繁简两个方面，应选择色调分明、线划实在而不膨胀的地图作为底图；其次还须考虑地图的比例尺，尽量选取适当比例尺的地图作为底图，并尽可能使选取的底图上包含所有符合要求的地理要素（说明）。需要考虑选取什么样的数字化底图才能满足数字化精度要求、要对地图中哪些要素进行数字化，以及如何对这些数字化要素进行分层。

3. 地图预处理

为了提高数字化的效果，减少后期编辑量，需要对数字化底图做以下 3 方面的预处理。

（1）底图分块扫描：当扫描仪扫描幅面小于底图幅面时需将大幅面底图分块扫描。

（2）底图清洗：需要清洗底图图面，如修净污点、连好线划上的断头等。

（3）透边处理：将与地图内图框相交的线划要素向图框外延伸 5～10mm，这样做主要是为了以后便于多幅图的拼接。

4. 扫描仪扫描处理

扫描仪的主要参数如下：①光学分辨率。通过设置扫描仪的采样规格，来控制图像的分辨率，一般来说采样规格越小，网格就越小，分辨率就越高，数据量也越大。一般采用 150～300dpi 光学分辨率。②扫描精确度。±0.1%（或±5 像素）的扫描精度。③扫描速度。扫描速度的选择，取决于将扫描的文件类型。一般选择一个较低的速度，确保精度甚至可保证小心处理已损坏的地图，如单色扫描速度 9ips（228.6 mm/s）。④扫描灰度。地图通常扫描成二值图、灰度图或彩图。二值图以"0"或"1"表示每个像元值；通常灰度图和彩图需要二值化成二值图。

扫描后的原始栅格地形图没有地理坐标系统，坐标单位是图像像素或英寸等，有必要将原始数据投影变换到目标坐标系统下。另外由于在扫描过程中手工操作的误差、数字化设备和扫描仪精度、原图图纸变形等，输入的图形与理论上的图形在位置上存在着局部或整体变形，这些因素加在一起最后客观上产生的是一种综合误差，必须经过误差校正、消除误差，才能满足精度要求。

　　解决以上两方面问题的途径就是几何校正或几何变换。几何变换就是利用一系列控制点和转换方程式在投影坐标上配准数字化地图、卫星图像或航空照片的过程。几何变换是 GIS、遥感和摄影测量学共同的一种操作，主要处理过程如下：①确定图像坐标到地理坐标之间的数学模型；②根据所采用的数学模型确定校正公式；③根据地面控制点和对应像素点坐标进行平差计算变换参数，评定精度；④对原始影像进行几何变换计算，像素亮度值重采样。

　　无论是地图到地图还是图像到地图，几何变换是指利用一系列控制点来建立数学模型，使一个地图坐标系统与另一个地图坐标系统建立联系，或者使影像坐标与地图坐标建立联系。控制点的使用使这种过程在某种程度上具有不稳定性。而在图像到地图的变换中，因为控制点是直接从原始图像中挑选的，这种不稳定性凸显。均方值误差是度量几何变换质量的一种定量方法。它度量控制点从真实位置到估算位置之间的位移。如果其均方根误差在可接受范围内，则基于控制点的数学模型可用于对整幅地图或影像进行变换。

　　几何变换使用的系数是由转换数字化地图或卫星影像的一系列控制点推导出的。数字化地图或卫星影像上控制点的位置是一个估算位置，而且这个位置会偏离它的实际位置。控制点的好坏通常用均方根误差来衡量，即对控制点实际位置（真实的）与估算位置（数字化的）之间偏差的估量。

　　估算完几何变换的系数之后，可以用第一个控制点的数字化坐标作为输入数据，输入到几何变换方程分别计算 X 值和 Y 值。如果数字化控制点的定位准确，计算出的 X 值和 Y 值应该与控制点的真实世界坐标一致，但一般情况存在偏差。计算得出（估算）的 X、Y 值与实际坐标之间的偏差，在输出时就变成与第一个控制点坐标之间的误差。同理，要推导出与输入的控制点之间的误差，可以用控制点的真实世界坐标作为输入数据，计算 X、Y 值，再估算它与数字化坐标之间的偏差。

　　在数学上，控制点的输入或输出误差（残差）计算式为

$$\delta xy = \sqrt{\left(x_0 - x_{\mathrm{est}}\right)^2 + \left(y_0 - y_{\mathrm{est}}\right)^2} \qquad (5.1)$$

式中，x_0、y_0 分别为实际坐标值；x_{est}、y_{est} 分别为估算坐标值。平均均方根误差为所有控制点误差的平均，计算式为

$$\mathrm{RMS} = \sqrt{\sum_{i=1}^{n}\left(\left(x_{0,i} - x_{\mathrm{est},i}\right)^2 + \left(y_{0,i} - y_{\mathrm{est},i}\right)^2\right)} \qquad (5.2)$$

　　为了保证几何变换的精度，控制点的均方根误差必须控制在一定的容差值内。根据需要，生成数据者规定所能够接受的容差值，而这个值可以随输入数据的精度、比例尺或地面分辨率而不同。如果均方根误差在可接受的范围内，就可以假设这个基于控制点的精度水平也适用于整幅地图或影像。如果 RMS 误差超过了设定的容差值，那么就需要调整控制点。对于数字化地图来说，需要删除对均方根误差影响最大的控制点，再重新数字化控制点。因此，几何变换是选取控制点、估算变换系数和计算均方根误差的迭代过程。该过程持续到获得满意的变换结果为止。

5. 地图矢量数字化

　　手扶跟踪矢量化和屏幕鼠标手工矢量化是传统的地图矢量化方法。目前手扶跟踪矢量化已经不常使用，在此不再介绍；屏幕手工矢量化是目前流行的人工数字化方法，这种方法依赖作业者的地图知识和数字化技能，在数字化前需要对作业者进行严格的训练以保证数字化

质量。此外，地图的自动矢量化也已经在一些矢量化软件中出现，这种方法对栅格地图质量要求较高，在矢量化前须严格处理栅格地图，自动矢量化后还需人工处理。

1）屏幕手工数字化方法

屏幕数字化通常是以扫描地图作为底图，或以数字正射影像图（digital orthophoto map, DOM）作为底图显示在电脑屏幕上，用鼠标进行的一种手扶跟踪数字化，扫描地图在数字化前需根据具体情况做一些预处理工作，如调整亮度、去除杂点等。DOM 影像具有分辨率高、时效性强等特点，是地理信息增量更新的理想数据源。例如，将地图上没有的小路或公路添加到地图上，同样可以用于更新土地利用现状数据。地图矢量数字化是将传统的纸质或栅格地图数据转换成矢量图形数据的过程，主要包括手扶跟踪数字化、屏幕数字化和自动数字化，在此介绍屏幕数字化方法。

在屏幕数字化过程中，首先需要完成扫描地图的预处理，然后利用 GIS 软件完成地图配准。地图配准需要选择一个目标坐标系，GIS 系统中可供选择的坐标系统分为两类：地理坐标系统和投影坐标系统。地理坐标系统是地球表面空间要素的参照系统，由经度和纬度定义，它们用角度进行度量。经度是从本初子午线开始向东或向西度量角度，而纬度是从赤道平面向北或向南度量角度。投影坐标系统又称为平面坐标系统，是通过地图投影建立的。在实际工作中投影坐标系统被用于详细计算和定位，特别是用于大比例尺制图。

设定好坐标系统后需要在地图上选择一定数量的地面控制点来配准扫描地图。控制点的数量取决于采用的几何校正方程，控制点的精度由均方根度量，如果某个点的误差超过预定的阈值，那么需要重新选择。此外还要求控制点在地图上均匀分布。

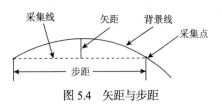

图 5.4　矢距与步距

在屏幕手工数字化中，图形要素的采集主要包括点位要素采集和线状要素采集，采集点的点位误差不大于 0.1mm。采集线状要素或面状要素边界时，只能在曲线上选取有限个离散点连接成折线，以此近似表示所要数字化的曲线，如图 5.4 所示。在这种情况下应根据矢距大小调整采点步距，相邻采集点间线段与曲线之间的矢距应小于 0.15mm。

2）地图数字化误差分析

地图数字化是 GIS 空间数据库建立的一个重要数据源，GIS 空间数据的质量优劣直接影响 GIS 应用分析的可靠程度和应用目标的实现。因此，空间数据精度分析和误差校正是控制空间数据质量的关键因素。

地图数字化误差主要包括：地形图固有的误差、地形图扫描误差、图形数字化误差和几何校正或坐标转换时产生的误差。

地形图固有的误差包括：地形原图误差、图纸变形误差和地形图本身所带有的误差。图纸扫描误差主要由扫描仪出厂的技术参数、操作员的素质水平、扫描介质均匀度和处理扫描图的软件决定。图纸矢量化误差指在将栅格数据转换为坐标序列数据时产生的误差。误差大小会随操作员的业务素质高低和工作的时间长短而不同，包括最佳采集点点位的选择、十字丝与目标重合程度的判断能力、数字化采集速度等方面（人眼视觉误差在 0.10 mm 左右）。在自动矢量化时，误差类型包括图像细化误差和跟踪矢量化误差。细化误差产生的点位误差为 1 个像素点；跟踪矢量化过程中一般采用变长保精度跟踪矢量化方法，采用折线代替曲线产生的最大点位误差大约为 1 个像素点。

根据误差传播率，地图扫描矢量化方法的综合精度可用下式估算：

$$M_{扫} = \pm\sqrt{M_0^2 + M_1^2 + M_2^2 + M_3^2}$$ （5.3）

式中，M_0 为原图固有误差；M_1 为扫描误差；M_2 为图形数字化误差；M_3 为计算误差。

　　3）地理信息属性获取

属性数据就是描述空间实体特征的数据集，这些数据主要用来描述实体要素类别、级别等分类特征和其他质量特征。属性数据的输入与编辑，一般在属性数据处理模块中进行。但为了建立属性描述数据与几何图形的联系，通常需要在图形编辑系统中设计属性数据的编辑功能，主要是将一个实体的属性数据连接到相应的几何目标上，也可在数字化及建立图形拓扑关系的同时或之后，对照一个几何目标直接输入属性数据。一个功能强的图形编辑系统可提供删除、修改、拷贝属性等功能。

属性数据输入的第一步是定义表格中的每一个字段。对字段的定义就是定义字段的属性。因此，在定义之前考虑这些字段将会怎样使用是很重要的。字段的定义通常包括字段名称、宽度、类型和小数位数。宽度指为每一字段预留的位数，其设置应满足数据中最大的数目或最长字符串（负号与小数点所占位数也应包括在内）。

属性数据校核包括两个部分：第一，保证属性数据与空间数据正确关联：标识或要素标识码应该是唯一的，不含空值。第二，检查属性数据的准确性。不准确性可能归结于许多因素，如看错、数据过时和数据输入错误。

6. 地图矢量数据格式

矢量数据的组织形式较为复杂，以弧段为基本逻辑单元，而每一弧段为两个或两个以上相交结点所限制，并为两个相邻多边形属性所描述。在计算机中，使用矢量数据具有存储量小、数据项之间拓扑关系可从点坐标链中提取某些特征而获得的优点；主要缺点是数据编辑、更新和处理软件较复杂。矢量数据以文件或数据库为存储载体。

5.2.3　航空摄影测量获取

航空摄影像片具有影像信息丰富、现势性强等特点，以航摄像片为基础，依据摄影测量的仪器和设备，采集所需的空间数据，是保证空间数据的现势性和精度的重要途径，也是空间数据更新的主要手段。全数字摄影测量获取地理空间数据的一般步骤如下。

1. 数字摄影测量数据准备

数字摄影测量所需资料：①相机参数。应该提供相机主点理论坐标 X_0、Y_0，相机焦距 f_0，框标距或框标点标。②控制资料。外业控制点成果及相对应的控制点位图。③航片扫描数据。用高分辨率扫描仪扫描像片获得影像数据。数据准备工作包括控制点数据、原始资料、航片接合表、航摄负片、数字化原始航片（扫描）、外业实测或内业加密数据、通过相机检校文件获取信息等。

2. 建立测区与模型的参数设置

建立测区与模型，系统要设置很多参数，如测区参数、模型参数、影像参数、相机参数、控制点参数、地面高程模型参数、正射影像参数和等高线参数等。

3. 航片的内定向、相对定向与绝对定向

内定向：建立影像扫描坐标与像点坐标的转换关系，求取转换参数；软件可自动识别框标点，自动完成扫描坐标系与相片坐标系间变换参数的计算，自动完成相片内定向，并提供人机交互处理功能，方便人工调整光标切准框标。

相对定向：通过量取模型的同名像点，解算两相邻影像的相对位置关系；软件利用二维相关，自动识别左、右像片上的同名点，一般可匹配数十至数百个同名点，自动进行相对定向。并可利用人机交互功能，人工对误差大的定向点进行删除或调整同名点点位，使之符合精度要求。

绝对定向：通过量取地面控制点或内业加密点对应的像点坐标，解算模型的外方位元素，将模型纳入大地坐标系中。①人工定位控制点进行绝对定向。相对定向完成后（即自动匹配完成后），由人工在左、右像片上确定控制点点位，并用微调按钮进行精确定位，输入相应控制点点名。每个像对至少需要三个控制点，一般为六个。定位完本像对所有的控制点后，即可进行绝对定向。②利用加密成果进行绝对定向。

4. 影像匹配

影像匹配是数字摄影测量系统的关键技术，是指沿核线一维影像匹配，确定同名点。完成了模型的相对定向后就可生成非水平核线影像，但是要生成水平核线影像必须先完成模型的绝对定向。核线影像的范围可由人工确定，也可由系统自动生成最大作业区。影像按同名核线影像进行重新排列，形成按核线方向排列的核线影像。以后的处理，如影像匹配、等高线编辑等，都将在核线影像上进行。

计算机进行自动匹配的过程中，有些特殊地物或地形匹配可能会出现错误，例如，影像中大片纹理不清晰的区域或没有明显特征的区域（如湖泊、沙漠和雪山等）可能会出现大片匹配不好的点，需要对其进行手工编辑；影像被遮盖和阴影等，使得匹配点不在正确的位置上，需要对其进行手工编辑；城市中的人工建筑物、山区中的树林等影像，它们的匹配点不是地面上的点，而是地物表面上的点，需要对其进行手工编辑；大面积平地、沟渠和比较破碎的地貌等区域的影像，需要对其进行手工编辑。匹配结果会影响以后生成的 DEM 的质量，所以进行匹配结果编辑是很有必要的。

5. DEM、DOM 与等高线等数字产品的生成

系统根据影像匹配后产生的视差数据、定向处理后得到的结果参数及用户为建立 DEM 所定义的参数等，自动建立 DEM。生成数字地面高程模型有两种方法：①直接利用编辑好的匹配结果生成地面高程模型；②利用特征点、线、面构成三角网，内插生成 DEM。

数字地面高程模型是制作正射影像的基础。当 DEM 建立后，既可自动内插生成相应的等高线影像，又可以利用上面生成的单模型的 DEM 进行正射影像（DOM）的生成。

6. 基于立体影像的数字化测图

交互式数字影像测图系统（interactive graphics system，IGS）是利用计算机代替解析测图仪、用数字影像代替模拟像片、用数字光标代替光学光标，直接在计算机上进行数字化测图的作业方法。在立体或正射影像上进行地物数据采集和编辑，生成的数字测图文件，在匹配预处理中被叠加到了立体影像上，然后参与影像匹配，设置作业环境，就可进行地物量测和图素编辑等。在数字化测图系统中，通过在立体模型影像上的矢量测图和坐标范围设定等操作，可生成数字线划图（digital line graphic，DLG）。在其图廓整饰环境中，载入相应的矢量文件、正射影像，设定相应的图廓参数，即可生成数字栅格图（digital raster graphic，DRG）。

7. 多个模型的拼接、成果图输出

一个测区不只有一个模型，它可能是由很多模型组成的，前六部分的处理均是单模型处理，可以得到每个模型的 DEM、DOM、等高线等成果。要得到整个测区的成果数据，还需要进行拼接操作。

5.2.4　卫星遥感影像获取

人造地球卫星发射成功，大大推动了遥感技术的发展。卫星遥感技术集中了空间、电子、光学、计算机通信和地学等学科的最新成就，从人造卫星、飞机或其他飞行器上收集地物目标的电磁辐射信息，非接触的、远距离的探测技术，是当代高新技术的一个重要组成部分。遥感系统由遥感平台、遥感器、信息传输设备、接收装置及图像处理设备等组成。传输设备用于将遥感信息从远距离平台（如卫星）传回地面站，可以及时地提供广大地区的同一时相、同一波段、同一比例尺、同一精度的空间信息。遥感作为获取和更新空间数据的有力手段，能为 GIS 及时、正确、综合和大范围地提供各种资源和环境数据。遥感所具有的动态特点对 GIS 数据库多时相更新极为有利，在大范围的以统计为主的 GIS 中，获取遥感信息显得尤为重要。

1. 遥感图像处理

遥感图像处理流程如下。

（1）遥感图像预处理。遥感图像预处理可分为降噪处理、薄云处理和阴影处理 3 种。

（2）几何纠正。为使其定位准确，在使用遥感图像前，必须对其进行几何精纠正，在地形起伏较大地区，还必须对其进行正射纠正。一般分为图像配准、几何粗纠正、几何精纠正和正射纠正 4 种方法。

（3）图像增强。为使遥感图像所包含的地物信息可读性更强，感兴趣目标更突出，需要对遥感图像进行增强处理。

（4）图像裁剪。在日常遥感应用中，人们常常只对遥感影像中的一个特定范围内的信息感兴趣，这就需要将遥感影像裁剪成研究范围的大小。

（5）图像镶嵌和匀色。图像镶嵌也称图像拼接，是将两幅或多幅数字影像（它们有可能是在不同的摄影条件下获取的）拼在一起，构成一幅整体图像的技术过程。通常是先对每幅图像进行几何校正，将它们规划到统一的坐标系中；然后对它们进行裁剪，去掉重叠的部分；最后将裁剪后的多幅影像装配起来形成一幅大幅面的影像。

（6）遥感信息提取。遥感图像中目标地物的特征是地物电磁波的辐射差异在遥感影像上的反映。依据遥感图像上的地物特征，识别地物类型、性质、空间位置、形状、大小等属性的过程即为遥感信息提取。目前，信息提取的方法有目视判读法和计算机分类法。其中，目视判读是最常用的方法，经自动识别分类，编辑处理成专题图，提供 GIS 使用。

2. 遥感图像融合

遥感图像融合是一个对多遥感器的图像数据和其他信息的处理过程，它着重于把那些在空间或时间上冗余或互补的多源数据，按一定的规则（或算法）进行运算处理，获得比任何单一数据更精确、更丰富的信息，生成一幅具有新的空间、波谱、时间特征的合成图像。它不仅仅是数据间的简单复合，而且强调信息的优化，以突出有用的专题信息，消除或抑制无关的信息，改善目标识别的图像环境，从而增加解译的可靠性，减少模糊性（即多义性、不完全性、不确定性和误差）、改善分类、扩大应用范围和效果。

（1）基于像元的图像融合是指对测量的物理参数的合并，即直接在采集的原始数据层上进行融合。它强调不同图像信息在像元基础上的综合，强调必须进行基本的地理编码，即对栅格数据进行相互间的几何配准，在各像元一一对应的前提下进行图像像元级的合并处理，以改善图像处理的效果，使图像分割、特征提取等工作在更准确的基础上进行，并可能获得更好的图像视觉效果。

（2）基于特征的图像融合是指运用不同算法，首先对各种数据源进行目标识别的特征提取，如边缘提取、分类等，也就是先从初始图像中提取特征信息——空间结构信息，如范围、形状、邻域、纹理等；然后对这些特征信息进行综合分析和融合处理。这些多种来源的相似目标或区域，它们空间上一一对应，但并非一个个像元对应，并被相互指派，然后运用统计方法或神经网络、模糊积分等方法进行融合，以进一步评价。

（3）基于决策层的图像融合是指在图像理解和图像识别基础上的融合，也就是经"特征提取"和"特征识别"过程后的融合。它是一种高层次的融合，往往直接面向应用，为决策支持服务。

5.2.5　激光雷达扫描获取

激光雷达数据获取是从机载、车载和地面三种平台获取激光扫描数据，经数据融合，从中提取有用的地形信息和地物信息。激光雷达高精度测量的核心是静态下测站坐标和动态下测站坐标与姿态。位置姿态测量系统（POS）与激光测距技术结合在传统的常规测量中扮演着非常重要的角色。

激光雷达扫描获取的主要步骤如下。

（1）确定航迹。通过地面 GPS 的基准站和机载 GPS 测量数据的联合差分结算，精确确定飞机飞行轨迹。

（2）激光点三维空间坐标的计算。利用仪器厂家提供的随机商用软件，对飞机 GPS 轨迹数据、飞机姿态数据、激光测距数据及激光扫描镜的摆动角度数据进行联合处理，最后得到各测点的 (X, Y, Z) 三维坐标数据。这样得到的是大量悬浮在空中没有属性的离散的点阵数据，形象地称为"点云"。

（3）激光数据的噪声和异常值剔除。水体对激光的吸收及其他原因，使有些激光测距点无明显的回波信号，那些具有镜面反射的地面也没有回波测距值，此外，由于电路等原因，也会使数据中产生异常距离值，为此在处理激光测距原始数据时必须剔除异常点（指测距远大于飞行高度的奇异点或测距值特别小的无效数据，如飞行高度为 1000m 时，大于 1500m 和小于 200m 的点都认为是异常点）。

（4）激光数据滤波。目前，用于机载激光扫描数据滤波的方法绝大部分是基于激光数据脚点的高程突变等信息进行的，大致可分为形态学滤波法、移动窗口法、迭代线性最小二乘内插法、基于地形坡度滤波等几种。

（5）激光数据拼接。机载 LiDAR 作业时，由于航高和扫描视场角的限制，要完成一定的作业面积就必须飞行多条航线，而且这些航线必须保持一定的重叠度（10%～20%）。但是，各种误差的存在和影响，使得两条航带的数字地面模型（digital terrain model，DTM）拼接中会存在系统误差和随机误差。由于机载 LiDAR 能同时获取地面的图像，根据重叠区域的影响可以确定航带间的系统误差，从而消除航带间的系统误差。为了使测区 DTM 拼接正确，还必须消除航带间出现的随机误差，可以采用一种变系数的加权平均法。因为飞行的复杂性，两条航线间每行扫描数据的重叠都是不一样的，所以权系数是随每行而变化的，每行中的每个像素也是变化的，这样保证了重叠区到非重叠区的平稳过渡，真正做到无缝拼接。

（6）激光数据分类输出。数据分类处理完毕后，一些不必要的数据被剔除，数据量将减小，数据文件也将减小，表面相对平滑（如地面、电力线或建筑物等）则减小幅度较大，而植被等则减小幅度较小。分类后的数据可以以 ASCII 或二进制形式输出。

（7）坐标转换。利用 POS 动态定位所提供的定位结果属于 WGS-84 坐标系，而人们所需空中三角测量加密结果属于某一国家坐标系或地方坐标系，因而必须解决定位结果的坐标转换问题。在精确已知地面基准站 WGS-84 坐标系，且已知 WGS-84 坐标系至国家坐标系之间的转换参数时，可将动态定位结果转换为国家坐标系坐标，一般是采用 GPS 基线向量网的约束平差。另一个问题是高程基准问题。GPS 定位问题提供的是以椭球面为基准大地高程，而实际需要的是以大地水准面为基准的正常高程，高程基准的转换通过测区内若干已知正常高程的控制点拟合建立高程异常模型（当测区地形变化较大时应加地形改正）进行。

（8）影像数据的定向和镶嵌。数字影像首先进行解压处理，然后结合航片的内外方元素进行空中三角测量，最后结合激光扫描测量的 DTM 数据进行定向镶嵌，形成正射影像图（DOM）。

5.2.6　水深测量等深线获取

水深测量是指测定水底点至水面的深度和点的平面位置的工作，是海道测量和海底地形测量的中心环节，目的是为船舶航行提供航道深度和确定航行障碍物的位置、深度和性质。在水深测量中水面受潮汐、海流、风浪等多种因素的影响，处于动荡不定的状态之中，尤其是受潮汐的影响，水面随时在升降中，高潮和低潮之差，小的一二米，大的一二十米。因此，外业测得的水深只是当时当地的瞬时深度。同一地点、不同时间测得的水深是不一样的，不同地点、不同时间测得的水深无法进行对比。为了在不同时间测得的不同地点的水深有一个可比性，必须确定一个统一的基准面，这就是海道测量学中的深度基准面。海图上标注的水深值是仪器测得的瞬时深度与仪器测深瞬时位置经深度基准面改正后的值。

1. 测量准备

测量前，先要确定测区范围和测图比例尺，设计图幅，准备图板和展绘控制点，布设测深线和验潮站，以及确定验流点和水文站的位置。测量时，测量船沿预定测深线连续测深，并按一定间隔进行定位，同时进行水位观测。测量中要确定礁石、沉船等各种航行障碍物的准确位置，探清最浅水深及其延伸范围。同时还要进行底质调查，测定流速和流向，以及收集水温和盐度等资料。在具体实施测量时，针对不同的测量目的，要设计出不同的实施方案。实施方案确定之后进行测线布设时，若要进行全覆盖测量，则要着重考虑多波束系统的覆盖宽度，以此作为确定测线间距的依据。

2. 数据采集

水深测量前应检查平面控制点，校对基准面与水尺零点或自记水位计零点的关系。水深测量应采用有模拟记录的单波束或多波束回声测深仪。在浅水区宜采用测深杆或测深锤；淤泥质回淤严重的水域，适航水深测量宜采用三爪砣、回声测深仪配合三爪砣或密度计；在水底树林和杂草丛生水域，不宜使用回声测深仪。测深应在风浪较小的情况下进行。测深定位点点位中误差和水深测量的深度误差应满足相关的国家标准。

1）深度测量

为连续测得水深，必须选择适当的测深线间隔和方向。测深线间隔一般取图上 1cm。探测航行障碍物时，应适当缩小测深线间隔或放大测图比例尺。测深线方向一般与等深线垂直。

港湾地区的测深线方向应垂直于港湾或水道的轴线。沿岸测量中，测深线的布设，在岬端处应成辐射状，在锯齿形岸线处应与岸线总方向成 45°。水底平坦开阔的水域，测深线方向可视工作方便选择。江河上可根据河宽和流速，布设横向、斜向或综合的测深线。

每次测深前后应在测区对测深仪进行现场比对。当水深小于 20m 时，可用声速仪、水听器或检查板对测深仪进行校正，直接求测深仪的总改正数。当水深为 20～200m 时，可采用水文资料计算深度改正数，并应测定因换档引起的误差。多波束测深系统宜配备纵倾和横摇补偿装置，当不具备这种装置时，应配备倾斜角观测装置。

2）测深点定位

在水深测量工作中，还要精确地测定深度点的平面位置，这项工作简称为定位。用测深仪测深时，深度点的平面位置是换能器的平面位置；用测深杆、水砣测深时，深度点的平面位置是测深杆、水砣着底时的平面位置。在距岸较近，视觉能分辨目标的距离内，一般可使用光学仪器，如经纬仪、平板仪和六分仪定位。测图比例尺为 1∶1 万或更大时，通常用经纬仪或平板仪以前方交会法定位；测图比例尺小于 1∶1 万时，通常使用六分仪以后方交会法（又称三标两角法）定位。对于定位精度要求高的大比例尺测图，使用测距系统（又称圆-圆系统），如海用微波测距仪定位。对距岸较远的海区，一般使用无线电双曲线定位系统定位。

使用 RTK 三维水深测量技术不需要验潮，并且能够消除波浪、潮位和动吃水的影响，是一种理想的测深点定位方法。使用实时差分 GPS 定位时，岸台位置选择应满足下列要求：选在视野开阔的控制点上，视场内障碍物的仰角小于 10°；避开强磁或电信号干扰；岸台与高压线、变电站、无线电信号发射设备的距离不小于 100m，与强辐射电台、电视台、微波中转站的距离不小于 500m。

3. 水深测量数据处理

由于多波束测深数据是在动态的海洋中采集的，仪器的噪声、海况的复杂性、多波束声呐的参数设置不合理等都会使数据产生误差，从而使绘制的地形图与海底地形存在差异。为了保证测量精度，必须对测深数据进行编辑，剔除粗差，保留真实数据，为以后成果做好充分的准备。

1）坐标系统定义

多波束测深系统是多传感器组成的综合系统，除了多波束测深仪和定位仪器外，还包括测定船舶航向的电罗经、测定纵摇横摇的姿态传感器及测定上下起伏的涌浪滤波器等辅助测量设备。只有当它们相互匹配时，才能正常开展测量工作。

2）横摇与纵摇改正

多波束测深系统进行水深测量时，受风浪的影响，测量船不免产生摇摆，导致测量船坐标系的倾斜，使测得的水深出现系统偏移，从而需要同时进行船舶姿态测量，并对水深进行倾斜改正。姿态传感器可以测量船舶的横摇（roll）与纵摇（pitch），依此可进行横摇改正与纵摇改正。

3）航向归算

多波束系统可以通过光纤罗经实现定向。光纤罗经安装三个相互垂直的光纤陀螺，可分别测出地球自转角速度在这三个垂直方向的分量值，如果三个光纤陀螺仪的旋转轴分别与测量船坐标系的三个轴相对应平行，则由所测得的角速度分量便可确定船舶航向。

4）声线计算

多波束声线弯曲计算采用二维模式，即假设声速只在垂直深度上发生变化，而在水平方向上均匀。声波在海水中的传播速度主要与海水温度、盐度及压力有关。海洋不同深度的温度、压力也不同。多波束测深系统利用海水介质对声速的传播和海底的反射和散射差异原理。不同的声速结构具有不同的波束旅行路径。声速结构的差异将通过声线弯曲直接影响海底的探测精度，导致海底形态的畸变。声速在垂向上表现出一定的变化规律，大致可以划分出 4 个声速变化层：层 1 为等速的均匀层结构；层 2 为随深度增加声速线性增加的递增型结构；层 3 为随深度增加声速线性减小递减型结构；层 4 为两个不等速均匀层相互叠置的跃层结构。声速结构具有不同类型的原因是海水介质的层化程度和不同水团的叠置状况。具体的声速剖面是上述 4 种结构类型的复杂组合和叠加。

5）水深点测量坐标转换

深点测量坐标转换包括：①定位仪点位归算；②水深点坐标转换；③起伏和潮位改正。

4. 等深线绘制

等深线可表示海洋或湖泊的深度，海底或湖底地形的起伏。因为多波束原始数据具有海量数据特征，所以在经过预处理后并不能直接用于成图。因为水深点在图中以数值的形式表达，密集的多波束测深点数据拥挤在一起导致无法分辨，而且密集的点云数据也会使生成等深线线形过于复杂，所以还需要根据实际使用需要和比例尺大小对水深点云进行抽稀。通常等深线可以由规则格网和 TIN 两种数据模型生成。当水深点云数据比较密集的时候，规则格网可以内插出精度较高的等深线。当数据密度不够时，在将离散点数据采样成规则格网的过程中会有精度的损失。而利用原始水深点云数据构建 TIN 模型，可以有效避免在内插时的精度损失，因此，不规则三角网更适合用于海底地形模型的构建。

1）基于规则格网的点云数据抽稀

该方法的基本思想是通过一个规则格网将所有的数据点划分为若干小块，然后对每一小块，选取包含在其内部的一个数据点，而其余未被选中的数据点则被去除。点云抽稀的程度由选取的规则格网单元的大小控制。如果选取规则格网的间距越大，则被保留的数据点越少，抽稀程度越大；反之，则被保留的数据点越多，抽稀程度越小。而且，为达到对点云抽稀的目的，选取的格网间距一般不能小于点云中各数据点之间的平均间距。

2）基于不规则三角网的点云数据抽稀

基于 TIN 的抽稀方法的基本原理是利用已经建立好的 TIN 模型，依据越平坦区域上的点所包含的地形特征信息量越少，且平坦地区三角网中所包含的三角形之间的三角形法向量夹角较小这个先验信息通过选取法向量夹角小于阈值的三角形加以去除，达到数据抽稀的目的。

5.2.7　地物三维模型建模

地物三维模型是地理景观的三维表达，它不仅具有虚拟现实世界的真实感，还实现了与地物的自然、人文信息的关联，它是地物几何、纹理、属性信息的综合集成。由于地物三维模型所含地理信息的丰富性及空间表达的逼真性，地物三维模型在城市空间信息管理、城市空间形态和分布的计算与分析、城市三维表达模拟等众多应用中呈现出巨大的潜力，使其成为城市信息化特别是数字城市和智慧城市建设的重点。

1. 建模内容

按照所表达的地理对象的不同，地物三维模型主要分为 5 类：建筑模型、交通设施模型、管线模型、植被模型和其他模型。

（1）建筑模型。建筑是地物三维模型的主要内容，它具有多样性的可视外观，并可反映城市的主要风貌。建筑模型主要包含各类地上建（构）筑物（包括建（构）筑物主体及其附属设施）和各类地下建（构）筑物（包括地下停车场、地下商场、地下人防工程等）。随着室内空间信息应用需求的增加，室内模型也成为建筑模型的重要组成部分。

（2）交通设施模型。交通设施模型也是地物三维模型中需要表达的主要类型，表达的内容包括道路、桥梁及道路附属设施。这 3 类地物有着不同的数据内容：①道路，包括公路、城市道路、厂矿道路、林区道路、乡村道路及下穿通道等；②桥梁，包括铁路、轻轨、地铁、高架路、立交桥、人行天桥、公铁两用桥、支座、引桥、栏杆、拉索等；③道路附属设施，包括道路交通标志和标线、路沿、植被隔离带、栅栏、顶篷、路灯、信号灯等。

（3）管线模型。管线及附属设施是城市基础设施的重要组成部分，既包含地上管线，又包含地下管线。其建模内容主要包含管线（包括埋设于地下各类管道、直埋缆线和地上架空管线）、管线特征点（包括管线线路上交叉、分支、转折、变材等连接关系的点）、管线附属设施（包括对管线载体传输有分流、汇聚、增压、降压、输出的专业设备）。

（4）植被模型。植被是城市景观的重要构成。其建模内容主要包含公路或道路两旁成行栽植的行道树；绿地、公园、社区、庭院种植的景观植物。

（5）其他模型。除建筑、交通设施、管线和植被模型以外的其他城市要素的三维模型，可包括下列建模内容：①城市雕塑，包括城市中各类装饰雕塑；②城市休息设施，包括座具、伞与座椅、步廊、路亭等；③城市卫生设施，包括垃圾箱、公共厕所、饮水及清洗台等；④城市信息和通信设施，包括电话亭、邮箱、环境标识、告示板、宣传栏、计时装置、电子信息查询器等；⑤城市娱乐休闲设施，包括游戏设施、娱乐设施、户外健身设施等；⑥城市消防设施，包括消防水池、消防水塔等；⑦残疾人专业设施。

2. 建模方法

三维地理模型重建的数据源可以分为远距离获取的数据（卫星影像、航空影像、空载激光扫描等）、近距离获取的数据（近景摄影、近距激光扫描、人工测量）和 GIS/CAD 导出数据三种。不同的数据源对应着不同的三维模型细节和应用范畴。例如，基于遥感影像和机载激光扫描的方法适用于大范围三维模型数据获取；车载数字摄影测量方法适用于走廊地带建模；地面摄影测量方法和近距离激光扫描方法则适用于复杂地物精细建模等。其中，基于遥感影像和机载激光扫描系统的三维模型获取方法能够适用于在大范围地区快速获取地面与建筑物的几何模型和纹理细节，虽然现有技术在很大程度上还依赖人工辅助，但这无疑是最有潜力的三维模型数据自动获取技术之一。基于已有二维 GIS 数据的简单建模方法具有成本低、自动化程度高的优点，在某些需要快速建立三维模型的领域也有着广泛的应用，这也是现有大多数二维 GIS 提供三维能力的最主要方式。基于 CAD 的人机交互式建模方法将继续被用于一些复杂人工目标的全三维逼真重建。另外，基于图像的建模和绘制作为一种新的视觉建模方法，在不需要复杂几何模型的前提下也能够获得具有高度真实感的场景表达，能够较好地解决三维建模过程中模型复杂度与绘制的真实感和实时性三者之间的矛盾，大大简化了复杂的数据处理工作。因此也被越来越多地用于各种虚拟环境的建立，如基于图形和图像的两种建模技术被综合应用于高度真实感的三维景观模型的创建。

随着三维 GIS 的深入发展和广泛应用，人们越来越关注三维模型数据的准确性、逼真性和有用性。在追求三维模型逼真和准确的同时，也带来了数据生产的高投入。与二维空间数据相比，三维空间数据不是简单的对应或者扩展，三维空间数据库的建设至今仍然是一项复杂而昂贵的综合性工程。大型三维 GIS 系统建设的生产效率、质量控制、数据安全和有效存储与管理等问题日益突出，并直接关系系统建设与应用的成败。决定空间数据具体生产方案的三个要素分别是精度、成本和效率，最终系统的有用性和提供的空间分析能力又取决于模型的逼真程度及所选择的数据源和建模方法。因此，三维 GIS 缺乏有关数据内容、细节程度、定位精度和生产工艺等的技术标准已经成为制约其推广应用的关键问题之一。

5.3　地理数据处理技术

地理信息处理的核心是，依据地理信息应用对数据组织管理的需求，将外业实地测量、卫星遥感图像、航空摄影像片、外业观测成果、现有的地图、各类数字地图和文本资料，按照不同的方法对数据进行编辑运算，清除数据冗余，弥补数据缺失，进行数据文件格式转换，形成符合用户需求的数据产品。不同类型的信息感知需要不同的传感器设备；不同类型传感器获取的数据产品需要不同数据获取方法，不同的数据源加工成所需的数据产品需要不同处理方法技术。依据 GIS 应用需求，不同的数据源、不同的数据获取方法和采用不同处理技术就构成了地理空间数据获取与处理的技术内容，这些技术方法成为 GIS 技术的重要组成部分。地理数据处理方法主要有误差修正（设定容许值、连接节点、重建拓扑关系）、边界匹配、数据格式转换、投影变换、坐标变换、图像纠正、图像解译和精度评价等。

5.3.1　矢量数据处理技术

1. 地理空间数据转换

地理空间数据转换是指通过使用各种数据转换工具，把已有的系统数据经过转换变成需要的数据。空间数据的来源有很多，如地图、工程图、规划图、照片、航空与遥感影像等，因此空间数据也有多种格式。根据应用需要，对数据的格式要进行转换。地理空间数据转换包括数据格式、数据结构、比例尺、概括程度、投影、坐标系。地理空间数据转换内容主要包括 3 个方面，其一是空间位置信息；其二是空间拓扑关系（如一条弧段的起始结点、终止结点、左多边形、右多边形等）；其三是属性数据。在地理空间数据转换过程中，空间数据的信息大部分能够完整地进行转换，但是由于每个软件的数据结构和数据模型存在差异性，某些信息在转换过程中会部分损失，甚至被完全丢失掉。

1）数据格式转换

数据格式转换主要有 3 种方式：①通过外部数据交换文件进行，大部分 GIS 工具软件都定义了外部交换文件格式。②通过标准空间数据文件转换。在系统之间进行数据格式转换的另一种解决方案是，定义标准的空间数据交换文件标准，每个 GIS 软件都按这个标准提供外部交换格式，并且提供读入标准格式的软件。这样系统之间的数据交换经过二次转换即可完成。③通过标准的应用程序编程接口（application programming interface，API）函数进行转换。上述前两种方式都是经过文件实现的数据转换方式。如果 GIS 软件都提供直接读取对方存储格式的 API 函数，则系统之间的转换只需一次转换即可完成。

2）空间拓扑关系转换

拓扑关系转换是数据处理的重要内容。空间拓扑关系描述的是基本的空间目标点、线、面之间的邻接、关联和包含关系。GIS 传统的基于矢量数据结构的结点-弧段-多边形，用于描述地理实体之间的连通性、邻接性和区域性。这种拓扑关系难以直接描述空间上虽相邻但并不相连的离散地物之间的空间关系。空间拓扑关系建立和操作复杂，人工维护空间拓扑关系不仅费力，而且容易出错。所以一般 GIS 应用不直接建立拓扑关系，如有应用需求再建立拓扑关系。

3）属性数据转换

属性数据是描述地理实体质量和数量特征的数据。不同学科、不同部门和不同领域对地理实体质量和数量特征描述差异很大，主要表现在分类分级不同。在属性数据转换过程中，需要重新分类和重新进行分级，或者找出两个相近的分类分级进行互换。

2. 地理空间坐标变换

地理空间数据的变换即空间数据坐标系的变换，其实质是建立两个平面点之间的一一对应关系，包括几何变换和投影（project）变换，它们是地理空间数据处理的基本内容之一。

几何变换包括比例尺变换、变形误差改正、坐标旋转和平移等方法。对于数字化地图数据，由于设备坐标系与用户确定的坐标系不一致，以及数字化原图图纸发生变形等，需要对数字化原图的数据进行坐标系转换和变形误差的消除。

投影变换是将一种地图投影转换为另一种地图投影，主要包括投影类型、投影参数或椭球体等的改变。地图投影变换包括解析变换法、反解变换法（又称间接变换法）和正解变换法（又称直接变换法）等。不同来源的地图还存在地图投影与地图比例尺的差异，因此需要进行地图投影转换和地图比例尺的统一。由于数据源的多样性，当数据与研究、分析问题的空间参考系统（坐标系统、投影方式）不一致时，就需要对数据进行投影变换。同样，在对本身有投影信息的数据采集完成时，为了保证数据的完整性和易交换性，要对数据定义投影。当系统使用的数据取自不同地图投影的图幅时，需要将一种投影的数字化数据转换为所需要投影的坐标数据。

3. 地理空间数据编辑

地理空间数据编辑主要是矢量数据的图形编辑，又叫做数据编辑、数字化编辑，是指对地图资料数字化后的数据进行编辑加工，其主要目的是在改正数据差错的同时，相应地改正数字化资料的图形。对采集后的数据进行编辑操作，是丰富完善空间数据及纠正错误的重要手段，空间数据的编辑主要包括数据的几何图形编辑和属性编辑。图形编辑的基本功能包括图形分层显示、缩放、漫游、增（点、线、面）、删（点、线、面）、移（点、线、面）、修改属性（点、线、面）、断链、合链、增（删）链上的点、移链上的点、注记及注记修改等。

4. 地理空间数据压缩

地理空间数据压缩包括矢量数据压缩和栅格数据压缩。

（1）矢量数据压缩。矢量数据压缩是比较常用的一种地理空间数据处理方法。矢量数据压缩的目的是删除冗余数据，减少数据的存储量，节省存储空间，加快后继处理的速度。除此之外，其本质的原因在于原始的数据存在一定的冗余。这种数据冗余一方面是数据采样过程中不可避免产生的；另一方面是具体应用变化而产生的，如大比例尺的矢量数据用于小比例尺的应用时，就会存在不必要的数据冗余。因此，应该根据具体应用来选择合适的矢量数据压缩与化简算法。

矢量数据可分为点状图形要素、线状图形要素、面状图形要素。但从压缩的角度来看，矢量数据的压缩主要是线状图形要素的压缩，因为点状图形要素可看成是特殊的线状图形要素，面状图形要素的基础也是线状图形要素，因为面状要素是由一条或多条线状图形要素围成的。因此，线状图形要素的压缩就成为矢量数据压缩中最重要的问题，常用的方法有道格拉斯算法、光栏法、垂距法等。

（2）栅格数据压缩。目前有一系列栅格数据压缩编码方法，如键码、游程长度编码、块码和四叉树编码等。其目的，就是用尽可能少的数据量记录尽可能多的信息，其类型又有信息无损编码和信息有损编码之分。信息无损编码是指编码过程中没有任何信息损失，通过解码操作可以完全恢复原来的信息；信息有损编码是指为了提高编码效率，最大限度地压缩数据，在压缩过程中损失一部分相对不太重要的信息，解码时这部分难以恢复。在 GIS 中多采用信息无损编码，而对原始遥感影像进行压缩编码时，有时也采取有损压缩编码方法。

5. 拓扑关系生成

拓扑空间关系是一种对空间结构进行明确定义的数学方法，具有拓扑关系的矢量数据结构就是拓扑数据结构。矢量数据拓扑关系在空间数据的查询和分析过程中非常重要，拓扑数据结构是 GIS 分析和应用功能所必需的，它描述了基本空间目标点、线、面之间的关联、邻接和包含关系。拓扑空间关系的自动建立算法是 GIS 中的关键和难点算法之一。拓扑关系自动生成算法的一般过程如下。

1）弧段求交计算

地理矢量数据以弧段为基本逻辑单元，每一弧段有两个或以上特征点。弧段建立拓扑关系，首先要进行弧段求交计算，使弧段不存在自相交和相交现象。

（1）自相交弧段处理。具有自相交特征的弧段至少具有四个（结）节点，由三个点或两个点组成的弧段不可能自相交。依次取出每一条弧段，如果弧段的（结）节点个数不少于四个，就利用直线段相交的方法，对组成弧段的各直线段进行判断，如果相交，将线段断开为两条，自相交的弧段可能不止有一处相交，可以通过递归的方法来逐弧段判断。

（2）弧段相交打断处理。弧段与弧段相交关系的判断，可以通过取每一条弧段，与其他未判断过的所有弧段目标进行相交关系判断而得，要进行 $(n-1)+(n-2)+\cdots+3+2+1=n(n-1)/2$ 次判断。具体方法为，取出第一条弧段，与其他 $n-1$ 条弧段进行相交判断，求得交点后，将交点分别插入第一条弧段和与其相交弧段的对应位置上，并记录位置，判断完毕后，通过记录下的交点位置将第一条弧段分割，然后依次取出下一条弧段进行同样的处理，直到所有弧段处理完毕。

与弧段求交直接相关的一个问题是直线段求交。直线段求交计算是利用两个直线段的交点，将两个直线段拆分为四个直线段。人们已对直线段求交进行了大量研究并提出了很多有效方法，如三角化法、包围盒法、扫描线法等。

2）结点匹配

拓扑线段的两个端点，分别为首结点、尾结点。结点匹配就是把一定容差范围内的弧段的结点合并成为一个结点，其坐标值可以取多个结点的平均值，或者选中一个结点作为中心，其他结点的坐标取中心的坐标，如图 5.5 所示。

图 5.5　结点匹配

每条弧段对应着两个结点，每个结点在合并前对应着一条弧段，在合并结点的过程中，需要将结点对应的弧段也合并在一起。具体的思路是将所有的结点加入结点集合，从结点集合中取出一个结点作为中心点，从余下的结点中找出容差范围内的其他结点，将这些结点所对应的弧段加入中心结点的弧段集合中，同时将弧段对应的结点变为中心结点，并修改弧段的相应坐标。

3）拓扑关系建立

参加拓扑关系建立的弧段不会有自相交和相交现象，拓扑关系自动生成算法的一般过程如下。

（1）弧段处理，使整幅图形中的所有弧段，除在端点处相交外，没有其他交点，即没有相交或自相交的弧段。

（2）结点匹配，建立结点、弧段关系。

（3）建立多边形，以左转算法或右转算法跟踪，生成多边形，建立多边形与弧段的拓扑关系。

（4）建立多边形与多边形的拓扑关系。

（5）调整弧段的左右多边形标识号。

（6）多边形内部标识号的自动生成。

事实上，拓扑关系的生成过程中还涉及许多工作，如弧段两端角度的计算、悬挂结点和悬线的标识、多边形面积计算、点在多边性内外的判别等。

6. 地理空间数据插值方法

由于测量条件、野外工作条件或工程经费的限制，采集的点要素量往往是非常有限的。对于地面观测点稀少、地面采样数据少、观测点或取样点又不合理的区域，要得到观察指标的空间连续化描述或空间可视化表达，空间内插是不可缺少的方法。空间数据内插，就是根据一组已知的离散数据或分区数据，按照某种数学关系推求出其他未知点或未知区域的数学过程。空间数据内插是地理空间数据处理的一项重要任务，在很多情况下必须进行内插，如采样密度不够、采样分布不合理、采样存在空白区、等值线的自动内插、数值等高模型的建立、区域边界分析、曲线光滑处理、空间趋势预测、采样结果的三维可视化等。内插广泛应用于等值线自动制图、数字高程模型的建立、不同区域界线现象的相关分析和比较研究等。内插要体现渐变特征，以能较好地表示连续的空间渐变模型为原则。

地理空间数据内插的基本原理是根据已知观测数据，找到一个函数关系式，使该关系式最好地逼近这些已知的空间数据，通过已知点或分区的数据，根据函数关系式推求出其他任意未知点的值。

地理空间数据的插值分为内插和外推两类，内插是在已存在观测点的区域范围之内估计未观测点的特征值的过程；外推是在已存在观测点的区域范围之外估计未观测点的特征值的过程。

空间数据的内插和外推在 GIS 中使用十分普遍。一般情况下，空间位置越靠近的点越有可能获得与实际值相似的数据，而空间位置越远的点则获得与实际值相似的数据的可能性越小。一些常用的内插方法有边界内插、整体内插、局部分块内插、样条函数、逐点内插。

趋势面分析是一种多项式回归分析技术。多项式回归的基本思想是用多项式表示线或面，按最小二乘法原理对数据点进行拟合，拟合时假定数据点的空间坐标 X、Y 为独立变量，而表示特征值的 Z 坐标为因变量。

7. 地理矢量数据裁剪和合并

（1）地理矢量数据的裁剪。数据裁剪是从整个空间数据中裁剪出部分区域，以便获取真正需要的数据作为操作区域，减少不必要数据参与运算，是从地图矢量数据集合中提取所需信息的过程，也是空间数据处理过程中经常遇到的问题。裁剪就是把裁剪区域内地理实体及它们之间的拓扑关系表达出来，可分为两个步骤：一是将区域中的地图元素提取出来，建立矢量数据的简单数据结构；二是将这些地图元素之间的拓扑关系提取出来，建立矢量数据拓扑关系的表示结构。裁剪后的地图矢量数据不仅含有该区域中各个地理实体的抽象，还有对各个地理实体之间拓扑空间关系的描述。

（2）地理矢量数据的拼接。空间数据拼接是空间数据处理的重要环节，也是 GIS 空间数据分析中经常需要进行的操作。数据拼接是指将空间相邻的数据拼接成为一个完整的目标数据。因为操作区域可能是一个非常大的范围，跨越了若干相邻数据，而空间数据是分幅存储的，所以要对这些相邻的数据进行拼接。

（3）地理矢量数据的接边。将相邻的多幅图的同一层数据合并，涉及空间拓扑关系的重建。地理矢量数据的接边主要处理相邻图幅分开的一个地物的两部分的几何裂缝和逻辑裂缝。几何裂缝是指由图幅边界分开的一个地物的两部分不能精确地衔接。逻辑裂缝是指同一地物在相邻图幅中地物编码不同或具有不同的属性信息，如公路的宽度、等高线高程等。

空间数据拼接的前提是矢量数据经过了严格的接边，地理矢量数据的接边分为几何接边和逻辑接边两种。几何接边就是判断同一地物（地物编码和属性值相同）在相邻图幅的边界的几何坐标是否相同，通过人工编辑移动地物坐标直接接边。对于多边形，由于同一个目标在两幅图内已形成独立的多边形，合并时，需去除公共边界，属性合并，删去共同线段。实际处理过程是先删除两个多边形，解除空间关系后，删除公共边，再重建拓扑。逻辑接边就是识别同一地物在相邻图幅的地物编码和属性值是否一致，若不一致，通过人工编辑将同一地物在相邻图幅的空间数据在逻辑上连在一起。

5.3.2　栅格数据处理技术

1. 栅格数据的基本运算

栅格图像的处理常用到的基本运算如下。

（1）灰度值变换。为了利用栅格数据，得到尽可能好的图像、图形质量或分析效果，往往需要将原始数据中像元的原始灰度值按各种特定方式变换。各种变换方式可以用"传递函数"来描述。其中，原始灰度值与新灰度值之间的关系，正如函数中自变量与因变量之间的对应关系。

（2）栅格图像的平移。这是一种极为简单而重要的运算，即原始的栅格图像按事先给定的方向平移一个确定的像元数目。

（3）两个栅格图像的算术组合。将两个栅格图像互相叠置，使它们对应像元的灰度值相加、相减、相乘等。

（4）两个栅格图像的逻辑组合。将两个图像相对应的像元，利用逻辑算子"或"、"异或"、"与"和"非"进行逻辑组合。

2. 栅格数据的宏运算

宏运算较上述基本运算复杂，但能更为直接地显示出在制图上的作用，下面结合其在制图上的应用，列举一些常用的宏运算。

（1）扩张。在这种算法中，同一种属性的所有物体将按事先给定的像元数目和指定的方向进行扩张。

（2）侵蚀。在这种算法中，同一种属性的所有物体将在指定的方向上按事先给定的像元数目受到（背景像元的）侵蚀。实际上就是背景像元在这个方向上的扩张。

（3）加粗。在加粗算法中，同一种属性的所有物体将按事先给定的像元数目加粗。

（4）减细。减细的原理和过程与加粗几乎是一样的，因为加粗"0"像元就是减细"1"像元。要注意的是，这种减细的批处理过程若不加一些必要的限制，可能会导致线划的断裂或要素的消失。显然，加粗是扩张的发展；减细是侵蚀的发展。

综合运用扩张、侵蚀、加粗、减细的宏运算，有可能使制图物体的形态按要求向好的方面转化。例如，假定图的两个要素间有粘连现象，则可以先从一侧进行侵蚀（具体侵蚀多少应视粘连程度而定），再向同一侧扩张同样的像元数。结果是消除了粘连，而其他要素不变，这一过程也叫做断开。相反，如果一个连续的制图物体由于材料、工艺及老化等使图形（如等高线）出现断缺、裂口等缺陷。此时将原图先扩张再侵蚀或先加粗再减细，就可获得连续、光滑的图形，从而改善线划符号的质量，这一过程也叫做合上。

（5）填充。这种宏运算目的是让一些单个像元（填充胚）在给定的区域范围内，通过某种算法而蔓延，由它们把这些区域全部充满。在利用多边形范围线的栅格图像进行人机交互或自动的多边形标识时，往往要用到"填充"这种宏运算。在此介绍两种算法。

①滤波。滤波是对以周期振动为特征的一种现象在一定频率范围内予以减弱或抑制。这里的振动指的是随时间变化的电波或机械的振动。在图像范畴中，也可以引用振动的概念，即随着在图像上抽样点位置的逐渐变化而呈现变化的不同图像亮度（即数字灰度值）。因此，可以把在通信技术中所使用的滤波公式简单地转用于数字图像处理。此时，可以将栅格像元的位置坐标（即行、列号）代替时间坐标，用灰度值幅度代替电压幅度或声学音强幅度。从数学上讲，可以采用两种重要的滤波算法：傅里叶变换和褶积变换。在高通滤波中，栅格图像的低频率灰度分布，即大块面积中带有的相同灰度值被滤掉了，只保留着原图中相应物体的边缘。低通型滤波主要应用于制图综合中破碎地物的合并表示，而高通型滤波主要用于边缘的提取和区域范围、面积的确定。②几何变换。为了消除扫描原图的变形或改变投影类型，栅格地图往往必须按位置进行几何变换。

3. 栅格数据的存储

（1）全栅格矩阵式。这是一种非压缩格式，它顺序存放每像元的灰度值，以构成一个栅格矩阵。

（2）行程格式。它只对在每一行中灰度值转变的列号、其后所跟的灰度值及这种灰度值像元所延续的个数予以存储。在图面不很复杂的情况下，可有效压缩存储空间。

（3）四叉树格式。这是一种分级砌块格式，即把地图划分成大小不同的正方形砌块，每一种砌块的尺寸是通过将上一级较大的砌块四等分而产生的。如此逐级划分，直至最小的砌块尺寸。

5.3.3　栅格与矢量转换

矢量与栅格数据的相互转换，是地理空间数据处理的基本功能之一，主要包括矢量数据向栅格数据的转换和栅格数据向矢量数据的转换。目前已经发展了许多高效的转换算法；矢量格式向栅格格式的转换算法成熟，相反，从栅格数据到矢量数据的转换，特别是扫描图像的自动识别，仍然是目前研究的重点。

1. 栅格数据向矢量数据转换

栅格数据向矢量数据转换的目的有三：其一为数据入库；其二为数据压缩；其三为矢量制图。以数据压缩为例，目前一般扫描仪的扫描精度均可以达到 800dpi（800dots/inch，相当于每个栅格的尺寸为 0.0125mm）以上。以一条 1mm 宽的线条为例，其扫描后横断面也占 8 个栅格。而按矢量数据的要求，一条线的宽度必须而且只能是一个栅格的宽度。数据入库工作，主要指如何将自动扫描仪获取的栅格数据转入矢量数据库中进行管理。

点的栅格数据向矢量数据转换，就是将栅格点的中心转换为矢量坐标的过程；弧段的栅格数据向矢量数据的转换，就是提取弧段栅格序列点中心的矢量坐标的过程；面域多边形的栅格数据向矢量数据转换，则是提取具有相同属性编码的栅格集合的矢量边界及边界与边界之间拓扑关系的过程。

栅格格式向矢量格式的转换一直是地理空间数据处理的技术难题之一。实际应用中大多数采用人工矢量化法，如扫描矢量化（该法工作量大，成为地理空间数据输入、更新的问题之一）。自动识别方法（全自动或半自动）通常包括以下 4 个基本步骤。

（1）多边形边界提取：采用高通滤波将栅格图像二值化或以特殊值标识边界点。

（2）边界线追踪：对每个边界弧段由一个结点向另一个结点搜索，通常对每个已知边界点需沿除了进入方向的其他 7 个方向搜索下一个边界点，直到连成边界弧段。

（3）拓扑关系生成：对于矢量表示的边界弧段数据，判断其与原图上各多边形的空间关系，以形成完整的拓扑结构并建立与属性数据的联系。

（4）去除多余点及曲线圆滑：由于搜索是逐个栅格进行的，必须去除由此造成的多余点记录，以减少数据冗余；曲线由于栅格精度的限制可能不够圆滑，需采用一定的插补算法进行光滑处理，常用的算法有线形迭代法、分段三次多项式插值法、正轴抛物线平均加权法、斜轴抛物线平均加权法、样条函数插值法。

算法的基本思想是通过边界提取，将左右多边形信息保存在边界点上，每条边界弧段由两个并行的边界链组成，分别记录该边界弧段的左右多边形编号。边界线搜索采用 2×2 栅格窗口，在每个窗口内的 4 个栅格数据的模式，可以唯一地确定下一个窗口的搜索方向和该弧段的拓扑关系，极大地加快了搜索速度，拓扑关系也很容易建立。具体步骤如下。

（1）界点和结点提取。采用 2×2 栅格阵列作为窗口顺序沿行、列方向对栅格图像全图扫描，如果窗口内 4 个栅格有且仅有两个不同的编号，则该 4 个栅格表示为边界点；如果窗口内 4 个栅格有 3 个以上不同编号，则标识为结点（即不同边界弧段的交汇点），保持各栅格原多边形编号信息。对于对角线上栅格两两相同的情况，由于造成了多边形的不连通，也当做结点处理。图 5.6 和图 5.7 给出了结点和边界点的各种情形。

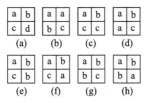

图 5.6　结点的 8 种情形

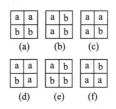

图 5.7　边界点的 6 种情形

（2）边界线搜索与左右多边形信息记录。边界线搜索是逐个弧段进行的，每个弧段由一组已标识的 4 个结点开始，选定与之相邻的任意一组 4 个边界点和结点都必定属于某一窗口的 4 个标识点之一。首先记录开始边界点的两个多边形编号，作为该弧段的左右多边形，下一点组的搜索方向则由进入当前点的搜索方向和该点组的可能走向决定，每个边界点组只能有两个走向，一个是前点组进入的方向，另一个则可确定为将要搜索后续点组的方向。如图5.7（c）所示，边界点组只可能有两个方向，即下方和右方，如果该边界点组由其下方的一点组被搜索到，则其后续点组一定在其右方；反之，如果该点在其右方的点组之后被搜索到（即该弧段的左右多边形编号分别为 b 和 a），对其后续点组的搜索应确定为下方，其他情况依此类推。可见，双边界结构可以唯一地确定搜索方向，从而大大地减少了搜索时间，同时形成的矢量结构带有左右多边形编号信息，容易建立拓扑结构和与属性数据的联系，提高转换的效率。

2. 矢量格式向栅格格式的转换

矢量数据转换为栅格数据称为栅格化。栅格化主要包括点栅格化、线栅格化和面栅格化。栅格化包括三个基本步骤：第一步是建立一个指定像元大小的栅格，该栅格能覆盖整个矢量数据的面积范围，并将所有像元的初始值赋予 0。第二步是改变那些对应于点、线或多边形界线的像元值。对于点的像元赋值 1，对于线的像元赋予线值，对于多边形的像元设为多边形值。第三步是用多边形值来填充多边形轮廓线内部。来自栅格化的误差通常取决于计算机算法和栅格像元的尺寸及边界的复杂性。

矢量格式向栅格格式转换又称为多边形填充，就是在矢量表示的多边形边界内部的所有栅格点上赋以相应的多边形编码，从而形成栅格数据阵列。几种主要的算法描述如下。

（1）内部点扩散算法。该算法由每个多边形一个内部点（种子点）开始，向其八个方向的邻点扩散，判断各个新加入点是否在多边形边界上，如果在边界上，则该新加入点不作为种子点，否则把非边界点的邻点作为新的种子点与原有种子点一起进行新的扩散运算，并将该种子点赋以该多边形的编号。重复上述过程直到所有种子点填满该多边形并遇到边界停止为止。扩散算法程序设计比较复杂，并且在一定的栅格精度上，如果复杂图形的同一多边形的两条边界落在同一个或相邻的两个栅格内，会造成多边形不连通，这样一个种子点不能完成整个多边形的填充。

（2）复数积分算法。对全部栅格阵列逐个栅格单元地判断该栅格归属的多边形编码，判别方法是由待判点对每个多边形的封闭边界计算复数积分，对某个多边形，如果积分值为 $2\pi r$，则该待判点属于此多边形，赋以多边形编号，否则在此多边形外部，不属于该多边形。

（3）射线算法和扫描算法。射线算法可逐点判断数据栅格点在某多边形之外或在多边形内，由待判点向图外某点引射线，判断该射线与某多边形所有边界相交的总次数，如相交偶数次，则待判点在该多边形外部，如为奇数次，则待判点在该多边形内部（图5.8）。采用射线算法要注意的是：射线与多边形边界相交时，有一些特殊情况会影响交点的个数，必须予以排除（图5.9）。

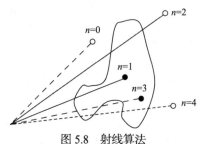

图 5.8　射线算法

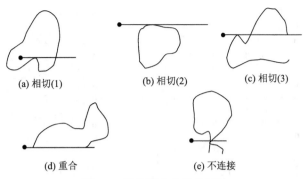

(a) 相切(1)　　　　　(b) 相切(2)　　　　　(c) 相切(3)

(d) 重合　　　　　　　　　(e) 不连接

图 5.9　射线算法的特殊情况

扫描算法是射线算法的改进，将射线改为沿栅格阵列或行方向扫描线，判断与射线算法相似。扫描算法省去了计算射线与多边形边界交点的大量运算，大大提高了效率。

（4）边界代数算法。边界代数多边形填充算法是一种基于积分思想的矢量格式向栅格格式转换算法，它适合于记录拓扑关系的多边形矢量数据转换为栅格结构。图 5.10 表示转换单个多边形的情况，多边形编号为 a，模仿积分求多边形区域面积的过程，初始化的栅格阵列各栅格值为 0，以栅格行列为参考坐标轴，由多边形边界上某点开始顺时针搜索边界线，当边界上行时[图 5.10（a）]，位于该边界左侧的具有相同行坐标的所有栅格被减去 a；当边界下行时[图 5.10（b）]，该边界左边（前进方向看为右侧）所有栅格点加一个值 a，边界搜索完毕则完成多边形的转换。

```
0  0  0  0  0  0  0  0          0  0  0  0  0  0  0  0
0  0  a  a  a  a↓ 0  0          0  0  a  a  a  a  0  0
-a-a 0  0  0  0  0  0           0  0  a  a  a  a  0  0
-a-a 0  0  0  0  0  0           0  0  a  a  a  a  0  0
-a-a-a 0  0  0  0  0            0  0  a  a  a  0  0
0  0  0  0  0  0  0  0          0  0  0  0  0  0  0  0
        (a)                            (b)
```

图 5.10　单个多边形的转换

事实上，每幅数字地图都是由多个多边形区域组成的，如果把不属于任何多边形的区域（包含无穷远点的区域）看成编号为 0 的特殊的多边形区域，则图上每一条边界弧段都与两个不同编号的多边形相邻，按弧段的前进方向分别称为左、右多边形，可以证明，对于这种多个多边形的矢量向栅格转换问题，只需对所有多边形边界弧段作如下运算而不考虑排列次序：当边界弧段上行时，该弧段与左图框之间栅格增加一个值（左多边形编号减去右多边形编号）；当边界弧段下行时，该弧段与左图框之间栅格增加一个值（右多边形编号减去左多边形编号）。两个多边形转换过程如图 5.11 所示。

边界代数法与前述其他算法的不同之处，在于它不是逐点判断与边界的关系完成转换，而是根据边界的拓扑信息，通过简单的加减代数运算将边界位置信息动态地赋予各栅格点。实现了矢量格式到栅格格式的高速转换，而不需要考虑边界与搜索轨迹之间的关系，因此算法简单、可靠性好，各边界弧段只被搜索一次，避免了重复计算。

但是，这并不意味着边界代数法可以完全替代其他算法，在某些场合下，还是要采用种子填充算法和射线算法，前者应用于在栅格图像上提取特定的区域；后者则可以进行点和多边形关系的判断。

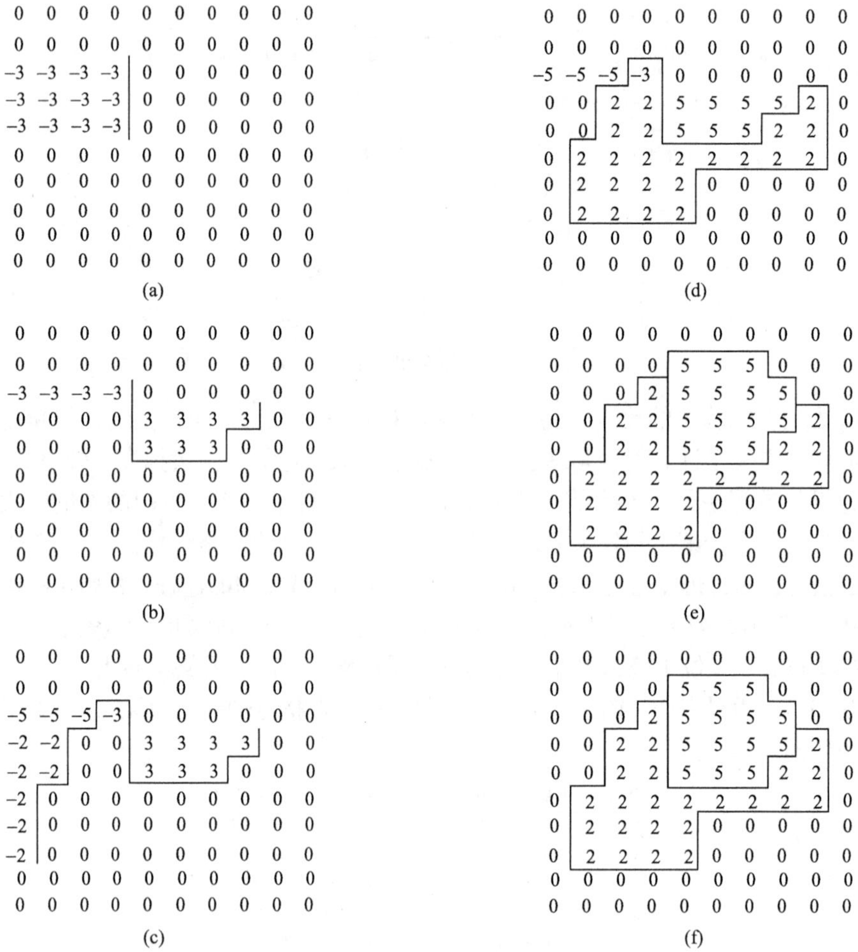

```
0  0  0  0   0  0  0  0  0  0        0  0  0  0   0  0  0  0  0  0
0  0  0  0   0  0  0  0  0  0        0  0  0  0   0  0  0  0  0  0
-3 -3 -3 -3  0  0  0  0  0  0       -5 -5 -5 -3   0  0  0  0  0  0
-3 -3 -3 -3  0  0  0  0  0  0        0  2  2  2   5  5  5  5  2  0
-3 -3 -3 -3  0  0  0  0  0  0        0  0  2  2   5  5  5  2  2  0
0  0  0  0   0  0  0  0  0  0        0  2  2  2   2  2  2  2  0  0
0  0  0  0   0  0  0  0  0  0        0  2  2  2   2  0  0  0  0  0
0  0  0  0   0  0  0  0  0  0        0  2  2  2   2  0  0  0  0  0
0  0  0  0   0  0  0  0  0  0        0  0  0  0   0  0  0  0  0  0
                (a)                              (d)

0  0  0  0   0  0  0  0  0  0        0  0  0  0   0  0  0  0  0  0
0  0  0  0   0  0  0  0  0  0        0  0  0  0   5  5  5  0  0  0
-3 -3 -3 -3  0  0  0  0  0  0        0  0  0  2   5  5  5  5  0  0
0  0  0  0   3  3  3  3  0  0        0  0  2  2   5  5  5  5  2  0
0  0  0  0   3  3  3  0  0  0        0  0  2  2   5  5  5  2  2  0
0  0  0  0   0  0  0  0  0  0        0  2  2  2   2  2  2  2  2  0
0  0  0  0   0  0  0  0  0  0        0  2  2  2   2  0  0  0  0  0
0  0  0  0   0  0  0  0  0  0        0  2  2  2   2  0  0  0  0  0
0  0  0  0   0  0  0  0  0  0        0  0  0  0   0  0  0  0  0  0
                (b)                              (e)

0  0  0  0   0  0  0  0  0  0        0  0  0  0   0  0  0  0  0  0
0  0  0  0   0  0  0  0  0  0        0  0  0  0   5  5  5  0  0  0
-5 -5 -5 -3  0  0  0  0  0  0        0  0  0  2   5  5  5  5  0  0
-2 -2 0  0   3  3  3  3  0  0        0  0  2  2   5  5  5  5  2  0
-2 -2 0  0   3  3  3  0  0  0        0  0  2  2   5  5  5  2  2  0
-2  0  0  0  0  0  0  0  0  0        0  2  2  2   2  2  2  2  2  0
-2  0  0  0  0  0  0  0  0  0        0  2  2  2   2  0  0  0  0  0
-2  0  0  0  0  0  0  0  0  0        0  2  2  2   2  0  0  0  0  0
0  0  0  0   0  0  0  0  0  0        0  0  0  0   0  0  0  0  0  0
                (c)                              (f)
```

图 5.11　多个多边形的转换

　　矢量格式向栅格格式的转换是地理信息网络服务中瓦片地图制作的主要方法，主要处理方法是矢量数据的可视化（符号化）。按相应比例尺地形图图式建立符号库；利用符号库对DLG 数据按要素进行符号化，并按图式表示要求做压盖处理。在地图制图编辑软件支持下编辑不适当的注记位置、字体类型与大小、协调处理要素之间不合理的位置关系及其他不符合图式要求的内容；将编辑好的矢量数据转换为栅格数据格式，保存其图幅坐标信息。在质检方面，着重检查 DRG 的图面内容是否完整，矢量数据符号化是否符合相应比例尺地形图的图式要求；检查内图廓点、公里格网点坐标与其理论值偏差是否在限差范围内。在 DRG 数据制作过程中，应按要求进行相关文档编写：按规定要求录入元数据项；按规定格式填写图历簿，图历簿内容包括图幅数字产品概况、资料利用情况、采集过程中主要工序的完成情况、出现的问题、处理方法、过程质量检查、产品质量评价等；编写技术总结。

第6章 地理空间数据管理

地理信息具有动态变化特征。地理数据要精确表达地理信息，必须不断更新，这是地理信息系统的基本需求。地理信息的空间分布性、多态性、多源性和空间关系等特征决定了地理数据更新管理的复杂性。同时，海量地理数据管理效率直接影响着地理信息系统的性能。目前大多数信息管理系统都是采用关系数据库来存储管理数据的，但地理空间数据用单纯的关系数据库来管理，并没有取得好的效果，SQL 语句表达和操作地理数据还存在很多困难，例如，数据索引方面，关系数据库管理系统只能处理一维索引，无法实现空间数据索引。这就要求研究地理空间数据模型和存储管理技术，解决空间对象中几何与属性在关系数据库中的一体化存取问题；构建空间索引提高大范围海量地理数据的存取效率；利用面向对象思想研究空间数据引擎技术，开发空间数据存取操作中间件，提高 GIS 应用开发效率；在现代数据库技术基础上，研究空间数据网络结构和分布式存储的理论和方法，解决大型空间数据库工程中多用户动态实时更新问题，正确维护地理空间数据的一致性和完整性。

6.1　地理空间数据模型

6.1.1　数据抽象

数据的加工是一个逐步转化的过程，经历了现实世界、信息世界和计算机世界这 3 个不同的"世界"，经历了两级抽象和转换，如图 6.1 所示。

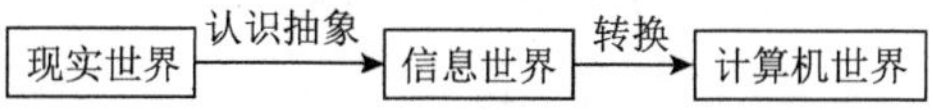

图 6.1　现实世界数据抽象的过程

1. 现实世界

现实世界是指客观存在的事物及其相互间的联系。现实世界中的事物有着众多的特征和千丝万缕的联系，但人们只选择感兴趣的一部分来描述，如学生，人们通常用学号、姓名、班级、成绩等特征来描述和区分，而对身高、体重、长相不太关心；而如果对象是演员，则可能正好截然相反。事物可以是具体的、可见的实物，也可以是抽象的事物。现实世界通过实体、特征、实体集及联系进行描述。客观存在并可相互区分的事物或概念称为实体，分为事物实体和概念实体。现实世界中的实体之所以可以相互区分，是因为它们都有自己的特征。具有相同特征或能用同样特征描述的实体的集合称为实体集。

2. 信息世界

信息世界是人们把现实世界的信息和联系，通过"符号"记录下来，然后用规范化的数据库定义语言来定义描述而构成的一个抽象世界。信息世界实际上是对现实世界的一种抽象描述。在信息世界中，不是简单地对现实世界进行符号化，而是要通过筛选、归纳、总结、命名等抽象过程产生出概念模型，用以表示对现实世界的抽象与描述。

现实世界的事物反映到人们的头脑里，经过综合分析而形成了印象和概念，从而得到信息。当事物用信息来描述时，就进入了信息世界。描述信息世界的术语有实例、属性、对象。信息世界通过概念模型（也称信息模型）反映现实世界。

3. 计算机世界

计算机世界是将信息世界的内容数据化后的产物。将信息世界中的概念模型，进一步地转换成数据模型，形成便于计算机处理的数据表现形式。信息世界中的信息，经过数字化处理形成计算机能够处理的数据，就进入了机器世界。在机器世界中有以下术语：①记录是实例的数据表示，有型和值之分。②字段即数据项。数据项是对象属性的数据表示，有型和值之分。③文件。文件是对象的数据表示，是同类记录的集合。

6.1.2　数据模型

数据模型（data model）是数据特征的抽象，是关系数据和联系的逻辑组织形式的表示，以抽象的形式描述系统的运行与信息流程，是计算机数据处理中一种较高层的数据描述。数据模型所描述的内容包括 3 个部分：数据结构、数据操作和数据约束。①数据结构：数据模型中的数据结构主要描述数据的类型、内容、性质及数据间的联系等。一般可分为 2 类：数据类型、数据类型之间的联系。数据类型如数据库任务组（database task group，DBTG）网状模型中的记录型、数据项，关系模型中的关系、域等。联系部分如 DBTG 网状模型中的系型等。数据结构是数据模型的基础，数据操作和约束都基本建立在数据结构上。不同的数据结构具有不同的操作和约束。②数据操作：数据模型中数据操作主要描述在相应的数据结构上的操作类型和操作方式。数据操作用于描述系统的动态特征，包括数据的插入、修改、删除和查询等。数据模型必须定义这些操作的确切含义、操作符号、操作规则及实现操作的语言。③数据约束：数据模型中的数据约束主要描述数据结构内数据间的语法、词义联系、它们之间的制约和依存关系，以及数据动态变化的规则，以保证数据的正确、有效和相容。约束条件可以按不同的原则划分为数据值的约束和数据间联系的约束；静态约束和动态约束；实体约束和实体间的参照约束等。

在数据库系统中，现实世界中的事物及联系是用数据模型描述的，数据库管理系统就是在一定的数据模型基础上实现的。数据库各种操作功能的实现是基于不同的数据模型的，因而，数据库的核心问题是数据模型。数据模型按不同的应用层次分成 3 种类型：概念数据模型、逻辑数据模型和物理数据模型。

1. 概念数据模型

概念数据模型（conceptual data model），是面向数据库用户的现实世界的模型，主要用来描述世界的概念化结构。它使数据库的设计人员在设计的初始阶段，摆脱计算机系统及DBMS 的具体技术问题，集中精力分析数据及数据之间的联系等，与具体的数据管理系统无关。概念数据模型必须转换成逻辑数据模型才能在 DBMS 中实现。概念模型用于信息世界的建模，一方面应该具有较强的语义表达能力，能够方便直接表达应用中的各种语义知识；另一方面它还应该简单、清晰、易于用户理解。在概念数据模型中最常用的是 E-R 模型、扩充的 E-R 模型、面向对象模型及谓词模型。

1）对象与属性

在概念世界中，人们用实体描述客观事物。实体可分成"对象"与"属性"两大类：如道路、居民地、水系和植被等属于前者；后者表示对象的某种特性，如道路类型、宽度、路面质量，表示了对象"道路"三个方面的特征，实体具有属性，属性表示实体的某种特征。对象与属性分别是客观事物中对象与性质的抽象描述，既有区别又有联系。一个对象具有某些属性，若干属性又描述某个对象。但这种区别又是相对的，即一个对象具有的某一属性，又可能是另一些属性描述的对象。例如对象"道路"具有属性编号、道路等级，桥梁等，而桥梁又是属性桥梁宽、桥梁长、桥梁高、桥梁建筑材料等所描述的对象。

不能再细分的属性称为原子属性，如居民地的人口、行政编码等；还可细分的属性为可分属性，如居民地的"名称"可分为"主名称"和"副名称"，"道路宽"可分为"路面宽"和"路宽"等。当然可分与不可分也具有相对性。例如，在地形图上描述海上助航设备时，"灯塔"可作为原子属性，对一般读图者来说只需指出该处有个灯塔即可，但对于航海者来说，航海时需要了解灯塔的航标系统、标身颜色、发光类型、发光周期、光色，灯高、射程等，因而"灯塔"变成了可分属性。"发光周期"还可以分为"小时""分""秒"。可见，可分属性又由原子属性、可分属性组成。

上述对象与属性，原子属性与可分属性之间的相对性问题，对构造实体模型非常重要。因为相对性是由描述的事物不同、观察研究问题的角度不同而引起的，所以在构造实体模型时，要辩证地研究客观事物。

2）个体与总体

实体又可分为两级，一级是"个体"，指单个的能互相区别的特定实体，如"黄河大桥""107 国道"；另一级是"总体"，泛指某一类个体组成的集合，又称"实体集"，如"公路"泛指"107 国道""130 国道"等个体组成的集合。

概括地说，对象与属性的联系是对象内部的联系，而个体与总体的联系是对象的外部联系，但随着考虑问题范围的变化，内部与外部的概念也在变化，从小范围看是外部的东西，从大范围看就是内部的了。

3）实体之间的联系

客观事物联系可概括成两种：实体内部各属性之间的联系，反映在数据上是记录内部的联系；实体之间的联系，反映在数据上则是记录之间的联系。

设有两个均包含有若干个体的总体 A、B，其间建立了某种联系，可将联系方式分为如下三种。

（1）一对一联系。如果总体 A 中的任一个体最多对应于总体 B 中的一个个体，反之，B中的任一个体最多对应于 A 中的一个个体，则称 A 对 B 是一对一联系，记为 1∶1，如图 6.2所示。

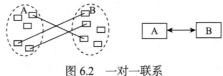

图 6.2　一对一联系

（2）一对多联系。如果总体 A 中至少有一个个体对应于总体 B 中一个以上个体，反之，B 中任一个体最多对应于 A 中一个个体，则称 A 对 B 是一对多联系。记为 1∶n，如图 6.3所示。

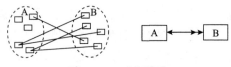

图 6.3　一对多联系

（3）多对多联系。如果总体 A 中至少有一个个体对应于总体 B 中一个以上个体，反之，B 中也至少有一个个体对应于 A 中一个以上个体，则称 A 对 B 是多对多联系。记为 $m:n$。

现实世界中，观众与座位之间，车票与乘客之间都存在 $1:1$ 的联系；父亲对子女，省对县之间都是 $1:n$ 的联系；学生与课程、商店与顾客是 $m:n$ 的联系。实体间的多对多联系可用图 6.4 表示如下。

图 6.4　多对多联系

实际上，$1:1$ 联系是 $1:n$ 联系的特例，$1:n$ 又是 $m:n$ 联系的特例，它们之间的关系是包含关系。

4）实体模型图

实体模型图捕捉并记录数据设计的实体、实体属性和实体间的联系。实体模型图直观地表示模式的内部联系。实体模型图主要组成为实体、属性、联系和关联的基数（cardinality）。实体用矩形框表示，框中有实体名，如实体道路可用含有 ROAD 一词的矩形框表示。实体的属性用椭圆表示，椭圆框中含有属性名。属性名用小写字母书写，如图 6.5 所示。实体模型图中用连线表示联系。

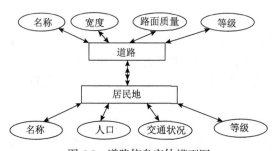

图 6.5　道路信息实体模型图

在数据模式图中，这些联系用带有描述联系基数信息的连线表示。第一种联系类型是一对一联系，用一个线段连接两个实体。第二种联系类型是一对多联系。一对多联系可用两种方法表示。第一种用单向箭头指向一实体，用双向箭头指向多实体；第二种从一实体引出多条线段扇出到多实体。第一种方法在本章中描述的实体联系模型中更常见，后一种形式更常用在一般工程方法论中。第三种联系类型是多对多联系，通常使用两种约定：第一种约定使用两端都带箭头的线段表示多对多联系，此图形表示在实体联系模型中很典型；第二种约定使用两端的线段表示多对多联系。

2. 逻辑数据模型

逻辑数据模型（logical data model），这是用户从数据库所看到的模型，是具体的 DBMS 所支持的数据模型，如层次模型（hierarchical model）、网状模型（network model）、关系数据模型等。此模型既要面向用户，又要面向系统，主要用于数据库管理系统（DBMS）的实现。

1）层次模型

层次模型是数据处理中发展较早、技术上也比较成熟的一种数据模型。典型的较为有名的层次模型是美国 IBM 公司的 IMS（information management system），它于 1968 年问世，是世界上第一个数据库管理系统。

层次模型的特点是将数据组织成有向有序的树结构。用树形结构来表示实体间联系的模型称层次模型，层次模型一般只能表示实体间一对多的联系。因为树除根之外，任何结点只有一个父亲，所以层次模型不能用来表示多对多联系，但表示一对多联系则清晰、方便。

这种树可同时用于逻辑和物理数据的描述，在逻辑数据描述中，它们描述记录类型之间的联系，即描述数据模型；在物理数据描述中它们被用于描述指示器集合，即描述物理结构。

层次模型中的结点是记录类型，描述在该结点处的实体的属性数据的集合。当每个结点的记录类型相同时，称为同质结构，如家族树结构；当每个结点有着不同类型的记录时，则称非同质结构。每个根的值引出一个逻辑数据库记录，即层次数据库由若干树构成。

空间数据的位置特征，导致了空间实体分布特征和空间关系，点、线和多边形空间关系表示如图 6.6 所示，用层次模型表示如图 6.7 所示。

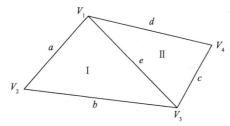

图 6.6　点、线和多边形空间关系表示

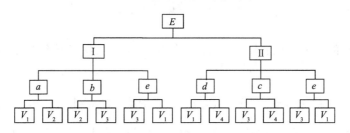

图 6.7　用层次模型表示

空间数据有明显的层次关系。层次模型能较好反映空间数据的属性特征。按传统的覆盖地图制图理论，空间数据的层次关系如图 6.8 所示。

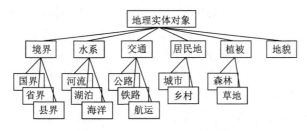

图 6.8　空间数据的层次关系

2）网状模型

用网络数据结构表示实体与实体间联系的模型叫做网状模型。网状模型是数据模型的另一种重要结构，它反映着现实世界中实体间更为复杂的联系，其基本特征表现在结点数据间没有明确的从属关系，一个结点可与其他多个结点建立联系。换句话说，不但一个双亲记录型可有多个子女记录型，而且一个子女记录型也允许有多个双亲记录型。在网状模型中，其数据结构的实质为若干层次结构的并，从而具有较大的灵活性与较强的关系定义能力。

网状模型将数据组织成有向图结构。结构中结点代表数据记录，连线描述不同结点数据间的关系。有向图（digraph）的形式化定义为

$$\text{digraph}=（\text{vertex}，\{\text{relation}\}）$$

其中，vertex 为图中数据元素（顶点）的有限非空集合；relation 为两个顶点（vertex）之间的关系集合。有向图结构比树结构具有更大的灵活性和更强的数据建模能力，网状模型表示如图 6.9 所示。

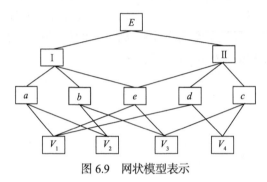

图 6.9　网状模型表示

3）关系模型

关系模型是根据数学概念建立的，它将数据的逻辑结构归结为满足一定条件的二维表，数学上称为"关系"。

关系是一组域的笛卡儿积的集合。给定一组域 $D_1, D_2, \cdots, D_n$（可包含相同的域），其笛卡儿积为

$$D_1 \times D_2 \times \cdots \times D_n = \{(d_1, d_2, \cdots, d_n) \mid d_i \in D_i, i = 1, 2, \cdots, n\}$$

其中，每一个元素 $(d_1, d_2, \cdots, d_n)$ 叫做一个 n 元组，或简称元组；关系 $R(D_1, D_2, \cdots, D_n)$ 是元组的集合，且

$$R(D_1, D_2, \cdots, D_n) \subseteq D_1 \times D_2 \times \cdots \times D_n$$

关系的具体实现是一个二维表结构。二维表是同类实体的各种属性的集合。每个实体对应于表中的一行，在关系中叫做元组（tupple），相当于通常的一个记录。表中的列表示属性，叫做域，相当于通常记录中的一个数据项。表中若有 n 个域，则每一行叫做一个 n 元组，这样的关系叫做 n 度（元）关系。二维表的表头，即表格的格式是关系内容的框架，框架也叫做模式，包括关系名、属性名、主关键字等。n 元关系必有 n 个属性。满足一定条件（如第一范式 1NF）的规范化关系的集合，就构成了关系模型。关系模型可由多张二维表形式组成，每张二维表的"表头"称为关系框架，故关系模型即是由若干关系框架组成的集合。

在关系中也存在如何标识各个元组的问题。设 K 为 R 中的一个属性组合，若 K 能唯一地标识 R 的元组，同时也不包含多余的属性，则称 K 为 R 的关键字。一个关系中可能不止一个关键字，选定来标识元组的叫做主关键字。

关系模型中应遵循以下条件：①二维表中同一列的属性是相同的；②赋予表中各列不同名字（属性名）；③二维表中各列的次序是无关紧要的；④没有相同内容的元组，即无重复元组；⑤元组在二维表中的次序是无关紧要的。

关系模型用于设计地理属性数据的模型较为适宜。目前，地理要素之间的相互联系是难以描述的，只能独立地建立多个关系表，例如，地形关系，包含的属性有高度、坡度、坡向，其基本存储单元可以是栅格方式或地形表面的三角面；人口关系，包含的属性有人口数量、男女人口数、劳动力、抚养人口数等，基本存储单元通常是对应于某一级的行政区划单元。如图 6.6 所示的多边形地图，可用表 6.1～表 6.3 所示关系表示多边形与边界及结点之间的关系。

表 6.1　边界关系

多边形边号（P）	边号（E）	边长
Ⅰ	a	30
Ⅰ	e	40
Ⅰ	b	30
Ⅱ	e	40
Ⅱ	c	25
Ⅱ	d	28

表 6.2　边界-结点关系

边号（E）	起结点号（SN）	终结点号（EN）
a	V_1	V_2
b	V_2	V_3
c	V_3	V_4
d	V_1	V_4
e	V_1	V_3

表 6.3　结点坐标关系

结点号（N）	X	Y
V_1	19.8	34.2
V_2	38.6	25.0
V_3	26.7	8.2
V_4	9.5	15.7

关系模型可以简单、灵活地表示各种实体及其关系，数据操作是通过关系代数实现的，具有严格的数学基础。在层次与网状模型中，实体的联系主要是通过指针来实现的，即把有联系的实体用指针链接起来。而关系模型中不需人为地设置指针，不用指针表示联系，而是由数据本身自然地建立起它们之间的联系，并且可以用关系代数和关系运算来操作数据，通过布尔逻辑和数字运算规则进行各种查询、运算和修改。

3. 物理数据模型

物理数据模型（physical data model），是面向计算机物理表示的模型，描述了数据在存储介质上的组织结构，它不但与具体的 DBMS 有关，而且与操作系统和硬件有关。每一种逻辑数据模型在实现时都有其对应的物理数据模型。DBMS 为了保证其独立性与可移植性，大部分物理数据模型的实现工作由系统自动完成，而设计者只设计索引、聚集等特殊结构。

1）层次模型的物理实现

（1）物理邻接法。这种方法就是将各层次上的记录按从上到下、从左到右的关系依次记录在存储器上，这样，数据的层次组织在逻辑顺序上与物理顺序是一致的。例如，图 6.10 所示的层次模型就可用图 6.11 的形式存储。邻接规则是从树顶向左下方列出结点，到达底部后再从左至右列出孪生结点的集合，重复该过程并略去已列出的结点。这种数据组织方式的关键是如何区分各个记录分属哪一级，为此可在每个记录中附加一个代码予以表示。

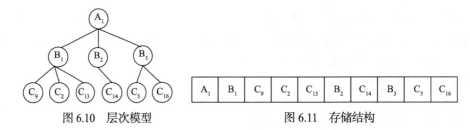

图 6.10　层次模型　　　　　　　　　　图 6.11　存储结构

这种存储方法很紧凑，可节省存储空间，但查找时要作顺序扫描，存取速度慢。处理记录的增删有三种方法：①按照具体要求对文件本身进行直接增删；②原文件本身暂时不变，对要删除的记录，加上删除标志，对插入的新记录则按顺序放到溢出区内并指明它们的双亲，然后进行定期的文件维护；③设置分布式空白区，为每个物理块都留有空间，供插入之用。

（2）表结构法。用链表指针表示层次结构比较方便灵活，可用子女指针（图 6.12）、双亲指针（图 6.13）和子女指针加兄弟指针（图 6.14）来表示层次结构。用指针来实现层次顺序可使记录不按层次顺序存放，而只用指针按层次顺序把它们链接起来。层次关系仅在逻辑上表示出来，在物理存储时则不一定按层次结构组织。

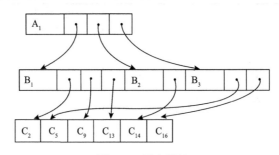

图 6.12　子女指针

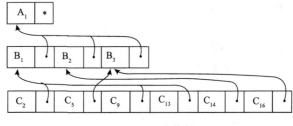

图 6.13　双亲指针

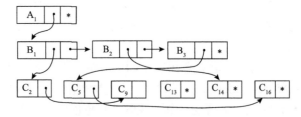

图 6.14　子女指针加兄弟指针

图 6.15 中，一棵树中有两条链：第一条是竖向的双亲/子女链；第二条是横向的孪生兄弟链。图 6.15 是 IBM 公司的 IMS 系统用链结构表示的层次模型，其链接顺序是自上而下、自左至右的。这实际上是一般树结构的前序遍历，即按先根结点、后子树的方式递归地进行。

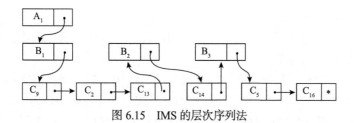

图 6.15　IMS 的层次序列法

有些系统采用环结构表示层次模型，这里有父子环、兄弟环、叶子的双亲指针，如图 6.16 所示。这是一种分层环结构：各层结点都连成一个环，逻辑上把有关结点连接起来使得任一结点都可以从其他结点来存取。这种方法指针太多，占用较多的存储空间并带来复杂的维护工作。

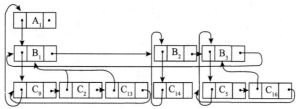

图 6.16　用环结构表示层次模型

（3）目录法。上面所讲的用表结构方式表示层次数据模型时，所采用的指针都是嵌入式指针，即指针是嵌在记录之中的。也可以用目录式指针来表示层次数据模型中多个记录之间的联系，这时，这些指针所形成的目录本身也是一个文件，在这个目录文件中存储着原数据文件中各记录类型和各记录之间的联系。如图 6.17 所示，其中的数据文件记录可按任一适当方式存放，为了加快查找，还设置了目录的索引。目录的优点是查找快，处理增删也比较方便。

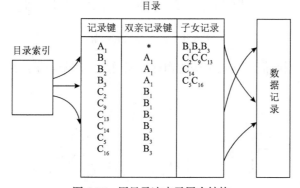

图 6.17　用目录法表示层次结构

（4）位图法。位图法可以看做是目录的一种特殊形式，它是一张二维的表格，纵横表头是不同层次上的记录键值。若某两个记录之间有父子联系，则在其交点处置"1"，否则置"0"。当记录数目较多时，位图表示法比较紧凑，如图 6.18 所示。

	A_1	C_2	C_9	C_{13}	C_{14}	C_5	C_{16}
B_1	1	1	1	1	0	0	0
B_2	1	0	0	0	1	0	0
B_3	1	0	0	0	0	1	1

图 6.18　用位图法表示层次结构

2）网状模型的物理实现

网状模型的物理实现和层次模型类似，多用指针法建立记录间的联系。但网状模型的物理表示要比层次模型复杂得多。

网状结构可分为两类：简单网状结构和复杂网状结构。简单网状结构是指双亲结点到子女结点的联系是 $1:N$；反联系是 $1:1$ 的，在图解形式上不存在两端均为双箭头的连线。复杂网状结构是指在网络结构中至少存在一个双亲/子女联系为 $M:N$，即在图解形式上至少存在一条两端均为双箭头的连线。

由于技术上的原因，在计算机中很难表示两个记录型之间的 $M:N$ 联系，因此，可通过引进数据冗余把 $M:N$ 联系分解成若干个 $1:N$ 的简单网状结构，如图 6.19 和图 6.20 所示。

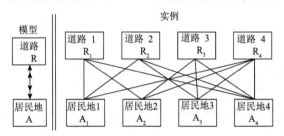

图 6.19 只有两个记录型的网状联系

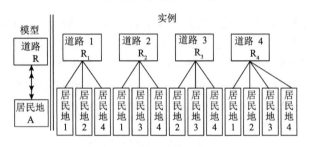

图 6.20 网状结构的分解

以图 6.21 为例来说明简单网状结构的物理实现问题。图中表示出两种 $1:N$ 联系：A→C 和 B→C。

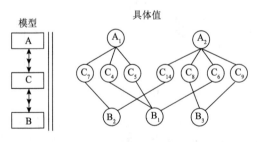

图 6.21 网状结构

（1）物理邻接加指针。虽然层次结构用物理邻接表示没有冗余，但对于网状结构不能这样做，不过，可用物理邻接表示结构中的一种亲子联系，而用另外的方法表示其他的联系。可用物理邻接表示 A→C 联系或 B→C 联系，但不能同时表示两者，除非重复 A 或 B 记录。此外，针对图 6.21 所示的网状模型，用物理邻接表示 A→C 联系，用指针表示 B→C 联系（图 6.22～图 6.24）。

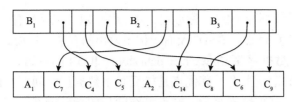

图 6.22　多子女指针（指针嵌入双亲结点）

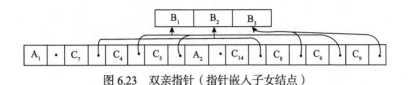

图 6.23　双亲指针（指针嵌入子女结点）

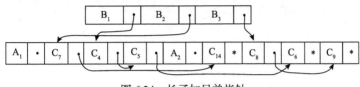

图 6.24　长子加兄弟指针

（2）顺序文件加指针。可将三个记录类型都按顺序文件来组织，其间的联系通过指针来表示。在图 6.25 中的每一个 C 记录具有两个指针，分别指向 A 和 B 两个双亲记录，这种表示法只能反映出 C→A、C→B 的简单映射，而不能反映出 A→C、B→C 间的 1∶N 的联系。反之，也可以在双亲记录中设置若干子女指针指向其所属的 C 记录。这反映了 A（或 B）到 C 的 1∶N 联系，刚好与上述双亲指针法相反（图 6.26）。

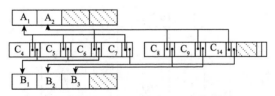

图 6.25　顺序文件加双亲指针表示网状结构

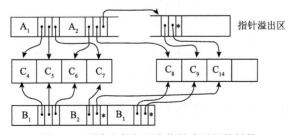

图 6.26　顺序文件加子女指针表示网状结构

因为每个双亲记录具有不同数目的子女记录，为了统一格式以便处理，可使所有双亲记录包含相同数量的指针，这样，当子女记录不足此数时，应该有指针结束标志；当子女记录超过此数时应延伸到指针溢出区。

图 6.27 是顺序文件加指针的另一种形式，对于每个双亲记录都有一个环，从每个双亲发出一个长指针，经由子女间的兄弟指针及右子记录发出的双亲指针而封闭。这种结构是最早的数据库系统之一集成数据存储（integrated data store，IDS）的基础。一个数据库可有若干个环，以连接种种不同的记录类型，其优点是能反映出数据记录间正反两个方向的联系，存储器利用也比较经济，维护也不复杂；缺点是跟随长的指针链费时间。另外，若环中任一指针受到破坏，环就会中断，从而丢失记录；若使用双向环来克服这一缺点，则会使结构复杂化。

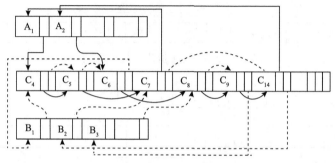

图 6.27　顺序文件加指针环表示网状结构

（3）目录。如同对待层次模型一样，同样有很多理由将指针从记录中分离出来，把它们放在另一个文件中，构成目录。查找目录的有关部分要比通过嵌入式指针进行查找快得多。此外，处理增删也比较方便。一般来说，联系越复杂，就越应采取这种把联系同原始数据分离的办法。图 6.28 是用目录法表示网状结构。

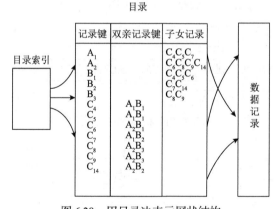

图 6.28　用目录法表示网状结构

（4）位图。上述网状模型可用位图表示（图 6.29）。

	C_4	C_5	C_6	C_7	C_8	C_9	C_{14}
A_1	1	1	0	1	0	0	0
A_2	0	0	1	0	1	1	1
B_1	1	1	1	0	0	0	0
B_2	0	0	0	1	0	0	1
B_3	0	0	0	0	1	1	0

图 6.29　用位图法表示层次结构

3）关系模型的物理表示

关系模型的物理表示远比层次模型和网状模型的简单，原因在于数据间的联系是通过在各个不同的关系中出现具有相同值的属性项来建立的。因此，对关系模型来说，其物理表示可以简单地归结为各个关系组织成文件，至于文件采用何种方式，可根据数据的使用特点，本着便于查找及节省存储空间的原则，选择适当的文件组织形式，如顺序文件、索引文件、直接文件等。

规范化是关系方法中的一个重要概念。由于关系模型有严格的数学理论基础，并且可以向别的数据模型转换，因而关系模型的规范化理论，也是数据库逻辑设计的一个有力工具。规范化就是用更单纯、结构更规则的关系逐步取代原有关系的过程。其主要目的是，使关系更适合关系代数与关系演算的要求，使确定的一组关系在插入、更新与删除方面比包含同样数据的其他关系具有更好的性能，使数据结构具有稳定性与灵活性。规范化的主要思想是根据一个关系具有属性间依赖情况来查明其中的不良性质，以便用投影的手段将其分解为若干个具有较佳性质的关系来改善不良性质。

关系模式中的关系是要满足一定要求的，满足不同程度要求的为不同范式。满足最低要求的叫做第一范式，简称 1NF。

第一范式要求表中每一个域上的元素不得多于一个，即每个元素必须是不可分的数据项，满足了这个条件的关系模式就属于 1NF。否则，带有多值的元素本身就是一个关第，这种表中有表的数据实际上不能认为是一种关系，1NF 要求对多值元素进行分解，使关系中没有重复组。

第二范式是指每个表必须有一个（而且仅有一个）数据元素为主关键字，其他数据元素与主关键字一一对应。通常称这种关系为函数依赖关系，即表中其他数据元素都依赖于主关键字，或称该数据元素唯一地被主关键字所标识。

若关系不满足 2NF，则不但数据冗余性大，还会产生插入异常和删除异常，即有时数据无法存入数据库，或者删除某个数据时会将其他一些数据也一并删除。

存在着非主属性传递依赖于主关键字的关系在数据处理时也存在着插入、删除和修改的异常情况，有必要进一步把该关系分解为一些更为简单的关系的集合。这样就产生了第三范式 3NF。

一个关系 R，如果它是 2NF，且每一个非主属性都非传递依赖于主关键字，则称 3NF。

3NF 是比较单纯、结构比较规则的范式，其中的非主属性之间没有任何依赖关系，基本上可以满足数据处理的要求。

规范化使关系表达得直截了当，易于理解、查询和修改，也不会产生不期望的异常结果。但是规范化在降低表内冗余度的同时也会增加表与表之间的冗余度。规范化的级别越高，从原关系中生成的新关系也就越多，有时为了查询某些数据就不得不做大量的联结运算，而联结运算的代价是很高的。

关系模型的物理实现可简单地归结为将各个关系组织成文件，选择适当的文件组织形式。

6.1.3　地理空间数据模型

地理空间数据模型是关于现实世界中空间实体分布、发展变化及其相互间联系的概念框架，是空间数据库系统中关于空间数据和数据之间联系逻辑组织形式的表示，它是有效地组织、存储、管理各类空间数据的基础，也是空间数据有效传输、交换和应用的基础，以抽象的形式描述系统的运行与信息流程，为描述空间数据的组织和设计空间数据库模式提供了支撑。空间数据模型的设计需要对客观事物有充分的了解和深入的认识，科学地、抽象概括地反映自然界和人类社会各种现象空间分布、相互联系及其动态变化规律。其核心是研究在计算机存储介质上如何科学、真实地描述、表达和模拟现实世界中地理实体或现象、相互关系及分布特征。为了能够利用计算机来解决现实世界中的问题，必须将复杂的地理事物和现象抽象到计算机中进行表示、处理和分析。

1. 二维地理空间数据模型

地理空间数据模型是空间数据库系统总体视图，是用户看到的、一定的地理空间内不同详细程度地分布在二维 R^2 中的地理要素对象集，是地理要素之间存在的空间关系描述。按照对象的性质，面向对象的二维地理空间数据模型可分为几何对象、地理要素对象、图形表示对象、地理要素分层对象、区域分块对象和工作区（空间数据多尺度）对象。通过对象的继承关系，综合地描述现实世界复杂的地理实体现象及相互关系。

（1）一个地理信息工程应用往往位于一定区域范围的地理空间。描述地理空间需要不同比例尺、不同类型（矢量数据、DEM 数据和遥感影像数据）的空间数据库。每种地理空间数据库构成一个工作区。描述地理空间有不同的工作区。

（2）工作区又分为若干个数据块，以数据块作为基本单位，分别进行数据录入和存储管理，有效地解决了地球空间信息与有限的计算机资源之间的矛盾。通过数据块之间相同物体的连接关系保证了一个物体在不同的数据块中的连续性、完整性和一致性。

（3）每个数据块包含若干要素层。每个要素层之间在数据组织和结构上相对独立，数据更新、查询、分析和显示等操作以要素层为基本单位。工作区中的地理要素按照一定的分类原则组织在一起，形成不同的地理要素层。通常情况下，一个地理要素层定义一组地理意义相同或相关的地理要素。同类型的地理要素具有相同的一组属性来定性或定量地描述它们的特征，如河流类可能具有长度、流量、等级、平均流速等属性。在要素层中建立地理要素之间的拓扑关系，通过相关地理要素连接关系类建立物体在一要素层或不同要素层之间的空间关系。

（4）要素层包括若干地理要素，地理要素又可分为基本要素和复合要素。地理要素是地理实体和现象的基本表示，在数据世界中地理要素包括空间特征（几何元素）和属性特征。几何元素和拓扑关系表示几何意义上的结点、弧段和多边形，以及它们的拓扑关系，结点、弧段、多边形、点、线、面和表面是地理数据库中不可分割的最小存储和管理单元，描述了地理实体的空间定位、空间分布和空间关系。在几何类中没有考虑地理要素内在的地理意义，主要目的是保持几何对象在操作和查询中的对立性。在空间数据库中往往一个地理要素实体由一个几何元素和描述几何元素的属性或语义两部分构成。基本要素包括点状要素、线状要素、面状要素、结点要素、弧段要素、多边形要素和表面要素，描述了几何元素的地理意义。基本要素和几何元素不是一对一的关系，基本要素是在几何元素的基础上增加属性信息，一个几何元素可以对应不同的属性信息，构成不同的基本要素。复合要素表示相同性质和属性的基本要素或复合要素的集合。现实世界地理空间、工作区、数据块、要素层和地理要素构成一个层次地理数据模型框架，如图 6.30 所示。

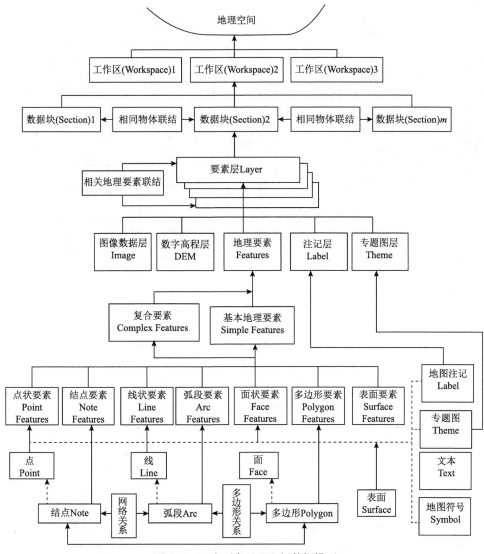

图 6.30　面向对象地理空间数据模型

在图 6.30 所示空间数据模型中，水平方向上采用图幅的方式，垂直方向上采用图层的方式。这种模型主要存在以下不足：需要进行图幅的拼接，效率较低；一个空间对象可能存储在多个图层上，造成数据的冗余和难以维护数据的一致性。当前一些 GIS 系统已经开始使用地理要素类来实现对空间对象的组织，这种方式按照实体类来组织空间对象，在数据库中直接存储整个地图，能方便地实现空间对象的查询和抽取，符合空间对象管理的本质。一个空间对象可以被多个图层或视图引用，机制较为灵活，解决了空间对象的一致性问题。

2. 三维地理空间数据模型

三维地理空间数据模型是关于三维地理空间数据组织的概念和方法，它反映了现实世界中空间实体及实体间的相互联系。三维地理实体根据其空间维数的不同，可以划分成 4 种不同的地理实体型（图 6.31），即点状实体（point entity）、线状实体（line entity）、面状实体（surface entity）和体状实体（body entity）。

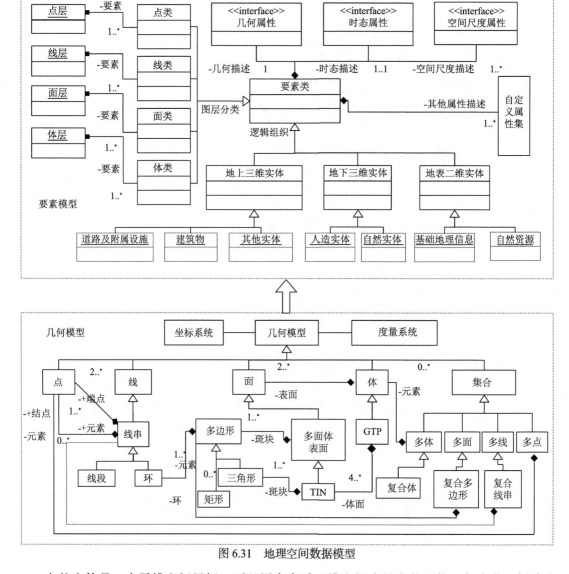

图 6.31　地理空间数据模型

　　点状实体是一个零维空间目标，可以用来表示三维空间中的点状地物，如水井、树或电线杆的位置等。它只有空间位置而无空间扩展。所有的点状实体均唯一对应于一个三维地理实体的位置信息，即 X、Y、Z 坐标。线状实体是一个一维地理目标，可以用来表示三维空间中的线状地物，如铁路、公路、桥梁、河道、输电线路等。它只能用长度来作为其空间度量。线状实体可以是一个封闭曲线，也可以是具有多个分支的曲线。面状实体是一个二维地理目标，可以用来表示三维地理中的面状地物，如操场、湖泊、森林的覆盖区域等。它可以用面积和周长来作为其空间度量。对于一个具有规则边界的面状实体，即由有限个连通但不相互重叠的平面构成的面状实体，可以简单地用构成该实体的平面来表达，必要时再对这些平面进行空间剖分。体状实体是一个三维地理目标，可以用来表示三维地理中的体状物体，如建筑物、矿体、丘陵等。它可以用体积和表面积来作为其空间的度量。任意一个体状实体均可以剖分成有限多个沿着其边界进行粘合的简单体。对于一个具有规则边界的体状实体，即由有限个不相互重叠的平面包围而成的体状实体，当不需要考虑该实体的内部信息时，它也可以简单地用构成该实体的边界面来表达；当需要考虑该实体的内部信息时，再对该实体进行空间剖分以生成相应的简单体。

三维地理空间数据模型包含几何模型和要素模型。其中，几何模型对各类地理实体的几何信息进行描述，要素模型表达不同维度地理要素的时空属性、功能和关系。几何模型通过点、线、面、体四大类几何图形及其几何的集合描述地物实体的几何形态及不同几何图形之间的基本关系，并通过坐标系统和度量系统对几何的附加信息进行描述。要素模型包括基本要素描述和专题要素描述两个层次。基本要素描述以几何模型为基础，其描述包括几何属性、时态属性、空间尺度属性、自定义属性 4 个基本模块。其中，时态属性描述要素的有效时间，空间尺度属性描述要素的尺度范围，自定义属性描述要素的各类属性及其逻辑关系。由基本要素进而可生成点、线、面、体四种基本地物图层。

3. 实时空间数据模型

时空变化是客观世界永恒不变的主题，各种地物实体和现象总是沿着时间轴在或快或慢地变化着，如土地利用演化（海陆变迁、城市扩张、骚乱发生和扩散、传染病蔓延等）。地籍变更、海岸线变化、土地城市化、道路改线、环境变化等应用领域，需要保存并有效地管理历史变化数据，以便将来重建历史状态、跟踪变化、预测未来。这就要求有一个组织、管理、操作时空数据的高效时空数据模型。实时空间数据模型是一种有效组织和管理地理对象、时空过程、事件状态和地理对象与事件关系的地理空间数据模型。

1）实时变化分析与抽象

每个复杂地理现象是由不定数量的地理对象组成的，表现为多个随时间变化的地理对象及其相互作用，地理对象之间的相互作用通过事件来传递。事件是地理对象变化达到某种程度时生成的，并且传递给相关的地理对象，在某种条件下驱动相关地理对象发生相应的变化，而地理对象的变化通过该对象的状态序列来记录。为实时表现时空变化，地理对象的状态序列数据可直接来自传感器的实时观测。例如，海陆变迁过程的地理对象是海洋和陆地，事件是海洋侵蚀陆地和陆地露出海面，以上两个事件是由海洋对象的海平面高度属性变化达到某种程度时引起的，使用状态分别记录海洋和陆地某一时刻的空间属性与专题属性，而状态数据源自对海水高度属性的观测。

2）实时数据概念模型

根据以上分析，龚健雅提出一个通用的实时数据模型，用于存储与管理复杂地理现象时空变化过程中所涉及的时空数据，以便支撑实时 GIS 可视化与分析应用。首先对该模型中相关要素的概念进行说明。

（1）地理对象：现实世界客观存在的物理实体或社会现象的抽象表达，由专题属性、空间属性及时态属性共同组成。

（2）时空过程：地理现象沿着时间轴的变化过程，即地理现象所包含的地理对象相互作用所产生的专题属性和（或）空间属性变化的过程。

（3）事件：地理对象时空显著变化的一次发生过程，它是由地理对象时空变化达到某种程度时生成的，并且可以驱动地理对象产生新的时空变化。它是地理对象变化的结果，同时也可以是地理对象变化的直接原因，是时空过程得以继续下去的动力。

（4）状态：地理对象可变属性在某一时刻所表现出来的形态，可变属性包括专题属性和空间属性，通过状态序列中属性的变化，表现地理对象的时空变化。

（5）事件类型：事件类型中包含地理对象生成该类事件的条件，或该类事件驱动地理对象产生变化的条件。

（6）图层：具有共同结构和功能的地理对象集合。

（7）观测：获取传感器的观测属性值的行为，为地理对象提供变化的时空属性。

实时 GIS 时空数据概念模型中各个要素及其相互关系如图 6.32 所示。

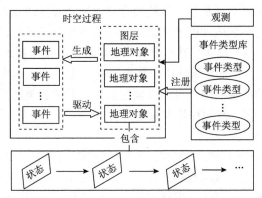

图 6.32　实时 GIS 时空数据概念模型

时空过程是地理现象时空变化的总称。它就像一个大的场景或容器，包含着有限多个地理对象和事件。地理对象是时空过程的主要实体部分，地理对象随时间的变化是时空过程的外在表现。在时空过程中，使用不同的图层对地理对象进行组织与管理，便于对地理对象进行检索与控制。事件是时空过程的另一个重要的组成部分，它是地理对象相互作用的表现形式，也是地理对象相互联系的纽带。事件类型注册到地理对象中，指明了地理对象生成该种类型事件的条件，或者是地理对象受到该种类型事件驱动而产生变化时的条件。当地理对象的时空变化满足事件类型所规定的条件时，地理对象就会生成一个该类型的事件。同样，当事件的属性满足事件类型所规定的条件时，地理对象就对事件的驱动做出响应，即事件驱动地理对象产生变化，从而使整个时空过程处于一个动态变化的过程中。为保证系统的实时性，观测通过传感网的传感器观测服务，获取传感器观测数据，并将实时数据写入对应的地理对象中。地理对象根据变化的观测数据，构建相应的对象状态序列。

地理对象的状态用于描述地理实体、地理要素、地理现象、地理事件及地理过程产生、存在和发展的地理位置、区域范围及空间联系。地理对象是现实世界中存在的随时间变化的物理实体或社会现象，地理对象的存在主要表现为其所包含的不变属性和可变属性，其中可变属性记录在状态序列中，如图 6.33 所示。

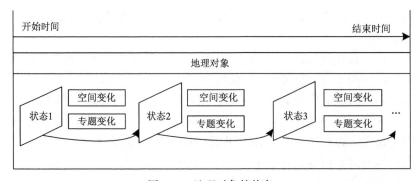

图 6.33　地理对象的状态

地理对象不可变的部分记录在地理对象中，而可变化的部分通过状态序列来表达。每个状态记录着该地理对象可变化部分某个时刻的快照。然而，地理对象的空间属性和专题属性的变化方式和频率往往是不同的，甚至差异很大。例如，出租车的空间位置和乘客数，空间位置经常变，而乘客数的变化频率明显低于空间位置。为了平衡时空数据库的存储和管理的资源开销，在经典的快照模型基础上作了简单的改进，将空间属性和专题属性分开存储，使得状态数据易于维护的同时，也节省了部分存储资源和计算资源。在表达地理对象某一时刻的整体状态时，可以通过时态属性查询相应的空间状态和专题状态，并将它们合并到一起。

事件类型注册到地理对象当中，地理对象便能够在满足某种条件时生成该类型的事件，而且该类型的事件也能够在满足某种条件时驱动地理对象发生变化，其详细过程和条件如图 6.34 所示。

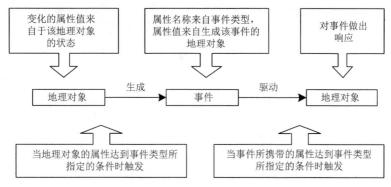

图 6.34　地理对象和事件的关系

当地理对象的某个或某些属性的变化达到已经注册的事件类型所指定的条件时，这个地理对象就生成一个该类型的事件，而地理对象的变化，是由它所包含的状态序列提供的。被生成的事件带有生成时地理对象传入的相关属性，这些属性值不是一个阈值范围，而是等于一个确切的属性值。带有此确切属性信息的事件，被地理对象发送给时空过程，再由时空过程发送给已经注册过该驱动事件类型的地理对象，获得该事件的地理对象判断事件属性是否满足事件类型中描述的条件，如果满足，地理对象对该事件的驱动做出响应，即该事件驱动地理对象发生时空变化，并产生一个新的状态；若不满足，则地理对象不对该事件做出响应。

3）实时空间数据逻辑模型

依据对地理现象时空变化相关要素及其相互关系的分析，采用统一建模语言（unified modeling language，UML）描述实时空间数据模型，目的是表达时空过程、地理对象、事件、事件类型、状态、观测之间的关系，为实时 GIS 时空数据的存储与管理提供支持。图 6.35 给出了该模型的简图。

（1）时空过程位于模型的上层，描述时空过程的生命周期（开始时间和结束时间），它由不定数量的图层和事件聚合而成，通过图层关联到地理对象，接收地理对象发送的事件，并将事件发送到能够受该类型事件驱动的地理对象中。

（2）图层包含了具有共同结构和行为特征的地理对象，并能够随时添加和移除地理对象。使用图层，可以对所包含的地理对象做统一的样式设置，如符号、颜色等，也可以设置在客户端上动态显示的刷新频率等。

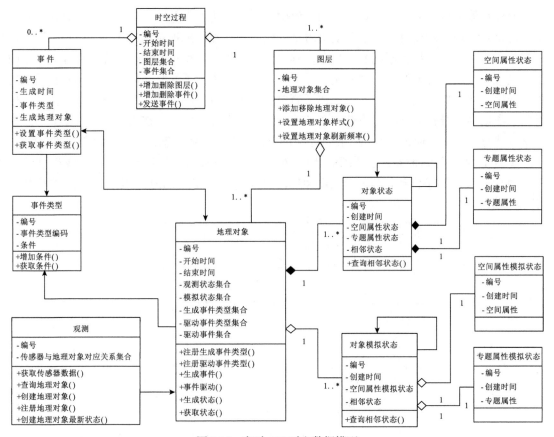

图 6.35 实时 GIS 时空数据模型

（3）地理对象是模型的基础，描述了地理对象存在的生命周期（开始时间和结束时间）。它由状态组合而成，同时关联到事件和事件类型，记录了驱动地理对象变化的事件及驱动时间。地理对象具有注册生成事件类型和驱动事件类型功能，同时具有生成事件和响应事件驱动的功能。此外，地理对象能够在自身变化时生成对象状态，也可以在模拟预测时，将地理对象可变部分的模拟结果记录在对象模拟状态中。

（4）事件是模型的重要组成部分，它记录了生成此事件的地理对象及生成时间。事件关联到事件类型，并且可以修改和查看事件类型属性。

（5）事件类型中记录了生成或驱动的条件，是地理对象生成事件及事件驱动地理对象的依据，同时事件类型能够对条件进行操作，如增加、查询等。

（6）对象状态是某一时刻地理对象可变属性的变化快照，对象状态中记录了该状态的产生时间和属性，并将空间属性状态和专题属性状态分开存储，同时每个状态也要关联到相邻的其他状态，以便能够快速遍历相邻状态，构成状态序列链表。

（7）空间属性状态记录了对象状态空间属性的内容。

（8）专题属性状态记录了对象状态专题属性的内容。

（9）对象模拟状态是地理对象可变属性在模拟预测变化过程中某一时刻的快照。对象模拟状态中记录了该模拟状态的产生时间和属性，并将空间属性模拟状态和专题属性模拟状态分开存储，同时每个模拟状态也要关联到相邻的其他模拟状态，以便能够快速遍历相邻模拟状态，构成模拟状态序列链表。

（10）空间属性模拟状态记录了对象模拟状态的空间属性内容。

（11）专题属性模拟状态记录了对象模拟状态的专题属性内容。

（12）观测从传感网中快速获取传感器观测值，为地理对象生成对象状态提供实时动态数据，这也是实时 GIS 中体现实时性的数据基础。观测中记录了传感器与地理对象的对应关系，便于数据的定向写入。在注册地理对象（将传感器与地理对象关联）前，首先查找是否有合适的地理对象，如果没有就创建一个新的地理对象，然后将地理对象注册到观测中，获取传感器观测值后，驱动地理对象生成新的状态。

该模型具有事件驱动的特性，具有对时空变化过程进行模拟的能力。将时空过程、地理对象、事件、事件类型、状态和观测等要素有机地结合在一起，以便对复杂地理现象时空过程的变化趋势进行更好的预测分析。与传统时空数据模型相比，该模型更强调实时性。

6.2　地理空间数据存储技术

地理空间数据的存储管理与计算机硬件和软件技术是密不可分的。地理空间数据存储结构发展至今，特别是随着面向对象、组件技术、分布式计算技术及网络技术和计算机存储技术的发展，空间数据管理能力也不断发展。空间数据的管理技术分为：文件系统、文件与数据库系统混合管理系统、全关系型数据库管理系统、对象关系数据库管理系统和面向对象的数据库系统。

6.2.1　文件系统

20 世纪 60 年代早期的计算机不但用于科学计算，还用于管理，形成文件管理系统的雏形。大约到 60 年代中后期，磁鼓，尤其是磁盘成为联机的主要外存设备，文件的物理结构与逻辑结构之间已有所区别，在文件的物理结构中增加了链接和索引等形式，因而对文件中的记录可顺序地和随机地访问；数据管理软件（仍属操作系统的一部分）提供从逻辑文件到物理文件的"访问方法"是这一时期数据管理的主要特征；系统软件还增加了安全、保密检查机构；部分系统允许用户之间以文件为单位共享数据，但未能实现以记录和数据项为单位的数据共享；用户仍以文件标识（文件名）与系统交往，也允许以文件中的记录标识访问数据。显然，它不但适应于批处理，也可用于实时联机任务；系统更换外设也无须用户修改应用程序；可以实现以文件为单位的数据共享等。文件管理系统（file management system，FMS）包含在计算机的操作系统中。文件方式是把数据的存取抽象为一种模型：使用时只要给出文件名称、格式和存取方式等，其余的一切组织与存取过程由专用软件——文件管理系统来完成（图 6.36）。

图 6.36　文件管理系统

文件管理系统的特点如下。

（1）数据文件是大量数据的集合形式。每个文件包含有大量的记录，每个记录包含若干个甚至几十个以上的数据项。文件和文件名面向用户并存储在计算机的存储设备上，可以反复利用。

（2）面向用户的数据文件，系统提供文件存取方法，支持对文件的基本操作，用户程序不必了解物理细节，数据的存取基本上以记录为单位。用户可通过它进行查询、修改、插入、删除等操作。

（3）数据文件与对应的程序具有一定的独立性，即程序员可以不关心数据的物理存储状态，只需考虑数据的逻辑存储结构，从而可以大量地节省修改和维护程序的工作量。文件管理系统提供文件"存取"方法作为应用程序和数据间的接口，不同的程序，可以使用同一数据文件。同一个应用程序对应一个或几个数据文件。

（4）由初期的顺序文件发展为索引文件、链接文件、直接文件等，数据可以记录为单位进行顺序或随机存取。

1976年，美国人口普查局引进了地理基础文件/双独立地图编码（GBF/DIME），并将之用于1970年人口普查中的地理编码。

1975年，西德（德意志联邦共和国）法兰克福应用测量研究所地图制图自动化组用FORTRAN Ⅳ plus语言，在PDP11/45计算机上在RSX-11M操作系统的支持下，开展了基于文件系统的地图数据库系统软件的设计与试验。地图数据库管理系统应提供数据存储、组织、检索、分类、文件的建立与维护、处理用户查询命令与显示所检索的数据的功能。该系统软件为模块化结构，用户可通过该语言的调用语句对系统模块进行调用，以进行对话式的或批量式的处理工作。每个程序块伴随若干输入/输出参数和运行状态指示字（status）。就是说，系统中还没有独立于操作系统的针对程序运行中非常事件的监控系统，能为用户提供准确的出错诊断信息。系统具有多种功能，完成某种确定功能的程序段称为程序模块。系统按其用途分为两类：基础软件与逻辑接口软件。

地图数据库系统在自动化地图制图系统中主要应用如下：①在数据获取过程中，地图数据库系统起着对数据进行整理、组织与存储的作用；②对数据库内容进行多码检索；③对所检索的目标内容进行图形输出。

但这种地图数据库仍不够理想，未能体现用户观点下的逻辑数据结构独立于外存的物理数据结构。数据文件只能对应于一个或几个应用程序，不能摆脱程序的依赖性。数据文件之间不能建立关系，呈现出无结构的信息集合状态，往往冗余度大，不易扩充、维护和修改。因此，数据物理存储的改变，仍然需要修改用户的应用程序。再者以文件而不以记录或数据项为单位共享数据，必然导致数据的大量冗余，用户也不能以记录或数据项为单位访问数据。同时，文件系统也难以增删新旧数据库以适应新的应用要求。数据文件仍然是面向应用的，当不同应用程序所需要的数据有部分相同时，必须建立各自的文件，而不能共享相同的数据；数据分散管理，存在很多副本，给数据的修改与维护带来了困难，容易造成数据的不一致性。这些亟待解决的问题，促使人们研究一种新的数据管理技术。20世纪60年代末终于出现了数据库系统。

6.2.2　文件与数据库系统混合管理系统

数据库系统萌芽于20世纪60年代，当时计算机开始广泛地应用于数据管理，对数据共享提出了越来越高的要求。传统的文件系统已经不能满足人们的需要，能够统一管理和共享数据的数据库管理系统（DBMS）应运而生。数据模型是数据库系统的核心和基础，各种 DBMS 软件都是基于某种数据模型的，所以通常也按照数据模型的特点将传统数据库系统分成网状数据库、层次数据库和关系数据库三类。

1. 关系数据库管理系统管理地理空间数据

初期关系数据库系统数据的整体逻辑结构是用户逻辑文件的简单并集，在用户越来越多、系统为每个用户提供的逻辑文件日渐庞杂的情况下，数据库的组织越来越乱。为了提高效率，减少冗余，增加新的数据，常常需要改变数据的整体逻辑结构，这就必然导致用户逻辑结构的修改，进而导致用户应用程序的修改。特别是对某些系统来说，改变整体逻辑结构已成为系统活动的方式，这样就提出了用户的数据逻辑结构尽量不受整体逻辑结构变化的影响问题，促使人们把用户观点的逻辑结构从整体逻辑结构中独立出来，形成数据库系统的三级结构和两级数据独立性，即在用户数据逻辑结构与数据的物理存储结构之间加入数据的整体逻辑结构，使数据物理存储结构的变化尽量不影响数据的整体逻辑结构或用户应用程序，数据整体逻辑结构的改变也尽量不影响用户应用程序（图 6.37）。

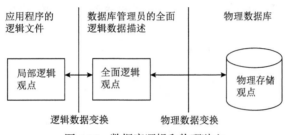

图 6.37　数据库逻辑和物理独立

关系数据库管理系统（relational data base management system，RDBMS）是在文件管理系统的基础上进一步发展的系统。RDBMS 在用户应用程序和数据文件之间起到了桥梁作用。DBMS 的最大优点是提供了两者之间的数据独立性，即应用程序访问数据文件时，不必知道数据文件的物理存储结构。当数据文件的存储结构改变时，不必改变应用程序。

关系数据库管理系统的特点可概括如下：①数据管理方式建立在复杂的数据结构设计的基础上，将相互关联的数据集（文件）赋予某种固有的内在联系。各个相关文件可以通过公共数据项联系起来。②数据库中的数据完全独立，不仅是物理状态的独立，还是逻辑结构的独立，即程序访问的数据只需提供数据项名称。③数据共享成为现实，数据库系统的并发功能保证了多个用户可以同时使用同一个数据文件，而且数据处于安全保护状态。④数据的完整性、有效性和相容性保证其冗余度最小，有利于数据的快速查询和维护。

地理空间数据包含了地理实体的几何数据、属性数据、实体之间的空间关系和发生的时间状态数据，要求地理空间数据管理系统能对实体的几何数据、属性数据、实体之间的空间关系和发生的时间状态数据进行综合管理。对于属性数据，用 RDBMS 可以很好管理，但对于空间数据、空间关系数据和时间序列数据，用 RDBMS 却有局限，表现为：①无法用递归和嵌套的方式来描述复杂关系的层次结构和网状结构，模拟和操作复杂地理对象的能力弱。②用关系模型描述本身具有复杂结构和含义的地理对象时，需要对地理实体进行不自然的分解，导致存储模式、查询途径及操作等方面均显得语义不甚合理。③由于数据库物理和逻辑的相互独立，实现关系之间的联系需要执行系统开销较大的连接操作，运行效率不够高。④地理实体的几何数据、空间关系数据和时态数据通常是变长的，而一般 RDBMS 只允许记录的长度是固定的。⑤单个地理实体的表达需要多个表，一个表难以支持复杂的地理实体数据，空间数据的关联、连通、包含、叠加等基本操作很难实现，RDBMS 很难存储和维护空间数据的拓扑关系。⑥RDBMS 不支持地理空间数据的采集、编辑和查询等复杂图形编辑功能。⑦地理空间数据是具有高度内部联系的数据，为了保证地理空间数据的完整性，需要加入一些完整性约束条件，由数据库管理系统实现这些约束条件与空间数据一体化管理，来维护数据的完整性，否则，一条记录的改变会导致数据一致性错误、存在互相矛盾的数据。现有的 RDBM 难以实现这一功能。

2. 文件与数据库系统混合管理系统

利用关系型数据库系统管理复杂的地理空间数据的局限性是显而易见的，虽然它能很好地处理"表格型数据"，但对于地理空间数据的几何数据，以定长记录和无结构字段为特征的通用关系数据库管理系统难以满足要求。20 世纪 90 年代，地理信息技术界一直在研究和寻求新型数据库管理系统，直到 1981 年 ESRI 推出 ArcInfo 软件产品。ArcInfo 空间数据库系统采用混合管理的模式（或称二元管理模式），即几何图形数据采用文件系统管理，属性数据采用商用关系数据库管理系统管理，两者之间的联系通过空间实体标识或者内部连接码进行匹配（图 6.38）。

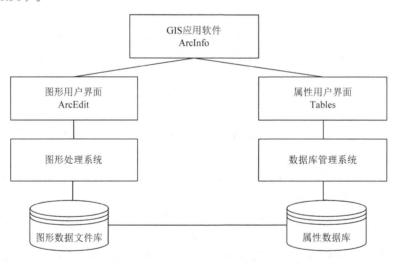

图 6.38　混合结构模型

在这种管理模式中，几何图形数据与属性数据除用空间实体标识码或内部码作为关键字段连接外，两者几乎是独立地组织、管理与检索。因为早期的关系型数据库管理系统不提供编程的高级语言接口，属性用户界面只能采用数据库操纵语言，所以图形用户界面和属性用户界面是分开的。该系统通常具有以下特点：①对用户观点的数据进行严格细致的描述，使得文件、记录、数据项等数据单位之间的联系清晰，结构简单。②允许用户以记录或数据项作单位进行访问，也允许多关键字检索和文件之间的交叉访问。③数据的物理存储可以很复杂，同样的物理数据可以导出多个不同的逻辑文件，用户以简单的逻辑结构操作数据而无须考虑数据的存储情况，改动数据的物理位置和存储结构不必修改或重写应用程序。用户的逻辑数据与物理存储之间转换由数据管理软件完成，从而解决了数据的应用独立于数据的存储问题。

采用文件与关系数据库管理系统的混合管理模式，还不能说建立了真正意义上的空间数据库管理系统。因为在该系统中，空间数据存储于专用文件结构中并链接到数据库管理系统中的非空间数据，这一解决方案尽管功能强大，但仍然存在着许多缺点：缺乏对多用户及共存和交易问题的支持等；文件管理系统的功能较弱，特别是在数据的安全性、一致性、完整性、并发控制及数据损坏后的恢复方面缺少基本的功能；多用户操作的并发控制比起商用数据库管理系统来说要逊色得多，因而人们一直在寻找采用关系数据库管理系统来同时管理图形和属性数据。

6.2.3　全关系型数据库管理系统

最近几年，随着数据库技术的发展，越来越多的数据库管理系统提供高级编程语言接口，使得空间数据库管理系统可以在 C 语言的环境下，直接操纵属性数据，并通过 C 语言的对话框和列表框显示属性数据，或通过对话框输入 SQL 语句，用该语句通过 C 语言与数据库的接口查询属性数据库，并在图形用户界面下显示查询结果。这种工作模式，并不需要启动一个完整的数据库管理系统，用户甚至不知道何时调用了关系数据库管理系统，图形数据和属性数据的查询与维护完全在一个界面之下。全关系型空间数据库管理系统是指图形和属性数据都用现有的关系数据库管理系统管理（图 6.39），数据库厂商不作任何扩展，由人们在此基础上进行开发，使之不仅能管理结构化的属性数据，而且能管理非结构化的图形数据。

在开放性数据库连接协议（open database connectivity，ODBC）推出之前，每个数据库厂商提供一套自己的与高级语言的接口程序，这样，人们就要针对每个数据库开发一套空间数据操作接口程序，因此在数据库的使用上受到限制。在推出了 ODBC 之后，人们只要开发空间数据操作与 ODBC 的接口软件，就可以管理属性数据。

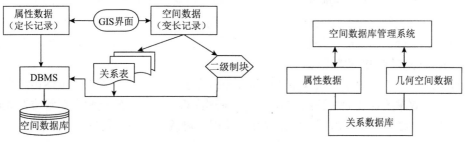

图 6.39　全关系型模型

用关系数据库管理系统管理图形数据的常用做法是将图形数据变长部分处理成二进制（binary）块（block）字段。目前大部分关系数据库管理系统都提供了二进制块的字段域，以适应管理多媒体数据或可变长文本字符。GIS 利用这种功能，通常把图形的坐标数据，当做一个二进制块，交由关系数据库管理系统进行存储和管理。因为二进制块的读写效率要比定长的属性字段慢得多，所以这种存储方式较慢，特别是涉及对象的嵌套时，速度更慢，效率低下。

6.2.4　对象关系数据库管理系统

因为非结构化的空间数据直接采用通用的关系数据库管理系统来管理，效率不高，所以许多数据库管理系统的软件商纷纷在关系数据库管理系统中进行扩展，使之能直接存储和管理非结构化的空间数据，如 Ingres、Informix 和 Oracle 等都推出了空间数据管理的专用模块，定义了操纵点、线、面、圆、长方形等空间对象的 API 函数。这些函数，将各种空间对象的数据结构进行了预先定义，用户使用时必须满足它的数据结构要求，即使是 GIS 软件商也不能根据自己的要求再定义。如果这种函数涉及的空间对象不带拓扑关系，多边形的数据直接跟随边界的空间坐标，那么 GIS 用户就不能将设计的拓扑数据结构采用这种对象-关系模型进行存储。

早期容纳地理空间数据的扩展 RDBMS 包括 ADTINGRES 和 POSTGRES。随着数据库增加了对新数据类型及其他功能的支持，第三代或对象关系数据库管理系统（object-relational database management system，ORDBMS）诞生了（图 6.40）。例如，Illstra ORDBMS 首次提供了地理空间数据库扩展功能：2D 和 3D Spatial Data Blade 模块，后来又增加了 Geodetic Data Blade 模块。这些扩展功能由一种叫做 R 状图（区域树状图）的内置二级访问方法提供索引，从而为原有完善的 B 树状图方法提供了一种补充索引策略。

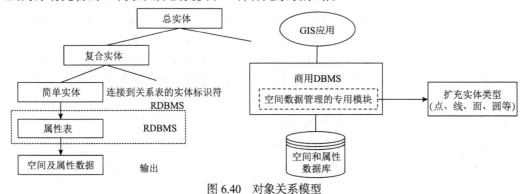

图 6.40　对象关系模型

充分集成于 ORDBMS 的地理空间技术的优势正在从根本上改变地理空间应用的面貌。随着该行业从基于文件的应用演变到目前的地理空间扩展关系数据库阶段，将带来一个充分集成的空间实体系统，从而使地理空间技术可以无缝地处理文件、时间序列数据、图像、视频和音频及其他标准的和抽象的数据类型。

这种扩展的空间对象管理模块主要解决了空间数据变长记录的管理。虽然由数据库软件商进行扩展，效率要比前面所述的二进制块的管理高得多，但是它仍然没有解决对象的嵌套问题，空间数据结构也不能由用户任意定义，使用上仍然受到一定限制。

6.2.5　面向对象的数据库系统

为了较好地模拟和操纵现实世界中的复杂现象，克服传统数据模型的局限性，人们从更高的层次（如语义层次）提出了一些数据模型。它们包括以数据库设计为背景而产生的实体-联系（entity-relationship，ER）模型、从操作角度模拟客观世界且具有严密代数基础的函数数据模型、对事物及其联系进行自然表达的语义网络模型、基于图论多层次数据抽象的超图数据模型、基于一阶谓语逻辑的演绎数据模型，以及以面向对象概念和面向对象程序设计为基础的面向对象数据模型（图 6.41）。其中面向对象数据模型是高层次数据模型的最重要发展，因为它包含了其他模型在数据模拟方面的很多概念，并能很好地模拟和操纵复杂对象。

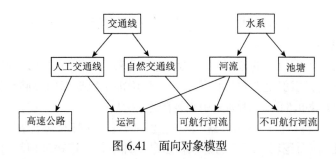

图 6.41 面向对象模型

面向对象方法的基本思想是：对问题领域进行自然的分割，以更接近人类思维的方式建立问题领域的模型，以便对客观的信息实体进行结构模拟和行为模拟，从而使设计出的系统尽可能直接地表现问题求解的过程。面向对象数据库系统就是采用面向对象方法建立的数据库系统。

面向对象模型最适用于空间数据的表达和管理，不仅支持变长记录，而且支持对象的嵌套、信息的继承与聚集。面向对象的空间数据库管理系统允许用户定义对象和对象的数据结构及操作，这样，可以根据需要，针对空间对象定义合适的数据结构和一组操作。这种空间数据结构可以是不带拓扑关系的面条数据结构，也可以是拓扑数据结构，当采用拓扑数据结构时，往往涉及对象的嵌套、对象的连接和对象与信息聚集。

数年的发展表明，面向对象的关系型数据库系统产品的市场发展情况并不理想，理论上的完美并没有带来市场的热烈反应。其不成功的主要原因在于，这种数据库产品的主要设计思想是企图用新型数据库系统来取代现有的数据库系统。这对许多已经运用数据库系统多年并积累了大量工作数据的客户，尤其是大客户来说，他们无法承受新旧数据间的转换而带来的巨大工作量及巨额开支。另外，面向对象的关系型数据库系统使查询语言变得极其复杂，从而使得无论是数据库的开发商还是应用客户都视其复杂的应用技术为畏途。由于面向对象数据库管理系统还不够成熟，目前空间数据管理领域还不太通用。相反，基于对象关系的空间数据库管理系统将可能成为空间数据管理的主流。

6.3　地理空间数据索引

地理空间数据操作包括地理要素编辑（增、删、改、位移、合并等）、图形显示（放大、缩小、漫游）、拓扑关系处理及各种查询和分析等，其中最广泛、最频繁的操作首推要素编辑和图形显示。既有单个实体操作（编辑），又有批量窗口检索（显示）。地理空间数据操作一般情况下基于内存，编辑操作完成后，一次性存入外存数据文件。当地理空间区域大、数据海量，内存存储容纳不下全部地理空间数据时，编辑操作只能基于外存工作。随着数据量增加，数据操作的效率会越来越慢，直到人们无法忍受的程度，提高海量地理空间数据的操作效率成为人们关注的焦点。

6.3.1　一维向量索引技术

大量数据是一维向量数据，一维向量数据就是表结构数据。数据表是由表名、表中的字段和表的记录三部分组成的。表结构实际上就是定义组成一个表的字段个数，每个字段的名称、数据类型和长度等信息。表中数据元素之间的关系是一对一的关系。线性表的逻辑结构简单，便于实现和操作。因此，线性表在实际应用中是广泛采用的一种数据结构。

1. 一维向量索引

当数据量大时，查找数据的效率问题也就随之而来。人们可以通过为表设置索引来提高查找效率，而为表设置索引是要付出代价的：一是增加了数据库的存储空间；二是在插入和修改数据时要花费较多的时间（因为索引也要随之变动）。

图 6.42 展示了一种可能的索引方式。左边是数据表，共有两列七条记录，最左边的是数据记录的物理地址（注意逻辑上相邻的记录在磁盘上并不是一定物理相邻的）。为了加快 Col2 的查找，可以维护一个右边所示的二叉查找树，每个节点分别包含索引键值和一个指向对应数据记录物理地址的指针，这样就可以运用二叉树查找获取到相应数据。

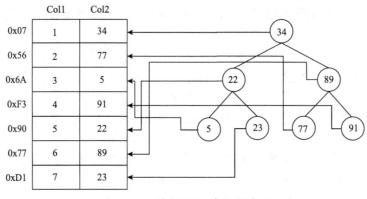

图 6.42　一维向量二叉树查找索引

索引建立在一维向量表中的某些列的上面。创建索引的时候，应该考虑哪些列上可以创建索引，哪些列上不能创建索引。

创建索引可以大大提高系统的性能：①通过创建唯一性索引，可以保证数据库表中每一行数据的唯一性。②可以大大加快数据的检索速度，这也是创建索引的最主要的原因。③可以加速表和表之间的连接，特别是在实现数据的参考完整性方面特别有意义。④在使用分组和排序子句进行数据检索时，同样可以显著减少查询中分组和排序的时间。⑤通过使用索引，可以在查询的过程中，使用优化隐藏器，提高系统的性能。

也许有人要问：增加索引有如此多的优点，为什么不对表中的每一个列创建一个索引呢？原因是增加索引也有许多不利的方面：①创建索引和维护索引要耗费时间，这种时间随着数据量的增加而增加。②索引需要占物理空间，除了数据表占数据空间之外，每一个索引还要占一定的物理空间，如果要建立聚簇索引，那么需要的空间就会更大。③当对表中的数据进行增加、删除和修改的时候，索引也要动态地维护，这样就降低了数据的维护速度。

同样，对于有些列不应该创建索引。一般来说，不应该创建索引的这些列具有下列特点：①对于那些在查询中很少使用或者参考的列不应该创建索引。这是因为既然这些列很少使用到，因此有索引或者无索引并不能提高查询速度。相反，增加了索引，反而降低了系统的维护速度和增大了空间需求。②对于那些只有很少数据值的列也不应该增加索引。这是因为这些列的取值很少，如人事表的性别列，在查询的结果中，结果集的数据行占了表中数据行的很大比例，即需要在表中搜索的数据行的比例很大。增加索引，并不能明显加快检索速度。③对于那些定义为 text、image 和 bit 数据类型的列不应该增加索引。这是因为这些列的数据量要么相当大，要么取值很少。④当修改性能远远大于检索性能时，不应该创建索引。这是因为，修改性能和检索性能是互相矛盾的。当增加索引时，会提高检索性能，但是会降低修改性能；当减少索引时，会提高修改性能，降低检索性能。

2. 索引的类型

根据数据库的功能，可以在数据库设计器中创建三种索引：唯一索引、主键索引和聚集索引。

1）唯一索引

唯一索引是不允许其中任何两行具有相同索引值的索引。当现有数据中存在重复的键值时，大多数数据库不允许将新创建的唯一索引与表一起保存。数据库还可能防止添加将在表中创建重复键值的新数据。

2）主键索引

数据库表经常有一列或列组合，其值唯一标识表中的每一行，该列称为表的主键。在数据库关系图中为表定义主键将自动创建主键索引，主键索引是唯一索引的特定类型。该索引要求主键中的每个值都唯一。当在查询中使用主键索引时，它还允许对数据的快速访问。

3）聚集索引

在聚集索引中，表中行的物理顺序与键值的逻辑（索引）顺序相同，一个表只能包含一个聚集索引。如果某索引不是聚集索引，则表中行的物理顺序与键值的逻辑顺序不匹配。与非聚集索引相比，聚集索引通常提供更快的数据访问速度。

3. B 树和 B+树索引

1）B 树

B 树中每个结点包含了键值和键值对于数据对象存放的地址指针，所以成功搜索一个对象可以不用到达树的叶结点。成功搜索包括结点内搜索和沿某一路径的搜索，成功搜索时间取决于关键码所在的层次及结点内关键码的数量。在 B 树中查找给定关键字的方法是：首先把根结点取来，在根结点所包含的关键字 $K_1, \cdots, K_j$ 查找给定的关键字（可用顺序查找或二分查找法），若找到等于给定值的关键字，则查找成功；否则，一定可以确定要查的关键字在某个 K_i 或 K_{i+1} 之间，于是取 P_i 所指的下一层索引结点块继续查找，直至找到；指针 P_i 为空时查找失败。

2）B+树

B+树非叶结点中存放的关键码并不指示数据对象的地址指针，非叶结点只是索引部分。所有的叶结点在同一层上，包含了全部关键码和相应数据对象的存放地址指针，且叶结点按关键码从小到大顺序链接。如果实际数据对象按加入的顺序存储而不是按关键码次序存储的话，叶结点的索引必须是稠密索引，若实际数据存储按关键码次序存放的话，叶结点索引是稀疏索引。

B+树有两个头指针，一个是树的根结点，另一个是最小关键码的叶结点。所以，B+树有两种搜索方法：一种是按叶结点自己拉起的链表顺序搜索；另一种是从根结点开始搜索，与 B 树类似，不过如果非叶结点的关键码等于给定值，搜索并不停止，而是继续沿右指针，一直查到叶结点上的关键码。所以无论搜索是否成功，B+树搜索都将走完树的所有层。

B+树中，数据对象的插入和删除仅在叶结点上进行。这两种处理索引的数据结构的不同之处如下。

（1）B 树中同一键值不会出现多次，并且它有可能出现在叶结点，也有可能出现在非叶结点中。而 B+树的键一定会出现在叶结点中，并且在非叶结点中也有可能重复出现，以维持 B+树的平衡。

（2）B 树键位置不定，且在整个树结构中只出现一次，虽然可以节省存储空间，但使得插入、删除操作复杂度明显增加。相比来说 B+树是一种较好的折中。

（3）B 树的查询效率与键在树中的位置有关，最大时间复杂度与 B+树相同（在叶结点的时候），最小时间复杂度为 1（在根结点的时候）。而 B+树的时间复杂度对某建成的树是固定的。

6.3.2　二维空间索引技术

与传统数据相比，地理空间数据具有属性、几何形态和时间三个基本特点。对属性数据建立索引可采用传统数据索引的方法，由于几何形态数据具有①几何形状不规则、实体之间的空间关系复杂（包括相交、相邻、包含等）和存储需求量大；②空间实体的空间操作，如求交、求并等计算的代价比传统的选择或连接操作要复杂得多，并且计算量也大；③空间实体的空间次序难以定义，难以应用传统的排序技术的特点，适应于一维属性数据的主关键字索引而设计的传统数据索引技术，难以直接应用于空间数据索引领域。高效的面向空间几何形态数据索引结构与检索算法，也就成为地理空间数据库的关键技术。

空间索引技术大致可分为 5 类：格网索引、基于二叉树的空间索引技术、基于 R 树的空间索引技术、基于哈希格网的空间索引技术和基于填充曲线的空间索引技术。

1. 格网索引

将工作区按照一定的规则划分成格网，然后记录每个格网内所包含的空间对象，为了便于建立空间索引的线性表，将空间格网按 Morton 码或 Peano 键进行编码，并建立其与空间对象的关系。没有包含空间对象的格网，在索引表中没有出现该编码，即没有该条记录。如果一个格网中含有多个地物，则需要记录多个对象的标识。如果需要表格化，则需要使用串行指针将多个空间目标联系到一个格网内。

2. 二叉树的空间索引技术

现实世界中的许多问题本身就是非线性结构的，难以用线性数据结构来描述，这些问题需要用非线性结构来描述。常见的非线性结构包括树结构、网络结构等。基于二叉树索引结构的空间索引的典型范例有 Kd 树、KdB 树、Skd 树、LSD 树等，这一类空间索引主要用于索引二维点和多维点数据，对于复杂的空间对象，如折线、多边形等则需要采用近似法或空间映射技术来进行近似组织。所以这一类的空间索引对于面向空间关系的查询和分析效率非常低。

最初的 Kd 树专用于索引点数据，为了便于线、多边形等复杂空间要素索引建立，20 世纪 80 年代初提出了一种基于实体标志重复存储技术的 Mkd 树空间索引技术。后来，为了能够将 Kd 树存储组织扩展到外存，提出一种结合了 Kd 树和 B 树的 KdB 树，如图 6.43 所示。之后，为了避免空间目标的重复存储和空间映射推出了 Skd 树，用空间目标的中心点来对空间数据集进行二分索引，在一定程度上提高了查询的效率。

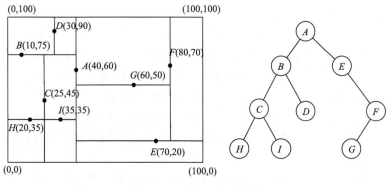

图 6.43　一棵 Kd 树示意图

3. R 树的空间索引技术

R 树是 B 树在多维空间的扩展，如图 6.44 所示，它具有 B 树的优点，如自动平衡、空间利用率高、适合于外存存储、查询效率高等。

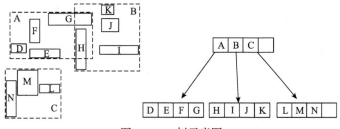

图 6.44　R 树示意图

B 树及其变体作为一种平衡的多路查找树，被广泛应用于常规的数据库管理系统之中，实践证明其对大型数据库的索引具有极出色的表现。基于 B 树的索引结构，具有 B 树的优点，如深度平衡、结点大小是磁盘页大小的整数倍，适合于以磁盘页为传输单位的数据处理系统等。目前在 GIS 领域广泛应用的空间数据索引技术，很多都是基于 B 树的，如 R 树及其两种变体 R*树和 R+树。

R*树在结构上与 R 树完全相同，只是在树的构造、插入、删除和检索算法上略有区别，R*树在构造和维护树时除了如 R 树一样考虑了目录矩形的面积这一因素外，还考虑了目录矩形的重叠（overlap）因素，即在数据分包的策略上与 R 树略有不同。正因为这一考虑，R*树在树构造和维护上的开销有所增加，但在检索性能和空间利用率上都得到了较大的提高。

R+树是 R 树的又一种变体（图 6.45）。R+树通过裁剪数据矩形，使树的中间结点的目录矩形的零重叠率成为可能。中间结构的目录矩形没有重叠，因此在这种索引结构下，点查询只有唯一的查询路径，区域和线的查询路径也大大减少，查询性能也得到很大的提高。

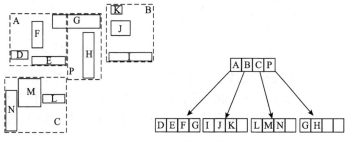

图 6.45　R+树示意图

4. 哈希格网的空间索引技术

因为哈希索引能够通过哈希函数根据查找关键字来直接快速定位查询记录，所以哈希索引被广泛地应用于现有的数据库管理系统中。基于动态哈希的格网方法的基本思路是将索引空间划分为规则的小方格网，与每个格网相关联的空间目标则存储在同一磁盘页，可以直接通过数组下标得到格网的访问地址以实现快速的空间目标查找。

基于哈希格网的空间索引实现思路比较简单，即通过划分规则方格网，建立空间对象与格网之间多对多的对应关系，在查询和空间分析时先使用格网对数据进行初步过滤，以提高查询和分析的性能。

但因为哈希格网的空间索引建立的是多对多的对应关系，单元格的级数与数量由索引目标及其大小决定，所以当索引目标数据量很大或索引目标大小非常不均等时，索引空间经过多次细分，往往会产生大量的数据冗余，这无疑会增加查询时访问单元格的数量及查找时的外存访问，所以对于大型的空间数据库系统，基于哈希格网的空间索引效率不佳。

5. 填充曲线的空间索引技术

基于空间目标排序的索引方法的基本思想是按照某种策略将索引空间细分为许多均等的网格，并给每一网格分配一个编号，然后用这些编号为空间目标获得一具有代表意义的数字，这样，多维的空间目标就可以被映射成一维的目标，从而也就可以使用现有数据库管理系统中比较成熟的一维索引技术来提供对空间数据的快速查找和存取。

空间目标排序的技术很多，最常见的是基于 Z 排序（Z order）和 Hilbert 排序的空间索引技术，两者的区别在于建立的多维到一维的映射关系是否能够很好地保持多维空间目标间的邻近关系。

Z 排序技术基于空间填充曲线（space filling curve），如图 6.46 所示。它基于这样一种假设：任何属性值都可以用固定长度的比特位（bit）来表示，称为 k 比特位。沿着每一维的值的最大数值是 2^k。它通过将数据空间循环分解到更小的子空间来获得对于给定的空间对象形状的近似数值表示，即通过对全局空间的不断细分，可以找到对每一个空间对象的最小包围网格的数值表示。Z 排序作为一种空间索引机制，已经被广泛用于多个商业化的空间数据库系统，如 Oracle Spatial、Super Map SDX+等。

与 Z 排序类似，Hilbert 曲线也是一种空间填充曲线。它利用一个线性序列来填充全局空间，其构造过程如图 6.47 所示。

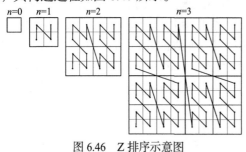
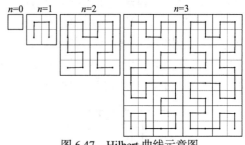

图 6.46　Z 排序示意图　　　　　　　图 6.47　Hilbert 曲线示意图

从图 6.47 可以看出，Hilbert 曲线中没有斜线，所以它的空间邻接性要优于 Z 排序曲线。这种空间邻接性的提高，会带来更少的磁盘访问，从而提高查询、分析及数据存取的效率。但与此同时，Hilbert 曲线算法的计算量要比 Z 排序复杂一些，在空间索引的构建和维护的代价上要高于 Z 排序。

6.4 空间数据引擎技术

目前，成熟的二维 GIS 商业软件系统，主要采用对象关系型对地理空间数据进行管理。但在三维 GIS 理论研究方面，国内外基本达成共识，即应基于面向对象的数据库来构建属性与图形数据库一体化管理的三维 GIS 系统。在对象关系模型中空间数据处理常采用 Oracle Spatial 模式和空间数据引擎（spatial data engine，SDE）模式。而 Oracle Spatial 实际上只是在原来的数据模型上进行了空间数据模型的扩展，以实现简单要素"点、线、面"的存储和检索，它并不能存储数据之间复杂的拓扑关系。而 SDE 解决了这些问题，并利用空间索引机制来提高查询速度，利用长事务和版本机制来实现多用户同时操纵同一类型数据，利用特殊的表结构来实现空间数据和属性数据的无缝集成等。空间数据引擎在用户和异构空间数据库的数据之间提供一个开放的接口，它是一种处于应用程序和数据管理系统之间的中间件技术，空间数据引擎是开放且基于标准的，这些规范和标准包括 OGC 的 Sample Feature SQL Specification、IOS/IEC 的 SQL3 及 SQL 多媒体与应用程序包（SQL/MM）等。市场上主要的空间数据引擎产品都是与上述规范高度兼容的，典型的有 ESRI 的 ArcSDE 和 SuperMap 的 SDX 系列。

6.4.1 SDE 系统构成

SDE 的体系结构与数据库应用系统一样，使用关系型数据库来存储和管理所有的空间数据和属性数据，SDE 采用客户/服务器（Client/Server）体系结构，如图 6.48 所示，是位于 RDBMS 上一个层次的服务程序，提供空间数据的查询访问和分析服务。SDE 应用程序接口提供给用户标准的空间查询和分析函数，客户端对 SDE 所有功能的访问都是通过应用程序接口（API）来完成的。新版本的 ArcView 就嵌入了 SDE-API 程序，使 ArcView 可被用来作为 SDE 的客户端产品，请求 SDE 服务器的服务。

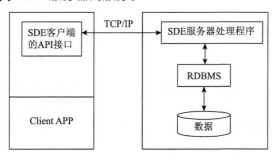

图 6.48 SDE 工作原理

6.4.2 SDE 工作原理

SDE 客户端应用是最终用户运行的软件，它可以是 ArcView、MapObject 或 ArcInfo 的应用，也可以是用户为某一特定工程用 VB、VC 开发的应用。与客户端应用结合的是 SDE 客户库（client library），这是一个程序设计接口，用于处理客户端应用提出的请求。

在服务器端，有 SDE 服务器处理程序、关系数据库管理系统和实际的数据。服务器在本地执行所有的空间搜索和数据提取工作，并缓冲满足搜索条件的数据，然后将整个缓冲区中的数据发往客户端。在服务器端处理并缓冲的方法大大提高了效率，减轻了网络负载。这在操纵数据库中成百上千万的记录时变得至关重要。

由于 SDE 采用客户/服务器处理模型，每个客户发出的服务请求在服务器上都将引发一个独立的任务。这种多线程的设计意味着 SDE 可以充分利用多 CPU 带来的高性能。SDEServer 可运行在不同的系统平台，客户端和服务器端的进程数据传输采用 TCP/IP 协议。当 SDE 的客户和服务器进程分别运行于异构平台时，采用外部数据表示（XDR）来支持不同硬件平台的数据格式。同时 SDE 将通过其自身的安全机制，监控所有进程的状态和连接，以保持系统的一致性。

6.4.3　SDE 的高性能

系统的整体性能和数据一致性是 SDE 的设计目标。因为实时信息系统需要很高的性能，所以 SDE 必须最大限度地加速系统的响应，降低网络流量。为保证 SDE 的高性能，SDE 采用进程间的异步协作处理机制，分别在客户端和服务器端设置缓冲区，客户端和服务器端之间完全通过缓冲区传输请求和结果，其工作原理如图 6.49 所示。客户端程序发出请求后不是等待服务器端返回结果，而是继续向缓冲区中发出请求或从缓冲区中读出前面某次的请求结果，客户端和服务器端的请求和应答完全是并发和异步的。用户可动态地改变缓冲区的大小和性能，以进一步改进客户端和服务器端的协调处理性能。一些 CPU 密集型操作，如缓冲区分析、多边形叠加运算等都可以放在客户端机器上完成，服务器只负责从库中找到与本次运算有关的所有空间数据，这样可使服务器避免大量的不必要的运算负担。这种任务的分配由 SDE 自动进行，它对用户是透明的。

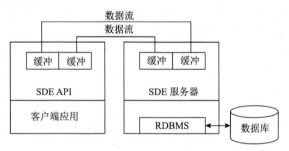

图 6.49　SDE 缓冲区工作模式

实际上，目前所有的 GIS 为了组织和存储大型空间数据，都会将数据进行分幅存储和管理。当对跨图幅要素进行访问时，这种人为的分幅降低了响应速度。SDE 则以完全连续的方式存储数据，不论数据量多大都没有图幅系统和区块的概念。因此，SDE 数据库是真正意义上的连续和无缝，用户可自由地漫游整个数据库。

综上所述，SDE 的优越性导致目前 GIS 系统集成中广泛使用中间件。SDE 技术解决具有异构、多源、分布特性的空间数据存储管理和处理分析问题，虽然可能付出中间层的额外代价，但它较好地解决了 GIS 应用与空间数据集成中数据提供与访问模式方面的瓶颈问题，同时在分布式的网络环境下，可以较好地屏蔽底层异构性，是一种比较可行的方案。SDE 系统的未来发展将支持各种非关系型数据库和文件系统等的空间数据存储，以进一步扩大其应用范围。

6.4.4　海量地理空间数据存储

从地理空间数据存储需求的发展趋势来看：一方面，对数据的存储量的需求越来越大；

另一方面，对数据的有效管理提出了更高的要求。首先，存储容量的急剧膨胀，对存储服务器提出了更大的需求。其次，数据持续时间的增加。最后，对数据存储的管理提出了更高的要求。地理数据的多样化、地理上的分散性、对重要数据的保护等都对数据管理提出了更高的要求。为了支持大规模数据的存储、传输与处理，海量数据存储目前主要向 3 个方向发展。

1. 虚拟存储技术

存储虚拟化的核心工作是物理存储设备到单一逻辑资源池的映射，通过虚拟化技术，为用户和应用程序提供了虚拟磁盘或虚拟卷，并且用户可以根据需求对它进行任意分割、合并、重新组合等操作，并分配给特定的主机或应用程序，为用户隐藏或屏蔽了具体的物理设备的各种物理特性。存储虚拟化可以提高存储利用率，降低成本，简化存储管理，而基于网络的虚拟存储技术已成为一种趋势，它的开放性、扩展性、管理性等方面的优势将在大数据集中管理、异地容灾等应用中充分体现出来。

2. 高性能 I/O

集群由于其很高的性价比和良好的可扩展性，近年来在高性能计算机群（high performance computing，HPC）领域得到了广泛的应用。数据共享是集群系统中的一个基本需求，当前经常使用的是网络文件系统（network file system，NFS）或者通用网络文件系统（common Internet file system，CIFS）。当一个计算任务在集群上运行时，计算节点首先通过 NFS 协议从存储系统中获取数据，然后进行计算处理，最后将计算结果写入存储系统。在这个过程中，计算任务的开始和结束阶段数据读写的输入/输出（input/output，I/O）负载非常大，而在计算过程中几乎没有任何负载。当今的集群系统处理能力越来越强，动辄达到几十甚至上百个 TFLOPS，于是用于计算处理的时间越来越短。但传统存储技术架构对带宽和 I/O 能力的提高却非常困难且成本高昂。这造成了当原始数据量较大时，I/O 读写所占的整体时间就相当可观，成为 HPC 集群系统的性能瓶颈。I/O 效率的改进，已经成为今天大多数并行集群系统提高效率的首要任务。

3. 网格存储系统

高能物理的数据需求除了容量特别大之外，还要求广泛的共享。因此，网格存储系统应该能够满足海量存储、异地分布、快速访问、统一命名的需求。主要研究的内容包括：网格文件名字服务、存储资源管理、高性能的广域网数据传输、数据复制、透明的网格文件访问协议等。

6.5　地理空间数据库系统

文件管理和存储数据只能采用内存方式操作，其特征是版本式管理更新数据（数据在内存更新完成后，一次性存储于数据文件），无法实现多用户网络数据实时共享，数据更新只能单机单用户实施。随着地理空间数据在各行各业广泛的应用深入，地理空间数据种类和数量剧增，数据更新频率加快。面对大容量地理空间数据的处理和存储、多用户并发访问、故障恢复、安全性和完整性等方面的需求，单机、基于内存的版本式管理模式难以满足，导致了目前以数据库系统为核心的地理空间数据库系统的产生。采用关系数据库管理系统来管理地理空间数据成为 GIS 的主流方式，同时也使 GIS 从以加工空间数据的程序为中心，转向以空间数据共享的管理为核心。

6.5.1　分布式数据库结构

分布式数据库是数据库技术与网络技术相结合的产物。在实际应用中，一些大型企业和连锁店等经常是在物理位置上分布式存在的，单位中各个部门都维护着自身的数据，整个单位的信息被分解成了若干信息分块，分布式数据库正是针对这种情形建立起来的信息桥梁。分布式数据库中的数据在逻辑上相互关联，是一个整体，但物理地分布在计算机网络的不同结点上，如图 6.50 所示。网络中的每个结点都可以独立处理本地数据库中的数据，执行局部应用，同时也可以通过网络通信系统执行全局应用。

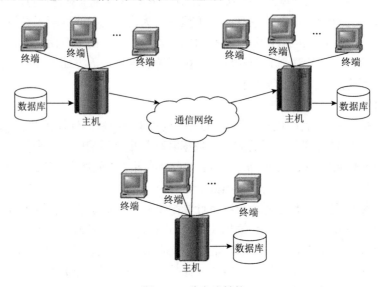

图 6.50　分布式结构

分布式结构的优点是适应了地理上分散的公司、团体和组织对于数据库应用的需求；缺点是数据的分布存放给数据的处理、管理与维护带来困难。当用户需要经常访问远程数据时，系统效率会明显地受到网络传输的制约。

6.5.2　地理空间数据库管理系统

地理空间数据的管理和维护需要专门的软件来实现，这个软件称为地理空间数据库管理系统（geospatial data base management system，GDBMS）。不管计算机技术发展到什么水平，地理空间数据库采用什么体系架构，GDBMS 在 GIS 的地位和作用没有变。其主要作用是对地理空间数据进行存储、管理、处理和维护。它是在操作系统（数据库管理系统）之上的一个面向空间数据管理的基础底层软件，能够对存储在物理介质上的地理空间数据进行定义，提供必需的空间数据查询、检索、修改和存取等功能，能够对空间数据进行有效的更新和维护，能够基于计算机数据库技术和网络通信技术解决与地球空间信息有关的数据获取、存储、传输和管理等问题，并提供给用户访问和操作空间数据库的用户界面和二次开发环境与接口。用户可根据自身的应用需求建立具有空间数据库访问和操作功能的应用系统。

1. GDBMS 功能结构

GDBMS 功能结构划分是从软件设计者的角度，将一个完整的 GDBMS 划分为不同部分。利用功能结构图把一个复杂的 GDBMS 分解为多个功能较单一的模块的方法称作模块化。模块化是一种重要的设计思想，这种思想把一个复杂的系统分解为一些规模较小、功能较简单的、更易于建立和修改的部分，一方面，各个模块具有相对独立性，可以分别加以设计实现；另一方面，模块之间的相互关系（如信息交换、调用关系），则通过一定的方式予以说明。各模块在这些关系的约束下共同构成统一的整体，完成系统的各项功能。按照功能结构图设计思想，GDBMS 分解为地理空间数据定义、地理空间数据操作处理、拓扑关系处理与建立、空间数据可视化查询、地理空间数据编辑、数据库维护、数据库装载、数据库备份等功能模块，如图 6.51 所示。

图 6.51　GDBMS 功能结构

2. GDBMS 操作功能

GDBMS 操作功能是指从软件用户的角度，如何应用 GDBMS 管理地理空间数据。用户理解、定义和操作地理空间数据，必须有一个具体的地理空间模型，所以，地理空间模型是地理空间数据管理与应用的基础。GDBMS 必须建立在确定的地理空间模型之上，GDBMS 所有功能都是基于某种地理空间数据模型实现的，因此，地理空间数据模型也是 GDBMS 的灵魂。

地理空间数据库分成工程、工作区、数据块、要素层、复合要素、基本地理要素和几何对象等层次，将系统的功能进行分解，是按功能从属关系表示的图表。GDBMS 的各子系统可以看做是系统下层的功能，每层功能包括对这些对象的定义和操作。

第 7 章　地理信息可视化

人类是视觉动物，因此图形、图像比文字更容易让人理解事物的结构。人们把连续的地理现象和物体（地理信息）离散化、数字化，变成地理数据，其目的是便于地理信息的获取、处理、更新、分析应用等的计算机化，使其获取方法更加多样，处理技术手段更加丰富，提高地图更新效率和地理信息的应用范围；地理信息可视化（符号化）是地理信息离散化、数字化的逆过程，是把地理数据转化成连续的、模拟的图形，其目的是把非直观的、抽象的或者不可见的地理数据转化成图形，便于人们理解。动态地、形象地、多视角地、全方位地、多层面地描述地理事物与现象，弥补了人类自然语言对地理现象描述的不足，提高了人们对地理空间的认知能力。随着计算机图形、图像技术的飞速发展，人们现在已经可以用计算机图形、动画、三维显示及仿真等技术手段，形象地表现各种地形特征。可视化涉及计算机图形学、图像处理、计算机视觉、计算机辅助设计等多个领域，成为研究数据表示、数据处理、决策分析等的综合技术。

7.1　地理信息可视化概述

地图是地理信息最主要和最常用的表现形式，并在发展过程中形成了一系列的理论与方法。地理信息可视化是运用地图制图学、计算机图形学和图像处理等技术，将地学信息输入、处理、查询、分析及预测的结果和数据以图形符号、图标、文字、表格、视频等可视化形式显示并进行交互的理论、方法和技术。

7.1.1　地理数据到地图数据

地理数据符号化是地理空间数据可视化的一个重要方面，它采用规范的地图符号表现地理数据，如图 7.1 所示。

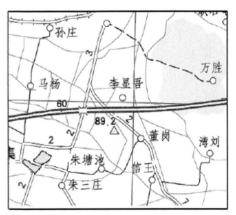

图 7.1　地理空间数据符号化

　　地理空间数据分为地理数据和地图数据。地理数据是面向地理学的，侧重于地理空间分析。建立地理数据主要是为地理分析服务，而不是满足地图制图的需要。地理数据中的属性数据决定了地图符号配置，地理数据简易可视化（简单的直接符号化）难以获取高质量的可视化效果（图 7.2），一些地方不符合人们地图符号表达习惯。地图数据是面向地图制图的，侧重于地理信息按图式规范符号化表达（图 7.3）。

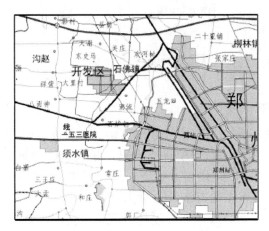

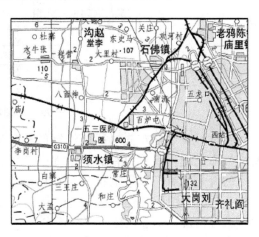

图 7.2　地理数据简易符号化　　　　　　　　图 7.3　地图数据图式规范符号化

　　地理数据难以直接转换成地图数据，其根源在于地理数据与地图数据的应用目的不同，导致两者难以在统一的数据模型中表示。由于地理空间分析与地图符号化之间存在的矛盾，地理数据还不能自动地转换成地图数据，在地理数据转换成地图数据（地图制图）过程中人工干预仍然占有很大比例，修改后地理数据的内容成为地图数据。地图数据由地图要素组成，并且每个地图要素有对应的地图符号，这样才能满足地图制图的需求。在很多实际应用中，不得不采用地理数据和地图数据两套数据分别存储，这样不仅增加了劳动成本，也给两种数据的一致性维护带来困难。

　　地图数据中的几何数据与地理数据中的几何数据相关，地理数据与地图数据之间可以通过制图综合和符号化处理的方式产生联系。地图数据栅格化后形成像素地图，可以直接用于屏幕显示和打印输出。

　　从地理空间数据到地图数据，制图综合影响着地理数据符号化过程的各个环节，地理数据的选取、地图符号配置及图形效果处理等都离不开制图综合的指导。形式化的制图综合可以表达地图设计者思想及制图规范和标准，制图综合技术发展，最终以自动或半自动的方式作用于地理数据符号化过程，不但能够减轻制图人员的工作强度，也提高了地图生产处理效率。

　　地理数据的分类和选取主要解决地理数据表达丰富和人类视觉感受与分辨能力有限之间的矛盾。分类和选取是地理数据可视化的主要手段，就是采取简明扼要的手法，从地理空间信息中提取主要的、本质的数据，删弃次要的细部，用简单的图形进行表达。

7.1.2　地图数据符号化系统

　　地图符号化一般用符号化程序根据符号库中存放的符号信息实现。地图数据符号化系统如图 7.4 所示。

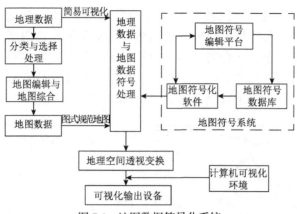

图 7.4　地图数据符号化系统

在符号化之前首先对所要绘制的符号进行编码，形成符号信息块，建立符号库。地图符号库是利用计算机存储表示地图的各种符号的数据信息、编码及相关软件的集合。常用的符号库有矢量数据符号库和栅格数据符号库。栅格数据符号库一般采取信息块方式，主要用于图形变化太多、过于复杂、采用程序块方法计算量大、难以满足快速显示的需求等情况。矢量数据的符号库分为符号数据块方式和程序块方式两种。专题要素的符号库，如定点符号、线状符号、质别底色、等值线、定位图表等，涉及专题要素质或量及单个或多个专题变量的描述，一般用专用的处理程序实现。

程序块是采用某种程序设计语言描述一个符号的具体绘制过程。例如，如果想要绘制圆形和方形就必须用程序语言分别编写各自的绘图符号程序，线状符号和面状符号的绘制也是如此，一种符号的绘制对应着一个绘制程序。这种方法的缺点是难以适应新符号的设计和制作，给绘制程序模块的设计和使用带来很大的困难和不便。

数据块方法是把符号的制作和符号的绘制完全独立分开，一方面专门制作符号数据，即建立符号库；另一方面采用很少的程序绘制各种各样的符号。数据块中只存储符号图形的几何参数（如图形的长、宽、间隔、半径、夹角等），其余数据都由计算机相应绘图程序的算法解算出来。数据库型符号库中，符号库将符号信息以一种类数据库的形式存储于文件中，并实现其符号数据的管理和维护功能。它将整个符号库的符号制作和符号绘制模块完全分开，由一个程序专门制作符号数据，相应地采用另一个程序来绘制成千上万的符号，而它们之间的联系就是符合某种格式的数据文件。数据块方法的优点是：数据具有高度独立性，符号化软件具有高度的通用性。符号库中的符号数据是具有统一结构的标准化数据，便于符号动态扩充和修改；符号化软件不像采用参数加过程模拟的方法那样对每个符号分别设计一个程序，而是用一个程序绘制一类符号，如所有点状符号用一个程序绘制，所有线状符号用另一个程序绘制，不需要为每一个符号都设计一个绘制程序，每种具体符号是通过给定一个符号码来确定的，每种符号在符号库中有唯一确定的符号码标识。

地图矢量符号库是利用计算机存储表示地图的各种符号的数据信息、编码、绘制参数及相关软件的集合。地图符号库就是将地图符号分类整理，并以数据库的形式存储到计算机中，实现对地图符号的管理功能。常用的地图符号库操作，主要是对地图符号进行修改、定义、存储、检索和重组。

地理符号编辑平台不但具有地图图形符号的建立、删除、显示、修改、查询等基本数据库操作功能，而且具有一个存储地图图形符号的数据库。地理符号编辑平台可以独立于 GIS 以外进行研发，而且也易于设计相对标准的地图符号；但同时地理符号编辑平台还要成为 GIS 有效组成部分，只有这样的地理符号编辑平台才具有真正意义的使用价值。

7.1.3　地理数据符号化处理

　　地图空间数据符号化处理是将地理空间数据转化为连续图形的过程。地理空间数据符号化系统是一个处理地理空间数据存取、地图符号存取和各种地图符号可视化控制的系统。地理空间数据分为点、线、面三种数据类型，其符号化处理分为以下 5 种形式。

1. 点状地物数据符号化处理

　　点状符号是用来表示地图上不依比例尺的小面积地物和点状地物，以及其定位点上的地图信息的地图符号，如水塔、烟囱、测量控制点等符号。任何点状符号都可以用基本图元（任意线段和规则几何图形）来组合，图元是点状符号的基础，也是点状符号中常见的规则几何图形。符号制作系统中用来构造符号的基本图元有：点、直线、折线（或多边形）、弓形、扇形、文字、曲线、圆、椭圆、圆弧等。利用这几种图元进行合理组合，基本可以构造出地图图式中的所有点状符号。

2. 线状地物数据符号化处理

　　线状符号是表达地理空间上沿某个方向延伸的线状或带状现象的符号。线状符号形状的连续变化，可以产生实线和间断线，也可以用叠加、组合和定向构成一个相互联系的线状符号系列。根据线状符号的定位特征（长度依比例尺而宽度不依比例尺）可知它为半依比例符号。线状符号表示的是存在于地理空间中的有序现象，如河流、道路、运输线、国界线等。线状符号的一个明显特点就是都有一条有形或无形的空间定位线，并且由这条定位线来确定其位置。线状符号可以看做是若干个基本的线状符号（如直线、虚线、点线等）叠加而成的。线状符号也可以看做是线状单元沿着定位线的前进方向进行周期性重复的结果。

3. 面状地理数据符号化处理

　　面状符号以面作为符号本身主要表示呈面状分布的地物或地理现象。面状符号一般有一个封闭轮廓线，这个封闭的轮廓线可以是有形的也可以是无形的，不同的面状符号在轮廓范围内配置不同的点状符号、线状符号或颜色来区别不同的地理现象。面状符号轮廓线绘制与线状符号的绘制相似。面状符号填充符号是在面域内按一定方式配置组合而成的。面状符号的共同特点就是在面域内填绘不同方向、不同间隔、不同粗细的"晕线"，或规则分布的个体符号、花纹或颜色。

4. 地理信息三维可视化处理

　　地理空间物体是三维的，计算机屏幕是二维的。地理空间数据可视化就是把三维空间分布的地物对象（如地形、建筑物模型等）转换为图形或图像在屏幕上显示，经空间可视化模型的计算分析，转换成可被人的视觉感知的计算机二维或三维图形图像。主要内容包括：①数据准备。获取三维地形可视化所需的各类数据，将数据组织成表达地形表面的三角形网格。②透视投影变换。根据视点位置和观察方向，建立地面点与三维图像点之间的透视关系，对地面进行图形变换。③消隐和裁减。消去三维图形的不可视部分，裁剪掉三维图形视野范围以外的部分。④光照模型。建立一种能逼真反映地表明暗、颜色变化的数学模型，计算可见表面的亮度和颜色。⑤图形绘制。依照各种算法（分形几何、纹理映射）绘制并显示三维地形图。⑥三维图形的后处理。在三维地形图上添加各种地物符号、注记等。这涉及计算机图形窗口的管理、图形窗口的空间坐标变换、色彩管理、窗口的放大缩小、漫游操作及绘图设备的连接等计算机图形学方面的技术。

5. 地理过程可视化方法处理

地理时空过程是指地理事物现象发生发展演变的过程。任何一种地理要素或现象，都伴随着复杂的时空过程，如景观空间格局演变、河道洪水、地震、森林生长动态模拟、林火蔓延等都是典型的地表空间过程。人们常常需要在对地理实体及其空间关系的简化和抽象基础上，利用专业模型对地理对象的行为进行模拟，分析其驱动机制、重建其发展过程，并预测其发展变化趋势。时空数据是对地理时空过程的时间、空间和属性的描述，能够反映地球表层空间地理对象随时间变化而变化的时空过程信息。时空数据动态可视化，是借助计算机图形学和图像处理技术动态表达地表现象的空间和属性在时间维上的变化，便于理解和分析地理时空过程演变的进程规律和趋势。

地理时空过程可以理解为地理时空对象的形态或属性随着长期或短期时间推移所产生的连续或离散的变化过程。与传统的空间数据相比，时空数据增加了时间维度，在数据的语义理解、数据结构、数据互操作、存储上都更为复杂。地理时空过程的动态可视化主要展示地理信息数据随时间变化而变化的动态过程。

7.2　普通地图数据可视化

普通地图（general map）是综合、全面地反映一定制图区域内的自然要素和社会经济现象一般特征的地图。该地图内包含地形、水系、土壤、植被、居民点、交通网、境界线等内容。普通地图符号主要分为点状、线状和面状 3 种类型。

7.2.1　点状地物数据可视化

点状地物或现象在地图上抽象为点，在计算机内表示为点坐标。点状地物可视化表示为点状符号，符号的大小与地图比例尺无关但具有定位特征。点状符号是点状地物空间分布、数量、质量等特征的标志和信息载体，包括符号、色彩和注记。

1. 点状符号分解与组合

地图符号的基本构成元素是点、线、面和色彩。这些都是平面图形的基本构成元素，看起来十分简单，但它们的组合变化能力是无限的。根据点状符号的特征可构建点状符号系统，运用计算机实现点状符号自动绘制。

1）点状符号分解

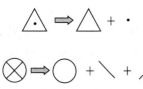

图 7.5　点状地理图形的分解

点状符号可看成是一个有限直线段的集合，各直线段通过统一的坐标系联系在一起。但是，有些点状符号如果只通过直线段的集合来描述，将是很困难的。例如，圆用直线段来表示就比较困难，而用圆的参数定义就比较容易。为了方便点状符号的设计，定义点状符号是任意线段和规则几何图形的组合，如图 7.5 所示。

2）点状符号组合

一个复杂的点状符号由基本图元构成。一个点状符号就是以图元为基础进行设计的，设计时以一个统一的坐标系（符号空间）为准，坐标系的原点就是此点状符号的定位点。符号定位点的定义并不统一，但在标准图式中都有明确的规定，定位点的选取必须遵循图式规定。利用一些基本的图元，点、直线段、折线、圆等进行合理的组合，基本上可以构造出地图图式中的所有点状符号。

2. 点状符号化方法

基于点状符号的分类和特点，点状符号化方法主要有矢量图形法、栅格图像法和图元组合法 3 种。

1）矢量图形法

矢量图形符号是用离散形式的坐标点对表示的点状符号的有序集合。常规的实现方法有直接信息法（数据块法）、间接信息法（程序块法）和综合法 3 种。

（1）直接信息法（数据块法）。一些点状符号（包括文字、数字）常常难以分解成基本几何图形的组合，或者说不能用数学公式来描述，不能用数学的方法计算出符号图形特征点的坐标。这类符号由一些非规则的曲线等图形构成，或者说它们不能够分解为若干规则基本几何图形的组合。我们把这类点图形称为非规则的点图形。非规则点图形的线段端点坐标不能通过计算得到，只可以用若干小直线段组合逼近原符号图形。依据符号图形的结构和尺寸计算出或事先给出图形各直线段的端点坐标，可以通过建立点符号的坐标网格，读取各直线段端点坐标，建立点图形端点坐标的数据块，进而调用画线函数生成点符号图形。这种点图形生成方法称为数据块法。

数据块法将点状符号分解成若干不同方向的直线段的组合，而每一个直线段都可以用一端点的增量坐标$(\Delta r, \Delta y)$和抬落笔状态码来描述。那么，任意一个点符号图形的若干直线段的信息可构成一串有序的数字信息集合，再配合绘线程序即可绘出该符号的图形。一般来说，任何一个点符号（除实心图形）都可以用一个相应的数据块来描述与存储，并由相应的程序绘出其符号图形。

（2）间接信息法（程序法）。间接信息法的信息块中不直接存储符号图形数据，而是存储符号图形的几何参数（如长、宽、夹角、半径等），符号化时所需的符号图形数据由计算机按图元计算算法解算出来。

有些点图形可以分解为规则几何图形的组合，如圆、正三角形、矩形、非任意角度的直线段等。通过点图形的定位点、图形的尺寸和组合关系可以计算出图形中每段直线的端点坐标。我们把这类点图形称为规则点图形。对于规则点图形，把其定位点坐标设为输入参数，把图形尺寸等设为已知参数，按照图形的结构和各规则图形组合的位置关系，计算点图形中每个线段端点坐标，调用画线函数绘制图形，并把计算和处理过程设计成子函数（即为某点图形生成函数），那么输入定位点坐标调用相应点图形生成函数，就可在指定位置绘制需要的点图形。

程序法的点状符号化函数主要完成基本图形的端点坐标计算、基本图形组合、符号变形等处理。

2）栅格图像法

栅格技术途径有两个重要的技术前提：一是分辨率，它相应于栅格像元的大小，也决定了栅格处理的一系列基本特性，它的决定是需要与可能综合平衡的结果，由于计算机硬软件的发展，目前按要求来决定分辨率已没有太大困难；二是栅格坐标系，过去传统的 Y 轴方向与人们习惯的空间坐标系方向相反，实质一样，但还是不方便，现使之统一于空间坐标系，

即 Y 轴方向向上，这时，矢、栅系统仅存在实数坐标和整数坐标概念差别，便于矢、栅统一。栅格符号库由于栅格绘图特点，一般不采用符号程序块的方法，大多仅采用符号信息块的方法。

3）图元组合法

图元组合法实质上是把信息块与程序法结合在一起，绘制组合式符号。图元组合法基于规则点图形由规则几何图形组合构成这一特点，采取分解组合的思想，把符号分解为折线、圆、矩形、正三角形等各种图素，各种图素的使用采用信息块量参数，程序由图素绘制程序组合而成。

首先，建立绘制各种基本图形的子函数，可称其为功能绘图子程序。其次，将若干个基本图形根据相互之间的位置关系组合在一起，即可得到相应的点符号图形。因此，在已有功能绘图程序的基础上，这类点图形的生成就归结为基本图形的组合及计算了。如果要增加符号，需设计相应的程序，对于用户来说不够方便。但如果是一种固定的应用，一旦各点图形生成程序设计完成，倒也是一劳永逸的事。

图元组合法最为重要的是图元组合关系的确定。用来构造点符号图形的图元除上面提到的基本图元：点、短直线、圆、圆弧、弓形、扇形、三角形、矩形、椭圆、文字外，为便于点图形编辑组合等，还把折线、曲线、多边形等也作为构造点符号的图元扩展进来。图元组合法的思路是对构造点符号图形的全部图元设计各图元生成函数，点符号图形的绘制通过组合调用所构成图元的生成程序来实现。

3. 点状符号库建立与管理

点状符号将符号信息以数据块的形式存储在磁盘文件中或数据库中，可以方便地实现符号的数据管理和维护功能。而当一个符号要显示时，可以从数据库或文件中读取该符号的数据块，然后交由统一的绘制模块实现符号的绘制。这样做的好处是符号的绘制接口实现了统一，当要增加新的符号时只要重新设计新符号的数据块即可，而绘制接口不变，这样上层使用新符号时并不需要改动任何代码。通常将图元调用、组合、符号生成、存入符号库，以及符号的编辑修改、符号的增加等功能设计成一个软件工具的形式提供给用户，故称其为符号编辑系统。

1）点状符号库组成

在基本图元的关系确定后，符号与图元的关系也可以确定下来，即符号是图元的集合，而符号库则是符号的集合。其集合关系为：符号库={符号}；符号=编码+显示比例尺+{图元}；图元=编码+{参数}。其中每个符号绑定一个比例尺参数，用处是把符号的显示与系统显示比例尺挂钩，系统在不同显示比例尺下显示不同的符号。

点状符号库包含了两个部分：点状符号的描述信息参数集和点状符号中图元的绘制程序。点状符号的符号描述信息是可以定义的。显然，构成点状符号的图元个数对于某一个特定符号来说是个实数。符号的描述信息则表现为各图元与符号定位点之间的关系，它通过图元的各控制点（如多边形的角点、圆的圆心和线段的端点）与符号定位点的关系反映出来。对于方向可变的点状符号（如桥梁），符号描述信息还应包含各图元与符号方向线（符号定位点与方向点的连线）的关系，这一关系也可通过图元控制点与符号方向线间的关系间接表示出来。点状符号参数集的结构，即点状符号库的数据存储结构如图 7.6 所示。

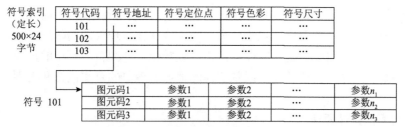

图 7.6　点状符号库的数据存储结构

在绘制点状符号的时候，只需根据数据文件中的符号代码、定位点坐标、符号尺寸、符号色彩等信息，将符号库中相应符号的尺寸变换为所需要的尺寸，然后把各点对于定位基准的坐标加上定位点坐标(x_0, y_0)配置到地图空间即可。

2）点状符号库调用接口

接口是指在开发前规定好的一组标准，设计者按照这组标准进行模块间的通信和访问功能，并各自衔接。接口的实现比较灵活，关键在于约束条件的确定，根据需要，这些约束条件可以是函数，如根据图元的不同，可以为其功能函数拟订名称及传递参数。根据以上约束，给出图元操作接口（各个功能的函数命名、传递参数、返回值类型）。

4. 点状地理数据可视化系统接口

符号库中存储的符号是固定形态的，可是使用到地图上进行符号化时，必须根据地理要素的使用情况不同对符号的属性参数进行动态更改，也就是说，只有配置了这些独特属性参数的地图符号才是该地图要素用于符号化的符号。以往的符号化方法通常是通过符号化参数表的形式建立起符号库中的地图符号与地图要素之间的联系，如图 7.7 所示。

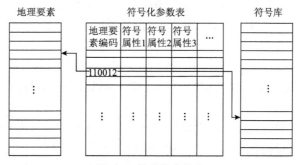

图 7.7　符号化参数表

但是这种参数表的形式没有将符号、绘制参数与地理要素绑定起来，只是通过一张中间索引表联系起来，一旦符号库发生变更或者参数表丢失，就会造成矢量空间数据无法正确符号化。

从软件使用的目的考虑，系统能够显示所处理的图形，并能够对图形进行放大、缩小、漫游等操作，用户需要拟订详细的图元接口，以利于系统集成的展开。这些接口主要有 3 类：①交互接口。用于实现交互工具管理、交互信息发送，实现交互动作，完成图形操作。②图元管理接口。实现对图元的对象控制、命令传达，如发送线图元的旋转命令、移动命令等。③界面控制接口。实现工具、图元、操作与界面间的平滑连接。

7.2.2　线状地物数据可视化

线状地物表示呈固定线状分布的地理物体现象的质量与数量特征，描述物体的类别、位置特征及物体的等级。线状地物的定位线可为直线、弧线、折线或自由曲线。线状地物在计算机内抽象离散为中心线的有序的点集序列，表示线状物体现象的实际位置和几何走向。线状地物数据可视化就是将线状地物有序的点集序列转化为地图符号模型的过程，利用线状符号的线型、图案、尺寸、颜色等表示线状实体的地物或现象的真实位置和类别、等级等属性特征。

1. 线状符号的构造原理

线状符号可分为两大类：规则线状符号和非规则线状符号。规则线状符号可以看成是一个基本线符单元按一定间隔沿一定位线顺序排列而成。否则，就看成是非规则线状符号。

1）非规则线状符号

非规则线状符号中的图案单元和排列方式是随机的，图案的形状、大小等都可以随时发生变化，图案在定位线上的排列间隔和定位线的关系也可以随时发生变化。非规则线状符号可以看成在视觉上可接受的随机图案单元按定位线的特征分布的一种图案。非规则线状符号可能是基本线符单元具有随机性，也可能是排列方式具有随机性。

2）规则线状符号

同非规则线状符号不同的是，规则线状符号的基本线符单元及其排列方式都有规律可循。规则线状符号是一个规则基本线符单元沿一定位线，按一固定规律排列而成的线状图案。规则线状符号由两个成分组成：一是规则基本线符单元，它不具有随机性；二是基本线符单元的排列方式，一般情况下，它是指基本线符单元的间距和基本线符单元的排列方向。基本线符单元相同，其排列间距一致，方向要求相同所形成的线状符号才可认为是同一符号，否则就不是同一个线状符号。线状符号的宽度由基本线符单元确定。同一个基本线符单元，按一定间距沿定位线排列，若基本线符单元要求排列的方向不同，也会产生不同的规则线状符号。

2. 线状符号分解与组合

地图线状符号都可以看做是该线状符号的基本线符单元沿定位线以一定的方式循环配置而成。线状符号可视化关键是如何将基本线符单元分解，抽象出简便易行、通用的基本组成单元。

1）线状符号分解

几乎所有规则线状符号的基本线符单元都能分解成几个最基本的几何图形元素，而每个图形元素沿符号定位线串接都可以独自形成一个线状符号，所以一个线状符号可以由它的基本线符单元分解的图形元素形成的线状符号组合而成。根据基本线符单元沿定位线配置方式分类，线状符号分解分为以下两类。

（1）线状符号沿定位线整体分解若干符号图案单元叠加配置，如图7.8所示，图7.8（a）是线状符号铁路，图7.8（b）是分解虚线和平行线两个符号图案单元。

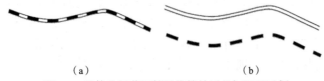

（a）　　　　　　　　　　　　　（b）

图 7.8　整体分解若干符号线符单元叠加配置示例

（2）线状符号沿定位线分解若干基本线符单元循环配置。如图 7.9 所示，（a）是线状符号铁路，（b）是分解若干符号图案单元循环配置。

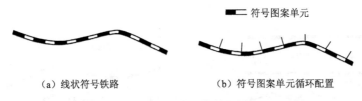

（a）线状符号铁路　　　　　　　　　（b）符号图案单元循环配置

图 7.9　分解若干基本线符单元循环配置示例

　　基本线符单元是相对的。对线状符号来说线是基本线符单元。但基本线符单元可再分解若干个基本图形。虽然每种基本线符单元形状各异，但都存在着非重复与重复出现的图案（又称重复元），有形或无形的延伸线（又称基线）。如图 7.8（b）中虚线可以再分解为若干虚实相间的黑白粗线（符号线符单元）循环配置。图 7.9 中铁路的符号线符单元再分解为黑粗线和垂直于定位线的平行短线。采用分层的思想，所有线状符号可看成非重复层和重复层有机组合而成，非重复单元层主要指实线和平行线，重复单元则包括点线与虚线，其中点线由沿着线状符号的定位线隔一定距离绘制的点图元构成。为了简化对线状符号基本图元的参数化，将平行线归为实线一类，因此线状符号分为三种基本图形：点线、实线、齿线，如图 7.10 所示。

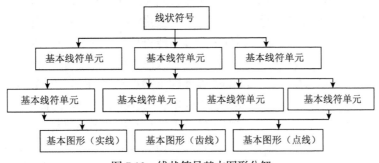

图 7.10　线状符号基本图形分解

2）线状符号组合

　　线状符号的组合方法依赖于线状符号分解方法，分为以下两种。

　　（1）基本线符单元重复配置法。在每一个线状符号段上先绘制一种基本图形符号，然后依次叠加绘制另外的基本图形符号，完成一个基本线符单元，再绘制下一个基本线符单元，直至绘完为止，如图 7.11 所示。线符段图形重复配置法生成线符图形，首先设计构造线符段图形（或称基本线符单元），沿线符定位线依次定长提取曲线长度为线符单元长的坐标串，以此坐标串作为配置线符单元图形的定位线绘制线符段图形，然后串接循环重复配置线符段图形，直到线符定位线终点，结束绘制。线状符号图形是由一组图形构造的线状图案沿线符定位线重复串接配置而成。

图 7.11　图案配置型线图形

　　（2）线型叠加组合法。在整条线上先绘制一种基本图形符号，再依次叠加其他基本图形符号。线状图形中有一类是由加粗线、平行线、虚线、曲线、铁路等基本线形中的一种或几种线型图形在定位线轴上叠加组合而成的，如图 7.12 所示。这类线符号，可以通过在其定位线上依次叠加绘制构成的线型图形而生成，如图 7.13 所示，铁路图形由平行线型和虚线型叠加组合而成。

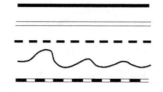
图 7.12　线型及组合型线图形

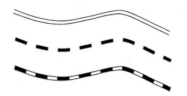
图 7.13　线型叠加组合法生成线图形

3. 线状地物数据符号化方法

线状符号化是指呈固定线状分布的地理对象质量与数量特征的表示方法，采用线状符号来完成对线状要素质或量及单个或多个属性变量的描述。

线状符号化基本算法分为两个部分：一部分是横向计算与定位线垂直方向配置的点线，如齿线、平行线等；另一部分是纵向计算在定位线上线符段的划分，如虚线的黑白间隔、齿线间隔等。

1）线符段划分计算

线状地物几何形状在计算机中以一串有序坐标对 (x, y) 表示，记为 $L\{x; y\}n$，n 表示点的个数。线状符号由基本线符单元串联构成，为了绘制这些基本线符单元，必须在定位线上划分每个基本线符单元（线段）的具体位置。定长线段计算也叫做定长线段提取。在绘制虚线过程中，需要计算出实部或虚部的末端点坐标，并在定位轴线上提取出定长曲线段的坐标串，即通过定长线段的提取确定各实部（或各虚部）的首末端点和中间节点坐标。

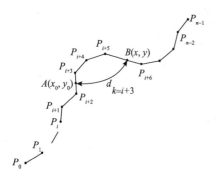
图 7.14　定长线段提取

定长线段提取如图 7.14 所示。已知虚线定位线的点集合为 $\{P_i\}$，$P_i = (x_i, y_i)$（$i=0, 1, 2, \cdots, n-1$）。设某定长线段的起点为 $A(x_0, y_0)$，终点为 $B(x, y)$，沿定位线延伸方向上离起点最近的一个节点下标设为 $k=i+3$，起点 $A(x_0, y_0)$ 到点 P_j 间的曲线长为 Δs。则曲线长计算公式为

$$\Delta s = \sum_{j=k+1}^{n-1} \sqrt{\left(x_j - x_{j-1}\right)^2 + \left(y_j - y_{j-1}\right)^2} + A\boldsymbol{P}_k \qquad (7.1)$$

设定长线段起点和终点间所包含的节点个数初值为 m，$m \leqslant n-1$，在图 7.14 中，$k=i+3$，$m=3$。

设曲线长 Δs 与定长线段 d 之间的差值为 q，则 $q=\Delta s-d$。

定长线段上节点 P_j（$j=k, k+1, \cdots$）有 3 种存在情况：P_j 是定长线段 d 上的某一点，P_j 是定长线段 d 的终点，P_j 是定长线段 d 上的末延及点。设定判别方式，通过 $q=\Delta s-d$ 判断。

若 $q<0$，$\Delta s<d$，则 P_j 为定长线段 d 上的某一点，继续向前搜索，找到终点 $B(x, y)$，累加计算曲线长 Δs。

若 $q=0$，$\Delta s=d$，P_j 就是所求定长线段 d 的终点 $B(x, y)$，继续下一段定长线段的搜索，

此时为了寻找下一段定长 d，应将点 P_j $(x_j,\ y_j)$ 作为下一线段的起点，即 P_j $(x_j,\ y_j)$ $=A$ $(x_0,\ y_0)$，此时 $k=j+1$。

若 $q>0$，$\Delta s>d$，则 d 的终点 B $(x,\ y)$ 在 P_{j-1} 与 P_j 之间。设 P_{j-1} 与 P_j 之间距离为 e，$BP_j=q=\Delta s-d$，$P_{j-1}B=e-q$。

如图 7.15 所示，根据直角三角形相似性，按线段比求出 x，y。

首先求出 P_{j-1} 与 P_j 的距离 e

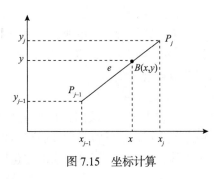

图 7.15　坐标计算

$$e=\sqrt{\left(x_j-x_{j-1}\right)^2+\left(y_j-y_{j-1}\right)^2}\qquad（7.2）$$

则终点 x、y 值为

$$\begin{cases}x=x_{j-1}+\dfrac{e-q}{e}\cdot\left(x_j-x_{j-1}\right)\\[2mm]y=y_{j-1}+\dfrac{e-q}{e}\cdot\left(y_j-y_{j-1}\right)\end{cases}\qquad（7.3）$$

总结起来，定长线段的提取，主要分为以下几个步骤：第一步，获得每个循环段的起点、终点和拐弯点坐标；第二步，以提取后线段的起点为线状符号单元的定位点，以它的定位线方向为循环段内线状符号单元的旋转方向，绘制该线状符号的各个符号单元；第三步，若某个图元超出了前方拐弯点，则截去超出部分，将截去部分转到下一折线段内处理。对有截去部分的线状符号单元，在拐弯处还要做变形处理，使得线状符号随定位线弯曲，在拐弯处能紧密结合，而不出现裂缝或重叠等失真现象。

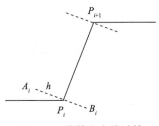

图 7.16　线符段齿线计算

2）线符段齿线计算

齿线是横向与定位线垂直的线，如图 7.16 所示。

已知定位线 $P\{x,y\}n$，在特征点 P_i 处与 P_iP_{i+1} 垂直的线 A_iB_i，A_iP_i 和 P_iB_i 的距离均为 h，P_iP_{i+1} 距离为 S_i，求 A_i 和 B_i 处坐标。

$$\begin{cases}s_i=\sqrt{\left(x_{i+1}-x_i\right)^2+\left(y_{i+1}-y_i\right)^2}\\[1mm]x_{A_i}=x_i-h\cdot\left(y_{i+1}-y_i\right)/s_i\\[1mm]y_{A_i}=y_i+h\cdot\left(x_{i+1}-x_i\right)/s_i\\[1mm]x_{B_i}=x_i+h\cdot\left(y_{i+1}-y_i\right)/s_i\\[1mm]y_{B_i}=y_i-h\cdot\left(x_{i+1}-x_i\right)/s_i\end{cases}\qquad（7.4）$$

4. 基本线状符号化

线状地理空间图形的长度是依比例表示的，而宽度是不依比例表示的，故常称其为半依比例表示的图形符号。这类图形符号在电子地图上所占比例最大，包括道路、河流、境界、管线、垣栅及面图形内填充的线图形。下面以几种常见的线状符号绘制方法为例生成线状符号。

1）平行线符号化

平行线平行于定位线，由两条永不相交的线组成，符号化后通常表示图上的道路等地物。设定平行线宽度，以定位线为轴线，计算垂直于定位线的齿线端点，最后依次连接这些端点便形成连续折线。

2）实线符号化

实线沿定位线绘制，在线状地物表达中应用最多，实线的粗细反映不同线状地物的数量或质量等级。实线符号化算法基本思路：设定实线宽度，以定位线 $P\{x, y\}n$（$i=1, 2, \cdots, n$）为轴线，利用平行线算法求取定位线两侧平行线坐标序列 $A\{x, y\}n$（$i=1, 2, \cdots, n$）和 $B\{x, y\}n$（$i=1, 2, \cdots, n$）。依次连接坐标序列 A 和 B，形成新多边形坐标序列 $C\{x, y\}m$（$i=1, 2, \cdots, 2n$）。利用多边形填充算法，实现实线符号化。

3）虚线符号化

虚线由一系列相间排列的等长短线段构成，又称为间断线。在线状地物表达中应用也最多，通常表示图上大车路、小路、等高线的间曲线等目标。虚线符号化基本思路：设定虚线实部、虚部长度、虚线宽度，以定位线 $P\{x, y\}n$（$i=1, 2, \cdots, n$）线段划分计算，形成若干个虚线实部坐标序列 $\{L_j\{x, y\}n_j$（$i=1, 2, \cdots, n_j$），（$j=1, 2, \cdots, m$）\}。利用实线符号化算法，绘制虚线实部，如图 7.17 所示。

图 7.17　虚线

4）齿线符号化

齿线符号是在定位轴线上按固定间隔绘制若干固定长度的小短线（齿线）而构成的，如图 7.18 所示。在线状地物表达中应用较多，通常表示图上堤坝、境界和陡坎等目标。

图 7.18　齿线

5）点线符号化

点线符号是沿着定位线每隔一定距离重复绘制一个点图元，这些点图元沿定位线组成了一条点图元线。将点图元线定义为点线，如图 7.19 所示。点线符号在线状地物中常常用于树的分布、边界线等。

图 7.19　按点配置的线图形

5. 线状符号图形配置方法

线状符号的显著特点是有一有形或无形的空间定位线，并由这条空间定位线来确定位置。线状符号是由沿定位线循环配置的基本线符单元组合而成的。利用线状符号的分解与组合特性，任何规则线状符号的符号单元都可以看作由具有单一特征的图案组合而成，每个具有单一特征图元构成的线状符号都采用前一种方法的思想进行循环配置，然后这几种基本线型符号以一定方式进行组合就能完成某种线状符号的绘制，其特点是较复杂的地图线状符号也能分解成几个简单的线型，减小了算法设计的难度，而且不同的线状符号可以共用某个基本线状符号，所以大大减少了重复劳动，线状符号的配置速度也有了很大提高。

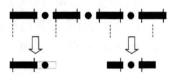

图 7.20　铁路线模板单元

信息块法可称为符号库方法，利用已存符号库绘图信息参数驱动基本绘图程序来完成符号的绘制。线状符号信息块的编辑设计首先需要分析线符的构成，描述出线模板单元，如图 7.20 所示。之后按照基本线模板长度运用定长线段计算算法获得线符中各个组成单元的坐标信息，同时获得需要配置点符号的定位点信息，顺序完成各个线模板单元及点符号的绘制。

这种方法的显著优点就是将符号的编辑设计程序与符号的绘制程序分开，增加了符号设计的自由度。这些符号的集合就是符号库，它们结构统一、数据规格标准，仅仅是符号数据的差别，符号可以动态地扩充和修改，不仅绘图精度高，而且占用存储空间小，能绘制较复杂的基本图元。

1）地图线状符号配置

按照线符图形重复配置法的设计思想，国界图形生成可按以下步骤进行。

（1）定义线符模板。线符模板图形是定位在定位线上、有给定的曲线长度和确定的图元组合关系的线图形。

定义线符模板首先要确定基本图形单元的图形构成，同一个线符图形的基本图形单元并不是唯一的，只要设定的基本图形单元沿线符定位轴线重复串接配置后生成线图形正确即可。图 7.20 中标识的两种基本图形单元组合形式都可以满足生成线符图形的要求。

设定线图形的基本线符单元后，分解构造线模板图形，就是确定构造线模板图形的图元，每个图元的尺寸等参数及图元间的组合关系，如图 7.21 所示。

图 7.21　线模板的图形构造

（2）定义线符模板图形参数。应用前述实线、平行线、虚线和齿线等图形的绘制所需参数方法设计线模板图形参数，其形参变量包括定位线坐标串、线模板图形的曲线长度等相关参数。不同的线型图形，绘制基本图形不同，其图形参数也不同。每种线型图形的尺寸参数设为形参变量，如齿线的线长、线宽、相邻齿线间隔等，点线的圆点半径、相邻圆点的间隔、圆点为空心还是实心圆的标志码等，这些形参变量组织成为线状符号库。这样一来，更多的线图形可以通过多个线型的重叠组合生成，线型图形变化就更加灵活，如国界图形，可由加粗虚线、齿线和实心点线组合而成。

（3）计算重复配置数量。计算在线状符号定位线上能够重复配置基本线符单元的数量 m。

（4）重复配置线符单元。从线符定位线的起点开始，以 m 作为循环控制，依次提取基本线符单元长度的定位线坐标串（定长线段提取计算），调用已定义的线模板图形生成函数绘制基本线符单元。

地图线状符号的优化配置规则主要遵循以下原则：①将符号进行分解，将复杂符号分解为由一系列符号图元组成的符号，通过对基本符号图元绘制，优化整体线型符号的绘制；②线状符号在拐点处进行拉伸，在视觉上应该线性连续，符合整体性和连续性；③线状符号的最小循环体不能在定位线变化趋势明显的地方出现断裂、错开、自交、重叠等严重变形的情况；④对线状符号进行自动跳绘或中间断绘，使其在视觉上保持完整性和连续性；⑤虚实交替循环配置的线状符号在定位线变化趋势明显的地方应为实部，不能为空白。

2）线状符号图形配置信息

线状符号图形配置信息是指描述符号的数据集。线状符号的信息与点状符号信息是不同的，影响其不同的主要因素是定位不同。线状符号的定位是条线，而不是一个点。因此，同一种符号，由于定位不同，其绘图信息就不同。但在不同之中又有相同的东西，这就构成了同种符号的基础。有了这种基础，就可以建立其必要的图形配置信息。不同的线状符号在地图上的表现形式不同，相应地符号参数集的存放格式也不同。

线状符号图形配置信息块直接记录的是符号的基本图元的图形参数，如图元的长、宽、有效空白（间隔）、方向、位置、颜色等。线状符号的绘图信息可包括：①线符名称信息；②基本图形组合信息；③基本图形组合次序信息；④尺寸名称信息；⑤尺寸信息；⑥可视化控制信息等。改变这些信息就可以组合出不同线符号。

（1）线符名称信息。它是线状符号唯一的标识符，它与线状符号的其他信息紧密联系。当查询到某线符代码时，也就找到其他信息。地理空间数据可视化时，往往通过线符名称信息建立起符号库中的地图符号与地理空间要素之间的联系。

（2）线状基本图形组合信息。这种信息由基本图形代码所组成。一个基本线状符号包含几种基本图形，就有几种基本图形的代码与其对应，查到了线符代码，就可查到它有几种基本图形，都是什么图形。

（3）基本图形组合次序信息。线状符号虽然分解成若干个基本图形，但这些基本图形不是孤立的，它们之间通过一些参数建立起相互联系，以保证线符组合的正确无误，提高组装效率。所以，线符在基本图形组合时要有一定次序，以便能将前面所计算的基本图形参数正确地传递给后继的基本图形。基本图形组合次序信息也可以做成一种隐含信息予以存放。

（4）尺寸名称信息。线状符号中规定的尺寸有若干种，为了区分尺寸种类，方便找到某尺寸的具体数字，就必须赋予每一种尺寸一个无二义性的代码。尺寸名称信息就是尺寸代码的汇集。

（5）尺寸信息。它是某种尺寸代码的具体数据的汇集。数据的单位可根据有利于减少存储空间、有利于软件设计、能保证设备精度的要求而予以设置。

7.2.3　面状地物数据可视化

面状地物描述地理事物的分布范围、分布方位、分布面积和伸展方向。面状地物（现象）在地图上抽象为面状图形，面状图形的边界可以是不同线型绘制（或不显示）的闭合线，也可以由若干不同实体的线图形围合而成。面状符号是一种填充于面状分布范围内用于说明面状分布现象性质或区域统计计量值的符号，主要描述物体（现象）的性质和分布范围，符号的范围同地图比例尺有关。面状符号的区域形状、面积都是依比例表示的，称为依比例尺符号。面状图形是由边界围成的封闭区域，该区域可以是规则的几何图形区域，也可以是任意多边形区域；既可以是单连通区域，又可以是岛（也称为飞地）的复连通区域。面状地物的范围在计算机内可以表示为一组首尾相接的有序的点集序列（无拓扑结构），也可以表示为若干个线状图元素按一定数据结构（通常为拓扑数据结构）建立起来的数据集合。面状地物的可视化以面图形的边界多边形来表示面状实体的区域边界、覆盖范围和空间位置，以面图形填充的图案、颜色等表示面状实体的类别等属性特征。面状地物可视化是显示面状地物（现象）的几何特征和属性特征定位分布的一种非常重要的手段。

1. 点符号填充算法

在面状地理要素目标的图形表示中，以区域内填充点图形的一类的数量较多，其填充点图形的形式也有多种，如图 7.22 所示。

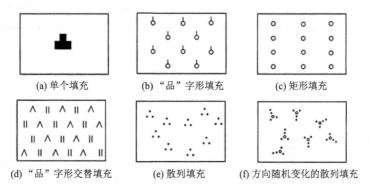

(a) 单个填充　　　(b) "品"字形填充　　　(c) 矩形填充

(d) "品"字形交替填充　　　(e) 散列填充　　　(f) 方向随机变化的散列填充

图 7.22　几种点符号填充算法

填充点符的面状地理图形的生成方法是，依据面符边界线多边形的定位点列坐标串，按照填充点符的方式即点符排列形式的要求，解算出多边形内应该绘点符位置的坐标，再调用绘制相应点符图形的程序，在该点位绘出点符图形，重复计算绘制，直到整个范围按要求填满为止，并保证全部点符不落在范围线以外。

1）单个填充

如图 7.22（a）所示，这类符号通常要求在面符区域的中心位置或较宽松部位的中心位置绘制一个特定的点符图形。地理要素目标中的特殊用地、工业用地，以及区域专题统计结果等都是由这类填充模式的面符图形表示的。

这类面符图形的绘制较简单，有两步：第一步以多边形的坐标串计算出多边形的中心点坐标或较宽松部位的中心点坐标，或用鼠标在多边形内选择合适点获取其坐标，并保证该点落在多边形内部。当多边形的形状复杂或特殊时，计算出的中心点往往难以位于合适位置。第二步调用绘制相应点符的程序在所求出的点位绘制点符图形。

2）"品"字形填充

如图 7.22（b）所示，这类符号要求在多边形内填充的点符应按"品"字形排列，其点符的行间距和列间距通常是已知的。这类符号在填充点符的面状地理图形中占的比例较大。其绘制方法与屏幕多边形区域填充方法，即扫描线填充算法的基本原理相同，区别是前者的相邻行线的间隔为一个像素单位，一行中相邻像素的间隔也为一个像素单位，而后者则有不同的行间隔和列间隔，且在确定位置处应绘制指定的点符。它们的主要步骤基本一致：①根据多边形轮廓线定位点坐标串及填绘点符的排列规则（此处以品字形排列为例），求出所应填绘点符的行数及行线位置；②计算行线与多边形各边的交点；③将所求交点按递增顺序排序；④奇偶交点配对，在奇偶交点间计算出应绘制点符的位置坐标，并调用绘点符程序绘出图形；⑤重复②～④步至区域填绘满为止，并保证全部符号不落在轮廓线范围以外，如图 7.23 和图 7.24 所示。

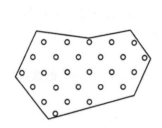

图 7.23　多边形区域填绘点符号图

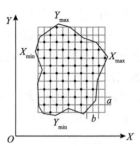

图 7.24　多边形配置点符的网格

3）矩形填充

如图 7.22（c）所示，这种面符要求在多边形内按照矩形排列填充点符，点符的行间距与列间距是给定的。这种面符的填充方法与"品"字形填充基本一样，可参考之。

4）"品"字形交替填充

如图 7.22（d）所示，这种面符通常是在范围线内需交替填充两种点状符号，其全部符号的排列仍呈"品"字形。因此，这种符号绘制的基本方法也是按"品"字形的计算方法，只是在计算出点符的位置坐标后应交替地调用绘制两种点状符号。

5）散列填充

如图 7.22（e）和（f）所示，这类面符范围线内的点符是随机分布的（不规则排列），可分两种情况：其一，范围线内的点符的点位随机变化，但点符的方向是固定的；其二，面符范围线内的点符的点位和方向都随机变化。绘制第一种情况面符的基本思想是：填绘点符的位置仍按"品"字形或矩形规则排列的方式计算，其行间距和列间距适当放大。以规则排列的点位坐标为基准，建立一个数学模型，按点符顺序对其位置坐标作一定量的偏移，其点位偏移的方向随机变换。第二种情况，在对其点位做偏移计算时，对其点符图形的方向也做随机的旋转变换，便可达到要求的效果。

2. 线符号填充算法

在普通地图上，填充线符的面状符号种类较少，图形也较简单，通常是在面符范围线内填充一些晕线，不同要素的面符只是通过改变晕线的方向角和晕线的间隔来表现的，如图 7.25 所示。

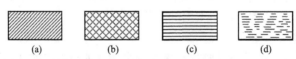

图 7.25　普通地图上面符多边形填充线符的几种形式

图 7.25（a）和（c）只是填充线符的方向角和相邻线符的间隔有所不同，只需作相应的变化即可。图 7.25（b）所示的面符图形为方向角 45°和方向角 135°的两组晕线叠加的结果，因此改变参数方向角的值，重复两次做多边形填充晕线的处理即可生成该面符图形。至于图 7.25（d）的情况，则是一种在多边形内随机地填充一些短直线，形成一种不规则的图形效果。其

填充晕线的长度和位置均做随机性变化，这类图形用填充晕线的常规方法难以实现其效果。可以设想建立一个数学模型，控制所填充晕线的起点及长度随机变化，可以实现该类图形的绘制，但其方法不可能太简单，其图形效果也未必尽如人意。现有地图符号的设计是基于手工绘图的，有些符号不适于计算机处理，或处理起来较烦琐，效果不好，能否考虑对这些地图符号的图形做些修改，使其既便于计算机处理，又能满足较好表示制图对象的要求，是个值得探讨的问题。

在多边形内填绘线状符号，主要为填满一组一定线型、一定方向、一定密度的平行线及其叠加的交叉线。其绘制方法主要为计算出所填绘的每条线符与多边形的交点，然后调绘线符程序在两交点间绘出所要求的线符即可。

3. 面状地物数据可视化系统

面状地物数据可视化主要涉及两个方面的内容：一个是面状地物空间数据，另一个是面状符号系统。面状地物空间数据一般由特定格式的矢量数据表示。面状符号系统一般由面状符号信息编辑设计、管理和符号化处理组成，地图符号系统性能决定了面状地物数据可视化的效果及面状地物数据可视化效率，矢量空间数据的组织、调度、索引等决定了符号化显示的效率。

面状符号可视化系统包括两个部分：一部分是面状图形的边界，可以是不同线型绘制（或不显示）的闭合线，也可以是由若干不同线状图形围合而成的闭合线。面状图形的边界可视化系统参阅线状符号可视化。另一部分是填充于面状分布范围内用于说明面状分布现象性质或区域统计计量值的符号，主要描述物体（现象）的性质和分布范围。面状地物数据可视化软件主要处理后一部分。它包括三个部分：面状符号系统、面状地理空间数据组织与快速调度和面状地物可视化处理。

（1）面状符号参数描述信息库。地形图上对于规则的配置的面符都规定有符号配置的列、行的间隔和距离，以及行的倾斜角；对于不规则的可以用固定间隔和控制变量以实现其间隔的变化。将这些数据分别建立信息块，这些信息块的集合，就是面状符号配置信息库，也叫做面状符号参数描述信息库。

面状图形符号具有封闭的范围线，为从质和量上进行区别，多数面状符号要在范围线内配置不同的点状、线状符号或普染颜色。

配置符号信息包含两种：一种是配置符号种类信息，有点状、线状或普染 3 种符号；另一种是配置符号代码信息，包括点状、线状或普染 3 种符号代码。

（2）面状符号填充配置软件。面状符号配置软件是依据面状符号参数描述信息计算符号配置位置。

面状符号系统包括面状符号编辑平台、面状符号参数描述信息库和面状符号填充配置软件 3 个模块。

7.3 专题地理数据可视化

专题地理数据内容侧重于某种专业应用，如道路数据库存储的数据包括道路名、长度、宽度、密度、运载能力、类型、结构、途经居民点、交通状况（车流量、车速限制）、道路位置（X，Y 坐标）等。专题地理数据可视化是按照应用主题的要求，突出而完善地表示与主题相关的一种或几种要素，使可视化内容及表现形式各异。专题地理数据的可视化通常是使用数据集中的一组或多组数据，利用颜色渲染、填充图案、符号、直方图等表示数据，根据数据中的特定值设置不同的颜色、图案或符号，创建不同的专题地图。

7.3.1　专题要素的数据表示方法

专题地图中突出表示的主要内容，如人口分布、石油产量、工农业产值等，与制图主题有着密切的关系。在计算机条件下实现对这两类要素的描述，本质上就是对相应的空间数据和非空间数据的处理。它是对地图要素质量特征和数量特征的描述。属性数据用于专题制图时，可根据其对现象描述的精确程度分为定性数据和定量数据。

1. 定性数据

定性数据表达专题内容的质量特征，即类别的差异，如居民点的行政等级、工业企业和矿藏的类别等。定性数据只描述现象的固有特征或相对等级、次序，即描述现象的定性特征而不涉及定量特征，如在地图上表达物体的分布、状态、性质、大小、主次等。这类数据没有量的概念，如人口按民族可分为汉族、回族、满族、维吾尔族等，农作物分为粮食作物、经济作物、油料作物等，陆地地貌按外表形态可分为山地、高原、丘陵、平原、盆地等，城市按规模分为大城市、中等城市、小城市等。定性数据蕴涵着事物的分类系统，而且绝大多数的分类系统都是一个层次结构，因此，定性数据不仅表达事物的同与异，而且可反映事物在分类树中所处的相对位置。当定性数据表示事物的等级和次序时，稍具有"量"的色彩，可将事物以一定的次序排列起来，虽不能进行数值运算，但可进行统计分析和间接的数值分析，如分布密度、分布概率等，可以实现定性变量的定量化。定性数据对应于量表系统的定名量表和顺序量表。

2. 定量数据

定量数据（包括等级数据）表达专题内容的数量特征，即反映其量的概念，如城镇人口的数量、地区人口的密度、道路的长度等。定量数据包括两种，完全定量化数据和分级数据。定量数据对应于量表系统的间隔量表和比率量表。完全定量化数据可完整地定量化描述物体，它不但有计量单位，而且有起始点，可描述物体的绝对量。完全定量化数据除了具有分级数据描述事物差异的能力外，还可以明确描述事物的比率关系。完全定量化数据的零点不能随意设定，它具有重要的物理意义，即"无"，完全定量化数据描述物体有"有"与"无"的概念，并具有可加性。

7.3.2　专题要素表示方法

专题要素表示方法通常要求直观地显示制图对象的空间地理分布特征，如数量、质量特征、空间结构特征及时空演变特征，其中空间地理分布特征是最基本的内容。专题要素表示方法是依据地图语言去完成制图对象具体的图形表达，是利用地图符号视觉变量去显示专题要素的特征。

1. 定点符号表示法

定点符号法是用以点定位的点状符号表示呈点状分布的专题要素各方面特征的表示方法。符号法以符号的形状、颜色和大小反映物体的特定属性，符号的形状和颜色表示质量特征，即定性特征；符号的大小表示数量特征，即定量特征。

（1）定性数据的符号。常用的定点符号按形状可分为几何符号、文字符号和象形符号，如图7.26所示。

图 7.26　定点符号的类型

（2）定量数据的符号。呈点状分布的要素，其定量数据的表达主要是通过符号的大小来实现的。符合顺序量表或间隔/比率量表的信息数据，表达了事物强度对比或数量特征上的差异。用定位符号法表示定量数据时，通常是以视觉变量中尺寸、颜色变量及其组合反映点状符号的图形。点状符号的尺寸变量是准确显示制图对象强度和数量差异最有效的视觉变量。

（3）组合结构符号。符号按其构成的繁简程度，可分为单一符号和组合结构符号两种。组合结构符号是把符号划分为几个部分，以反映专题现象的结构，如图 7.27 所示。例如，表示某一工业中心的符号，可以根据工业中心所属各工业部门的组成，划分为各个部分。由于圆形符号和环形符号最易于分割，故常被采用。

图 7.27　组合符号

符号除了表示物体在某特定时刻的状况外，也能反映物体的发展动态。例如，常用外接圆或同心圆及其他同心符号，配以不同的颜色，表示各个不同时期的数量指标。这种符号称为扩张符号，如图 7.28 所示。

图 7.28　扩张符号

除了用扩张符号或用多种颜色的符号表示发展动态外，还可根据同一编绘原则，编绘几幅内容和比例尺相同而年代不同的地图，互相对照比较，以显示其发展动态。

2. 线状符号表示法

线状符号有多种多样的图形。一般来说，线划的粗细可区分要素的顺序，如山脊线的主次。对于稳定性强的或重要的地物或现象一般用实线，稳定性差的或次要的地物或现象用虚线。

（1）动态线状符号。动线法是用箭形符号的不同宽窄来显示地图要素的移动方向、路线及其数量和质量特征，如自然现象中的洋流、风向，社会经济现象中的货物运输、资金流动、居民迁移、军队的行进和探险路线等。动线法可以反映各种迁移方式。它可以反映点状物体的运动路线（如船舶航行）、线状物体或现象的移动（如战线移动）、面状物体的移动（如熔岩流动）、集群和分散现象的移动（如动物迁徙）、整片分布现象的运动（如大气的变化）等。动线法实质上是进行带箭头的线状符号的设计，通过其色彩、宽度、长度、形状等视觉变量表示现象各方面特征。动线符号有多种多样的形式，如图 7.29 所示。

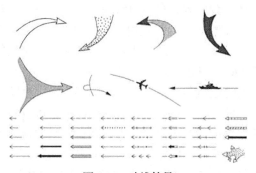

图 7.29　动线符号

（2）定量线状符号。以线状表示的制图对象，其属性特征中符合顺序量表、间隔/比率量表的数据，通常以线状符号的尺寸变量（宽度）和颜色变量中的亮度与彩度分量表示。

线状现象属性特征中符合间隔/比率量表的数据，可精确描述事物的数量差异，在地图上，同样也是通过线状符号的宽度和彩度形成视觉差异。但符号的宽度与其代表的数值符合一定的比率关系，实际上就是线状比率符号（图 7.30）。

3. 面状符号表示法

（1）质底法。质底法是把全制图区域按照专题现象的某种指标划分区域或各类型的分布范围，在各界线范围内涂以颜色或填绘晕线、花纹（乃至注以注记），以显示连续而布满全制图区域的现象的质的差别（或各区域间的差别），如图 7.31 所示。

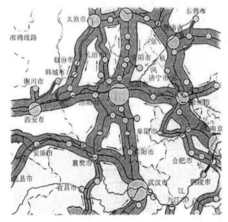

产粮区　　农林区　　山区
产棉区　　低山丘陵区

图 7.30　线状比率符号铁路运输图　　　　　图 7.31　质底法

（2）范围法。范围法又称区域法或面积法。范围法是用面状符号在地图上表示某专题要素在制图区域内间断而成片的分布范围和状况，如煤田的分布、森林的分布、棉花等农作物的分布等。范围法在地图上标明的不是个别地点，而是一定的面积，因此又称为面积法。

范围法实质上也是进行面状符号的设计，其轮廓线及面的色彩、图案、注记是主要的视觉变量。范围法也只是表示现象的质量特征，不表示其数量特征，即表示不同现象的种类及其分布的区域范围，不表示现象本身的数量。

区域范围界线的确定一般是根据实际分布范围而定，其界线有精确和概略之分。精确的区域范围是尽可能准确地勾绘出要素分布的轮廓线。概略范围是仅仅大致表示出要素的分布范围，没有精确的轮廓线，这种范围经常不绘出轮廓线，用散列的符号或仅用文字、单个符号表示，如图 7.32 所示。

（3）点数法。点数法是针对分散分布的面状现象的表示方法。对制图区域中呈分散的、复杂分布的现象，如人口、动物分布、某种农作物和植物的分布，当无法勾绘其分布范围时，可以用一定大小和形状的点群来反映，即用代表一定数值的大小相等、形状相同的点，反映某要素的分布范围、数量特征和密度变化，也称为点值法。

点子的大小及其所代表的数值是固定的；点子的多少可以反映现象的数量规模；点子的配置可以反映现象集中或分散的分布特征。在一幅地图上，可以有不同尺寸的几种点，或不同颜色的点。尺寸不同的点表示数量相差非常大；颜色不同的点表示不同的类别，如城市人口分布和农村人口分布。点值法主要传输空间密度差异的信息，通常用来表示大面积离散现象的空间分布，如人口分布、农作物播种面积、牲畜的养殖总数等，如图 7.33 所示。

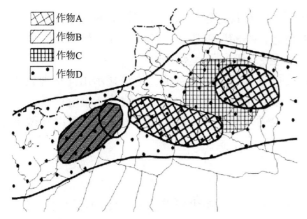

图 7.32　范围法表示多种地物的重叠分布

一个点表示1000人

图 7.33　点值法

用点值法作图时，点子的排布方式有两种：一是均匀布点法；二是定位布点法（图 7.34）。

（4）等值区域法。等值区域法是以一定区划为单位，根据各区划内某专题要素的数量平均值进行分级，通过面状符号的设计表示该要素在不同区域内的差别的方法。其中，平均数值主要有两种基本形式：一种是比率数据或相对指标，又称强度相对数，指两个相互联系的指数比较，如人口密度（人口数/区域面积）、人均收入（总收入/人

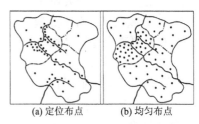

(a) 定位布点　　　(b) 均匀布点

图 7.34　点的配置

口数）、人均产量等。这些比率数据，可以说明数量多少、速度快慢、实力强弱和水平高低，能够给人以深刻印象。另一种是比重数据，又称结构相对数，表示区域内同一指标的部分量占总量的比例，如耕地面积占总面积的百分比、大学文化程度人数占总人数的百分比等。这些数据也可以用来表示制图现象随时间的变化，如各行政区单位人口增减的百分比或千分比，可以较准确地显示区域发展水平。

如图 7.35 所示，等值区域法实质上就是用面状符号表示要素的分级特征。具体地说就是用面状符号的色彩或图案（晕线）表示分级的各等值区域，通过色彩的同色或相近色的亮度变化及晕线的疏密变化，反映现象的强度变化，而且要有等级感受效果。现象指标增长的用暖色，指标越大，色越浓（晕线越密）；现象指标减少的用冷色，指标越小，色越淡（晕线越稀）。

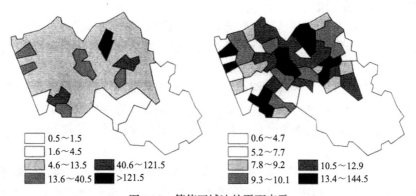

0.5～1.5	0.6～4.7
1.6～4.5	5.2～7.7
4.6～13.5　40.6～121.5	7.8～9.2　10.5～12.9
13.6～40.5　>121.5	9.3～10.1　13.4～144.5

图 7.35　等值区域法的平面表示

等值区域法是一种概略统计制图方法，因此对具有任何空间分布特征的现象都适用。但因为等值区域法显示的是区域单元的平均概念，不能反映单元内部的差异，所以，区划单位越小，其内部差异也越小，反映的现象特点越接近于实际真实情况。

面状地理数据中符合表示为顺序量表或间隔/比率量表的数值，应该显示出面状现象的数量差异。根据面状现象存在的空间形态，连续分布现象可视为一个连续的三维统计面，并可通过点、线、面、体不同维度的符号体现。上述方法中，点数法和等值区域法可以看做是面状符号的定量表示法。

7.3.3　专题数据分类分级处理

分类、分级问题是制图学中一个古老的问题，随着制图学理论和技术的不断发展，分类、分级方法也得到了很大的发展。对地理数据的制图分析、处理的方法很多，分类、分级是其中重要的方法。从分级到分类，实质上是一个从量变到质变的过程。

1. 专题数据的分类处理

自然要素的分类是相应学科的任务，但是由于制图表象的特殊性，还存在着适宜于制图表达的制图分类方法。学科分类与制图分类并不总是一致的：学科分类是基础，制图分类是在符合学科分类原则下的具体应用。

学科分类是按照该学科研究确定的指标进行分类的，如地貌类型是按成因和形态因素的组合划分的。但在为农业用途的地貌类型图上，形态指标的划分可能更细，同时可加入地面组成物质因素甚至人类耕作对地貌景观的影响等因素，这种农业地貌类型图对农业生产更有意义。

由于地图比例尺的限制，学科分类的多级制不一定能够在地图上完全反映出来，通常为小比例尺图上反映较高的一二级，大比例尺图上反映较低的一二级。

由于地图表达能力的限制，某些学科分类的分级制不一定能全部用制图方法显示。例如，土壤类型中的"复区"，由于不同类别用不同颜色表示，对存在两种类型的"复区"，就很难用两种颜色的叠加来表达它。这样，某一地区的这一类土壤可能就要被归并掉，或改用另一种符号表示。同时，根据制图地区要素分布的具体特点，地图表示学科分类不一定包括某一级的全部类型。

数据的分类方法主要有判别分析方法、系统聚类方法、动态聚类方法和模糊聚类方法。

2. 专题数据的分级处理

专题数据中的定量数据大多是呈离散分布的，但原始数据并不能直观地反映现象在空间分布上的规律性、由于数量差异而产生的质量差异感、特殊的水平或集群性，因此，对原始数据进行统计分析后建立分级模型是十分必要的。分级，实际上是简化专题数据的一种常用的综合方法。数据分级处理主要解决两个问题，即分级数的确定和分级界线的确定。它们受地图用途、地图比例尺、数据分布特征、表示方法、数据内容实质、使用方式等多种因素的制约。分级数越多，越能保持数据精度，但要增强图幅的易读性，又必须限制分级数，分级数常满足以下原则。

（1）分级数量的确定。分级数量的确定，要做到详细性与地图的易读性、规律性的统一。依据统计学原理，分级数的多少与对数据的概括程度成反比，即分级数越多，概括程度越小，在图上表示得越详细，反之亦然。但根据人的视觉感受特点，肉眼在地图上所能辨别的等级差别是非常有限的，同时，分级太细不宜反映大的规律性，因此，在首先保证地图易读性的前提下，应满足地图用途所要求的规律性，尽可能使分级详细些。

（2）分级界线的确定。分级界线的确定是分级的最主要问题，分级数一经确定，分级的主要工作就是考虑如何适当地确定分级界线。分级界线确定的主要原则是保持数据分布特征和分级数据有一定的统计精度。

3. 传统的分类分级算法

这种方法是专题数据分级最常用、最基本的方法。这种方法既适用于绝对数量的分级也适用于相对数量的分级；既适用于点状分布要素，也适用于线状和面状分布要素。这种方法一般分为两类：一类是按照简单的数学法则分级，主要有数列分级方法、级数分级方法等。另一类是统计学分级方法，即按某种变量系统确定间隔的分级，主要有统计量分级（平均值、标准差、逐次平均、分位数）法、自然裂点法、自然聚类法、迭代法、逐步聚类法、模糊聚类法、模糊识别分级法等。按照简单数学法则分级的方法是专题地图设计时较常用的方法，该方法主要考虑了用图者的习惯，易于把握分级数而且分级界限有规律地变化，并考虑了制图者的经验。统计学分级方法的优势在于按照某种数学法则能比较精确地反映数据分布特征，但有时不便于制图。

7.3.4　专题地理数据可视化系统

专题地理数据能够深入地揭示区域内某一种或者几种自然或社会经济现象，对于地理要素的表达比较深刻，其类型已经由单一的定性分析专题数据发展到定量、评价、三维综合景观等多类型综合数据。专题地理数据可视化是以专题数据处理为核心，通过对专题数据的"要素-符号"关系的构建，实现从专题数据到专题符号表达的可视化。

专题地理数据可视化系统主要涉及四个方面的内容：一是必须有专题地理数据；二是专题地理数据的分类分级处理；三是专题符号化系统；四是专题数据符号化处理软件，如图 7.36 所示。

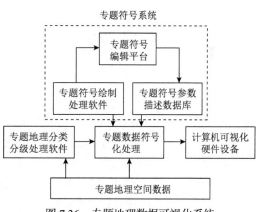

图 7.36　专题地理数据可视化系统

7.4　地理三维数据可视化

随着计算机软硬件、图形学、空间测量、空间数据存储等技术的日益成熟，地理空间数据开始由二维向三维转变。三维空间数据表达是依靠视觉效果将数据所要表达的信息直观显示出来的一种最好的方法。三维可视化利用计算机图形学与数据库技术来采集、存储、编辑、显示、转换、分析和输出地理图形及其属性数据，在计算机软硬件技术支持下的三维可视化技术是目前计算机图形学领域的热点之一，其出发点是运用三维立体透视技术和计算机仿真技术，通过将真实世界的三维坐标变换成为计算机坐标，通过光学和电子学处理，模仿真实的世界并显示在屏幕上，便于分析及决策。三维可视化可分为地形三维可视化、地物三维可视化和三维体可视化。

7.4.1　地形三维可视化

地形三维可视化是利用计算机对数字地面模型进行简化、渲染、显示等处理，从而实现地形三维逼真显示的技术。它包括数字地面模型的构建、数字地面模型的简化与多分辨率表达、地形数据的组织和金字塔结构索引建立。为使地形三维可视化可以产生更逼真的三维视景，常用遥感影像作为三维地形可视化中地形表面纹理图，对各类地形地物建模处理，并经过一系列必要的变换，包括数据预处理、几何变换、选择光照模型和纹理映射等，最后真实地显示在计算机屏幕上。随着计算机硬件和软件水平的不断提高，人们对三维地形的真实性要求也越来越高。除了利用光照技术使三维地形有明暗显示外，还可以添加图像纹理（如叠加卫星照片、彩色地形图等）、分形纹理（利用分形产生植被和水系等）和叠加地表地物（道路、河流、建筑物等）等来提高三维地形的真实性。

1. 层次细节简化方法

层次细节简化（level of detail，LOD）方法是在不影响画面视觉效果的条件下，通过逐次简化景物的表面细节来减少场景的几何复杂性，从而提高绘制算法的效率。该技术通常对每一原始多面体模型建立几个不同逼近精度的几何模型。与原始模型相比，每个模型均保留了一定层次的细节。当从近处观察物体时，采用精细模型，而当从远处观察物体时，则采用较为粗糙的模型。这样，当视点连续地变化时，在两个不同层次的模型间就存在一个明显的跳跃，因而有必要在两个相邻层次的模型间形成光滑的视觉过渡，也可称为几何形状过渡。层次细节简化算法有很多种，但这些算法不是过于简单，难以取得很好的简化效果，就是过于复杂，难以快速地实现模型简化。

2. 多分辨率模型简化方法

多分辨率模型简化方法（multiresolution model）是对物体的几何性质、表面性质、纹理等进行多分辨率的分析和造型，根据物体在屏幕上所覆盖面积的大小选择相应分辨率下该物体的简化模型，尽量减少三角形的数量，使得在给定视点下获得的图像效果与用最精确的模型画出的效果完全相同或差距在给定范围内，从而大大提高绘制效率。这种方法所占用的内存空间较小，适用于动态场景，近几年来已受到图形学界的高度重视。

多分辨率模型简化方法基于多分辨率（如小波变换）理论来对多面体模型做重新采样，算法首先求得原多面体的最粗逼近，然后通过加密采样技术来获得精细的模型，其中后一层高分辨率模型是前一层低分辨率模型的简单加密，这一性质使得用户能快速、连续地通过一种紧致的表示来获得多面体的多分辨率模型，从而使得人们可以多种分辨率对原多面体模型进行编辑，这是其他算法所无法实现的。较之其他算法，该算法稍显复杂，但它能产生连续的多分辨率模型而无须在不同分辨率模型间建立几何形状过渡，这也是其他算法所无法比拟的。

大规模数字地面模型 DTM 数据量大，若采用多分辨率模型简化方法则可以在保证图像质量的前提下加快显示速度，使得生成的地形画面在一定的视觉误差范围内的同时，只考虑处于视野范围内的一小部分地面模型，且距视点距离不同的区域采用不同分辨率的模型。

三维地形模型多分辨率表示方法可以分为静态生成和实时动态生成两类。静态生成方法是指事先产生与原模型不同程度近似的多个逼近模型，在实时绘制中根据当前帧的视点参数选用相应的逼近模型进行绘制。这类算法的优点是简单易用。因为生成每一个近似模型不是实时进行的，所以对原模型转化成多分辨率表示的速度没有较高要求，而且多级分辨率模型的表现形式也较容易统一，因此，目前许多商业系统采用这种方法。但这种方法的缺点也是很明显的，主要有：①近似模型之间不连续。在不同模型的切换过程中，可能造成绘制图像的不连续变化，产生明显的走样。尽管 Turk 曾提出实时地在连续两种分辨率模型之间进行插值，但这无疑加重了图形处理器的负担。②大部分情况下，放置这些不同分辨率的逼近模型一般需要人工干预，不可能达到完全自动。③需要额外的内存来存放不同分辨率的中间模型。

静态生成方法的核心技术是模型简化，即用较少的三角形面片在一定精度的情况下表示原来的模型。其基本过程就是在误差容许的情况下，删除被认为是冗余的顶点，并对所造成的空洞进行重新三角化，其中重新三角化是模型简化不能够实时完成的主要原因。也可通过局部的欧拉删除操作来加快简化过程，从而避免静态方法中重新三角化这一费时的运算。这使得多分辨率模型有可能实时产生，从而克服了静态方法的所有缺点。我们称这类方法为动态方法。

3. 图像纹理的叠加

随着计算机硬件和软件水平的不断提高，人们对三维地形的真实性要求也越来越高。除了利用光照技术使三维地形有明暗显示外，还可以添加图像纹理（如叠加卫星照片、彩色地形图等）、分形纹理（利用分形产生植被和水系等）和叠加地表地物（道路、河流、建筑物等）等来提高三维地形的真实性。

在已有三维地形表面上叠加图像纹理（如卫星影像），这是公认的提高三维地形真实性的有效方法。但这一方法存在内存与速度之间的矛盾。由于加入了图像纹理，使得着色算法变得复杂化，明显影响了三维地形的显示速度。若在三维地形多分辨率模型中加入多分辨率的纹理，即将图像分成多级分辨率，然后根据视点的变化来选择其中的分辨率，是提高显示速度的有效方法，但这一方法需要大内存的支持。

影像数据作为纹理特征来增强图形的真实感，对于弥补三维模型几何数据描述的不足和提高可视化效果具有重要意义，并且可以在很大程度上减轻图形硬件的负担，提高图形渲染速度。由于影像数据占用较大的内存空间，一般计算机图形渲染设备限制了单次装载影像的大小。而实际情况下，地形与建筑物影像的范围远远大于这一规模，这就需要根据纹理分辨率的视点相关性来生成多分辨率的纹理。在大范围三维场景内，模型不同部分距离观察者的远近有所不同。对于离观察者较远的部分，可使用较低分辨率的影像；较近的部分则使用较高分辨率的影像来进行纹理映射。对于地面的三维地物模型建筑物，可以根据建筑物的高度和复杂程度确定其表面纹理的分辨率。对于较高、复杂和典型的建筑物模型使用较高的分辨率；反之，使用较低的分辨率。

4. 实时消隐

通常人们看到的三维物体，是不能一眼看到其全部表面的。从一个视点去观察一个三维物体，必然只能看到该物体表面上的部分点、线、面，而其余部分则被这些可见部分遮挡住。如果观察的是多个三维物体，则物体之间还可能彼此遮挡而部分不可见。因此，如果想使三维物体的显示更真实，就必须在视点确定后，将对象表面上不可见的点、线、面消去。执行这一功能的算法称为消隐算法。

消隐算法将物体的表面分解为一组空间多边形，研究多边形之间的遮挡关系。按操作对象的不同，消隐算法可分为两大类：对象空间方法和图像空间方法。对象空间方法是通过分析对象的三维特性之间的关系来确定其是否可见，例如，将三维平面作为分析对象，通过比较各平面的参数来确定它们的可见性；图像空间是对象投影后所在的二维空间，图像空间方法是将对象投影后分解为像素，按一定的规律，比较像素之间的 Z 值，从而确定其是否可见。

7.4.2　地物三维可视化

在地物三维可视化中主要考虑建筑物、道路、桥梁和水域等地物三维可视化，而建筑物是城市模型中最关键的地物，它的三维可视化对于三维城市可视化具有十分重要的意义。对于建筑物，人们不只是关心其外形的描述，而且要求知道其几何结构和属性信息，以便对其进行空间分析和不同层的属性查询。

1. 地物建模

建筑物建模分为几何形状建模和纹理映射建模，建筑物的三维几何形体的建模最有效的方法就是利用现有的三维建模工具（如 3DMax）来造型，常用的地物三维建模方法可分为 3 种类型：基于二维 GIS（包括数据和正射影像数据）建模方法、基于倾斜摄影三维模型的建模方法和基于 LiDAR 三维模型的建模方法。3 种方法在三维地物建模和可视化应用中各有优势和不足。对于简单的建筑物，可以将其多边形先用三角剖分方法进行剖分，然后将其拉伸到一定的高度，就形成三维实体。而对于河流、道路、湖泊等地表地物，由于存在多边形的拓扑关系，如湖中有岛，三角剖分就要复杂得多，往往采用约束三角形，以保证在三角形剖分过程中，将河流或湖泊中的岛保留；也可以通过在三角形中插入新的点，既保留了多边形的边界线，又保证剖分后的三角形具有良好的数学性质（没有扁平三角形）。

三维地物模型的构建是一项十分复杂的工程，随着三维可视化技术应用的深入，在大规模三维景观浏览、高效的实体数据模型构建和实时动态显示等方面还有许多问题需要进行深入的研究。

2. 纹理映射

除了建筑物的几何模型，重构三维建筑物还需要纹理数据。获取纹理数据的方法除了利用贴图素材库和实地拍摄采样外，最经济的方法是从遥感影像中提取。生成真实感的三维地物需要在地物模型表面粘贴真实的纹理影像，建筑物模型表面纹理影像主要来源于航空影像。因为航空影像是从空中向下投影，所以屋顶纹理可以很方便地在航空影像上提取。而有的墙面是在空中不可见的，此时则需要采用实地近景拍摄的影像。纹理数据获取后，就需要考虑如何将纹理映射到相关的建筑物上。纹理映射是用图像来替代物体模型中的可模拟或不可模拟细节，从而提高显示的逼真度和速度。纹理映射技术是一种简化复杂几何模型的有效办法，它通过指定方式将各多边形顶点的三维空间坐标与其二维纹理坐标相对应，可以方便地生成复杂的视觉效果。纹理映射的关键是控制纹理坐标，它通过将纹理图像直接投影到三维模型的几何表面来获取模型表面的纹理坐标。每一幅参与映射的纹理图像都有一个映射的坐标，并以文件的形式保存起来。三维可视化时，只要找到纹理的映射坐标就可以准确地把相应的纹理映射到地物上。因为绝大多数建筑物的侧面为矩形，所以在纹理映射时可直接运用填充凸多边形绘图模式下的纹理映射方法。

3. 数据预处理

数据预处理主要包括：将建模后得到的物体的几何模型数据转换成可直接接受的基本图元形式，如点、线、面等；对影像数据（如纹理图像）进行预处理，包括图像格式转换、图像质量的改善及影像金字塔的生成等。

4. 参数设置

参数设置指在对三维场景进行渲染前，需要先设置相关的场景参数值，包括光源性质、光源方位、明暗处理方式和纹理映射方式等。此外，还需要设定视点位置和视线方向等参数。

5. 几何变换处理

几何变换是生成三维场景的重要基础和关键步骤，包括坐标变换和投影变换。坐标变换是指对需要显示的对象进行平移、旋转或缩放等数学变换。投影变换是指选取某种投影变换方式，对物体进行变换，完成从物体坐标到视点坐标的变换，它是生成三维模型的重要基础。投影变换分为透视投影变换和正射投影变换两类。投影方式的选择取决于显示的内容和用途。透视投影类似于人眼对客观世界的观察方式，最明显的特点是按透视法缩小，物体离相机越远，成的像就越小，因而广泛用于三维城市模拟、飞行仿真、步行穿越等模拟人眼效果的研究领域。正射投影的物体或场景的几何属性不变，视点位置不影响投影的结果，一般用于制作地形晕渲图。

地物/地形可视化一般采用将地物建模导入三维地形模型中，经地物和地形匹配处理，实现地物/地形三维实时显示。地物/地形可视化是指通过研究三维地形、地物的构成，建立分析应用模型，运用计算机图形学和图像处理技术，将城市实体以三维图形的方式在屏幕上显示出来。三维可视化以直观、逼真的方式表达地理要素，实现空间数据可视化。三维可视化的实现是建立在三维空间数据基础之上的。

7.4.3　三维体可视化

三维体可视化是用于显示描述和理解地下及地面诸多地质现象特征的一种工具，广泛应用于地质和地球物理学的所有领域。三维体可视是描绘和理解模型的一种手段，是数据体的一种表征形式，并非模拟技术。它能够利用大量数据，检查资料的连续性，辨认资料真伪，发现和提出有用信息，为分析、理解及重复数据提供有用工具，对多学科的交流协作起到桥梁作用。

与传统剖面解释方法完全不同，常规的三维解释是通过对每一条地震剖面上的每个层位、每条断层拾取后，再通过三维空间的组合来完成的。三维体可视化解释通过对来自于地下界面的地震反射率数据体采用各种不同的透明度参数在三维空间内直接解释地层的构造、岩性及沉积特点。这种三维立体扫描和追踪技术可使解释人员快速选定目标，结合精细的钻井标定，可帮助解释人员准确快速地描述各种复杂的地质现象，如图 7.37 所示。

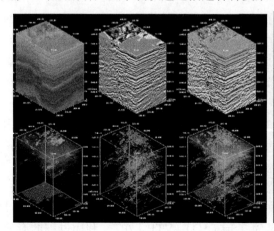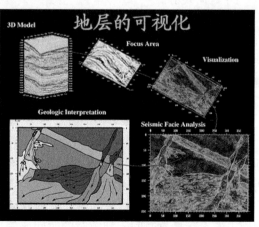

图 7.37　地层可视化

人们在地质、地理、医学、生物、流体力学等领域经常遇到大量的三维空间体数据，如何进行三维体可视化是科学计算可视化中最重要的一个研究方向。早期的体可视化方法是从体数据中提取曲线、曲面信息，如轮廓线、等值线、等值面等，再利用传统的显示方法加以显示，即通过几何单元拼接拟合物体表面来描述物体三维结构，这种体数据绘制方法通常称为表面绘制方法。但这种方法只能表达物体的外轮廓，不能深入表达物体内部组成和结构，整体信息损失得比较多。而另一类三维体可视化方法则是依据视觉原理将三维体元的采样数据直接投影到二维显示平面上。它不会丢失每个体元数据所包含的信息，使得人们可以从一幅二维图像中感受到体数据的整体信息。

三维可视化是根据数据体的透明度属性，假定地下界面的反射率是地下界面的原始、真正的三维模型，本质上讲，它是由三维空间中的构造、地层及振幅属性综合组成的。无论是做三维区域分析，还是做特定前景目标评价（包括流体界面识别），都可以通过这种"进去看"的方式来快速完成。在基于三维像素的立体可视化中，每个数据样点都被转换成为一个三维象素（其大小近似面元间距和采样间隔的三维像素）。每一个三维像素具有与原三维数据母体相对应的数值，一个三色（红、绿、蓝）值及一个暗度变量，该变量用来调整数据体的透明度。

7.5 地理时空数据可视化

时态性、空间位置和属性信息是地理空间数据的三个基本构成，而有效地动态可视化是展现时空数据的重要方式。地理时空过程是指地理事物现象发生发展演变的过程。人们常常需要在对地理实体及其空间关系的简化和抽象基础上，利用专业模型对地理对象的行为进行模拟，分析其驱动机制、重建其发展过程，并预测其发展变化趋势。地理空间数据的动态可视化可应用于时空地理信息表达，可以对地理现象进行过程推演、过程再现、实时跟踪及运动模拟，从而表现地理现象的内在本质和发生规律。

7.5.1 时空过程可视化方法

根据动态可视化表达的目标要求，人们对地理时空过程的动态可视化方法进行了探索，设计并实现了以下几种可视化方法。

1）时间映射

时间的一致化存储，使得地理实体或地理现象的有效时间在数据库中被量化为精确的数值数据，时间数据可以精确地参与到时空变化的过程计算，但同时也丧失了时间表达的多样性。考虑应用的具体环境，不同领域的用户有着本领域独特的时间描述习惯，在用户层面需避免直接以数值形式表达有效时间来描述地理实体或地理现象的时间信息。

2）时间轴动画

时间轴动画通过指定一定的时间跨度，按时间轴正序或逆序的方式来直观地表达区域内各地理实体的变化过程，是人们研究时空过程变化中最直观、最有效的方式之一。在时间轴动画中，用户需指定起始指示时间（ITB）和结束指示时间（ITE）及动画实际播放时间（PT），通过时间映射数据库，可将指示时间映射为数据库中存储的有效时间数据格式（VTB，VTE），限定整个变化过程的时间范围及播放方向，参与时空筛选计算。指定确定时空过程模拟的实际播放时间，则此时的时间比例尺为 TS=（VTE–VTB）/PT，利用过程的有效时间（VTB，VTE）及时间比例尺（TS）即可得到任意播放时间 PT 所对应的窗口当前时间 Tnow=VTB+PT×TS，通过时空筛选机制即可得到任意播放时间 PT 所对应的场景。在播放过程中，为了有效地表达地理时空过程，减小表达中实体变化过程的跳跃性，可基于地理实体各类变化的一般特点，采用抽象的方法，设计并实现若干符合典型变化过程的动画模式，如建筑物由底至上的变化过程被抽象为上升的动画模式、地形变化的渐变特性被抽象为渐变的动画模式等。

3）多时态对比

用户通过指定一系列欲进行对比的时间点，以多视口的方式，直观展示同一区域内不同时态下各地理实体的差异，对于人们研究区域的发展变迁有着重要的意义。针对用户指定的每一个时间 t，基于时空筛选机制，从现势库、历史库、过程库重构生成对应时空的版本库，然后将版本数据进行可视化。当用户指定了 n 个时间对比点，相应地将会生成 n 个时态的场景数据，将每个时态的场景数据分别在一个单独视口中进行可视化，使得多个时态的场景数据得以同时显示，同时各个视口由一个统一的漫游器来控制场景的浏览，实现多时态数据在同一位置、同一视角进行漫游，观察、对比同一区域内的发展、变化。

4）实体的历史回溯

以地理实体为目标，地理实体的唯一检索条件（如实体 ID）查询数据库中该地理实体在各时间范围内的存在方式和状态，是直观展示特定地理实体历史变迁的一种方法。在实体的历史回溯中，主要通过指定某一时期内特定的地理实体为唯一标识，利用时空数据库中的历史库及过程库等检索并重构该地理实体在各个时期内的存在状态，按时间顺序在面板中依次显示该地理实体在各时段内的状态数据，简单直观地表现实体随时间的变化及变化趋势等。

7.5.2　动态过程视觉变量

在动态视觉变量研究中，1992 年 DiBiase 等学者率先提出六个动态视觉变量，1995 年时 MacEachren 等学者将其进一步完善，形成六个新的视觉变量为基础的动态视觉变量，其他的动态视觉变量都是它们内容的延伸或者形式的变换。使用它们可以控制动态场景中的视觉转变，也可以让用户控制所有的可视化操作。

（1）时刻（moment）。时刻指的是一个现象和实体变为可视时的时刻，即地图符号或者要素在动态可视化过程中开始显示的瞬间，如图 7.38 所示。

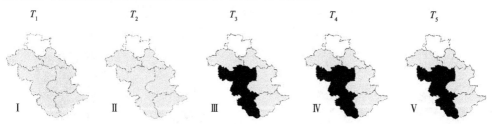

图 7.38　动态视觉变量——时刻

（2）持续时间（duration）。持续时间是指各个静态场景之间的时间长度，它决定动态可视化的步调。主要用于表现动态现象的延续过程，值越大，现象生成的时间或者延续的时间就越长，如图 7.39 所示。

图 7.39　持续时间

（3）频率（frequency）。频率变量指的是符号或者要素在地图中反复出现的次数，即每秒显示多少帧的动画或者图像帧以多快的速度接连显示，如图 7.40 所示。

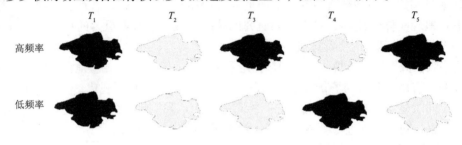

图 7.40　动态视觉变量——频率

（4）显示次序（order）。用于描述符号状态改变过程中各帧状态出现的顺序，依据时间分辨率，可以将连续变化状态离散化处理成各帧状态值，使其交替出现。显示次序可以用于任意有序量的可视化表达，升序变化对应着特征的显著性增强，降序变化对应着特征的显著性减弱，如图 7.41 所示。

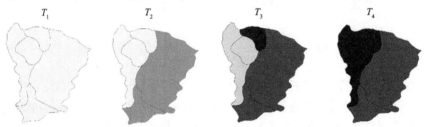

图 7.41　动态视觉变量——显示次序

（5）变化率（rate of range）。变化率可以用 M/D 来表示，M 指 magnitude，即幅度，相继场景之间变化的大小程度，大幅度可以产生跳跃感强的动态可视化，小幅度可以产生平滑感好的动态可视化；D 指 duration，即场景持续的时间，如图 7.42 所示。

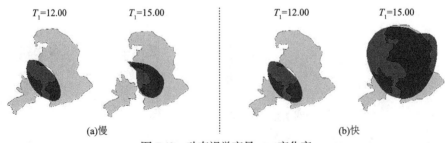

图 7.42　动态视觉变量——变化率

（6）同步（synchronization）。同步是指两个或多个现象之间的关系。次序和同步对表达因果关系非常重要。如图 7.43 所示可以发现降雨总是稍早于植物的生长期。

在这六个动态视觉变量中最重要的是时刻、持续时间和显示顺序，它们对动态可视化的描述起着很大的作用，有时还可以直接描述空间数据特征。例如，可以使用不按正常显示顺序闪烁的点状符号来表示动态地理现象和实体的不确定性。由上面列举的实例可以看出，其他的动态视觉变量或者是依从于这三个变量，如频率和变化率，或者是这三个变量相互结合的用法，如同步。

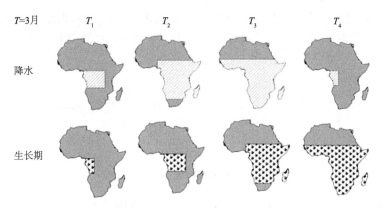

图 7.43　动态视觉变量——同步

7.5.3　地理空间数据动态表示方法

根据事物或现象的空间分布特征、可视化用途等，可以将动画地图表示方法分为如下两类。

1）基于空间分布特征的表示方法

地理空间数据动态表示可以按照地理现象和实体的空间分布特征（点状符号、线状符号、面状符号）进行分类。符号的变化包括随时空变化产生的位置和大小的变化、旋转的变化、速度的变化、颜色和透明度的变化等。表示方法涉及了符号设计的基本理论、感知变量的应用、空间认知理论和视觉感受理论、地图交互技术等理论和技术。

（1）点状符号的表示方法。点状符号的表示方法可以用来表示呈点状分布的要素的属性特征及其运动和变化的过程，如居民点的位置和随时间产生的变化、目标点的渐显、指向符号的旋转等，以此起到重点强调其存在的重要性、位置及其属性特征等的作用。

点状符号的表示方法主要有闪烁、渐变显示、改变符号的属性特征、改变符号的位置、鼠标点击后符号显示、增加特效显示、按时间先后显示等。例如，用按时间先后显示的方法可以用来表示区域内目标出现的先后顺序，同时点状符号的密集程度也可以表示该区域内目标分布的密集程度，如图 7.44 所示。

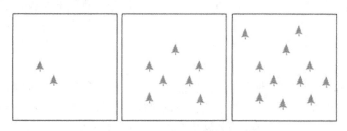

图 7.44　点状符号的表示方法示例图

（2）线状符号的表示方法。线状符号的表示方法可以用来表示呈线状分布的要素的属性特征及其运动和变化的过程，如行进的路线、飞机的飞行、人口的迁移、河流的变化等动态地理现象的变化过程，以此使得线状符号的表示更具备动态性，尤其是可以产生真实的路径运动效果。

线状符号的表示方法主要有闪烁、渐变显示、改变符号的属性特征、改变符号的位置、鼠标点击后符号显示、增加特效显示、箭头符号动线法、线状符号的自动蔓延等。例如，结合渐变显示效果利用线状符号的自动蔓延可以表示行进路线、进攻路线、人口迁移路线等，同时改变符号的属性特征可以强调线状符号的密度、强度等，如图 7.45 所示。

图 7.45　线状符号的表示方法示例图

（3）面状符号的表示方法。面状符号的表示方法可以用来表示呈面状分布的要素的属性特征及其运动和变化的过程，如区域被占领、区域的扩张、区域的移动、洪水的泛滥等动态地理现象的变化过程；还可以用来对比区域的属性特征，如人口数量的对比、地区 GDP 的对比、地区之间降水量的对比等。

面状符号的表示方法主要有闪烁、渐变显示、改变符号的属性特征、改变符号的位置、鼠标点击后符号显示、增加特效显示、分层设色、符号扩张变化等。图 7.46 就是某地区的渐变显示的动画地图。

图 7.46　面状符号的表示方法示例图

2）基于可视化用途的表示方法

（1）过程再现法。对地理现象和实体变化和运动的过程进行动态地再现的表示方法，如军事行动的过程、人口流动与增长、城市的变迁、自然地貌的变化等。在描述这些现象和实体复杂的变化过程时，地理空间数据动态表示与可视化是最有效的手段，通过它可以更加直接地找出现象和实体变化和运动的整体规律，还可以通过暂停播放等交互功能观察某一时刻的变化，以此获取变化和运动过程中的各种信息。此方法在历史地图、战史地图中被广泛使用。

（2）变化推演法。对地理现象和实体可能的变化趋势进行动态演示的表示方法，如行进的路线改变、人口和城市可能发生的变化、风向可能变化等。在找出现象和实体变化及运动的整体规律后，可以对它们变化的趋势做出预测，而预测的结果可以通过动态可视化的形式显示出来，这样让读图者清晰明了地了解到现象和实体可能的变化趋势，从而更容易发现其内在的变化规律。

（3）运动模拟法。对运动的地理实体的变化过程进行动态模拟的表示方法，如人、车、船、机、弹等的移动和变化等。在描述这些实体运行的尺寸、轨迹和位置等属性的变化时，使用动态可视化的形式来帮助完成，可以减少动态信息转化的负荷，提高动态信息的认知效率，使得读图者在最短的时间内掌握运动的实体变化规律。

（4）显示分布法。对地理现象和实体的存在、分布、重要程度等属性特征进行动态显示的表示方法，如人口分布、重要目标的分布、地理区域的显示等。通过闪烁、定时出现、渐显和不同亮度的显示等方法，可以直观地反映各种地理现象和实体的空间分布规律，包括分布范围、质量和数量等特性，同时也可以让读图者认识到它们之间的相互联系和相互制约的关系，以此进行对比，加深读图者对地理现象和实体的印象。

第 8 章 地理空间分析

地理空间分析是基于地理对象的位置形态特征的空间数据分析、建模的理论和方法，是地学研究领域一个十分重要的研究内容，是 GIS 的主要功能特征，是评价一个 GIS 功能的指标之一，也是各类综合性地学分析模型的基础，为人们建立复杂的空间应用模型提供了基本工具。地理空间分析理论和技术主要源于两大传统基础学科——地理学和地图学。地图学者对空间分析的研究主要侧重于空间图形分析和空间数据分析的理论和技术方法。地理学研究者对空间分析的研究则主要是对空间数据的统计分析和模型分析，侧重于对空间现象变化过程的建模和机理的分析。因此，地理空间分析研究内容可分为地理空间图形分析、地理统计分析、地理过程建模分析与地理空间决策支持 4 种。

8.1 地理空间图形分析

传统的地图学在对空间图形的分析上已做了大量的理论和方法研究，同时这一空间分析类型也是前期 GIS 的主要研究内容，现有 GIS 所能提供的空间分析工具也主要集中在空间图形的分析功能上。依据地理空间数据所表达的地物空间位置与形态变量和属性进行几何量算分析，主要包括空间量算、缓冲区分析、叠置分析、网络分析等基本内容，其分析方法主要采用计算几何、拓扑学、图论等学科的基本技术方法。

8.1.1 矢量数据空间分析

矢量数据就是在直角坐标系中，用 X、Y 坐标表示地图图形或地理实体的位置和形状的数据。通过记录实体坐标及其关系，尽可能精确地表现点、线、多边形等地理实体，坐标空间设为连续，允许任意位置、长度和面积的精确定义。矢量数据结构是利用欧几里得几何学中的点、线、面及其组合体来表示地理实体空间分布的一种数据组织方式。这种数据组织方式能最好地逼近地理实体的空间分布特征，数据精度高，数据存储的冗余度低，便于进行地理实体的网络分析。

1. 地理空间量测

地理空间量测与计算是指对地理空间对象的基本参数进行量算与分析，如空间目标的位置、距离、周长、面积、体积、曲率、空间形态及空间分布等，是人们获取地理空间信息的基本手段。所获得的基本空间参数是进行复杂空间分析、模拟与决策制定的基础。

1）空间几何量测

基本几何参数量测包括对点、线、面空间目标的位置、中心、重心、长度、面积、体积和曲率等的量测与计算。这些几何参数是了解空间对象、进行高级空间分析及制定决策的基本信息。

（1）空间位置量测。研究和分析地球空间事物首先要确定空间对象的空间位置，空间位置是所有空间目标物共有的描述参数。空间位置借助于空间坐标系来传递空间物体的个体定位信息，包括绝对位置和相对位置。绝对位置是以经纬网为参照确定的位置。在空间分析中所需要的位置信息是关于点、线、面、体目标物的绝对和相对位置信息。空间对象的相对位置是空间中一目标物相对于其他目标物的方位，相对位置的量测具有实用意义。

（2）空间中心量测。空间量测的中心多指几何中心，即一维、二维空间目标的几何中心，或由多个点组成的空间目标在空间上的分布中心。简单的、规则的空间目标其中心的确定非常简单，如线状物体的中心就是该线状物体的中点；圆的几何中心是圆点；正方形、长方形、正多边形等规则面状物体，其中心是它们对角线的交点。多空间目标物空间分布形态中心的确定可以先确定它的分布区域，将其分布中心的确定转换为单一空间目标物中心的确定。

（3）空间重心量测。重心是描述地理对象空间分布的一个重要指标。从重心移动的轨迹可以得到空间目标的变化情况和变化速度。重心量测经常用于宏观经济分析和市场区位选择，还可以跟踪某些空间分布的变化，如人口变迁、土地类型变化等。假设人口所在区域为一同质平面，每个人都是平面上的一个质点，具有相同的重量，则人口重心应为区域中距离平方和最小的点，即一定空间平面上力矩达到平衡的一点。

线状物体和规则面状物体的重心和中心是等同的，面状物体的重心可理解为多边形的内部平衡点。面状物体的重心可以通过计算梯形重心的平均值获得，即将多边形的各个顶点投影到 x 轴上，得到一系列梯形，所有梯形重心的联合就确定了整个多边形的重心。或者说，多边形的重心是以各个梯形的面积为权值而计算得到的加权平均值。

（4）空间长度量测。长度是空间目标几何特征基本参数，可以代表点、线、面、体间的距离，也可以代表线状对象的长度、面和体的周长等。长度量测本质上是距离计算，其中距离量测包括几何距离和球面距离。

（5）空间周长量测。空间目标的周长可以通过围绕地物的相互连接的线段，即封闭绘图模型来进行计算。地理空间矢量和栅格数据量测长度的方式与原理又有所不同。在矢量数据中，对于每条直线段，软件都将存储一组坐标对，每一坐标对之间的距离都能通过勾股定理计算出来，然后直接把线段长度加起来，最后得到相对准确的线长或累计长。线段越多，线性对象的描述就越精确，测定的线总长将越准确。而栅格数据则不然，它是通过将格网单元数值逐个累加得到全长。

（6）空间面积量测。面积在二维欧氏平面上是指由一组闭合弧段所包围的空间区域。对于简单的图形，如长方形、三角形、圆、平行四边形和梯形及可以分解成这些简单图形的复合图形，面积的量测比较简单；但地理空间目标的形态通常不是简单的复合图形，如跌宕起伏的山体、形状不规则的湖泊等，其面积计算非常复杂。

（7）空间体积量测。体积通常是指空间曲面与一基准平面之间的容积，它的计算方法由于空间曲面的不同而不同。大多数情况下，基准面是一水平面，其高度不是固定的。当高度上升时，空间曲面的高度可能低于基准平面，此时出现负的体积。在对地形数据处理时，当体积为正时，工程上称为"挖方"；体积为负时，称为"填方"，是工程计算里的重要工作。

体积的计算通常也是近似方法，由于空间曲面的表示方法的差异，近似计算的方法也不一样，以下仅给出基于三角形格网和正方形格网的体积计算方法，其基本思想均是以基底面积（通常为三角形或正方形）乘以格网点曲面高度的均值，区域总体积是这些基本格网上的体积之和。

2）空间形态量测

对于空间目标的分析除了量测其基本几何参数外，还需量测其空间形态。地理空间目标被抽象为点、线、面、体四大类，点状空间目标是零维空间体，没有任何空间形态；而其他三类空间目标作为超零维的空间体，各自具有不同的几何形态，并随着空间维数的增加而越加复杂。

在空间分析中，形态量测主要通过空间量测获取空间目标具体、量化的形态信息，以便反映客观事物的特征，更好地为空间决策服务。

（1）线状地物形态量测。在地理空间要素的表现形式中，很多以线状形态表现，其中有的是绝对线状，表现为面状目标物的轮廓线，如行政界线、事物边界线等；有的是非绝对线状，是线条形面状地物在小比例尺图幅上的表现，如道路、河流等地物。线状物体在形态上表现为直线和曲线两种，其中曲线的形态量测更为重要。

曲线的描述经常涉及两个参数，即曲率和弯曲度。曲率反映的是曲线的局部弯曲特征，线状地物的曲率由数学分析定义为曲线切线方向角相对于弧长的转动率。弯曲度 S 是描述曲线弯曲程度的另一个参数，是曲线长度 L 与曲线两端点线段长度 l 之比。用公式表示为 $S = L / l$。

（2）面状地物形态量测。面状物体常见的规则形态有圆形、四边形、梯形、三角形、长方形等，但大多数空间面状物体表现为非规则的复杂形态，如湖泊的形状、城市的形状及山体的表面形状等，对于它们的描述需要从多个角度运用多种手段进行形态量测。

复杂的面状物体有时需要用形状简单的图形对其概括描述，这些简单的图形包括最大内切圆、最小外接圆和最小凸包等。

面状空间形态的复杂性有时候表现在面状物体的复合上，如在一片森林中有几小片灌木丛，大面积的玉米种植区内有几小块大豆种植区等。对这样的多边形形态进行量测时需要考虑两个方面：一是以空洞区域和碎片区域确定该区域的空间完整性；二是多边形边界特征描述问题。

3）空间分布量测

在描述空间对象时，除了将它们作为个体考虑其几何形态、物体属性外，还要从宏观上把握它们在空间上的组合、排列、彼此间的相互关系等特征，即空间分布特征。空间分布的研究内容主要有两个方面：分布对象和分布区域。空间分布对象是指所研究的空间物体和对象，空间分布区域是指分布对象所占据的空间域和定义域。

从外部表现上看，在一定的量测尺度下，空间分布呈现为点、线、面三种基本的分布类型，其基本特征和典型实例如表 8.1 所示。

表 8.1　空间分布的基本类型

分布类型	沿线状要素的离散点	沿线状要素连续分布	面域上的离散点	线状分布	离散的面状分布	连续的面状分布	空间连续分布
举例	城市分布、火山分布	河流流速流量、高速公路车流量	城市分布	高速公路或河流沿线	草场分布、农田分布	人口普查区域、行政区划	地形、降水

根据郭仁忠在《空间分析》一书中提到的空间分布对象和空间分布区域的不同组合及分布对象在区域内分布方式的不同，并按对象、区域和方式中不同要素的组合方式将空间分布的类型概括为以下几种，如表 8.2 所示。

表 8.2　空间分布的类型

分布类型	点		线		面	
	离散	连续	离散	连续	离散	连续
线	江河里的船只、公路上的汽车、路旁分布的加油站	街道两旁的林荫树				
面	城镇的分布、火山的分布	降水	河网、交通网、地图上的边界线	污染的扩散、大气运动	湖泊的分布、居民区中楼房的分布	人口普查区域、行政区划

（1）点状分布。点模式的空间分布是一种比较常见的状态，如不同区域内的人口、房屋、城市分布，油田区的油井分布等。通常，点模式的描述参数有分布密度、分布中心、分布轴线、离散度、样方分析、最近邻分析等。

（2）线状分布。线划要素同点要素一样在地面上占有一定的空间，并表现出一定的结构和模式。线划要素在空间中的分布，有些是具体分布，有些是抽象分布，如常见的输电线路、供水管道、河流网、道路网等是具体的线体，而等高线表示的山体、以线性表示的冰川砾石串、冰川擦痕等则是一种抽象的线体。因为线划要素本身属于一维空间体，与点要素相比增加了长度和方向，所以其空间分布也较点状空间分布复杂。

（3）区域分布。区域模式是一个二维空间分布，它具有零维和一维空间分布所不具有的信息，其分布模式主要包括离散区域分布和连续区域分布两种。

离散区域分布在地质地矿研究中比较常见，如金属矿、油气带分布图等。按照离散状态的不同分为簇状、分散状和随机状。扩展邻接法和洛伦兹曲线是研究离散区域分布的重要方法。

扩展邻接法是连接边数的统计方法。根据定义，一个连接边是指两个多边形共享的边或边界，通过计算多边形模式中连接边的数量并刻画每一个图层的连接结构，进而确定图形的分布状态。对于同质区域，按二进制划分的多边形确定多边形的连接边数量；对于异质区，则分别按照同质、异质间的连接边数进行统计，如果同质区多边形间的连接边数大于异质区多边形间的连接边数，则此分布为簇状分布。

连续区域分布意味着空间现象的分布与地面有紧密关联，在地图上常以等值线表示，在地形研究中常用岭、谷和坳等来表述。目前，连续区域分布已经涉及所有类型的等值线，如"人口密度面""土地价值面""降水量面"等。有些"面"并不是空间上连续的现象，但在空间分析时，可以用连续的等值线近似地模拟，以便从各种看起来杂乱的分布中循出一般规律。

区域分布模式和点分布模式具有相似性，因此可利用点分布模式的一些研究方法来研究区域分布模式。例如，计算研究区域中多边形密度的方法：一种是与点模式完全相同的多边形数量密度；一种是与点模式稍微有差别的面积密度，它的方式是先求出多边形的面积，然后计算各类多边形的面积与研究区域总面积的比值，得出的结果是百分比而不是点模式的密度比。

2. 空间关系分析与推理

空间关系是指各空间实体之间的关系，包括拓扑空间关系、顺序空间关系和度量空间关系。地理对象的空间关系分析是基于地理对象的位置和形态的空间关系的分析技术，是地理信息科学的重要理论问题之一，在地理空间数据建模、空间查询、空间分析、空间推理、制图综合、地图理解等过程中起着重要作用。空间推理是建立在地理空间数据空间关系分析的基础上，采用某种算法或演绎方法，从地理空间信息中已经存在的显式或隐式的属性信息、空间信息提取空间知识，并根据这些知识进行空间设计与规划。空间关系与推理理论及其应用研究越来越受到国内外人工智能、GIS、空间数据库及相关学术界的重视。

1）距离关系

空间距离是一类非常重要的空间概念，可用于描述空间目标之间的相对位置、分布等情况，反映空间相邻目标间的接近程度和相似程度，是人们认识世界的基本工具。从描述空间的角度来看，空间距离分为物理距离（在现实空间）、认知距离（在认知空间）和视觉距离（在视觉空间）；从表达方式来看，空间距离又可分为定量距离和定性距离；在计算上，根据GIS 所采用的数据结构不同，空间距离度量分为欧氏空间的矢量距离和数字空间的栅格距离；根据 GIS 空间目标的形态不同，空间距离可分为点/点、点/线、点/面、线/线、线/面、面/面等6 类，此外还可包含点群、线群、面群间的距离度量。在矢量距离计算中，点/点之间的距离计算比较简单，常采用欧氏距离度量表达，而其他 5 类距离的计算则相对复杂，并且在不同的应用中对距离的定义和理解也有所不同。为此，各种扩展的空间距离被相继提出，如最近距离、最远距离、质心距离、Hausdorff 距离、边界 Hausdorff 距离、对偶 Hausdorff 距离、广义 Hausdorff 距离等。

2）方位关系

空间方向关系研究对象在空间中的次序关系。现实中，尽管人们没有明确定义如何描述方向，但这并不影响他们之间的交流、互相理解对方所要描述的概念，这主要是由于人们对方向概念的理解是基本一致的，即在他们的大脑中，有一个一致的方向概念的模糊定义。GIS 中方向关系研究的主要目的是使计算机能够描述和处理人们所具有的方向概念，以使 GIS 软件能够方便地与人进行交流，在最大程度上方便人们按照自己的要求管理、检索和分析自己所拥有的数据。在涉及方向关系的空间数据分析和处理中，人们经常使用“前”“后”“左”“右”“东”“南”“西”“北”等方向概念来进行语义描述，实际上这是一种关于空间方向的模糊概念。总而言之，空间方向关系描述与推理既要能反映人们对方向关系的认知，又要能够处理人们认知中带有的模糊性。

3）拓扑关系

拓扑关系在不同领域有不同的含义。在数学上，是指旋转、平移和尺度缩放变换下保持不变的性质；在 GIS 数据结构中，是指根据拓扑几何原理进行矢量空间数据组织的方式，具体包括点（结点）、线（链、弧段、边）、面（多边形）三种几何要素的组成和链接关系；在空间认知和空间语言领域，主要用有限的定性语言或符号语言表示认知概念，关键是在空间对象的几何形状和语言描述间建立数学模型（即拓扑关系模型），实现从几何结构到关系语言的转换。

矢量数据可以是拓扑的，也可以是非拓扑的，这取决于数据中是否建立了拓扑。若数据中建立了拓扑，那么需要在数据中增加相关的文件或空间来存储空间关系（拓扑关系）。人们自然会问，数据集中构建拓扑有什么好处？需要汇总数据库的 GIS 用户也会问是否需要建立拓扑。是否需要拓扑取决于 GIS 项目，对于某些项目，拓扑并非必要，而对于另一些项目而言，拓扑又是必需的。例如，GIS 数据生产者会发现在查找错误、确保线的正确会合和多边形的正确闭合方面，使用拓扑是绝对必要的。同样，GIS 在交通、地下空间和其他网络设施分析过程中，也需要用到拓扑分析。

　　在地理信息科学中拓扑至少有两个主要优点：首先，拓扑能确保数据质量和完整性，这是数据生产者广泛使用拓扑的主要原因。例如，拓扑关系可用于发现未正确接合的线。如果在假定连续的道路上存在一个缝隙，造成路网出现断链，用最短路径分析时会选择迂回路径而避开缝隙。同样，拓扑可以保证共同边界的多边形没有缝隙或重叠。其次，拓扑可强化 GIS 空间分析，如位置服务中，数据库中的地址需要按街道左侧或右侧（道路的上下行）进行关联。

　　拓扑关系是空间对象间的一种重要空间关系，包括点、线、面等地理要素间是否相交、相离、重叠等基本拓扑关系及点、线、面等要素的关联、邻接关系等。

　　4）空间相似性

　　空间相似性已广泛应用于图像检索、地图比较、空间认知等领域。相似性本身在人们学习和思考过程中是一个基本工具或方法，它对于人们理解在客观世界中存在的事物、结构和行为是非常重要的，对事物、思想等进行分类是人们非常熟悉的。空间相似性是指空间目标之间的关联程度，当两个目标完全相似时可认为是等价的。空间实体目标之间的相似特征集合可以概括为几何特征相似性、属性（语义）相似性、空间方向相似性和空间拓扑相似性。

　　（1）几何特征相似性。单一空间目标之间的几何特征（维数、大小、面积）数据和群组空间目标之间空间关系（方向、距离、拓扑）数据等价。几何特征相似包括结构相似度、位置相似度、形状相似度和大小相似度等。

　　（2）属性（语义）相似性。地理信息的语义信息通过属性来表达，随着语义层面的地理信息互操作越来越频繁，地理数据的语法异构与语义异质影响着地理信息互操作的进程，如何有效地度量地理信息的语义相似性显得越来越重要。在地理信息领域的语义相似度算法研究中，虽然直接利用分类体系作为领域（或任务）本体可快速简便地计算语义相似度，但是因为分类体系通常是面向具体应用构建的，所以同一组概念的相似度会因为分类体系的不同而产生差异。

　　（3）空间方向相似性。如果两个空间方向关系不同，存在差异，那么可以定义这种差异为"空间方向关系的距离"，相同的部分就是"空间方向关系的相似程度"。空间方向关系的距离是两个空间方向关系之间的差别，反之就是空间方向关系相似性。

　　（4）空间拓扑相似性。空间拓扑关系的渐变已广泛地用于拓扑关系概念邻近的建模，邻近概念有助于拓扑关系的排序和拓扑相似关系的确定。拓扑关系不等价就说明有差别，那么，相同部分有多少就是拓扑关系的相似程度。若能找到两个空间关系的差别，就可以计算它们的相似性，因为它们之间存在差异的组成部分和相同组成部分之和为一个常数。

　　5）空间推理

　　空间推理是人类认知世界的一项基本活动。推理是根据已知的事实和规则来推断出新事实的一个过程，而空间推理是指利用空间逻辑、形式化方法和人工智能技术对空间关系进行建模、描述和表示，并据此对空间目标间的空间关系进行定性或定量的分析和处理的过程。空间推理的研究在人工智能中占有很重要的地位，是人工智能领域的一个研究热点。长期以来，人们一直在不断探索以计算机为主体的空间推理方法，这意味着计算机必须具有人类的空间感知、空间认知、空间表达、逻辑推理、在空间环境中学习和交流等能力，这也是空间推理难于一般常规推理的主要原因。空间推理的关键问题是如何利用存储在数据库中的基础空间信息，结合相关的空间约束来获取所需的未知空间信息。它涉及空间目标的特性及推理的逻辑表达，其中空间特性包括拓扑性质、形状、大小、方向、距离等。在有关空间推理的研究中，空间关系推理是其中一个核心内容，也是空间推理的研究热点之一，亦是地理信息科学基础理论研究的一个重要方面。

3. 叠置分析

叠置分析是将代表不同主题的各个地理要素数据层面进行叠置产生一个新的地理要素数据层面，叠置结果综合了原来两个或多个层面地理要素所具有的属性。叠置分析不仅生成了新的空间关系，还将输入的多个数据层的属性联系起来产生了新的属性关系，是地理环境综合分析和评价的一种重要手段。

地理对象综合体内部的各要素和各部分是相互联系、相互制约的，从而形成一个完整的、独立的、内部具有相对一致性、外部具有独特性的整体。地图是反映自然和社会现象的形象、符号模型，是空间信息的载体、空间信息的传递通道。传统地图的载体多为纸张，在传统的地图制图工艺中，地图是逐个要素或逐个符号或逐个颜色地叠加印刷覆盖的结果。地图的生产制作过程也就是覆盖层的覆盖过程，每一种覆盖层可以是一种制图要素，如河流，道路，居民地等；也可以是一种符号，如线状的、面状的、点状的等；还可以是一种带有色彩的符号，如红色、黄色、蓝色或者三原色的组合色。通俗地讲，传统地图可看成是许多覆盖层的覆盖结果。这种思想打开了地理空间数据中如何组织数据和如何在逻辑上设计 GIS 的大门。人们找到了组织和管理地理信息的一种特殊方法——数据分层。根据需要和可能来选择地理要素，通常应包括基本地理要素：河流、居民地、交通等，以及地质、地貌、土坡、植被等专业要素。每一种要素在数据库以"层"来存放。为便于管理，对层严格地进行了定义，分为点层、线层、面层 3 种类别。对于每一要素层，可以根据需要自由地选择层的类别，也可以视其复杂程度进一步分解为若干层。例如水网，可以分为河流和湖泊，河流是线状要素，湖泊是面状要素，前者存储于线层，后者存储于面层，也可以河流和湖泊同存储于线层。

地理空间数据按要素主题（如河流、道路、居民地等）进行分层存储和管理的优点是简化了数据的操作和处理，便于计算机的管理、处理、分析和查询。每个物理层之间在数据组织和结构上相对独立，数据更新、查询、分析和显示、拓扑关系建立、拓扑关系完整性和一致性维护等操作以物理层为基本单位。缺点是分层切断了不同层间要素的空间相互关系。例如，河流和植被分别放在不同的层中，如果河流是植被的边界，河流必须在不同的层中进行存储，这不仅破坏了河流数据的一致性，而且也无法建立河的左岸是植被这种关系，因为拓扑关系只适合在同一层中建立。

叠加分析是地理要素分层的逆向操作，是在统一空间参考系统下，通过对两个地理要素层叠加运算，建立在空间位置上有一定关联的地理对象的空间特征和专属属性之间的相互关系，产生新地理要素层的过程。这里提到的地理要素层可以是图层对应的数据集，也可以是地物对象。多个地理要素层数据的叠置分析，不仅仅产生了新的空间关系，还可以产生新的属性特征关系，能够发现多层数据间的相互差异、联系和变化等特征。

叠加分析不仅包含空间关系的比较，还包含属性关系的比较。叠加分析可以分为以下几类：视觉信息叠加、点与多边形叠加、线与多边形叠加、多边形叠加、栅格图层叠加。

4. 缓冲区分析

缓冲区分析是基于点、线、面的地图要素，按设定的距离条件，围绕其要素而形成一定缓冲区多边形实体，从而实现数据在二维空间得以扩展的信息分析方法。点缓冲区主要适用于点区域对其周围的点数量随距离而减小，确定点缓冲的区域，以便为用户做出合理的规划，如污染源对其周围的污染量随距离而减小，确定污染的区域等。线缓冲区分析主要是为某一区域内建立相应的多边形线缓冲区范围内的线状区域，确定线缓冲区，以便为用户做出合理的规划，如为失火建筑找到距其 500m 范围内所有的消防水管等。面缓冲区分析主要是为某一区域内建立相应的多边形缓冲区范围内的面状区域，确定面缓冲区，以便为用户做出合理的规划，如在某高校的规划范围内，不能有网吧等。

5. 网络分析

空间数据的网络分析是对地理网络（如交通网络）、城市基础设施网络（如各种网空间分析线、电力线、电话线、供排水管线等）进行地理分析和模型化，是 GIS 中网络分析功能的主要目的。网络分析是运筹学模型中的一个基本模型，它的根本目的是研究、筹划一项网络工程如何安排，并使其运行效果最好，如一定资源的最佳分配，从一地到另一地的运输费用最低等。基于几何网络的特征和属性，利用距离、权重和规划条件来进行分析得到结果并且应用在实际中，主要包括路径分析、地址匹配和资源分配三个方面。网络分析主要对城市基础设施网络（如网线、电缆线、电力线、电话线、供水线、排水管道等）进行地理化和模型化，基于它们本身在空间上的拓扑关系、内在联系、跨度等属性和性质来进行空间分析，通过满足必要的条件得到合理的结果。

1）连通性分析

现实生活中，常有类似在多个城市间建立通信线路的问题，即在地理网络中从某一点出发能够到达的全部结点或边有哪些，如何选择对于用户来说成本最小的线路，这是连通分析所要解决的问题。连通分析的求解过程实质上是对应的图的生成树的求解过程，其中研究最多的是最小生成树问题。最小生成树问题是带权连通图一个很重要的应用，在解决最优代价类问题上用途非常广泛。

依据连通图的生成树的定义可知，若连通图 G 的顶点个数为 n，则 G 的生成树的边数为 $n-1$；树无回路，但如果不相邻顶点连成一边，就会得到一个回路；树是连通的，但如果去掉任意一条边，就会变为不连通的。对于一个连通图而言，通常采用深度优先遍历或广度优先遍历来求解其生成树。从图中某一顶点出发访遍图中其余顶点，且使每一顶点仅被访问一次，这一过程叫做图的遍历。遍历图的基本方法是深度优先搜索和广度优先搜索，两种方法都可以适用于有向图和无向图。

深度优先搜索的基本思想是：从图中的某个顶点出发，访问任意一个该点的邻接点，并以该点的邻接点为新的出发点继续访问下一层级的邻接点，从而使整个搜索过程向纵深方向发展，直到图中的所有顶点都被访问过为止。广度优先搜索是从图中的某个顶点出发，访问该顶点之后依次访问它的所有邻接点，然后分别从这些邻接点出发按深度优先搜索遍历图的其他顶点，直至所有顶点都被访问到为止。这种遍历方法的特点是尽可能优先对横向搜索，故称为广度优先搜索。两种搜索方法是 GIS 网络分析中比较常用的搜索方法，许多算法都是基于其基本思想进行改进和优化而提出的。

2）最短路径

路径分析的关键是对路径的求解，即如何求满足条件的最优路径。而最优路径的求解常常可以转化为最短路径的求解，最短路径指网络图中一个点对之间总边权最小的连接起讫点的边的序列。最短路径问题是网络分析中的最基本问题，不仅可以将许多最佳路径问题转化为最短路径的问题，同时网络最优化中的其他许多问题也可以转化为最短路径问题或以最短路径算法为基础解决。最短路径算法的效率直接影响网络最优化问题的效率。

设 G=<V, E>是一个非空的简单有限图，V 为结点集，E 为边集。对任何 $e = (v_i, v_j) \in E$，$w(e) = a_{ij}$ 为边 (v_i, v_j) 的权值。P 是 G 中的两点间的一条有向路径，定义 P 的权值：

$$W(P) = \sum_{e \in E(P)} w(e) \tag{8.1}$$

则 G 中两点间权最小的有向路径称为这两点的最佳路径。最短路径的数学模型为

$$\begin{cases} \min \sum_{(v_i, v_j) \in E} a_{ij} x_{ij} \\ \\ x_{ij} \geqslant 0 \\ \\ \sum_{(v_i, v_j) \in E} x_{ij} - \sum_{(v_i, v_j) \in E} x_{ji} = \begin{cases} 0, & i = 1 \\ 0, & 2 \leqslant i \leqslant n-1 \\ -1, & i = n \end{cases} \end{cases} \tag{8.2}$$

其中，x_{ij} 为 (v_i, v_j) 在有限路径中出现的次数。求最短路径的问题实际上就是求解上述模型的最优解。

8.1.2　栅格数据空间分析

栅格数据是 GIS 的重要数据模型之一，基于栅格数据的空间分析方法是空间分析算法的重要内容之一。栅格数据由于其自身数据结构的特点，在数据处理与分析中通常使用线性代数的二维数字矩阵分析法作为数据分析的数学基础。栅格数据的空间分析方法具有自动分析处理较为简单，而且分析处理模式化很强的特征。

1. 数字地形分析

数字地形分析是指在数字高程模型（DEM）数据上进行地形属性计算和特征提取的数字信息处理过程。地形属性包括曲面参数、形态特征、统计特征和复合地形属性。地形曲面参数具有明确的数学表达式和物理定义，并可在 DEM 上直接量算，如坡度、坡向、曲率等。地形形态特征是地表形态和特征的定性表达，也可以在 DEM 上直接提取。

1）地形形态计算

地形形态指的是地物在三维空间里的关于长度、面积、体积等形状和状态的描述因子。主要包括表面积计算、质心和重心计算、体积计算及曲面分维数计算等方面的基本知识。根据 DEM 的数据组织形式，可以将地形抽象为由一个水平面上的若干四棱柱或者三棱柱组成，这些柱体的底面高程一致，但是顶面高程不一致，而且顶面的形状也不同。四棱柱对应规则格网形式存储和表示的 DEM，三棱柱则对应采用 TIN 表示 DEM 的情形。因此，地形的一些形态的计算可以分解为若干棱柱的计算。

（1）表面积计算。根据地学现象分布定律，地形表面积可看作是由该地区的 DEM 数据所包含各个网格的表面积之和，若网格中有特征高程点或地性线，则可将小网格分解为若干小三角形，求出它们斜面面积之和，就得出该网格的地形表面面积。

（2）体积计算。与计算表面积的基本原理一样，三维地形的体积通过将指定地区的 DEM 数据分解为四棱柱或三棱柱将其体积进行累加得到。此时需要计算棱柱的高度及上表面的表

面积，四棱柱体上表面可以采用抛物双曲面拟合，而三棱柱体上表面则可以采用斜平面拟合，下表面均为水平面。

2）地形因子计算

坡面地形因子分析。坡面地形因子是为有效研究与表达地貌形态特征所设定的具有一定意义的参数与指标。各种地貌，都是由不同的坡面组成，地貌的变化实际上可完全源于坡面的变化。坡面地形因子可以分为坡面姿态因子、坡形因子、坡长因子、坡位因子及坡面复杂度因子等。DEM 作为地形的数字化表达，为坡面地形因子研究提供了良好的数据源。坡面地形因子的提取也是一个复杂的过程，针对不同的因子，有不同的提取算法；甚至对同一种地形因子，也有多种不同的提取算法。

按照坡面因子所描述的空间区域范围，可以将坡面因子划分为微观坡面因子与宏观坡面因子两种基本类型。常用的微观坡面因子主要有：坡度、坡向、坡长、坡度变率、坡向变率、平面曲率、剖面曲率等。常用的宏观坡面因子主要有：地形粗糙度、地形起伏度、高程变异系数、地表切割深度，以及宏观坡形因子（直线形斜坡、凸形斜坡、凹形斜坡、台阶形斜坡）等。

3）地形特征分析

特征地形要素主要指地形在地表的空间分布特征具有控制作用的点、线或面状要素，包括地形特征点、山脊线、山谷线、沟沿线、水系、流域等方面的内容。近年来，基于自动提取山脊线和山谷线的研究较为活跃，其算法多基于规则格网 DEM 数据设计。从算法设计原理上来分，大致分为以下4种：①基于图像处理技术的原理；②基于地形表面几何形态分析的原理；③基于地形表面流水物理模拟分析的原理；④基于地形表面几何形态分析和流水物理模拟分析相结合的原理。例如，黄土高原地区的沟沿线是一条重要的地貌特征线，将坡面划分成其上部的沟间地与下部的沟坡地、沟底地，它是明显的土壤侵蚀类型和土地利用类型分界线。黄土沟沿线提取一直以来是黄土丘陵沟壑区进行水文计算与土壤侵蚀建模的关键技术。众多学者从不同的角度，用不同的方法研究了沟沿线自动提取方法，如坡度变率法、坡度变异法、基于汇流路径坡度变化特征法、形态学方法等。

虽然地表形态各式各样，但地形点、地形线、地形面等地形结构的基本特征构成了地形的骨架，因此一般的地形特征提取主要是指地形特征点、线、面的提取，进而通过基本要素的组合进行地表形态分析。特征地形要素的提取更多地应用较为复杂的技术方法，其中，山谷线、山脊线的提取采用了全域分析法，成为数字高程模型地学分析中很具特色的数据处理内容。

4）水文分析

水与人类的生活息息相关，因此研究水的起源、分布、存在及其运动规律，具有非常重要的意义。水文分析基于高程模型建立水系模型，研究流域水文特征和模拟地表水文过程，并对未来的地表水文情况进行估计。水文分析能够帮助人们分析洪水的范围、洪水水位及泛滥情况、定位地表径流污染源、预测地貌改变对径流的影响等，广泛应用于区域规划、农林、灾害预测、道路设计等行业和领域。地表水的汇流情况很大程度上取决于地表形状，而 DEM 能够很好地表达某区域的地貌形态，在描述流域地形、坡度坡向分析、河网提取等方面具有突出优势，非常适用于水文分析。水文分析是 DEM 数据应用的一个重要方面。利用 DEM 生成集水流域和水流网络，成为大多数地表水文分析模型的主要输入数据。

5）淹没分析

洪水淹没是一个很复杂的过程，受多种因素的影响，其中洪水特性和受淹区的地形地貌是影响洪水淹没的主要因素。对于一个特定防洪区域而言，洪水淹没可能有两种形式，一种是漫堤式淹没，即堤防并没有溃决，而是由于河流中洪水水位过高，超过堤防的高程，洪水漫过堤顶进入淹没区；另一种是决堤式淹没，即堤防溃决，洪水从堤防决口处流入淹没区。无论是哪种情况，洪水的淹没都是一个动态变化的过程。对于第一种情况，需要有维持给定水位的洪水源，这在实际洪水过程中是不可能发生的，处理的办法是根据洪水水位的变化过程，取一个合适的洪水水位值作为淹没水位进行分析。对于第二种情况，当溃口洪水发生时，溃口大小是在变化的，导致分流比也在变化。另外，一般都会采取防洪抢险措施，溃口大小与分流比在抢险过程中也在变化，洪水淹没并不能自然地发生和完成，往往有人为防洪抢险因素的作用，如溃口的堵绝、蓄滞洪区的启用等。这种情况下要直接测量溃口处进入淹没区的流量是不大可能的，因为堤防溃决的位置不确定，决口的大小也在变化，测流设施要现场架设是非常困难也是非常危险的。所以实际应用时，考虑使用河道流量的分流比来计算进入淹没区的洪量。

6）可视域分析

可视域是从一个或者多个观察的角度可以看见的地表范围。可视域分析是在栅格数据数据集上，对于给定的一个观察点，基于一定的相对高度，查找给定的范围内观察点所能通视覆盖的区域，也就是给定点的通视区域范围，分析结果是得到一个栅格数据集。在确定发射塔的位置、雷达扫描的区域，以及建立森林防火瞭望塔的时候，都会用到可视域分析。

基于规则格网 DEM 的可视域算法在 GIS 分析中应用较广。在规则格网 DEM 中，可视域经常以离散的形式表示，即将每个格网点表示为可视或不可视，即"可视矩阵"。计算基于规则格网 DEM 的可视域，一种简单的方法就是沿着视线的方向，从视点开始到目标格网点，计算与视线相交的格网单元（边或面），判断相交的格网单元是否可视，从而确定视点与目标视点之间是否可视。显然这种方法存在大量的冗余计算。总的来说，由于规则格网 DEM 的格网点一般都比较多，相应的时间消耗比较大。针对规则格网 DEM 的特点，比较好的处理方法是采用并行处理。

在进行可视域分析的时候，需要明确几个重要的参数，包括观察点、附加高程、观测半径、观察角度等。

2. 栅格数据分析

一般来说，栅格数据的分析处理方法可以概括为聚类聚合分析、多层面复合叠置分析、追踪分析及窗口分析等几种基本的分析模型类型。

1）聚类聚合分析

栅格数据的聚类、聚合分析均是指将一个单一层面的栅格数据系统经某种变换而得到一个具有新含义的栅格数据系统的数据处理过程。也有人将这种分析方法称为栅格数据的单层面派生处理法。栅格数据的聚类分析是根据设定的聚类条件对原有数据系统进行有选择的信息提取而建立新的栅格数据系统的方法。栅格数据的聚合分析是指根据空间分辨率和分类表进行数据类型的合并或转换以实现空间地域的兼并。空间聚合的结果往往将较复杂的类别转换为较简单的类别，并且常以较小比例尺的图形输出。当从小区域到大区域的制图综合变换时常需要使用这种分析处理方法。

栅格数据的聚类、聚合分析处理法在数字地形模型及遥感图像处理中的应用是十分普遍的。例如，由数字高程模型转换为数字高程分级模型便是空间数据的聚合，而从遥感数字图像信息中提取其中某一地物的方法则是栅格数据的聚类。

2）多层面复合叠置分析

栅格数据的信息复合分析能够非常便利地进行同地区多层面空间信息的自动复合叠置分析，是栅格数据一个最为突出的优点。正因为如此，栅格数据常被用来进行区域适宜性评价、资源开发利用、城市规划等多因素分析研究工作。在数字遥感图像处理工作中，利用该方法可以实现不同波段遥感信息的自动合成处理，如将 TM 图像的 4、5、6 波段的遥感图像合成可以得到彩色图像。

3）追踪分析

栅格数据的追踪分析是指对于特定的栅格数据系统由某一个或多个起点，按照一定的追踪线索进行目标追踪或者轨迹追踪，以便进行信息提取的空间分析方法。例如，栅格所记录的是地面点的高程值，根据地面水流必然向最大坡度方向流动的原理分析追踪线路，可以得出地面水流的基本轨迹。此外，追踪分析方法在扫描图件的矢量化、利用数字高程模型自动提取等高线、污染水源的追踪分析等方面都发挥着十分重要的作用。还可以利用不同时期的数据信息进行某类空间对象动态变化的分析和预测。

4）窗口分析

地学信息除了在不同层面的因素之间存在着一定的制约关系外，还表现在空间上存在着一定的制约关联性。对于栅格数据所描述的某项地学要素，其中的某个栅格往往会影响其周围栅格的属性特征。准确而有效地反映这种事物空间上联系的特点，是计算机地学分析的重要任务。窗口分析是指对于栅格数据系统中的一个、多个栅格点或全部数据，开辟一个有固定分析半径的分析窗口，并在该窗口内进行如极值、均值等一系列统计计算，或与其他层面的信息进行必要的复合分析，从而实现栅格数据有效的水平方向扩展分析。

3. 距离制图

距离制图是基于每一栅格相距其最邻近要素的距离来进行分析制图，从而反映出每一栅格与其最邻近源的相互关系。通过距离制图可以获得很多相关信息，指导人们进行资源的合理规划和利用。分配图分配功能依据最近距离来计算每个格网点归属于哪个源，即将所有栅格单元分配给离其最近的源，输出格网的值被赋予了其归属源的值。分配功能可以完成超市服务区域划分、寻找最邻近学校、找出医疗设备配备不足的地区等分析。距离图距离功能计算每个栅格与最近源之间的欧氏距离，并按距离远近分级。利用直线距离功能可以实现空气污染影响度分析、寻找最近医院、计算最近超市的距离等操作。

方向图距离方向函数表示从每一单元出发，沿着最低累计成本路径到达最近源的路线方向。

密度制图主要根据输入的已知点要素的数值及其分布，计算整个区域要素的分布状况，从而产生一个连续的表面，进而计算每个格网点的密度值。通过密度表面显示点的聚集情形，如制作人口密度图反映城市人口聚集情况，或根据污染源数据分析城市污染的分布情况。

8.2　地理统计分析

地理统计分析是把统计学方法引入地理学研究领域，构造一系列统计量来定量地描述地理要素的分布特征，应用各种概率分布函数、方差等简单的统计特征回归分析方法。分布中心、区域形状、地理要素分布的集中和离散程度等都有了定量指标，许多地理要素间的相关关系，也可以进行定量地表示。地理统计分析主要包括：①分布型分析，对地理要素的分布特征及规律进行定量分析；②相互关系分析，对地理要素、地理事物之间的相互关系进行定量分析；③分类研究，对地理事物的类型和各种地理区域进行定量划分；④网络分析，对水系、交通网络、行政区划、经济区域等的空间结构进行定量分析；⑤趋势面分析，做出地理要素的趋势等值线图，展示所要分析的地理要素的空间分布规律；⑥空间相互作用分析，定量分析各种"地理流"在不同区域之间流动的方向和强度。

8.2.1　预测分析

地理数据除了反映各种自然和人文要素（现象）的空间分布特征和相互关系外，还能反映地理要素的动态发展规律，并用于预测分析。这种预测分析是建立在现象间因果关系的基础上的，即某些现象作为原因，另一种现象作为结果，原因与结果的关系可以用确定的函数来描述，函数中的参数能说明这种因果关系的本质。预测模型常用于判断结果随原因的变化而变化的方向和程度，用于推断随时间发生变化的大小。

回归模型方法，就是从一组地理要素（现象）的数据出发，确定这些要素数据之间的定量表述形式，即建立回归模型。通过回归模型，根据一个或几个地理要素数据来预测另一个要素的值。这种回归模型就是一种预测模型。

1. 一元回归模型

一元回归模型表示一种地理要素（现象）与另一种地理要素之间的依存关系，另一种要素作为它的分布与发展的最重要的原因。模拟一元回归模型时，必要条件是具有两相应的变量系列，其中同一系列的每个元素完全相应于另一系列的元素，这时可以实现内插和外推两个任务。

用多项式方程作为一元回归的基本模型：

$$Y = \alpha_0 + \alpha_1 X + \alpha_2 X^2 + \alpha_3 X^3 + \cdots + \alpha_m X^m + \varepsilon \tag{8.3}$$

式中，Y 为因变量；X 为自变量；α_0，α_1，$\cdots$，α_m 为回归系数；ε 为剩余误差。

式（8.3）中多项式的次数由地理要素之间的关系确定。通常是采用函数逼近的方法来确定多项式的次数，首先从一次多项式开始，直至多项式的剩余误差平方和小于某个给定的任意小数为止。

利用多项式进行预测，最主要的问题是求解方程式的系数 α_0，α_1，$\cdots$，α_m。通常采用最小二乘法求解。求得系数后，就可以用这些系数来解决内插和外推的问题。

回归模型的精度，通常可通过求 ε 来确定。根据多项式有

$$E_j = Y_j - \left(\alpha_0 + \alpha_1 x_j + \cdots + \alpha_m x_j^m \right) = Y_j - \hat{Y}_j \tag{8.4}$$

式中，$\hat{Y}_j$ 为计算值。

根据最小二乘法原理，ε_j 的平方和最小是最好的，一般采用回归方程的剩余标准差来估计，即

$$S = \sqrt{\frac{1}{n-2} \sum_{j=1}^{n} (Y_j - \hat{Y}_j)^2} \tag{8.5}$$

S 的大小反映回归模型的效果。

关于回归效果的显著性检验，可以证明它是一个具有自由度 $(1, m-2)$ 的 F 变量，即

$$F_{(1,m-2)} = \frac{\gamma^2}{1-\gamma^2}(m-2) \tag{8.6}$$

式中，γ 为相关系数。

可见，一元回归时，回归效果的好坏可以通过相关系数的检验来鉴别。

2. 多元线性回归模型

多元线性回归模型表示一种地理现象与另外多种地理现象的依存关系，这时另外多种地理现象共同对一种地理现象产生影响，作为影响其分布与发展的重要因素。

设变量 Y 与变量 X_1，X_2，$\cdots$，X_m 存在着线性回归关系，它的 n 个样本观测值为 Y_j，X_{j1}，X_{j2}，$\cdots$，X_{jm}（$j=1$，2，$\cdots$，n），于是多元线性回归的数学模型可以写为

$$\begin{bmatrix} Y_1 \\ Y_2 \\ \vdots \\ Y_n \end{bmatrix} = \begin{bmatrix} 1 & X_{11} & X_{12} & \cdots & X_{1m} \\ 1 & X_{21} & X_{22} & \cdots & X_{2m} \\ \vdots & \vdots & \vdots & & \vdots \\ 1 & X_{n1} & X_{n2} & \cdots & X_{nm} \end{bmatrix} \begin{bmatrix} \beta_0 \\ \beta_1 \\ \vdots \\ \beta_n \end{bmatrix} + \begin{bmatrix} \delta_1 \\ \delta_2 \\ \vdots \\ \delta_n \end{bmatrix} \tag{8.7}$$

可采用最小二乘法对上式中的待估回归系数 β_0，β_1，$\cdots$，β_n 进行估计，求得 β 值后，即可利用多元线性回归模型进行预测。

计算了多元线性回归方程之后，为了将它用于解决实际预测问题，还必须进行数学检验。多元线性回归分析的数学检验，包括回归方程和回归系数的显著性检验。

回归方程的显著性检验，采用统计量：

$$F = \frac{U/m}{Q/(n-m-1)} \tag{8.8}$$

式中，$U = \sum_{j=1}^{n}(\hat{Y}_j - \bar{Y})^2$ 为回归平方和，其自由度为 m；$Q = \sum_{j=1}^{n}(Y_j - \hat{Y}_j)^2$ 为剩余平方和，其自由度为 $(n-m-1)$。

利用式（8.8）计算出 F 值后，再利用 F 分布表进行检验。给定显著性水平 α，在 F 分布表中查出自由度为 m 和 $(n-m-1)$ 的 F_α，如果 $F \geq F_\alpha$，则说明 Y 与 X_1，X_2，$\cdots$，X_m 的线性相关密切；反之，则说明两者线性关系不密切。

回归系数的显著性检验，采用统计量：

$$F = \frac{(b_i - \beta_i)^2 / C_{ii}}{Q/(n-m-1)} \tag{8.9}$$

式中，C_{ii} 为相关矩阵 $C = A^{-1}$ 的对角线上的元素。

对于给定的置信水平 α，查 F 分布表得 $F_\alpha(n-m-1)$，若计算值 $F_i \geq F_\alpha$，则拒绝原假设，即认为 X_i 是重要变量，反之，则认为 X_i 变量可以剔除。

多元线性回归模型的精度，可以利用剩余标准差：

$$S = \sqrt{Q/(n-m-1)} \tag{8.10}$$

来衡量。S 越小，则用回归方程预测 Y 越精确；反之亦然。

8.2.2　相关分析模型

相关分析模型是用来分析研究各种地理要素数据之间相互关系的一种有效手段。各种自然和人文地理要素（现象）的数据并不是孤立的，它们相互影响、相互制约，彼此之间存在着一定的联系。相关分析模型就是用来分析研究各种地理要素数据之间相互关系的一种有效手段。

地理数据间的相关关系，通常可以分为参数相关和非参数相关两大类。其中，参数相关又可分为简单（两要素）线性相关、多要素相关模型，非参数相关可以分为顺序（等级）相关和二元分类相关。

1. 简单线性相关模型

一般情况下，当两种要素之间为线性相关时，就要研究它们之间的相关程度和相关方向。相关程度，指它们之间的相关关系是否密切；相关方向，就是两种要素之间相关的正负。相关程度和相关方向，可以用相关系数来衡量。

设 X 和 Y 为两种地理要素（现象），X_j 和 Y_j 分别为它们的样本统计值（ $j=1,2,\cdots,n$ ），则它们之间的相关系数模型为

$$\gamma = \frac{\sum\limits_{j=1}^{n}(X_j - \bar{X})(Y_j - \bar{Y})}{\sqrt{\left[\sum\limits_{j=1}^{n}(X_j - \bar{X})^2 \cdot \sum\limits_{j=1}^{n}(Y_j - \bar{Y})^2\right]}} = \frac{\sigma_{xy}}{\sqrt{\sigma_x^2 \cdot \sigma_y^2}} \tag{8.11}$$

式中，$\bar{X} = \dfrac{1}{n}\sum\limits_{j=1}^{n}X_j$ ；$\bar{Y} = \dfrac{1}{n}\sum\limits_{j=1}^{n}Y_j$ ；$\sigma_x^2 = \sum\limits_{j=1}^{n}(X_j - \bar{X})^2$ ；$\sigma_y^2 = \sum\limits_{j=1}^{n}(Y_j - \bar{Y})^2$ ；$\sigma_{xy} = \sum\limits_{j=1}^{n}(X_j - \bar{X})$ $(Y_j - \bar{Y})$ 。

相关系数的取值范围为 $-1 \leqslant Y \leqslant 1$ 。当相关系数为正时，表示两种要素之间为正相关；反之，为负相关。相关系数的绝对值 $|Y|$ 越大，表示两种要素之间的相关程度越密切，$Y=1$ 为完全正相关，$Y=-1$ 为完全负相关，$Y=0$ 为完全线性无关。

2. 多要素相关模型

1）任意两种要素间的相关系数模型

设有一组地理要素变量 X_1，X_2，$\cdots$，X_n，统计 n 个样本，则 n 个样本 m 个指标可构成一个 $n \times m$ 阶的原始数据矩阵。此时，任意两种要素间的相关系数模型为

$$\gamma_{ik} = \frac{\sum\limits_{j=1}^{n}\left(X_{kj} - \bar{X}_i\right)\left(X_{kj} - \bar{X}_j\right)}{\sqrt{\left[\sum\limits_{j=1}^{n}(X_{kj} - \bar{X}_i)^2 \cdot \sum\limits_{j=1}^{n}(X_{kj} - \bar{X}_j)^2\right]}} = \frac{\sigma_{ik}}{\sqrt{\sigma_i^2 \cdot \sigma_k^2}} \tag{8.12}$$

式中，σ_{ik} 和 σ_k^2、σ_i^2 分别为样本的协方差和方差。

2）偏相关系数模型

当研究某一种要素对另一种要素的影响或相关程度，而把其他要素的影响完全排除在外，单独研究那两种要素之间的相关系数时，就要使用偏相关分析方法，偏相关程度用偏相关系

数来衡量。

若 i，j，k 代表变量 $\{X_1$，X_2，$\cdots$，$X_m\}$ 中任意三种不同的变量，则所有一阶偏相关系数模型如下：

$$\gamma_{ij\cdot k} = \frac{\gamma_{ij} - \gamma_{jk} \cdot \gamma_{ik}}{\sqrt{\left[\left(1-\gamma_{jk}^2\right)\left(1-\gamma_{ik}^2\right)\right]}} \qquad (8.13)$$

式中，γ_{ij}，γ_{jk}，γ_{ik} 为单相关系数。

逐次使用递归公式：

$$\gamma_{ij\cdot ck} = \frac{\gamma_{ij\cdot c} - \gamma_{jk\cdot c} \cdot \gamma_{ik\cdot c}}{\sqrt{\left[\left(1-\gamma_{jk\cdot c}^2\right)\left(1-\gamma_{ik\cdot c}^2\right)\right]}} \qquad (8.14)$$

就可以得到任意阶的偏相关系数。式中，c 为其余变量的任意子集合。

3）复相关系数模型

以上都是在把其他要素的影响完全排除在外的情况下研究两种要素之间的相关关系。但是实际上，一种要素的变化往往要受到多种要素的综合影响，这时就需要采用复相关分析方法。复相关，就是研究几种地理要素同时与某一种要素之间的相关关系，度量复相关程度的指标是复相关系数。

设因变量为 Y，自变量为 X_1，X_2，$\cdots$，X_k，则 Y 与 X_1，X_2，$\cdots$，X_k 的复相关系数计算公式为

$$R_{Y\cdot 1,2,\cdots,k} = \sqrt{\left[1-\left(1-\gamma_{Y\cdot 1}^2\right)\left(1-\gamma_{Y\cdot 2,1}\right)\cdots\left(1-\gamma_{Y\cdot k,1,2,\cdots,\,k-1}\right)\right]} \qquad (8.15)$$

作为特例，三个变量（Y，X_1，X_2）之间的复相关系数的计算公式为

$$R_{Y\cdot 1,2} = \sqrt{\frac{\gamma_{Y1}^2 + \gamma_{Y2}^2 - 2\gamma_{Y1}\gamma_{12}\gamma_{Y2}}{1-\gamma_{12}^2}} \qquad (8.16)$$

8.2.3 趋势面分析

趋势面分析是拟合数学面的一种统计方法。具体的方法就是用数学方法计算出一个数学曲面来拟合数据中的区域性变化的"趋势"，这个数学面叫做趋势面，分析的过程叫做趋势面分析。趋势面分析是利用数学曲面模拟地理系统要素在空间上的分布及变化趋势的一种数学方法，实质上是通过回归分析原理，运用最小二乘法拟合一个二元非线性函数，模拟地理要素在空间上的分布规律，展示地理要素在地域空间上的变化趋势。

在 GIS 应用中，经常要研究某种现象的空间分布特征与变化规律。许多现象在空间都具有复杂的分布特征，它们常常呈现为不规则的曲面。欲研究这些现象的空间分布趋势，就要用适当的数学方法将现象的空间分布及其区域变化趋势模拟出来，这就是趋势面分析方法。趋势面分析是用一个多项式对地理现象的空间分布特征进行分析，用该多项式所代表的曲面来逼近（或拟合）现象分布特征的趋势变化，也就是用数学方法把观测值分解为趋势部分和偏差部分两个部分：趋势部分反映区域性的总的变化，受大范围的系统性因素的控制；偏差

部分反映局部范围的变化特点，受局部因素和随机因素的控制。

1. 基本原理

设 $Z_j(x_j, y_j)$ 表示所分析现象的特征值，即观测值。趋势面分析就是把观测值 Z 的变化分解成两个部分，即

$$Z_j(x_j, y_j) = f(x_j, y_j) + \sigma_j \tag{8.17}$$

式中，$f(x_j, y_j)$ 为趋势值；σ_j 为剩余值。

可以用回归方法求得趋势值和剩余值，即根据已知数据 Z 的一个回归方程 $f(x_j, y_j)$，使得

$$Q = \sum_{j=1}^{n}\left[Z_j - f(x_j, y_j)\right]^2 \tag{8.18}$$

达到极小。这实际上是在最小二乘法意义下的曲面拟合问题，即根据观测值 $Z_j(x_j, y_j)$ 用回归分析方法求得一个回归曲面：

$$\hat{Z} = f(x, y) \tag{8.19}$$

而以对应于回归曲面的值 $\hat{Z}_j - f(x_j, y_j)$ 作为趋势值，以残差 $Z_j - \hat{Z}_j$ 作为剩余值。

2. 多项式趋势面的数学模型

在趋势面分析中，通常选择多项式作为回归方程，因为任何一个函数在一个适当的范围内总是可以用多项式来逼近，而且调整多项式的次数可以使求得的回归方程适合问题的需要。

当某一地理现象的特征值在空间的分布为平面、二次曲面即抛物曲面、三次曲面、四次曲面、五次曲面或六次曲面时，可分别用一次多项式、二次多项式、三次多项式、四次多项式、五次多项式或六次多项式来拟合。多项式数学模型中各项的排列顺序有一定规律，便于编程计算。

3. 多项式趋势面数学模型的解算

多项式趋势面数学模型的解算实际上是求多项式系数的最佳无偏估值问题。最小二乘法可以给出多项式系数的最佳线性无偏估值，这些估值使残差平方和达到最小。所以求回归方程也就是要求根据观测值 $Z_j(x_j, y_j)(j = 1, 2, \cdots, n)$，确定多项式的系数 $\alpha_0, \alpha_1, \cdots$，以使残差平方和最小，即

$$Q = \sum_{j=1}^{n}\left(Z_j - \hat{Z}_j\right)^2 = \min \tag{8.20}$$

记 $x = x_1$，$y = x_2$，$x^2 = x_3$，$xy = x_4$，$y^2 = x_5, \cdots$，则多项式可以写为

$$\hat{Z} = \alpha_0 + \alpha_1 x_1 + \alpha_2 x_2 + \alpha_3 x_3 + \cdots + \alpha_p x_p \tag{8.21}$$

这样，多项式回归问题就可以转化为多元线性回归问题来解决。现在，残差就是

$$Q = \sum_{j=1}^{n} \left[Z_j - \left(\alpha_0 + \alpha_1 x_1 + \alpha_2 x_2 + \alpha_3 x_3 + \cdots + \alpha_p x_p \right) \right]^2 \tag{8.22}$$

根据最小二乘法原理，要选择这样的系数 $\alpha_0, \alpha_1, \cdots, \alpha_p (p<n)$，以使 Q 达到极小。为此，求 Q 对 $\alpha_0, \alpha_1, \cdots, \alpha_p$ 的偏导数，并令其等于零，则得正规方程组。解此正规方程组，即得 $p+1$ 个系数 $\alpha_0, \alpha_1, \cdots, \alpha_p$。

在原始数据量很大的情况下，用矩阵方法求解在计算机上实现是困难的，因为占据存储空间太大。所以，一般采用高斯主元消去法或正交变换法求解正规方程组。

4. 趋势面拟合程度的检验

趋势面的拟合程度就是趋势面对原始数据面的逼近度。这里介绍两种检验方法：

（1）F-分布检验。检验统计量为

$$F = \frac{U / P}{Q / (n - P - 1)} \tag{8.23}$$

式中，U 为回归平方和；Q 为剩余平方和；P 为多项式的项数（不含常数项）；n 为观测点数。在给定置信水平 α 的条件下，若 $F > F_\alpha$，则趋势面拟合效果显著，否则不显著。

（2）拟合指数公式检验。拟合指数公式为

$$C = \left[1 - \frac{\sum \left(Z_j - \hat{Z}_j \right)^2}{\sum \left(Z_j - \bar{Z} \right)^2} \right] \times 100\% \tag{8.24}$$

式中，C 为拟合指数；Z_j 为第 j 点的观测值；$\hat{Z}_j$ 为第 j 点的趋势值；$\bar{Z}$ 为全部观测值的平均值。当 $C=100\%$ 时，表明趋势值在所有观测点上都与实际值吻合，但这种情况是很少的。当 $C \geqslant 75\%$ 时，拟合误差均在 10% 以下，这时可以认为趋势面的拟合效果良好。

8.2.4　主成分分析

在用统计分析方法研究多变量的地理模型时，变量个数太多就会增加模型的复杂性。人们自然希望变量个数较少而得到的信息较多。很多情形，变量之间是有一定的相关关系的，当两个变量之间有一定相关关系时，可以解释为这两个变量反映此模型的信息有一定的重叠。

主成分分析也称主分量分析，旨在利用降维的思想，把多指标转化为少数几个综合指标（即主成分），其中每个主成分都能够反映原始变量的大部分信息，且所含信息互不重复。这种方法在引进多方面变量的同时将复杂因素归结为几个主成分，使问题简单化，同时得到的结果是更加科学有效的数据信息。在实际问题研究中，为了全面、系统地分析问题，必须考虑众多影响因素。这些涉及的因素一般称为指标，在多元统计分析中也称为变量。因为每个变量都在不同程度上反映了所研究问题的某些信息，并且指标之间彼此有一定的相关性，因而所得的统计数据反映的信息在一定程度上有重叠。

1. 基本原理

主成分分析法是一种降维的统计方法，它借助于一个正交变换，将其分量相关的原随机向量转化成其分量不相关的新随机向量，这在代数上表现为将原随机向量的协方差阵变换成对角形阵，在几何上表现为将原坐标系变换成新的正交坐标系，使之指向样本点散布最开的 p 个正交方向，然后对多维变量系统进行降维处理，使之能以一个较高的精度转换成低维变量系统，再通过构造适当的价值函数，进一步把低维系统转化成一维系统。

主成分分析是设法将原来变量重新组合成一组新的相互无关的几个综合变量，同时根据实际需要从中取出几个较少的综合变量，尽可能多地反映原来变量的信息的统计方法，或称主分量分析，也是数学上处理降维的一种方法。主成分分析是设法将原来众多具有一定相关性（如 P 个指标），重新组合成一组新的互相无关的综合指标来代替原来的指标。通常数学上的处理就是将原来 P 个指标线性组合，作为新的综合指标。最经典的做法就是用 F_1（选取的第一个线性组合，即第一个综合指标）的方差来表达，即 Va（r F_1）越大，表示 F_1 包含的信息越多。因此，在所有的线性组合中选取的 F_1 应该是方差最大的，故称 F_1 为第一主成分。如果第一主成分不足以代表原来 P 个指标的信息，再考虑选取 F_2 即选第二个线性组合，为了有效地反映原来信息，F_1 已有的信息就不需要再出现在 F_2 中，用数学语言表达就是要求 Cov（F_1，F_2）=0，则称 F_2 为第二主成分，依此类推可以构造出第三，第四，…，第 P 个主成分。

2. 计算步骤

（1）原始指标数据的标准化采集。p 维随机向量 $x = (x_1, x_2, \cdots, x_p)^{\mathrm{T}}$，$n$ 个样品 $x_i = (x_{i1}, x_{i2}, \cdots, x_{ip})^{\mathrm{T}}$（$i = 1, 2, \cdots, n, n > p$），构造样本阵，对样本阵元进行如下标准化变换：

$$Z_{ij} = \frac{x_{ij} - \bar{x}_j}{s_j} \quad (i = 1, 2, \cdots, n; j = 1, 2, \cdots, p) \tag{8.25}$$

其中，$\bar{x}_j = \dfrac{\sum_{i=1}^{n} x_{ij}}{n}$；$s_j^2 = \dfrac{\sum_{i=1}^{n} \left(x_{ij} - \bar{x}_j \right)^2}{n-1}$；得标准化阵 $\boldsymbol{Z}$。

（2）对标准化阵 $\boldsymbol{Z}$ 求相关系数矩阵：

$$\boldsymbol{R} = \left[r_{ij} \right]_p xp = \frac{\boldsymbol{Z}^{\mathrm{T}} \boldsymbol{Z}}{n-1} \tag{8.26}$$

其中，$r_{ij} = \dfrac{\sum z_{kj} \cdot z_{kj}}{n-1} (i, j = 1, 2, \cdots, p)$。

（3）解样本相关矩阵 $\boldsymbol{R}$ 的特征方程 $|R - \lambda I_P| = 0$ 得 p 个特征根，确定主成分；按 $\dfrac{\sum_{j=1}^{m} \lambda_j}{\sum_{j=1}^{p} \lambda_j} \geqslant 0.85$ 确定 m 值，使信息的利用率达85%以上，对每个 $\lambda_j (j = 1, 2, \cdots, m)$，解方程组 $Rb = \lambda_{jb}$ 得单位特征向量 $\boldsymbol{b}_j^0$。

（4）将标准化后的指标变量转换为主成分：

$$U_{ij} = z_i^{\mathrm{T}} \boldsymbol{b}_j^0 \quad (j = 1, 2, \cdots, m) \tag{8.27}$$

其中，U_1 称为第一主成分；U_2 称为第二主成分；…；U_p 称为第 p 主成分。

（5）对 m 个主成分进行综合评价。对 m 个主成分进行加权求和，即得最终评价值，权数为每个主成分的方差贡献率。

3. 主要作用

概括起来说，主成分分析主要有以下几个方面的作用。

（1）主成分分析能降低所研究的数据空间的维数，即用研究 m 维的 Y 空间代替 p 维的 X 空间（$m < p$），而低维的 Y 空间代替高维的 X 空间所损失的信息很少。即使只有一个主成分 Y_1（即 $m = 1$）时，这个 Y_1 仍是使用全部 X 变量（p 个）得到的。例如，要计算 Y_1 的均值也得使用全部 X 的均值。在所选的前 m 个主成分中，如果某个 X_i 的系数全部近似于零的话，就可以把这个解析失败，X_i 删除，这也是一种删除多余变量的方法。

（2）有时可通过因子负荷 a_{ij} 的结论，弄清 X 变量间的某些关系。

（3）多维数据的一种图形表示方法。我们知道当维数大于 3 时便不能画出几何图形，多元统计研究的问题大都多于 3 个变量，要把研究的问题用图形表示出来是不可能的。然而，经过主成分分析后，我们可以选取前两个主成分或其中某两个主成分，根据主成分的得分，画出 n 个样品在二维平面上的分布情况，由图形可直观地看出各样品在主分量中的地位，进而还可以对样本进行分类处理，可以由图形发现远离大多数样本点的离群点。

（4）由主成分分析法构造回归模型，即把各主成分作为新自变量代替原来自变量 X 做回归分析。

（5）用主成分分析筛选回归变量。回归变量的选择有着重要的实际意义，为了使模型本身易于做结构分析、控制和预报，从原始变量所构成的子集合中选择最佳变量，构成最佳变量集合，用主成分分析筛选变量，可以用较少的计算量来选择，获得选择最佳变量子集合的效果。

8.2.5　空间聚类分析

"物以类聚，人以群分"，在自然科学和社会科学中，存在着大量的分类问题。聚类分析又称群分析，它是研究样品或指标分类问题的一种统计分析方法。聚类分析起源于分类学，但是聚类不等于分类。聚类与分类的不同在于，聚类所要求划分的类是未知的。空间聚类作为聚类分析的一个研究方向，是指将空间数据集中的对象分成由相似对象组成的类。同类中的对象间具有较高的相似度，而不同类中的对象间差异较大。作为一种无监督的学习方法，空间聚类不需要任何先验知识，这是聚类的基本思想，因此空间聚类也要满足这个基本思想。

空间聚类的主要方法有 5 大类：划分聚类算法、层次聚类算法、基于密度的聚类方法、基于网格的聚类方法和基于模型的聚类方法。

（1）划分聚类算法基本思想是给定一个包含 n 个对象或数据的集合，将数据集划分为 k 个子集，其中每个子集均代表一个聚类（$k \leqslant n$），划分方法为首先创建一个初始划分，然后利用循环再定位技术，即通过移动不同划分中的对象来改变划分内容。

（2）层次聚类方法是通过将数据组织为若干组并形成一个相应的树来进行聚类的，层次聚类方法又可分为自顶向下的分裂算法和自底向上的凝聚算法两种。

分裂聚类算法，首先将所有对象置于一个簇中，然后逐渐细分为越来越小的簇，直到每个对象自成一簇，或者达到了某个终结条件，这里的终结条件可以是簇的数目，或者是进行合并的阈值。而凝聚聚类算法正好相反，首先将每个对象作为一个簇，然后将相互邻近的合并为一个大簇，直到所有的对象都在一个簇中，或者某个终结条件被满足。

（3）基于密度的聚类方法，其主要思想是：只要邻近区域的密度（对象或数据点的数目）超过某个阈值，就继续聚类，这样的方法可以过滤"噪声"数据，发现任意形状的类，从而克服基于距离的方法只能发现类圆形聚类的缺点。

（4）基于网格的聚类方法主要思想是将空间区域划分若干个具有层次结构的矩形单元，不同层次的单元对应于不同的分辨率网格，把数据集中的所有数据都映射到不同的单元网格中，算法所有的处理都是以单个单元网格为对象，其处理速度远比以元组为处理对象的效率要高得多。

（5）基于模型的聚类方法给每一个聚类假定一个模型，然后去寻找能够很好地满足这个模型的数据集。常用的模型主要有两种：一种是统计学的方法，代表性算法是 COBWeb 算法；另一种是神经网络的方法，代表性的算法是竞争学习算法。COBWeb 算法是一种增量概念聚类算法。这种算法不同于传统的聚类方法，它的聚类过程分为两步：首先进行聚类，然后给出特征描述。

空间聚类分析可以分为基于点和基于面两种方法。基于点的方法需要准确的地理位置，基于面的方法是运用其区域内的平均值。

8.3　地理过程建模分析

地理过程建模分析的目的就是从时空数据出发，运用各种时空分析工具，溯源其时空过程乃至机理，由样本推断总体或超总体的参数（如历史过程分析和未来趋势预测等），注重围绕自然和人类活动的各种具体制约条件，并在时空轴上动态地描述和解释各种人类活动和自然现象，发现并认识人类活动和自然现象的规律，并对其相应的发展趋势进行预测。

地理过程研究的重要内容是各种地理事物、地理现象的分布规律，包括时间上的分布规律和空间上的分布规律，即人们通常所说的时空分布规律。因一切地理事实、地理现象、地理过程、地理表现，既包括了在空间上的性质，又包括时间上的性质，只有同时把时间及空间这两大范畴纳入某种统一的基础之中，才能真正认识地理学的基础规律。在考虑空间关系时，不要忽略时间因素对它的作用，把地理空间格局看做是某种"瞬间的断片"，不同时段的"瞬间断片"的联结，才能构成对地理学的动态认识。与此相应，在研究地理过程时，应把这类过程置于不同地理空间中去考察，以构成某种"空间的变换"，它们可完整地体现地理学的"复杂性"。

8.3.1　时空过程与时空机理

1. 时空过程

时间和空间是所有信息发生的背景，是所有数据资料所依赖的环境。地理学对时空理解的思想主要源于数学、物理学和哲学等传统学科，它们分别从经验、形式、理论及概念的角度表达时空，这些学科相互交叉，其中一些内容已被融入 GIS 中，如许多时空假设在 GIS 的数据模型、功能及图形用户界面中得到体现。

数学对时空研究的最初目的是精确描述、解释、解决同地理环境有关的问题。古埃及尼罗河的季节泛滥使得土地测量师们必须重新确定边界，从而导致了空间语言——几何学的产生。希腊的数学家们，特别是欧几里得和毕达哥拉斯，把几何学发展到近乎完美的地步。2000年后，牛顿的微积分为时间提供了语言，数学从形式上表达时空，其强大的归纳演绎功能融入那些难以理解的概念的表达、操作和分析上，应用到地理尺度上，与 GIS 直接有关的有欧几里得空间和拓扑空间。

物理学根源于数学和哲学，人们通过物理学能逐渐地把对世界在形式、概念上的理解组合到连接不同种类知识的系统框架中。时间和空间的表达在历史上存在绝对和相对两种观点。绝对时空观认为时间和空间是独立于物质而存在的，空间是物质的容器，时间是由瞬间组成的，绝对空间存在三维笛卡儿坐标系中，可以把时间作为第四个正交轴加到这个坐标系中，牛顿是这种绝对时空观的代表。然而，到 20 世纪初爱因斯坦的相对时空观主宰了科学界。根据相对论的观点，空间和时间都只是物质的属性，并依附于对象。时间是物质运动的延续性、间断性和顺序性，其特点是一维特性，具有不可逆性；空间是物质的广延性和伸张性，是一切物质系统中各个要素的共存和相互作用的标志。时间、空间与运动着的物质不可分离，它们不可能独立于物质单独存在。相对空间不依赖任何坐标框架，其维数和属性随着时空关系发生变化。

哲学对时空研究的主要贡献在于概念表达上。2000 年来，哲学上许多有关客观世界概念理解的争论都同 GIS 有着直接的关系，主要有两方面：①时空中存在具有已知或未知属性的物质，说明了对象的存在；②已知属性的时空聚簇是物质，说明场的存在，它们在本质上同时空的相对论或绝对论相一致。

时空过程的地理研究由来已久。在历史地理学中，Andrew 认为变化的空间模式能够作为"地理变化"来研究；Cliff 和 Ord 通过一系列的地图来检测随时间的变化。时空过程实质是一系列沿时间轴的时空目标的变化过程，包括量变和质变。

2. 时空机理

时空目标的描述包括几何、拓扑和属性三个基本方面，因此，时空变化包括沿时间轴的空间变化、拓扑变化和属性变化。

事实上，后一时刻的拓扑关系、空间状态、属性特征均与前一状态的相应值有关系。在不同的时刻，空间对象的空间状态、拓扑关系和属性特征可能全部变化、两项变化或单项变化；空间状态的变化也可能是空间位置、空间形状、空间分布全部变化或其中两项变化或单项变化。以地籍变更（包括土地分割、合并、所有权等）为例，一次地籍变更可能仅仅是所有权的变化，则属于属性特征变化；也可能既有土地的分割（或合并），也有所有权的变化，此时除属性特征变化之外，同等重要的是发生了空间状态的变化，包括空间位置和空间形状。此外，就地籍 GIS 而言，可能还牵涉地块之间相邻关系的变化，即可能还发生拓扑关系的变化。

尽管时空变化包括以上 3 项基本内容，但具体而言，目标的时空变化过程还是有其特定的主导变化方向的。

（1）以属性变化为主：基于行政边界的人口、资源、环境信息系统，空间目标的主体为各个不同级别的行政区，其几何状态是相对稳定不变的，而作为其属性的人口统计数据、资源勘测数据和环境数据等，则是动态变化的。

（2）以空间变化为主：如交通运输信息系统和导航信息系统。导航系统的空间目标主体为车、船、飞机，其属性特征是相对稳定不变的，而其空间位置则是随时变化的。

（3）空间变化与属性变化并重型：如矿山 GIS、地籍信息系统和气象信息系统。以气象信息系统为例，气象系统空间目标的主体为风暴中心、高压云团等，监测的重点包括属性特征、空间位置、空间形状和空间分布。

空间过程的状态变化也分为连续变化和离散变化两种类型，如森林退化、草场沙化、湖泊退化、海岸盐碱化、海岸线变化、大气环境变化、城市化等属连续的量变的过程，可以在时间轴上进行内插；而地籍变更、道路改线等则属离散的质变，在时间轴上是不可内插的。

时空数据有限次地记录了时空过程，时空过程是过程机理驱动的结果。例如，日地环绕、大陆漂移碰撞和万有引力等机理分别导致了地球气候的经纬度差异、海拔地带性和地壳物质分层与迁移等时空现象；自然环境演化等机理产生了生物和人类，进一步，在自组织机制下，生物圈发展和演化。时空过程在数学上可由若干时空变量按照过程机理关系表示，在地理空间上表现为时空现象。

时空过程和机理以因变量 y 和影响因子 z 之间的联系（$y|z$）来表达。在地理学中，直接影响因子 z 往往难以获得，常用的方法是寻找代理变量 x，建立因变量与代理变量的统计关系 $y=f(x)$。代理变量 x 应当满足两个条件：一是与直接因子 z 尽量相关（$z|x$），可基于物理机制定性判断，或基于相关分析定量选择；二是全覆盖研究区域和研究时段（图 8.1）。例如，新生儿出生缺陷发生风险（y）与环境污染暴露、遗传和营养等直接因子（z）有关，而遗传和营养测量和调查成本高，因此寻找其代理变量（x），如以村庄为中心做不同距离缓冲区，分别计算局部区域空间聚集性指标（G_i）来反映人们社会交往和通婚圈作为遗传代理因子，用人均收入代理营养摄入水平。应当结合具体研究问题将代理变量图 8.1 具体化，图 8.1 可以帮助选择代理变量，理解过程机理，并且用于解释统计结果。

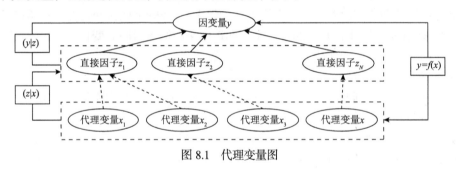

图 8.1　代理变量图

8.3.2　时空数据与时空变量

时空数据是对现实世界中时空特征和过程的抽象概括，具有海量、动态、高维、多尺度、时空相关性和异构性、时空异质性、非线性等特征。其中，海量特征指时空数据是大量不同尺度的时空数据和非时空数据长期积累的结果。动态特征指时空数据是一个动态过程，具有生命期、周期性。高维特征是指时空数据具有时间域、空间域和其他属性所构成的高维特征。尺度特征是指时空数据在不同时间尺度（时间粒度）和空间尺度（空间分辨率）上所遵循的规律及体现出的特征不尽相同，利用该性质可以研究时空信息在泛化和细化过程中所反映出的特征渐变规律。时空相关性和异构性是指时空数据的分布在时间和空间上都相互关联，又受到空间结构差异的影响，存在空间异构性。时空异质性在数学上称为时空非平稳性，指时空序列数据的统计特征会随着时间的演变和空间位置的变化而发生改变。这里，统计特征是指时空序列数据的一阶矩或二阶矩，即均值或方差。非线性指时空过程本质上是复杂的动力学过程，对外部因素敏感，在时间和空间上都表现出非线性特征。

时空数据按照性质一般可以分为 4 种主要类型，分别为空间和时间均离散数据、空间离散而时间连续数据、空间连续而时间离散数据、空间和时间均连续数据。地理时空数据通常指在空间和时间均离散（如土地利用类型、房地产价格、GDP 等经济统计序列）或者空间连续而时间离散（如降水量分布、空气污染浓度分布、土壤重金属含量分布等自然地理现象序列）的数据。本书主要探讨这两种情形下地理时空数据的分析、建模及预测方法。

陆地、海洋、大气、生物、经济和社会现象，乃至世界万物都具有地理空间分布（s），并且随时间（t）变化，被观察并记录为时空数据。时空数据是时空变量的一次或有限次观测值。下文用 $y(s, t)$ 表示时空数据或时空变量。

1. 时空数据

在 GIS 中，时空数据的表达要比单独的空间数据表达更复杂、更困难。传统的 GIS 以面向可视化的制图表达为基础，即以点、线、面、格网及静态地图显示的其他基本元素为概念基础。时空数据表达是传统 GIS 空间数据表达的扩展，把概念融入认知中寻求时空表达的新方法是 GIS 面临的紧迫任务。时空数据的表达必须遵循人们在时空和地理理论方面对现实世界的概念抽象，还要满足计算机分析和可视化表达的要求。

空间和时间都是连续的，为了进行客观量测，两者都被划分成统一的或可变长度的离散单元，但时间的划分与空间的划分又有所不同。时间间隔通过事件来划分，一个事件表示一种变化，在正常情况下，变化用事件或事件集来描述。将时间和空间划分为便于量测的离散单元导致了分辨率和比例尺的问题。例如，这些单元尺度应该多大？理想情况下，单元尺度应该由所观测的现象、所提出的问题决定；时空表达的单一比例尺对现实世界中多尺度现象的描述是不够的，在一种时间分辨下，一个特别的时空模式在另一种分辨率下可能不再存在。

时间与空间的相似性与连续性特点在对象的相互作用过程中表现得十分明显。在任何特定的时间内，一个空间单元的现实状态不仅影响着它将来的状态，而且在同一或将来的时间内还影响着其他相关空间单元的状态。在整个过程中，位置的相互作用也同样存在。物理学家和哲学家使用"光锥体"描述这种时空的相互作用（基于相似性和连续性）及它们的限制（即运动受时间和空间的制约）。从地理意义上讲，这种制约强调了某一给定时间段内任何人或任何物活动的空间范围的限制。若采用时间地理学的语言来描述，就是时空棱柱，它定义了某一特定时间段内实体的可能运动空间，这种定义具有特殊的空间和时间比例尺。

现实世界地理现象的时空特性造成了空间分布的不一性，分布模式有两种：离散分布和连续分布。其中，离散分布又可分为规则分布、聚集分布和随机分布。离散分布和连续分布的地理现象都存在一定的空间关系，它们也分别对应于目前的矢量数据模型和栅格数据模型。为了实现复杂时空模式的 GIS 表达，必须有一个统一的框架。在这个框架中，时间在四维时空可视几何体中是作为一个传统维或轴来表达，也就是说，在 x, y, z, t 中，t 在超立方体的坐标空间中表示时间。另外，自然语言也支持空间和时间的结合，其中，时间使用空间术语来表达。可见，GIS 中表达时空动态是可实现的。但是，上述这种单一的四维表达是不够的，因为时间和空间属性及在其参考基点上存在重要差别。因此，建立一种集位置、时间、对象三者为一体的时空表达方法是必要的。实际上，学者们也一直朝着这个方向努力，并发展了 3 种时空表达方法：①基于位置的时空数据表达；②基于实体的时空数据表达；③基于过程的时空数据表达。

时空数据最直接的记录方式是时空二联表、地图时间序列和状态转换矩阵。

（1）时空二联表，行表示空间维、列表示时间维，单元格记录属性值。例如，以全国 34 个省（自治区、直辖市）为 34 行，1949～2014 年共 65 年为 65 列，单元格记录年度 GDP 数值，可以反映我国 GDP 的时空变化。时空二联表可以完整记录时空各节点的观测值，但是无法记录时空数据的空间拓扑关系。

（2）地图时间序列，在各时间节点分别制作某属性专题图，形成地图序列。例如，北京18个区县2003年3月1~30日逐日SARS新发病例分布图序列，反映了这种传染病空间分布的时间演变。地图序列能够完整记录时空演化信息，但是目前的GIS软件中尚缺少有效的时空数据结构来存储和操作这类数据。

（3）状态转换矩阵，行、列分别代表两个时间节点上相同的状态变量，单元格表示经过一个时间段，所在行状态转换为所在列状态的量。如2000~2010年中国耕地、林地、水体、草地、建设用地和其他用地之间的相互转移量。转换矩阵可以完整记录各状态之间的流转，但在时间维度上，只能局限于两个节点之间。

2. 时空变量

数学和统计学建立了关于变量的理论。时空分析就是要借助统计学和数学，通过研究观测样本 y，推断总体或超总体的参数和性质，即地理学研究事物的格局、过程、规律和机理。时空数据推断总体可以是基于设计的或者基于模型的。

基于设计的统计推断方法（design based）。先从总体中以某种方式（设计）抽取一定数量的样本，每个样本单元有一个观测数值；然后对样本进行统计，推断总体。样本抽取的方式（设计）主要包括随机、系统、分层等。对于一个统计量，即估算公式，基于设计的统计估值及其误差随样本设计（布置方式和密度）变化而变化。在一定样本量的前提下，随机或分层随机抽样能够保证样本统计推断总体是设计无偏的（注意，不能保证最优，也就是不保证误差最小）。设计无偏在理论上与总体性质无关；然而，估值方差将随着空间相关性和分异性而发生变化。特别地，当总体是分层异质的（stratified heterogeneity），并且样本小到没有覆盖所有的层（strata）时，样本有偏于总体，传统的统计推断结果将有偏于总体参数。此时，若有无偏样本或全覆盖的相关辅助数据，则可用专门算法纠偏，从而得到无偏估计。

基于模型的统计推断方法（model based）。假设每个时空格点的值都是一个时空随机变量，观测值是其一次实现。为进行推断，假设随机变量具有平稳性，即各时空点数学期望相等。若不平稳，则先分层（stratification），使层内平稳，然后对时空变量加权来估计总体参数，以估值误差最小为目标函数，以估值无偏为约束，求解样本权重。基于模型的统计估值及其误差在理论上与样点绝对位置无关。当研究对象性质与模型假设一致时，基于模型的统计推断可以得到最优线性无偏估计（best linear unbiased estimate，BLUE）。当目标对象性质与模型假设不符时，模型结果有误。

时空数据分析可以是基于设计的也可以是基于模型的，结果可能相同或不同。可以根据研究目标（总体或超总体）、对象性质（独立同概率分布、空间自相关、空间分层），以及样本（布设位置和密度）选择恰当的方法。也可以对数据同时使用基于设计的和基于模型的方法，但结果具有不同的含义，需参考两种方法的定义和性质，对结果进行解释。

3. 变量类型

数据（基于设计的观点）或变量（基于模型的观点）$y(s, t)$ 可以是自然环境，如温度、降水、水土流失；也可以是经济与社会数据，如人口、GDP、交通、疾病等；或者是人地关系，如土地利用、生态价值、自然灾害等。

（1）空间变量：当属性存在空间分异并且随时间稳定或不分辨时间，即 $y(s, t) = y(s)$ 时，如中国地形三级阶地、胡焕庸人口线、气候带、生物区系等，可以用空间分析方法。

（2）时间变量：当属性空间均质或不分辨空间差异，即 $y(s, t) = y(t)$ 时，如区域CPI指数、北京逐年常住人口变化，可以用时间序列分析方法。如果存在空间分异但在分析时不予考虑，将有可能导致生态谬误。

（3）时空变量：当属性随空时皆变，即 $y(s+u, t+\tau) \neq y(s, t)$ 时，可使用时空分析方法。

（4）状态变量：属性值变化到一定程度，从量变产生质变，状态或类型发生了变化。人们往往对质变，也就是状态变化更感兴趣，为此，可以定义状态变量。状态变量反映格局、规律和大势。例如，土地利用类型由于城市化而发生变化；一个城市的产业类型和发展阶段也会演化。

空间变量和时间变量是时空变量的特例，这些变量的测量可以是比值量（ratio）、间隔量（interval）、顺序量（ordinal）和名义量（nominal），在统计学中分析方法有区别。比值量和间隔量常统称为数值量。地理学中状态（包括名义量和顺序量）变化是值得特别关注的，特用状态变量表达。例如，天气状态可以是下雨、多云、晴天；而天气测量是温度、湿度、气压等数值量。

8.3.3　地理过程建模方法

地理过程建模是对空间分析模型进行建模的过程，是综合分析处理和应用空间数据的有效手段，也是开发分析决策型 GIS 不可或缺的步骤。利用空间分析建模方法构建 GIS 具有以下多方面的优点：①空间分析建模是对空间决策过程的模拟，因此能有效地从各种因素之间找出因果关系或联系，促进问题的解决，优化解决过程；②空间分析建模可引入成熟的数学模型，有效减少空间分析工作量，提高分析结果的准确性；③空间分析模型可为空间决策分析奠定基础；④空间分析模型能够简练而准确地描述分析数据、过程等，有利于信息交流和复用。

地理模型分析侧重于对空间过程建模分析和空间现象发生机理的解释分析，如对区域过程（长三角区域发展与演变过程分析）、线过程（河流水系发育过程分析）、斑块过程（城镇体系演化过程分析）、点过程（城市交通站点布局发展过程分析）、地统计过程（矿产资源的储量与分布过程分析等）。其分析技术方法主要是仿真技术、虚拟现实技术、地统计分析技术等基本技术。地理学特别是计量地理学在空间过程建模分析和机理解释方面做了大量的理论和方法积累，为 GIS 开展地理模型分析开发提供了良好的基础。从空间分析的技术层次上看，空间图形分析和空间数据分析是地理模型分析的基础，地理模型千差万别，然而其基本原理和方法是一致的，其技术基础、空间图形分析和空间数据分析是一般、通用的，因此，GIS 不可能实现对所有的地理现象进行建模分析，但可以提供对地理现象的建模框架和技术平台，并为其提供方便的接口和完备的空间图形及数据分析技术工具。

地理模型分析研究步骤：①对复杂地理系统的各种系统要素之间的相互关系与反馈机制进行分析，构造系统结构；②建立描述系统的数学模型；③以适当的计算方法与算法语言将数学模型转化为计算机可以识别、运行的工作模型；④运行模型，对真实系统进行模拟仿真，从而揭示其运行机制与规律；⑤过程模拟与预测研究，通过对地理过程的模拟与拟合，定量地揭示地理事物、地理现象随时间变化的规律，预测其未来发展趋势；⑥空间扩散研究，定量地揭示各种地理现象，包括自然现象、经济现象、社会现象、文化现象、技术现象在地理空间的扩散规律；⑦空间行为研究，主要是对人类活动的空间行为决策进行定量的研究；⑧地理系统优化调控研究，运用系统控制论的有关原理与方法，研究人地相互作用的地理系统的优化调控问题，寻找人口、资源、环境与社会经济协调发展的方法、途径与措施；

⑨地理系统的复杂性研究，地理系统是高度复杂的巨系统，其复杂系统研究已经引起了国际地理学界的高度重视。

地理模型分析应该注意的几个问题：①所建模型将采用什么观点、解决哪些理论问题、与此问题有关的建立模型的基本假设，以及所依据的理论、将要解决的问题等都将直接或间接地体现在模型之中，如何检验模型的正确性、合理性和有效性；②在各类变量中必须明确哪些变量是可控变量，即通过对哪些变量的调控可以使系统的行为发生改变；③在模型中，如何处理时间概念，即认为被研究的对象系统是无记忆系统还是记忆系统，是建立静态模型还是建立动态模型；④能用于建模的有关数据、资料是什么，可能性如何，应采用何种建模技术，有现成的技术方法可供借鉴还是需要建造新模型，如何确定模型中的参数与初值，采用什么方法确定模型的参数；⑤模型的建造问题，建模程序，建造一个数学模型，首先必须明确建模的目标、所建模型的精度及该模型的合理性和有效性如何，采用什么方法和手段检验所建模型。

8.4　地理空间决策支持

空间决策是为了达到某个目标，对包含地理环境要素在内的决策问题相关因素进行分析评价和构建方案，并从多个方案中优选或综合出一个合理方案的过程。空间决策支持可以看做是 GIS 在空间模拟和决策分析能力上的延伸，而这种延伸恰恰使 GIS 的社会应用价值得以大众化的体现。空间决策支持，已成为当前复杂地理问题求解的一种有效手段。

8.4.1　决策支持系统

决策支持系统是综合利用各种数据、信息、知识、人工智能和模型技术，辅助高级决策解决半结构化或非结构化决策问题。它是以计算机处理为基础的人机交互信息系统。地理空间决策支持系统是由空间决策支持、空间数据库等相互依存、相互作用的若干元素构成，并完成对空间数据进行处理、分析和决策的有机整体。地理空间决策可以认为是空间分析的高级阶段，空间分析技术则是实现空间决策的工具，空间分析与空间决策之间的关系可表达为空间决策=空间数据/操作/分析+模型。它是在常规决策支持系统和 GIS 相结合的基础上，发展起来的新型信息系统。空间决策是通过对空间事物和现象的描述、解释、发展规律分析，掌握其发展演变的规律；通过空间预测功能，把握未来发展趋势，为空间决策提供依据和指导；通过对空间规划实施过程的监测与实时评价，为空间调控决策提供基础和技术支撑。

1. 决策的过程

对决策者来说，科学的决策程序一般包括：发现问题，确定目标；收集情报（信息）和预测；探索各种对策方案；选择入案选定；控制决策的执行等几个阶段。

（1）发现问题，确定目标。决策问题是人们已经认识了的主客观之间的矛盾。客观存在的问题，只有当人们能够清楚地表达出来的时候，才构成决策问题。科学的发展表明，客观存在的矛盾，要变成人们能够清楚描绘出来的问题，并抓住它的实质，不但要经过大量的调查研究、分析、归纳，有时还必须通过创造式的思维，突破传统的观念，开发出新的观念。

为了抓住问题的实质，确定系统的决策目标，首先要对存在的决策问题进行系统分析。可以说，决策目标是对决策问题的本质的概括与抽象。经过分析后得出的目标必须达到如下要求：第一，目标成果可用决策目标的价值准则进行定性或定量的衡量；第二，目标是可以达到的，即在内外各种约束条件下是现实的、合理的；第三，达到目标要有明确的时间概念。

（2）收集情报（信息）和预测。信息是人们认识世界改造世界的源泉，也是决策科学化的基础。在决策方案制定过程中，自始至终都需要进行数据、信息的收集和调查研究工作。

因为决策所需要的条件和环境往往存在着一些目前不能确定的因素。所以就要根据已经收集到的数据和信息进行预测。预测是人们对客观事物发展规律的一种认识方法。预测的范围很广，包括社会预测、技术预测、军中预测及市场预测等。

（3）探索各种对策方案。在一般情况下，实现目标的方案不应该是一个，而是两个或更多的可供选择的方案。为了探索可供选择的方案，有时需要研究与实现目标有关的限制性因素。在其他因素不变的情况下，如果改变这些限制性因素，就能实现期望的目标。识别这些因素，把注意力放到如何克服这些限制因素，就可能探索出更多的比较方案。在制订方案的过程中，寻求和辨认限制性因素是没有终结的。对某一时间、某一方案来说，某一因素可能对决策起决定作用；但过了一定时间后，对类似的决策者来说，限制性因素就改变了。

对于复杂的决策问题，有时需要依靠相关业务部门或参谋决策机构，汇集各方面的专家，一起制订方案。

（4）选择入案。从各种可能的备选方案中，针对决策目标，选出最合理的方案，是决策成功或失败的关键阶段。通常这个阶段包括方案论证和决策形成两个步骤。方案论证是对备选方案进行定量和定性的分析、比较和择优研究，为决策者最后选择进行初选，并把经过优化选择的可行方案提供给决策者。决策形成是决策者对经过论证的方案进行最后的抉择。作为决策者的主管虽不需要掌握具体论证方法，但必须知道决策的整个程序和各种方法的可靠程度，应当具备良好的思维分析能力、敏锐的洞察力及判断和决断的素质。

（5）控制决策的执行。在决策执行过程中，还要及时收集情报，据此发现问题或采取预防措施消除可能出现的问题。有时根据情报，也可能做出停止执行或修改后继续执行的决定。

决策的进程一般分为 4 个步骤：①发现问题并形成决策目标，包括建立决策模型、拟订方案和确定效果度量，这是决策活动的起点。②用概率定量地描述每个方案所产生的各种结局的可能性。③决策人员对各种结局进行定量评价，一般用效用值来定量表示。效用值是有关决策人员根据个人才能、经验、风格及所处环境条件等因素，对各种结局的价值所做的定量估计。④综合分析各方面信息，以最后决定方案的取舍，有时还要对方案做灵敏度分析，研究原始数据发生变化时对最优解的影响，决定对方案有较大影响的参量范围。

决策往往不可能一次完成，而是一个迭代过程。决策可以借助于计算机决策支持系统来完成，即用计算机来辅助确定目标、拟订方案、分析评价及模拟验证等工作。在此过程中，可用人机交互方式，由决策人员提供各种不同方案的参量并选择方案。

2. 决策支持系统的构成

决策支持系统（decision support system，DSS）是辅助决策者通过数据、模型和知识，以人机交互方式进行半结构化或非结构化决策的计算机应用系统。它是管理信息系统（MIS）向更高一级发展而产生的先进信息管理系统。它为决策者提供分析问题、建立模型、模拟决策过程和方案的环境，调用各种信息资源和分析工具，帮助决策者提高决策水平和质量。

为了完成决策支持的功能，DSS 必须依靠"四库"（数据库、模型库、知识库和方法库）作为其主要组成部分，并通过人机交互系统来实现辅助决策者进行决策的工作。一个 DSS 通常有以下几个主要组成部分。

（1）人机交互系统。人机交互系统是 DSS 连接用户和系统的桥梁，能在系统使用者、模型库、数据库、知识库和方法库之间传送、转换命令和数据。因此，该系统设计的好坏对整个 DSS 的成败有着举足轻重的意义。对使用者来说，需要一个良好的对话接口，对维护者来说则需要有一个方便的软件工作环境。可以说，人机交互系统是 DSS 的窗口，其功能的好坏标志着该系统的水平。

（2）数据库。数据和其内部所隐藏的信息是决策支持必不可少的重要依据。因此，数据库系统对于 DSS 来说是一个最基本的组成部分，它拥有支持决策所需的各种基本信息。一般情况下，任何一个 DSS 都不能缺少数据库系统。数据库系统一般由 DSS 数据库、数据库管理系统、数据字典、数据查询模块和数据析取模块组成。其中最主要的是数据库及其管理系统。

（3）模型库。模型库系统是传统 DSS 的三大支柱之一，是 DSS 最有特色的组成部分之一。与数据库相比，其优势主要在于能为决策者提供推理、比较选择和分析整个问题的相关模型，并且能体现决策者解决问题的途径和方法。随着决策者对问题认识程度的深化，模型也必然会随之发生相应的变化，即模型库系统能灵活地完成模型的存储和管理功能。因此，模型库及其相应的模型库管理系统在 DSS 中占有十分重要的位置。

（4）知识库。当 DSS 向智能方向发展时，知识和推理的研究才显得越来越重要。知识和推理技术的引入才使得 DSS 能够真正达到决策支持所提出的指标。现实世界中大量决策问题都要求 DSS 能够处理半结构化和非结构化问题。这类问题单纯用定量方法是无法解决的。为了使 DSS 能有效地处理这类问题，必须在 DSS 中建立一个知识库，用以存放问题的性质、求解的一般方法、限制条件、现实状态、相关规定、各种规则、因果关系、决策人员的经验等解决问题的相关知识，并建立知识库管理系统。此外，一个成功的 DSS 还应有能够综合利用知识库、数据库和对定量计算结果进行推理和问题求解的推理机，以实现决策和解决问题时的推理功能。

8.4.2　空间决策支持系统

空间决策支持系统（spatial decision support system，SDSS）是在常规决策支持系统和 GIS 相结合的基础上发展起来的新型信息系统。SDSS 是由空间决策支持、空间数据库等相互依存、相互作用的若干元素构成，并进行空间数据处理、分析和决策的有机整体，即具有地理空间数据管理、空间分析与模拟及决策分析能力的交互式计算机系统。

SDSS 是 GIS 与 DSS 有机结合的产物。它在传统 GIS 空间分析功能基础上添加了 DSS 的先进技术，从而使得 GIS 具有更强大的空间决策支持能力，GIS 空间分析技术与专业领域模型的有机结合使得传统的基于数据驱动的 DSS 逐步向基于模型、基于知识与规则的 SDSS 演变。相应的 SDSS 技术体系也由传统的两库结构（数据库+模型库）逐步向三库结构（数据库+模型库+知识库）、四库结构（数据库+模型库+知识库+方法库）转变。因此，可认为 SDSS 由以 GIS 为系统框架的数据库、模型库、方法库、知识库及其管理系统组成（图 8.2）。

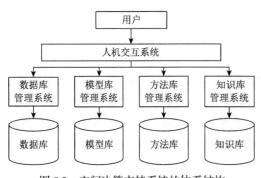

图 8.2　空间决策支持系统的体系结构

1. 数据库

数据库是 SDSS 的基础，任何功能的 SDSS 都是以数据作为其"原材料"进行系统加工，以得到决策的相关知识和模型。而这里所说的数据都更侧重于描述地理空间信息的空间数据，因此这里的数据库也主要指空间数据库。空间数据库突破了传统数据库主要以文字、数字信息等简单信息载体为分析和管理对象的模式，转而以存储和分析大量区域空间内具有复杂结构和特征信息的数据为主要功能。通常，空间数据库主要存储空间数据和属性数据。因此，SDSS 中的数据也可分为空间数据和属性数据两类。其中，空间数据描述空间实体的几何位置及实体间的空间关系，具有地理位置特征，其内部结构紧密，数据类型一致，内部关系非常复杂。属性数据用以描述实体的自然、社会特性，其相互关系较少，数据类型复杂，结构松散。

在 SDSS 数据库设计中，重要的是如何组织和管理空间数据并确保空间数据与属性数据的密切配合。

数据库中数据间的联系主要通过数据模型来实现。数据模型，就是表达实体和实体间的联系形式，是衡量数据库能力强弱的主要标志之一。数据库设计的核心问题就是设计一个合乎要求的数据模型，常用的数据模型有层次模型、网状模型、关系模型及面向对象模型等。选用何种模型，取决于问题的性质和所要表达的实体间联系的形式，不同模型之间并非完全独立，它们之间具有某种联系，可相互转换。对于空间数据库，除了数据模型的确定和转换，还必须根据数据库的功能，选择描述空间实体的数据结构类型，如矢量数据结构、栅格数据结构或两种数据结构类型的结合。在 SDSS 数据库设计中，重要的是如何组织和管理空间数据并确保空间数据与属性数据的密切配合。数据库管理系统的功能正是对数据进行常规管理和维护，以支持数据的查询和分析，及时准确地为系统提供所需信息，支持模型运算及统计分析，为知识库提供库元素，在决策推理中提供各种基本事实等。

空间数据库及其管理系统共同构成的空间数据库系统，主要负责空间数据及属性数据的存储、空间数据及其对应的属性数据之间的双向查询、辅助空间数据挖掘，同时对空间知识库系统提供支持。空间数据库系统与 SDSS 的关系如图 8.3 所示。

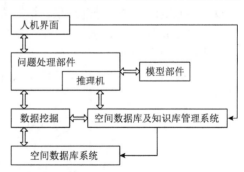

图 8.3　空间数据库系统与 SDSS 的关系

2. 模型库

模型是以某种形式对一个系统的本质属性的描述，以揭示系统的功能、行为及其变化规律。模型是客观世界的一个表征和体现，同时又是客观事物的抽象和概括。模型库是提供模型存储和表示模式的计算机系统。在这个系统中，还包含模型的存储模式，并可进行模型提取、访问、更新和合成等操作，这个软件系统可称为模型库管理系统。

对于 SDSS 来说，模型库是其核心。有人认为，是 GIS 中引入模型库和模型管理系统等概念才导致了 SDSS 的产生与发展，这足以证明模型库在 SDSS 中的地位。在模型库中，模型的作用主要表现在以下几方面。

（1）模型以专业研究为基础。模型的建立绝不是纯数学或技术问题，而取决于专业研究的深入程度。

（2）模型是综合利用大量数据的工具。对系统中存储的形式各异和来源不同的数据的分析、处理及运用，主要通过系统中模型的使用来实现。系统数据的使用效率，取决于模型的数量和质量。

（3）模型是系统解决问题的有力手段。因为模型是客观世界中解决各种实际问题所依赖的规律或过程的抽象或模拟，所以能有效地帮助人们从各因素之间找出其因果关系或内在联系，促进问题的解决。

（4）模型是系统进一步发展的基础。大量模型的发展和应用，集中和验证了应用领域中许多专家的经验和知识，将使 SDSS 智能化得到进一步发展。

根据模型的空间特征，可分为空间模型和应用模型两类。其中，空间模型主要对系统中各种属性数据进行运算，包括图形运算、空间检索、统计识别、网络分析、空间扩散计算等。应用模型是 SDSS 分析问题、解决问题的基础，通过建立和完善应用模型，不仅可规范空间辅助决策支持系统建设，而且可推进各种专业部门的信息共享。一般应用模型都是根据研究对象的不同而由用户自主开发，多具有可行性、空间性、多元性、智能性和可扩充性的特点。具体的应用模型可分解成模型体和模型描述两部分，其中模型体是模型的功能部分，如图 8.4 所示。模型体由空间数据、非空间数据、空间知识库、非空间知识库、空间算子、非空间算子、空间结果、非空间结果、决策知识库和决策结果组成。空间数据和非空间数据是空间算子和非空间算子的处理对象。空间知识库定义了包括地图投影、空间实体编码（如行政编码、邮政编码、国道编码）、空间运算逻辑与法则等信息。非空间知识库定义了各种专业背景的数据内容、计算规则和表示方法等，这些信息是空间算子工作时的"参谋"。空间算子和非空间算子构成模型功能的实际内容。空间算子包含了如空间量算、空间关系和空间分析等功能，非空间算子包含了文本挖掘、数据统计与分析等功能。空间结果和非空间结果分别是空间算子和非空间算子的处理结果，该结果往往表现为统计数字或逻辑关系。决策知识库定义了和各种专业背景相关的知识、决策结果的表示参数等，以空间结果和非空间结果为基础，结合决策知识库最终生成用户的决策结果。模型描述包括模型名称、模型编号、模型设计和实现人、模型功能介绍、模型的使用条件、适用范围、模型参数说明、模型评估与相关模型及方法等。

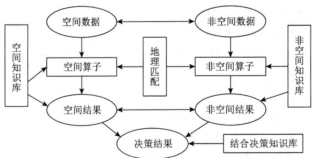

图 8.4　空间决策支持系统应用模型的组成

一般应用模型的建立过程如图 8.5 所示。建模目标，是指模型研究的目的。模型知识，是指通过对现象的试验与观察已有的相关或相同的构造经验和知识，根据 SDSS 的特点可分为空间知识和非空间知识。支持数据，是指通过对现象的观察而获取的空间信息和非空间信息，如矢量地图、数字高程模型数据、统计表等，由这三方面构成了建模过程的输入。模型构造，是指具体的建模技术的运用过程，是模型功能的具体内容。可行性分析与修正，是指分析所建立的模型是否能满足所有可能的研究目的，对满足的程度和正确性进行评估和模型改进。

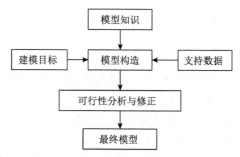

图 8.5　空间决策支持系统应用模型的建立过程

以模型库为基础建立起来的模型库管理系统可以快速简便地构造新模型。通过数据库将若干模型连接起来，构成合成模型；对模型进行分类和维护，方便地实现对模型的建立、修改、维护、连接和使用。

模型库系统（model base system，MBS）是模型库和模型库管理系统的总称。其主要功能是对模型进行分类和维护，支持模型的生成、存储、查询、运行和分析应用。模型库系统是开发、管理及应用数学模型的有力工具，它包含多种用于模型管理和生成的子系统。利用这些系统，可帮助研究人员完成模型的部分工作，提高空间决策支持的科学性和有效性。模型库系统主要包括模型的生成、模型运行及模型管理三个子系统。在模型的生成部分要调用模型方法库中的构造模型的连接方法模块，同时调用模型数据库中的数据字典。模型的运行是在方法库和模型数据库的支持下完成的。模型库系统的基本结构如图 8.6 所示。

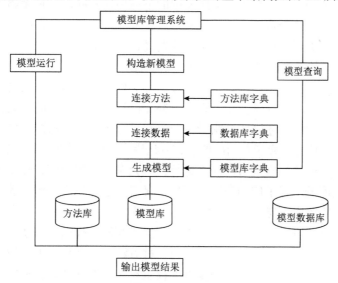

图 8.6　模型库系统的基本结构

模型库系统的基本功能包括以下几个方面的内容。

（1）建立新模型。用户利用系统建立新模型或输入新模型，并自动完成对新增模型的管理。

（2）模型连接。系统按照用户的需求自动将多个模型连接起来运行，同时检查模型之间数据的传输是否合理，若不合理，系统将提示用户不能进行模型连接。

（3）模型查询。系统提供了对库内模型的查询功能，用户通过模型查询，选用适当的模型。

（4）模型库字典及管理功能。系统建有模型库字典以存储关于模型的描述信息，并能完成对模型库字典的管理。当有新模型生成时，系统自动将新模型的有关信息存入字典，实现对新模型的管理。

（5）模型的生成。模型生成是模型运行系统的关键部分。系统可根据用户输入的模型名在模型库内查询出所需运行的模型及其有关信息，其中重要的信息是该模型所使用的方法和模型使用的数据库名称。系统根据这两项内容从方法库内调出该方法的运行程序，从模型数据库中调出该模型所使用的数据，经过连接后投入运行。

（6）模型运行。库内模型的运行与一般模型没有什么不同，唯一的区别在于某方法程序运行结束后，可自动连接模型方法链中下一个环节的方法，直到链内所有的方法运行完成后返回到运行系统模块的控制之下，所有这些步骤中间无须用户的干预。

3. 方法库

方法是指在自然科学领域中所采用的基本算法和过程，如数学方法、数理统计方法、经济数学方法等。从计算机角度看，方法是能完成预定功能的程序单位。方法作为程序单位，是完全模块化的。它与外界的信息交换只能通过接口进行。完全模块化的标志之一是，方法接口上有载荷状态报告的参数，指出方法是否被正常地执行了；如属非正常结束，则指出错误类型，这就显著地提高了可靠性。

方法库是方法的荟萃。它是方法的可扩充集合。方法库的前身是程序包或程序库。程序库面向具体领域的应用，针对性强，使用频繁，至今仍然不失为科技界使用计算机的法宝。但是，程序库有它的局限性。首先，程序库中的子程序被不同用户程序调用时，每一次都要进行编译、连接，信息冗余量很大。其次，修改程序库中的子程序，所有调用它的用户程序都要相应修改，重新编译连接，牵一动十，花费高，不灵活。最后，为了使用程序库，用户必须熟悉有关程序设计语言和数据管理的规则，这就限制了程序库的用户只能是应用程序员。若干年来，由于计算机应用的推广普及，大批非数据处理专业的用户涌向终端。许多先进的系统充分考虑了用户成分的这种变化，设计或补充设计了易学易用而功能又强的接口。用户接口是否喜闻乐见、通俗易懂已成了衡量一个应用系统质量优劣的标准之一。方法库就是在努力克服上述缺点中从程序库脱颖而出的。在方法库中，模块被统一管理，调用时动态连接，避免了代码的冗余。模块的修改可以孤立进行，不会牵动调用程序，减少了开销，提高了灵活性。同时，方法库既考虑了应用程序员用户，又考虑了非程序员用户的需要，增加了命令语言接口。从而，在经济性与可用性方面显示出明显的优点。

方法库实现模型与方法的分离存储，为模型生成和修改提供了方便，也提高了模型的运行效率。由于方法总是相对成熟和固定的，每一种方法又总是相对独立的，模型对方法来说是一种调用和被调用的关系，方法库为模型库提供算法上的支持。各种模型共享一类方法或一类模型共享多种方法，因此实现了软件资源共享。

目前，建立方法库系统的办法是将方法抽象为数据，利用数据库管理系统所具有的功能对方法库进行管理，如数据定义、数据存取、数据查找、并发控制、错误恢复、完全性限制等。方法库系统的结构由方法库、方法库管理系统、内部数据库和用户界面组成。

（1）方法库由方法程序库和方法字典组成。方法程序库是存储方法模块的工具，包括存储方法程序的源码库和目标码库，以及存放方法本身信息的方法、字典等。方法程序有排序算法、分类算法、最短路径法、计划评审技术、线性规划、整数规划、动态规划、各种统计算法、各种组合算法等。方法字典则用来对方法库中的程序进行登录和索引，描述方法信息

（名称、类型、使用范围等文字说明）和方法数据抽象（数据存取说明）。

（2）方法库管理系统是方法库系统的核心，是方法库的控制机构。

（3）内部数据库是方法库本身的一个数据，用于存放输入的数据及经过方法加工后的输出数据。

（4）用户界面包括系统管理员界面、程序员界面和终端用户界面。

4. 知识库

知识来源于客观世界的各种信息，但是它又区别于数据和信息。数据（数值、符号）通常只是事物的名称，单个数据本身不能说明什么；而信息通过数据之间的某种联系，揭示有意义的概念；知识则是经过提炼加工的信息，是一个或多个信息之间的关联，可用以揭示事物的规律性。知识多以产生式规则表示，以知识文件形式存储。知识具有真实性、相对性、不完全性、模糊性和可表示性的特点。知识可以分为 3 类，即过程型知识、描述型知识和元知识。

（1）过程型知识。传统的数据处理将知识寓于程序中，即程序就代表着系统解决问题所使用的知识。这种知识的表示类型称为过程型知识。过程型知识针对特定的问题，根据具体的处理步骤用一系列过程来表达，所以执行效率非常高，但它有以下缺点：①不易表示大量知识，且知识难以理解和修改；②只适合表达完全正确的知识，稍有含糊的知识就难以用程序表达；③只适合于处理完整、准确的数据。综上所述，过程型知识表示要求待处理的问题具有成熟的解法和完整、准确的数据，这大大地限制了它的适用范围，所以适用性较差。

（2）描述型知识。以描述的方式来表示的知识叫做描述型知识。描述型知识包含事实知识和判断知识，事实知识描述有关对象、事件，以及行为等特征；判断知识是指对事实的判断和判断的过程。前者为经验知识，是人类专家从长期丰富的实践经验中自然学到的知识。后者为信念知识，是人类基于主观理解和感情色彩对客观事件的解释和推理过程。描述型知识可以用数据结构来表示，使知识作为一种独立于程序的实体存在，把用于解决问题的知识与程序编制方面的知识有效地分开，描述型知识具有知识表示清晰明确、易于理解、可读性好等优点，同时知识之间联系简单，从而增加了知识的模块性，大大降低了修改和扩充知识的难度。但描述型知识表示在解决问题时要重复查找适用的知识，所以知识量越多处理效率就越低。不过它的适应性很好。在知识库中考虑知识的独立性、可维护性，以及知识库的通用性和适应性，采用描述型知识表示是适宜的。

（3）元知识。元知识就是关于知识的知识。具体点说，元知识可分为以下几类：第一类是有关怎样组织、管理知识的元知识，这些元知识刻画了知识的内容和结构的一般特性，以及分类、综合等有关特征。第二类是有关利用知识求解问题方向的元知识，对领域知识的运用起指导作用。第三类是有关从知识源中获取知识的知识。在这里知识源包括书本、人脑和其他知识系统。

当 SDSS 向智能方向发展时，知识和推理的研究就显得越来越重要。事实上，也只有当知识和推理技术被成功运用于 SDSS 时，才可能真正达到空间决策支持所提出的目标。因此，知识库系统是实现 SDSS 智能化的一个至关重要的环节。人们可以通过演绎推理、归纳推理、联想与类比、综合分析、预测、假设与验证等方式进行知识的推理，并组成知识库。知识库的概念，是数据库概念在知识处理领域的拓展和延伸。知识库的主要任务，还是存储大量的规划、专家经验、有关知识和因果关系等的知识，因此可将知识库定义为经过分类组织的"知识的一个集合"。一般来说，知识库主要包括事实库、规则库和约束库三部分。事实库存放求解问题的说明性知识、构成信息实体的事实等；规则库中的主要内容是特定领域的规则、定理、定律等过程性知识及说明模型库中各个模型的使用范围、方法及关系的规则信息；约束库主要是说明知识的使用范围和使用条件。

知识库的关键技术是知识的获取和解释、知识的表示、问题求解及知识库的管理和维护，知识的获取和解释是知识库建立的基础，目前，知识获取通常是由知识工程师与专家系统中的知识获取机构共同完成的。知识工程师负责从领域专家那里抽取知识，并用适当的模式把知识表示出来；而专家系统中的知识获取机构负责把知识转换为计算机可存储的内部形式，然后把它们存入知识库。常用的知识获取方式有人工移植、机器学习和机器感知三种。获取的知识只有在进行适当的表示时才能被加以应用。知识表示的好坏对知识处理的效率和应用范围影响很大，同时还将对知识获取产生直接的影响。知识的表示，就是在计算机中如何用最合适的形式对系统中所需的各种知识进行组织，它与问题的性质和推理控制策略有着密切关系。一般来说，任何一个给定的问题都有多种等价的表示方法，但它们可能产生完全不同的效果。恰当的表示方法使问题明确，并为内部推理提供方便，从而使问题变得容易求解。常用的知识表示法有：谓词逻辑、产生式规则、语义网络、框架、黑板模型、面向对象的表示及几种方法混合使用的表示法。问题求解过程实际上是运用知识进行推理的过程。推理是指依据一定的原则从已有的事实推出结论的过程。在知识库系统中，推理过程是对知识的选择和运用的过程，称为基于知识的推理。演绎推理和归纳推理是其基本方法和核心内容，知识库的管理和维护工作主要由知识库管理系统来完成。其主要功能是在决策过程中，通过人机交互作用，使系统能够模拟决策者的思维方法和思维过程，发挥专家的经验、推测和判断，从而使问题得到一个满意而又具有一定可信度的解答。

知识库和知识库管理系统共同构成知识库系统。在该系统中，知识库及推理机是主要功能模块。其中，知识库的功能是向问题处理部件提供所需的各种有用信息，把推理过程中得到的有用知识组织入库，同时调用模型部件中相关的推理模型进行推理。空间知识库还具备知识获取和知识库操作接口，以便于用户添加、修改知识及与其他 SDSS 部件协同工作，推理机的功能是综合利用知识库、数据库和定量计算结果进行推理和问题求解。知识库、推理机及工作存储器是知识库系统的主要组成要素。

5. 人机交互系统

人机交互系统是 SDSS 与用户之间的交互界面。用户通过该系统控制实际 SDSS 的运行，SDSS 既需要用户输入必要的信息和数据，又要向用户显示运行情况及最后结果。它主要有以下几个功能：①提供丰富多彩的显示和对话，对于 SDSS 要有显示空间数据的功能；②输入输出转换功能，系统对输入数据和信息要转换成能够理解和执行的内部表示形式，系统运行结束后应该把系统的结果按一定格式显示或打印给用户；③控制决策支持的有效运行，人机交互系统需要将模型系统、数据系统进行有机综合集成形成系统，并使系统有效运行。

SDSS 中，人机交互的模式主要有以下 3 种。

（1）菜单交互模式。在菜单交互模式中，用户使用输入装置，并选择一项完成一定功能的菜单。菜单以逻辑形式组织和显示，主菜单下面是子菜单；菜单项可包括显示在子菜单中的命令，或者菜单中其他项目及开发工具。当分析复杂情况时，可能需要用几个菜单来构造或使用系统。

（2）自然语言。类似于人与人对话的人机交互称为自然语言，目前自然语言对话主要通过键盘进行，有些对话今后将用声音进行输入输出。应用自然语言的主要限制是计算机不能理解自然语言，然而 AI 的不断发展正逐渐增强自然语言对话的功能。

（3）图形用户接口。在图形用户接口模式中，用户通常可直接操纵用图标（或符号）表示的对象，例如，用户可用鼠标或光标指向图标，然后移动、放大或显示有关细节。图形能以更清楚表达数据含义的方式表达信息，并且能让用户看到数据之间的关系，因此在数字和数据通信中，人们早已认识到了图表和图形的价值。计算机图形技术使用户在没有图形专家的帮助下，可以快速和经济地产生图形信息，还可以应用动画技术表示信息。

一个完备的人机交互系统由硬件和软件包组成，硬件会影响人机交互部件的功能、性能和可用性。硬件的选择要受到本单位客观条件的限制，这时硬件就成为建立人机交互的制约。对于批处理模式的 SDSS 来说，恰当的硬件包括输出设备（如打印机）及输入中介（如卡片，表格等）。对于交互作用式 SDSS 来说，恰当的硬件是终端及相关的输入设备（如激光笔、键盘、音频单元及输入板等）。研制 SDSS 软件的费用大多数用于开发和维护实现人机交互部分的软件。而软件包就是能够用于实现其他程序的一部分程序集合体。对于人机交互部分来讲，最有用的是支持所选硬件设备的输入和输出命令的软件包。

第 9 章　地理信息系统

GIS 是一个信息系统，与其他信息系统的区别是其处理的数据是经过地理编码的空间数据。它是在计算机软、硬件系统支持下，对整个或部分地表层空间中的有关地理分布数据进行采集、储存、管理、运算、分析、显示和描述的技术系统，是地理信息科学的核心内容之一。从技术和应用的角度看，GIS 是解决空间问题的工具、方法和技术；从功能上讲，GIS 具有空间数据的获取、存储、显示、编辑、处理、分析、输出和应用等功能；从系统学的角度来说，GIS 是具有一定结构和功能（获取、存储、编辑、处理、分析和显示地理数据）的完整系统。其研究内容包括 GIS 开发的计算机技术基础、高性能计算环境、地理信息处理算法、GIS 功能流程、组件开发技术、桌面 GIS、嵌入式 GIS 和网络 GIS 等系统架构。

9.1　地理信息系统概述

客观世界极其复杂，运用各种测量手段和工具获取有关客观世界的地理空间数据构建了现实世界的抽象化数字模型。GIS 是以地理空间数据为基础，在计算机软硬件的支持下，运用系统工程和信息科学的理论，科学管理和综合分析具有空间内涵的地理数据，以提供管理、决策等所需信息的技术系统。

1. 系统

英文中"系统"（system）一词来源于古代希腊文（systεmα），意为部分组成的整体。系统是由相互作用、相互依赖的若干组成部分结合而成的，具有特定功能的有机整体，而且这个有机整体又是它从属的更大系统的组成部分。可以定义为：

如果对象集 S 满足下列两个条件：一是 S 中至少包含两个不同元素；二是 S 中的元素按一定方式相互联系，则称 S 为一个系统，S 的元素为系统的组分。

这个定义指出了系统的三个特性：一是多元性，系统是多样性的统一、差异性的统一。二是相关性，系统不存在孤立元素组分，所有元素或组分间相互依存、相互作用、相互制约。三是整体性，系统是所有元素构成的复合统一整体。这个定义强调元素间的相互作用及系统对元素的整合作用。

2. 信息系统

信息系统（information system）是由计算机硬件、网络和通信设备、计算机软件、信息资源、信息用户和规章制度组成的以处理信息流为目的的人机一体化系统。信息系统的5个基本功能为：输入、存储、处理、输出和控制。

（1）输入功能：信息系统的输入功能取决于系统所要达到的目的及系统的能力和信息环境的许可。

（2）存储功能：存储功能指的是系统存储各种信息资料和数据的能力。

（3）处理功能：数据处理工具，基于数据仓库技术的联机分析处理（online analytical processing，OLAP）和数据挖掘（data mining，DM）技术。

（4）输出功能：信息系统的各种功能都是为了保证最终实现最佳的输出功能。

（5）控制功能：对构成系统的各种信息处理设备进行控制和管理，对整个信息加工、处理、传输、输出等环节通过各种程序进行控制。

从信息系统的发展和系统特点来看，可分为数据处理系统（data processing system，DPS）、管理信息系统（management information system，MIS）、决策支持系统（decision sustainment system，DSS）、专家系统（expert system，ES）和办公自动化（office automation，OA）等 5种类型。

3. 地理信息系统

GIS 是以地理空间数据为基础，采用地理模型分析方法，适时提供多种空间的和动态的地理信息，为地理研究和地理决策服务的计算机技术系统，它支持进行空间地理数据管理，并由计算机程序模拟常规的或专门的地理分析方法，作用于空间数据，产生有用信息，完成人类难以完成的任务。

GIS 技术依托的主要平台是计算机及其相关设备。GIS 结构分物理结构与逻辑结构两种，物理结构是指不考虑系统各部分的实际工作与功能结构，只抽象地考察其硬件系统的空间分布情况；逻辑结构是指信息系统各种功能子系统的综合体。

1）地理信息系统的计算环境

GIS 的计算环境，是指建立在计算机硬件设备及各种智能设备之上，透过开放的网络环境，通过对各种设备、软件等系统的集成和综合调度，在执行一系列技术规范和标准，遵循系统安全和信息安全的前提下，为 GIS 的开发与应用提供强大、高效、安全、规范、透明的一体化服务环境，实现资源共享和协作。

计算环境中的硬件设备主要包括各种类型的计算机、存储设备、网络设备、外部设备、智能设备等。各种设备在基础支持环境和计算机网络中互联互通，从而构成 GIS 功能的硬件实现，如图 9.1 所示。

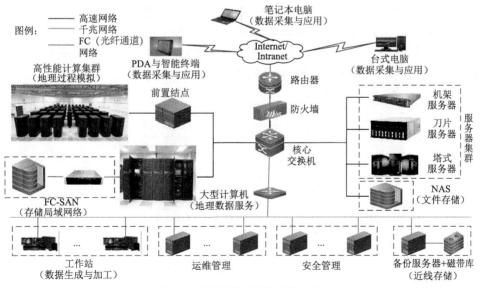

图 9.1　计算环境的网络结构示例

按照 GIS 的计算环境在空间上的拓扑结构，其物理结构一般分为集中式与分布式两大类。集中式结构是指物理资源在空间上集中配置。早期的单机系统是最典型的集中式结构，它将软件、数据与主要外部设备集中在一套计算机系统之中。由分布在不同地点的多个用户通过终端共享资源的多用户系统，也属于集中式结构。集中式结构的优点是资源集中，便于管理，资源利用率较高。但是随着系统规模的扩大，以及系统的日趋复杂，集中式结构的维护与管理越来越困难，也不利于用户在信息系统建设过程中发挥积极性与主动性。此外，资源过于集中会造成系统的脆弱性，一旦主机出现故障，就会使整个系统瘫痪。目前在信息系统建设中，一般很少使用集中式结构。

随着数据库技术与网络技术的发展，分布式结构的信息系统开始产生，分布式系统是指通过计算机网络把不同地点的计算机硬件、软件、数据等资源联系在一起，实现不同地点的资源共享。各地的计算机系统既可以在网络系统的统一管理下工作，也可以脱离网络环境利用本地资源独立运作。由于分布式结构适应了现代管理发展的趋势，即部门组织结构朝着扁平化、网络化方向发展，分布式结构已经成为信息系统的主流模式。它的主要特征是：可以根据应用需求来配置资源，提高信息系统对用户需求与外部环境变化的应变能力，系统扩展方便，安全性好，某个结点所出现的故障不会导致整个系统停止运作。然而由于资源分散，且又分属于各个子系统，系统管理的标准不易统一，协调困难，不利于对整个资源的规划与管理。

分布式结构又可分为一般分布式与客户机/服务器模式。一般分布式系统中的服务器只提供软件与数据的文件服务，各计算机系统根据规定的权限存取服务器上的数据文件与程序文件。客户机/服务器结构中，网络上的计算机分为客户机与服务器两大类。服务器包括文件服务器、数据库服务器、打印服务器等；网络结点上的其他计算机系统则称为客户机。用户通过客户机向服务器提出服务请求，服务器根据请求向用户提供经过加工的信息。

2）地理信息系统的软件结构

GIS 的软件结构是其功能综合体和概念性框架。由于 GIS 种类繁多，规模不一，功能上存在较大差异，其逻辑结构也不尽相同。一个完整的 GIS 支持组织的各种功能子系统，使得每个子系统可以完成事务处理、操作管理、管理控制与战略规划等各个层次的功能。在每个子系统中可以有自己的专用文件，同时可以共用系统数据库中的数据，通过接口文件实现子系统之间的联系。与之相类似，每个子系统有各自的专用程序，也可以调用服务于各种功能的公共程序，以及系统模型库中的模型。其逻辑结构如图 9.2 所示。

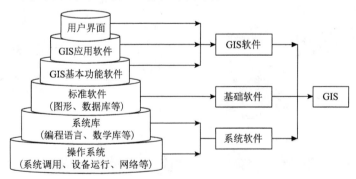

图 9.2　地理信息系统逻辑结构

GIS 运行时所必需的各种程序包括：①计算机系统软件，如操作系统、数据库系统、办公软件等；②GIS 软件及其支撑软件，包括 GIS 工具或 GIS 实用软件程序，以完成空间数据的输入、存储、转换、输出及其用户接口功能等；③应用程序。这是根据专题分析模型编制的特定应用任务的程序，是 GIS 功能的扩充和延伸。

　　随着地理信息技术的发展，GIS 的应用范围已经逐渐从工程应用转向行业和社会化应用，而地理信息技术与网络技术的结合推动 GIS 应用扩展到了各个应用领域和广泛的地理区域。因为长期以来 GIS 在决策支持、信息交流、资源管理与评估、提高工作效率、节约资源等方面凸显的巨大优势，越来越多的组织开始使用 GIS 实现其业务中与地理位置相关的信息处理和决策分析，所以对地理信息的开放式访问的需求越来越大，用户的要求也越来越复杂。

　　3）地理信息系统的数据架构

　　地理空间数据是 GIS 的重要组成部分，也是 GIS 系统的灵魂和生命，是系统分析加工的对象，是 GIS 表达现实世界并经过抽象的实质性内容。GIS 支撑下的部门单位业务应用运作状况，是通过地理数据反映出来的，地理数据是 GIS 管理的重要资源。构建 GIS 架构时，首先要考虑地理数据架构对当前业务应用的支持，理想的 GIS 架构规划逻辑是数据驱动的。数据架构（data architecture）是 GIS 架构的核心，有 3 个目的：一是分析地理信息产生机理的本质，为未来地理信息应用系统的确定及分析不同应用系统间的集成关系提供依据；二是通过分析地理数据与应用业务数据之间的关系，分析应用系统间的集成关系；三是空间数据管理的需要，明确基础地理数据，这些数据是应用系统实施人员或管理人员应该重点关注的，要时时考虑保证这些数据的一致性、完整性与准确性。

　　地理空间数据一般包括 3 个方面的内容：空间位置数据、属性数据及地理实体之间的空间拓扑关系。通常，它们以一定的逻辑结构存放在地理空间数据库中。由于地理空间数据来源比较复杂，研究对象不同，范围、类型多样，可采用不同的空间数据结构和编码方法，目的就是更好地管理和分析空间数据，数据组织和处理是 GIS 系统建设中的关键环节。

　　GIS 数据架构包括地理数据类型、数据模型和数据储存 3 个方面。数据模型包括概念模型、逻辑模型、物理模型，以及更细化的数据标准。地理空间数据模型如图 9.3 所示。

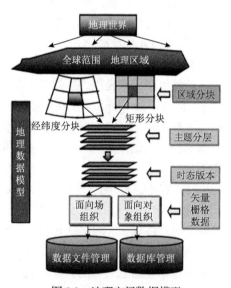

图 9.3　地理空间数据模型

　　良好的数据模型可以反映业务模式的本质，确保数据架构为业务需求提供全面、一致、完整的高质量数据，且为划分应用系统边界、明确数据引用关系、应用系统间的集成接口，提供分析依据。良好的数据建模与数据标准的制定才是实现数据共享，保证一致性、完整性与准确性的基础，有了这一基础，企事业单位才能通过信息系统应用逐步深入，最终实现基于数据的管理决策。

4. 地理信息系统分类

　　根据应用方式，GIS 可分为两大基本类型：通用型 GIS 和应用型 GIS。运用各种技术和方法设计 GIS 软件，称为 GIS 开发。按开发技术，GIS 分成 5 类。

　　（1）基础地理信息系统软件（GIS platform）。被誉为地理信息行业的操作系统，指具有数据输入、编辑、结构化存储、处理、查询分析、输出、二次开发、数据交换等全套功能的 GIS 软件产品，如 MapInfo、ArcInfo 等，解决大多数用户的共性问题，能够管理资源的空间数据和属性数据，进行通用型的问题分析，又称通用型 GIS。同时提供其他系统调用或用户进行二次开发的工具，也就是 GIS 工具软件（GIS developing toolkit）。它独立性强、规模大、功能全、费用高，是自 GIS 出现以来的主流产品，分为两类产品：大型系统，具有复杂的数据结构、完善的功能体系；桌面系统，为便于用户使用及与其他系统的结合，提取常用的 GIS 功能，采用简单的数据结构，实现了输入、存储、查询、简单的分析和输出的完整流程。

（2）专业 GIS（professional GIS）。针对某一专业领域和业务部门的工作流程而开发的独立的 GIS 运行系统，旨在利用 GIS 工具有针对性地解决具体的问题，又称应用型 GIS。它符合专业领域或业务部门的工作流程，针对性强，是 GIS 产品向专业化发展的产物，对扩大 GIS 产品影响力具有重要作用。专业 GIS 开发有两种途径：一是自主独立开发针对某一领域或用途的专业 GIS 软件；二是在工具型 GIS 软件基础上，进一步扩展为专门用户解决特定专业问题而设计的软件，如地籍信息系统软件、规划信息系统软件、矿产预测 GIS 软件等。

（3）GIS 开发工具（GIS developing toolkit）。具有基本 GIS 功能，以嵌入方式或通信方式，可供计算机系统开发工具（各种高级程序设计语言）进行用户化开发的 GIS 产品。随着 GIS 应用领域的扩展，专业型 GIS 的开发工作日显重要，GIS 的集成二次开发目前主要有两种方式：一种是 OLE/DDE 方式，采用 OLE 或 DDE 技术，用软件开发工具开发前台可执行的应用程序，以 OLE 自动化方式或 DDE 方式启动 GIS 工具软件在后台执行，利用回调技术动态获取其返回信息，实现应用程序中的地理信息处理功能。另一种是 GIS 控件方式，利用 GIS 工具软件生产厂家提供的建立在 OCX 技术基础上的 GIS 功能控件，如 ESRI 的 Map Objects、MapInfo 公司的 MapX 等，在 Delphi 等编程工具编制的应用程序中，直接将 GIS 功能嵌入其中，实现 GIS 的各种功能。采用 GIS 构件在开发上有许多优势，但是也存在一些功能上的欠缺和技术上的不成熟，如效率相对降低、支持的数据量减少、只覆盖了 GIS 软件的部分功能等。

（4）WebGIS。随着网络和 Internet 技术的发展，运行于 Internet 或 Intranet 环境下的 GIS，其目标是实现地理信息的分布式存储和信息共享，以及远程空间导航等。目前仅限于地理信息的分布式存储、空间信息的发布、地址查询和 Internet 环境中的地图显示，是当前 GIS 领域中最新的热点领域。独立运行的 WebGIS 产品系统具有通过 Internet 或 Intranet 远程调用、传输和发布地理信息的功能。嵌入式运行的 WebGIS 产品是嵌入 Web 浏览器中运行的 GIS 软件系统，包括服务器 WebGIS 软件组件、浏览器 WebGIS 组件等。以 GIS 软件为服务器的 WebGIS 是实现 WebGIS 的一种变通方式。Web 浏览器发出 GIS 数据或分析的请求，交由作为服务器的 GIS 软件处理，并将结果返回给浏览器。

（5）嵌入式 GIS。嵌入式 GIS（embedded GIS）是集成 GIS 功能的嵌入式系统产品，是 GIS 走向大众化、服务于大众的一种应用。同时它也是导航、定位、地图查询和空间数据管理的一种理想解决方案。

9.2　基础地理信息系统

基础 GIS，又称工具型 GIS，由于运行在桌面操作系统（图形界面操作系统）基础之上，又称桌面 GIS。何谓桌面 GIS？GIS 界目前还没有一个完全一致的定义。一般认为就是运行于桌面计算机（图形工作站及微型计算机的统称）上的 GIS。但也有人认为，桌面 GIS 是不以专门的地理信息工程为目标，而通过地图界面查询各种信息并融合常用地理分析技术的信息系统，也可理解为是运行于较低硬件性能指标上的较为大众化、普及化的 GIS。桌面 GIS 是地理信息系统走向普及和社会化的标志，其技术水平也反映了 GIS 技术的应用水平和普及化程度。

工具型 GIS 具有 GIS 基本功能，供其他系统调用或用户进行二次开发。工具型 GIS 软件有很多，如 MapInfo、ArcGIS Desktop 等。

9.2.1　基础地理信息系统特点

桌面 GIS 的主要特点如下。

（1）运行平台以 Windows 为主。当今 PC 世界，Windows 独领风骚，在全球拥有超过千万级的用户，霸主地位一时难以动摇。基于这种情况，桌面 GIS 多选择用户熟悉的 Windows 为平台，简单易学，与其他桌面应用如办公自动化软件及中小型数据库（多在 Windows 下）的结合也显自然和简捷。而其他如 DOS、UNIX、Linux 等操作系统的桌面 GIS 软件，其用户接受度较低。在外观和操作风格上，桌面 GIS 明显打上了 Windows 的烙印。

（2）空间数据管理与处理能力参差不齐。当前，桌面 GIS 多采用关系数据库管理系统（RDBMS）来管理属性数据，但空间数据可以文件系统和 RDBMS 进行存储和管理。一般的桌面 GIS 都应有一些简单的地理分析功能（包括空间分析）来满足桌面用户的需求，但在功能上各软件之间相差很大。

（3）具有单层系统特征。桌面 GIS 的各个组成部分，包括数据和用户界面，把这种在单个处理空间中运行的一体化应用程序称为单层系统。单层 GIS 的明显缺点是应用程序无法实现在用户间数据共享。

（4）具备二次开发功能。各 GIS 厂商的桌面 GIS 都具备专门的开发工具进行二次开发（MapInfo 的 MapBasic、ArcGIS 的 ArcGIS Engine 等），通过它们可以灵活定制用户需要的各类 GIS 应用。

9.2.2　基础地理信息系统架构

组件技术是解决传统桌面 GIS 可扩展性差、速度慢、成本高、难以与其他信息管理系统无缝集成等问题的有效工具，也成为当前桌面 GIS 设计与开发的主流。从软件的角度来看，一个组件可以有不同的大小，从一个基本的 C++类，到一个能独立完成特定功能的应用组件，并且它们可以分属不同的功能层次。基于 COM/DCOM 机制，分层的 GIS 对象组件模型可如图 9.4 所示。

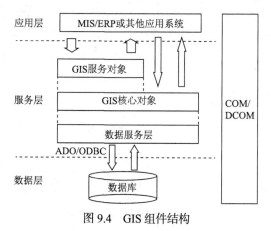

图 9.4　GIS 组件结构

图 9.4 中，整个桌面 GIS 系统结构被划分为 3 个层次。最上层是应用层，由使用 GIS 组

件服务的一些信息管理系统（MIS）、企业资源计划（enterprise resource planning，ERP）或其他应用系统构成，这些系统将通过组件提供的接口来使用 GIS 服务。最下层是数据层，由保存 GIS 空间数据的关系型数据库管理系统构成。服务层将通过 ActiveX 数据对象（ActiveX data objects，ADO）或开放数据互连（open database connectivity，ODBC）等来与数据管理系统进行交互。服务层又划分为 GIS 服务对象层、GIS 核心对象层和数据服务层 3 个层次。

（1）GIS 服务对象层：利用核心对象层提供的服务，向更高层提供各种 GIS 功能服务，包括地理数据空间分析与辅助决策服务、地图输出服务等。

（2）GIS 核心对象层：提供基础 GIS 服务功能，包括 GIS 图形编辑功能，地理数据检索与访问服务、实体库管理、空间与属性数据查询、地理数据管理服务等。

（3）数据服务层：负责管理组件内部与所有数据库访问相关的操作，使高层对象模型建立在相同的 GIS 核心对象模型上。通过对系统功能层次的明确划分，提高组件系统的通用性和可移植性。

9.2.3　系统模块设计

桌面 GIS 具备地理数据获取与处理、地理数据存储与管理、地理数据查询与分析、地理数据显示与制图等功能。此外，桌面 GIS 多具备定制功能，可提供宏语言或开发工具包进行二次开发，帮助用户快速建立 GIS 应用系统。

1. 模块功能设计

基于桌面 GIS 系统的功能，构成桌面 GIS 的功能模块可分为：空间数据存储与管理模块、空间数据编辑与处理模块、空间数据可视化与制图模块、空间数据查询与分析模块及二次开发工具包，如图 9.5 所示。

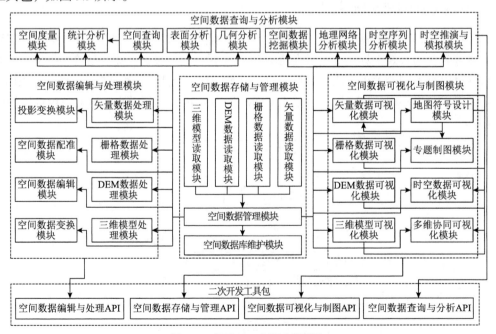

图 9.5　桌面 GIS 主要功能模块

（1）空间数据存储与管理模块。基于本地文件数据或空间数据库的接口，该模块将实现对空间数据的动态接入与输出，并基于一个统一的空间数据模型对输入数据进行组织、管理与维护。空间数据存储与管理模块也是桌面 GIS 的基础模块，其他模块的实现需要本模块提供功能支持。

（2）空间数据编辑与处理模块。通过对系统数据的调用，该模块可服务于空间数据的投影变换、数据编辑、数据配准、数据变换处理等。

（3）空间数据可视化与制图与模块。该模块将提供专业的制图模块功能，实现数据符号的设置，并通过交互式浏览实现矢量数据、栅格数据、地形数据、三维模型等的快速可视化，多源、多维数据的协同可视化及多时相数据的时间序列可视化等。

（4）空间数据查询与分析模块。该模块可实现对空间数据的查询及空间度量、统计分析、表面分析、几何分析、地理网络分析等，服务于空间数据的智能决策。

（5）二次开发工具包。基于上述 4 个模块，进行抽象与封装形成的二次开发工具包，可辅助用户快速开发独立的应用系统。

2. 模块间接口设计

组件接口在整个桌面 GIS 中起决定性作用，接口设计是否合理，直接影响组件的复用性，影响整个系统的性能与升级。在接口设计时，应首先考虑接口的通用性，以提高系统的可重用性。在设计时，也应在简单和实用方面进行考虑。组件的内部实现细节不应反映到接口中，接口同内部实现细节的隔离程度越高，组件或应用系统发生变化对接口的影响就越小。在设计组件接口时，还要尽量估计到将来可能出现的各种情况，力争设计出具有高复用性、适应性和灵活性的接口。

桌面 GIS 接口设计将包含 3 部分：用户接口、外部接口和内部接口。其中，用户接口主要用于说明本系统和用户之间进行交互和信息交换的媒介；外部接口主要用于说明本系统同其他系统间的接口关系；内部接口主要用于说明系统内部各模块间的接口关系。

1）用户接口

当前桌面 GIS 操作方式以可视化界面为主，基于命令控制语句进行输入控制已经较为少见，即用户与桌面 GIS 间交互主要通过窗体、控件、对话框等可视化元素，用户只需要使用鼠标、键盘等即可完成桌面 GIS 的操作。基于系统输入输出，用户界面接口功能如表 9.1 所示。

表 9.1　用户界面接口功能列表

序号	输入信息	界面操作	输出
1	数据接入	数据接入按钮	数据接入对话框
2	数据输出	数据输出按钮	数据输出对话框
3	制图与可视化	制图与可视化按钮	空间场景或专题制图窗口
4	空间场景漫游	空间数据可视化按钮	空间场景的放大、缩小、浏览等
5	数据编辑	空间数据编辑按钮	数据属性编辑或几何编辑
6	空间分析	空间分析按钮	空间分析对话框

2）外部接口

桌面 GIS 与外部系统间的接口主要存在于桌面 GIS 与空间数据库系统之间。此接口属于相互调用关系。基于该接口，桌面 GIS 可实现对空间数据的请求、解析与处理，完成空间数据的加载，也可将编辑处理后的空间数据发送到空间数据系统，实现数据的保存。

3）内部接口

桌面 GIS 各模块间的内部接口关系如图 9.6 所示。

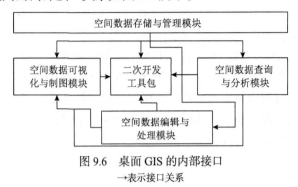

图 9.6 桌面 GIS 的内部接口

→表示接口关系

空间数据存储与管理模块→空间数据可视化与制图模块。该接口将空间数据存储与管理模块载入的数据传递至空间数据可视化与制图模块，实现地理空间数据的可视化与制图。

空间数据存储与管理模块→空间数据查询与分析模块。该接口将空间数据存储与管理模块载入的数据传递至空间数据查询与分析模块，实现数据的查询与智能分析。

空间数据存储与管理模块→空间数据编辑与处理模块。该接口将空间数据存储与管理模块载入的数据传递至空间数据编辑与处理模块，实现空间数据的几何与属性编辑。

空间数据存储与管理模块→二次开发工具包。该接口将空间数据存储与管理模块的函数进行封装，以 API 接口的形式集成于二次开发工具包中，辅助应用系统的开发。

空间数据可视化与制图模块→二次开发工具包。该接口将空间数据可视化与制图模块的函数进行封装，以 API 接口的形式集成于二次开发工具包中，辅助应用系统的开发。

空间数据查询与分析模块→二次开发工具包。该接口将空间数据查询与分析模块的函数进行封装，以 API 接口的形式集成于二次开发工具包中，辅助应用系统的开发。

空间数据编辑与处理模块→二次开发工具包。该接口将空间数据编辑与处理函数进行封装，以 API 接口的形式集成于二次开发工具包中，辅助应用系统的开发。

空间数据查询与分析模块→空间数据可视化与制图模块。该接口基于空间数据可视化与制图模块实现数据查询与分析过程、结果的可视化表达。

空间数据编辑与处理模块→空间数据可视化与制图模块。该接口基于空间数据可视化与制图模块实现数据编辑过程、结果的可视化表达。

9.3 网络地理信息系统

计算机网络是计算机技术与通信技术相结合的产物，它将分布在不同地理位置、功能独立的多个计算机系统、网络设备和其他信息系统互联起来。网络促成了人类通信与交流方式的一次重大革命，改变了与之有交集的所有领域。网络与 GIS 相互深度整合应用改变了地理信息的获取、传输、发布、共享和应用的方式。在网络技术和分布式计算技术的大力推动下，网络 GIS 的体系结构不断演化，已成为地理信息领域最具活力的发展方向。网络 GIS 给 GIS 带来的改变是全方位的。在用户数量上，网络 GIS 的用户数量与基于单机的 GIS 的用户数量相比极大地增多；在使用方法上，网络 GIS 的用户不必关注服务器端的实现细节，也不必关注数据的组织方式，只需专注客户端程序实现所需的功能，从而大大降低了用户的使用门槛；在应用方式上，网络 GIS 是多个用户基于同一个系统对同一套数据进行共享和操作，网络 GIS 与专业业务深度整合，实现了协同办公；在更新方式和时效性上，可以将最新的数据和最新的功能通过网络发送到客户端，提高 GIS 服务的时效性。

9.3.1　网络 GIS 概述

网络 GIS 由多主机、多数据库与多台终端，通过 Internet/Intranet 连接而组成。网络 GIS 是利用网络技术扩展和完善 GIS 的一项新技术。它是网络技术应用于 GIS 开发的产物，是一种基于网络的 OpenGIS。网络 GIS，通俗地讲就是以网络为平台的 GIS。具体地讲，"以网络为平台"包括两层含义：首先是以网络作为 GIS 的实现平台，具有 GIS 所共有的数据采集、管理、分析、处理、输出等功能；其次是以网络作为 GIS 的应用平台，本质上它是一个基于网络的分布式空间信息管理与服务系统，能实现空间数据管理、分布式协同作业、网上发布、地理信息应用服务等多种功能。网络 GIS 在结构上属于分布式 GIS 模型，通过 Internet/WWW 机制可有效实现分布式地理信息处理。网络 GIS 开拓了 GIS 资源利用的新领域，为 GIS 信息的高度社会化共享提供了可能，为 GIS 信息的提供者和使用者提供了有效途径，为 GIS 的发展提供了新的机遇。

1. 网络 GIS 定义

网络 GIS 有广义和狭义之分。狭义网络 GIS 是基于一定时期内特定形式的计算机网络和分布式对象技术的融合所形成的 GIS 系统。不同网络 GIS 因其网络结构和分布式对象技术的不同而在体系结构、数据存储和访问方法、数据组织与存储策略等方面存在较大差异。狭义网络 GIS 实际上代表了 GIS 在不同应用环境下的重要特征，不同模式有不同的特点和适用场合，从目前来看，它们的地位是平等的，不是简单的更替关系。广义网络 GIS 是新技术新方法对已有技术的弥补，多种技术互相融合、互为利用。我们所探讨的广义网络 GIS 不仅是所有狭义网络 GIS 的统称，同时也代表了不同狭义网络 GIS 结合时的产物。在一个技术方法繁多、数据共享需求多样的企业里，GIS 并非都是狭义网络 GIS，更多的是几种不同狭义网络 GIS 的结合，即同时使用几种网络结构和不同的分布式对象技术。

2. 网络 GIS 特点

网络 GIS 主要有以下几个特点。

（1）地理数据网络采集与更新。通过网络 GIS 可以提高数据采集和更新的实时性和效率。例如，用户基于 Web 浏览器或特定的瘦客户端（如 Google Earth）可以进行在线标注，实现信息的添加、更新和发布，或者采用 PDA+GPS+在线地图服务的方式进行野外数据采集（实际上大多数智能手机已经具备这样的功能），还可以通过物联网+GPS 的方式实现位置信息和属性信息的同步采集。在数据采集与更新方面，网络 GIS 带来的不仅是技术上的进步，更催生了一种新的地理数据采集和更新的模式。

（2）地理数据分布式管理。网络 GIS 的分布式地理数据管理包括两层含义：一是指地理数据可以通过分布在网络上不同节点的数据库进行管理，用户不必关心数据的存储位置和状态；二是指互联网上存在大量具有空间分布特性的信息，基于网络 GIS 平台可以将这些信息准确地定位在空间位置上，而零散的信息能够在同一时空基准上实现集成和管理。

（3）在线数据服务。网络 GIS 能够提供的在线数据服务包括数据网络分发（下载）服务、静态图像显示服务、动态地图显示服务、元数据服务、地理数据查询服务等。常用的数据服务形式主要包括网络地图服务（Web map service，WMS）、网络覆盖服务（Web coverage service，WCS）、网络要素服务（Web feature service，WFS）等。

（4）在线处理服务。地理信息处理服务是指能够对空间数据进行某些操作并提供增值服务的基本应用，可以理解为桌面 GIS 中的某些功能组件在网络环境下的服务化封装，一个处理服务通常包括一个或多个输入，对数据进行相应处理后进行输出。处理服务的内容可以涵盖一个完整的 GIS 系统所应当具备的所有功能，如数据预处理、数据查询、空间分析、打印输出等。用户可以单独使用一个处理服务，也可以通过设定服务链或工作流的方法对多个处理服务和数据服务进行组合，建立松散耦合的关联模式，解决粒度更大的问题。

3. 网络 GIS 基本特征

尽管在狭义网络 GIS 的体系下，每一种网络 GIS 形态都具有不同的特征，但是从广义网络的角度，与传统的桌面 GIS 相比，不同类型的网络 GIS 具有一些共性特征。这些特征主要表现在以下几个方面。

（1）多层架构的开放系统。无论是 C/S 结构的两层体系，还是 B/S 结构的三层或四层体系，以及面向服务的多层体系，网络 GIS 打破了桌面 GIS 的紧耦合状态，能够通过 Java、CORBA、DCOM 等技术跨平台协作运行，也能够通过对象管理、中间件、插件及服务发现与组合等技术手段与非 GIS 系统集成，既提高了 GIS 软件本身的稳定性和扩展能力，也增强了 GIS 的行业应用能力。

（2）数据网络化特征。与桌面 GIS 中数据集中管理的方式不同，网络 GIS 的数据可以来自网络上的各个节点，并服务于网络上的每一个用户。数据的网络化体现在 GIS 的数据模型、数据组织、存储模式及应用模式的网络化。ESRI 公司的 GeoDatabase 数据模型是典型的网络化 GIS 数据模型，它在面向对象、知识与规则表达方面所表现出来的优势是诸多传统 GIS 数据模型无法比拟的；Oracle 公司利用其 SDO 的数据模型和组织方式实现了 Oracle 数据库对空间数据的无缝存储；ESRI 公司的 ArcSDE 利用连续的数据模型策略实现了海量的关系数据库管理；Google 公司利用 BigTable 和 MapReduce 技术实现了基于文件系统的数据存储和管理。对用户而言，可以在客户端将来自网络上的数据服务与来自本地的数据文件组合在一起完成自己的工作，这些都充分表明了数据网络化的特征。

（3）应用网络化特征。不同用户对于 GIS 具有不同的应用需求，特别是对一个企业级应用来说，单纯的一个 GIS 软件或系统有时很难满足用户的全部使用要求。网络 GIS 的用户可以将任务分解为多个子任务，并进一步分解为 GIS 软件可以理解和执行的操作，由多人在多个节点上应用多个不同的软件系统分别完成，再按照约定的消息传递机制和标准对结果进行集成，从而完成整个操作。这种协同工作的模式和能力是传统的桌面 GIS 所不具备的。

（4）支持多用户和广泛的访问。就用户数量而言，网络 GIS 的用户数量与传统桌面 GIS 相比是数量级上的增长，网络 GIS 的出现使 GIS 真正进入大众化和普适化的时代。就访问范围而言，网络 GIS 的用户可以同时访问多个位于不同位置的服务器上的最新数据，并使用来自多个节点的地理信息处理服务进行加工处理。

（5）提高信息共享能力。由于采用数据与应用分离的策略，网络 GIS 对地理信息的更新、管理和维护能力得到显著提高，并且无论是哪种结构的网络 GIS，由于采用了通用的网络通信协议，用户都可以通过浏览器或客户端实现对网络数据的透明访问，极大地提高了信息共享能力。

（6）建设和使用成本降低。传统的桌面 GIS 在每个客户端都要配备昂贵的专业 GIS 软件，而用户使用的通常只是一些最基本的功能，这实际上造成了极大的浪费。网络 GIS 在客户端通常只需要使用 Web 浏览器（有时还要加一些插件），其软件成本与全套专业 GIS 相比明显要节省得多，维护费用也大大降低。从用户使用的角度来说，基于通用 Web 浏览器的操作显然比专业 GIS 软件要简单得多，操作复杂度的降低进一步降低了网络 GIS 的使用成本。

9.3.2　网络软件体系结构

网络软件体系结构的设计是整个软件开发过程中关键的一步。对于当今世界上庞大而复杂的系统来说，没有一个合适的体系结构而要有一个成功的软件设计几乎是不可想象的。不同类型的系统需要不同的体系结构，甚至一个系统的不同子系统也需要不同的体系结构。体系结构的选择往往会成为一个系统设计成败的关键。体系结构问题包括总体组织和全局控制、通信协议、同步、数据存取，给设计元素分配特定功能，设计元素的组织、规模和性能，在各设计方案间进行选择等。网络 GIS 架构同样为 GIS 提供了一个结构、行为和属性的高级抽象，由构成系统的元素的描述、这些元素的相互作用、指导元素集成的模式及这些模式的约束组成。

网络软件体系结构是具有一定形式的结构化元素，即构件的集合，包括处理构件、数据构件和连接构件。处理构件负责对数据进行加工，数据构件是被加工的信息，连接构件把体系结构的不同部分组合连接起来。传统软件系统体系结构充分利用两端硬件环境的优势，但对于大型软件系统而言，这种结构在系统的部署和扩展性方面还是存在着不足。面向服务架构（service-oriented architecture，SOA）是组件技术和网络技术结合的结果，指为了解决在网络环境下业务集成的需要，通过连接能完成特定任务的独立功能实体实现的一种软件系统架构，是在 Web Service 的基础上发展起来的一种软件设计与开发的理念和思想。

1. 传统网络软件体系结构

20 世纪 80 年代中期出现了客户机/服务器（Client/Server，C/S）分布式计算结构，应用程序的处理在客户（Client）和服务器（Mainframe 或 Server）之间分担。C/S 结构因为其灵活性得到了极其广泛的应用，Internet 的发展给传统应用软件的开发带来了深刻的影响。基于 Internet 和 Web 的软件及应用系统无疑需要更为开放和灵活的体系结构。随着越来越多的商业系统被搬上 Internet，一种新的、更具生命力的体系结构被广泛采用。

1）C/S 网络架构

客户机/服务器（C/S）网络架构是一种比较早的软件架构，主要应用于局域网内。在这之前经历了集中计算模式，随着计算机网络的进步与发展，尤其是可视化工具的应用，出现过两层 C/S 和三层 C/S 架构，不过一直很流行也比较经典的是两层 C/S 架构，如图 9.7 所示。C/S 架构软件分为客户机和服务器两层：第一层是在客户机系统上结合了表示与业务逻辑；第二层是通过网络结合

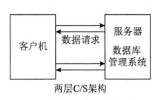

图 9.7　传统的 C/S 体系结构

了数据库服务器。简单地说，就是第一层是用户表示层，第二层是数据库层。Client 程序的任务是将用户的要求提交给 Server 程序，再将 Server 程序返回的结果以特定的形式显示给用户。Server 程序的任务是接收客户程序提出的服务请求，进行相应的处理，再将结果返回给客户程序。

　　C/S 结构的基本原则是将计算机应用任务分解成多个子任务，由多台计算机分工完成，即采用"功能分布"原则。客户端完成数据处理、数据表示及用户接口功能；服务器端完成数据存储、检索和处理的核心功能。这种客户请求服务、服务器提供服务的处理方式是一种新型的计算机应用模式。

　　客户机和服务器通过网络协议进行信息交换，根据网络负载的分配策略，可以分为胖客户机-瘦服务器（基于客户机）和胖服务器-瘦客户机（基于服务器）两种形式。胖客户机的网络 GIS 大部分功能在客户端实现，客户机向服务器发出数据和 GIS 数据处理工具请求，服务器根据请求将数据和数据处理工具一并传送给客户机，客户机根据用户操作完成数据处理和分析。胖服务器的绝大多数功能在服务器实现，客户机向服务器发送数据处理请求，服务器接受请求并进行数据处理，将处理结果返回客户端，客户机按适当的方式显示。两层体系结构可根据实际情况合理分配负载。

　　C/S 结构的优点是能充分发挥客户端 PC 的处理能力，很多工作可以在客户端处理后再提交给服务器。对应的优点就是客户端响应速度快。具体表现在以下几点。

　　（1）应用服务器运行数据负荷较轻。最简单的 C/S 体系结构的数据库应用由两部分组成，即客户应用程序和数据库服务器程序。二者可分别称为前台程序与后台程序。运行数据库服务器程序的机器，也称为应用服务器。一旦服务器程序被启动，就随时等待响应客户程序发来的请求；客户应用程序运行在用户自己的电脑上，对应于数据库服务器，可称为客户电脑，当需要对数据库中的数据进行任何操作时，客户程序就自动地寻找服务器程序，并向其发出请求，服务器程序根据预定的规则做出应答，送回结果，应用服务器运行数据负荷较轻。

　　（2）数据的储存管理功能较为透明。在数据库应用中，数据的储存管理功能，是由服务器程序和客户应用程序分别独立实现的，并且通常把那些不同的（不管是已知还是未知的）前台应用所不能违反的规则，在服务器程序中集中实现，如访问者的权限、编号可以重复、必须有客户才能建立订单这样的规则。所有这些，对于工作在前台程序上的最终用户，是"透明"的，他们无须过问（通常也无法干涉）背后的过程，就可以完成自己的一切工作。在客户服务器架构的应用中，前台程序不是非常"瘦小"，麻烦的事情都交给了服务器和网络。C/S 结构通过将任务合理分配到 Client 端和 Server 端，降低了系统的通信开销，可以充分利用两端硬件环境的优势，这种模式具有强壮的数据操纵和事务处理能力。

　　（3）由于 C/S 是配对的点对点的结构模式，它一般建立在专用的小范围网络环境，通常是局域网，而局域网之间再通过专门服务器提供连接和数据交换服务。C/S 一般面向相对固定的用户群，对信息安全的控制能力很强。采用适用于局域网安全性较好的网络协议（如 NT 的 NetBEUI 协议），保证了数据的安全性和完整性约束：在基于 C/S 结构的系统中，各种应用逻辑顺序通过相应的前端应用程序完成，系统安全，可靠性强；一般高度机密的信息系统采用 C/S 结构比较适宜。

　　（4）C/S 结构目前已经非常成熟，有大量的优秀开发工具支持，基于 C/S 结构往往具有事务数据处理能力强、性能高等特点。

　　随着网络规模的日益扩大，应用程序的复杂程度不断提高，C/S 结构也逐渐暴露了一些缺点，具体表现在以下几个方面。

　　（1）由于每个客户端（Client）都直接与服务器（Server）相连接，并建立只能被该客户使用的连接，该连接直到客户主动放弃时才被销毁。这样一来，因服务器可建立的连接数目有限，故用户数目受到限制。

（2）客户端受数据库格式和位置的约束，程序代码重复使用机会减少。并且客户端有数据处理逻辑，如果日后这些逻辑因需求发生变化而需要修改，则每一个客户端都要进行相应修改。

（3）客户机软件既要完成用户交互和数据表示，又要处理应用及与数据库交互，这就是说用户界面与应用逻辑位于同一平台之上，这样就带来一系列特殊问题，如系统可伸缩性差、对数据管理不够灵活、用户界面千差万别、系统升级安装维护困难并且费用高。

（4）由于客户端应用程序很庞大，软件运行需要特定的由开发平台决定的环境，导致系统的跨平台性和开发性均不理想，新技术不能轻易应用，因为一个软件平台及开发工具一旦选定，不可能轻易更改。

（5）传统的 C/S 体系结构虽然采用的是开放模式，但这只是系统开发一级的开放性，在特定的应用中无论是 Client 端还是 Server 端都还需要特定的软件支持。由于没能提供用户真正期望的开放环境，C/S 结构的软件需要针对不同的操作系统开发不同版本的软件，加之产品的更新换代十分快，已经很难适应百台电脑以上局域网用户同时使用，而且代价高，效率低。

基于以上缺点，以 B/S 架构为代表的三层及多层架构作为 C/S 的天然延伸自然而然地发展起来。

2）B/S 网络架构

随着 Internet 技术的兴起，浏览器/服务器（Browser/Server，B/S）结构是对 C/S 结构的一种变化或者改进的结构。在这种结构下，用户工作界面是通过 WWW 浏览器来实现的，极少部分事务逻辑在前端（Browser）实现，主要事务逻辑在服务器（Server）实现。

浏览器/服务器（B/S）结构模式是 Web 兴起后的一种网络架构模式，Web 浏览器是客户端最主要的应用软件。这种模式将客户端统一为浏览器，将系统功能实现的核心部分集中到服务器上，简化了系统的开发、维护和使用。客户机上只要安装一个浏览器，如 Netscape Navigator 或 Internet Explorer，服务器安装 SQL Server、Oracle、MYSQL 等数据库。B/S 最大的优点就是可以在任何地方进行操作而不用安装任何专门的软件，只要有一台能上网的电脑就能使用，客户端零安装、零维护；系统的扩展非常容易；浏览器通过 Web Server 同数据库进行数据交互，如图 9.8 所示。

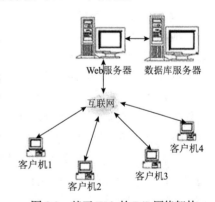

图 9.8 基于 Web 的 B/S 网络架构

在软件体系架构设计中，分层式结构是最常见、也是最重要的一种结构。系统由浏览器（Browser）和服务器（Web Server）组成。数据（data）和应用程序（App）都放在服务器上，浏览器的功能可以通过下载服务器上的应用程序得到动态扩展。服务器具有多层结构，B/S 系统处理的数据类型可以动态扩展，是典型三层体系结构。

（1）客户层（client tier）。用户接口和用户请求的发出地，典型应用是网络浏览器和胖客户。

（2）服务器层（server tier）。典型应用是 Web 服务器和运行业务代码的应用程序服务器。用户通过浏览器向分布在网络上的许多服务器发出请求，服务器对浏览器的请求进行处理，将用户所需信息返回到浏览器。

（3）数据层（data tier）。典型应用是关系型数据库和其他后端（back end）数据资源，如 Oracle、SAP、R/3 等。

三层体系结构中，客户（请求信息）、程序（处理请求）和数据（被操作）被物理地隔离。三层结构是更灵活的体系结构，它把显示逻辑从业务逻辑中分离出来，这就意味着业务代码是独立的，可以不关心怎样显示和在哪里显示。业务逻辑层现在处于中间层，不需要关心由哪种类型的客户来显示数据，也可以与后端系统保持相对独立性，有利于系统扩展。

三层结构具有更好的移植性，可以跨不同类型的平台工作，允许用户请求在多个服务器间进行负载平衡。三层结构中安全性也更易于实现，因为应用程序已经同客户隔离。应用程序服务器是三层/多层体系结构的组成部分，应用程序服务器位于中间层。

三层体系结构，是在客户端与数据库之间加入了一个"中间层"，也叫做组件层。这里所说的三层体系，不是指物理上的三层，不是简单地放置三台机器就是三层体系结构，也不仅仅有 B/S 应用才是三层体系结构，三层是指逻辑上的三层，即把这三个层放置到一台机器上。

B/S 结构简化了客户机的工作，客户机上只需配置少量的客户端软件，服务器将担负更多的工作，对数据库的访问和应用程序的执行将在服务器上完成。浏览器发出请求，而其余如数据请求、加工、结果返回及动态网页生成等工作全部由 WebServer 完成。实际上 B/S 体系结构是把二层 C/S 结构的事务处理逻辑模块从客户机的任务中分离出来，由 Web 服务器单独组成一层来负担其任务，这样客户机的压力减轻了，把负荷分配给了 Web 服务器。这种结构优势如下。

（1）具有较低开发成本和维护成本。C/S 的应用必须开发出专用的客户端软件，无论是安装、配置还是升级都需要在所有客户端上实施，极大地浪费了人力和物力。而 B/S 用户的界面的应用只需在客户端装有通用浏览器即可，维护和升级工作绝大部分都在服务器端进行，不需或只需少部分在客户端上改动。

（2）可实现跨平台操作。在基于 B/S 结构的系统中，各种平台上的用户可通过浏览器访问相应的信息。

（3）减少数据库并发用户。由于 Web 服务器采用的 HTTP 协议是一种无连接的协议，浏览只有在请求时才和 Web 服务器连接，取到结果后马上结束此连接。只有采取这种无连接模式，才可能同时为几百、几万甚至更大的并发请求服务，所以这种结构可以通过共享数据库连接的方式，来明显地减少数据库并发连接数。

（4）减少网络开销，若将二层 C/S 结构移到一个复杂应用环境中，这时客户机与数据库服务器往往不在一比较高速的网络上，需要通过广域网甚至拨号线路来实现连接，而这种通信一般并非十分有效，一次数据库操作需要在客户机与服务器之间交互若干次。在 B/S 结构中 Web 服务器与客户机只需一次交互。假设客户机与服务器每次交互的平均时间为 T_c，Web 服务器与数据库服务器每次交互平均时间为 T_s，交互次数 n。因为 B/S 结构接受用户请求会将结果一次返回，所以当 n 较大时二层结构消耗时间（$n \times T_c$）就远远大于 B/S 三层结构消耗时间（$T_c + n \times T_s$）（这里 $T_c \gg T_s$）。

（5）消除数据库瓶颈。由于客户机与服务器通常不在同一个局域网上，而应用服务器与数据库服务器往往在高速局域网，甚至是同一台主机，故 $T_c \gg T_s$。虽然数据库的并行系统不能有很大的并发度，但应用服务器却无此限制，当应用服务器成为瓶颈时，可以通过增加应用服务器数目，由多台应用服务器同时为终端客户服务，实现平衡负载，同时提高系统的整体可靠性。当数据库瓶颈不可逾越时，可以由应用服务器上的应用来实现用分类过的数据来访问不同的数据库，由多个数据库实现应用级的一个逻辑数据库，这可在一定程度上消除数据库服务器的瓶颈。

经过近几年的应用，B/S 体系结构也暴露出了许多不足，具体表现在以下几个方面。

（1）由于浏览器只是为了进行 Web 浏览而设计的，当其应用于 Web 应用系统时，许多功能不能实现或实现起来比较困难。例如，通过浏览器进行大量的数据输入，或进行报表的应答都是非常困难和不便的。

（2）复杂的应用构造困难。虽然可以用 ActiveX、Java 等技术开发较为复杂的应用，但是相对于发展已非常成熟 C/S 的一系列应用工具来说，这些技术的开发复杂，并没有完全成熟的技术供使用。

（3）HTTP 可靠性低，有可能造成应用故障，特别是对于管理者来说，采用浏览器方式进行系统的维护是非常不安全与不方便的。

（4）Web 服务器成为对数据库的唯一的客户端，所有对数据库的连接都通过该服务器实现。Web 服务器同时要处理与客户请求及与数据库的连接，当访问量大时，服务器端负载过重。

（5）由于业务逻辑和数据访问程序一般由 Java Script、VBScript 等嵌入式小程序实现，分散在各个页面里，难以实现共享，给升级和维护带来了不便。同时由于源代码开放性，使得商业规则很容易暴露，而商业规则对应用程序来说则是非常重要的。

3）C/S 和 B/S 的混合网络架构

通过对比分析 C/S 和 B/S 的架构可以看出，C/S 体系结构并非一无是处，而 B/S 体系结构也并非十全十美。因为 C/S 体系结构根深蒂固、技术成熟，原来的很多软件系统都是建立在 C/S 体系结构基础上的，所以，B/S 体系结构要想在软件开发中起主导作用，要走的路还很长。现阶段在大系统和复杂系统中，为克服 C/S 和 B/S 的不足，通常在原有 B/S 体系结构基础上，采用多层体系结构，嵌套 C/S 结构，如图 9.9 所示。

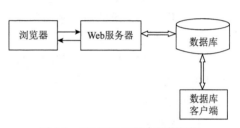

图 9.9　C/S 和 B/S 混合网络架构

该多层体系结构中，组件通常位于 Web 应用程序中，客户端发出 HTTP 请求到 Web Server，或者将请求传送给 Web 应用程序。Web 应用程序将数据请求传送给数据库服务器，数据库服务器将数据返回 Web 应用程序，然后由 WebServer 将数据传送给客户端。对于一些实现起来困难的功能或一些需要丰富的 HTML 页面，通过在页面中嵌入 ActiveX 或 JavaApplet 控件来实现。

多层体系结构屏蔽了客户机和服务器的直接连接，由中间层 Web 服务器接受客户机请求，然后寻找相应的数据库及处理程序，经由 GIS 数据处理器处理将结果返回客户端。这种模式实现了客户机与服务器的透明连接，使得无论用户以何种方式提出请求，Web 服务器均可调用相应的程序和数据提供服务。

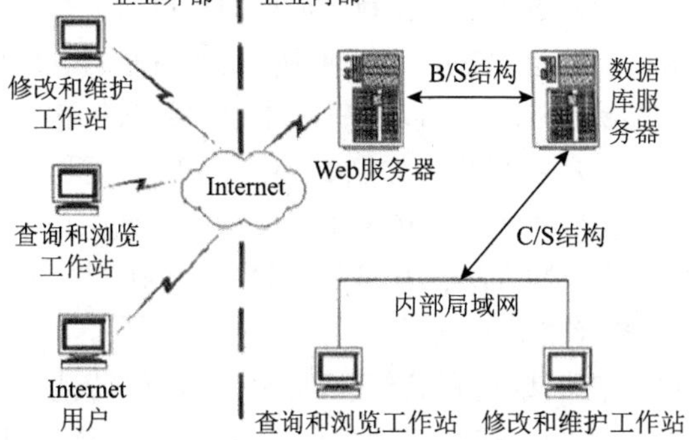

图 9.10　"内外有别"模型

在该系统设计中拟采用基于 C/S 与 B/S 混合软件体系结构的"内外有别"模型，在 C/S 与 B/S 混合软件体系结构的"内外有别"模型中，企业内部用户通过局域网直接访问数据库服务器，软件系统采用 C/S 体系结构；企业外部用户通过 Internet 访问 Web 服务器，通过 Web 服务器再访问数据库服务器，软件系统采用 B/S 体系结构。"内外有别"模型的结构如图 9.10 所示。

"内外有别"模型的优点是外部用户不

直接访问数据库服务器，能保证企业数据库的相对安全。企业内部用户的交互性较强，数据查询和修改的响应速度较快。

"内外有别"模型的缺点是企业外部用户修改和维护数据时，速度较慢、较烦琐，数据的动态交互性不强。

2. 面向服务的网络体系结构

面向服务的体系结构，是一个组件模型，它将应用程序的不同功能单元（称为服务）通过这些服务之间定义良好的接口和契约联系起来。接口是采用中立的方式进行定义的，它应该独立于实现服务的硬件平台、操作系统和编程语言。这使得构建在各种这样的系统中的服务可以以一种统一和通用的方式进行交互。这种具有中立的接口定义（没有强制绑定到特定的实现上）的特征称为服务之间的松耦合。松耦合系统的好处有两点：一点是它的灵活性；另一点是，当组成整个应用程序的每个服务的内部结构和实现逐渐地发生改变时，它能够继续存在。另外，紧耦合意味着应用程序的不同组件之间的接口与其功能和结构是紧密相连的，因而当需要对部分或整个应用程序进行某种形式的更改时，它们就显得非常脆弱。

对松耦合的系统的需要来源于业务，应用程序需要根据业务的需要变得更加灵活，以适应不断变化的环境，如经常改变的政策、业务级别、业务重点、合作伙伴关系、行业地位及其他与业务有关的因素，这些因素甚至会影响业务的性质。我们称能够灵活地适应环境变化的业务为按需（on demand）业务，在按需业务中，一旦需要，就可以对完成或执行任务的方式进行必要的更改。

1）SOA 的定义

SOA（service oriented architecture）是一种架构模型，是面向服务的体系结构。它是一种粗粒度、松耦合服务架构，服务之间通过简单、精确定义的接口进行通信，不涉及底层编程接口和通信模型。根据 Service Architecture（HTTP：//www.service-architecture.com）对于它的定义，SOA 本质上是服务的集合，服务间彼此通信，这种通信可能是简单的数据传送，也可能是两个或更多的服务协调进行某些活动。

SOA 的关键是"服务"的概念，服务是构件提供使用者调用的相关的物理黑盒封装的可执行代码单元，是精确定义、封装完善、独立于其他服务所处环境和状态的函数。它的服务只能通过已发布接口（包括交互标准）进行访问，也可以连接到其他构件以构成一个更大的服务。服务通常实现为粗粒度的软件实体，并且通过松散耦合的基于消息的通信模型来与应用程序和其他服务交互。

SOA 是一个组件模型，它将应用程序的不同功能单元，称为服务。这些服务之间通过定义良好的接口和契约联系起来，根据需求通过网络对松散耦合的粗粒度应用组件进行分布式部署、组合和使用。接口是采用中立的方式进行定义的，它应该独立于实现服务的硬件平台、操作系统和编程语言，这样，在构建各种信息系统之间的服务时，可以以统一、通用的接口进行交互。

SOA 并不是新生事物，大型 IT 组织成功构建和部署 SOA 应用已有多年的历史。SOA 是一种架构和组织 IT 基础结构及业务功能的方法，并且具有管理上的优点。

2）SOA 参考架构模型

SOA 的架构模型具有简单、动态和开放的特性。在 SOA 的架构模型中，存在三种角色，它们分别是服务提供者、服务注册表和服务请求者。如图 9.11 所示，SOA

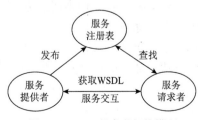

图 9.11　SOA 的参考架构模型

架构模型中的角色分别完成不同的功能，通过它们之间的相互联系、相互作用，完成基于 SOA 的应用系统的基本功能。在这三种角色之间，通过三种操作，即发布、查找和绑定来实现相互联系。

（1）服务提供者。服务提供者是一个可通过网络寻址的实体，它接受和执行来自请求者的请求。它将自己的服务和接口契约发布到服务注册表，以便服务请求者可以发现和访问该服务。服务的提供者是服务的所有者，是被访问的服务所运行的平台。服务的提供者通常是一个可以通过网络访问的实体，接受来自服务的请求者所发起的请求，并根据服务发起者所提供的参数，提供面向该请求者的个性化服务。但是在面向服务的架构中，服务的提供者和服务的请求者并不是在一开始就直接沟通的，它们需要服务注册表作为中间的桥梁。

（2）服务请求者。服务请求者是一个应用程序、一个软件模块或需要一个服务的另一个服务。它发起对注册表中的服务的查询，通过传输绑定服务，并且执行服务功能。服务请求者根据接口契约来执行服务。服务的请求者是真正需要使用那些服务所提供的特定功能的企业。服务的请求者可以以非常多样的方式存在，日常生活中所能看到的很多东西都可以作为服务的接入点或者发起者，如个人电脑、手机、掌上电脑等。服务的请求者是可以作为一个应用程序或者是一个软件模块，实现对于服务提供者所提供的服务的请求。

（3）服务注册表。服务注册表是服务发现的支持者。它包含一个可用服务的存储库，并允许感兴趣的服务请求者查找服务提供者接口。服务注册表是连接服务的使用者和服务的提供者的中间机构。服务的提供者在构建好一个服务之后，可以将服务发布到服务注册表。服务注册表通过各个服务提供者所提供的服务，构建一个服务库。服务的使用者可以通过服务注册表查找、获取它们所需要的服务，并获取服务的描述，然后与服务的提供者进行绑定，发起对于服务的请求，完成自己需要实现的功能或者获取数据等。

面向服务的体系结构中的每个实体都扮演着服务提供者、请求者和注册表这三种角色中的某一种（或多种）。面向服务的体系结构中的操作包括：发布，为了使服务可访问，需要发布服务描述以使服务请求者可以发现和调用它。查询，服务请求者定位服务。方法是查询服务注册表来找到满足其标准的服务。绑定和调用，在检索完服务描述之后，服务请求者继续根据服务描述中的信息来调用服务。

面向服务的体系结构中的构件包括：服务，可以通过已发布接口使用服务，并且允许服务使用者调用服务。服务描述（Web service description），服务描述指定服务使用者与服务提供者交互的方式。它指定来自服务的请求和响应的格式。服务描述可以指定一组前提条件、后置条件或服务质量（quality of service，QOS）级别。

在理解 SOA 和 Web 服务的关系时，经常发生混淆。从本质上来说，SOA 是一种架构模式，而 Web 服务是利用一组标准实现的服务。Web 服务是实现 SOA 的方式之一。用 Web 服务来实现 SOA 的好处是可以通过一个中立平台来获得服务，Web 服务是技术规范，而 SOA 是设计原则。特别是 Web 服务中的网络服务描述语言（Web service description language，WSDL），是一个 SOA 配套的接口定义标准，这是 Web 服务和 SOA 的根本联系。

3）SOA 的核心特征

SOA 作为一种架构模型，它可以根据需求通过网络对松散耦合的粗粒度应用组件进行分布式部署、组合和使用。通常 SOA 具有以下核心特点。

（1）平台中立。SOA 服务接口采用中立的方式定义，独立于具体实现服务的硬件平台、操作系统和编程语言，使得构建在这样的系统中的服务可以使用统一和标准的方式进行通信。服务运行在某一平台不影响其他平台上用户的访问和使用。

（2）基于标准。SOA 在快速发展的过程中产生了大量的行业标准作为应用的指导。通过服务接口的标准化描述，使得该服务可以提供给任何异构平台和任何用户接口使用。服务交互必须是明确定义的，可扩展标记语言（extensible markup language，XML）和 Web 服务是近年来出现的两个重要标准。Web 服务描述语言 WSDL 用于描述服务请求者所要求的绑定到服务提供者的细节。WSDL 不包括服务实现的任何技术细节。服务请求者不知道也不关心服务究竟是由哪种程序设计语言编写的。Web 服务使应用功能得以通过标准化接口（WSDL）提供，并可基于标准化传输方式（HTTP 和 JMS），采用标准化协议进行调用，基于标准有利于技术的融合。它出现将 SOA 推向更高的层面，并大大提升了 SOA 的价值。

（3）良好封装性。把服务封装成可以被不同业务流程重复使用的业务组件。它隐藏所有实现细节，不管服务内部如何修改，使用什么平台、什么语言，只要保持接口不变，就不会影响最终用户的使用。SOA 通过使用标准接口的全部细节（包括消息格式、传输协议和位置进行描述），隐藏了实现服务的细节（包括实现服务的硬件或软件平台及编写服务所用的编程语言）。

（4）良好的重用性。一个服务创建后能用于多个应用和业务流程。服务基于目录分发并存在于整个网络平台，容易被发现，极大地方便了服务的重复使用，从而降低了开发成本。

（5）基于异步的调用。在异步服务调用中，调用方向消息收发服务发送一个包含完整上下文的消息，收发服务将该消息传递给接收者。接收者处理该消息并通过消息总线向调用方返回响应。在消息正在处理的过程中，调用方不会中断。

（6）服务是独立的。服务应该是独立的、自包含的请求，在实现时它不需要获取从一个请求到另一个请求的信息或状态。服务不应该依赖于其他服务的上下文和状态。当产生依赖时，它们可以定义成通用业务流程、函数和数据模型。一个服务是一个独立的实体，与底层实现和用户的需求完全无关，它自身是完全独立的、自包含的、模块化的。基于消息的接口可以采用同步和异步协议实现。服务请求者和服务提供者之间只有接口上的往来，至于服务内部如何更改，如何实现都与服务请求者无关。服务提供者和服务使用者间松散耦合背后的关键点是服务接口为与服务实现分离的实体而存在。

（7）可重用现有资源。由于 SOA 与技术无关，很容易利用历史遗留的资源，通过封装开发出新的服务，并且 SOA 基于大量已经存在的技术如 XML 等。

（8）服务可组合。通过一定的逻辑将已有的服务进行组合使用，极大地提高了服务的使用便利。SOA 利用基于新的接口，能够兼容多种传输方式（如 TCP、JMS、TCP/IP 等）。这使服务能够在完全不影响服务使用的情况下进行修改。在享受组合便利性的同时，也可以在不影响使用的情况下随着个体服务的更新而更新。

（9）服务松耦合。服务请求者到服务提供者的绑定与服务之间应该是松耦合的。因此，服务请求者不需要知道服务提供者实现的技术细节，如程序语言、底层平台等。服务提供者和使用者可以用定义良好的接口来独立开发。服务实现者可以更改服务中的接口、数据或者消息版本，而不对服务使用者造成影响，即"松散耦合"是 SOA 区别于其他的组件架构的独有特点。松散耦合旨在将服务使用者和服务提供者在服务实现和客户如何使用服务的面隔离开来。大多数松散耦合方法都依靠基于服务接口的消息。

松耦合性要求 SOA 架构中的不同服务之间应该保持一种松耦合的关系，也就是应该保持一种相对独立无依赖的关系。这样的好处有两点，首先是具有灵活性；其次当组成整个应用程序的服务内部结构和实现逐步地发生变化时，系统可以继续地独立存在。而紧耦合意味着应用程序的不同组件之间的接口与其功能和结构是紧密相连的，因而当需要对部分或整个应用程序进行某种形式的更改时这种结构就显得非常脆弱。

（10）透明的服务位置。位置透明性要求 SOA 系统中的所有服务对于其调用者来说都是位置透明的，也就是说，每个服务的调用者只需要知道想要调用的是哪一个服务，但并不需要知道所调用服务的物理位置在哪。即服务请求者不需要知道服务的具体位置及是哪一个服务响应了自己的请求，服务请求者只关心使用一个服务完成了自己要处理的工作就可以了。

（11）协议无关性。协议无关性要求每一个服务都可以通过不同的协议来调用。

9.3.3　网络地理信息系统

伴随着 GIS 与 Internet 的结合发展，用户对通过互联网获取复杂的、大数据量的空间信息服务的要求越来越迫切，而传统的 WebGIS 存在客户端和服务端配置基本同类结构的对象模型协议，客户端和服务端的接口匹配严格、耦合紧密，对整体计算的支持不强，仅对本地和本网络的计算支持良好，对 Internet 上的计算资源的整合应用支持不够等缺点，因此面向服务架构（SOA）的 WebGIS 的出现已是必然的发展结果。基于 SOA 架构的 Web Services 技术使得 Internet 不再仅是传播数据的平台而且也是传递服务的平台，并由此导致了 GIS 网络服务（GIS Web Services）的诞生。它将解决传统 WebGIS 无法实现异构空间数据的互操作，无法实现跨平台及开发调度和维护困难的问题，以实现数据可共享和互操作的松散耦合的异构系统。

1. 网络 GIS 平台框架

基于 SOA 是 WebGIS 致力于通过改变应用系统的开发方式和数据使用方式来解决数据与操作的共享及异构系统间跨平台的操作问题。同时从 C/S、B/S 的不足出发，实现基于 SOA 的 B/S 和 C/S 混合架构的研究与构建是 WebGIS 框架从理论走向实践的关键。本节主要从 C/S 和 B/S 混合网络架构、层次结构、基于 SOA 的框架构建及服务开发方式四方面介绍基于 SOA 的网络地理信息平台的系统框架。

本节将基于 SOA 的 WebGIS 分为 4 个层次，自顶向下依次为：数据表现层、GIS Web 服务发布层、GIS Web 服务实现层和资源数据支持层，如图 9.12 所示。

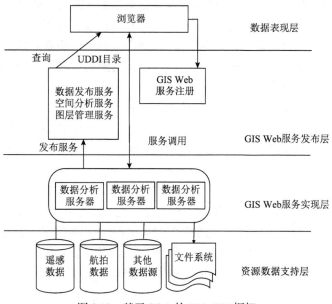

图 9.12　基于 SOA 的 Web GIS 框架

1）数据表现层即客户端

客户端可通过浏览器或 GIS 应用程序实现。它通过向用户提供访问接口，使用户方便地在统一描述、发现和集成（universal description, discovery and integration, UDDI）注册中心查询和调用 GIS Web 服务，并最终实现数据的表现，如各种数据格式的显示、地图的浏览、GIS 查询和空间分析结果及输出等。

用户层包括 GIS Web Services 的 UDDI 资源注册中心、数字证书管理服务器及用户客户端。Windows 通信接口（Windows communication foundation, WCF）服务是面向服务环境下应用软件和业务流程封装、重用和共享的一种分布式架构平台。UDDI 协议为 WCF 服务的发布和共享提供了基础协议和注册机制。另外，为实现基于数字证书的访问控制，为 WCF 服务提供证书认证机制，还需要有一个证书管理服务器负责证书的申请分发及吊销。因此，用户层 UDDI 资源注册中心和证书管理中心对整个空间信息网络服务系统，起着至关重要的作用，以下将做具体介绍。

（1）UDDI 资源注册中心。UDDI 资源注册中心作为服务提供者和服务请求者之间的桥梁，是整个体系构架的核心，服务提供者通过在 UDDI 注册中心注册服务描述信息以提供查询服务。服务目录在服务注册处生成，服务注册处负责接收、解析、查找、定位请求的服务，返回服务描述信息给服务请求者。服务的注册可以分为两种情况：局域网内的服务注册可以通过在注册服务器的 Web 服务器[如互联网信息服务（Internet information services, IIS）等]上建立虚拟目录来进行，虚拟目录注册的是与服务相对应的描述文档，客户端可通过该描述文档获取服务具体的访问地址、端口、参数等信息；Internet 上的服务注册则可以使用 UDDI 商业注册中心或使用 UDDI 开发系统设计独立的注册中心进行。

服务请求者通过 UDDI 注册中心查找服务描述、接口描述、服务的绑定位置描述等注册信息，绑定或调用服务。首先应通过浏览器登录 UDDI 服务添加向导，通过向导可一步步填充 UDDI 的数据模型，包括商业实体信息、高层服务信息、绑定接口信息等。用户通过这些信息便可查找到所需要的服务及服务接口说明。

（2）数字证书管理服务器。数字证书管理服务器，也称为证书颁发机构或认证中心，是公钥基础设施（public key infrastructure, PKI）中受信任的第三方实体，是为实现基于证书形式的 WCF 服务访问控制而设置的，主要负责证书颁发、吊销、更新和续订等证书管理任务及被数字证书认证中心（certificate authority, CA）吊销的证书列表（certificate revocation list, CRL）发布、事件日志记录等几项重要的任务。

证书服务作为管理空间信息网络服务权限证书的实体。首先，主体发出证书申请，通常情况下，主体将生成密钥对，有时也可能由 CA 完成这一功能。然后，主体将包含其公钥的证书申请提交给 CA，等待批准。CA 在收到主体发来的证书申请后，必须核实申请者的身份，一旦核实，CA 就可以接受该申请，对申请进行签名，生成一个有效的证书。最后，CA 将该证书颁发给用户，以便申请者使用该证书。

（3）用户客户端。客户端可以是通用的浏览器，也可以是其他的 GIS Web 服务（以实现服务的集成组合），或者是 WebGIS 应用系统。WebGIS 应用系统采用常用的 ASP、JSP 等动态网页技术构建客户端界面，客户端通过服务的描述文档动态生成代理类，利用代理类生成发送请求消息，接受、解析响应消息，将远程服务访问本地化，Web 地图显示则采用插件的形式予以实现。

服务设计的松耦合性，有利于在同一个客户端集成多种空间信息服务功能，并能将多种相关服务组成服务链，以使客户端能够设计成为一个集二维、三维一体化，矢量栅格同时显示的 GIS 网络分析平台。另外，WCF 服务不仅适合 C/S 模式客户端也适合 B/S 模式客户端，不仅适合 Windows 用户也适合非 Windows 用户，并且能够根据网络情况灵活选择合适的通信协议及编码方式，以达到安全和性能的最佳平衡点。

2）GIS Web 服务发布层

通过 UDDI 目录服务器把各种 GIS Web 服务接口向外发布。隐藏了服务实现层和资源数据层中数据和平台的异构性，为客户提供统一简单稳健的程序接口。客户端通过 UDDI 对各服务接口进行访问。

服务层作为用户和数据的纽带，既是整个服务系统的中间层，又是核心层，它包括提供空间信息数据服务、空间信息功能服务及 Web 服务器地图浏览查询功能。其中，空间信息数据服务是其他服务的基础，空间信息数据服务实现了多源数据的融合，以统一的接口向用户提供栅格地图服务和矢量地图服务，空间信息功能服务以数据共享服务为数据源，提供基本空间信息处理服务，包括地名搜索、投影变换及路径分析等。

Web 服务器的架设一方面是为了使用户能够以浏览器的方式进行地图的浏览查询，其基础是空间信息网络服务，为使之能够快速响应用户请求，采用 Ajax 的方式调用 WCF 服务，并结合 Asp.Net 与 JavaScript 技术进行地图网站构建；另一方面通过创建 Asp.Net 用户资格认证及角色管理数据库为服务层验证用户身份及服务操作的角色权限管理提供数据库基础。

3）GIS Web 服务实现层

对客户端的请求做分析处理，完成服务的调用。一个简单的 GIS 的常用功能包括地图浏览、地名查询定位、最短路径计算及空间坐标系的转换。而地图浏览功能可能由于客户端的形式不同，如 C/S 模式和 B/S 模式，实现起来有不一样的地方，而且一般用户都是在自己的系统里面调用地理信息功能服务，地图的绘制浏览一般由客户自己绘制，因此本书并不将地图浏览服务作为一个基本服务，主要研究地名搜索定位、最短路径与坐标转换这 3 个基本功能。

4）资源数据支持层

实现数据的存储并为服务实现层提供各种数据。GIS Web Services 平台框架的数据层只能通过服务层向用户提供数据。数据层存储着各种各样的空间数据，如系列比例尺地形图数据库、DEM 数据、地名信息库、卫星影像库、基于四叉树结构的栅格图片库，以及各城市大比例尺的 dxf、shp 等格式的矢量数据。空间数据的存储安全是整个服务体系安全的基础，采用数据库存储和管理空间数据，并建立多层网络防护体系，同时对敏感的空间数据进行对称加密存储等策略来保证空间数据的安全存储。

整个框架的数据源封装在网络不同终端主机上，数据的物理组织机构和功能实现方式透明于数据的使用者，异构数据的共同使用通过数据转换服务实现，地理标识语言（geography markup language，GML）数据抽取以保证异构、多源数据的无缝集成。数据的管理与维护由服务开发人员来实现，数据的管理与应用是分离开来的，这有利于保证数据的安全性、一致性和系统的稳定性。

2. 网络 GIS 功能服务

该框架实现服务实体的开发与应用程序的开发、升级平行独立地进行，适应变化能力强。服务请求者不需要了解服务提供者所选择的开发语言和程序实现的细节，只需要了解服务的功能和接口，即可完成服务调用。另外，已有服务实体的更新完善能够在不影响其他服务实体的情况下完成系统的升级，新的服务实体的加入，使系统功能得到扩展，可实现应用系统的快速重构和自由伸缩。

可编程的 GIS Web 服务是整个框架的核心部分，它们提供空间数据、非空间数据和其他输入给客户端应用。服务的开发依靠网络终端上 GIS 组件的二次开发建立相应的功能类，类内包含对应功能的方法与函数，对外保留接口和功能描述，通过服务封装进行打包发布。服务开发过程中要注意服务粒度等级的划分，首先划分出基础服务，通过基础服务的组合构建更高层次的服务实体，避免服务间功能的重叠。

服务开发是指对基于 SOA 的 WebGIS 的实现。通常是在可视化编程环境中借助通用编程语言和 WebGIS 平台的二次开发予以实现。GIS Web 服务承担与数据库的交互，完成特定的 GIS 功能，如地图目录管理、网络地图发布、基于 Web 的地理信息空间分析等。这些彼此独立的 GIS Web 服务分散于网络中的不同终端上，它可以通过结构化程序语言中的函数、过程或者是不同语言编写的、封装良好的类（在类中以不同的方法来实现相应的功能）来实现。基本可以采用两种开发方式：一种是对目前已有的 GIS 应用程序进行功能的重新封装，这种方法较方便简单也是最常用的方法；另一种是开发新的 GIS 应用，主要是在遵循 GIS Web 服务开发规范的基础上借助通用编程语言及特定 GIS 平台完成的二次开发。

平台由空间数据加工系统、空间数据维护与管理系统、地理信息服务发布系统、地理信息服务客户端和二次开发工具包组成（图 9.13）。

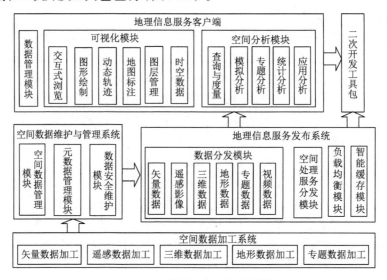

图 9.13　地理信息服务平台的总体框架

（1）空间数据加工系统。通过完备的矢量数据、遥感数据、三维数据、地形数据加工能力，方便地帮助用户组织和管理空间数据。

（2）空间数据维护与管理系统。实现多源、多时相矢量数据、遥感影像数据、地形数据、三维数据的集成与管理。在地理信息数据基础上，根据数据可视化、应用分析等需求，按照统一规范进行数据整合处理，采用分布式的存储与管理模式，实现在逻辑上规范一致、物理上分布，彼此互联互通的空间数据管理引擎。

（3）地理信息服务发布系统。地理信息服务发布系统是面向政府、企业和公众的 Web 服务，在云计算与超算环境中以 WCS、WMS、WFS、Web Service 等方式提供数据服务和处理服务的接口。实现矢量数据、遥感影像数据、地形数据、三维数据的网络发布，实现空间处理分析服务的发布，服务于空间数据的共享和互操作。通过平台提供的服务接口，各部门可根据需求加载已经发布的地理信息，并叠加自身业务专题信息，完成数据的查询、定位、分析等功能，实现空间数据的共享，提升地理信息应用层次。

（4）地理信息服务客户端。地理信息服务客户端是向政府、企业、公众提供服务的总界面、总窗口，是用户使用"地理信息服务平台"各类服务的入口和平台，平台门户系统将提供 PC 端和移动终端两种入口，支持多种主流浏览器，向用户提供数据浏览、空间查询、空间分析等服务。

（5）二次开发工具包。对地理信息服务、空间数据的可视化与分析功能进行封装，满足不同用户的开发需要。开发用户可以快速开发独立的应用系统或者进行地理信息服务扩展。

3. 网络 GIS 数据服务

网络 GIS 数据服务是整个地理信息网络服务的基础，它大体可分为栅格地图服务与矢量地图服务两种。栅格地图服务是指在服务端将多源多类型的空间数据处理成栅格图片的形式传输给用户端，作为用户获得地理信息的媒介，它包括普通地图服务、卫星影像服务、晕渲图服务及三维图像服务等，现有的服务接口标准有 WMS、WCS、WTS 等。矢量地图服务是指在服务端将各种矢量数据以统一的矢量数据模型传输给用户端，它包括各种格式的矢量数据（shp、mif、dxf 格式等）服务。目前矢量数据的共享服务一般以 gml 格式进行传输，由于矢量数据格式的复杂性，仅在要素层次级别有服务接口标准。通过国际标准化组织地理信息技术委员会（ISO/TC211）或技术联盟（如 OGC）制定空间数据互操作的接口规范，GIS 软件商开发遵循这一接口规范的空间数据的读写函数，可以实现异构空间数据库的互操作。基于 HTTP（Web）XML 的空间数据互操作是一个很热门的研究方向，主要涉及 Web Service 的相关技术。OGC 和 ISO/TC211 共同推出了基于 Web 服务（XML）的空间数据互操作实现规范 WMS、WFS、WCS，以及用于空间数据传输与转换的地理信息标记语言 GML。

9.4　移动地理信息系统

移动 GIS（mobile GIS）是嵌入式 GIS（embedded GIS）、高精度实时定位技术和移动通信技术集成的产物，它不仅涵盖了传统意义上的 GIS 领域，而且是原有 GIS 领域的分支与延伸、补充与发展。嵌入式 GIS 是以应用为中心，以 GIS 技术为基础，软硬件可裁剪（可编程、可重构），适应于应用系统，对功能、可靠性、成本、体积、功耗等方面有特殊要求的专用 GIS 系统。嵌入式设备普遍具有耗电少、体积小、重量轻、可移动的特征，从而使嵌入式 GIS 在军事、测绘、公众服务等领域开发应用中起着重要作用。将嵌入式 GIS 与通信融合，深度研发移动地理信息集成应用，是当前 GIS 发展的必然趋势。

9.4.1　嵌入式系统

嵌入式系统的嵌入性本质是将一个计算机嵌入一个对象体系中去，这些是理解嵌入式系统的基本出发点。由于微型处理器和嵌入式操作系统的快速发展，基于嵌入式设备的系统软件在信息系统及现代化生活中占据越来越重要的位置。

1. 嵌入式系统定义

一般认为，嵌入式系统是建立在计算机科学技术基础上，以实际应用为目的，并且软件和硬件可配置的专用计算机系统。嵌入式系统是嵌入式计算机及其应用系统，"嵌入式""专用性""计算机系统"是嵌入式系统的三个基本要素。嵌入性是指：由于是嵌入对象系统中，必须满足对象系统的环境需求，如物理环境（小型）、电气/气氛环境（可靠）、成本（价廉）等要求。专用性是指：对软、硬件的可裁剪性，满足对象要求的最小软、硬件灵活性的配置。计算机系统是指：嵌入式系统必须是能满足对象系统控制要求的计算机系统。嵌入式系统与一般的 PC 机应用系统不同，不同的嵌入式系统彼此之间差别也很大。嵌入式系统一般功能单一、简单，在兼容性方面要求不高，但是在大小、成本方面限制较多。

1）定义

目前，嵌入式系统还没有比较权威、比较统一的定义，人们从不同的角度来理解嵌入式系统。

从技术角度嵌入式系统被定义为：是计算机技术、通信技术、半导体技术、微电子技术、语音图像数据传输技术，甚至传感器等先进技术和具体应用对象相结合后的技术密集型系统。

从应用角度嵌入式系统被定义为：以应用为中心，以计算机技术为基础，软件硬件可裁剪，适应应用系统对功能、可靠性、成本、体积、功耗严格要求的专用计算机系统。

从学科角度嵌入式系统被定义为：是现代科学多学科互相融合，以应用技术产品为核心，以计算机技术为基础，以通信技术为载体，以消费类产品为对象，引入各类传感器，进入物联网技术的连接，从而适应应用环境的产品。

嵌入式系统是以应用为中心，以计算机技术为基础，软硬件可裁剪（可编程、可重构），适应于应用系统，对功能、可靠性、成本、体积、功耗等方面有特殊要求的专用计算机系统。嵌入式设备普遍具有耗电少、体积小、重量轻、可移动的特征，从而使嵌入式技术在军事、测绘、医疗等领域开发应用中起着重要作用。

2）特点

嵌入式系统往往具有系统内核小、专用性强、系统精简和高实时性等特点；而嵌入式设备又由于其小巧、低功耗、可移动等特点备受人们青睐。

（1）专用性强。嵌入式系统面向用户，面向产品，面向特定应用。处理器的功耗、体积、成本、可靠性、速度、处理能力、电磁兼容性等方面均受到应用需求的制约。

（2）技术融合。嵌入式系统将先进的计算机技术、通信技术、半导体技术，电子技术与各个行业的具体应用相结合，是一个技术密集、高度分散、不断创新的知识集成系统。

（3）软硬一体。嵌入式系统的硬件和软件都可以高效率地设计，软硬一体化，量体裁衣，去除冗余，实时性强。能够把通用 CPU 中许多由板卡完成的任务集成在芯片内部，从而有利于嵌入式系统的小型化。

（4）计算资源少。嵌入式系统设计通常只完成少数几个任务。考虑经济性和能耗，不使用通用 CPU，结构简单，成本低廉，系统配置要求低，尽量减少管理资源。

（5）固化存储。为了提高效率和系统可靠性，嵌入式系统硬件存储一般不使用磁盘，数据和软件一般固化在存储器芯片或单片机本身中。

（6）专门开发工具。嵌入式系统本身不具备自主开发能力，必须有一套寄生于通用 PC 的开发工具和环境才能进行开发，用户也不能修改嵌入式系统中的软件功能。

3）与通用 PC 比较

嵌入式系统与通用计算机系统的本质区别在于系统应用不同，嵌入式系统是将计算机系统嵌入对象系统中，嵌入式系统与通用计算机系统相比具有以下特点。

（1）嵌入式系统是面向特定应用的系统。嵌入式系统与通用型系统的最大区别就在于嵌入式系统大多是为特定用户群设计的系统，因此它通常都具备低功耗、体积小、集成度高等特点，并且可以满足不同应用的特定需求。

（2）嵌入式系统的硬件和软件都必须进行高效地设计，量体裁衣、去除冗余，力争在同样的硅片面积上实现更高的性能，这样才能更具竞争力。

（3）嵌入式系统是将先进的计算机技术、半导体技术和电子技术与各个行业的具体应用相结合的产物。这一点就决定了它必然是一个技术密集、资金密集、高度分散、不断创新的知识集成系统，从事嵌入式系统开发的人才也必须是复合型人才。

（4）为了提高执行速度和系统可靠性，嵌入式系统中的软件一般都固化在 Flash 或 ROM 中，而不是存储在磁盘中。嵌入式系统开发的软件代码尤其要求高质量、高可靠性，因为嵌入式设备所处的环境往往无人值守或条件恶劣，所以其代码必须有更高的要求。

（5）嵌入式系统本身不具备二次开发能力，即设计完成后用户通常不能对其中的程序功能进行修改，必须有一套开发工具和环境进行再次开发。

嵌入式计算机在应用数量上远远超过了各种通用计算机，在一台通用计算机的外部设备中就包含了多个嵌入式微处理器，如键盘、鼠标、软驱、硬盘、显示卡、显示器、网卡、声卡、打印机、扫描仪、数字相机等均是由嵌入式处理器控制的。与通用计算机不同，嵌入式系统的硬件和软件都必须高效率地设计，提高同等硅片面积的性能，使其在具体应用时在处理器的选择面前更具有竞争力。

2. 嵌入式系统的体系结构

与普通的计算机一样，嵌入式系统是计算机软件和硬件的综合体，所以一般也是由硬件和软件两部分组成的。硬件部分包括嵌入式微处理器和外围硬件设备，软件部分包括嵌入式操作系统和应用程序两部分。嵌入式系统的外围硬件设备是嵌入式系统与外界进行信息交换和控制处理的途径，包含了最大程度的用户应用，是研究开发的重点，嵌入式操作系统的选择通常是根据应用背景和硬件环境，并综合考虑硬件开销来进行的。典型嵌入式系统组成如图 9.14 所示。

1）嵌入式处理器

嵌入式处理器是嵌入式系统的核心。嵌入式处理器与通用处理器的最大不同在于嵌入式 CPU 工作在特定设计的系统中，把通用 CPU 中许多由板卡完成的任务集成在芯片内部，有利于嵌入式系统设计小型化、高效率。据有关部门统计，全世界嵌入式处理器已经超过 100 种，流行的体系结构有 30 多个系列，嵌入式处理器目前主要有 Am186/88、386EX、SC–400、PowerPC、Intel、m68K、MIPS、ARM/StrongARM 系列等。

2）外围设备

外围设备是指在嵌入式系统中，除了嵌入式处理器之外用于完成存储、通信、调试、显示等辅助功能的其他器件。目前常用的嵌入式外围设备按功能可以分为以下几类。

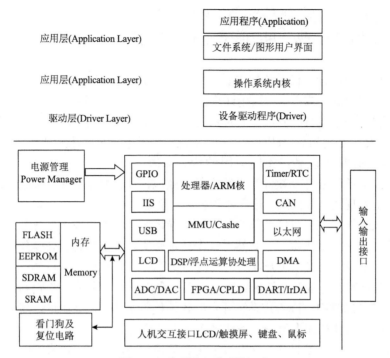

图 9.14　典型嵌入式系统组成

通信设备。目前存在的绝大多数通信设备都可以直接在嵌入式系统中应用，包括串口、SPI（串行外围设备）接口、IrDA（红外）接口、I^2C 总线接口、现场总线（CAN）接口、USB（通用串行总线）接口、以太网接口等。

存储设备。主要用于各类数据的存储，常用的有静态易失性存储器（RAM、SRAM）、动态存储器（DRAM）和非易失性存储器（ROM、EPROM、FLASH）等。

人机交互设备。主要指键盘、触摸屏（touch panel）和液晶显示（LCD）等设备。

3）嵌入式操作系统

嵌入式系统的软件核心是嵌入式操作系统。嵌入式操作系统一般被裁剪得紧凑有效，只提供运行在嵌入式设备上的应用程序所必需的功能。它是管理存储器资源、中断处理、任务间通信和定时器响应的软件模块集合，具有一般操作系统的功能，同时具有嵌入式软件的特点，如可固化、可裁剪、可配置、独立的板级支持包、可修改等。嵌入式操作系统的出现使得嵌入式系统的资源得到充分的利用，减轻了程序员的设计难度，同时增加了对复杂的应用软件的支持等。因此，选择合适的嵌入式操作系统及对其进行裁剪是开发嵌入式系统的首要任务。目前在嵌入式领域使用较为广泛的操作系统有：WindowsCE、嵌入式 Linux、Android、VxWorks、iOS 等。

4）嵌入式应用软件

嵌入式应用软件是针对特定应用领域，基于某一固定的硬件系统，并能完成用户预期目标的计算机软件。嵌入式应用软件是实现嵌入式系统功能的关键，与通用计算机的应用软件有一定的区别，要求尽可能地进行优化，减少对系统资源的消耗。因为用户任务可能有时间和精度上的要求，所以有些嵌入式应用软件需要特定嵌入式操作系统的支持。嵌入式软件要求尽可能固化存储、代码要求高质量和高可靠性、较高的实时性等。

3. 嵌入式系统的发展及应用

美国著名的未来学家尼葛洛庞帝在 1999 年访华时曾预言，4～5 年后嵌入式系统将是继 PC 和 Internet 之后最伟大的发明。这个预言已经成为现实，现在的嵌入式系统正处于高速发展阶段。嵌入式系统经过 30 年的发展历程，主要经历了 4 个阶段。

第一阶段是以单芯片为核心的可编程控制器形式的系统。这种系统大部分应用于一些专业性强的工业控制系统中，一般没有操作系统的支持，通过汇编语言编程对系统进行直接控制。其主要特点是系统结构和功能相对单一，处理效率低，存储容量较小，几乎没有用户接口。因为这种嵌入式系统使用简便、开发容易、价格很低，所以以前在国内工业控制领域应用比较普遍，但是现在已经远远不能适应高效的、需要大容量存储的现代化工业控制和新兴信息家电等领域的需求。

第二阶段是以嵌入式 CPU 为基础、以简单操作系统为核心的嵌入式系统。其主要特点是 CPU 种类繁多、通用性比较弱、系统开销小、效率高。操作系统具有一定的兼容性和扩展性，主要用来控制系统负载及监控应用程序运行。应用软件比较专业，用户界面不够友好。

第三阶段是以嵌入式操作系统为标志的嵌入式系统。其主要特点是嵌入式操作系统能运行于不同类型的微处理器上，兼容性好，操作系统内核小、效率高，并且具有高度的模块化和扩展性；具备文件和目录管理、设备支持、多任务、网络支持、图形窗口及用户界面等功能；具有大量的应用程序接口 API，开发应用程序简单；嵌入式应用软件丰富。

第四阶段是以 Internet 为标志的嵌入式系统，这是一个正在迅速发展的阶段。目前大多数嵌入式系统还孤立于 Internet 之外，但随着 Internet 的发展及 Internet 技术与信息家电、工业控制技术等结合日益密切，嵌入式设备与 Internet 的结合将代表着嵌入式技术的真正未来。

嵌入式系统在当前具有极其广阔的应用前景，可应用于不同的领域，如国防、工业控制、通信、办公自动化和消费性电子等领域。当今社会嵌入式系统在传统的工业控制领域和商业管理领域已经具有广泛的应用空间，如智能工控设备、POS 机、ATM 机、IC 卡等；在家电领域更具有广泛的应用潜力，如数字电视、WebTV、网络冰箱、网络空调等众多消费类和医疗保健类电子设备等。在多媒体智能手机、袖珍电脑、掌上电脑、车载导航器、汽车电子等方面的应用，将极大地推动嵌入式技术深入生活和工作的方方面面。

特别要提出的是，由于军事领域应用的需要和其特殊性，往往对相关设备的可靠性、功率、功耗、体积、集成度和实时性提出了很高的要求，从这一点看来，嵌入式系统应用于军事设备和各种复杂工业是大势所趋，在军事领域的应用有非常广阔的发展空间。

另外，嵌入式 GIS 开发在测绘、智能交通（intelligent transport system，ITS）、海事、国防、公安等领域都有无限广阔的应用前景，可广泛应用于军事、野外测绘、医疗、汽车导航等领域，个人汽车导航和 PDA（或手机）定位服务（LBS）的出现与发展更是将嵌入式地理信息技术深入每个人的日常生活。

9.4.2　嵌入式 GIS

移动 GIS 是嵌入式技术与 GIS 融合的结晶，是一个软硬件混合的系统，是嵌入式 GIS 技术、定位导航技术和无线通信技术三大技术集成系统。它是导航、定位、地图查询和空间数据管理为一体的理想解决方案，可在很多领域广泛应用，如军事、智能交通、旅游、自然资源调查、环境研究等。

1. 嵌入式 GIS 组成

典型的移动 GIS 由嵌入式硬件系统、嵌入式操作系统、地理信息数据和嵌入式 GIS 组成，如图 9.15 所示。

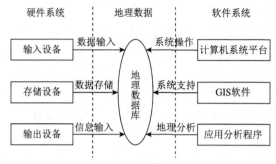

图 9.15　嵌入式 GIS 典型组成结构图

1）嵌入式硬件系统

通常嵌入式 GIS 是以掌上电脑为硬件开发平台的。CPU 可以为 ARM、MIPS、SH3、SH4、x86 等，保证其占用资源少，运时行间短；采用对象存储器（object store）程序内存，可以调节，另外最好备有 CF 卡（compact flash）、SD 卡、主电池、备用电池等硬件设备。

2）嵌入式操作系统

OEM 厂商定制自己的 WindowsCE 操作系统，该系统是微软开发的一个简洁、高效、多任务、完全抢占式的 32 位嵌入式系统。一般支持常用的 Microsoft Win32 API，可用于开发应用程序，接口包括：MFC、ActiveX、COM、ATL 等。

3）嵌入式 GIS

随着嵌入式设备的发展，GIS 的发展逐步进入了后 PC 时代，移动 GIS 应用不断增加，迫切需要基础性开发平台，嵌入式 GIS 是传统 GIS 技术和嵌入式技术结合的嵌入式系统产品。嵌入式 GIS 首先具有嵌入式系统的特点，以应用为中心，对功能、可靠性、成本、体积、功耗等要求严格；需要和应用系统集成使用，面向用户、面向设备、面向应用，并同步升级；不同于常规软件，要求代码具有高质量、高可靠性，满足实时处理、多任务等技术要求。其次具有 GIS 专业特点，将地理空间信息应用到各种嵌入式设备中，为用户提供嵌入式移动环境下地理空间信息的实时同步支持。具体来说，就是在通用嵌入式软件、硬件环境下，对各类地理空间信息进行实时的分析与处理，以满足用户室外作业和活动的各种需求，从而使得 GIS 的应用更具实用性和针对性。

嵌入式 GIS 是当前主流的移动 GIS 开发组件，延伸 GIS 在移动端的应用，提供了 Android、iOS、Windows8 等系统下的开发包，便于开发人员在手机或平板电脑上建立移动 GIS 应用。

嵌入式 GIS 技术优势：①支持大数据量的离线矢量地图和影像，且支持地图浏览；②拥有丰富的矢量交互编辑功能；③支持各种空间查询和空间分析；④支持 OGC 的 WMTS、WMS、WFS、WCS 地图服务；⑤稳定性高、性能卓越、功能丰富、可扩展性强。

2. 嵌入式 GIS 功能

它具有数据采集、地图浏览、信息检索、路径分析和地形分析等功能，目前已经在城市智能交通系统（ITS）、物流配送系统、车辆导航及监控系统和数字化武器装备等系统中得到广泛应用。

①地图浏览，支持地图的放大、缩小、平移；②地图渲染，支持地图样式的配置、矢量要素的查询渲染；③地图查询，支持属性查询、空间查询，以及属性和空间的混合查询；④要素编辑，支持 shp 矢量要素的添加、删除、修改，包括要素几何的节点编辑、属性编辑修改等；⑤数据缓存，支持移动端的瓦片或矢量存储；⑥数据同步，支持移动 GIS、服务端 GIS 数据库的数据同步；⑦空间分析，支持各种空间查询、等值线分析、态势标绘、叠置分析、统计分析、缓冲区分析、网络分析等；⑧定位，支持获取北斗或 GPS 定位坐标，实现定位监控，甚至在没有北斗或 GPS 信号的情况下，能自动切换至基站定位；⑨影像浏览，支持影像金字塔、快速浏览 geotiff、img、ecw 等格式的大数据量遥感影像或航空相片，并能在影像上叠加矢量，进行矢量数据的采集编辑；⑩移动端 Maps API，支持访问互联网地图服务 Maps 及坐标纠正，并可叠加业务数据；⑪扩展定制，高可扩展性，支持 GPS 语音导航，视频、图像等采集、显示、上传，与移动 MIS、移动 OA 无缝集成，以及与表格、统计图表等应用的结合；⑫扩展组件，空间拓扑组件、等值线组件、态势标绘组件、手绘涂鸦组件、统计图表组件等。

9.4.3　移动 GIS

用户在移动状态下使用 GIS 的过程称为移动 GIS，用户所处的环境也称为 "移动计算环境"，它是一种以计算机技术为核心、无线网络为支撑、支持用户访问网络数据，实现快捷、方便地自由通信和共享的分布式计算环境。移动 GIS 存在狭义和广义的定义之分。狭义的移动 GIS 称为具有桌面 GIS 功能的嵌入式 GIS 系统，它是一种离线工作模式，不与服务器进行交互。广义的移动 GIS 定义为一种集成系统，是由 GPS、移动通信、互联网服务和 GIS 共同构成的集成系统，它基于这些集成载体将最终的服务提供给用户，方便用户进行日常信息的分析与决策。移动 GIS 作为移动空间信息服务的基础设施，其应用领域非常广泛。

1. 移动 GIS 结构体系

与传统 GIS 相比，移动 GIS 的体系结构略微复杂些，因为它要求实时地将空间信息传输给服务器。移动 GIS 的体系结构主要由 3 部分组成：客户端部分、服务器部分和数据源部分，分别承载在表现层、中间层和数据层。

（1）表现层是客户端的承载层，直接与用户打交道，是向用户提供 GIS 服务的窗口。该层支持各种终端，包括手机、PDA、车载终端，还包括 PC 机，为移动 GIS 提供更新支持。

（2）数据层是移动 GIS 各类数据的集散地，确保 GIS 功能实现的基础和支撑。

（3）中间层是移动 GIS 的核心部分，系统的服务器都集中在该层，主要负责传输和处理空间数据信息，执行移动 GIS 的功能等。包括 Internet、Web Server、Map Server 等组成部分。

根据嵌入式建立过程、数据获取方式及信息服务的方式不同，在大的方向上可以分为离线和在线两种模式。

1）离线模式

离线模式的嵌入式是将数据存放到具有处理和存储能力的掌上电脑内的 SD 卡里，通过掌上电脑对数据进行管理、分析、显示，最终提供地理信息服务。这种体系的功能都是由掌上电脑独立完成的。因数据存储在掌上电脑上，其对用户的操作都能以较快的速度响应。对用户提供地理信息服务时，可以地图信息卡的形式直接插入使用。支持本地矢量地图存储在手机 SD 卡里予以显示浏览、节点采集编辑、空间查询与分析。

2）在线模式

在线模式是在数字移动产品如智能手机、掌上电脑等广泛普及且功能日益增强、无线网络传输技术日益成熟的条件下，利用网络的虚拟空间实现移动用户、空间信息、无线网络无缝集成，最终使移动用户可以在任何时间、任何地点，通过任何媒介，得到任何内容的信息。支持 OGC 标准的在线地图服务，即以网络在线配合本地缓存的模式访问，支持 WMTS、WMS、WFS、WCS 等标准 OGC 服务。

（1）支持的服务器有 ArcGIS Server、Geoserver、Mapserver、Mapguide 等。

（2）支持互联网地图，即访问 Google Maps、Google 影像、微软 Bing Maps，并提供坐标纠正服务，以及本地矢量叠加。

（3）支持自定义 tile 地图瓦片，即用户采用自定义的切图工具生成地图瓦片，并提供相关瓦片坐标参数和命名规则，用户自行搭建服务端，可以网络在线、本地缓存的模式来访问。

2. 移动 GIS 特点

因为移动 GIS 运行环境的特殊性，所以从应用的角度来说具有以下特点。

（1）客户端多样性。移动 GIS 的客户端指的是在户外使用的可移动终端设备，其选择范围较广，可以是拥有强大计算能力的主流微型电脑，也可以是屏幕较小、功能受限的各类移动计算终端，如 PDA、移动电话等，甚至可以是专用的 GIS 嵌入设备，这决定了移动 GIS 应该是一个开放的可伸缩的平台。

嵌入式 GIS 的运行平台是各种嵌入式设备，包括智能手机、掌上电脑、车载终端等，这些设备不仅外观不同，而且硬件环境和操作系统也多种多样。因此，通常情况下嵌入式 GIS 的开发需要针对不同的软硬件平台进行专门的定制。

（2）移动性。移动性是嵌入式 GIS 不同于桌面 GIS 的最大特点，由于各种嵌入式移动终端具有体积小、功耗低、携带方便等特点，使得 GIS 的应用不再受空间的限制，具有移动性。移动 GIS 运行在各种移动终端上，通过无线通信技术与服务器端交互，可以随时随地进行空间信息服务。

（3）数据资源分散、多样性。移动 GIS 运行平台向无线网络的延伸进一步拓宽了其应用领域。由于移动用户的位置是不断变化的，移动用户需要的信息也是多种多样的，这就需要系统支持不同的传输方式，任何单一的数据源都无法满足所有的移动数据请求。

（4）动态（实时）性。移动 GIS 最大的特点就是在各种导航定位设备的支持下，在移动的过程中，不受限制地把采集到的相关信息及时处理并发布给用户。移动 GIS 作为一种应用服务系统，能及时地响应用户的请求，并能根据用户环境的变化进行实时动态的分析计算。例如，车辆导航系统中，可以根据当前车辆位置和交通状况进行实时动态的路径分析和语音引导；在各种野外作业系统中，可以在室外进行实时的信息采集等。

（5）对位置信息的依赖性。嵌入式 GIS 提供的各种服务通常与用户当前位置紧密相关，因此，需要集成各种定位技术，用于实时确定用户当前位置的相关信息。

（6）信息载体的多样性。与传统 GIS 相比，移动终端用户与服务器及其他用户的交互手段更加丰富，包括定位服务、视频、语音、图像、图形、文本等。

第10章　地理信息工程

地理信息系统应用推动 GIS 建设，它涵盖了计算机与网络硬件设计安装和调试、地理空间数据库建设管理和维护、软件设计开发运行和维护、人员培训等内容，是一项艰巨而复杂的系统工程。针对 GIS 的某种应用，以系统论、控制论的理论观点，运用处理工程技术问题的方法，逐步完善形成了项目可行论证、需求分析、总体设计、计算环境设计、数据库设计、软件设计开发、工程实施管理、工程质量控制、项目验收评价和地理信息标准制定等地理信息工程技术体系。实现系统项目的最优规划设计、最优控制运行和最佳管理，人、财、物资源合理投入使用，以求系统建设和长期运行的最佳效果。

10.1　地理信息工程概述

10.1.1　地理信息工程概念

GIS 建设涉及因素众多，概括起来可以分为硬件、软件、地理数据及人。硬件是构成 GIS 系统的物理基础；软件形成 GIS 系统的驱动模型；地理数据是 GIS 系统的血液；人则是活跃在 GIS 工程中的另一个十分重要的因素。人既是系统的提出者，又是系统的设计者、建设者，同时还是系统的使用者、维护者。如果人的作用发挥得好，可以增强系统的功能，增加系统的效益，为系统增值，反之会削弱系统应有的潜能。GIS 建设是一个复杂的工程项目，涵盖了项目的可行性论证、需求分析、系统设计、项目建设、评价验收和运维等过程。针对特定的实际应用目的和要求，应用系统原理和方法，即从系统的观点出发，立足于整体，统筹全局，将系统分析和系统综合有机地结合起来，采用定量的或定性与定量相结合的方法，研究 GIS 工程的建设模式，做到"物尽其用，人尽其能"，以最小的代价取得最佳的收益。

1. 工程

工程是将自然科学的理论应用到具体工农业生产部门中形成的各学科的总称。18 世纪，欧洲创造了"工程"一词，其本来含义是有关兵器制造、具有军事目的的各项劳作，后扩展到许多领域，如建筑屋宇、制造机器、架桥修路等。

随着人类文明的发展，人们可以建造出比单一产品更大、更复杂的产品，这些产品不再是结构或功能单一的东西，而是各种各样的"人造系统"（如建筑物、轮船、铁路工程、海上工程、飞机等），于是工程的概念就产生了，并且它逐渐发展为一门独立的学科和技艺。

依照工程与科学的关系，工程的所有各分支领域都有如下主要职能。

（1）研究：应用数学和自然科学概念、原理、实验技术等，探求新的工作原理和方法。

（2）开发：解决把研究成果应用于实际过程中所遇到的各种问题。

（3）设计：选择不同的方法、特定的材料并确定符合技术要求和性能规格的设计方案，以满足结构或产品的要求。

（4）施工：包括准备场地、材料存放、选定既经济又安全并能达到质量要求的工作步骤，以及人员的组织和设备利用。

（5）生产：在考虑人和经济因素的情况下，选择工厂布局、生产设备、工具、材料、元件和工艺流程，进行产品的试验和检查。

（6）操作：管理机器、设备及动力供应、运输和通信，使各类设备经济可靠地运行。

（7）管理及其他职能。

2. 系统工程

用定量和定性相结合的系统思想和方法处理大型复杂系统的问题，无论是系统的设计或组织建立，还是系统的经营管理，都可以统一地看成是一类工程实践，统称为系统工程。

系统工程是从实践中产生的，它用系统的思想与定量和定性相结合的系统方法处理大型复杂系统的问题。系统工程作为一门交叉学科，日益向多种学科渗透和交叉发展。系统工程的大量实践，运筹学、控制论、信息论等学科的迅速发展，以及其他科学技术部门，特别是物理学、数学、理论生物学、系统生态学、数量经济学、定量社会学等，都有了新的发展和突破，这些不同领域的科学成就，除了具有本学科的特点之外，实际上都在不同程度上揭示了系统的一些性质和规律。

系统工程是把自然科学和社会科学的某些思想、理论、方法、策略和手段等根据总体协调的需要，有机地联系起来，把人们的生产、科研、经济和社会活动有效地组织起来，应用定量和定性分析相结合的方法和计算机等技术工具，对系统的构成要素、组织结构、信息交换和反馈控制等功能进行分析、设计、制造和服务，从而达到最优设计、最优控制和最优管理的目的，以便最充分地发挥人力、物力和信息的潜力，通过各种组织管理技术，使局部和整体之间的关系协调配合，以实现系统的综合最优化。实现系统最优化的科学，是一门高度综合性的管理工程技术，涉及应用数学（如最优化方法、概率论、网络理论等）、基础理论（如信息论、控制论、可靠性理论等）、系统技术（如系统模拟、通信系统等），以及经济学、管理学、社会学、心理学等各种学科。用定量和定性相结合的系统思想和方法处理大型复杂系统的问题，无论是系统的设计或组织建立，还是系统的经营管理，都可以统一看成是一类工程实践，统称为系统工程。

系统工程的主要任务是根据总体协调的需要，把自然科学和社会科学中的基础思想、理论、策略和方法等从横的方面联系起来，应用现代数学和电子计算机等工具，对系统的构成要素、组织结构、信息交换和自动控制等功能进行分析研究，借以达到最优化设计、最优控制和最优管理的目标。系统工程的目的是解决总体优化问题，从复杂问题的总体入手，认为总体大于各部分之和，各部分虽较劣但总体可以优化。其特点如下。

（1）系统工程研究问题一般采用先决定整体框架，后进入详细设计的程序，一般是先进行系统的逻辑思维过程总体设计，然后进行各子系统或具体问题的研究。

（2）系统工程方法是以系统整体功能最佳为目标，通过对系统的综合、系统分析、构造系统模型来调整改善系统的结构，使之达到整体最优化。

（3）系统工程的研究强调系统与环境的融合，近期利益与长远利益相结合，社会效益、生态效益与经济效益相结合。

（4）系统工程研究是以系统思想为指导，采取的理论和方法是综合集成各学科、各领域的理论和方法。

（5）系统工程研究强调多学科协作，根据研究问题涉及的学科和专业范围，组成一个知识结构合理的专家体系。

（6）各类系统问题均可以采用系统工程的方法来研究，系统工程方法具有广泛的适用性。

（7）强调多方案设计与评价。系统评价是指按照目标测定对象系统的属性，把它变成客观定量或主观效用（满足主体要求的程度）的行为，即明确系统价值的过程。系统评价是对新开发的或改建的系统，根据预定的系统目标，用系统分析的方法，从技术、经济、社会、生态等方面对系统设计的各种方案进行评审和选择，以确定最优或次优或满意的系统方案。

按评价项目可分为：①目标评价。确定系统的目标后，要进行目标评价，以确定目标是否合理。②方案评价。确定目标之后，要进行方案评价，选择最优方案。③设计评价。对系统设计进行评价。

按评价的时间顺序分：①事前评价。系统开发之前进行的评价，是为了提高系统性能，在进行系统规划研究时进行的评价（由于没有系统实体，一般用预测或仿真的方法）。②中间评价。在系统计划实施过程中期进行的评价。③事后评价。在开发完成之后进行的评价，评价系统是否达到了预期目标。④跟踪评价。系统运行一段时间后才会发现有些意想不到的后效，因此要重新评价。

按评价内容分：①技术评价。技术评价围绕系统功能来进行，评定系统技术方案能否实现所需的功能。②经济评价。围绕经济效益进行，内容主要是以成本-效益为代表的经济可行性分析。③社会评价是针对系统给社会带来的利益或影响而进行的评价。④综合评价是在上述三个方面评价的基础上，对系统方案价值的大小所做的综合评定。

3. 信息系统工程

信息系统是由计算机硬件、网络和通信设备、计算机软件、数据资源、信息用户和规章制度组成的，以处理信息流为目的的人机一体化系统。信息系统工程简称"信息工程"，指按照工程学原理构建信息系统的过程，包括以下主要阶段：立项、规划、建设、应用、维护。

信息工程总是面向具体的应用而存在，它伴随着用户的背景、要求、能力、用途等诸多因素而发生变化。它是系统原理和方法在信息工程建设领域内的具体应用。这一方面说明信息工程具有很强的功用性，另一方面则要求从系统的高度抽象出符合一般信息工程设计和建设的思路和模式，用以指导各种信息工程建设。

信息工程的基本原理是系统工程，在很大程度上是计算机软件系统，它在软件设计和实现上要遵循软件工程的原理，研究软件开发的方法和软件开发工具，争取以较少的代价获取用户满意的软件产品。

4. 地理信息系统工程

与一般信息系统相比，GIS 是以管理具有定位特征的空间数据为主要特征的计算机软硬件系统，其功能强大、种类繁多、数据种类多样、应用性强、结构复杂，主要表现如下。

（1）横跨多学科的边缘体系。GIS 是由计算机科学、测绘遥感学、地图制图学、地理学、人工智能、专家系统、信息学等组成的边缘学科。

（2）以空间数据为主，数据类型多样。从内涵上说，GIS 包含图形数据、属性数据、拓扑数据。从形式上说，包含文本数据、图形数据、统计数据、表格数据。所有数据都以空间位置数据为核心，建立在图形数据和属性数据之间的联系关系。

（3）以空间分析应用为主，类型多样。GIS 以应用为主要目标，针对不同领域，具有不同 GIS，如土地信息系统、资源与环境信息系统、辅助规划系统、地籍信息系统。不同的 GIS 具有不同的复杂性、功能和要求。

上述情况决定了 GIS 工程建设是一项十分复杂的系统工程，投资大、周期长、风险大、涉及部分繁多。它具有一般工程所具有的共性，同时又存在着自己的特殊性。在一个具体的

GIS 开发建设过程中，需要领导层、技术人员、数据拥有单位、各用户单位与开发单位的相互协作合作，涉及项目立项、系统调查、系统分析、系统设计、系统开发、系统运行和维护多阶段的逐步建设，需要进行资金调拨、人员配置、开发环境策划、开发进度控制等多方面的组织和管理。形成一套科学高效的方法，发展一套可行的开发工具，进行 GIS 的开发和建设，是获得理想 GIS 产品的关键和保证。

10.1.2　地理信息工程研究内容

GIS 工程总是面向具体的应用而存在，针对工程建设领域内的具体应用，应用系统工程基本原理，从系统的观点出发，立足于整体，统筹全局，又将系统分析和系统综合有机地结合起来，采用定量的或定性与定量相结合的方法，提供 GIS 工程的建设模式。GIS 工程涉及因素众多，概括起来可以分为硬件、软件、数据及人。GIS 工程研究内容主要表现为不同应用环境下的硬件网络系统建设；建立与更新维护多模式、多尺度、多形态、多时态和多主题的地理空间数据库；设计开发面向应用需求，支持种类繁多、格式多样、结构复杂的海量地理数据的软件。

1. 系统工程的理论研究

系统工程作为一门交叉学科，日益向多种学科渗透和交叉发展。系统工程的大量实践，运筹学、控制论、信息论等学科的迅速发展，以及其他科学技术部门，特别是物理学、数学、理论生物学、系统生态学、数量经济学、定量社会学等，都有了新的发展和突破，这些不同领域的科学成就，除了具有本学科的特点之外，实际上都在不同程度上揭示了系统的一些性质和规律。系统工程作为一门软科学，日益受到人们的重视。从 20 世纪 70 年代开始，社会上出现了一种从重视硬技术转向重视软技术的变化。软科学是日本学者在 70 年代提出的，软科学需要运用现代科学技术体系以至整个人类知识体系所提供的知识，去研究和解决实践中的复杂性问题，为决策和组织管理提供科学依据。20 世纪 80 年代中期，国际科学界兴起了对复杂性问题的研究，一个突出的标志是 1984 年在美国新墨西哥州成立了以研究复杂性为宗旨的圣塔菲研究所（Santa Fe Institut，SFI）。1994 年，在圣塔菲研究所成立 10 周年之际，霍兰正式提出复杂适应系统（complex adaptive system，CAS）理论。CAS 理论的提出为人们认识、理解、控制、管理复杂系统提供了新的思路。由于其思想新颖和富有启发性，它已经在许多领域得到了应用。在经济、生物、生态与环境，以及其他一些社会科学与自然科学中，CAS 理论的概念和方法都得到了不同程度的应用和验证。

1）系统工程的学科体系

我国著名科学家钱学森提出了一个清晰的现代科学技术的体系结构，认为从应用实践到基础理论，现代科学技术可以分为 4 个层次：首先是工程技术这一层次；其次是直接为工程技术提供理论基础的技术科学这一层次；然后是基础科学这一层次；最后通过进一步综合，才是达到最高概括的马克思主义哲学，如图 10.1 所示。

在此基础上他又进一步提出了一个系统科学的体系结构。认为系统科学是由系统工程这类工程技术、系统工程的理论方法（像运筹学、大

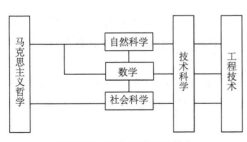

图 10.1　现代科学技术体系

系统理论等）这一类技术科学（统称为系统学），以及它们的理论基础和哲学层面的科学所组成的一类新兴科学，如图 10.2 所示。

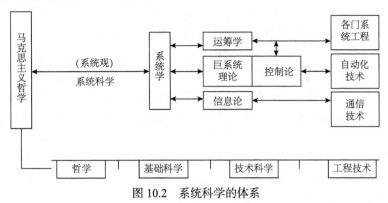

图 10.2　系统科学的体系

　　系统学主要研究系统的普遍属性和运动规律，研究系统演化、转化、协同和控制的一般规律，研究系统间复杂关系的形成法则、结构和功能的关系，有序、无序状态的形成规律及系统仿真的基本原理等，随着科学的发展，它的内容也在不断丰富。由于尚处于起步阶段，还不够成熟，因而学者们对系统科学的学科体系的认识仍有较大差异。

　　系统工程是从实践中产生的，它用系统的思想与定量和定性相结合的系统方法处理大型复杂系统的问题，是一门交叉学科。系统工程把自然科学和社会科学的某些思想、理论、方法、策略和手段等根据总体协调的需要，有机地联系起来，把人们的生产、科研、经济和社会活动有效地组织起来，应用定量和定性分析相结合的方法和计算机等技术工具，对系统的构成要素、组织结构、信息交换和反馈控制等功能进行分析、设计、制造和服务，从而达到最优设计、最优控制和最优管理的目的，以便最充分地发挥人力、物力和信息的潜力，通过各种组织管理技术，使局部和整体之间的关系协调配合，以实现系统的综合最优化。

　　系统工程是一门工程技术，但它与机械工程、电子工程、水利工程等其他工程学的某些性质不尽相同。上述各门工程学都有其特定的工程物质对象，而系统工程则不然，任何一种物质系统都能成为它的研究对象，而且还不只限于物质系统，它可以包括自然系统、社会经济系统、经营管理系统、军事指挥系统等。因为系统工程处理的对象主要是信息，所以系统工程是一门"软科学"。系统工程在自然科学与社会科学之间架设了一座沟通桥梁。现代数学方法和计算机技术，通过系统工程，为社会科学研究增加了极为有用的定量方法、模型方法、模拟实验方法和优化方法。系统工程为从事自然科学的工程技术人员和从事社会科学的研究人员的相互合作开辟了广阔的道路。

　　2）系统工程的理论基础

　　（1）信息论。信息论是研究信息的产生、获取、变换、传输、存储、处理识别及利用的学科。信息论还研究信道的容量、消息的编码与调制的问题及噪声与滤波的理论等方面的内容。

　　信息论于 20 世纪 40 年代末产生，其主要创立者是美国的数学家香农（Shannon）和维纳。根据不同的研究内容，信息论分成三种不同的类型：①狭义信息论，即香农信息论。主要研究消息的信息量、信道（传输消息的通道）容量及消息的编码问题。②一般信息论，主要研究通信问题，但还包括噪声理论、信号滤波与预测、调制、信息处理等问题。③广义信息论，不仅包括前两项的研究内容，而且包括所有与信息有关的领域，其研究范围比通信领域广泛得多，是狭义信息论在各个领域的应用和推广，因此，它的规律也更一般化，适用于各个领域，是一门横断学科。广义信息论，人们也称它为信息科学。信息科学是以信息为主要研究对象，以信息的运动规律和应用方法为主要研究内容，以计算机等技术为主要研究工具，以扩展人类的信息功能为主要目标的一门新兴的综合性学科。

信息具有主客体二重性。信息是物质相互作用的一种属性，涉及主客体双方；信息表征信源客体存在方式和运动状态的特性，所以它具有客体性、绝对性；但接收者所获得的信息量和价值的大小，与信宿主体的背景有关，表现了信息的主体性和相对性。信息的产生、存在和流通，依赖于物质和能量，没有物质和能量就没有能动作用。信息可以控制和支配物质与能量的流动。

信息论研究运用了类比方法和统计方法：①信息论运用了科学抽象和类比方法，将消息、信号、情报等不同领域中的具体概念，进行类比，抽象出了信息概念和信息论模型；②针对信息的随机性特点，运用统计数学（概率论与随机过程），解决了信息量问题，并扩展了信息概念，充实了语义信息、有效信息、主观信息、相对信息、模糊信息等方面的内容。

（2）控制论。控制论（cybernetics）是研究动物（包括人类）和机器内部的控制与通信的一般规律的学科，着重于研究过程中的数学关系，是综合研究各类系统的控制、信息交换、反馈调节的科学，是跨人类工程学、控制工程学、通信工程学、计算机工程学、一般生理学、神经生理学、心理学、数学、逻辑学、社会学等众多学科的交叉学科。在控制论中，"控制"的定义是：为了"改善"某个或某些受控对象的功能或发展，需要获得并使用信息，以这种信息为基础而选出的、于该对象上的作用。由此可见，控制的基础是信息，一切信息传递都是为了控制，进而任何控制又都有赖于信息反馈来实现。信息反馈是控制论的一个极其重要的概念。通俗地说，信息反馈就是指由控制系统把信息输送出去，又把其作用结果返送回来，并对信息的再输出发生影响，起到制约的作用，以达到预定的目的。信息和控制是信息科学的基础和核心。信息和控制在控制论中具有同等地位，两者是不可分割的，它们一起反映了客观世界的可知性和可改造性。

（3）系统论。系统论是研究系统的一般模式、结构和规律的学问，它研究各种系统的共同特征，用数学方法定量地描述其功能，寻求并确立适用于一切系统的原理、原则和数学模型，是具有逻辑和数学性质的一门科学。系统论是通过对各种不同的系统进行科学理论研究而形成的关于适用一切种类系统的学说。其主要创始人是美国的理论生物学家贝塔朗菲。

一般系统论创始人贝塔朗菲，把他的系统论分为狭义系统论与广义系统论两部分。狭义系统论着重对系统本身进行分析研究；而广义系统论则是对一类相关的系统科学进行分析研究。其中包括 3 个方面的内容：①系统的科学、数学系统论；②系统技术，涉及控制论、信息论、运筹学和系统工程等领域；③系统哲学，包括系统的本体论、认识论、价值论等方面的内容。有人提出试用信息、能量、物质和时间作为基本概念建立新的统一理论。

系统论的核心思想是系统的整体观念。贝塔朗菲强调，任何系统都是一个有机的整体，它不是各个部分的机械组合或简单相加，系统的整体功能是各要素在孤立状态下所没有的性质。他用亚里士多德的"整体大于部分之和"的名言来说明系统的整体性，反对那种认为要素性能好，整体性能一定好，以局部说明整体的机械论的观点。同时认为，系统中各要素不是孤立地存在着，每个要素在系统中都处于一定的位置上，起着特定的作用。要素之间相互关联，构成了一个不可分割的整体。要素是整体中的要素，如果将要素从系统整体中割离出来，它将失去要素的作用。一般系统具有物质、能量和信息三个要素。

　　系统论的任务，不仅在于认识系统的特点和规律，更重要的还在于利用这些特点和规律去控制、管理、改造或创造一个系统，使它的存在与发展合乎人的目的需要。也就是说，研究系统的目的在于调整系统结构、协调各要素关系、使系统达到优化目标。

　　3）系统工程新理论

　　系统论、信息论、控制论俗称老三论。系统理论目前已经显现出几个值得注意的趋势和特点。第一，系统论与控制论、信息论、运筹学、系统工程、电子计算机和现代通信技术等新兴学科相互渗透、紧密结合的趋势；第二，系统论、控制论、信息论，正朝着"三归一"的方向发展，现已明确系统论是其他两论的基础；第三，耗散结构论、协同论、突变论、模糊系统理论等新的科学理论，从各方面丰富发展了系统论的内容，有必要概括出一门系统学作为系统科学的基础科学理论；第四，系统科学的哲学和方法论问题日益引起人们的重视。在系统科学的这些发展形势下，国内外许多学者致力于综合各种系统理论的研究，探索建立统一的系统科学体系的途径。瑞典斯德哥尔摩大学萨缪尔教授 1976 年在一般系统论年会上发表了将系统论、控制论、信息论综合成一门新学科的设想。在这种情况下，美国的《系统工程》杂志也改称为《系统科学》杂志。我国有的学者认为系统科学应包括：系统概念、一般系统理论、系统理论分论、系统方法论（包括系统工程和系统分析）和系统方法的应用等 5 个部分。系统科学领域中把耗散结构论、协同论、突变论合称为"新三论"。

　　（1）耗散结构论。20 世纪 70 年代比利时物理学家普利戈金提出耗散结构理论，获 1977 年诺贝尔奖。耗散结构论把宏观系统区分为 3 种：①与外界既无能量交换又无物质交换的孤立系；②与外界有能量交换但无物质交换的封闭系；③与外界既有能量交换又有物质交换的开放系。它指出，孤立系统永远不可能自发地形成有序状态，其发展的趋势是"平衡无序态"；封闭系统在温度充分低时，可以形成"稳定有序的平衡结构"；开放系统在远离平衡态并存在负熵流时，可能形成"稳定有序的耗散结构"。耗散结构论可概括为：一个远离平衡的开放系统（力学的、物理的、化学的、生物的），在外界条件变化达到某一特定阈值时，量变可能引起质变。系统通过不断与外界交换能量与物质，就可能从原来的无序状态转变为一种时间、空间或功能的有序状态，如贝纳尔对流现象中薄层流体表现出从无序到有序的运动。

　　（2）协同论。协同论也称协同学或协和学，是研究不同事物共同特征及其协同机理的新兴学科，是近十几年来获得发展并被广泛应用的综合性学科。它着重探讨各种系统从无序变为有序时的相似性。协同论认为，千差万别的系统，尽管其属性不同，但在整个环境中，各个系统间存在着相互影响而又相互合作的关系。

　　协同论的创始人哈肯说过，他把这个学科称为"协同学"，一方面是由于人们所研究的对象是许多子系统的联合作用，以产生宏观尺度上的结构和功能；另一方面，它又是由许多不同的学科进行合作，来发现自组织系统的一般原理。支配原理是协同学理论的核心原理。协同学认为考察复杂系统的演变可以发现绝大多数的因素是一些衰减得很快的变量，称为快变量；而另一些少数的变量，在系统的发展中变化较慢，并且主宰着整个系统的演变方向，决定着系统的客观（有序）状态，称为慢变量或序参量。哈肯在协同论中描述了临界点附近的行为，阐述了慢变量支配原则和序参量概念，认为事物的演化受序参量的控制，演化的最终结构和有序程度取决于序参量。不同的系统序参量的物理意义也不同。例如，在激光系统中，光场强度就是序参量；在化学反应中，取浓度或粒子数为序参量。

　　协同论指出，一方面，对于一种模型，随着参数、边界条件的不同及涨落的作用，所得到的图样可能很不相同；另一方面，对于一些很不相同的系统，却可以产生相同的图样。由此可以得出一个结论：形态发生过程的不同模型可以导致相同的图样。在每一种情况下，都可能存在生成同样图样的一大类模型。

当一个竞争系统中同时存在几个序参量时就会发生合作、反馈、制约或斗争等种种协同作用。当系统处于稳定状态时，就是包含着由几个序参量所决定的客观结构的"种子形态"，这些"种子"哪些能最终主导整个系统或最终成为系统结构的一部分，这取决于序参量在系统中具体的竞争与合作的态势。

按哈肯的理解，没有外部工头的命令，工人们依靠某种相互默契，协同工作，各尽职责生产产品。自组织的显著特点表现在，行动是在没有外部命令的情况下产生的，即对于自组织系统来说，运动是由内因所驱使，只有当子系统之间存在着作用与反作用，当且仅当相互作用达到了协调、同步时才会出现。协同作用广泛地表现在生物系统、自然系统和社会系统中。例如，人体就是一个高度协同的有序结构：如果人体内部各子系统间的联系和协调出现紊乱，人便会生病，药物和各种治疗方法的作用就是调节各子系统的联系，使它们能协调地运行，使整体再回到高度自主协调的有序状态（健康状态）。协同学理论可以解释目前前沿的企业内部的改组及虚拟企业。

（3）突变论。"突变"一词，法文原意是"灾变"，强调变化过程的间断或突然转换的意思。突变论的主要特点是用形象而精确的数学模型来描述和预测事物的连续性中断的质变过程。突变论是研究客观时间非连续性突然变化现象的一门新兴科学，以法国数学家 R.托姆为代表。突变论研究的内容是从一种稳定组态迁到另一种稳定组态的现象和规律。

突变论认为，系统所处的状态，可用一组参数描述。当系统处于稳定态时，标志该系统状态的某个函数就取唯一的值。当参数在某个范围内变化，该函数值有不止一个极值时，系统必然处于不稳定状态。系统从一种稳定状态进入不稳定状态，随参数的再变化，又使不稳定状态进入另一种稳定状态，那么，系统状态就在这一刹那间发生了突变。突变论给出了系统状态的参数变化区域。

4）系统工程的运筹学

运筹学（operation research）是应用分析、试验和量化的方法，对经济管理系统中人力资源、资金资源、物质资源在有限的情况下进行统筹安排，为决策者提供充分依据的最优方案，以实现最有效的管理。运筹学的分支为：线性规划（linear program）、非线性规划（non-linear program）、动态规划（dynamic program）、排队论（queue theory）、储存论（inventory theory）和对策论（game theory）。

（1）线性规划和非线性规划。在经营管理中，需要恰当地运转由人员、设备、材料、资金、时间等因素构成的体系，以便有效地实现预定工作任务。这一类统筹计划问题用数学语言表达出来，就是在一组约束条件下寻求一个目标函数的极值问题。当约束条件为线性方程式，目标函数为线性函数时，就为线性规划问题；当目标函数和约束条件是非线性时，就叫做非线性规划问题。

（2）动态规划。有些决策问题不是静态的问题，而是复杂的，需要多段决策，前一阶段的决策将影响下一阶段的决策。动态规划是将一个复杂的多段决策问题分解为若干相互关联的较易求解的子决策问题，以寻求最优决策的方法。

（3）对策论。两方或多方为获取某种利益，达到某种目的进行较量，从而导致优胜劣汰的现象，叫做竞争。参与竞争的各方都是理智的主体，拥有各自的策略集（使用对自己有利的策略），通过策略较量而分出胜负、输赢的，属于策略性竞争。如何在竞争中通过正确运用策略赢得竞争，就是对策问题。对策活动可以看成是由局中人（拥有策略、参与竞争者）、策略集和得失函数 3 个要素组成的系统。最典型案例是田忌赛马。

（4）排队论。排队论主要研究排队现象的统计规律性，用以指导服务系统的最优设计和最优经营策略。

服务系统中，顾客和服务台有相互依存和制约关系。顾客是随机到达的，服务台的服务能力有限，于是形成有时顾客为等待服务而排队，有时服务台因没有顾客而空闲的状况。

顾客来到服务台（称为输入）有其自身的统计特性，排队等待服务须遵守排队规则，服务台提供服务也有一定的服务规则，三者相互关联和制约形成一种特殊的系统。

根据每种具体情况下输入、排队和服务的特性，在服务台收益、服务强度和顾客需要（尽量减少排队损失）之间做出合理的安排，就是排队问题。

（5）储存论。人们在生产和日常生活活动中往往将所需的物资、用品和食物暂时地储存起来，以备将来使用或消费。这种储存物品的现象是为了缓解供应（生产）与需求（消费）之间不协调的一种措施，这种不协调性一般表现在供应量与需求量和供应时期与需求时期的不一致性上，出现供不应求或供过于求。人们在供应与需求这两环节之间加入储存这一环节，就能缓解供应与需求之间的不协调，以此为研究对象，利用运筹学的方法去解决最合理、最经济的储存问题。专门研究这类有关存储问题的科学，构成运筹学的一个分支，叫做存储论，也称库存论。

2. GIS 软件工程研究

软件是对客观事物工作规律及内在机制的一种具体描述，是客观事物在计算机技术层面的直接反映，其基本的特性是能够反映客观世界不断变化的需要。软件的本质特征是软件的演化性及软件的构造性。应用软件模型实现更为直接的表达，更符合用户的思维习惯，正是对于软件本质属性的阐述。

软件开发从本质意义上来说就是完成高层概念到低层概念之间的映射，实现不同层次逻辑之间的转换。对于大型应用软件，其映射的结构及映射关系较为复杂。按照目前的基本要求及规范，软件工程以计算机科学的基本理论及相关技术为基础，采用工程管理的模式及方案，对软件产品进行定义、开发、维护及后期的管理。

软件技术工程技术研究的主要内容是"低层概念"与"高层概念"之间的映射关系，从而解决"低层处理逻辑"和"高层处理逻辑"之间的问题。对于一项大型的软件开发工程，要处理好这两项工作是十分困难的。工作人员不仅要考虑如何设计开发这项工程，还要考虑工作人员的安排、工程资金的开支、工程进度的把握、工程方案的调整、内部人员的协调等问题。工作人员得计划好开发的软件需要具备怎样的功能、需要何种编程语言进行编程、各个工作人员分工负责的板块是哪些、工程的总投资、在工作过程中如何协调不同技术部门的人员，使之密切配合。这一切都不是一朝一夕能够完成的，因此计算机软件工程技术是一项复杂而烦琐的技术，并不是一个人或一个团队就可以轻易完成的。

软件开发需要注意的原则：其一是要保证设计的软件具有实用性，能够帮助顾客完成一些工作或者提供决策；其二是要提高开发软件的质量，使之能够适应各种型号的电脑，延长软件的使用寿命；其三是能够不断升级该软件，优化其功能；其四是要保证软件的安全性，能够屏蔽客户的隐私，最好能设计出模块化的软件，方便客户进行使用。

软件工程中最为基本的目标是实现产品的正确性、可用性及合算性。正确性就是说所设计的软件要能够达到预先设定的目标，完成相应的设计功能；可用性指的是软件的基本结构及相关支撑资料可以满足用户的需求；合算性则指的是软件的成本与性能之间的平衡。因此，软件工程的开发过程就是生产一个最终满足用户需求且达到工程目标的软件产品所需要的步骤。一般而言，主要包含需求设计分析、功能实现、客户确认及支持等一系列的过程。

在软件工程的开发设计中必须遵循以下四个原则，首先能够采用合理的设计方法，设计体现模块化的思维，能够考虑软件的一致性及集成组装性等方面的问题；其次采用合理的开发风格，以此保证软件开发的可持续性，不断满足用户提出的新要求；然后能够为软件开发提供高质量的工程支持，保证按期对客户提交符合要求的软件产品；最后能够保证对软件工程的有效管理。

对一个软件开发项目来说，有多个层次、不同分工的人员相配合，在开发项目的各个部分及各开发阶段之间也都存在着许多联系和衔接问题。把这些错综复杂的关系协调好，需要有一系列统一的约束和规定。在软件开发项目取得阶段成果或最后完成时，需要进行阶段评审和验收测试。投入运行的软件，其维护工作中遇到的问题又与开发工作有着密切的关系。软件的管理工作则渗透到软件生存期的每一个环节。所有这些都要求提供统一的行动规范和衡量准则，使得各种工作都能有章可循。

3. 地理数据工程研究

数据工程被定义为：关于数据生产和数据使用的信息系统工程。其主要内容包括数据建模、数据标准化、数据管理、数据应用和数据安全等。

随着 GIS 应用的深入发展，如何更加高效地组织和利用地理空间数据成为空间信息科学研究的一项重要内容。在研究和实践中形成了三方面的共识：①地理空间数据是以地球表面空间位置为参照，描述自然、社会和人文景观的数据。它是地理信息应用中的操作对象，也是 GIS 工程建设的核心。②在 GIS 建设中，数据获取方面的成本占据了非常高的比例，据统计，可以高达 50%～70%。③空间数据的数据量非常大，但是数据的加工和处理仍然是一个"瓶颈"。如何低成本、高效率地生产和利用空间数据成为地理信息应用建设中的重点。

地理空间数据工程实施的难点包括：①不同尺度的地理空间数据获取有不同几何精度的要求，需要相应的测绘技术方法；②空间数据具有海量的特点，获取成本较高，并且获取活动中存在操作因素的影响，造成一定的数据质量问题；③地理空间实体形态多样，数据结构复杂，从空间数据中提取信息是困难的，即空间数据难以充分利用；④同一客观世界，不同社会部门或学科领域的人群，往往在所关心的问题、研究的对象等方面存在着差异，不同信息组团之间存在数据的共享"藩篱"；⑤地理空间数据往往具有时态特征。

在地理空间数据工程实践中，包含的操作活动是多种多样的，如空间数据获取、空间数据分析、空间数据表现、空间数据共享、空间数据再加工衍生新的数据产品等。这些活动可以分为三类，即过程核心活动、过程非核心活动和支持活动，其中，过程核心活动包括空间数据获取、预处理、管理、分析和表现等，构成一个 GIS 应用构造过程的基本活动；而空间数据共享、空间数据再加工等属于过程非核心活动，它们不是应用过程中必需的活动，但是起到了提高数据使用效率和质量的作用；通常过程核心活动、过程非核心活动都将原始空间数据作为其输入，并且输出结果为经过加工后的空间数据产品；而支持活动并不直接处理空间数据，如文档活动、管理活动等都属于支持活动，对于保障空间数据工程的顺利实施具有重要的意义。

为了较好地解决上述问题，空间数据工程需要研究的内容可以分为两个主要方面，即工程实践研究和相关支持技术研究，具体包括：①空间数据工程活动及方法学研究；②空间数据工程过程模型研究；③空间数据工程支持工具及地理工作流研究；④空间数据质量评估和控制研究；⑤空间数据共享和空间元数据研究；⑥多源空间数据集成及地理框架数据建设；⑦空间数据工程标准和规范及相关法规研究。

10.2　地理信息工程过程

根据 GIS 建设的时间序列，可以把建设过程分为 5 个阶段（图 10.3）：可行性论证（项目建议书、项目可行性报告）、需求分析（调查分析、需求报告）、系统设计（总体方案设计、详细方案设计）、项目实施（软件编码、数据加工处理）和系统调试（系统运行测试、系统维护和评价）。工程建设每一阶段，都会形成一定的文档资料，以保证 GIS 的开发运行和便于检查与维护，这些文档作为软件产品的成果之一，集中体现了 GIS 开发建设人员的大量脑力劳动成果，是 GIS 不可缺少的组成部分。

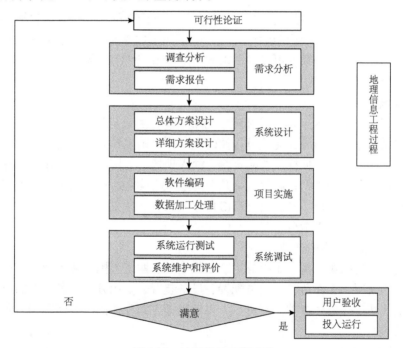

图 10.3　地理信息工程过程

10.2.1　可行性论证

可行性论证主要从市场需求、技术、经济、效益、法律等方面分析工程项目建设是否可行。可行性研究的目的是用最小的代价在尽可能短的时间内确定问题是否能够解决，知道问题有无可行解决方案，即搞清楚问题是否值得解，而不是去解决问题。它是一次压缩简化了的系统分析和设计过程，即在较高层次上以较抽象的方式进行设计的过程。可行性论证分为项目建议和可行性分析两个阶段。

1. 项目建议书

项目建议是项目筹建单位根据自身业务现实需求、中长期业务规划和建设条件提出的某一具体项目的建议文件，是对拟建项目提出的框架性的总体设想，向主管部门申报项目申请，其目的是获得项目主管部门立项。项目建议书内容包括：①项目建设的依据和必要性；②项目建设的内容和指标；③项目建设的技术方案；④投资估算和资金筹措；⑤经济效益和社会效益。

2. 项目可行性报告

项目可行性报告是项目决策前，对项目有关的需求、技术、经济、环境、政策、投资、效益和风险等方面做详尽、全面的调查、系统研究与分析，对各种可能的建设技术和工程方案进行充分的比较论证，确定有利和不利的因素、项目是否可行，估计成功率大小、经济效益和社会效果程度，为决策者和主管机关的审批提供依据。项目可行性报告内容包括：①项目的必要性和意义；②项目建设目标和任务；③项目建设内容和技术方案；④项目施工方案、质量控制和验收；⑤项目投资估算和资金筹措方案；⑥项目效益分析和风险评估；⑦国家有关部门要求提供的其他内容。

10.2.2　需求分析

需求分析是指对要解决的问题进行详细的分析，弄清楚问题的要求，包括需要输入什么数据、要得到什么结果、最后应输出什么。信息工程中的"需求分析"就是确定要计算机"做什么"，要达到什么样的效果。可以说需求分析是做系统之前必做的。需求分析是整个过程中最关键的一个部分。

1. 现行系统调查

对现行系统调查是 GIS 工程开发和建设的第一步，由系统分析员完成。主要任务是通过用户调查发现系统存在的问题，完成可行性研究工作，确定建立 GIS 是否合理、是否可行。可采用访问、座谈、填表、抽样、查阅资料、深入现场、与用户一起工作等各种调查研究方法，获得现行状况的有用资料，解决以下几个问题：①确定对现行系统的调查范围；②发现现行系统存在的问题；③初步确定新建 GIS 的主要目标；④估计新建 GIS 可能带来的效益；⑤根据用户的资金和技术力量分析建立 GIS 是否可行。

1）发现现行系统存在的问题

通过对现行系统组织机构、组织分工、工作任务、职能范围、业务运作流程、信息处理方式、资料使用情况、工作负荷、人员配置、设备装置、费用开支等各方面的调查研究，指出现行工作状况在工作效率、费用支付、人力使用等方面存在的主要问题和薄弱环节，作为待建 GIS 的突破口。

2）初步确定系统的主要目标

系统目标规定了待建 GIS 建成后所要求达到的运行指标，是进行可行性分析、系统分析与设计、系统实施、系统测试、系统评价与维护的重要依据，对 GIS 生命周期起着重要的作用。通过对现行系统功能、现行系统存在的问题、用户多方面的意见和要求、系统建设软硬件环境、GIS 发展水平、投资规模、建设周期等因素的分析，初步确定系统的目标。系统目标决定了将来建成的 GIS 的位置和水平：①建立数据库（图形和属性数据库），实现对有关数据的输入、存储、检索和查询统计，改进信息资源的管理和利用；②不仅实现对有关数据的有效管理，而且提供较强的空间分析功能，建立相应的应用模型，提供辅助决策功能，如土地评价系统、辅助规划系统等；③具有智能推断的高级 GIS 系统。

一般来说，系统目标不可能在调查研究阶段就提得十分具体和确切，随着后续分析和设计工作的逐层深入，新建 GIS 系统目标也将逐步具体化和定量化。

3）技术力量的调查分析

GIS 是一个横跨多个学科的边缘学科，在 GIS 建设的各个阶段，需要各种层次、各种专业的技术人员参加，如系统分析人员、设计人员、程序员、操作员、软硬件维护人员、组织管理人员等。应对新建 GIS 的规模和应用领域，对从事这些工作的技术人员数量、结构和水平进行调查分析，如果不能投入足够数量的上述人员或者投入人员的技术水平不理想，则可以认为 GIS 建设在技术力量上是不可行的。

4）资金财力的调查分析

GIS 工程建设需要有足够的资金财力做保证。根据拟建 GIS 的规模，要对 GIS 开发和运行维护过程中所需要的各种费用进行预测估算，包括软硬件资源、技术开发、人员培训、数据收集和录入、系统维护、材料消耗等各项支出，衡量是否有足够的资金保证进行 GIS 的工程建设。

5）数据资料的调查分析

数据是信息的载体，是系统运行的"血液"。GIS 涉及的数据种类繁多、形式多样、结构复杂，往往同时包括图形数据、图像数据、表格数据、文字数据、统计数据等。要对有关部门所拥有和能够提供的数据在数据种类、完备性、准确性、精确性等方面进行深入的调查统计与分析，明确数据资料是否适用于 GIS 的有效管理，是否能保证 GIS 的有效运行。尤其对于作为定位依据的地形图等基础数据，要认真地调查和统计。

对数据资料的调查，还包括对相关技术规范的调查分析。应该说，这一步工作是十分重要的。

6）系统效益的调查分析

一般来说，GIS 建设投资大，短期内效益不明显。要对 GIS 建成后带来直接或间接的经济效益和社会效益进行估计，并与 GIS 建设各阶段的投入相比较，看看能够带来多少好处。可从投资回收期、效益/费用、节省人力、减轻劳动强度、改进薄弱环节、提高工作效率、提高数据处理的及时性和准确性、辅助决策和提供决策依据等各个方面进行分析预测。

7）运行可行性的调查分析

评价新建 GIS 运行的可行性及运行后引起的各方面的变化（如组织机构、管理方式、工作环境）对社会或人的因素产生的影响，主要包括 GIS 运行后对现有组织机构的影响、现有人员对系统的实用性、对现有人员培训的可行性、人员补充计划的可行性、对环境条件的影响等。

现行系统调查研究要求系统分析员与 GIS 用户、新涉及的各部门甚至领导之间进行充分的交流和沟通，正确分析 GIS 建设带来的利弊，最后由系统分析员提交可行性报告。

2. 系统分析

根据客户提出的系统功能、性能及实现系统的各项约束条件，从技术的角度研究系统实现的可行性。这是系统开发中最难且最重要的工作。分析重点包括：①风险分析。在给定的条件下能否实现所有功能。②资源分析。建立系统所需资源（人手）能否满足。③技术分析。相关技术的发展是否支持该系统。系统分析方法如下。

1）分析现行运行过程

系统分析员在对用户现行工作流程深入调查的基础上，要对现行系统进行深入细致的分析和研究，明确现行系统的目标、规模、界限、主要功能、组织机构、业务流程、数据流程、数据存储、对外联系、日常事务处理与主要存在问题，获取对现行系统的充分认识与理解。

按照现行系统的职能划分和业务范围，概括抽象出现行系统的业务框图或业务流程图，通过各业务职能的相互关系和可实现程度，初步界定出 GIS 建设可实现的业务内容和可改进的职能。例如，对于在空间数据库基础上提供空间分析功能的土地管理信息系统，我们可以实现对土地有关的各项指标的查询、统计及进行土地资源的单一或多用途评级、评价，但不可能期望通过该级别 GIS 的建设实现对土地利用的自动规划。

按照现行系统对数据的使用、加工和处理过程，获得现行系统的数据流程图，对于以空间数据处理为其对象的部门来说，它的运作需要涉及大量的图形、表格、文档资料，数据流程图是其具体业务过程和作业过程的反映，代表了数据操作的逻辑模型。

2）进行数据分析

对数据流程图中出现的所有空间数据、属性数据进行描述与定义，形成数据字典，列出有关数据流条目、文件条目、数据项条目、加工条目的名称、组成、组织方式、去值范围、数据类型、存储形式、存储长度等。

3）现行系统逻辑模型

在理解现行系统"怎样做"的基础上，明确其本质是"做什么"，对现行系统的具体模型进行抽象，去掉那些具体的、非本质的、在进一步深入分析中造成不必要负担的东西，获取反映系统本质的逻辑模型，作为待建 GIS 逻辑模型的依据。

4）明确待建 GIS 的目标

对可行性分析中的目标进行进一步深化明确，在对现行系统深入分析的基础上，找出现行系统存在的问题和弊端，对用户提出的要求进行综合抽象和提炼，形成对待建 GIS 需求的文字描述，包括功能需求、性能需求、数据管理能力需求、可靠性需求、安全保密需求、用户接口需求、联网需求、软硬件需求、运行环境需求等的文字描述，获得待建 GIS 更加明确具体的目标。

5）导出待建 GIS 的逻辑模型

这是系统分析中实质性的一步。将待建系统的逻辑模型与待建 GIS 的目标相比较，找出逻辑上的差别，决定出变化的范围，明确待建 GIS "做什么"；将变化的部分看作新的处理步骤或模块，对现有数据流程图进行调整；由外向内逐层分析，获得待建 GIS 的逻辑模型。

6）制定设计实施的初步计划

对工作任务进行分解，确定各子系统（或模块）开发的先后顺序，分配工作任务，落实到具体的组织和人；对 GIS 建设的时间进度进行安排；对 GIS 建设费用进行评估。

系统分析的最后阶段由分析员提交用户需求分析报告，用户需求分析报告一般应经过用户主管部门的批准，在经过用户和开发者双方认可后，具有合同的作用，是 GIS 建设中进行开发设计和验收的依据。

10.2.3　系统设计

根据系统分析阶段所确定的新系统的逻辑模型、功能要求，在用户提供的环境条件下，设计出一个能在计算机网络环境上实施的方案，即建立新系统的物理模型。这个阶段的任务是设计软件系统的模块层次结构，设计数据库的结构及设计模块的控制流程，其目的是明确软件系统"如何做"。这个阶段又分两个步骤：概要设计和详细设计。概要设计解决软件系统的模块划分和模块的层次结构及数据库设计；详细设计解决每个模块的控制流程、内部算法和数据结构的设计。

1. 系统概要设计

GIS 概要设计总体设计的主要任务如下。

1）GIS 计算环境设计

GIS 计算硬件环境是支持软件运行的硬件标准，是指计算机及其外围设备组成的 GIS 物理系统。组建一个完备的 GIS 物理系统并非易事，有诸多相关问题需要考虑。例如，所建立的网络能否满足当前业务应用需求；是否能满足今后业务增长需要；新增硬件和软件是否能方便地接入网络；采用什么样的网络结构形式与网络技术；选择什么样的硬件服务平台和软件服务平台；选择什么样的数据库系统才能使网络系统运行稳定、可靠、安全、易于管理；网络建成后的生命周期有多长，等等。当然还要考虑当前的有效投入、如何保护投资效益、尽量节省开支、如何充分发挥现有设备的作用与功能等多方面的问题。

（1）硬件配置设计。硬件：包括计算机、存储设备、数字化仪、绘图仪、打印机、其他外部设备。说明其型号、数量、内存等性能指标，画出硬件设备配置图。说明与硬设备协调的系统软件、开发平台软件等。

（2）网络设计。包括对网络的结构、功能两方面的设计。例如，在城市规划与国土信息系统中，基础信息、规划管理、土地管理、市政管线、房地产管理、建筑设计管理等子系统间存在着数据共享和功能调用关系，由于各自针对不同的部门使用，就要求设计相应的网络结构，实现相互间及其与总系统的联网；同时，城市规划与国土信息系统也可能与城市经济信息系统联网。

2）地理数据库设计

地理数据库设计是针对一个特定的应用领域，构造最优的数据库模式，建立数据库及其应用系统，使之能够有效地存储、高效地检索地理数据，满足用户的各种应用需求。数据库设计是 GIS 开发和建设中的核心技术。因为地理数据库应用系统的复杂性，为了支持相关程序运行，数据库设计就变得异常复杂，所以最佳设计不可能一蹴而就，而只能是一种"反复探寻，逐步求精"的过程，也就是规划和结构化数据库中的数据对象及这些数据对象之间关系的过程。

地理数据库设计的内容包括：概念结构设计、逻辑结构设计、物理结构设计、数据库的实施和数据库的运行与维护。

3）GIS 软件设计

GIS 软件是能提供存储、显示、分析地理数据功能的软件。软件设计是从软件需求规格说明书出发，根据需求分析阶段确定的功能设计软件系统的整体结构、划分功能模块、确定每个模块的实现算法及编写具体的代码，形成软件的具体设计方案。软件设计包括软件的结构设计、数据设计、接口设计和过程设计。结构设计是指定义软件系统各主要部件之间的关系。数据设计是指将模型转换成数据结构的定义。接口设计是指软件内部，软件和操作系统间及软件和人之间如何通信。过程设计是指系统结构部件转换成软件的过程描述。

（1）系统的目的、目标及属性的确定。系统的目的是系统建成后应达到的水平标志，或称系统预期达到的水平。GIS 系统必须提出明确的系统目的，以指导工作的展开。系统目标是实现目的过程中的努力方向，GIS 工程中提出的系统目标因具体问题而变化，例如，①投资规模（大、中、小）；②建设周期（一年，二年，…）；③数据准备（半年，一年，…）；④数据采集（半年，一年，…）；⑤旧有设备的利用；⑥效益预计；⑦系统被接纳和使用度（或满意度）估计等。系统属性是指对目标的量度。由于 GIS 工程建设的多样性及不易量测的特点，衡量 GIS 工程的属性通常采用：①直接经济和社会效益；②间接经济和社会效益；③系统对原有工作模式改进程度；④对使用者的满意度调查等。

在处理实际问题时，系统目标常常不止一个，而是多个，它们共同构成目标集合。对目标集合的处理，往往把目标分解，按子集、分层次画成树状结构，称为目标树。构造目标树的原则是：①目标子集按目标的性质进行分类，把同一类目标划分在一个目标子集内；②目标分解，直至可量度为止。

把目标结构画成树状结构的优点是，目标集合的构成与分类比较清晰、直观；更为重要的是，按目标性质分为子集，便于进行目标间的价值权衡，也就是说，在确定目标的权重系数过程中，能够明确地表明应该和哪些层次、哪些部门的决策者对话。

（2）进行各子系统或模块的划分与功能描述。按照 GIS 各功能的聚散程度和耦合程度、用户职能部门的划分、处理过程的相似性、数据资源的共享程度将 GIS 划分为若干子系统或若干功能模块，构成系统总体结构图，并对各系统或模块的功能进行描述。

（3）模块或子系统间的接口设计。各子系统或模块作为整个 GIS 的一部分，相互间在功能调用、信息共享、信息传递方面都存在着或多或少的联系，故应对其接口方式、权限设置进行设计。例如，一个城市规划与国土信息系统可划分为基础信息、规划信息、土地管理、市政管线、房地产管理、建筑设计管理等子系统，相互间都要共享有关基础数据、规划数据、市政管线数据、地籍数据，同时存在相互的调用，应对调用方式、数据共享权限等做出严格规定与设计。

（4）输入输出与数据存储要求。对新建 GIS 输入、输出的种类、形式要求等，以及对数据库的用途、组织方式、数据共享、文件种类做一般说明，详细内容在详细设计中考虑。

2. 详细设计

详细设计是在概要设计的基础上进一步深化，主要内容如下。

1）地理数据库详细设计

地理数据库详细设计要完成地理数据模型设计、数据存储设计和数据获取方案设计。

（1）地理数据模型设计。对于一个大型的 GIS，数据库的设计是一个十分复杂的过程，要求数据库设计者对数据库系统和 GIS 应用系统有相当深入的了解，空间数据库的设计要对数据分层、要素属性定义、空间索引或检索等做明确的设计。

（2）地理数据存储设计。常用的关系数据库并不适合对 GIS 中大量的空间数据的有效管理。GIS 中一般应包含两个数据库：空间数据库和属性数据库。一般来说，GIS 的开发平台已经提供相应的数据库管理系统，或从现有的系统中选购。

（3）数据获取方案设计。数字化作为 GIS 数据采集的重要方式，是 GIS 获取有关图形图件信息的重要手段。数字化方案设计的内容包括：内容选取与分层、数字化中要素关系的处理原则与策略、相应专题内容的数字化方案、数字化作业步骤、数字化质量保证等。

2）GIS 软件详细设计

GIS 软件详细设计对各模块进行逐个模块的程序描述，主要包括算法和程序流程、输入输出项、与外部的接口等。

（1）模块详细设计。详细设计是对总体设计中已划分的子系统或各大模块的进一步深入细化设计。按照内聚度和耦合度、功能完整性、可修改性进一步划分模块，形成进一步功能独立、规模适当的模块，要求各模块高内聚低耦合（即块内紧块间松），对各模块进行设计，画出各模块结构组成图，详细描述各模块的内容和功能。

（2）代码设计。GIS 数据量大，数据类型多样，为减少数据冗余度，方便对数据分类、统计、检索和分析处理，提高处理速度，便于管理，节约存储空间，需要对有关数据元素或数据结构（如用地分类、公共建设设施性质、管道类型、管道名称等）进行代码设计、形成编码文件，必要时还应建设代码字典，记载代码与数据间的对应关系。GIS 中所设计的代码应具有唯一性、标准性和通用性、可扩充性和稳定性、易修改性、易识别和记忆等特点。

（3）界面设计。GIS 作为一种可视产品，一个人机界面友好，简单易学、灵活方便的界面是 GIS 建设的重要内容。GIS 数据信息的提供显示更多地与图形符号化紧密相连，要对图面布局形式、图面布局内容、色调搭配、菜单形式、菜单布局、对话作业方式进行说明。

（4）输入输出设计。在总体设计的基础上，对输入输出的内容、种类、格式、所用设备、介质、精度、承担者做出明确的规定。

（5）安全性能设计。用来避免由于存在的各种危险而造成的事故，确保 GIS 系统使用安全，运行可靠。按照待建 GIS 的状况和用户对象，进行如下内容的设计：对用户分级，设置相应的操作权限；对数据分类，设置不同的访问权限；口令检查，建立运行日志文件，跟踪系统运行；数据加密；数据转储、备份与恢复；计算机病毒的防治。

3. 实施方案设计

实施方案是指对某项工作，从目标要求、工作内容、方式方法及工作步骤等做出全面、具体而又明确安排的计划类文书。工作内容和工作任务分解，指明每项任务的要求和负责人，对各项工作给出进度要求，做出各项实施费用的估算及总预算。

1）项目任务分解

依据项目设计书和项目内容，将工作内容和工作任务进行分解。在项目管理时，要学会分解任务，只有将任务分解得足够细，足够明了，才能统筹全局，安排人力和财力资源，把握项目的进度。

（1）分解原则：①将主体目标逐步细化，最底层的工作任务可直接分派到个人完成；②每任务原则上要求分解至不能再细分为止；③工作任务要对应到人、时间和资金投入。

（2）任务分解方法：①采用树状结构进行分解；②以团队为中心，自上而下与自下而上地充分沟通，一个一个分别交流与讨论，分解单项工作。

（3）任务分解的标准：①分解后活动结构清晰，从树根到树叶，一目了然，尽量避免盘根错节；②逻辑上形成一个大的活动，集成了所有的关键因素，包含临时的里程碑和监控点，所有活动全部定义清楚，要细化到人、时间和资金投入。

2）项目分工与组织架构

项目组织一般由项目经理负责，根据需要可分成几个小组。各部门所要达到的项目目标有清楚的定义，明确责、权、利关系。

3）项目实施流程

项目实施流程是一项庞大而复杂的信息化应用基础工程，需要分任务、分阶段组织建设，逐步实现总体目标。例如，数据库建设实施流程为基础地理信息采购→协调相关部门收集多个业务部门共用的公共信息→采集和更新专用地理信息。

4）项目进度安排

项目进度安排包括：系统建设阶段、时间节点和完成任务项。

第一阶段：组织数据的采集；硬件环境的搭建。

第二阶段：软件采购和部署；软件编码和二次开发。

第三阶段：系统开始正式试运行；BUG 修改；系统性能调优；系统培训；系统验收。

5）进度管理要求

进度管理从任务分解、时间进度安排到资源分配，每个阶段都有里程碑标志，每个阶段都须严格按照工期要求按时、保质完成，项目经理负责项目进度控制。

6）质量控制制度

制订相应的检查验收规定和质量评定标准，并在项目实施的过程中严格执行这些质量标准。依据项目规模和复杂性，实行多级检查、多级验收制度。一级检查和一级验收由个人实施完成；二级检查和二级验收由小组组织完成；三级检查和二级验收由项目经理组织完成。各级检查验收严格按项目实施中制订的相应的检查验收规定和质量评定标准执行。项目经理必须随时向项目管理办公室报告整个项目进展情况，对项目管理办公室负责，采取正确的实施行动来完成项目实施工作。

10.2.4　开发与实施

开发与实施是 GIS 建设付诸实现的实践阶段，实现系统设计阶段完成的 GIS 物理模型的建立，把系统设计方案加以具体实施。在这一过程中，需要投入大量的人力物力，占用较长的时间，因此必须根据系统设计说明书的要求组织工作、安排计划、培训人员、开发和实施相关内容。

1. 计算机网络采购、安装和调式

计算机网络包括计算机和网络两部分。按照系统设计书所列举的设备清单，采购计算机和网络设备。硬件人员进行计算机网络设备安装和调试工作。

2. 程序编制与调试

程序编制与调试的主要任务是将详细设计产生的每一模块用某种程序设计语言予以实现，并检验程序的正确性。为了保证程序编制与调试及后续工作的顺利进行，一般情况下，程序的编制与调试在 GIS 提供的环境下进行，根据具体的问题，分析、编写详细的程序流程图，确定程序规范化措施，最后完成程序的编制、调试、测试。程序编制可以采用结构化程序设计方法，使每一程序都具有较强的可读性和可修改性。当然也可以采用面向对象的程序设计方法。每一个程序都应有详细的程序说明书，包括程序流程图、源程序、调试记录及要求的数据输入格式和产生的输出形式。

3. 数据采集与数据库建立

GIS 过程中需要投入大量的人力进行数据的采集、整理和录入工作。GIS 规模大，数据类型复杂多样，数据的收集与准备是一项既烦琐，劳动量又巨大的任务，要求数据库模式确定后就应进行数据的输入，数据的输入应按数字化作业方案的要求严格进行，输入人员应进行相应程度的培训工作。

4. 系统测试

系统调试与测试是指对新建 GIS 系统进行从上到下全面的测试和检验，看它是否符合系统需求分析所规定的功能要求，发现系统中的错误，保证 GIS 的可靠性。一般来说，应当由系统分析员提供测试标准，制订测试计划，确定测试方法，然后和用户、系统设计员、程序设计员共同对系统进行测试。测试的数据可以是模拟的，也可以是来自用户的实际业务，经过新建 GIS 的处理，检验输出的数据是否符合预期的结果，能否满足用户的实际需求，对不足之处加以改进，直到满足用户要求为止。

测试方法可采用如下流程实施：设计一组测试用例→用各个测试用例的输入数据实际运行被测程序→检测实际输出结果与预期的输出结果是否一致。这里供测试用的数据具有非常重要的作用，为了测试不同的功能，测试数据应满足多方面的要求；含有一定的错误数据；数据之间的关系应符合程序要求。

5. 人员的技术培训

GIS 的建设需要很多人员参加工作，包括系统开发人员、用户和领导阶层，为了保证 GIS 的调试和用户尽快掌握，应提前对有关开发人员、用户、操作人员进行培训，掌握 GIS 的概貌和使用方法。

对于一般人员和领导，也应给予一定的宣传和教育，使其对新建 GIS 系统有所了解，关心和支持 GIS 的实施工作。

GIS 的开发与实施阶段将产生一系列的系统文档资料，一般包括用户手册、使用手册、系统测试说明书、程序设计说明书、测试报告等。

10.2.5　维护和评价

1. 系统的维护

GIS 的维护主要包括以下 4 个方面的内容。

（1）纠错。纠错性维护是在系统运行中发生异常或故障时进行的，往往是对在开发期间未能发现的遗留错误的纠正。任何一个大型的 GIS 系统在交付使用后，都可能发现潜藏的错误。

（2）数据更新。数据是 GIS 运行的血液，必须保证 GIS 中数据的现势性，进行数据的及时更新，包括地形图、各类专题图、统计数据、文本数据等空间数据和属性数据。由于空间数据在 GIS 中具有庞大的数据量，研究如何利用航空和多种遥感数据实现对 GIS 数据库的实时更新具有重要的意义，如可借助航空影像实现对地图的更新。

（3）完善和适应性维护。主要指软件功能扩充、性能提高、用户业务变化、硬件更新、操作系统升级、数据形式变换引起的对系统的修改维护。

（4）硬件设备的维护。包括机器设备的日常管理和维护工作。例如，一旦机器发生故障，要有专门人员进行修理。另外，随着业务的需要和发展，还需对硬件设备进行更新。为了避免系统维护过程中带来的副作用（对其他过程或子系统的影响），加强维护过程中的管理工作是非常重要的，要求按如下步骤严格执行：提出修改需求→领导批准→分配维护任务→验收工作结果。

2. 系统的评价

评价是指对 GIS 的性能进行估计、检查、测试、分析和评审。包括用实际指标与计划指标进行比较，以及评价系统目标实现的程度。在 GIS 运行一段时间后进行。系统评价的指标包括经济指标、性能指标和管理指标各个方面，最后应对评价结果形成系统评价报告。

10.3　地理信息标准

标准化是组织现代化生产的重要手段和必要条件，是提高产品质量、保证安全的技术保证，是推广新技术、新科研成果的桥梁。GIS 主要包括 GIS 软件和地理空间数据。GIS 标准研究也分为 GIS 软件标准和地理空间数据标准。

10.3.1　GIS 软件标准

众所周知，计算机（硬件）一问世，软件即如影随形而来，并进而发展成一门产业——软件产业。20 世纪 60 年代后期，面临软件危机，计算机科学家们开始研究解决软件危机的方法，并逐渐形成了计算机科学技术领域中的一门新兴学科——软件工程学。软件工程学是采用工程的概念、原理和方法进行软件开发和维护的一门学科。它是软件发展到一定阶段的产物。软件工程学的出现既有工程技术发展提供的客观背景，也是软件发展的必然。软件发展到软件工程学时代，从根本上摆脱了软件"个体式"或"作坊式"的生产方法，人们更注重项目管理和采纳形式化的标准与规范，并以各种生命周期模型来指导项目的开发进程。在此期间出现了计算机辅助软件工程（computer aided software engineering，CASE）工具，被广泛用于辅助人们的分析和设计活动，并试图通过创建软件开发环境和软件工厂等途径来提高软件生产率和软件产品质量。

随着软件工程学的蓬勃发展，政府部门、软件开发机构及使用部门等都深切感到了在软件工程领域内制定各种标准的迫切性，于是软件工程标准应运而生。软件工程标准是对软件开发、运行、维护和引退的方法和过程所做的统一规定。产品标准是用于规定软件工程过程中，正式或非正式使用或产生的那些产品的特性（如完整性、可接受性）。软件开发和维护活动的文档化结果就是软件产品。

软件工程标准体系应是一个动态的体系，以适应不断变化的环境需求。对于一些不适用的标准应及时作废或修订，对于新的需求应制定新的标准及时给予反应。对于不断涌现的新的软件工程技术如软件过程评估、软件安全性分析、软件风险管理及软件重用等也应积极开展标准化研究工作，加强有关标准的制定，以补充完善军用软件工程标准体系。

软件工程的标准化会给软件工作带来许多好处，例如，提高软件的可靠性、可维护性和可移植性（这表明软件工程标准化可提高软件产品的质量），提高软件的生产率，提高软件人员的技术水平，提高软件人员之间的通信效率，减少差错和误解，有利于软件管理，有利于降低软件产品的成本和运行维护成本，有利于缩短软件开发周期。

10.3.2　地理数据标准

随着我国 GIS 在各种领域广泛应用，已经建成大量的地理信息数据库，这些数据资源分散在各个部门和行业中。由于历史和机制，各个部门基于各自的部门利益，不愿意对外共享数据。另外，由于不同的行业部门采用不同的 GIS 软件，各部门数据采集和管理的方法各不相同，同时，各部门在使用同一商业 GIS 软件时，又做了不同程度的二次开发，于是形成了许多独立、封闭的系统，对数据的共享造成了很大的障碍；再就是不同用户提供的数据可能来自不同的途径，其数据内容、数据格式和数据质量千差万别，因而给数据共享带来了很大困难，有时甚至会遇到数据格式不能转换或数据格式转换后丢失信息的棘手问题，严重地阻碍了数据在各部门和各软件系统中的流动与共享。造成上述现象的原因主要是缺乏数据的标准化，以至于数据资源难以共享与利用，导致重复投资和信息资源浪费。降低采集、处理数据的成本，促进数据的共享，已经成为各界的共识。

　　数据标准是指数据的名称、代码、分类编码、数据类型、精度、单位、格式等的标准形式。数据标准的制定对于 GIS 的发展具有重要意义，但目前数据标准的研究仍然落后于 GIS 的发展。数据的标准化是在数据应用实践中，对重复性事物和概念通过制定、发布和实施标准，达到统一，以获得最佳秩序和社会效益。数据标准化不但是一个系统与另一个系统实现数据共享的需要，而且是在一个系统内保持数据的连贯性、持续有效性的需要。GIS 数据的标准化直接影响地理信息的共享，而地理信息共享又直接影响 GIS 的经济效益和社会效益。数据共享的实现除了由国家颁布一定的法律规范来保障外，最需要的是要有统一的数据标准。数据标准的统一是实现数据共享的前提条件。在数据标准化建设还不是十分成熟的情况下，为了尽可能满足数据共享，数据生产和数据库建设过程中应尽量满足 GIS 数据标准化所包含的基本内容。

1. 统一的地理坐标系统

　　地理坐标系统又称数据参考系统或空间坐标系，具有公共地理定位基准是地理空间数据的主要特点。通过投影方式，地理坐标、网格坐标对数据进行定位，可使各种来源的地理信息和数据在统一的地理坐标系统上反映出它们的空间位置和四至关系特征。统一的地理坐标系统是各类地理信息收集、存储、检索、相互配准及进行综合分析评价的基础。所以说统一的地理坐标系统是保障数据共享的前提。

2. 统一的分类编码

　　GIS 数据必须有明确的分类体系和分类编码。只有将 GIS 数据按科学的规律进行分类和编码，使其有序地存入计算机，才能对它们进行存储、管理、检索分析、输出和交换等，从而实现信息标准化、数据资源共享等应用需求，并力求实现数据库的协调性、稳定性、高效性。分类过粗会影响将来分析的深度，分类过细则采集工作量太大，在计算机中的存储量也很大。分类编码应遵循科学性、系统性、实用性、统一性、完整性和可扩充性等原则，既要考虑数据本身的属性，又要顾及数据之间的相互关系，保证分类代码的稳定性和唯一性。

3. 统一的数据交换格式标准

　　数据交换格式标准是规定数据交换时采用的数据记录格式，主要用于不同系统之间的数据交换。一个完善的数据交换标准必须能完成两项任务：一是能从源系统向目标系统实现数据的转换，尽管它们之间在数据模型、数据格式、数据结构和存储结构方面存在差别；二是能按一定方法转换空间数据，该方法要跨越两系统硬件结构之间的不同。GIS 软件或数据并不是一次性的"消耗品"，也不是一个专题系统单独使用，而是可多次使用，相互共享。一般属性数据库仅有几种固定的数据类型，因此数据转换问题比较简单。但是空间数据与之不同，除了起说明作用的属性数据外，还有起定位作用的空间数据，因此数据共享比较复杂。但是总的原则是制定的数据交换格式应尽量简单实用，能独立于数据提供者和用户的数据格式、数据结构及软硬件环境，数据格式应便于修改、扩充和维护，便于同国内外重要的 GIS 软件数据格式进行交换，保证较强的通用性。在当前 GIS 软件数据格式较多的情况下，应制订一套稳定的数据交换格式标准，并将国家的基础空间数据面向这一标准，逐步向各行业推广。

4. 统一的数据采集技术规程

　　GIS 数据库中涉及多源数据集，具有数据量大、数据种类繁多，空间定位数据和统计调查数据并存的特点。数据随时更新且有共享性，利于数据传输、交换等需求。根据空间数据库的目标和功能，要求数据库全面而准确地拥有尽可能多的有用数据。作业规程中对设备要求、作业步骤、质量控制、数据记录格式、数据库管理及产品验收都应做详细规定。所采集的数据应具有权威性、科学性和现势性的特点。

5. 统一的数据质量标准

GIS 数据质量标准是生产、使用和评价数据的依据，数据质量是数据整体性能的综合体现，对数据生产者和用户来说都是一个非常重要的参考因子，它可以使数据生产者正确描述他们的数据集符合生产规范的程度，也是用户决定数据集是否符合他们应用目的的依据。其内容包括：执行何规范及作业细则；数据情况说明；位置精度或精度评定；属性精度；时间精度；逻辑一致性；数据完整性；表达形式的合理性等。

由于生产部门数字化作业人员水平、数据生产所采用的各种数据源（地形图、各种遥感影像等）、航摄及解析仪器、数字化设备的精度不同，最终导致 GIS 数据的精度和质量差异。另外，对地理特征的识别质量与作业人员的专业训练也有很大的关系。为了提高 GIS 数据的质量，需要对 GIS 数据质量进行控制。其内容包括：完整的技术方案；优化的工艺流程；严密的生产组织管理；各环节的质量评价及过程控制等。

6. 统一的元数据标准

随着 GIS 数据共享的日益普遍，管理和访问大型数据集正成为数据生产者和用户面临的突出问题。数据生产者需要有效的数据管理、维护和发布办法，用户需要找到快捷、全面和有效的方法，以便发现、访问、获取和使用现势性强、精度高、易于管理和易于访问的 GIS 数据。在这种情况下，数据的内容、质量、状况等元数据信息变得更加重要，成为数据资源有效管理和应用的重要手段。数据生产者和用户都已认识到元数据的重要价值。其内容包括：基本识别信息；空间数据组织信息；空间参考信息；实体和属性信息；数据质量信息；数据来源信息；其他参考信息。

10.4　地理信息工程质量

地理信息工程实践过程中，工程质量主要包括 GIS 软件质量和地理空间数据质量。

10.4.1　地理信息系统软件质量控制

GIS 软件与其他信息化软件的属性是一样的。GIS 软件质量控制类似于一般软件质量控制，完全可以借鉴软件质量度量的理论研究成果。

1. 软件质量的定义

软件质量定义为：①与所确定的功能和性能需求的一致性。②与所成文的开发标准的一致性。③与所有专业开发的软件所期望的隐含特性的一致性。软件质量反映了以下 3 方面的问题：①软件需求是度量软件质量的基础，不符合需求的软件就不具备质量。②规范化的标准定义了一组开发准则，用来指导软件人员用工程化的方法来开发软件。如果不遵守这些开发准则，软件质量就得不到保证。③往往会有一些隐含的需求没有显式地提出来，如软件应具备良好的可维护性。如果软件只满足那些精确定义了的需求而没有满足这些隐含的需求，软件质量也不能保证。

软件质量是软件符合明确叙述的功能和性能需求、文档中明确描述的开发标准，以及所有专业开发的软件都应具有的和隐含特征相一致的程度。从管理角度对软件质量进行度量，可将影响软件质量的主要因素划分为三组，分别反映用户在使用软件产品时的三种观点：正确性、健壮性、效率、完整性、可用性、风险（产品运行）；可理解性、可维修性、灵活性、可测试性（产品修改）；可移植性、可再用性、互运行性（产品转移）。性能（performance）是指系统的响应能力，即要经过多长时间才能对某个事件做出响应，或者在某段时间内系统所能处理的事件个数；可用性（availability）是指系统能够正常运行的时间比例；可靠性（reliability）是指系统在应用或者错误面前，在意外或者错误使用的情况下维持软件系统功能特性的能力；健壮性（robustness）是指在处理或者环境中系统能够承受的压力或者变更能力；安全性（security）是指系统向合法用户提供服务的同时能够阻止非授权用户使用的企图或者拒绝服务的能力；可修改性（modification）是指能够快速地以较高的性能价格比对系统进行变更的能力；可变性（changeability）是指体系结构扩充或者变更成为新体系结构的能力；易用性（usability）是衡量用户使用软件产品完成指定任务的难易程度；可测试性（testability）是指软件发现故障并隔离定位其故障的能力特性，以及在一定的时间或者成本前提下进行测试设计、测试执行能力；功能性（function ability）是指系统完成所期望工作的能力；互操作性（inter-operation）是指系统与外界或系统与系统之间的相互作用能力。

2. 软件质量的度量

随着软件的复杂性日益增长，软件开发的周期及费用也日益增长，软件质量的保证与提高越来越成为人们高度重视的问题，软件质量的度量的理论和研究也随之发展起来。好的度量模型和标准能够有效地提高软件开发效率和软件质量。影响软件质量的因素可以分为两大类：一是可以直接度量的因素，如单位时间内千行代码（KLOC）中产生的错误数；二是间接度量的因素，如可用性或可维护性。在软件开发和维护的过程中，为了定量地评价软件质量，必须对软件质量特性进行度量，以测定软件具有要求质量特性的程度。

软件的度量过程主要按照以下 5 个步骤进行。

（1）确定软件的质量度量需求。这一步是软件质量度量最为前提和基础的一步，主要活动包括设计可能的质量因素集合，优化并确定这一因素集合和建立软件质量模型。

（2）确定软件质量度量元。这是软件度量过程较为关键的一步，度量元选取的好坏直接影响着质量评估的结果。首先在基于软件质量度量框架的基础之上，将质量特性分解成度量元；继而执行度量元的成本效益分析，根据其结果调整优化已选度量元集合。

（3）执行软件质量度量。包括定义度量数据收集过程并且收集数据、根据已有数据计算度量值等环节。需要注意的是，采集的数据应该基于正确定义的度量和模型，从而保证数据的正确性、准确性和精度。因此，在收集数据之前，应当设定数据采集的目标，并且定义有意义的问题。

（4）分析软件质量度量结果。通过分析比较收集的度量数据与目标值，发现两者之间的区别。确定那些不可接受的度量值，详细分析那些数值偏离关键值的度量元并依据分析结果重新设计软件质量度量。

（5）软件质量度量的验证。验证的目的就是证明通过软件产品和过程度量可以预测具体的软件质量因素值。验证的过程中，在运用相关的验证方法和标准的前提下，必须确定软件质量因素样本和度量样本，然后执行对度量的统计分析，检验度量的作用是否实现。

3. 软件质量度量模型

软件的质量由一系列质量要素组成，每一个质量要素由一些衡量标准组成，每个衡量标准又由一些量度标准加以定量刻画。质量度量贯穿于软件工程的全过程及软件交付之后，在软件交付之前的度量主要包括程序复杂性、模块的有效性和总的程序规模，在软件交付之后的度量则主要包括残存的缺陷数和系统的可维护性方面。

麦考尔（McCall）等将软件质量分解至能够度量的层次，提出 FCM 三层模型（表 10.1）：软件质量要素、衡量标准和量度标准，包括 11 个标准，分为产品操作、产品修正和产品转移。

表 10.1 软件质量度量 FCM 模型

层级	名称	内容
第一层	质量要素：描述和评价软件质量的一组属性	功能性、易用性、可靠性、可维护性、可移植性等质量特性及将质量特性细化产生的副特性
第二层	衡量标准：衡量标准的组合，反映某一软件质量要素	精确性、稳健性、安全性、通信有效性、处理有效性、设备有效性、可操作性、培训性、完备性、一致性、可追踪性、可见性、硬件系统无关性、软件系统无关性、可扩充性、公用性、模块性、清晰性、自描述性、简单性、结构性、文件完备性等
第三层	量度标准：可由各使用单位自定义	根据软件的需求分析、概要设计、详细设计、编码、测试、确认、维护与使用等阶段，针对每一个阶段制定问卷表，以此实现软件开发过程的质量度量

4. 软件度量的验证与预测

在软件开发和维护的过程中，定量地评价软件的质量，必须对软件质量特性进行度量，以测定软件具有要求质量特性的程度。软件质量特性度量有两类：预测型和验收型。

（1）预测度量是利用定量的或定性的方法，对软件质量的评价值进行估计，以得到软件质量的比较精确的估算值。它用在软件开发过程中。而验收度量则是在软件开发各阶段的检查点，对软件的要求质量进行确认性检查的具体评价值，它可以看成是对预测度量的一种确认，是对开发过程中的预测进行评价。

（2）预测度量有两种。第一种叫做尺度度量，这是一种定量度量。它适用于一些能够直接度量的特性，如出错率定义为错误数/KLOC/单位时间。一般它作为相对量进行度量。第二种叫做二元度量，这是一种定性度量。它适用于一些只能间接度量的特性，如可使用性、灵活性等。通常，对质量特性制定检查表，通过对照检查项目，确定一种质量特性的有无。例如，在设计和编码阶段的复杂性度量，利用尺度度量方法来做。而对模块复杂性的度量采用 Mc-Cabe 环路度量。基本思想是基于程序的分支、循环、顺序等控制结构来估算模块中的结构上的复杂性，其检查表；给出了评价设计文档是否完备的检查表，这是二元度量的例子。我们对检查表中每一项都应给以记分，指定信息存在时记"1"，否则记"0"。表中各项的分数相加，即得度量结果。

10.4.2 地理空间数据质量与检验

地理数据是对现实世界中空间特征和过程的抽象表达。由于现实世界的复杂性和模糊性，以及人类认识和表达能力的局限性，这种抽象表达总是不可能完全达到真值的，而只能在一定程度上接近真值。从这种意义上讲，地理数据质量发生问题是不可避免的。另外，对地理数据的处理也会导致出现一定的质量问题。地理数据的质量控制就是通过采用科学的方法，制定出空间数据的生产技术规程，并采取一系列切实有效的方法，在地理数据的生产过程中针对关键性问题予以精度控制和错误改正，以保证地理数据的质量。

1. 地理空间数据质量

地理空间数据质量是指空间数据在表达实体空间位置、特征和时间时所能达到的准确性、一致性、完整性和三者统一性的程度，以及数据适用于不同应用的能力，简而言之，空间数据质量就是空间数据的可靠性和精度，通常用空间数据的误差来度量。空间数据的质量控制是针对空间数据的特点来进行的。

空间位置、专题特征及时间是表达现实世界空间变化的三个基本要素。空间数据是有关空间位置、专题特征及时间信息的符号记录。而数据质量则是空间数据在表达这三个基本要素时，所能够达到的准确性、一致性、完整性，以及它们三者之间统一性的程度。

空间数据质量主要包括数据完整性、逻辑一致性、空间精度、时间精度、专题精度、图形或影像质量、附件质量及一些关于数据的说明等。因此，空间数据质量的好坏是一个相对概念，并具有一定程度的针对性。尽管如此，仍可以脱离开具体的应用，从空间数据存在的客观规律性出发来对空间数据的质量进行评价和控制。

（1）误差（error）：误差反映了数据与真实值或者大家公认的真值之间的差异，它是一种常用的数据准确性的表达方式。空间数据的质量通常用误差来衡量，空间数据误差的来源是多方面的，数据采集过程中引入的源误差，从空间数据处理操作到空间数据使用过程中，每一步都会引入新的误差。

（2）数据的准确度（accuracy）：数据的准确度被定义为结果、计算值或估计值与真实值或者大家公认的真值的接近程度。

（3）数据的精密度（resolution）：数据的精密度指数据表示的精密程度，即数据表示的有效位数。它表现了测量值本身的离散程度。由于精密度的实质在于它对数据准确度的影响，同时在很多情况下，它可以通过准确度得到体现，故常把二者结合在一起称为精确度，简称精度。

（4）不确定性（uncertainty）：不确定性是关于空间过程和特征不能被准确确定的程度，是自然界各种空间现象自身固有的属性。在内容上，它是以真值为中心的一个范围，这个范围越大，数据的不确定性也就越大。

2. 数据源的误差分析

1）地图质量和获取方法问题

空间数据是现有地图经过数字化或扫描处理后生成的数据。在空间数据质量问题上，不仅含有地图固有的误差，还包括图纸变形、图形数字化等误差。

（1）地图固有误差。地图固有误差是指用于数字化的地图本身所带有的误差，包括控制点误差、投影误差等。因为这些误差间的关系很难确定，所以很难对其综合误差做出准确评价。如果假定综合误差与各类误差间存在线性关系，即可用误差传播定律来计算综合误差。

（2）材料变形产生的误差。这类误差是图纸的大小受湿度和温度变化的影响而产生的。温度不变的情况下，若湿度由 0 增至 25%，则纸的尺寸可能改变 1.6%；纸的膨胀率和收缩率并不相同，即使温度又恢复到原来的大小，图纸也不能恢复原有的尺寸。一张 36 英寸（1 英寸 ≈ 2.54cm）长的图纸因湿度变化而产生的误差可能高达 0.576 英寸。在印刷过程中，纸张先随温度的升高而变长变宽，又由于冷却而产生收缩，最后，图纸在长、宽方向的净增长约为 1.25% 和 2.5%，变形误差的范围为 0.24~0.48mm。基于聚酯薄膜的二底图与纸质地图相比，材料变形产生的误差相对较小。

（3）图形数字化误差。数字化方式主要有跟踪数字化和扫描数字化两种。跟踪数字化一般有点方式和流方式两种，实际生产中使用较多的是点方式。用流方式进行数字化所产生的误差要比点方式大得多。影响跟踪数字化数据质量的因素主要有：①数字化要素对象。地理要素图形本身的宽度、密度和复杂程度对数字化结果的质量有着显著影响。例如，粗线比细线更易引起误差，复杂曲线比平直线更易引起误差，密集的要素比稀疏要素更易引起误差等。②数字化操作人员。数字化操作人员的技术与经验不同，所引入的数字化误差也会有较大的差异。这主要表现在最佳采点点位的选择、十字丝与空间实体重叠程度的判断能力等方面。另外，数字化操作人员的疲劳程度和数字化的速度也会影响数字化的质量。③数字化仪。数字化仪的分辨率和精度对数字化的质量有着决定性的影响。通常，数字化仪的实际分辨率和精度比标称的分辨率和精度都要低一些，选择数字化仪时应考虑这一因素。④数字化操作。操作方式也会影响数字化数据的质量，如曲线采点方式（流方式或点方式）和采点密度等。

扫描数字化采用高精度扫描仪将图形、图像等扫描并形成栅格数据文件，再利用扫描矢量化软件对栅格数据文件进行处理，将它转换为矢量图形数据。矢量化过程有两种方式，即交互式和全自动。影响扫描数字化数据质量的因素包括原图质量（如清晰度）、扫描精度、扫描分辨率、配准精度、校正精度等。

2）遥感数据的质量问题

遥感数据质量问题，一部分来自遥感仪器的观测过程；一部分来自遥感图像处理和解译过程。遥感观测过程本身存在着精确度和限制，这一过程产生的误差主要表现为空间分辨率、几何畸变和辐射误差，这些误差将影响遥感数据的位置和属性精度。

遥感图像处理和解译过程，主要产生空间位置和属性方面的误差。这是由图像处理中的影像或图像校正和匹配及遥感解译判读和分类引入的，其中包括混合像元的解译判读所带来的属性误差。

3）测量数据的质量问题

测量数据主要指使用大地测量、GPS、城市测量、摄影测量和其他测量方法直接量测所得到的测量对象的空间位置信息。这部分数据质量问题，主要是空间数据的位置误差。

空间数据的位置通常以坐标表示，空间数据位置的坐标与其经纬度表示之间存在着某种确定的转换关系。而在以标准椭球体代表地球真实表面空间时，已经引入了一定的误差因素，由于这种误差因素无法排除，一般也不作为误差考虑。

测量方面的误差通常考虑的是系统误差、操作误差和偶然误差。

（1）系统误差的发生与一个确定的系统有关，它受环境因素（如温度、湿度和气压等）、仪器结构与性能及操作人员技能等方面的因素综合影响。系统误差不能通过重复观测加以检查或消除，只能用数字模型模拟和估计。

（2）操作误差是操作人员在使用设备、读数或记录观测值时，因粗心或操作不当而产生的。应采用各种方法检查和消除操作误差。一般，操作误差可通过简单的几何关系或代数检查验证其一致性，或通过重复观测检查消除。

（3）偶然误差是一种随机性的误差，由一些不可预料和不可控制的因素引入。这种误差具有一定的特征，如正负误差出现频率相同、大误差少、小误差多等。偶然误差可采用随机模型进行估计和处理。

3. 地理空间数据质量控制

数据质量控制是个复杂的过程，控制数据质量应从数据产生和扩散的所有过程和环节入手，分别用一定的方法减少误差。

　　地理空间数据质量控制研究有两大主要任务：一方面，从理论上研究地理空间数据误差的来源、性质和类型，度量指标和表达式及在空间操作中的传播规律；另一方面，从实际上寻找控制或削弱误差的数据处理技术，即质量控制技术。目前，许多重要的数据生产者按照质量认证程序（如 ISO9000）认可的要求，提供详细的质量文件。本小节提出地理空间数据质量控制的方法。首先，论述如何在总体上进行质量控制，然后重点阐述如何对生产过程中的每一个工序进行数据质量控制，最后论述如何对成果数据进行质量控制。空间数据质量控制常见的方法如下。

　　1）地理空间数据质量整体控制

　　地理空间数据生产工序多，误差来源多种多样，尤其对于大规模数据生产，探讨如何在数据获取过程中进行质量控制，制订相应的数据质量控制策略，对于保证成果数据的质量十分重要。从数据生产者的角度，误差总体控制从以下几个方面进行。

　　（1）完善质量管理体系，加强组织管理。为了保证数据生产的顺利进行，人员和设备是生产组织实施的必备条件，在生产组织管理中必须做好人员和设备的配备，必须对生产管理人员、生产作业人员、产品质量检验人员进行培训。同时制定确实可行的生产作业流程，确定生产组织形式及生产岗位设置，制订合理的生产定额，按天、按月或按季完成的生产工作量及保质保量完成任务的关键措施。为保证地理空间数据质量，需成立专门的生产项目组，并设立专门的项目负责人、项目技术负责人、项目质量负责人，并由项目组进行生产组织管理。

　　建立质量保障体系。建立质量保障体系是保障产品质量的主要手段之一。建立质量责任制度，制定质量工作计划，明确各个部门、每个岗位的任务、职责、权限，使各项工作系统化、标准化、程序化和制度化。

　　严格执行"两级检查，一级验收"制度。对数据产品实行过程检查和最终检查的检查验收制度。过程检查主要由数据生产者、专职检查员承担，最终验收由单位内质量管理机构和用户完成。

　　建立质量跟踪卡。每幅图均建立一个质量跟踪卡，从资料收集、资料预处理，直到提交数据验收，记录每一个工序进行的操作、存在的问题及处理方法等，并需由作业员及质量检查员签名。

　　加强技术规定的管理与贯彻执行。地理空间数据生产过程中涉及的具体问题很多，针对出现的问题会编写补充技术规定。因此，需要加强技术规定的管理，并及时传达到作业员手中，以保证最新的技术规定真正落实到生产中；同时，需要保证各个技术规定的前后一致，以避免重复劳动。

　　（2）做好计划。数据采集计划质量控制与评价方法见表 10.2。

表 10.2　数据采集计划质量控制与评价方法

质量指标	计划合理，跟踪过程，了解进度，适时调整
质量控制方法	根据计划要求精心组织、详细策划、合理安排生产，在下达生产任务后，随时跟踪过程生产，了解生产进度，根据过程掌握的情况，及时调整生产计划，保证有序地组织生产。在确保工期的同时确保产品质量，生产计划下发前应得到批准
质量评价	生产是否按计划有序地进行，产品质量是否满足顾客的要求，提供产品的时间是否得到保证，是否及时调整不合理的生产计划

（3）编写技术设计并审批。编写技术设计质量控制与评价方法见表10.3。

表 10.3　编写技术设计质量控制与评价方法

质量控制指标	质量控制方法	质量评价
引用标准正确性	准确引用标准和作业根据	引用标准是否正确
资料分析质量	认真分析各种资料	资料分析是否完整、透彻、详尽
技术路线正确性	选择科学合理的技术路线和作业流程，准确地表达设计思想，指导生产作业	技术路线设计是否科学合理；设计书是否进行评审；设计书是否得到审批
技术指标或参数设定合理性	准确给出技术指标和作业参数，详尽地阐述作业方法、检查重点、上交成果格式及种类	即时指标或参数引用是否正确
设计书审批	严格按照规定审批设计书	设计书审批制度是否健全

（4）技术路线试验。技术设计书中的技术路线对数据获取方法、整个作业流程均作出规定，对保证成果数据质量的一致性十分关键。因此，需要根据总体设计思路，进行技术路线试验，通过一步步模拟实际生产状况，确定产品的技术指标、技术路线、生产工艺流程、数据质量控制方案、生产定额和成本定额，为大规模组织生产积累经验。

（5）严格进行人员培训，统一技术要求。统一参与生产人员的技术要求，是保证成果的关键。在正式的大规模数据生产之前，需组织相关人员集中进行系统学习，统一讲解，了解生产整个工艺流程、有关技术文件、软件应用、各个工序作业步骤、各种软硬件的正确使用方法、质量要求，做好技术准备工作；组织人员进行试生产，了解培训效果，针对质量问题分析引起质量问题的原因，现场讲解解决办法，防止类似问题普遍出现、重复出现；进行每一个具体操作前再次学习技术要求，强化质量意识；及时将各种补充技术文件下发到作业员手中，知晓最新的技术规定，在整个作业过程中确保技术方案的一致性、稳定性。如在此过程中发现原来未顾及的原则性问题，确需修改技术方案时，须由设计者统一补充完善，经审批后通知到每个作业人员，以确保技术标准的统一，确保严格的全过程质量控制，保证数据质量。

（6）设备保证。用于数据采集的各种软硬件，其性能指标必须满足数据采集的质量标准和技术设计书的要求，作业前后须对其进行检校，定期检修使其符合生产的技术要求。地理空间数据采集使用的软件类型多种多样，软件本身的可靠性是大批量成果质量的根本保证。地理空间数据内业制作加工生产工序多，每一步产生的误差对成果数据质量均有影响。因此，在数据制作过程中，必须对每一个工序的成果进行跟踪检查，发现问题及时解决，控制误差的传播，确保成果数据质量。

2）成果数据质量控制

成果数据检查验收是数据质量控制的关键环节，通过成果数据的全面质量检查与评价，判断成果数据是否满足规范、技术设计要求，对发现的错误进行编辑、修改，进行成果数据质量控制，使最终提交的数据符合质量要求。成果数据检查与评价的内容包括：数据的位置精度、属性精度、完整性、逻辑一致性、接边精度、附件质量等，各质量指标详细的检验内容与评价方法。以下仅就位置精度的限差、位置精度检测时检测点个数的确定进行讨论。

（1）位置精度限差。对于地理空间数据目前尚不能可靠、有效地评价其精度。通常采用的方法是对比法，即将生产的地理空间数据与遥感影像或其他地理空间数据产品在屏幕上套合，选取明显的地物点进行比较，分别统计计算出图幅的平面位置误差。

（2）检测点个数确定。采用对比方法评价的地理空间数据成果位置精度，均不可能测试数据集内的所有点，只能抽取一定数量样本，采用数理统计方法，用样本的标准偏差近似地估计数据集的总体标准偏差，即数据集的位置精度。因此，涉及采用多少个点进行测试，计算的样本的标准偏差才能近似地估计数据集的总体标准偏差的问题。为使数据位置精度评价结果具代表性，所选择的检测点应是明显的、有确定位置的地物特征点，并尽量均匀地分布在图幅内。

4. 地理空间数据质量检验

地理空间数据既包括几何图形数据，又包括图形数据的描述信息，即属性数据。如何根据地理空间数据质量模型对成果数据各项质量指标进行检验与评价，并进行空间数据质量的总体评价，从而为数据的生产者和使用者提供质量信息，是数据质量控制的又一重要研究内容。目前，实施空间数据质量检验与评价，主要采用屏幕显示检查、绘图检查、基于 GIS 软件检查、打印校对、手工评价等人工方法。如何采用自动化方法进行地理空间数据质量的检验与评价，提高工作效率，是值得深入研究的课题。

1）数据质量常见的检验方法

（1）手工方法。质量控制的人工方法主要是将数字化数据与数据源进行比较，图形部分的检查包括目视方法、绘制到透明图上与原图叠加比较，属性部分的检查采用与原属性逐个对比或其他比较方法，这要求操作人员具有较高水平的专业素质和一定的耐心。例如，在地图数字化过程中，不可避免地会出现空间点位丢失或重复、线段过长或过短、区域标识点遗漏等问题。为此，可采用目视检查、逻辑检验和图形检验等方法进行检查与处理。

传统的地理空间数据质量人工检验方法主要是将地理空间数据与数据源进行比较，图形部分的检查包括目视方法、绘制到透明图上与原图叠加比较，属性部分的检查采用打印表格与原来的属性逐个对比。

（2）人机交互方法。将数据集与背景图叠加，利用 GIS 软件的查询、显示等基本功能，在屏幕上通过人眼判断数据的几何位置、属性信息等的正确性。

（3）地理相关法。用空间数据的地理特征要素自身的相关性来分析数据的质量。例如，从地表自然特征的空间分布着手分析，山区河流应位于微地形的最低点，因此，叠加河流和等高线两层数据时，若河流的位置不在等高线的外凸连线上，则说明两层数据中必有一层数据质量有问题，如不能确定哪层数据有问题，可以通过将它们分别与其他质量可靠的数据层叠加来进一步分析。因此，可以建立一个有关地理特征要素相关关系的知识库，以备各空间数据层之间地理特征要素的相关分析之用。

地理相关法是指用地理空间数据的地理特征要素自身的相关性来分析数据的方法。例如，从地理空间要素特征的空间分布着手分析，POI 点应位于导航线两侧，因此，叠加道路和 POI 两层数据时，若 POI 位于双向导航线中间，则说明两层数据中必有一层数据有质量问题，如不能确定哪层数据有问题，可以通过将它们分别与其他质量可靠的数据层叠加来进一步检查分析。

（4）元数据方法。使用元数据的目的就是促进数据集的准确、高效利用，其内容包括对数据集中各数据项、数据来源、数据所有者及数据生产历史等的说明；对数据质量的描述，如数据精度、数据的逻辑一致性、数据完整性、分辨率、比例尺等；对数据处理信息的说明；对数据转换方法的描述；对数据库的更新、集成等的说明。通过使用元数据，可以检查数据质量，跟踪数据加工处理过程中精度质量的控制情况。例如，在数据集成中，不同层次的元数据分别记录了数据格式、空间坐标、数据类型、数据使用的软硬件环境、数据使用规范、数据标准等信息，这些信息在数据集成的一系列处理中，如数据空间匹配、属性一致化处理、数据在各平台之间的转换使用等是必要的。这些信息能够使系统有效地控制系统中的数据流。

2）数据质量常见的检验内容

以下分别从图形质量、位置精度、属性精度等几方面对地理空间数据质量检验方法进行说明。

（1）图形质量。图形数据是地理空间数据中的一类重要数据，不允许存在大的差错，即粗差。对于图形数据，目前均采用点、线、面要素分层进行表达，采用严密的数据结构记录要素的特征点坐标。粗差检测主要是对几何图形对象的几何信息进行检查，发现在地理空间数据数字化过程中产生的图形方面的错误。

（2）位置精度。GIS中空间实体的位置通常以三维或二维坐标表示，位置精度指GIS中被描述物体的位置与地面上真实位置之间的接近程度，常以坐标数据的精度来表示。位置精度包括数学基础精度、平面位置精度、高程精度、接边精度、形状再现精度（形状保真度）等。

（3）属性精度。属性精度是指实体的属性值与其真实值相符的程度，它通常取决于数据的类型，且常与位置精度有关。属性为隐含的地理空间数据信息，却具有重要价值，需要对其进行全面检查。包括属性项定义、属性值的正确性等。属性检查主要是通过不同字段之间的特殊性及相关性，检查其是否正确。

（4）属性项。属性项检查主要是检查属性结构的定义是否与标准定义一致。检查的内容包括属性项数、属性项定义、属性项顺序；属性项定义又可分为属性项命名、属性项代码、属性项类型、属性项长度、小数点位数。属性项定义采用匹配法或模板法进行检查，实现方法如下：定义标准的属性项，包括所有的属性项、属性项的定义。将标准的属性项定义与从数据中读出的属性项定义写成同一种数据格式，如文本数据格式。应用程序进行比较检查。采用该方法，自动检查属性数据表的定义是否正确。如果与标准不一致，则将错误记录到数据库中。

（5）属性值。属性值检查主要检查其属性值的输入正确性，其检查方法是通过属性值的特性进行检查。主要内容包括非法字符检查、非空性检查、频率法检查、固定长度检查、有效值检查。

非法字符。指属性值中不应该存在的字符。非法字符的检查主要针对字段类型为字符型的字段，其值不应包含特殊字符，如？、》、《、～、—。

非空性。非空性是指某些属性必须输入其特征值，不允许不输入。所以在检查时，如果那个字段为空，则按错误记入数据库。

频率法。频率是指某一值出现的次数。因为属性表中某些字段值在每个文件中出现的次数是固定的，所以，当其出现的次数与其预定次数不等时，则存在错误。频率法主要用于主关键项等的检查，一个表中某一项的值都要求是唯一的情况时，频率法是最有效的检查方法。

固定长度。固定长度指的是属性值的长度为某一定值，当其长度不等于设置值时，则存在错误，如一些代码只能是四位，既不会多，也不会少。

有效值法。属性数据的有效值检查包括属性的可能取值和属性值范围两种。属性的可能取值是指某一属性项的值可以列举出来。因此，用于属性数据的有效值检查。属性的可能取值检查主要用来检查离散型的属性数据。属性值范围是指属性项的值在一定的范围内，不会超出既定范围，如一些级别代码只能是一、二、三、四，如果属性值不是这些代码则作为错误记入数据库。属性值的可能取值和范围可以手工输入，也可以引入已有标准的范围值。属性值范围检查主要用来检查连续型的属性数据。

第11章　地理信息系统应用

需求是科学与技术发展的动力。GIS 应用就是针对业务领域应用需求，研究应用于各个领域的理论、方法、技术和系统，解决人们认识和改造世界过程中遇到实际问题，是地理信息学科与其他学科相结合的边缘学科，也是地理信息科学最活跃的研究领域之一。早期 GIS 应用主要以数据的采集、存储、管理、查询检索及简单的空间分析功能为主，可称为管理型 GIS；随着应用领域的拓展，基础 GIS 解决不了一类或多类实际应用的问题，依据应用部门的业务需求，在 GIS 功能基础上集成融合应用部门专业模型，开发分析辅佐决策型 GIS 应用系统，实现了应用部门专业分析、模拟和推理等辅助决策功能；面对复杂的空间决策问题，空间数据挖掘和知识发现、自主学习和智能推理等成为 GIS 新的发展方向，具备模拟、评估、科学预测和智能决策的能力，使之成为智能化 GIS。GIS 在专业领域应用的深度，取决于应用模型研究的深度。应用模型研究成为提高 GIS 辅助决策水平和拓展应用领域的关键。

11.1　应用系统概述

人口、资源、环境和灾害是当今人类社会可持续发展所面临的四大问题。GIS 为人类社会的持续发展提供了信息技术手段。它被广泛应用于国民经济的许多部门，且其应用领域呈现不断扩展趋势，为信息产业的重要支柱。

11.1.1　应用系统概念

1. 应用系统

应用系统一般由计算机硬件系统、系统软件、应用软件组成。计算机基本硬件系统由运算器和控制器、存储器、外围接口和外围设备组成。系统软件包括操作系统、编译程序、数据库管理系统、各种高级语言等。应用软件由通用支援软件和各种应用软件包组成。

应用系统研究计算机应用于各个领域的理论、方法、技术和系统等，是计算机学科与其他学科相结合的边缘学科，是计算机学科的组成部分。

计算机应用系统分析和设计是计算机应用研究普遍需要解决的课题。应用系统分析在于系统地调查、分析应用环境的特点和要求，建立数学模型，按照一定的规范化形式描述它们，形成计算机应用系统的技术设计要求。应用系统设计包括系统配置设计、系统性能评价、应用软件总体设计及其他工程设计，最终以系统产品的形式提供给用户。

计算机应用系统的开发是根据用户对应用系统的技术要求，分析手工处理的信息流程，设计计算机系统的内部结构，并加以实现和维护的过程，是计算机技术的二次开发。开发过程即系统生命周期一般分为 5 个阶段，即规划、分析、设计、实现和运行与维护。

2. GIS 应用系统

地理信息应用最主要的形式是 GIS 应用系统。它是在基础 GIS 支持下，针对用户业务建立的地理信息应用技术系统。GIS 应用系统是 GIS 的扩展，广泛应用于资源调查、环境评估、灾害预测、国土管理、城市规划、邮电通信、交通运输、军事公安、水利电力、公共设施管理、农林牧业、统计、商业金融等几乎所有领域。地理信息应用是地理信息学科与其他学科相结合的边缘学科。

3. 应用系统架构

从应用角度看，GIS 不仅要完成管理大量复杂的地理数据的任务，更为重要的是要实现对空间数据的分析、评价、预测和辅助决策。根据应用部门专业需求，研究专业领域业务模型和空间分析模型的有效集成，构建各种专业应用系统，解决地理空间实体空间分布规律、分布特征及其相互依赖关系，以及时空过程的科学问题。这些专业应用系统除了具备 GIS 技术的强大空间分析功能外，还具有专业模型数值求解、过程模拟和预测预报等功能。这些专业应用系统构建方法成为 GIS 应用的重要内容。GIS 应用过程如图 11.1 所示。

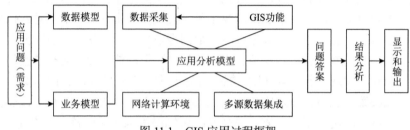

图 11.1　GIS 应用过程框架

1）业务建模

GIS 应用的开发都是基于部门的功能而建的，是为了解决某项目而建立的应用系统，这种方式建立的应用系统针对特定的功能区域，无法实现多个应用系统共同运作。解决之道就是从业务建模入手，建立用户的业务模型，进行适当的切割，选取稳定的软件架构，分析出用户的业务实体，描述用户管理和业务所涉及的对象和要素，以及它们的属性、行为和彼此关系。业务建模强调以体系的方式来理解、设计和构架企业信息系统。这方面的工作可能包括了对业务流程建模，对业务组织建模，改进业务流程、领域建模等方面。它反映了业务组织的静态的和动态的本质抽象特征。业务分析的目的就是构建原始的业务模型。业务建模是对业务组织的静态特征和动态特征进行抽象化的过程。静态特征包括：业务目标、业务组织结构、业务角色、业务成果等；动态特征主要指业务流程。

业务建模的结果并不是需求，需求分析有自己独立的流程。业务建模并不一定需要与信息化或计算机技术硬扯上关系，除非想把流程的某些环节或所有流程进行自动化运作，但这也只是业务模型中的一种手段或优化，不应喧宾夺主。

业务建模的思路与步骤：①明确业务领域所在的业务体系、业务领域在体系中的作用、与其他业务领域的关系；②明确业务领域内的主要内容、业务目标、服务对象，构建领域内的业务层次；③明确各业务的背景、目标、内容；④明确各业务的流转顺序；⑤明确各业务节点的职能；⑥明确各业务中业务规则的算法；⑦明确各业务输入、输出的数据及参考的资料；⑧明确各业务的业务主角与业务角色。

2）数据建模

数据建模是一个用于定义和分析在组织的信息系统的范围内支持商业流程所需的数据要求的过程。它对现实世界进行分析、抽象，从中找出内在联系，进而确定数据库的结构并使用计算机以数学方法描述物体和它们之间的空间关系，依据它们相互之间及与所在的二维或三维空间的关系精确放置。建模过程中的主要活动包括：①确定数据及其相关过程（如实地销售人员需要查看在线产品目录并提交新客户订单）。②定义数据（如数据类型、大小和默认值）。③确保数据的完整性（使用业务规则和验证检查）。④定义操作过程（如安全检查和备份）。⑤选择数据存储技术（如关系、分层或索引存储技术）。

　　3）应用分析模型

　　地理应用分析模型（简称地理模型）是对地理实体的特性及其变化规律的一种表示或者抽象，同时也是对地理实体所要研究的特定特征进行定量的抽象，是用来描述地理系统各地学要素之间的相互关系和客观规律信息的语言或数学的或其他表达形式，通常反映了地学过程及其发展趋势或结果。应用分析模型的发展已成为 GIS 应用的重要前提和现代 GIS 水平的重要标志。应用分析模型是根据具体的应用目标和问题，借助 GIS 自身的技术优势，使观念世界中形成的概念模型，具体化为信息世界中可操作的机理和过程。应用分析模型是通过适当筛选，将系统各要素用一定的表现规则所描写出来的简明映像，是对现实世界的简化表达。应用分析模型通常表达了某个系统的发展过程或结果。对于 GIS 来说，应用分析模型是根据关于目标的知识将系统数据重新组织，得出与目标有关的更为有序的新的数据集合的有关规则和公式。模型化是将主观性的思考，以模型的形式反映出来，不同的理论观点，不同的体系可以产生不同的结果。

11.1.2　应用系统软件开发

　　应用系统分析和设计是 GIS 应用研究普遍需要解决的课题，是根据用户对应用系统的技术要求，分析手工处理的地理信息流程，设计应用系统的内部结构，并加以实现和维护的过程。软件是应用系统的核心。当前，GIS 软件开发分为自主开发、二次开发和网络 GIS 三种模式。自主软件开发，完全从底层开始，不依赖于任何 GIS 平台，针对应用需求，运用程序语言在一定的操作系统平台上编程实现地理信息采集、处理、存储、分析、可视化和地图制图输出等功能。这种方法的优点是按需开发、量体裁衣、功能精炼、结构优化、有效利用计算机资源；但是对于大多数 GIS 应用者来说，这种模式对专业人才要求高、难度大、周期长、软件质量难控制。二次开发，针对应用的特殊需求，在基础 GIS 软件上进行功能扩展，达到自己想要的功能。这种方式具有省力省时、开发效率高等优点，但缺乏灵活性、受很多限制，开发出来的系统不能离开基础 GIS 平台。网络 GIS 应用软件开发，应用者利用地理信息网络服务商提供的地理信息数据和服务功能 API，不需要庞大的硬件与技术投资就可以轻松快捷地建立 GIS 应用系统。这是实现地理信息共享的最佳途径，让开发者开发一个有价值应用，付出的成本更少，成功的机会更多，已经成为越来越多互联网企业发展服务的必然选择。

1. 自主软件开发

　　利用基础 GIS 提供的开发工具进行二次开发可以充分利用支撑软件所具有的强大功能，开发比较容易，但开发的系统要在支撑软件的环境中运行，系统往往比较庞大，相应成本也高，对一些应用系统功能需求不高、硬件资源不高、系统功能和运行效率有特殊需求的系统来说，二次开发就不太适合。从底层开发 GIS 软件，不但摆脱了 GIS 支撑软件的限制，而且便于系统的移植。

　　自主软件开发针对应用的特殊需求，以某一专业、领域或工作为主要内容，包括专题 GIS 和区域综合 GIS。完全从底层开始，不依赖于任何 GIS 平台，从空间数据的采集、编辑到数据的处理分析及结果输出，所有的软件功能都由开发者独立设计开发。

2. 基于基础 GIS 二次开发

大部分应用系统的开发是基于基础 GIS 二次开发。自主开发的 GIS 各个组成部分之间的联系最为紧密，综合程度和操作效率最高。但由于 GIS 的复杂性，开发的工作量是十分庞大的，开发周期长。对于大多数开发者来说，能力、时间、财力方面的限制使其开发处理的产品很难在功能上与商业化 GIS 工具软件相比。随着 GIS 应用领域的扩展，应用型 GIS 的开发工作日显重要。如何针对不同的应用目标，高效地开发出既合乎需要又具有方便美观丰富的界面形式的 GIS，是 GIS 开发者非常关心的问题。虽然基础 GIS 提供了强大的功能，但由于专业应用领域非常宽泛，任何现有基础 GIS 功能都不能解决所有的专业问题。为此，基础 GIS 厂商提供了开发组件和相应的开发接口，允许用户扩展基础 GIS 的功能。随着 GIS 应用深入，GIS 软件共享的需求越来越大，开发所需的组件功能可由不同厂家生产，要求不同厂家的组件遵守共同的接口标准，GIS 组装成应用系统更加灵活容易。这种矛盾一方面可以通过提高 GIS 组件的功能能力来缓解；另一方面深度应用需要的 GIS 功能还需自己编写，根据应用需求开发 GIS 解决。

二次开发的核心是应用分析模型开发。应用分析模型架构是基于基础 GIS 的空间分析模块和不同应用模型之间的转换，实现应用系统与 GIS 平台关联的设计和实现方法。基于模型驱动架构进行 GIS 应用系统开发思想，用模型驱动的原理隔离 GIS 应用系统的系统设计和系统实现，使二次开发者关注业务建模行为、应用系统的本身，而不是将特定的 GIS 基础平台作为系统开发的中心。

传统 GIS 技术体系面临着严峻的挑战，其中最为突出的问题是：二次开发负担过重、应用系统集成困难及难以适应遗留系统、业务逻辑的迅速变更等问题，这些问题成为阻碍 GIS 应用推广和进一步发展的绊脚石。为了给使用地理数据进行各种应用开发提供标准框架，OGC 正在致力于制定一个地理空间数据与地理信息处理资源合作开发的互操作技术规范——OpenGIS。按照 OGC 的技术开发计划，OGC 正逐步开发支持 OpenGIS 有关地理空间技术与数据互操作思想体系结构的抽象规范，以及为了实现工业标准和软件应用编程接口的实现规范，使得与 OpenGIS 规范一致的地理数据能被与 OpenGIS 规范一致的软件访问。然而 OpenGIS 规范从本质上讲是静态的，它不能与软件系统的动态性相适应。OpenGIS 不能从软件工程的角度对于应用系统的设计和构建给出指导性原则。

3. 基于 API 网络 GIS 软件开发

地理信息数据始终是 GIS 的重要组成部分，无论开发人员还是最终用户都希望以最小的代价、最快的速度、最简单的方法获取足够准确的地理信息数据。随着 GIS 应用的扩张和深入，地理信息资源共享的需求越来越迫切，地理信息网络服务商利用网络平台，不仅提供高清电子地图和遥感影像，而且提供地图应用编程接口（API，如 Google Maps API），地理信息用户将地图嵌入自己的应用并提取坐标和开发新的地理信息应用系统。网络服务型 GIS 正在成为一种新的地理应用和开发模式，把复杂的网络 GIS 划分成小的组成部分，通过编程接口提供给用户。一些对地图精度和信息保密要求不高（无须实地测量）、自身数据量不大、用户不多的地理应用，如物流、旅游管理等系统完全可以建立在这个平台上。

11.1.3 应用系统集成

应用系统集成（application system integration）可以说是系统集成的高级阶段，已经深入用户具体业务和应用层面。应用系统包括硬件、软件和地理空间数据。应用系统集成以系统的高度为客户需求提供应用的系统模式，以及实现该系统模式的具体技术解决方案和运作方案，即为用户提供一个全面的系统解决方案。因此，应用系统集成又称为行业信息化解决方案集成。

系统集成就是按照用户的需求，在开放系统环境下利用标准化的系统元素，进行一体化的系统设计与实现的技术与策略。只有在实现了硬件和软件集成、数据和信息集成、技术和管理集成、人和组织机构集成的基础上，才能建成一个集成了用户功能需要的完整系统。应用系统集成的内容如下。

1. 系统运行环境的集成

将不同的硬件设备、操作系统、网络通信系统、数据库管理系统、开发工具及其他系统支撑软件集成为一个应用系统，形成一个统一协调运行的应用平台，用户可共享系统软件/硬件资源，也称软硬集成。

2. 信息的集成

从信息资源管理出发进行全系统的数据总体规划、分布分析和应用分析，统一规划设计数据库单位，使不同部门、不同专业、不同层次的人员，在信息资源方面达到高度共享，也称数据/信息集成。

3. 应用功能的集成

在运行环境和信息集成的基础上，按照用户要求建设一个满足用户功能需求的完整的系统，也称系统集成。

4. 技术集成

为保证用户的功能集成任务能够顺利完成，需要有足够的技术支持，需要多方面的高级技术人员参加和有关专家学者的技术咨询，也称技术/管理集成。

5. 人和组织的集成

主要包括：协同工作、良好的人机界面、人工智能与专家系统的引入、用户与研制部门技术人员的密切合作等。

上述五个方面的集成互为依赖、不可分割，其中信息的集成是核心，应用功能的集成直接影响系统效率和质量，系统运行环境的集成和技术集成决定系统建成后的技术水平、运行效率及系统的生命周期，而人和组织机构的集成是关键。

11.2 应用分析模型

人们认识和研究客观世界一般有三种方法：逻辑推理法、实验法和模型法。模型法是人们了解和探索客观世界的最有力、最方便、最有效的方法。客观世界的实际系统是极其复杂的，它的属性也是多方面的。但是，建立模型决不能企图将所有这些因素和属性都包括进去，只能根据系统的目的和要求，抓住本质属性和因素，准确地描述系统。所以，模型是客观世界的近似表示。依据相似性理论，模型是人们通过主观意识借助实体或者虚拟表现、构成客观阐述形态、结构的一种表达目的的物件。地理学定量化研究过程中，GIS 应用模型起了核心作用，通过地理过程的简化、抽象和逻辑演绎，去把握地理系统各要素之间的相互关系、本质特征及其可视化显示。这种模型的构建，不但是 GIS 解决实际复杂问题的必要途径，也是 GIS 走向实用化的关键。从应用角度来看，GIS 需实现对空间数据的分析、评价、预测和辅助决策。也就是根据具体的应用目标和问题，借助于 GIS 自身的技术优势，使观念世界中形成的概念模型，具体化为信息世界中可操作的机理和过程。

11.2.1　应用模型概念

模型，就是将系统的各个要素，通过适当的筛选，用一定的表现规则所描写出来的简明映像。模型通常表达了某个系统的发展过程或发展结果。具体地理应用系统中的数学模型是在对系统所描述的具体对象与过程进行大量专业研究的基础上，总结出来的客观规律的抽象或模型。这种模型不仅是建立一个应用系统的主要内容之一，也是提高系统解决实际问题的能力、效率及实际效益的关键所在，因此日益受到重视。因为各种系统的应用目标、复杂程度差异很大，所以着力研究应用系统及其数学模型的个性十分必要。

1. 地理数学模型

目前人们所理解的地学模型，一般指地学系统模型。地学系统模型是应用计算机、数字模拟技术及综合分析的方法来模拟地理过程或现象（如沙漠化过程、河道冲淤、沙嘴发育、土壤侵蚀等），使得受几个因素共同影响，要经过若干年才能完成的地理过程，采用计算机模拟模型，只需几分钟就能得出类似结果，为资源开发、水土保持、工程论证等提供依据。任何一个地学模型，都表征着对一个地理实体的本质描述，既标志着对实体的认识深度，又标志着对实体的概括能力，从这个意义上看，一个地理模型代表着一种地理思维。在建立地学模型时，必须遵守以下原则：①相似性，即在一定允许的近似程度内，可确切地反映地理环境的客观本质。②抽象性，即在充分认识客体的前提下，总结出更深层次的理性表达。③简捷性。既是实体的抽象，又必须是实体的简化，以降低求解难度。④精密性，即必须使模型的运行行为具有必要的精确度，它反映了所建模型的正确精度。⑤可控性，即以地学模型所表示的地理环境，要能进行控制下的运行及模拟。

地理数学模型是指描述地理系统各要素之间关系的数学表达式。它是实际地理过程的简化和抽象，要求以最少的变量或最小维数向量表示复杂的地理系统状态，具有严密性、定量性和可求解性。当它确切反映地理过程时，其解析解常常可以引出地理问题的正确解决方案。应用地理数学模型研究地理系统是一种经济实用的方法，并且便于交流研究成果。

地理数学模型以实地地理调查为基础，是从地理调查到建立地理学理论表述之间的桥梁。因此，它通常作为地理学理论研究的有用工具和表达形式。建立和应用地理数学模型的过程称为地理系统的数学模拟，其步骤如图 11.2 所示。

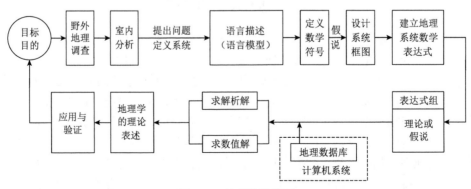

图 11.2　地理数学模型

现代地理系统研究中广泛应用地理数学模型和数学模拟方法。建立地理数学模型必须注意的中心环节是权衡模型的简化性、精确度和可求解性。地理数学模型的研究经历了单要素或少要素统计分析模型、多要素静态地理数学模型、综合线性系统地理数学模型、动态系统模型等发展阶段。建立高阶非线性动态模型和耗散结构、自组织过程模型是当前地理数学模型技术的新方向。由于地理系统的复杂性质，地理数学模型研究也面临一些问题：简化性可能使地理数学模型偏离真实的地理基础；复杂的高阶非线性动态系统数学模型难以求解；复杂的地理系统跃变过程难以用连续性数学模型描述；地理数学模型与地理调查、地理数据的契合不紧密等。这些困难必须通过定性与定量研究相结合，发展地理系统的非数学模型方法，如计算机模拟技术等才能解决。

2. GIS 应用模型

GIS 应用模型的概念目前还没有形成统一认识，国外部分学者把其称为空间模型（spatial model）或地理模型（geographical model），国内通常称其为 GIS 应用模型。部分学者对 GIS 应用模型概念描述如下。

Wegener 认为空间模型是描述空间与属性的模型，时空模型是描述空间、时间、属性三类信息的模型，可以分为尺度模型、概念模型、数学模型三类。邬伦等认为 GIS 应用模型多指地学模型，并认为地学模型是用来描述地理系统各地学要素之间相互关系和客观规律信息的、语言的、数学的或其他的表达形式，通常反映了地学过程及其发展趋势。宫辉力等认为 GIS 应用模型主要包含空间分析模型与应用数学模型两大类。空间分析模型主要用于管理决策中的半结构化和非结构化问题研究，这类模型无法用精确的数学模型表达，更多依赖于专家的知识与经验；应用数学模型用于解决结构化问题，能用精确的数学模型表达。毕硕本等认为 GIS 应用模型是对地理系统各地学要素之间的相互关系和客观规律的语言的、数学的或其他方式的表达，通常反映了地学过程及其发展趋势或结果。间国年等认为 GIS 应用模型是具有地理空间特征的仿真模型，特别是具有明显机理过程的模型。

结合以上概念，可认为 GIS 应用模型是指在 GIS 应用领域内，为完全解决领域问题，必须建立的 GIS 未提供的领域专题模型（土壤侵蚀模型、环境评价模型、城镇土地潜力评价模型、管理科学与运筹学领域各种规划模型等，GIS 本身的空间分析功能不属于应用模型范畴），该模型是对解决具体问题采用的分析方法和操作步骤的抽象，是要素之间的相互关系和客观规律的语言的、数学的或其他方式的表达，通常反映了 GIS 应用领域内相关过程及其发展趋势或结果，可表现为数学模型、结构模型、仿真模型，把这种领域专题模型称为 GIS 应用模型。

GIS 应用模型多表现为数学模型。数学模型是用字母、数字和其他数学符号来描述系统的特征及其内部联系的模型，它是真实系统的一种抽象，这种抽象关系构成了建模的基础。结构模型可以转化为数学模型（用数学语言表示的结构模型），而仿真模型是用在计算机上运行的程序表达的模型，并以数学模型为基础。因此，GIS 应用模型中数学模型是其他模型的基础。

长期以来，GIS 技术与应用模型各自发展，相互独立；GIS 开发人员更多考虑空间数据模型的设计与建立、空间分析模型的建立与完善及空间可视化表达，缺乏对 GIS 应用领域专业模型的研究与理解。应用模型建模人员注重建立应用模型提供预测预报、过程模拟等功能来解决领域问题，他们更多从专业角度出发设计与实现，建立的应用模型往往结构固化难以融入新的技术与方法。因此，研究 GIS 应用模型需要综合考虑应用模型、GIS 功能和空间数

图 11.3　GIS 应用模型的组织结构

据、专题数据等多方面问题，将应用模型与 GIS 技术进行集成建立 GIS 应用模型，这样既可以充分发挥 GIS 在空间数据操作、空间分析、空间可视化方面的优势，又弥补了 GIS 在专业领域分析方面的不足。GIS 应用模型的组织结构如图 11.3 所示。

3. GIS 应用模型特点

GIS 应用模型跨越多学科、多领域，种类繁多，并具有空间性、动态性、复杂性、多元性、综合性的特点，从 GIS 与 GIS 应用模型的关系而言具有如下特性。

（1）应用模型是联系 GIS 应用与常规专业研究的纽带。模型的建立绝非纯数学或技术性问题，必须以专业知识为基础，对专业研究的深入程度决定着模型的质量与效果。

（2）应用模型是综合利用 GIS 中大量数据的工具。对于大量的数据而言，对其综合处理、分析应用主要通过领域专题模型实现，数据使用效率与深度取决于应用模型的数量与质量。

（3）应用模型是 GIS 解决各类问题的有效工具。通过应用模型，结合 GIS 数据管理、空间分析功能的优势，是解决复杂地理问题的有效手段。

（4）应用模型是 GIS 应用纵深发展的基础。GIS 本身不可能涵盖所有应用领域，只有有效地应用各个领域的应用模型，才能深入各个应用领域。大量应用模型研究、开发与应用将是进一步拓展 GIS 应用领域的基础。

4. GIS 应用模型分类

GIS 的应用模型，就是根据具体的应用目标和问题，借助于 GIS 自身的技术优势，使观念世界中形成的概念模型具体化为信息世界中可操作的机理和过程。这种模型的构建，不但是解决实际复杂问题的必要途径，也是 GIS 取得经济和社会效益的重要保证。

GIS 应用模型的作用，正是用一定程度的简化和抽象，通过逻辑的演绎，去把握地理系统各要素之间的相互关系、本质特征及可视化显示。它是对现实世界科学体系问题域抽象的空间概念模型，构成应用分析模型的空间目标（点、弧段、网络、面域、复杂地物等）的多样性决定了应用分析模型建立的复杂性；空间层次关系、相邻关系及空间目标的拓扑关系也决定了应用分析模型建立的特殊性；空间数据构成的应用分析模型也具有了可视化的图形特征；GIS 要求完全精确地表达地理环境间复杂的空间关系，因而常使用数学模型，此外，仿真模型和符号模型也在 GIS 中得到了很好的应用。

1）按空间对象分类

GIS 应用模型根据所表达的空间对象的不同，可以分为 3 类，如表 11.1 所示。

表 11.1　应用分析模型分类

模型分类	理论依据	应用领域	模型
理论	物理或化学原理	地表径流	运动方程
混合	半经验性	资源分配	运输方程
经验	启发式或统计关系	水土流失	统计、回归

（1）基于理化原理的理论模型，又称为数学模型，是应用数学分析建立的数学表达式，反映地理过程本质的理化规律，如地表径流模型、海洋和大气环流模型等。

（2）基于变量之间的统计关系或启发式关系的模型，这类模型统称为经验模型，是通过数理统计方法和大量观测实验建立的模型，如水土流失模型、适宜性分析模型等。

（3）基于原理和经验混合模型，这类模型中既有基于理论原理的确定性变量，也有应用经验加以确定的不确定性变量，如资源分配模型、地址选择模型等。

数学模型因果关系清楚，可以精确地反映系统内各要素之间的定量关系，易于用来对自然过程施加控制，但通常难以包括太多的要素，而常常是大大简化的理想情形，削弱了其实用性；统计模型可以通过大量的实践建立，具有简单实用、适用性广、可以处理大量相关因素的特点，缺点是过程不清，一般是采用"黑箱"或"灰箱"方法建立的。首先，在实践中不断观察总结，形成越来越丰富的概念模型。其次，在积累经验的基础上采用数理统计方法摸索统计规律。然后，上升到理论模型。最后，采用综合方法建立实用的分析模型。

2）按对象状态分类

按照研究对象的瞬时状态和发展过程来划分，可将模型分为静态、半静态和动态 3 类：①静态模型用于分析地理现象及要素相互作用的格局。②半静态模型用于评价应用目标的变化影响。③动态模型用于预测研究目标的时空动态演变及趋势。

预测、评价与决策模型用于研究地理对象的动态发展，根据过去和现在推断未来，根据已知推测未知，运用科学知识和手段来估计地理对象的未来发展趋势，并做出判断与评价，形成决策方案，用以指导行动，以获得尽可能好的实践效果。目前，GIS 技术的应用，已经从数据存储管理和查询检索演进到以时空分析为主体，正在向着支持区域系统空间结构演化的预测、动态模拟及其空间格局的优化的新阶段发展。科学预测、动态模拟和辅助决策是 GIS 应用的高层次阶段，构建区域空间动力学应用模型将是区域可持续发展研究和 GIS 应用向纵深发展的交汇点。

3）按空间特性分类

因为 GIS 属于空间信息系统，所以根据模型的空间特性，可分为空间模型和非空间模型两大类，如图 11.4 所示，然后各自再细分。

其中，适宜性（suitability）分析模型主要通过因子分析、专家打分和判别标准来建模，如土地适宜性模型、地址选择模型；预测（predictive）模型主要是根据以往的数据分析事件发生的可能性建立，如洪水预测模型、人口扩散模型；模

空间模型	非空间模型
适宜性分析模型 预测模型 模拟模型 最优化模型 影响模型 ……	计量经济模型 经济控制论模型 投入产出模型 系统动力学模型 ……

图 11.4　GIS 应用模型分类

拟（simulation）模型主要是根据不同自然条件和人为条件下产生的可能结果进行模拟，如森林的增长模型、地下水沉降模型；最优化（optimization）模型是从多种可能性中选择一个最佳解决方案，如道路的最佳选线、资源的最优化配置等；影响（influence）模型是由一个事件引起的对周围地区的影响模型，如有污染的工厂对周围环境的影响程度、海上油轮泄露对周围渔业的影响等。

GIS 应用模型的建模是 GIS 应用核心内容之一，其优劣直接影响系统功能运行效率。好的 GIS 应用模型，要求设计者具有较为丰富的地理知识（包括 GIS 知识）、数学知识和专业知识。设计 GIS 应用模型时，主要考虑要用它来解决什么问题，有哪些数据可用，采用何种建模方法为切入点或有哪些现成模型可供借鉴。这些模型大部分都要通过 GIS 的缓冲区分析、

叠置分析等功能体现出来，即模型结果要高度可视化，数字、图形、表格是可视化最基本的表达方式。

另外，要考虑 GIS 与应用模型的结合方式，可以是直接结合，也可以是间接结合。直接结合是指用 GIS 软件提供的二次开发语言来建立应用模型，这种结合方式较为紧密，但应用模型的通用性较差。间接结合采用 GIS 与应用模型相对分离的方法，通过动态链接技术（如 OLE、ActiveX 等）实现两者的结合。这种方式较为松散，应用模型的通用性较强。

在利用 GIS 解决实际问题时，常常需要结合多个模型，构成模型库来解决特定问题。其中每个模型以某方面为重点，主要解决某一具体问题，模型之间通过一定的环节连接起来实现相互之间的反馈和协调。

11.2.2　应用分析模型构建

应用分析模型成为 GIS 应用的有力手段，经济建设的实践，要求地理科学对自然资源、自然环境和地域系统演变进行定量分析，应用数学方法和计算机技术，寻求地理现象发生性质变化的数量方面的依据和度量，从而对地理环境的发展、变化提出预测及最优控制。应用分析模型的构建包括目的导向（goal-driven）分析和数据导向（data-driven）操作两个过程。目的导向分析，是将要解决的问题与专业知识相结合，从问题开始，一步步地推导出解决问题所需要的原始数据、精度标准、模型的逻辑结构和方法步骤。数据导向操作，是将已经形成的模型逻辑结构与 GIS 技术相结合，从各类数据开始，一步步地将数据转换成问题的答案，必要时还需要进行反馈和修改，直到取得满意的结果，最后以图形或图表的形式输出最终结果。

地理应用建模主要是运用数学语言、地理知识和程序设计工具，对地理信息（如地理现象、地理数据等）加以翻译和归纳。地理应用分析模型经过演绎、求解及推断过程，给出数学上和地理上的分析、预报、决策或控制，再经过翻译和解释回到现实世界中，完成实践—理论—实践的循环。如果检验结果是正确或可行的，即可用于 GIS 分析和操作，否则，就要重新考虑翻译、归纳过程，重新修改地理模型。

1. 应用模型建模过程

地理应用建模是一项复杂而具有创造性的活动（改造已有模型或创造新模型），建立地理模型没有固定的模式，图 11.5 大致归纳了地理应用分析建模的一般过程。

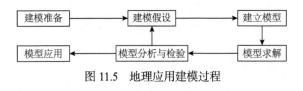

图 11.5　地理应用建模过程

（1）建模准备。建模准备包括了解地理问题的实际背景、明确地理建模的目的、掌握地理对象的各种信息（如数据资料等），以及搞清对象的特征。建模以数学思想来包容问题的精髓，数学思路贯穿问题的全过程，进而用数学语言来描述问题，要求符合数学理论，符合数学习惯，清晰准确。为了做好准备，有时建模者需进行深入细致的调查研究，碰到问题要虚心向有关方面的专家请教，按模型的需要有目的地收集所需资料。本阶段的重点是进行模型的因子分析。

（2）模型假设。模型假设是根据地理对象的特性和建模的目的，对问题进行必要的简化，并且用精确的语言做出假设。这是地理建模的第二步，也是关键的一步。有时，假设过于详细,试图把复杂的实际现象的各个因素都考虑进去,可能使得建模者很难继续下一步的工作。因此,要善于辨别问题的主要和次要方面,尽量将问题均匀化、线性化。

(3)建立模型。建立模型是指根据所做的假设,利用适当的数学工具,确定各因子之间的联系,通过表格、图形或是其他数学结构建立地理模型(尽量用简单的数学工具)。这是地理建模的第三步。为了完成这项地理建模的主体工作,建模者需要掌握较为广泛的数学知识,有时还要用到规划论、排队论、图论、对策论等知识,但并不要求建模者对数学的每个分支都精通。事实上,建模的一个原则就是尽量采用简单明了的数学工具,供更多的人了解和使用。

(4)模型求解。对以上建立的模型进行数学上的求解,包括解方程、画图形、逻辑推理、稳定性讨论等。模型求解不仅要求建模者掌握相应的数学知识,还要掌握一些常用数据分析软件,如集计算和可视化于一体的 Matlab 软件及用于统计分析的 SPSS 软件等。利用获取的数据资料,对模型的所有参数做出计算(或近似计算)。

(5)模型分析。对模型求解的结果进行数学和地理上的分析。这一阶段有时需根据地理问题的性质,分析各变量之间的依赖关系;有时要求对结果进行预测、最优决策或控制等。

(6)模型检验。将模型分析的结果"翻译"到地理对象中,用实际现象或数据检验模型的合理性和适用性,即检验模型的正确性。若检验结果正确,模型即可用;若检验结果有误,则需修改或重新建模。经验表明,模型假设是最易导致结果有误的环节。将模型分析结果与实际情形进行比较,以此来验证模型的准确性、合理性和适用性。如果模型与实际较吻合,则要对计算结果给出其实际含义,并进行解释。如果模型与实际吻合较差,则应该修改假设,再次重复建模过程。

(7)模型应用。应用方式因问题的性质和建模的目的而异。

2. 应用模型构建方法

GIS 组件分为基础组件、高级通用组件和应用组件三种,组件封装的粒度依次由小到大,所提供功能逐渐增强。但 GIS 组件对专业应用问题的解决支持不够,都没有在其特定应用领域提出成熟通用的解决方案。构建成熟可靠的 GIS 应用模型组件,使其既具有组件 GIS 无缝集成、扩展性强的优点,又具有专业模型数值计算快、预测预报等特点,成为 GIS 应用模型构建最常见的方法。

1)应用分析模型组件的构建

GIS 应用模型组件的设计要坚持 GIS 组件的设计原则,进行良好的接口和功能划分,采用可靠高效的算法,注重组件的效率、稳定性和适用范围。GIS 应用模型具有综合性、复杂性的特点,决定了 GIS 应用模型组件的设计比较低层次 GIS 组件的设计要求要高。各领域特点使得研制通用的 GIS 应用模型组件和模型组件库的技术目前还不现实,因此尤其重要一点是 GIS 应用模型组件设计要以领域专题应用为首要原则,设计在本领域内具有高内聚性和高复用性的高级应用模型组件,同时要根据模型的适用范围尽量提供多的模型组件功能接口,这样很大程度上增强了模型组件的通用性和可维护性。

GIS 应用模型组件的构建分为 3 个步骤:①根据需求进行 GIS 应用模型的逻辑层次设计,设计其相应的实现算法和流程图。②根据 GIS 应用模型的逻辑模型,应用 UML 统一建模语言进行软件构件层次的设计。③应用组件开发方法在可视化开发环境中选取合适的专业模型组件和 GIS 组件进行 GIS 应用模型的构建。

2）基于组件式应用分析模型的系统开发

组件式 GIS 应用系统不依赖于某种特定的开发语言，在通用的开发环境下（如 VisualBasic、Delphi）可以将 GIS 应用模型组件、GIS 功能组件及其他应用工具组件无缝集成起来，借助空间数据引擎可实现组件 GIS 应用系统的开发（图 11.6）。

图 11.6 中 GIS 功能组件与专业模型组件无缝集成构建 GIS 应用模型组件，这里的 GIS 功能组件指的是传统 GIS 组件（基础组件、高级通用组件和应用组件）的一种，而具体 GIS 功能组件的选取由 GIS 领域应用需求决定。GIS 高级组件是实现高级 GIS 功能而又不能单独解决领域问题的 GIS 组件，如 MapX、MapObjects 等，GIS 高级开发组件仅具备通用的 GIS 数据管理和基本空间分析功能。它与 GIS 应用模型组件的区别在于，GIS 应用模型组件面向的是领域应用，而 GIS 高级组件面向的是通用 GIS 功能划分和模块封装。

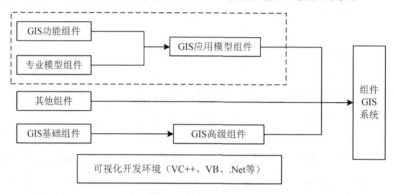

图 11.6　基于 GIS 应用模型组件与 GIS 组件的 GIS 应用系统开发

应用模型的组件化，将极大地促进 GIS 应用模型的集成应用。尽管现有一些 GIS 工具软件不支持使用软件组件进行二次开发，但 GIS 应用系统开发者可以使用可视化编程工具，如 VisualC++、Delphi 等作为开发平台，利用 GIS 工具组件与模型组件，开发出高效无缝而且适应未来网络环境需要的集成系统。

3）模型可视化及其互操作

对于 GIS 应用模型来讲，空间分析和交互操作应是其重要的功能，而可视化是其不可缺少的组件之一。应用模型可交互性的设计可分 3 个层次：数据参数层次、变量层次和模型结构层次。可采用面向对象的处理方法实现应用模型的互操作。①根据应用模型基类定义模型的对外接口，各个模型重载这个接口，完成模型的具体操作。②系统对应用模型的操作则主要借助于对象之间发送消息来进行，消息常被设计成一组标准的相关消息（协议），每一类都用这种协议来生成、修改、删除、存取与测试，结构化模型对象能够响应任何子类所能响应的协议。模型管理系统还可以把参数作为消息传递给模型类，使模型根据传来的消息创建实例，并作为一个对象继承模型类的所有属性操作，经过实例化，满足用户的需要。③模型对数据库的访问也可以按继承关系处理，在事先定义一个数据访问类的基础上，提供模型对数据库中数据存取的标准方法，一般模型通过继承该类来存取所需的数据，特殊模型可通过重载其中的访问来完成特殊的数据存取访问。

3. 应用模型构建问题

鉴于 GIS 应用模型具有空间性、动态性、多元性、复杂性和综合性等特点，如何实现 GIS 应用模型还存在较多问题。

（1）GIS 应用模型的学科融合问题。人们希望能够类似数据库系统管理数据那样方便地管理模型，模型库系统早年就是适应这种需要提出的，但模型远比数据复杂，建立一个通用的应用模型库系统平台，则更加困难，且存在着跨学科的问题。由于不同的学科和研究领域所涉及的研究内容不同，相应的应用模型也截然不同。应用模型库系统通用平台的建设所涉及的模型标准化问题，不仅是纯技术问题，它还涉及学科、部门的协调合作及行政管理部门的参与和支持等诸多问题，这些问题在一定意义上来说更具有挑战性。

（2）应用分析模型的管理问题。从 GIS 应用模型的建立和使用过程看，还存在不少值得注意的问题。模型建立在整个 GIS 研制所投入的精力中占的比重过大，模型相互重复、使用率不高的现象比较严重。很多情况下，模型都被作为应用程序的组成部分，嵌入应用程序。在这种管理下的模型，其共享性和灵活性都很差。随着对 GIS 应用模型需求量的不断增大，上述问题将表现得越来越突出。

（3）应用分析模型标准化问题。GIS 中引入模型库和模型管理系统等概念，导致了空间决策支持系统（SDSS）的发展。这种发展使 GIS 驱动机制从数据库及其管理系统的驱动机制转变成了模型库及其管理系统的驱动机制，模型成了系统的驱动核心，从而使 GIS 不仅可为用户提供各种所需的空间信息，即数据级支持，还可提供实质性的决策方案。为了有效地管理和使用模型，首先需解决模型的标准化问题。如同数据标准化对 GIS 技术发展所起的重要作用一样，模型的标准化对 GIS 的空间决策技术的发展也有着十分重要的基础意义，这一问题已开始引起国内外有关学者的重视。但总的看来，模型标准化问题的研究仍是一个薄弱环节，研究进展还很难满足 GIS 的空间决策技术的迫切需要。

（4）应用分析模型共享和安全问题。模型库是将众多的模型按一定的结构形式组织起来，通过模型库管理系统对各个模型进行有效的管理和使用。通常模型库由字典库和文件库组成，利用字典库对模型的名称、编号、模型的文件等进行说明。模型文件中主要是源程序文件和目标程序文件，模型文件以文件形式直接存放在外存的某一目录下。显然采用这种方法存在诸多问题，如模型共享、安全等。

（5）GIS 与应用分析模型集成。GIS 应用系统中的应用分析功能的不足已经直接影响 GIS 应用的进一步推广和深化。如何有效地重用已开发的各类专业应用模型，有效地将其与应用 GIS 系统集成，同时在今后的模型开发中，如何解决模型与 GIS 系统的易集成性，以提高 GIS 应用系统的开发效率，缩短开发周期，已成为 GIS 应用系统开发工作者广泛面临的问题。

（6）应用分析模型表达语言接口问题。GIS 模型表达有三个层次的语言，即自然语言、数学逻辑语言和计算机语言。它们之间的差异造成了很大的信息损失和误差。如何在 GIS 模型库系统中建立三者之间的良好接口，增强模型的生命力，应是 GIS 模型库系统研究中必须关注的问题。

（7）应用分析模型库与数据库的通信机制问题。GIS 应用模型的运行，需要地理信息基础数据和模型数据的支撑。模型库管理系统中，模型库和数据库是相对独立的，但模型和数据之间存在一对一、一对多和多对一的对应关系。模型和数据之间的通信机制将直接影响模型运行的速度。

（8）应用分析模型的交互操作问题。与 GIS 分析功能不足相对的另一问题是，在各个专业应用领域，都有许多具有很大使用价值的应用模型，如水文研究领域使用的众多产汇流模型、水质模拟模型等。但这些模型往往缺乏直观、友好的图形界面及对空间数据分析显示等方面的支持，尤其是较早时期开发的基于 DOS 环境的模型，与现在的 GIS 相比，在图形数据的查询、显示、输出等方面往往相形见绌。

4. 应用模型复杂性评价

1）应用分析模型复杂性描述

GIS 应用模型复杂性是应用模型的重要属性，由所处理的数据的复杂性、函数的复杂性决定，一般来说，模型的复杂性越高，模型的应用范围越广。应用模型复杂性评价是应用模型选择的关键，影响模型匹配与模型综合，同时也是应用模型组件划分定义、应用模型元数据定义的基础。GIS 应用模型复杂性可以从时间维、空间维、决策支持维三个方面描述。应用模型的时间复杂性、空间复杂性、决策支持复杂性可以分别用一维坐标表示，低点代表简单的处理过程，而高点表示复杂行为与交互。

（1）应用模型时间复杂性。低时间复杂性对应于静态、少量时间片断及短周期；中时间复杂度对应于较多时间段及较长周期；高时间复杂度对应于大量时间段及长时间周期，并具有处理时间滞后与反馈的能力，以及处理变时间步长的能力。

（2）应用模型的空间复杂性。模型空间复杂性反映空间清晰度，对应于空间表示与空间交互两种类型。空间表示不具有处理空间关系与空间交互的能力，而空间交互具备该功能。低空间复杂性指基本不具备显示空间数据的能力；中空间复杂性指能够表示空间数据；高空间复杂性指在二维或三维空间内进行交互。

（3）应用模型决策支持复杂性。决策支持复杂性用于描述决策支持模型处理决策支持过程的能力，应用模型决策支持复杂性可以分为表示时间复杂性、空间复杂性，以及决策支持复杂性。

2）应用分析模型复杂性评价

基于应用模型复杂性描述方法，应用模型复杂性评价采用定量统计分析方法，即通过对时间、空间、决策支持复杂度评价指标的定量化，采用加权平均的方法，分别确定应用模型的时间、空间、决策支持复杂度；按照已经定义的时间、空间、决策支持的复杂度级别，分别确定应用模型时间、空间、决策支持的复杂度级别；应用模型的复杂度是时间复杂度、空间复杂度、决策支持复杂度的组合。进一步的研究包括两个部分的内容：①复杂性评价实践研究，对其他大量模型进行评价，细化与精化指标及权重，进而使指标更具合理性；②研究理论评价模型与定量统计相结合的应用模型复杂性方法。

5. GIS 分析与应用模型关系

GIS 空间分析功能和 GIS 应用分析模型是两个层次上的问题。应用分析模型是指面向某种应用，基于 GIS 空间分析构建数学模型。GIS 有着强大的空间分析功能，如缓冲区分析、邻近分析、叠加分析等。只有建立与之相应的 GIS 应用模型，GIS 才真正有用武之地。空间分析为复杂的 GIS 空间模型建立提供基本的分析工具，GIS 应用模型的空间性和动态性决定空间分析是其建立不可或缺的基本工具。GIS 应用分析模型具有综合性、复杂性的特点，决定其自身往往是一种逻辑框架、一种集成模式、一种解决方案，且建立的层次有多种。因此，GIS 应用分析模型是应用模型、GIS 空间分析的有效集成，它既具有应用模型数值求解功能、预测预报功能、过程模拟功能等优势，也具备 GIS 技术的强大空间分析功能。GIS 应用分析模型与应用模型、GIS 空间分析是一种集成与个体的逻辑关系。例如，研究警报器选址模型既需要空间分析方法，还要结合警报器发声覆盖的声学传播模型；研究水库、湖泊、江河的洪水灾害模型既需要依靠数字高程模型分析方法，还需要研究水利动力学模型等。这样的例子在 GIS 应用领域很多。

GIS 从功能上可分为工具型 GIS 和应用型 GIS。应用型 GIS 是在工具型 GIS 的基础上，根据用户的需求和应用目的而设计的一种解决一类或多类实际应用问题的 GIS。根据这种分类方法，如果说空间分析是工具型 GIS 的核心和必备功能的话，那么 GIS 应用模型则是应用型 GIS 的核心模块。空间分析方法与应用模型是 GIS 系统最重要的组成部分，这部分的好坏是衡量一个应用型 GIS 的功能强弱的重要指标。

应用分析模型不是一成不变的，是发展变化的。随着技术的发展成熟和实际应用需求的进一步提高，一定的 GIS 应用分析模型会逐渐转变为普遍的分析工具，作为一种基本的分析工具去建立更加专业化、更加复杂的 GIS 应用模型。同样，一定阶段的应用型 GIS 发展到另一阶段之后，也会转变为工具型 GIS 作为应用开发的基础平台为更深入的应用提供服务。所以说，它们之间并没有严格的界线，GIS 不仅仅是一种工具，还是一种催化剂，催化着应用领域模型的不断发展。应用领域模型在 GIS 中的应用和实现，甚至会催化两者相互结合后形成边缘学科的发展。

GIS 空间分析与应用分析模型之间的关系如图 11.7 所示。

11.2.3　应用模型集成

如何有效地重用已开发的各类专业应用模型，有效地将其与应用 GIS 系统集成，同时在今后的模型开发中，如何解决模型与 GIS 系统的易集成性，以提高 GIS 应用系统的开发效率，缩短开发周期，已成为 GIS 应用系统开发工作者广泛面临的问题。一些学者对 GIS 与应用模型的集成进行了大量的研究。

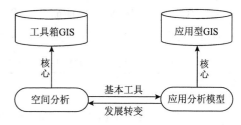

图 11.7　GIS 空间分析与应用分析模型之间的关系

（1）GIS 应用模型集成可以在两种粒度上进行，即单模型与 GIS 集成、模型管理系统（model management system，MMS）与 GIS 集成。采用单模型形式，应用模型一般内嵌到 GIS 环境中，解决领域应用问题；采用模型管理系统 MMS 与 GIS 进行集成，利用模型库管理模型、数据库管理数据、知识库管理地理知识，实现空间决策与支持，拓展 GIS 的应用范围，解决领域问题。

（2）GIS 应用模型集成可以分为 3 个层次：松散集成、紧密集成和无缝集成。应用模型与 GIS 集成的 3 种模式比较如表 11.2 所示。

表 11.2　应用模型与 GIS 集成的三种模式比较

集成方式	特点	优点	缺点
松散集成	模型与 GIS 各成系统，通过文件进行数据交换	实现简单，兼容性强，GIS 与应用模型可维护性强	费时耗力、空间数据冗余，运行效率低，模型复用能力较强
密集成	模型与 GIS 共享空间数据库，具有统一的运行界面，模型有自己的数据结构	模型分析在 GIS 环境中进行，模型可以自己使用 GIS 的数据	开发成本较高，集成动态模型处理复杂，模型复用能力一般
无缝集成	模型与 GIS 共享数据与功能，融为一体	没有文件交换，系统运行效率高，开发成本低	应用模型过分依赖 GIS 环境，更新与维护困难，模型复用能力差

GIS 与地理空间过程模型集成模式如图 11.8 所示。

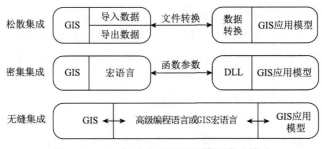

图 11.8　GIS 与地理空间过程模型集成模式

（3）按照集成环境不同，GIS 与应用模型集成可以分为两类：GIS 环境内部集成与 GIS 环境外部集成（表 11.3）。GIS 环境内部集成指应用模型在 GIS 环境内实现集成，模型可以采用松散、紧密、无缝的集成方式；GIS 环境外部集成指利用 GIS 提供的功能，在应用系统中嵌入 GIS 的功能，如空间分析、数据管理、地图可视化功能等，并利用应用系统的应用模型计算功能，实现具体问题的解决，集成可以是松散、紧密或无缝的方式。目前，GIS 环境内部实现 GIS 与应用模型的集成研究较多。GIS 环境外部实现 GIS 与应用模型集成的研究较少，但目前已经引起关注，尤其是 WebService 技术的提出与应用。

表 11.3　GIS 环境内部集成与 GIS 环境外部集成策略对比

集成策略	优点	缺点
GIS 环境 内部集成	（1）GIS 具有其他系统不具备的复杂的地理数据管理功能 （2）模型应用的空间信息可以通过 GIS 直接得到 （3）许多基本空间分析功能，在 GIS 系统中已经开发实现	（1）因为 GIS 应用领域广阔，不可能把所有的应用模型全部引入 GIS 环境中，所以不能改变 GIS 空间分析能力相对薄弱的现实 （2）应用模型复用性差，由于在 GIS 内应用模型是通过功能模块的方式提供，这不利于广泛应用，而且往往绑定 GIS 系统的其他功能，产生明显的功能冗余
GIS 环境 外部集成	（1）灵活性强，可以扩展 GIS 的应用范围，提高 GIS 的空间分析功能（从应用领域来看） （2）模型的可复用性高，模型以组件或模型库的形式单独存在，便于应用共享，拓宽应用领域	由于 GIS 数据结构的复杂性，应用系统嵌入 GIS 功能函数技术复杂困难，而基于 WebService 技术实现 GIS 与应用模型集成可解决技术复杂的问题

从软件开发系统角度来看，不同发展阶段 GIS 应用模型的集成开发方法，概括起来主要有 6 种：源代码集成方式、函数库集成方式、可执行程序集成方式、DDE 和 OLE 集成方式、基于组件的集成方式、模型库集成方式。

1. 源代码集成方式

利用 GIS 系统的二次开发工具和其他的编程语言，将已经开发好的应用分析模型的源代码进行改写，使其从语言到数据结构与 GIS 完全兼容，成为 GIS 整体的一部分。这种方式是以前 GIS 与应用分析模型集成的主要方式。

源代码集成方式的优点在于：应用分析模型在数据结构和数据处理方式上与 GIS 完全一致，虽然此方式是一种低效率的集成方式，但比较灵活，也是比较有效的方式。

源代码集成方式的缺点在于：一是 GIS 的开发者必须读懂应用分析模型的源代码，并在此基础上改写源代码，在改写过程中可能会出错。二是 GIS 的开发者在对应用分析模型深入理解基础上，编写应用分析模型的源代码。

2. 函数库集成方式

函数库集成方式是将开发好的应用分析模型以库函数的方式保存在函数库中，集成开发者通过调用库函数将应用分析模型集成到 GIS 中。现有的库函数类型包括动态连接和静态连接两种。

函数库集成方式的优点是：GIS 系统与应用分析模型可以实现高度的无缝集成。函数库一般都有清晰的接口，GIS 的开发者一般不必去研究模型的源代码，使用方便。而且函数库中的库函数是经过编译的，不会发生因改写错误而使模型的运行结果不正确的情况。

函数库集成方式的缺点是应用分析模型的状态信息很难在函数库中有效地表达；由于应用分析模型的结构是一个相对封闭的体系，虽然函数库提供的一系列函数在功能上是相关的，但是函数库本身的结构却不能很好地表达这种相关性；函数库的扩充与升级也是问题，动态连接虽然可以部分地克服这一问题，但是接口的扩展仍然是困难的。静态连接依赖于编程语言和编译系统的映像文件，这就造成了很大的不方便。

3. 可执行程序集成方式

GIS 与应用分析模型均以可执行文件的方式独立存在，二者的内部、外部结构均不变化，相互之间独立存在。二者的交互以约定的数据格式通过文件、命名管道、匿名管道或者数据库进行。可执行程序集成方式可分为独立方式和内嵌方式两种。

1）独立方式

独立的可执行程序的集成方式是 GIS 与应用分析模型以对等的可执行文件形式独立存在，即 GIS 与应用分析模型系统两者之间不直接发生联系，而是通过中间模块实现数据的传递与转换。

独立的可执行程序的集成方式的优点是：集成方便、简单，代价较低，需要做的工作就是制定数据的交换格式和编制数据转换程序，不需太多的编程工作。

独立的可执行程序的集成方式的缺点是：因为数据的交换通过操作系统，所以系统的运行效率不高，用户必须在两个独立的软件系统之间来回切换，交互式设定数据的流向，自动化程度不高；由于系统的操作界面难以一致，系统的可操作性不强，视觉效果不好，同时这种方式受 GIS 的数据文件格式的制约比较大，二者的交互性和亲合性受到影响。

2）内嵌方式

内嵌的可执行程序的集成方式其实质与独立的可执行程序的集成方式是一样的，为支持驱动应用分析模型程序，GIS 与应用分析模型程序之间的集成通过共同的数据约定进行，GIS 通过对中间数据与空间数据之间的转换来实现对空间数据的操作，系统具有统一的界面和无缝的操作环境。

内嵌的可执行程序的集成方式的优点是：对于开发者，集成是模块化进行的，符合软件开发的一般模式，便于系统的开发和维护。用此集成方式开发的系统其系统运行性能比独立的可执行程序的集成方式好；操作界面对于用户来说也是统一的，便于操作。

内嵌的可执行程序的集成方式的缺点是：这种集成方式的开发难度很大，开发人员必须理解应用分析模型运行的全过程并对模型进行正确合理的结构化分析，以实现应用分析模型与 GIS 之间的数据相互转换及相互之间的功能调用。

4. DDE 和 OLE 集成方式

DDE 是指动态数据交换，是已经被它的提出者 Microsoft 公司所淘汰的技术。OLE 本来是指对象连接和嵌入，由于 Microsoft 公司已经推出了基于 COM 的 OLE2，使得原来的 OLE

含义也变化了。虽然支持这种集成的底层技术已经落伍，但是其集成的思路还是可以借鉴的。

进行 DDE 或者 OLE 操作时必须有两个主体存在，分别是服务器和客户，就是一方主体为另一方提供服务。对于 GIS 与应用分析模型的集成来说，GIS 和模型程序互为客户和服务器。DDE 或 OLE 方式的集成属于松散的集成方式，与内嵌的可执行程序的集成方式很相似，只是系统的数据交换使用了操作系统内在的数据交换支持，使得程序的运行更加流畅，所需的编程要看功能实现的复杂程度。

此种集成方式稳定性不高，效率低，并要求应用分析模型和 GIS 软件都提供 DDE 或者 OLE 的数据操作协议。

5. 基于组件的集成方式

组件技术是现在最流行的软件系统集成方法，随着技术的发展，GIS 系统和模型系统都在争相提供尽可能多的可以方便集成的软件模块。应用这些软件模块和支持组件编程的语言，如 VC、Java 等可以很方便地开发出 GIS 与模型集成的系统。

目前的组件技术分为 5 大类，Microsoft 公司推出的 COM、Sun 公司的 JavaBeans、OMG 的 CORBA 技术、Microsoft 公司对 COM 技术的发展 COM+和.Net 组件技术。现在 GIS 软件已经由平台化的时代过渡到了组件化的时代，主流的 GIS 厂商都提供了组件式的 GIS 软件，这符合时代发展的潮流。

在 Internet 领域 WebGIS 成为 GIS 发展的热点，OpenGIS 成为一种潮流。WebGIS 和 OpenGIS 都是基于组件思想的。在应用模型领域，应用模型的组件化是发展的必然趋势，它将极大地促进 GIS 与应用模型集成应用的发展。

6. 模型库集成方式

模型库是指按一定的组织结构存储的模型的集合体。模型库可以有效地管理和使用模型，实现模型的重用。模型库符合客户机/服务器（C/S）工作模式，当需要模型时，模型被动态地调入内存，按照预先定义好的调用接口来实现模型与 GIS 系统的交互操作。

模型库管理系统需要实现建库和维护等诸多功能，并解决两类不同方式的存储模型管理问题。对于基础模型库，可通过模型的分类模式，来完成基础模型的物理存取；可采用类似于树形目录的文件管理方式进行管理。对于应用模型库，需解决关系的输入、存储、检索等问题，以便充分利用操作系统的文件管理功能。对属性库和索引库，可通过索引关键字进行操作，通过对属性库和索引库的操作进入相应代码库中的相应地址，达到执行所选模型的目的。

11.2.4　应用模型举例

从应用角度来考虑，常用的 GIS 应用模型主要有：①适宜分析模型，从几种方案中筛选最佳或适宜的模型；②地理模拟模型，从地理过程动态演化角度对 GIS 应用进行建模；③区位选择模型，选择最佳区位或路径；④发展预测模型，对事物发展趋势进行预测的模型。

1. 适宜性分析模型

适宜性分析在地学中的应用很多，如土地针对某种特定开发活动的分析，包括农业应用、城市化选址、作物类型区划、道路选线、环境适宜性评价等。因此，建立适宜性分析模型，首先应确定具体的开发活动，其次选择其影响因子，然后评判某一地域的各个因子对这种开发活动的适宜程度，以作为土地利用规划决策的依据。

1）选址应用实例

选址问题应用很多，如辅助建筑项目选址、城市垃圾场选址、印染厂的选址、超市选址、国家森林公园的选址等。下面以森林公园候选地址为例进行说明。

（1）问题提出：森林公园候选地址。

（2）所需数据：公路、铁路分布图（线状）、森林类型分布图（面状）、城镇区划图（面状）。

（3）解决方案：构建空间数据库，信息提取并建模。

（4）步骤和方法见表 11.4。

（5）依据应用模型出图，供决策者参考。

表 11.4　选址分析模型步骤和方法

步骤	方法
确定与森林分类图属性相同的相邻多边形的边界	属性再分类（聚类）、归组
找出距公路或铁路 0.5km 的地区（保持安静）	缓冲区分析
找出距公路或铁路 1km 的地区（交通方便）	缓冲区分析
找出非城市区用地	再分类
找出森林地区、非市区，且距公路或铁路 0.5～1km 范围内的地区	叠置分析

2）道路拓宽规划

（1）问题提出：道路拓宽改建过程中的拆迁指标计算。

（2）明确分析目的和标准。

目的：计算由于道路拓宽而需拆迁的建筑物的面积和房产价值。

道路拓宽改建的标准：①道路从原有的 20m 拓宽至 60m；②拓宽道路应尽量保持直线；③部分位于拆迁区内的 10 层以上的建筑不拆除。

（3）准备进行分析的数据。涉及两类信息：一类是现状道路图；另一类是分析区域内建筑物分布图及相关的信息。

（4）GIS 空间操作。

主要包含：①选择拟拓宽的道路，根据拓宽半径，建立道路的缓冲区；②将此缓冲区与建筑物层数据进行拓扑叠加，产生一幅新图。此图包括所有部分或全部位于缓冲区内的建筑物信息。

（5）统计分析。

主要包含：①对全部或部分位于拆迁区内的建筑物进行选择，凡部分落入拆迁区且楼层高于 10 层的建筑物，将其从选择组中去除，并对道路的拓宽边界进行局部调整；②对所有需拆迁的建筑物进行拆迁指标计算。

（6）将分析结果以地图或表格的形式打印输出。

2. 地学模拟模型

地学模拟模型应用计算机、数字模拟技术及综合分析的方法来模拟许多地理过程或现象。下面以土壤侵蚀的模拟模型为例，介绍应用 GIS 研究土壤侵蚀量的方法。

利用 GIS 的数值分析方法来估算土壤侵蚀量，首先确定土壤侵蚀的数值分析模型，根据模型确定影响土壤侵蚀的因子，这些因子必须能够反映不同的土壤性质、不同的坡面形态，以及不同的植被条件等。然后选择格网尺寸，建立各影响因子的栅格数据。最后将多种信息加以复合，确定研究地区土壤侵蚀量的各种不同等级，为制订区域的水土保持规划提供依据。

1）确定土壤侵蚀的数值分析模型

土壤侵蚀的数值分析模型随具体区域而不同，美国普渡大学曾根据 30 余个观测站的数以万计的资料，用计算机加以分析，得出下列通用的土壤流失方程：

$$A=0.224RKLSCP \qquad\qquad （11.1）$$

式中，A 为土壤侵蚀量；R 为降雨侵蚀力；K 为土壤可蚀性；L 为坡长；S 为坡度；C 为植被覆盖度；P 为土壤侵蚀控制措施。

2）设计土壤侵蚀数据处理流程

根据模型确定的土壤侵蚀因子，研究各个因子的计算或提取所根据的数据源和方法、数据组织和编码方式，然后拟定具体的数据处理流程，如图 11.9 所示。

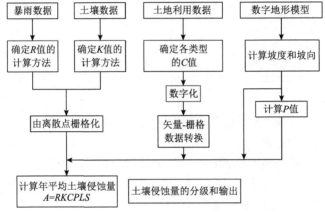

图 11.9　土壤侵蚀数据处理流程图

3）土壤侵蚀图的输出

根据计算土壤侵蚀贡献的公式，将各网格的土壤侵蚀量换算为土壤侵蚀贡献量。流域内各网格土壤侵蚀量之和等于流域年平均产沙量，并应等于流域出口断面实测的年平均输沙量。

在求取流域年平均产沙量前，首先要提取流域边界；然后将流域边界与土壤侵蚀量的栅格数据进行叠合，结果流域边界外的栅格值均为零，流域内的栅格值被保留，这样计算流域产沙量时不再受流域外数值的影响；最后将栅格的土壤侵蚀贡献量，按照拟定的分级方法，并且不同等级的贡献量以不同色调的符号表示。

如果根据实验区的土地利用方式、土层厚度、土壤性质和降水特点，确定区域的土壤侵蚀容许量，如设 $T = 0.8\text{kg}/(\text{m}^2 \cdot \text{a})$，则根据区域的年平均土壤侵蚀量减去土壤侵蚀容许量，结果大于零的栅格，表示其土壤侵蚀已超过容许限度，得到土壤侵蚀超限区域分布图。这两种地图对于确定流域的主要产沙区，明确流域水土流失治理的重点区域，指导区域的水土保持规划，具有重要的指导意义。

3. 区位选择模型

区位选择是指按照规定的标准，通过空间分析的方法，确定厂址、电站、管线或者交通路线等的最佳区位或路径。

区位选择考虑的标准一般包括环境、工程和经济 3 个方面；首先考虑的是环境标准，如 20%以上的坡度，主要的农业土壤分布区、湿地和湖区、文化活动区、国有林区、资源保护区，以及体育场和公园等。其次考虑的是工程标准，包括地形条件、土壤的性质、气候因素，以及区域的生态特点等。最后是经济标准，包括开发成本、供水条件、铁路运输、空气质量等。只有首先考虑环境标准，才能识别出一般适合的位置，然后进一步研究工程和经济因素，从中筛选出优先考虑的区位，最后通过详细的环境和工程的综合论证，确定出 1～3 个最佳的选址方案。

一般建立的区位选择模型如图 11.10 所示，分为数据准备阶段，影响因子的研究、综合评价阶段，以及区位选址分析阶段。

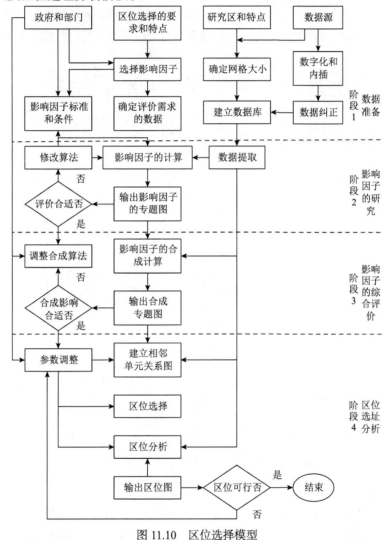

图 11.10　区位选择模型

1）数据准备阶段

在数据准备阶段，要建立专家咨询组，明确选址的要求，选择影响因子，进行区位选择的数据准备。

2）综合影响评价阶段

综合影响评价阶段的任务是按照工程和经济可行性的要求，建立选址条件、综合影响评价的标准和算法，如

$$条件 = (S \wedge C \wedge F \wedge L \wedge E) \tag{11.2}$$

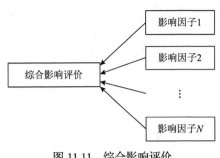

图 11.11　综合影响评价

式中，S 为坡度，<5%；C 为开发成本适宜；F 为离开居民区远近；L 为地耐力坚固；E 为环境质量优良。

于是，根据各个影响因子可以进行综合影响的评价，如图 11.11 所示。

3）区位选择分析阶段

区位选择分析阶段的任务是实施区位的选择，并对结果进行分析评价。其运行过程如图 11.12 所示。

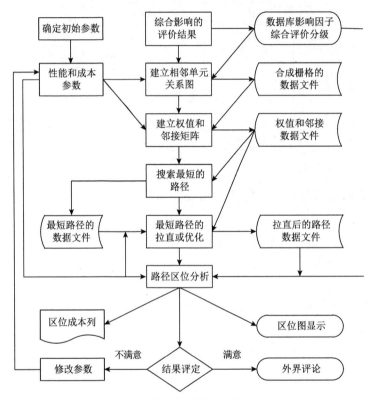

图 11.12　区位选择分析阶段的运行过程

4. 发展预测模型

发展预测是运用已有的存储数据和系统提供的手段，对事物进行科学的数量分析，探索某一事物在今后的可能发展趋势，并做出评价和估计，以调节、控制计划或行动。在地理信息研究中，如人口预测、资源预测、粮食产量预测及社会经济发展预测等，都是经常要解决的问题。

预测方法通常分为定性、定量、定时和概率预测。在信息系统中，一般采用定量预测方法，它利用系统存储的多目标统计数据，由一个或几个变量的值，来预测或控制另一个研究变量的取值。这种数量预测常用的数学方法有移动平均数法、指数平滑法、趋势分析法、时间序列分析法、回归分析法，以及灰色系统理论模型的应用。下面以人口和劳动力的预测为例，说明人口统计数据在定量预测模型中的应用。

根据人口预测模型:

$$P_t = P_0 e^{(\lambda - u)t} \tag{11.3}$$

式中,P_t 为第 t 年人口数;P_0 为基年人口数;λ 为人口出生率;μ 为人口死亡率;t 为时间(年份)。

根据研究地区一组人口统计数据的分析,得 $\lambda = 1.25\%$,$\mu = 0.65\%$,将基年定为 2005 年,并且 $P_0 = 612.7$ 万人。设每年净迁入该研究地区的人口数为 $W = 5$ 万人,则

$$P_1 = P_0 e^{\lambda - \mu} + W$$
$$P_2 = P_1 e^{\lambda - \mu} + W \tag{11.4}$$
$$P_t = P_{t-1} e^{\lambda - \mu} + W$$

于是可得到规划期的人口预测数,如表 11.5 所示。

表 11.5　规划期人口预测数

年份	2005	2006	2007	2008	2009	2010	增长速度
人口数/万人	612.7	621.4	630.1	638.9	647.7	656.6	1.43%

同理,根据劳动力预测方程:

$$L_{(t)} = LR_{(t)} \cdot L_{(t-1)} + LW_{(t)} \tag{11.5}$$

式中,$L_{(t)}$ 为第 t 年劳动力状态向量,即 $L_{(t)} = (L'_{18}, L'_{19}, \cdots, L'_{60})$;$LW_{(t)}$ 为第 t 年劳动力迁移向量,即 $LW_{(t)} = (LW'_{18}, LW'_{19}, \cdots, LW'_{60})$;$LR_{(t)}$ 为劳动力存留系数矩阵,即

$$LR_{(t)} = \begin{bmatrix} r'_{18} & & & 0 \\ & r'_{19} & & \\ & & \ddots & \\ 0 & & & r'_{60} \end{bmatrix} \tag{11.6}$$

式中,下标 18～60 为劳动力的年龄;r' 为分年龄层的劳动力存留比率。

于是,得到研究地区规划期劳动力的预测数,如表 11.6 所示。

表 11.6　规划期劳动力预测数

年份	2005	2006	2007	2008	2009	2010	增长速度
人口数/万人	335.1	341.4	348.3	353.4	359.5	367.1	2.17%

有了这些预测的结果,将其与表示每个镇、市中心点的 x、y 坐标联系起来,便得到一组点的数据,这组数据加上研究地区的边界数据,输入 GIS 软件,通过使用绘制等值线,便可输出人口发展预测图,该图表示预测年的人口密度,概括地显示出所预测的人口的增长趋势,作为区域经济发展规划的依据,以便寻找对策,使人口的增长与有效的土地面积和其他资源相适应。

11.3　应用系统案例

GIS 在应用领域的发展沿着两个方向：其一仍是在专业领域（如测绘、环境、规划、土地、房产、资源、军事等应用系统）的深化，由数据驱动的空间数据管理系统发展为模型驱动的空间决策支持系统；其二就是作为基础平台和其他信息技术相融合（如物流信息系统、智能交通和城市管理信息系统等），通过分布式计算等技术实现和其他系统、模型及应用的集成而深入行业应用中。早期 GIS 的领域应用以数据的采集、存储、管理、查询检索及简单的空间分析功能为主，可称为管理型 GIS。随着应用领域的拓展，领域问题的复杂性逐渐提高，GIS 本身的空间分析功能已经不能满足解决复杂领域问题的需求，直接影响 GIS 的应用效益和生命力。因此，将 GIS 与领域应用模型集成建立 GIS 应用模型成为提高 GIS 辅助决策功能和拓展 GIS 应用领域的主要方式。许多 GIS 领域应用都增加了对 GIS 应用模型的研究，从而使 GIS 的应用广度和深度得到极大拓展，应用水平也得到较大的提高，这种 GIS 可称为辅助决策型 GIS。随着决策支持系统、专家库、知识库和数据挖掘等理论与技术的发展，辅助决策型 GIS 对 GIS 应用模型所具有的空间分析优势、专题预测预报、过程模拟功能的依赖更为明显。GIS 应用模型的研究与实践，已成为当前 GIS 研究与应用的一个热点领域。

11.3.1　地籍管理信息系统

管理型应用系统是把事务办公系统和 GIS 紧密结合的一体化的办公信息处理系统。一般它由事务办公系统支撑，以管理控制活动为主，除了基本事务办公系统的全部功能外，主要是增加了地理信息管理功能。比较典型的案例是地籍管理信息系统、城市规划审批系统和公路管理信息系统等。以地籍管理为案例介绍管理型应用系统的特点和功能。

1. 业务分析

地籍管理信息系统是以宗地（或图斑）为核心实体，实现地籍信息的输入、储存、检索、编辑、统计、综合分析、辅助决策及成果输出的信息系统。地籍管理业务分为土地登记、土地统计、地籍档案管理等。土地登记是一种日常性业务，土地登记模块将与窗口办文子系统集成。

1）土地登记

土地登记是国家用以确认土地所有权、使用权，依法实行土地权属的申请、审核、登记造册和核发证书的一项法律措施，有严格的表格录入、办事流程控制、权限控制等。

土地登记是由多人一起协同工作完成的业务过程。土地登记将采用工作流管理，与窗口办文系统集成。其审批过程是由窗口受理，检查申请资料的完备性，录入申请资料，并通过窗口办文系统传送到有关科室和部门，由部门办理，办理结果最后由窗口返回用户。根据土地登记的业务，土地登记划分为如下步骤。

（1）受理。申请所需资料列表与审核、资料登记；申请表录入；打印受理回执；传递。

（2）地籍调查。地籍图显示（宗地号、土地证号、地名、坐标、图幅定位）；查询有关宗地资料、地籍档案调查；打印实地调查用草图及资料，实地调查资料录入；经办人审理意见录入传递。

（3）权属初审。地籍图显示（宗地号、土地证号、地名、坐标、图幅定位）；查询有关宗地资料，地籍档案调阅；打印宗地示意图；经办人审理意见录入。

（4）土地测绘。地籍图、测量控制点显示（宗地号、土地证号、地名、坐标、图幅定位）；根据宗地调查资料拟定外业地籍测绘方案，打印方案图；外业资料整理，录入地籍调查表，生成临时宗地，制作宗地草图，预编宗地号；更新地形数据；经办人审理意见录入。

（5）审核。地籍图显示（宗地号、土地证号、地名、坐标、图幅定位）；查询有关宗地资料、地籍档案调阅；根据发证办、测绘院的资料和办理意见，录入审核意见。

（6）审批。地籍图显示（宗地号、土地证号、地名、坐标、图幅定位）；查询有关宗地资料、地籍档案调阅；根据发证办、测绘院的资料和办理意见，录入审批意见。

（7）注册登记。根据审批意见，更新宗地数据库；打印宗地图、表、卡、册；录入办理意见传递。

（8）抵押条件审核。调入抵押登记资料及有关宗地登记资料；传递。

（9）地价评估。调入地价资料（基准地价、市场地价）；调用计算机辅助地价评估模块评估地价；确定地价、打印地价评估书；传递。

（10）公告征询。打印公告征询文件及宗地示意图。

（11）收费。打印收费单。

（12）缮证。打印证书。

（13）发证。审核办过程和办理意见；发证；档案归档。

由于不同审理项目可能有所不同，故以上流程将根据用户具体情况对某些流程进行调整。

2）土地统计

土地统计是国家对土地的数量、质量、分布、利用和权属状况进行统计调查、汇总、统计分析和提供土地统计资料的制度，各级土地管理部门规定的各种表格，可分为初始统计、年度统计和条件统计。

3）地籍档案管理

地籍档案管理是以地籍管理活动的历史记录、文件、图册为对象所进行的收集、整理、鉴定、保管、统计、提供利用等各项工作的总称。系统为满足日常地籍的需要，记录了边疆的历史，并且将图形与属性紧密衔接。系统可以恢复任何时候的历史，然后进行查询统计这一时段的数据。这样既保持了界面的一致性，又能看到历史的原貌。

2. 地籍信息

地籍图是对在土地表层自然空间中地籍所关心的各类要素的地理位置的描述，并用编排有序的标识符对其进行标识。标识是具有严密数学关系的一种图形，是地籍管理的基础资料之一。通过宗地标识符使地籍图与地籍数据和表册建立有序的对应关系。地籍图是土地管理的专题图，它首先要反映包括行政界线、地籍街坊界线、界址点、界址线、地类、地籍号、面积、坐落、土地使用者或所有者及土地等级等地籍要素；其次要反映与地籍有密切关系的地物及文字注记，一般不反映地形要素。地籍图是制作宗地图的基础图件。

宗地是土地使用权人的权属界址范围内的地块。历史上曾称宗地为"丘"。宗地图是描述宗地空间位置关系的地图，是描述宗地位置、界址点线关系、相邻宗地编号的分宗地籍图，用来作为该宗土地产权证书、土地使用合同书附图、房地产登记卡附图和地籍档案的附图（图 11.13）。它反映一宗地的基本情况，包括：宗地权属界线、界址点位置、宗地内建筑物位置与性质、与相邻宗地的关系等。

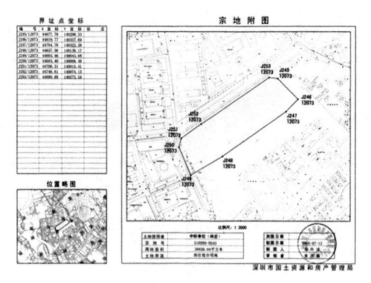

图 11.13　宗地图

（1）图幅号、地籍号、坐落。地籍号由"行政区划代码+街道号+街坊号+基本宗地号+宗地支号"组成。宗地编号由"基本宗地号+宗地支号"组成。若宗地编号无支号，则宗地支号为"000"。描述时，宗地编号可用 4 位基本宗地号表示。

（2）单位名称、宗地号、地类号和占地面积。单位名称、宗地号、地类号和占地面积标注在宗地图的中部。例如，某宗地的使用权属第六中学，宗地号为 7，地类号为 44（按城镇土地分类 44 为教育单位），占地面积为 $1165.6m^2$。

（3）界址点、点号、界址线和界址边长。界址点以直径 0.8mm 的小圆圈表示，包含与邻宗地公用的界址点，从宗地左上角沿顺时针方向以 1 开始顺序编号，连接各界址点形成界址线，两相邻界址点之间的距离即为界址边长。

（4）宗地内建筑物和构筑物。若宗地内有房屋和围墙，应注明房屋和围墙的边长。

（5）邻宗地宗地号及界址线。应在宗地图中画出与本宗地有共同界址点的邻宗地界址线，并在邻宗地范围内注明它的宗地号。

（6）相邻道路、街巷及名称。宗地图中应画出与该宗地相邻的道路及街巷，并注明道路和街巷的名称。此外，宗地图中还应标出指北针方向，注明所选比例尺，还应有绘图员和审核员的签名及宗地图的绘制日期。宗地图要求必须按比例真实绘制，比例尺一般为 1∶500 或大于 1∶500。宗地图的空间集合构成地籍图。

3. 系统功能

本系统主要是面向日益繁杂的地籍管理工作开发的，包括对各种数据、地籍图件、文件资料的管理及各种历史数据变更的处理等。

1）图形显示与控制

可以分层叠加显示地籍图（含地形图、宗地）及测量控制点网等图形数据，并可以方便地控制这些图形的显示与否。可以开窗、放大、缩小和平移，以改变图形的显示范围。能同时显示历史和现状宗地的图形。

2）图形与属性双向查询

可以根据属性资料查询有关的图形资料，例如，根据宗地号、权利人名称查询宗地的属性资料，如发证资料、土地登记卡、土地归户卡资料、地籍调查表的资料（界址点坐标、界址线类型、指界人信息），并通过图形的方式自动定位显示宗地所在位置及宗地所在位置的地形、土地利用总体规划、土地分等定级、土地利用现状资料。

可以由显示的图形查询，通过点、矩形、圆形和任意多边形选择图形要素（宗地、界址点、规划地块、分等定级地块、土地利用现状地块）查询有关的属性。

3）图形空间定位显示

通过某个空间定位方式，调出所需空间范围的图形。

（1）坐标定位。已知一个点的坐标，在计算机上显示以该坐标为中心的一定范围内的地籍图。

（2）图幅定位。根据 1∶500 地籍图的图号、图名，调出相应的地籍图。

（3）分区定位。按区名、街道名、乡镇名、街坊名（或街坊号）调出相应区域的地籍图。

（4）地名定位。根据地名，调出所在位置的地籍图。

4）可视化与图形输出

可以根据当前显示的图形，通过控制图层的显示，改变图形的显示内容（如宗地图与土地利用规划图叠加、土地利用规划图与地形图叠加），制作地图，根据出图图纸的尺寸自动调整比例尺和制图范围，提供所见即所得的图面整饰功能，并打印输出。

能自动生成标准的地籍图和一定比例尺及一定范围的地籍图（由用户指定，如一个街坊、一条道路范围内）能自动生成宗地图和宗地草图，宗地与相邻宗地能用不同的线型符号表示，并能进行图形整饰（注记的处理、宗地界线区分、界址点的编号、自动生成宗地图图廓）。

能定制各种专题图，具有灵活方便的专题图生成工具，如一定区域范围内已登记发证宗地和未登记发证宗地的专题图，按用地性质分类、权利人性质分类的专题图。

5）图形操作与量算

对图形具有较强的编辑和处理功能，能够增、删、减图形要素，修改图形要素；能够精确地捕捉图形要素几何特征点坐标（如界址点）、量算图形要素的几何特征（如长度、周长、面积）；能计算任意一点的坐标、任意两点或多点间的距离、任意多边形的面积。

6）统计分析与专题图

将统计与制图功能结合，既能生成统计报表又能同时生成专题图。按时间（天）、时段（年、月）查询土地登记、验证等业务办理情况；按土地用途分类统计和查询（如住宅、工业、商业、办公楼）；按权利人性质（个人、行政、事业、企业）查询；按区、街道、乡镇、街坊、任意范围（沿某条街道）的各类土地面积统计和宗地分布，生成专题图和报表。

7）办公自动化

申请表的录入、资料的录入能进行自动校验，防止非法数据的录入。审批表的录入和打印，填写审批意见时，提供审批文字模板，从审批表中提取有关的信息，自动生成审批意见以减少工作人员的文字录入工作量。土地归户卡的生成和打印。土地登记卡的生成和打印。项目办理情况的追踪，工作量的自动统计。能将户籍资料输入计算机，以便在房改房和农村宅基地登记时查询。

档案室中目录项与数据库的连接（不必手工翻阅），实现地籍信息系统与档案系统的数据共享。

8）宗地历史数据的自动保存和回溯

对变更登记所产生的历史数据能自动记录，可以在办公过程中回溯宗地的历史资料。

11.3.2　城市规划编制信息系统

分析决策型 GIS 应用系统一般指从若干可能的方案中通过 GIS 决策分析技术,如缓冲区、叠加分析、地形分析、路径分析等,选择其一的决策过程的定量分析决策的信息系统。比较典型的案例是城市规划编制信息系统、道路规划信息系统和土地规划信息系统等。以城市规划编制信息系统为案例介绍分析决策型应用系统的特点和功能。

1. 城市与城市规划

城市是一定地域范围内发展着的空间实体。从系统工程的角度看,城市是一个开放的复杂巨系统。从表征上看,组成城市的各种物质要素在空间上的分布具有规律性,就实质的内涵而言,它是复杂的人类政治、经济、社会、文化活动在历史发展过程中交织作用的物化,是在特定的建设环境条件下,人类各种活动和自然因素相互作用的综合反映,是技术能力与功能要求在空间上的具体表现。

1）城市空间关系

城市空间关系所揭示的是城市空间现象与各种人文和自然因素之间本质上的相互联系和相互作用。

（1）空间社会关系。城市空间的形成与发展是社会生活的需要,也是社会生活的反映,它与社会关系密切相关。在城市中,人们由于各种因素而划分为不同的社会群体,社会群体形成社会网络。社会群体的活动产生了空间联系和分离,这种联系和分离使空间发展有序,形成一定的结构与形态。例如,著名的"同心圆学说"、"扇形学说"和"多核心学说"都是基于不同变量的社会区域分析的结果。

（2）空间经济关系。经济是城市存在的重要基础,经济发展必然对城市的空间形态产生影响。不同的生产方式导致不同的城市空间结构。经济规律与空间形态之间也存在着互动关系。城市空间结构解析理论运用经济规律解释了公共设施区位选择和空间分布、域区发展等城市空间问题,从多方面对城市的空间结构产生影响。交通技术与城市结构的关系是最明显的方面之一,马车时代、通勤火车时代及汽车时代,由于空间密度和活动半径的差异及对城市道路结构形式和宽度的不同要求,出现了不同的城市空间形态。

（3）空间环境关系。早期城市的形成和发展与其所处的自然环境密切相关,并由此形成各具特色的城市地域景观。随着现代科学技术的进步,自然环境对城市空间的影响似乎逐渐被人们所忽略,对自然环境的漠视和破坏,不仅造成了环境污染之类的城市问题,也使城市空间缺乏特色。这种情况恰恰从反面说明了自然环境对于城市发展的重要性。

（4）空间政治关系。政治制度对空间格局的影响主要有两个方面:政权统治的功能需要和思想意识的空间体现。城市功能划分与空间布局上的基本格局和制式,如我国古代的"择中而立官""前朝后市、左祖右社",以及西方的雅典卫城、罗马城、佛罗伦萨和华盛顿等,都反映了当时政治制度的功能需要与思想特征。此外,有关城市发展的技术政策和技术法规同样会影响城市的空间格局。

2）城市规划

城市规划的对象是城市空间系统,其总任务是为各种活动（或土地使用）提供空间结构。因为城市规划所关注的是城市未来发展,所以,城市规划需要研究城市的过去和现在。通过对城市土地使用的调节,改善城市的物质空间结构和在土地使用中反映出来的社会经济关系,进而改变城市各组成要素在城市发展过程中的相互关系,达到指导城市发展的目的。

城市规划应该包括研究城市空间发展规律、制订城市空间（土地使用）规划和指导城市建设实践三个方面的内容。

首先是，对城市空间发展规律的认识和把握，这是城市规划的基础工作。

其次是，制订城市空间和土地使用规划，这是城市规划工作的主要内容。

最后是，通过规划指导城市建设实践，这是城市规划最终得以实现的过程。

上述城市规划三个方面的工作内容同时也勾勒出了城市规划中"规划研究—规划编制—规划实施"的一般过程，如图 11.14 所示，而且，这一过程在实际工作中是动态的、连续的。

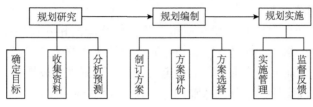

图 11.14　城市规划的一般过程

城市规划的难点主要存在于以下几个方面：①城市空间系统包含众多的组成要素，并处于不断的发展变化之中，内容繁杂，数据量巨大；②城市空间关系错综复杂，具有半网络化结构特征，存在着一定程度上的不确定性；③城市空间发展的规律往往是隐含的而非直观的，需要经过一定的分析处理才能发现；④城市规划是未来导向的，规划编制和实施都需要对城市的未来发展进行预测和模拟，而预测和模拟对理论和方法的要求会更高。规划的科学性需要以发展目标预测和发展过程模拟的可靠性作为基础。

上述困难的存在，使得城市规划空间研究既离不开科学的专业理论指导，同时也需要有先进的研究方法和技术手段作为支撑。GIS 作为一种有效的技术方法，对于解决城市规划长期以来在研究方法和技术手段方面所存在的问题能够发挥巨大的促进作用。

2. 城市规划 GIS 应用

运用先进的现代信息技术手段对城市系统进行全面的、前瞻性的、动态的研究，于城市发展的内在机理中灵活快捷地反映宏观状态的变化，调节微观与宏观的相互影响，实现整体与局部、宏观与微观、过程与目标的统一，从而丰富城市规划研究方法，拓展城市规划学科理论。各个阶段对 GIS 应用的要求各不相同。

（1）城市规划研究阶段，主要的工作包括规划资料（数据）收集处理、专题分析研究，以及城市发展预测等。GIS 作为一种有效的技术手段，在城市规划研究阶段应用的范围很广泛，形式也多种多样，对于提高城市规划工作水平意义重大。规划人员可以利用 GIS 的空间数据库完成规划数据的采集、输入、处理、存储和管理，为进一步的综合分析与应用创造有利条件；各种专题分析研究和发展预测可以在城市规划理论的指导下，运用系统的空间分析功能并结合城市规划专业模型分析加以实现，如建设用地适宜性评价、城市空间结构与形态分析、城市人口分布预测等。

（2）城市规划编制阶段，GIS 的作用不仅仅在于传统意义上的通过系统的计算机图形功能来辅助规划设计，它还应该通过简单的人-机交互方式为规划设计人员提供各类实时的分析帮助，如计算经济技术指标、研究规划要素的空间位置关系等，使规划人员能够比较全面和深入地掌握方案设计的情况。协助规划方案的综合评价与优化也是 GIS 在规划编制阶段的一项重要任务，虽然规划方案的评价和最终确定受到多方面因素的制约，并且会带有一定的主观或者是政治的色彩，但是，GIS 毫无疑问能够给这一过程提供有力的技术帮助。此外，在 GIS 环境下完成的规划设计成果可以进行计算机显示或者制图输出，也可以直接进入系统的空间数据库，使工作效率得到很大的提高。

（3）城市规划实施阶段，规划管理属于例行的日常事务，GIS 对城市规划管理的作用已经得到了较好的发挥。进一步的工作是应用 GIS 对规划实施进行动态跟踪，发挥 GIS 在空间数据获取与查询分析等方面的优势，使规划人员能够及时获得有关的信息反馈，迅速、准确地掌握规划实施的实际情况，发现存在的问题，并做出相应的对策。

3. 城市规划空间分析

城市规划数据分析的目的在于研究城市空间实体之间的相互作用关系和城市空间的发展模式，并以此作为编制城市规划方案、指导城市建设实践的决策依据。与其他一些城市研究学科相比，城市规划需要更多地进行数据定量分析，强调规划成果有据可依，即便是定性分析，也需要建立在确实的数据分析基础之上。城市规划空间分析，就是运用 GIS 空间分析技术方法，对城市规划中所涉及的大量图形数据与属性数据进行一体化的分析处理与综合应用，以获得对于规划具有指导意义的有用信息，解决城市规划中所面临的实际问题。城市规划空间分析的作用具体表现在 3 个方面。

（1）空间数据的分析处理方面，基于 GIS 的城市规划空间分析技术，首先能够胜任城市规划海量空间数据的存储、管理与检索查询，安全可靠且现势性强。其次可以对各类空间数据进行综合性分析处理，实现由空间数据到空间信息的转化。最后，能将分析所得的结果用可视化方法进行表达，易于规划人员理解和进一步加以利用。

（2）城市空间研究的深度方面，因为空间分析技术方法实现了图形数据与属性数据的一体化分析处理，所以，能够透过城市空间问题的表象，对其内在的空间关系和空间机制进行深层次的分析研究，改变以往城市规划停留于物质空间形态、就事论事的工作方法，加强规划成果的深度和说服力。

（3）城市规划空间分析还能在把握城市空间发展演变机制的基础上，结合专业模型的应用，对城市的未来发展进行较为客观可靠的预测与模拟，并辅助城市规划设计方案的综合评价与优化整合，从而使城市规划能够以更强的预见能力去面向未来。

4. 城市规划决策分析

决策就是对未来发展的方向、目标及实现方法做出决定。城市规划在本质上可以理解为一个决策的过程，而且是一个针对城市空间问题的空间决策过程。城市规划决策在总体上具有多目标、动态性、模糊性和整体性的特点。

决策需要信息，无论是哪种类型的城市规划决策都离不开完整、准确、及时而又具有针对性的信息支持，信息来源则是对决策问题进行定性或者是定量的分析研究。通过决策分析，可以揭示城市空间中所集中反映的各种各样的相互作用关系，如人口与用地之间的关系，自然条件与城市结构、形态之间的关系，城市持续发展过程中物质、能量和信息流动的空间规律，等等。在实践应用中，城市规划决策分析通常有 5 种主要类型。

（1）比较分析。比较分析的主要目的，是通过城市结构要素的时间序列变化分析和空间序列的相关与对比分析，发现关联性和结构模式。比较分析，不但要能反映城市结构要素变化的数量，而且要能反映其空间位置和空间分布的变化状况，使规划师能够从数量、空间位置、空间分布、空间关系等角度来认识城市空间发展的内在规律和机制，把握城市未来发展的基本趋势。比较分析是对城市空间规律的研究总结，因此，应强调分析的全面性、客观性和综合性。

（2）预测分析。预测分析是根据城市发展的内在规律，通过各种类型的预测模型，研究今后一定时期内城市中人口、用地、经济等方面要素的数量增长和空间分布的变化，发现可能出现的各种问题及由此而涉及的其他城市要素的空间范围和数量。在预测分析的基础上，可以制订相应的规划方案或政策措施来引导城市要素在空间上的合理布局与组合，实现城市的可持续发展。

（3）优化分析。城市规划的制订涉及社会、经济、环境等方面的许多因素，优化分析就是通过大量规划数据的综合与转化，在多因素综合影响的条件下实现规划方案或发展目标的相对最优。规划选址、城市功能区划分、规划设计方案、环境质量评价等问题都可以进行优化分析。城市规划优化分析往往需要进行多目标综合评价，其中主观因素的影响也不可忽视。

（4）统计分析。运用回归分析、相关分析、主成分分析等方法，确定数据库属性之间存在的函数关系或相关关系，应用于城市规划中的单因素不同状况统计、多因素交叉统计、频率统计等运算。

（5）模拟分析。模拟分析是以可视化方法模拟城市规划方案的实施过程，通过扩展分析和指标统计等，从模拟的结果中直观地了解规划方案实施以后城市的状况和经济发展水平，及其空间结构与形态。对于城市系统来说，进行实物模拟几乎是不可能的，模拟分析于是就成为人们形象化地感知未来的有效手段。

上述五种类型的城市规划决策分析，构成了城市规划决策的基础。通过分析，能够将各类数据资料转化为规划决策所需要的信息，从而实现城市规划科学决策。

11.3.3　洪水灾害过程与预警系统

1. 洪水灾害预警基础

洪水灾害是降水量超过江河、湖泊、水库、海洋等容水场所的承纳能力，造成水量剧增或水位急涨的水文现象。从洪涝灾害的发生机制来看，洪水灾害具有明显的季节性、区域性和可重复性。洪水灾害与降水时空分布及地形有关。洪水灾害同气候变化一样，有其自身的变化规律，这种变化由各种长短周期组成，使洪水灾害循环往复发生。

洪水灾害与降水量、植被覆盖、土壤类型、地形地势、大小河流水位、水库水位、大型湖泊水位等有关。利用远程水位监测数据、地面气象数据、气象卫星数据、GIS 植被覆盖数据和地形数据，构建洪水灾情模型，预测洪水灾害等级（溃决型、漫溢型、内涝型），提早防范，及早发现险情，可以有效地减少人员伤亡和财产损失。

洪水预警是指根据降水资料及有关水文气象信息，利用洪水形成和运动的规律，对未来一段时间内洪水过程进行预报。它包括流域内一次暴雨径流量（称降雨产流预报）及其径流过程（流域汇流预报）。预报项目一般包括洪峰水位、洪峰流量及其出现时间、洪水涨落过程及洪水总量。洪水预报方法多是在产流、汇流理论基础上的经验性方法。目前，卫星遥感技术及测雨雷达与水文预报模型结合应用，进一步提高了预报的预见性和准确性。

2. 洪水灾害预警数据

大气环流、海洋潮汐、各种地球物理因子和下垫面产流汇流条件，对洪水形成及演变都可产生影响，情况十分复杂，所以短期洪水预报方法多系基于一定物理成因分析基础上的经验方法。至于中长期预报，则更与天气气候、气象预报紧密关联。而影响长期天气过程变化的因子尤为复杂，所以其预报方法尚处于研究探索阶段。

洪水灾害预警过程复杂，涉及的数据量也极大，需综合考虑水文、气象、地质、地貌、土壤、农业等方面的数据。其中，水文数据涉及河流水深、水势、水位、落差、流量、流速、河网密度、河道糙率、河流与含水层相互作用等；气象数据涉及降水、温度、辐射、湿度、水汽压、日照时数、风速、风向、蒸发率等；地质数据涉及地层及岩石构造、含水层类型，对于不同含水层数据也有所差异，承压含水层涉及导水率、透水率、储水率、压缩率和孔隙率，而非承压含水层则涉及比水容量、水位和补给率等；地貌数据涉及坡度、坡长、河网、排水区、地形等高线图等；土壤数据涉及土壤类型、质地及结构、粒径与级配、孔隙率、毛管水压力、壤中流、稳定下渗率、饱和导水率及前期含水量等；农业数据涉及土地利用和植被覆盖状况、耕作与施肥措施等。随着遥感技术的发展，气象卫星及气象雷达遥感获取的大面积、多尺度的气象信息在洪水预报中也起到了广泛的应用。单一遥感影像上显现各种尺度天气现象，对天气分析与预报提供了非常有益的资料。现有的降水数值预报产品在洪水预报中为降水的估算提供了数据基础。

3. 洪水灾害预警系统

洪水灾害预警系统就是一个数学模型，它实现了复杂的信息采集、处理和输出，减轻了洪水预报以前繁重的工作量，更重要的是它提高了洪水预报的时效性和准确度，为各级防汛指挥部门提供决策依据，对降低洪水风险，减少洪灾损失发挥了重要作用。洪水灾害预警系统由 4 个子系统组成，分别是数据收集、传输及管理系统，预报模型计算系统，预报发布与评估系统，如图 11.15 所示。

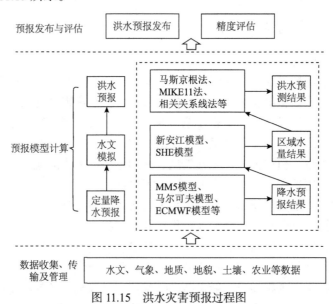

图 11.15 洪水灾害预报过程图

1）数据收集、传输及管理

收集区域内的雨量站、水位站、水文站及工程管理队观测的雨、水、沙、工情和地方部门管辖的雨、水、沙情，另外，气象部门的卫星云图雷达信息及数字预报成果和水文局有关区域的雨量信息也是数据收集系统的接收对象。在收集雨水情信息时，通过接收气象部门的卫星云图、雷达回波信息及暴雨数值预报产品和水文局有关预报区域的雨量信息，同时，采用短信平台、超短波、有线公网相结合的方式，收齐区间水雨情站的水情信息。数据处理与存储环节具体的信息处理内容有：翻译雨水情电报报文；识别错误信息并处理；根据洪水预报输入要求，生成相应时段的水文要素过程；根据用户信息查询要求，制成相应的图表；根据人工制定的门槛，遇特殊雨水情发出预警；根据报汛任务要求向有关部门转发信息。在处理信息之后，便可以将原始信息和处理后的信息存储到数据库，以便随时调用。

2）预报模型计算

经过处理的信息从数据库中提取出来进入预报模型计算系统，一方面将实时数据进行插补、外延，分割成时段的降雨、流量过程；另一方面提取历史资料，经过处理后进行典型雨洪分析。在计算系统中，最重要的环节是模型率定参数的确定，一是利用历史资料为建模进行率定；二是利用实时资料对模型参数进行补充、修改。最后按照实际模拟达到合格要求后，才能确定预报模型的参数。预报模型根据功能可分为降水预报模型、水文模型、洪水扩散模型等。

现代化定量降水预报过程包括以下内容。

（1）数值模式预报。利用地面气象信息、卫星图像、雷达遥感信息等，估算降雨范围与趋势。系统中将集成多种预报模型，主要包括 MM5 模型、马尔可夫模型、ECMWF 模型等，不同模型的预报结果进行相互对比验证。

（2）数值模式产品订正。采用数据挖掘方法，从海量预报数据中获得最优的客观服务，在模式和客观预报的基础上，对结果进行订正。利用降尺度技术，通过统计方法加入降水的气候、地形分布信息，获得更高分辨率的产品。

（3）检验评估。实时检验评估技术贯穿整个过程，提供模式及产品的误差和质量信息，用于数值模式的改善，最终为洪水预报系统提供精确的定量降水预报。

将气象模拟获取的降水数据输入水文模拟中进行径流模拟计算。由于水文过程复杂，水文模拟需要的数据量极大，需综合考虑水文、气象、地质、地貌、土壤、农业等方面。从反映水文运动物理规律的科学性和复杂性程度而言，流域水文模型通常被分为 3 大类：系统模型（即黑箱模型，back-box model）、概念性模型（conceptual model）、物理模型（physically-based model）。

（1）系统模型将所研究的流域或区间视作一种动力系统，利用输入（一般指雨量或上游干支流来水）与输出（一般指流域控制断面流量）资料，建立某种数学关系，然后可由新的输入推测输出。系统模型只关心模拟结果的精度，而不考虑输入输出之间的物理因果关系。系统模型有线性的和非线性的、时变的和时不变的，单输入单输出的、多输入单输出的、多输入多输出的等多种类型。代表性模型有：总径流线性响应模型（TLR）、线性振扰动模型（LPM）、神经网络（ANN）等。

（2）概念性模型利用一些简单的物理概念和经验公式，如下渗曲线、汇流单位线、蒸发公式，或有物理意义的结构单元，如线性水库、线性河段等，组成一个系统来近似地描述流域水文过程。代表性模型有：美国的斯坦福模型（SWM）、日本的水箱模型（Tank）、我国的新安江模型（XJM）等。

（3）物理模型依据水流的连续方程和动量方程来求解水流在流域的时间和空间的变化规律。代表模型有 SHE 模型、DBSIN 模型等。

根据水文模拟的结果，综合利用马斯京根法、MIKE11 和相关关系线法进行洪水的预报。马斯京根演算法是使用广泛的一种一维洪水演算程序，该方法是河道洪水演算的主要水力学模型。MIKE11 法是一个一维水力学模型，用 4E8E 简单和复杂河流及河道系统模拟分析、设计、管理和调度。水力学模块是 MIKE11 模型的核心。相关关系曲线法是使用历史数据，建立测站之间的水位之间和/或流量之间相关关系曲线。在这种方法中，洪水波传播时间与洪峰之间建立相关关系。这种关系曲线反映了地理上相互联系的两个或多个测站之间的统计特性和对应关系。马斯京根方法适用于河道较窄、稳定的区域；统计方法如相关关系线法在下游区域表现相对好些；MIKE11 表现位于两者之间，比较稳定与准确。

洪水淹没分析是水文预测预报、防洪调度及洪涝灾害评估的一项重要内容，可快速、准确、科学地获取淹没区范围。将 GIS 技术与水文水动力学模型相结合进行洪水淹没灾害评估，已成为防洪减灾领域的一个重要研究方向。基于 DEM 数据的洪水淹没分析包括两类方法：一类是结合水文水动力学模型构建洪水演进模型；另一类是根据设定的静态水位面计算淹没范围。洪水演进模型可以较为精确地模拟洪水淹没过程，但是需要较多的水文水力学参数条件，建模过程复杂。基于给定静水位的洪水淹没分析是洪水淹没达到最终平衡状态的近似模拟，因其计算简单，能快速确定淹没范围和水深分布，因此得到广泛应用。静水位下洪水淹没分析主要分为两种情形：第一种情形称为无源淹没，凡是高程值低于给定水位的点，皆计入淹没区，相当于整个区域均匀降水；第二种情形称为有源淹没，需要考虑水流连通性的问题，洪水只能淹没到它能流到的地方，相当于高发洪水向邻域泛滥。有源淹没常用的算法是种子蔓延算法，它是一种基于区域空间特征的扩散探测算法，其核心思想是将给定的种子点赋予特定的属性，然后在区域上四方向或八方向扩散，求取满足给定条件且具有连通特性的点。利用种子蔓延算法计算淹没区，就是按给定水位条件，求取满足精度、连通性要求的点的集合，该集合给出的连续平面就是淹没区范围。根据无人机数据和人工巡检的方式对模拟结果进行监测。

3）预报发布与评估

根据确定后的预报模型，输入实时雨水情信息或气象部门等单位预测的雨量信息，进行产流、汇流计算，根据计算结果及时向社会发布洪水预报，洪水预报还分为预警预报和正式预报两个阶段。在预报发布后，还要不停更新数据库实时数据，计算出的预报数据与实时数据比较后，评价此次预报的及时性和准确性，如果出现预测滞后的现象，应当加快实时数据更新的速度；如果出现预测失误的现象，就需要及时调整模型参数，以实现快速精确地预报。

第 12 章　地理信息服务

地理信息服务就是在不断满足人们在哪里（空间信息）、附近有什么资源（信息查询）的基本需求过程中应运而生的。它是现代测绘技术、信息技术、计算机技术、通信技术和网络技术相结合而发展起来的综合性产业，是利用地理信息技术对地理信息资源进行生产、开发、应用、服务、经营的全部活动，以及涉及这些活动的各种设备、技术、服务、产品的产业综合体。地理信息服务产业正在由政府应用为主，向企业级和大众级市场渗透，企业已经成为做大地理信息产业的主体，如导航、监控、航海和物流信息服务领域。

12.1　地理信息服务概述

服务是指为他人做事，并使他人从中受益的一种有偿或无偿的活动，不以实物形式而以提供劳动的形式满足他人某种特殊需要。服务是个人或社会组织为消费者直接或凭借某种工具、设备、设施和媒体等所做的工作或进行的一种经济活动，是向消费者个人或企业提供的，旨在满足对方某种特定需求的一种活动和好处，其生产可能与物质产品有关，也可能无关，是对其他经济单位的个人、商品或服务增加价值，并主要以活动形式表现的使用价值或效用。传统的地理信息服务（GIService）是向消费者提供物体位置坐标和多种类型、多种比例尺的地图产品。随着信息技术的发展，传统的地理信息服务模式已不能满足消费者的需求，多源地理信息综合利用和多种技术集成催生了现代地理信息服务模式。这种模式基于导航定位、移动通信和数字地图等技术手段，建立人、事、物、地在统一时空基准下的位置与时间标签及其关联，为政府、企业、行业及公众用户提供随时获知所关注目标的位置及位置关联信息的服务。现代地理信息服务是把实时空间定位技术（惯性导航定位、无线电定位导航、GPS、北斗和移动通信定位）、GIS、移动无线通信技术（无线电专网、蜂窝移动通信和卫星通信）、计算机网络通信技术及数据库技术等现代高新技术有机地集成在一起，实现地理信息收集、处理、管理、传输和分析应用的数字化，在网络环境下为地理信息用户提供实时、高精度和区域乃至全球的多尺度地理信息，对移动目标实现实时动态跟踪和导航定位服务的系统，为用户随时随地（anytime，anywhere）提供连续的、实时的和高精度的自身位置和周围环境信息。其产业链由定位信号提供商、地图提供商、内容提供商、位置信息集成商、应用服务提供商、终端制造商和各类用户组成。

12.1.1　地理信息服务技术体系

地理信息服务的核心是提供人们劳动和生活所需的实时动态空间位置及其地理信息，其技术体系体现了多种学科交叉、多种技术集成，其目的是实现地理信息服务数字化、网络化、大众化和普世化。

1. 实时动态定位技术

早期从起始点将航行载体引导到目的地的设备是指南针，指南针测量角度存在误差，不能满足远距离或长时间航行及高精度导航定位的要求，为了解决这个问题，人们依靠地磁场、星光、太阳高度等天文、地理方法获取定位、定向信息。随着科学技术的发展，惯性导航、无线电导航和卫星导航等技术相继问世，为航行载体提供实时的姿态、速度和位置信息的技术和方法，组合实时定位技术解决了误差积累问题。

1）惯性导航系统

惯性导航的基本工作原理是以牛顿力学定律为基础，通过测量载体在惯性参考系的加速度，将它对时间进行积分，且把它变换到导航坐标系中，就能够得到它在导航坐标系中的速度、偏航角和位置等信息。惯性导航系统属于推算导航方式，即从一已知点的位置根据连续测得的运动体航向角和速度推算出其下一点的位置，因而可连续测出运动体的当前位置。惯性导航系统中的陀螺仪用来形成一个导航坐标系，使加速度计的测量轴稳定在该坐标系中，并给出航向和姿态角；加速度计用来测量运动体的加速度，经过对时间的一次积分得到速度，速度再经过对时间的一次积分即可得到距离。

惯性导航有固定的漂移率，会造成物体运动的误差，利用 GPS 等对其进行定时修正，以获取持续准确的位置参数。随着科技进步，成本较低的光纤陀螺和微机械陀螺精度越来越高，是未来陀螺技术发展的方向。

2）无线电定位技术

实时定位问题真正的解决是在无线电技术发明之后。人们利用电磁波传播的 3 个基本特性：①电磁波在自由空间沿直线传播；②电磁波在自由空间的传播速度是恒定的；③电磁波在传播路线上遇到障碍物时会发生反射，把量算距离变成测量无线电传播时间差，利用 3 个已知点坐标和距离的空间后方交会（space resection）可以解算出移动目标的位置。空间后方交会测量是加密控制点常用的方法，它可以在数个已知控制点上设站，分别向待定点观测方向或距离，也可以在待定点上设站向数个已知控制点观测方向或距离，而后计算待定点的坐标。常用的交会测量方法有前方交会、后方交会、侧边交会和自由设站法。

根据两条位置线的交点确定运动体的位置，称为平面二维定位。若再测定运动体距大地水准面的高度，则称为空间三维定位。按无线电定位的工作原理区分，主要有脉冲测距、相位双曲线、脉冲双曲线和脉冲相位双曲线等定位方式。按其作用距离可分为近程、中程、远程和超远程 4 种。近程系统有绍兰（Shoran）、哈菲克斯（Hi-Fix）和台卡（Decca）等；中程系统主要有罗兰（Loran）A、罗兰 B 和罗兰 D；远程和超远程系统分别以罗兰 C 和奥米加（Omega）为代表。在海洋测量中，无线电定位通常采取双曲线方式、测距（又称圆-圆）方式和圆-双曲线方式等。在沿海岸线建立一定数量的无线电导航站，如罗兰 C，由于大地和海洋对无线电波的吸收和地球曲率的影响，电波的传送距离受电台功率的限制，这种方式的导航距离受到一定的限制。

3）全球导航卫星系统

全球导航卫星系统（GNSS）目前有 4 种，分别是：①美国全球定位系统 GPS，是目前全世界应用最为广泛也最为成熟的卫星导航定位系统。GPS 的用户只需购买 GPS 接收机就可以免费享受该服务。但 GPS 针对普通用户和美军方提供的是不同的服务。目前民用 GPS 信号的精度可达到 10m 左右，军用精度可达 1m。②中国北斗导航 Compass。2000 年开始建设北斗卫星导航试验系统，目前北斗卫星导航系统已经发射了 10 颗卫星，建成了基本系统。2020 年左右，由大约 30 颗卫星组成的北斗全球卫星导航系统将形成全球覆盖能力。北斗的精确度非常高，定位也非常准，已经可以和美国的 GPS 相媲美，最重要的是能够实现短讯通信。③欧盟伽利略系统 Galileo。伽利略卫星导航系统是欧盟和欧洲空间局正在建设中的项目。

伽利略系统的技术水平将高于 GPS 和俄罗斯的格洛纳斯，其精度可以达到 1m 级别。④俄罗斯格洛纳斯 GLONASS。与美国的 GPS 系统不同的是 GLONASS 系统采用频分多址（frequency division multiple access，FDMA）方式，根据载波频率来区分不同卫星[GPS 是码分多址（code division multiple access，CDMA），根据调制码来区分卫星]。每颗卫星发播的两种载波频率与该卫星的频率编号有关。GLONASS 系统采用了军民合用、不加密的开放政策，系统单点定位精度水平方向为 16m，垂直方向为 25m。

4）移动通信定位技术

移动用户对基于无线定位技术的新业务的需求不断增加，推动了对无线测距及定位技术的深入研究，向用户提供精确的定位信息已经成为新一代移动通信标准业务之一。实现无线定位主要有两大类解决方案：第一类是由移动站（mobile station，MS）主导的定位技术。单从技术角度讲，这种技术更容易提供比较精确的用户定位信息，它可以利用现有的一些定位系统，例如，在移动站中集成 GPS 接收机，从而利用现成的 GPS 信号实现对用户的精确定位。但这类技术需要在移动站上增加新的硬件，这将对移动站的尺寸和成本带来不利的影响。第二类是由基站（base station，BS）主导的定位技术，这种解决方案需要对现存的基站、交换中心做出某种程度的改进，但它可以兼容现有的终端设备。其可选用的具体实现技术主要包括：测量信号方向[信号的到达角度（angle of arrival，AOA）]的定位技术、测量信号功率的定位技术、测量信号传播时间特性[到达时间（time of arrival，TOA）、到达时间差（time difference of arrival，TDOA）]的定位技术。为了提高定位的精度，也可以采用上面数种技术的组合。由于第二类的解决方案能更好地利用现有的网络及其终端设备，因而具有更广泛的应用前景。

5）室内定位技术

随着普适计算和分布式通信技术的深入研究，无线网络、通信等技术得到了迅速普及。基于低功耗、自组织、信息感知的无线传感器网络，其监测的事件与物理位置息息相关，没有位置信息的数据毫无意义，因此确定信息的位置成为众多应用的迫切需求和关键性问题；室内定位在商业、公共安全和军事上的应用也是研究热点，展现了巨大的商业前景。例如，将无线传感器网络布置在大型展馆（博物馆、会馆、大型综合公共场所等）对其人员进行定位跟踪与导航、对仓库等物流及设备监测等的定位与引导、对工业厂房车间内自动运载小车的运动控制、灾难（火灾、地震等）场所的疏散引导，以及室内移动和服务机器人跟踪定位等。在室内环境无法使用卫星定位时，使用室内定位技术作为卫星定位的辅助，解决卫星信号到达地面时较弱、不能穿透建筑物的问题，最终确定物体当前所处的位置。除通信网络的蜂窝定位技术外，常见的室内无线定位技术还有 Wi-Fi、蓝牙、红外线、超宽带、RFID、ZigBee和超声波。

6）定位定姿系统

全球卫星定位系统最大的缺点是不能提供连续不断的实时定位服务和在军事上应用的安全性受到挑战。惯性导航系统成为全球卫星定位系统的有效补充。定位定姿系统（positioning and orientation system，POS）是利用全球卫星定位系统和惯性测量装置直接确定传感器空间位置和姿态的集成技术。POS 系统主要采用差分 GPS 定位（differential global positioning system，DGPS）获取位置数据作为初始值，姿态测量主要是利用惯性测量装置（inertial measurement units，IMU）来感测飞机或其他载体的加速度，经过积分运算，应用卡尔曼滤波器，反馈误差控制迭代运算，获取载体的位置、速度和姿态等信息。

2. 移动网络通信技术

信息的价值在于传播。通信就是信息的传递，是指由一地向另一地进行信息的传输与交换，其目的是传输消息。通信方式有古代的烽火台、击鼓、驿站快马接力、信鸽、旗语等，现代的电信等。古代的通信对远距离来说，最快也要几天的时间，而现代通信以电信方式，如电报、电话、快信、短信、E-Mail 等，实现了即时通信。按传输媒质移动网络通信技术可分为有线通信和无线通信两种。

1）无线移动通信

无线通信是利用电磁波信号可以在自由空间中传播的特性进行信息交换的一种通信方式，近些年信息通信领域中，发展最快、应用最广的就是无线通信技术。在移动中实现的无线通信又通称为移动通信，人们把二者合称为无线移动通信。

蜂窝移动通信是无线移动通信的一种，其核心是频率复用，即多个用户共用一组频率，同时多组用户在不同的地方仍使用该组频率进行通信，从而大大地提高了频率的利用率。随着全球移动通信系统（global system of mobile telecommunication，GSM）向高速电路交换数据（high-speed circuit-switched data, HSCSD）和通用分组无线业务（general packe tradio service, GPRS）及增强型数据速率 GSM 演进技术（enhanced data rate for GSM evolution，EDGE）等制式发展，数据传输速率将由 9.6kbps 提高到 384kbps 的水平，加上无线应用协议（wireless application protocol，WAP）的实施，移动通信将可以与目前 Internet 互联，构成固定形式与移动形式并存的通信网络。以码分多址（CDMA）技术为基础的数字移动通信系统被称为第三代移动通信系统。它由扩频、多址接入、蜂窝组网和频率再用等几种技术结合而成，含有频域、时域和码域三维信号处理的一种协作，因此具有抗干扰性好、抗多径衰落、保密安全性高的特点。第四代移动通信系统是集成多功能的宽带移动通信系统，是宽带接入 IP 系统。第四代移动通信可以在不同的固定、无线平台和跨越不同的频带的网络中提供无线服务，可以在任何地方用宽带接入互联网（包括卫星通信和平流层通信），能够提供定位定时、数据采集、远程控制等综合功能。未来第五代（5G）网络正朝着网络多元化、宽带化、综合化、智能化的方向发展。5G 具有更高的速率、更宽的带宽，预计 5G 网速将比 4G 提高 10 倍左右。

集群通信系统是专用调度的移动通信系统，其特点是"频率公用"，即系统内用户共同使用一组频率。用户每次建立通话前首先向调度台提出申请，调度台将搜索到的空闲信道分配给该用户。集群通信为用户提供的基本业务有语音通信、保密语音通信、数据及状态信息传输。它具有多种呼叫接续方式，如移动台到移动台、移动台到调度台双向、有线接续等，呼叫类型有单呼、组呼、全呼、有无线互连呼叫。

2）有线移动通信

为了更加便宜有效地处理和传送数据、语音和图像信息，电信网正由传统的电路交换网向基于 IP 的分组网转移。基于 IP 的分组网采用 TCP/IP 协议使得不同网络间的连接大大简化，而宽带 IP 网的巨大网络带宽和流量使信息流量大大增加，可以满足不同业务和大量用户的要求，这一点为海量的空间数据（特别是影像数据）的网上传输提供了可能。因此我们有可能处理更大的空间数据集、更高空间分辨率的遥感图像、更复杂的空间模型和地学分析，有可能得到更精确的显示及数据可视化的输出。

局域网 LAN 使得同一建筑内的数十甚至上百台计算机连接起来，使大量的信息能够以 108～109bps 的速度在计算机间传送。广域网 WAN，尤其是 Internet 的迅速普及使得全球范围内的数百万台计算机连接起来得以进行信息交换，改变了人们传统的获取、处理信息的方式。随着计算资源的网络化，拥有个人计算机或工作站的广大用户，迫切需要共享或集成分布于网络上丰富的信息资源，以廉价获得超出局部计算机能力的高品质服务，并逐步实现计算机支持的协同工作。因此在多个资源上进行分布式处理就变得越来越迫切。从简单的数据共享到多个服务的先进系统，大量的计算转移到了网络环境下的各种资源和个人桌面。分布式计算时代初露端倪，分布计算成为影响当今计算机技术发展的关键技术力量。

卫星移动通信是在卫星通信、蜂窝移动通信、数字交换、传输技术及计算机技术基础上发展起来的一种新的通信体制和通信业务。它把卫星通信网与地面通信网相结合，建成全球或区域性的"无缝隙"通信网络，能使任何人在任何时间、任何地点，以任何通信方式与任何人通信的理想变成现实。

3. 地理信息技术

从技术和应用的角度，GIS 是解决空间问题的工具、方法和技术。地理信息技术是地理信息获取、处理、管理和应用的手段、方法和技能的总和。地理信息技术主要包括全球定位系统、遥感、地理信息系统及其应用，涵盖地理信息获取与处理技术，空间数据库技术、空间分析模型、可视化方法技术、地理信息工程技术，地理信息标准化与规范化、地理信息共享技术等内容。

4. 系统集成技术

集成指的是一种有机的结合，在线的连接、实时的处理和系统的整体性。美国海军退役上将，曾任参谋长联席会议副主席的威廉·欧文斯最早提出"系统集成"理论，并著有《拨开战争的迷雾》一书。系统集成是一门工程技术，同时也是一门艺术。它包括系统工程、软件集成、综合集成等。综合集成是工程技术向现实生产力转化的重要工具和方法，其实质是把科学理论与经验知识结合起来、人脑思维与计算机分析结合起来，发挥综合系统的整体优势。集成的目的是建立一体化、最优化的大系统。

系统集成不是产品的集成，不是软件，不是网络，它涉及多种技术、多种产品与多家供应商。它是按照用户的需求、对多种产品和技术进行剪裁，恰当合理地选择相关技术和策略，最佳地选择和配置各种软件和硬件资源，以构成满足用户要求的信息系统的一体化解决方案，使系统的整体性能最优，在技术上具有先进性，实现上具有可行性，使用上具有灵活性及可扩展性等。

12.1.2　地理信息服务分类

目前，地理信息服务主要有 5 类，第一类是提供各种比例尺的纸质地图；第二类是提供存储在各种介质上的数字产品（数字地图）；第三类是提供高精度位置服务；第四类是在计算机网络环境下为用户提供地理信息数据和功能，使用户能直接通过网络对地理空间数据进行访问，实现空间数据和业务数据的检索查询、空间分析、专题图输出和编辑修改等 GIS 功能；第五类是 GIS、GPS 和通信有机集成，各种手持/车载地图导航仪，存储了详尽的道路信息，软件上有人们出行需要的道路分析功能。

1. 提供地图产品

地图可分为地形图、普通地理图、专题地图和公开出版地图 4 种。

1）地形图

地形图是根据国家颁布的测量规范、图式和比例尺系统测绘或编绘的全要素地图，是详细表示地表上居民地、道路、水系、境界、土质、植被等基本地理要素且用等高线表示地面起伏的一种按统一规范生产的普通地图。地形图是地表起伏形态和地理位置、形状在水平面上的投影图。具体来讲，地形图是将地面上的地物和地貌按水平投影的方法（沿铅垂线方向投影到水平面上），并按一定的比例尺缩绘到图纸上。地形图是按照统一的规范和符号系统测（或编）制的，全面而详尽地表示各种地理事物，有较高的几何精度，能满足多方面用图的需要，是经济建设、国防建设和科学研究中不可缺少的工具；也是编制各种小比例尺普遍地图、专题地图和地图集的基础资料。不同比例尺的地形图，具体用途也不同。

2）普通地理图

普通地理图是以同等详细程度来表示地面上主要的自然和社会经济现象的地图，能比较全面地反映出制图区域的地理特征，包括水系、地形、土质、植被、居民地、交通网、境界线及主要的社会经济要素等。它和地形图的区别主要表现在：地图投影、分幅、比例尺和表示方法等具有一定的灵活性，表示的内容比同比例尺地形图概括，几何精度与地形图相比较低。

3）专题地图

专题地图是着重表示一种或几种自然或社会经济现象的地理分布，或强调表示这些现象的某一方面特征的地图。专题地图的主题多种多样，服务对象也很广泛，可进一步分为自然地图和社会经济地图。

4）公开出版地图

依据《中华人民共和国测绘法》《中华人民共和国地图编制出版管理条例》和国家有关法规，公开地图和地图产品上不得表示下列内容：①国防、军事设施及军事单位；②未经公开的港湾、港口、沿海潮浸地带的详细性质、火车站内站线的具体线路配置状况；③航道水深、船闸尺度、水库库容、输电线路电压等精确数据，桥梁、渡口、隧道的结构形式和河底性质；④未经国家有关部门批准公开发表的各项经济建设的数据等；⑤未公开的机场（含民用、军民合用机场）和机关、单位；⑥其他涉及国家秘密的内容。

地图成果应当根据公开（公开使用、公开出版）和未公开（内部使用、保密）的不同性质，按照国家有关规定进行管理。大范围、高精度地图产品在我国属于保密产品。从国家安全的角度考虑，目前高精度的地理信息数据采集、生产和销售在国家政策上受到一定的限制。需要使用未公开（内部使用、保密）的地图成果的单位，应该去该成果所在测绘行政主管部门办理使用手续。

2. 提供高精度位置服务

高精度位置服务主要包括两个内容：一是提供大地控制点，依据控制点坐标，利用测量仪器，获取地球坐标；二是提供利用多基站网络 RTK 技术建立的连续运行（continuous operational reference system，CORS）。CORS 利用已知精确三维坐标的差分 GPS 基准台，求得伪距修正量或位置修正量，再将这个修正量实时或事后发送给用户（GPS 导航仪），对用户的测量数据进行修正，以提高 GPS 终端的定位精度。

1）大地控制点

大地控制点简称"大地点"，是经过大地测量在地面统一建立的控制点，具有统一精度的水平位置和高程，包括三角点、导线点、水准点，点上均埋设固定标志。大地控制点是加密低等控制点和测图控制的基础，并为经济建设、国防建设、科学研究提供地面点的精确的水平和高程位置。

2）连续运行参考站系统

利用多基站网络 RTK 技术建立的连续运行（卫星定位服务）参考站（CORS）成为大地平面控制基础地理信息服务的主要形式，大地水准面精化模型与 CORS 系统的结合彻底改变了传统高程测量作业模式。

CORS 系统由基准站网、数据处理中心、数据传输系统、定位导航数据播发系统、用户应用系统 5 个部分组成，各基准站与监控分析中心间通过数据传输系统连接成一体，形成专用网络。CORS 的建立可以大大提高测绘的速度与效率，降低测绘劳动强度和成本，省去测量标志保护与修复的费用，节省各项测绘工程实施过程中约 30% 的控制测量费用。随着 CORS 基站的建设和连续运行，就形成了一个以永久基站为控制点的网络。

连续运行参考站系统是"空间数据基础设施"最为重要的组成部分，可以获取各类空间的位置、时间信息及其相关的动态变化，同时也是快速、高精度获取空间数据和地理特征的重要的城市基础设施，CORS 可在城市区域内向大量用户同时提供高精度、高可靠性、实时的定位信息，并实现城市测绘数据的完整统一，这将对现代城市基础 GIS 的采集与应用体系产生深远的影响。

3. 提供地理数据产品

地理数据产品分为基础地理信息数据、政务地理信息数据和公众地理信息数据 3 种类型。

1）基础地理信息数据

基础地理信息主要是指通用性最强、共享需求最大，可以为所有行业提供统一的空间定位和进行空间分析的基础地理单元，主要由地理坐标系格网，自然地理信息中的地貌、水系、植被及社会地理信息中的居民地、交通、境界、特殊地物、地名等要素构成。其具体内容也同所采用的地图比例尺有关，随着比例尺的增大，基础地理信息的详细程度和位置精度越来越高。

基础地理信息的承载形式也是多样化的，可以是各种类型的数据、卫星像片、航空像片、各种比例尺地图，甚至声像资料等，目前的主要形式有大地控制点信息数据库、栅格地图（DRG）数据库、矢量地形要素（DLG）数据库、数字高程模型（DEM）数据库、地名数据库和正射影像（DOM）数据库等。地理信息数据生产者主要是国家测绘部门、军事部门和专业测绘公司。

（1）数字线划地图。数字线化地图含有行政区、居民地、交通、管网、水系及附属设施、地貌、地名、测量控制点等内容。它既包括以矢量结构描述的带有拓扑关系的空间信息，又包括以关系结构描述的属性信息。用数字地形信息可进行长度、面积量算和各种空间分析，如最佳路径分析、缓冲区分析、图形叠加分析等。数字线划地图全面反映数据覆盖范围内自然地理条件和社会经济状况，它可用于建设规划、资源管理、投资环境分析、商业布局等各方面，也可作为人口、资源、环境、交通、报警等各专业信息系统的空间定位基础。基于数字线划地图库可以制作数字或模拟地形图产品，也可以制作水系、交通、政区、地名等单要素或几种要素组合的数字或模拟地图产品。以数字线划地图库为基础，同其他数据库有关内容可叠加派生其他数字或模拟测绘产品，如分层设色图、晕渲图等。数字线划地图库同国民经济各专业有关信息相结合可以制作各种类型的专题测绘产品。

（2）数字高程模型。数字高程模型是定义在 X、Y 域离散点（规则或不规则）的、以高程表达地面起伏形态的数据集合。数字高程模型数据可以用于与高程有关的分析，如地貌形态分析、透视图、断面图制作、工程中土石方计算、表面覆盖面积统计、通视条件分析、洪水淹没区分析等方面。除高程模型本身外，数字高程模型数据库可以用来制作坡度图、坡向图，也可以同地形数据库中有关内容结合生成分层设色图、晕渲图等复合数字或模拟的专题地图产品。

（3）数字正射影像。数字正射影像数据是具有正射投影的数字影像的数据集合。数字正射影像生产周期较短、信息丰富、直观，具有良好的可判读性和可测量性，既可直接用于国民经济各行业，又可作为背景从中提取自然地理和社会经济信息，还可用于评价其他测绘数据的精度、现势性和完整性。数字正射影像数据库除直接提供数字正射影像外，可以结合数字地形数据库中的部分信息或其他相关信息制作各种形式的数字或模拟正射影像图，还可以作为有关数字或模拟测绘产品的影像背景。

（4）数字栅格地图。数字栅格地图是现有纸质地形图经计算机处理的栅格数据文件。纸质地形图扫描后经几何纠正（彩色地图还需经彩色校正），并进行内容更新和数据压缩处理得到数字栅格地图。数字栅格地图保持了模拟地形图的全部内容和几何精度，生产快捷、成本较低。数字栅格地图可用于制作模拟地图，可作为有关的信息系统的空间背景，也可作为存档图件。数字栅格地图数据库的直接产品是数字栅格地图，增加简单现势信息，可用其制作有关数字或模拟的事态图。

2）政务地理信息数据

地理空间信息作为一种重要的国家和社会资源，高精度地理空间数据是保密产品，随着GPS和GIS应用的深入，地理空间数据逐步向社会开放与共享的同时，同样面临信息本身、信息使用及传播过程等方面的安全问题。地理空间信息安全属于信息安全，但有着自己的特殊性。因此，地理空间信息安全所涉及的问题除一般信息安全所应考虑的问题外，还涉及地理空间信息本身所带来的一些特殊性问题。为了促进地理信息的社会化应用，在保证国家安全的前提下，通过脱密技术处理，产生满足公众需求的政务地理空间数据。

政务地理信息数据是一种以基础地理信息数据为基础，以政府行政办公部门为服务对象，面向电子政务应用需求，覆盖市域，多要素实体化的以在线形式提供服务的地图形式，具有地图特性和综合特性等。目前的政务地理信息数据一般都是在数字线划图的基础上，删除一些测绘专业要素（如测量控制点、等高线等），提取基础数据中的建筑物、植被、水系、交通及地名点、兴趣点等图层，增加一些具有普遍共享性的社会经济类图层数据（如行政机关、公共服务及设施和名胜古迹等），以形成各政府部门在政务管理中普遍需要共享的各类地理空间框架专题数据。同时要对各类地理空间框架专题数据进行内容提取与组合、符号化表现等一系列加工处理，以形成适合于网络一站式服务的电子地图。为城市公共管理、智能交通、公安应急、环境整治等空间信息基础设施服务提供了基本保障，同时也开创了基础空间数据库共享、服务和应用的新模式。

政务地理数据是指突出而尽可能完善、详尽地表示研究区域内一种或几种自然或社会经济（人文）要素的地理数据。政务地理数据覆盖专业领域宽广，凡具有空间属性的信息数据都可用其来表示。其内容、形式多种多样，能够广泛应用于国民经济建设、教学和科学研究、国防建设等行业部门，如土地覆盖类型数据、地貌数据、土壤数据、水文数据、植被数据、居民地数据、河流数据、行政境界及社会经济方面的数据等。

（1）水系包括河流、沟渠、湖泊、水库、海洋要素、其他水系要素、水利及附属设施类要素，涉及水系要素的行业和学科主要有水文、水利资源管理、水污染治理、水旱灾害、节水灌溉、水产养殖和加工、饮用水的生产和供应、水路运输业。

（2）居民地及设施包括居民地、工矿及设施、农业及其设施、公共服务及其设施、名胜古迹、宗教设施、科学观测站、其他建筑物及其设施各类别。居民地及设施作为人们工作和生活的场所与公众生活息息相关，几乎涉及国民经济所有行业，任何工作和生活场所都有其空间位置和地名属性，人们尤其对城市公共服务设施的位置和名称感兴趣，倾向于搜索距离自己最近的有特殊社会职能的场所。居民地的社会和经济属性繁杂，却也是公众关注的热点。国土资源、城市规划等城市管理部门对居民地的分布、用途和面积关注较多。

（3）交通包括铁路、城际道路、城市道路、乡村道路、道路构造物及附属设施、水运设施、航道、空运设施、其他交通设施类要素。交通要素涉及交通管理、铁路、公路、城市公共交通、水路、航空运输业，交通出行是人们生活的一项重要内容，城市内部公路交通状况直接影响人们的日常生活。交通管理业和运输业除了关注道路的空间分布、名称及代码、起止点和路程外，还关注道路的管辖单位和负责人、等级、交通流量、路面类型、路宽、违章信息、交通设施如服务区和收费站的位置，普通百姓则更多关注城市内的路况信息、公交车站的位置、公交路线、两地间的驾车路线，长途汽车站、火车站位置及车次、发车时间、车票价格等。

（4）管线包括输电线、通信线、油气水主要输送管道、城市管线类要素。管线主要由国家和国家控股的大型企业建设和管理，各种管线的空间位置分布，主要节点位置是电信、石油、水资源供应行业关注的焦点。公众只是付费和使用，对其空间布置和走向关心较少。

（5）境界与政区分为国家、省级、地级、县级、乡级行政区、其他区域类要素。境界和政区是人为产生的地理概念，而非自然地理要素，本身具有很强的政治属性，规定了人们管理事务的空间范围界线。任何地物都有经纬度和行政区划两种空间位置表示方法，而且政区比经纬度表示法应用更广，更符合人的表达习惯。政区和境界是政府和行业从事管理及开展工作的基本地理信息，行政区域内的人口数量、区域面积、经济水平、资源环境、特色人文和自然景观是政区的综合社会指标。

（6）地貌包括等高线、高程注记点、水域等值线、水下注记点、自然地貌、人工地貌类信息。地貌是地理学和地质学研究的重点，对工程实施、资源勘查、城市规划、土地利用、人们出行有较大影响，政府和社会大众关注具体地貌的特性和地质灾害的面积、破坏性，以便减少灾害对人们生活的影响。

（7）植被与土质分为农林用地、城市绿地、土质类要素。我国是个农业大国，耕地关系我国的国计民生，植被与土质受到国土资源、农业、林业、农副产品加工业、牧业、环境保护、城市绿化等行业的广泛关注，管理部门注重了解各种植被，包括各种农作物、林木、草场、城市绿地的空间分布、面积，以及各种土质的分布、面积。

3）公众地理信息数据

公众地理信息数据是为了满足公众出行和生活的需求，通过网络在线方式提供的相关地理信息，如景点分布、自驾车线路、公交线路和换乘查询、道路状况，以及景点周边的酒店宾馆、餐饮服务、购物商场、加油站等。此外，在公务、休闲娱乐、日常生活方面，公众对政府机关、企事业机构、娱乐消费场所、银行网点、通信公司、公交站点等地理信息有迫切需求，如以 GPS 导航为主的导航电子地图数据、旅游所需的旅游地理信息数据等。导航地理信息数据，俗称电子导航地图，主要用于路径的规划和导航功能上的实现。电子导航地图从组成形式上看，由道路、背景、注记和 POI 组成，当然还可以有很多的特色内容，如三维路口实景放大图、三维建筑物等，都可以算做电子导航地图的特色部分，支撑导航电子导航地图需要有定位显示、索引、路径计算、引导的功能。

（1）道路形状数据。主要记录与道路相关的精确地理位置、路面形状、道路隔离带、相应的附属设施等。它必须准确如实地反映真实世界的具体情况，为其他类型的数据提供空间基础，是电子地图与客观世界和各种导航应用功能相联系的纽带。

（2）背景数据。既包括了植被、水系、行政区划、面状公共场所等现实意义上的背景信息，也包括各类与智能导航相关的实时交通信息。背景信息的提供优化了地图的显示，满足了实时网络路径分析的需要。

（3）拓扑数据。定义了电子地图中各种地物间的相互关系，包括拓扑连接、拓扑相邻、拓扑包含等。拓扑数据的定义使电子地图中的各类数据在内涵上有了关联，使地图数据在语义和概念上更加完整，也更符合客观现实，为电子地图数据自身完备性检查、网络路径分析和实现交通信息处理提供了便利。

（4）属性数据。记录各类地物除位置信息以外的数据。根据针对的地物不同，属性数据的组织结构也不尽相同。例如，信息点（POI）的属性中常包括名称、地址、电话、网址等，而针对道路的属性数据则要记录道路名称、道面宽度、车道数据、通行级别等。随着导航应用需求的不断扩展，对属性数据完备性的要求也在不断提高，属性数据中包括的信息量及其准确度是评价当今业界领先的导航电子地图质量的重要依据之一，如 NavTech 公司生产的导航电子地图中道路层的属性数据就拥有 150 个字段，内容巨细无遗。

导航用电子地图必须具有极高的精确性，包括地理位置数据的精确性和实际地物信息的准确性。与此同时，电子地图中各要素之间必须具有正确的拓扑关系和整体的联通性，使各地物在逻辑上和语义上能够正确地映射现实世界。这些条件是保证电子地图实际可用性的客观基础。

导航电子地图必须提供完备的地物属性信息。一方面这是电子地图进行查询检索的需要，另一方面也是进行实际智能交通分析及相关导航应用的客观需要。例如，地图数据中需要有表达交通禁则的信息，以说明哪些路口禁止左转、禁止直行等，哪些路段在特定的时间段不许机动车通行或只许单行等，还需要有表达道路特质和运行情况的数据，以表明道路的材质、收费情况、允许哪些车辆类型通过等。这些属性信息与导航应用的需求密切相关，与一般意义上的电子地图有很大不同。

针对电子地图的技术要求，业界已出现了许多相应的技术标准。GDF（geographical data file）是欧洲交通网络表达的空间数据标准，用于描述和传递与路网和道路相关的数据。它规定了获取数据的方法和如何定义各类特征要素、属性数据和相互关系，主要用于汽车导航系统，但也可以用在其他交通数据资料库中。KIWI 格式是由 KIWI-WConsortium 制定的标准，它是专门针对汽车导航的电子数据格式，旨在提供一种通用的电子地图数据的存储格式，以满足嵌入式应用快速精确和高效的要求。该格式是公开的，任何人都可使用。NavTech 公司致力于生产大比例尺的道路网商用数据，包括详细的道路、道路附属物、交通信息等，这些数据主要用于车辆导航应用。

我国施行导航用电子地图生产准入制度，国家测绘地理信息局批准了几个导航电子地图生产厂商。导航用电子地图更新一般采用版本式更新，目前大部分商业公司一年更新 4 次。

4. 地理信息网络服务

随着地理信息应用的不断深入，政府部门、企事业单位和社会大众对地理信息服务提出了服务途径的网络化、服务形式的个性化、服务内容的多元化、服务主体的协同化等一系列新要求。为了形成物理上分散、逻辑上集中的网络服务平台，需要依托广域网物理链路，搭建纵向和横向广域网络，在纵向上连通国家、省、市地理信息服务机构，将分布在各地的地理信息服务节点连成一体，在横向上连通各类用户。对于使用涉密地理信息的政府用户，应依托涉密网广域网实现互联互通，对企业和公众则可依托非涉密网广域网（如政府外网、因特网）进行。为此，要配置支撑地理信息广域网服务的计算机、数据存储备份、安全保密和网络设备，建设广域网络接入和数据分发服务环境，保障地理信息网络化在线服务。考虑面向社会服务时峰值并发用户数可能较多，网络服务平台应具备高效稳定的地理信息在线访问能力、强大可靠的在线数据处理与管理能力，以满足用户对信息访问和应用的时效性、系统的稳定性要求。

1）地理信息网络服务的构成

基于 SOA 架构，由分布式节点组成。各节点按照统一的技术体系与标准规范，提供本节点的地理信息服务资源，通过服务聚合的方式实现整体协同服务。

（1）服务提供者。一个可通过网络寻址的实体，它接受和执行来自使用者的请求，将自己的服务和接口契约发布到服务注册中心，以便服务使用者可以发现和访问该服务。

（2）服务使用者。一个应用程序、一个软件模块或需要一个服务的另一个服务。它发起对注册中心中的服务的查询，通过传输绑定服务，并且执行服务功能。服务使用者根据接口契约来执行服务。

（3）服务注册中心。服务发现的支持者。它包含一个可用服务的存储库，并允许感兴趣的服务使用者查找服务提供者接口。

2）地理信息网络服务的对象

（1）按权限划分：①非注册用户，可以进行一般性地理信息访问与应用；②注册用户，可以进行授权地理信息访问与应用。

（2）按使用方式划分：①普通用户，通过门户网站进行信息浏览、查询、应用；②开发用户，通过服务接口、应用程序编程接口（API）调用网络地理信息服务资源，开发各类专业应用。

3）网络地理信息服务形式

广大用户能够通过广域网络，在自己的办公室（或住处）方便地浏览相关的地图与地理信息，或进行"选货、订货"，或构建自己的应用系统。服务形式主要包括以下几方面：①地理信息浏览查询；②地理空间信息分析处理；③服务接口与应用程序编程接口（API）；④地理空间信息元数据查询；⑤地理空间信息下载。

4）地理信息网络服务技术体系

地理信息服务是一个庞大的系统工程，从工程学角度出发，采用理念一致、功能协调、结构统一、资源共享、部件标准化等系统论的方法，统筹考虑项目各层次和各要素，将地理信息服务工程"整体理念"具体化和模块化。从空间信息服务的整个流程来看，可以将其技术体系划分为信息获取技术、信息处理技术、信息传输技术、信息终端技术及信息表现技术。

5）地理信息网络服务平台架构

地理信息网络服务平台以一体化的在线地理信息服务资源，构建分布式地理信息共享与应用开发环境，实现统一的地理信息网络化服务。该平台由服务层、数据层和运行支持层等三层技术结构组成。

（1）服务层包括门户网站系统、在线服务系统和服务管理系统，以及相应系列标准服务接口，向用户提供标准化的地图与地理信息服务。

（2）数据层由国家、省、市（县）三级地理信息服务资源组成，在逻辑上规范一致、物理上分布，彼此互联互通。

（3）运行支持层是基于电子政务内外网的网络接入环境，以及数据库集群服务、存储备份、安全保密控制和管理的软硬件环境。全国网络服务平台包含主节点、分节点和子节点等三级服务节点，它们有相同的技术结构及一致的对外服务接口，分别依托国家、省、市（县）的三级地理信息服务机构，通过电子政务内、外网实现纵横向互联互通。此外，网络服务平台主要提供标准服务，而将面向特定用户群体或满足专门化应用需求的专题应用系统留给有关机构、公司进行二次开发。

6）地理信息网络服务标准

主要涉及数据规范、服务规范和应用开发技术规范。

（1）数据规范：主要是规定公共地理信息的分类与编码、模型、表达，以及数据质量控制、数据处理与维护更新规则与流程等。

（2）服务规范：主要包括服务接口规范，如开放地理空间信息联盟（OGC）的网络地图服务规范（WMS）、网络要素服务规范（WFS、WFS-G）、网络覆盖服务规范（WCS）、网络处理服务规范（WPS）、目录服务规范（catalogue service for Web，CSW）等。还包括服务分类与命名、服务元数据内容与接口规范、服务质量规范、服务管理规范、用户管理规范等。

（3）应用开发技术规范：主要包括应用程序编程接口（API）规范和说明。

7）地理信息网络服务相关政策

主要包括以下几方面：①地理信息共享政策；②地理信息保密政策；③互联网地图服务资质。基于不同的网络环境和用户群体，网络地理信息服务所使用的数据分为涉密版和公众版两类。其中，公众版网络地理信息服务数据运行于互联网或国家电子政务外网环境，数据需符合国家地理信息与地图公开表示的有关规定，包括数据内容与表示、影像分辨率、空间位置精度三个方面。网络地理信息服务直接面向终端用户，对地理信息的现势性、准确性、权威性要求非常高，必须保证数据的更新。一般有日常更新、应急更新两种模式。

8）地理信息网络服务保障机制

在线地理信息服务要以网络化地理信息服务为手段，以一体化的地理信息资源为基础，以协同式运行维护与更新为保障，向政府、企业和公众提供一站式地理信息服务。为了保证服务内容的现势性与可靠性，需要对平台数据和服务功能不断地进行更新完善。为此，需要依托多级地理信息服务架构，建立多级运行维护中心，具体地承担平台的日常运行、内容更新、用户管理等，形成24小时不间断运行服务机制。

5. 移动目标位置服务

现代交通手段扩展了人们的活动空间，人们生活节奏加快，也令空间、方位信息的及时获得显得更加重要起来，人们对地理空间信息服务的需求越来越强烈：一方面需要掌握移动目标的空间位置、时间和状态；另一方面需要了解移动目标的周边的地理环境。基于位置的服务（LBS），是通过电信移动运营商的无线电通信网络（如 GSM 网、CDMA 网）或外部定位方式（如 GPS）获取移动终端用户的位置信息（地理坐标、大地坐标），在地理信息服务平台的支持下，为用户提供相应服务的一种增值业务。它包括两层含义：首先是确定移动设备或用户所在的地理位置；其次是提供与位置相关的各类信息服务，意指与定位相关的各类服务系统，也称为"移动定位服务"（mobile position services，MPS）系统。移动目标位置服务应用主要针对车辆和个人，可以划分为监控和导航两大类。车辆监控广泛应用于公安、银行、出租车等行业。个人监控主要应用于老人和小孩。

1）移动目标监控服务

移动目标 GPS 监控服务是结合了 GPS 技术、无线通信技术（GSM/GPRS/CDMA）及 GIS 技术，用于对移动的人、车及设备进行远程实时监控的服务。实现 GPS 监控服务必须具备 GPS 终端、传输网络和监控平台三个要素，这三个要素缺一不可。通过这三个要素，车辆上安装 GPS 监控设备或者在人身上佩带 GPS 终端设备，GPS 终端接收 GPS 卫星或基站的车辆定位数据（经度、纬度、时间、速度、方向），将数据信息通过通信模块发回到监控中心，工作人员可通过 GPS 监控平台监控所有入网移动目标的分布、运动轨迹，同时，中心工作人员可通过通信网络对终端设备下发指令，GPS 终端将根据监控中心所下发的指令请求及时上传监控中心所需要的信息。

2）移动目标导航服务

移动目标 GPS 导航服务能够帮助用户准确定位当前位置，并且根据既定的目的地计算行程，GPS 导航仪是通过地图显示和语音提示两种方式引导用户行至目的地的仪器，广泛用于交通，旅游等方面。GPS 导航仪可分为车载 GPS 导航仪和手机导航两类产品。

车载 GPS 导航仪用于汽车上，用于定位、导航和娱乐，随着汽车的普及和道路的建设，车载 GPS 导航仪显得很重要，准确定位、导航、娱乐功能集于一身的导航更能满足车主的需求，成为车上的基本装备。

手机导航（mobile navigation）由 GPS 模块、导航软件、GSM 通信模块组成。①GPS 模块完成对手机定位、跟踪和速度等数据采集工作。②导航软件地图功能通过 GPS 模块得到位置信息，不停地刷新电子地图，从而使人们在地图上的位置不停地运动变化。③导航软件路径引导计算功能，根据人们的需要，规划出一条到达目的地的行走路线，然后引导人们向目的地行走。④GSM、GPRS 和 CDMA 通信模块完成手机的通信功能，并可根据手机功能对采集来的 GPS 数据进行处理并上传指定监控中心。

12.2　政务地理信息服务

政府管理决策科学化迫切需要加强地理信息资源的综合开发利用。地理信息已在我国空间布局规划、公共突发事件处置、综合减灾与风险管理等方面发挥了重要作用，并呈现出日益广阔的应用前景。无论是政府管理决策科学化，还是综合减灾与风险管理及公众服务，均需要综合地利用从宏观、中观到微观的多类型地理信息。目前，我国地理信息资源总量虽然不断增加、质量不断提高，但各地区的地理信息数据资源存在条块分割、封闭管理现象，尚不能互联互通，整体上开发不足、利用不够、效益不高、相对滞后于信息基础设施建设，不能有效满足各级政府管理决策科学化的迫切需要。

12.2.1　政务地理信息

由于基础地理信息属于保密信息，长期以来测绘部门只能以离线方式向广大用户提供纸质地图和基础地理数据。受保密制度的制约，无法实现网上在线服务，地理空间信息资源跨部门、跨区域共享困难，无法满足防灾减灾、突发事件处置等应用对地理信息快速获取与集成应用的需求，直接影响到了我国信息化建设进程。为此，在国家基础地理信息的基础上，对保密地理要素进行处理，融合政务信息及其他相关专题信息，建立可以跨部门、跨行业数据共享、交换与更新的政务地理信息产品、标准规范、管理体制、运行机制和安全支撑体系，实现地理信息资源的互联互通，为政府部门、企事业单位和社会公众提供权威、准确、现势的地理信息服务，满足政府管理、市政建设和社会发展的各项需求。

政务地理信息突破了传统观念、行政体制、管理模式、技术手段等多方面因素的制约，按照统一标准整合中央政府部门、各地方政府部门及许多相关单位，建立健全相关的政策法规，明确各部门在政务地理信息共享平台运行和维护中的责任和义务。覆盖全国的 1：400 万、1：100 万、1：25 万、1：5 万基本比例尺地理空间数据库由国家统一管理和维护，而 1：1 万、1：2000 乃至更大比例尺的地理空间数据库由各省、市分别建设，独自管理。

基于政府电子政务专网，分级建设政务地理信息平台，通过建立有效的地理信息共享机制，实现政务地理信息的分级建设、维护与服务共享，即国家级平台维护、管理宏观层面的政务地理信息，省市级平台维护、管理微观层面的政务地理信息，平台间基于政务地理信息服务共享标准和规范，提供服务级共享，实现平台间不同尺度、不同范围政务地理信息的互相调用，从而减少平台间数据库内容的重叠度，打破信息孤岛。

1. 政务地理框架数据来源

政务地理框架数据是平台服务的数据主体，如图 12.1 所示。其是针对社会经济信息空间化整合和在线阅览标注等网络化服务需求，依据统一技术标准和规范，对现有基础地理信息数据进行一系列的加工处理形成的以面向地理实体、分层细化为重要特征的数据，包括地理实体数据、地名地址数据、电子地图数据、影像数据、高程数据 5 类。

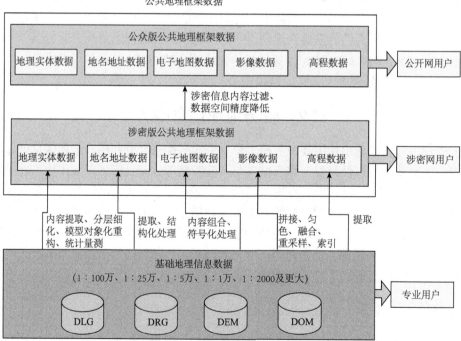

图 12.1　政务地理框架数据来源

基础地理信息数据既是政务地理框架数据的主要数据源，又可直接提供给有关专业用户或特殊用户使用。

为了有效地服务政府、企业和公众，需分别制作涉密版与公众版两个数据集。涉密版数据须在涉密网环境下使用并提供在线服务。公众版数据依据国家有关规定，采用特定技术进行涉密信息内容过滤、空间精度降低等处理，用于在非涉密网环境中提供在线信息服务。

2. 政务地理框架数据构成

政务地理框架数据主要包括地理实体数据、地名地址数据、电子地图数据、影像数据、高程数据 5 类。

1）地理实体数据

地理实体数据是根据相关社会经济、自然资源信息空间化挂接的需求，对基础地理信息数据进行内容提取与分层细化、模型对象化重构、统计分析等处理而形成的。它采用实体化数据模型，以地理要素为空间数据表达与分类分层组织的基本单元。每个要素均赋以唯一性的要素标识、实体标识、分类标识与生命周期标识。通过这些标识信息能够实现地理要素相关社会经济、自然资源信息的挂接，还能够灵活地进行信息内容分类分级与组合，并实现基于要素的增量更新。

地理实体数据包括基本地理实体和扩展地理实体两类。其中，基本地理实体包括境界与政区实体、道路实体、铁路实体、河流实体、房屋院落实体、重要地理实体等。扩展地理实体由各级节点及信息基地根据具体情况定义并整合加工。

各类实体的最小粒度应与相应基础地理信息数据所采集的最小单元相同，如 1∶5 万比例尺政区与境界实体的最小粒度应至三级行政区（市辖区、县级市、县、旗、特区、林区）及相应界线；1∶2000 及更大比例尺的境界与政区实体的最小粒度至四级行政区（区公所、镇、乡、苏木、街道）及相应界线。

2）地名地址数据

地名地址数据以坐标点位的方式描述某一特定空间位置上自然或人文地理实体的专有名称和属性，是实现地理编码必不可少的数据，是专业或社会经济信息与地理空间信息挂接的媒介与桥梁。

地名地址信息以地址位置标识点要素来表达。现实世界任一地理实体均可以利用地名地址信息（地址位置标识点）来实现其地理定位。通过地址匹配，与某一地理实体相关的自然与社会经济信息（如法人机构，POI，户籍等）可以挂接到地址位置标识点上，也可以通过地址位置标识点的地理实体标识码实现与相关地理实体的关联。同一地理实体可以抽象为不同类型的多个要素，均继承该地理实体的地名地址信息。

地名地址数据必须包含标准地址（地理实体所在地理位置的结构化描述）、地址代码、地址位置、地址时态等信息，还需包括与其相关的地理实体的标准名称（根据国家有关法规经标准化处理，并由有关政府机构按法定的程序和权限批准予以公布使用的地名）、地理实体标识码等信息。

3）电子地图数据

是针对在线浏览和标注的需要，对矢量数据、影像数据、高程数据进行内容选取组合所形成的数据集。经符号化处理、图面整饰后可形成的重点突出、色彩协调、符号形象、图面美观的各类地理底图，可用于在线浏览、专题标图，也可供用户下载后打印输出或作为文档插图。

电子地图数据包括线划地图数据、影像地图数据两类。线划地图数据以矢量数据与高程数据组合而成；影像地图数据以航空、航天遥感影像为基本内容，叠加适当的矢量要素。除制作符合统一技术规范的基本电子地图外，各节点或信息基地可根据其实际情况与需求制作扩展底图，如各类旅游图、人口图、房地产图等。

4）影像数据

影像数据是指面向网络地图服务需求而处理形成的地表影像、建筑物纹理、立面街景数据。其中，地表影像采用最新时相的各类遥感数据，经过正射纠正、拼接、匀色、融合、影像金字塔建设等处理，可与地理实体数据配置形成影像地图，或与DEM结合构成三维地形景观。

构筑物纹理和立面街景数据是采用激光扫描仪、CCD数码相机等获取的构筑物和街景表面影像，可与三维构筑物模型结合形成三维城市景观。

5）高程数据

高程数据是描述地形及构筑物高程或高度信息的数据，其主要表现形式为数字高程模型数据（DEM）和三维构筑物模型。其中，数字高程模型用一组有序数值阵列描述地面高程信息，可作为工程建设土方量计算、通视分析、汇水区分析、水系网络分析、降水分析、蓄洪计算、淹没分析、移动通信基站分析的基础，也可与影像数据集成形成三维地形场景。三维构筑物模型是对构筑物三维体特征的描述，可与构筑物表面纹理、DEM及影像数据集成，形成三维城市景观。

3. 数据资源建设与维护更新

政务地理信息采用"共建共享，协同更新"机制，按照主节点、分节点、信息基地三级进行数据资源建设、分布式数据存储管理与数据更新。

1）数据资源建设

依据政务地理信息统一技术规范，主节点、分节点、信息基地分别对本区域基础地理信息数据进行内容提取与分层细化、模型对象化重构、符号化表现、安全保密处理等一系列加工处理，形成相应的涉密版和公众版政务地理框架数据。主节点数据主要以1∶5万及以小比例尺基础地理信息数据为数据源；分节点主要以1∶1万比例尺数据为数据源，对于个别1∶1万比例尺数据未全面覆盖的省份，可采用1∶5万比例尺数据作为补充；信息基地主要以1∶2000及以大比例尺数据为数据源。为了切实推进地理信息共建共享，鼓励和支持交通、规划、土地、房产、水利、林业、农业等专业部门加工和提供相应的政务专题地理数据，通过"政务服务平台"的服务接口向用户提供服务。

2）分布式数据存储管理

平台各级节点和信息基地依据统一技术规范分别对各自的数据进行管理与维护。涉密数据与非涉密数据以物理隔离的方式分开管理，分别基于涉密网、公开网进行服务。

各级节点和信息基地在对本级数据进行管理时，应针对自身数据特点和平台服务的需求，有针对性地建立数据库和相应的管理系统，并实行用户权限管理、数据库备份与恢复策略，以保障数据的安全使用。

3）数据更新

平台数据更新采用应急更新、日常更新两种模式。

（1）应急更新：在突发事件或应急情况下，采取多种技术手段与方式，快速获取事件发生地点或相关区域的航空航天影像数据、地面实测数据及相关专题数据，提取变化信息并更新政务地理框架数据，及时向平台用户提供最新信息服务，满足应急救灾与风险管理需求。

（2）日常更新：依托于基础地理信息数据日常更新计划，利用其更新信息及时更新政务地理框架数据，关键是建立基础地理信息数据与政务地理框架数据一致性维护机制与专用软件工具。城市大比例尺数据的更新可与建设工程的竣工验收结合起来。

12.2.2 政务地理信息网络服务

1. 平台总体构架

图 12.2 给出了政务服务平台总体构架，主要由数据层、服务层和运行支持层等组成。

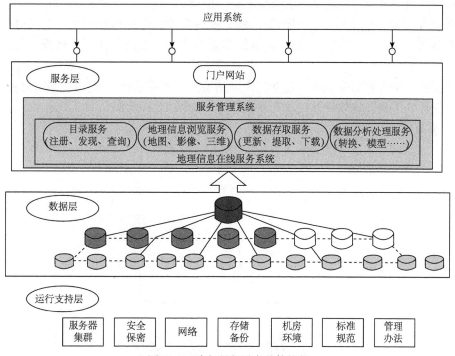

图 12.2 政务服务平台总体构架

1）数据层

主体内容是政务地理框架数据，包括电子地图数据、地理实体数据、地名地址数据、影像数据、高程数据等。它在多尺度基础地理信息数据的基础上，根据在线浏览标注和社会经济、自然资源信息空间化挂接等需求，按照统一技术规范进行整合处理，采用分布式的存储与管理模式，在逻辑上规范一致、物理上分布，彼此互联互通，并以"共建共享"方式实现协同服务。

2）服务层

主要包括平台门户网站、服务管理系统、地理信息基础服务软件系统、二次开发接口库。门户网站是政务服务平台的统一访问界面，提供包括目录服务、地理信息浏览、地理信息数据存取与分析处理等多种服务，并通过服务管理系统实现统一管理。

普通用户主要通过门户网站获得所需的在线地理信息服务，专业用户则可通过调用二次开发接口，在平台地理信息上进行自身业务信息的分布式集成，快速构建业务应用系统。

3）运行支持层

主要包括网络、服务器集群、服务器、存储备份、安全保密系统、计算机机房改造等硬环境和技术规范与管理办法等软环境。

2. 平台服务功能

"政务服务平台"一方面直接向各类用户提供权威、可靠、适时更新的地理信息在线服务，另一方面通过提供多种开发接口鼓励相关专业部门和企业利用平台提供的丰富地理信息资源开展增值开发，以满足多样化的应用需求。其服务对象主要包括政府、公众和企业三大类用户，每类用户又可依据使用方式分为一般用户和开发人员。其中，政府用户可通过涉密网络获得基于涉密版数据的服务，也可通过公开网络获得基于公众版数据的服务；公众和企业用户可以通过公开网络获得基于公众版数据的服务。

服务层向政府、公众提供地图浏览、地名查询定位、专题信息加载、空间分析等在线地理信息服务，并向专业部门和企业提供标准服务接口，支持其基于平台资源开发专业应用系统。

服务层由4个主要部分组成，包括门户网站系统、支持系列互操作接口规范的地理信息服务基础软件、平台管理软件及二次开发接口库，如图12.3所示。

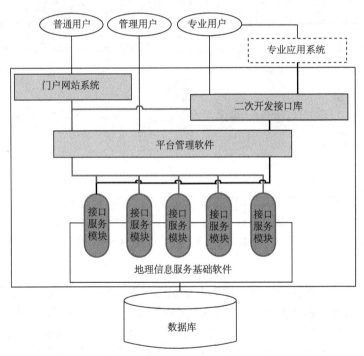

图 12.3　地理信息政务服务平台服务层构成

1）门户网站系统

门户网站是"政务服务平台"服务的总界面、总窗口，是普通用户使用"政务服务平台"各类服务的入口。门户网站向用户提供地图浏览、地名查找、地址定位、空间查询、地名标绘、数据查询选取、数据提取与下载等服务。还为各类用户提供服务注册、服务查询、用户注册、用户登录、服务运行状态检测等多种运行管理功能的访问界面，以及平台使用帮助信息，如各类服务的接口规范、应用开发接口（API）文本及开发模板、代码片段和相关技术文档资料。

2）二次开发接口库

二次开发接口库的用户是专业应用系统开发人员，主要通过接口调用平台提供的基本功能。二次开发接口以支持浏览器端开发为主，需要支持现有比较成熟的开源 Javascript 接口库，或设计并实现基于 Javascript 的浏览器端开发接口库。随着其他浏览器端开发技术的不断发展，应适时设计开发相应的接口库，以支持多种应用系统的开发。

3）平台软件服务功能

地理信息服务软件除具备基本的 GIS 数据输入、处理、符号化及按照指定格式输出的功能外，还应具备正确响应通过网络发出的符合 OGC 相关互操作规范的调用指令的能力，支持地理信息资源元数据服务、地理信息浏览服务、数据存取服务和数据分析处理服务的实现。

4）平台数据服务功能

（1）地理信息资源元数据（目录）服务。地理信息资源元数据服务又称为目录服务。具体实现包括地理信息数据、服务及其他相关资源的元数据采集、注册、汇集，在此基础上提供地理信息资源的查询、发现，以及对服务资源的聚合或组合。

实现元数据服务的软件需符合 OGC CSW 规范。目前我国已经建立了基于 OGC CSW 规范的全国测绘成果目录服务系统，实现了国家和省级节点的互联。"政务服务平台"的元数据（目录）服务应以此为基础实现。

（2）地理信息浏览服务。实现以二维及三维地图为主要表现形式的地理信息浏览。二维地图浏览是为用户提供预先编制的线划地图、影像地图的浏览服务。实现二维地图服务的基础软件必须支持 OGC WMS 规范，此外还可以根据需要选择或制订基于简单对象访问协议（simple object access protocol，SOAP）和表述性状态传递（representational state transfer，REST）的接口，为开发用户提供更多的选择。

三维地图服务为用户提供由遥感影像、DEM 构建的三维地形场景浏览，以及城市范围内以三维建筑物模型和纹理构建的三维城市景观、城市立面街景浏览。三维服务需要开发专门的客户端软件，应支持直接读取通过 WMS 接口发布地图服务。

（3）数据存取服务。提供数据操作、地理编码等直接访问平台数据的服务。数据操作服务支持对平台数据层中经共享授权的数据的直接远程操作，包括数据查询、数据库同步、数据复制、数据提取等。实现数据操作的服务基础软件必须支持 OGC 的 WFS、WCS 规范，也可根据实际需要选择其他通用 IT 标准。

地理编码可以把包括地名、通信地址、邮政编码、电话号码、车牌号码、网络地址属性的信息定位到地图上，从而把大量广泛存在的社会经济信息空间化。支持地理编码服务的基础软件应支持 OGC 的相关规范。

（4）数据分析处理服务。数据应用分析包括常用政务空间分析方法，如缓冲区分析、叠加分析等，也包括统计数据制图服务、空间查询统计、空间数据对比、统计分析与图表、地形分析等面向应用领域的一些常用功能。往往只有构造复杂应用和其他服务的应用系统开发人员才会使用。实现数据分析处理服务的基础软件必须遵循 OGC 的 Web 处理服务（Web processing service，WPS）规范。

5）平台管理功能

要实现平台主节点、分节点、信息基地协同服务，必须按照一致的技术方法和流程对服务和用户进行管理。各级地理信息服务机构需要制作符合平台要求的服务内容、部署各类符合标准接口规范的服务软件系统来实现服务发布。还要通过服务管理系统完成服务注册，并对自己发布的服务进行访问权限控制和管理。平台运行管理机构通过服务管理系统对平台中各类注册服务和注册用户实现综合管理，包括对服务注册信息审核、用户信息审核、用户权限管理、服务状态监测及用户行为审计等。对服务的管理依托多级服务注册中心进行，主节点、分节点与信息基地采用星形拓扑连接方式。各服务注册中心负责所辖区域网络内服务的分级注册、服务状态监控、服务组合，并向上级服务注册中心汇集注册信息。对用户的管理采用分布注册、集中认证和分布授权的方式，用户可以按照行政归属在任何服务节点或信息基地进行注册，其注册信息统一集中存放于平台主节点。通过统一认证中心的身份和权限认证，用户即可在全国范围实现单点登录。对特定服务访问权限的申请和获取，由该服务的提供者在本地处理。

3. 运行支持层

1）运行支持层构成

运行支持层是地理信息政务服务平台建设与运行的底层基础。图 12.4 给出了运行支持层的总体结构，主要包括网络系统、存储备份系统、服务器集群系统、安全保密系统等物理环境，以及技术规范与管理办法等软环境。

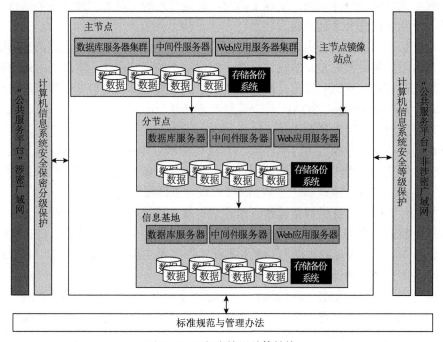

图 12.4　运行支持层总体结构

其中，网络系统用于连通分布在主节点、分节点、信息基地等服务提供部门和应用部门；存储备份系统实现对数据的在线集成优化管理、异地容灾存储备份；服务器系统用于支持各类用户对海量空间地理信息的大规模并发持续访问和协同应用；安全保密系统从物理安全、运行安全、信息安全保密和安全管理四个层面进行计算机信息系统分级保护和等级保护建设，实现全网统一的安全保密监控与管理。技术规范包括数据规范、服务规范、运行支持规范、应用规范等。管理办法规定了平台建设与运行需遵守的法律法规与机制。

　　"政务服务平台"由分布在全国各地的主节点、分节点和信息基地组成。主节点、分节点和信息基地三级节点分别依托国家、省（自治区、直辖市）、市（县）地理信息服务机构建设和运行，具有相同的三级技术架构。节点间通过网络实现纵横向互联互通，形成一体化的地理信息服务资源，向用户提供在线地理信息服务。图 12.5 给出了主节点、分节点和信息基地的连接关系。

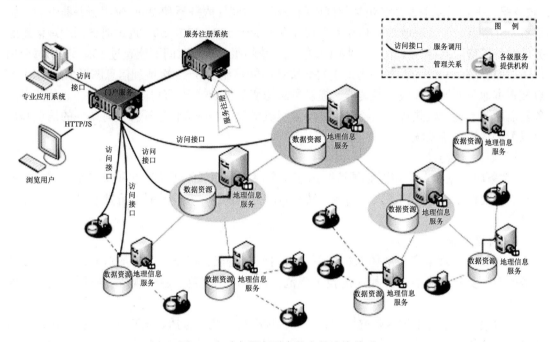

图 12.5　政务服务平台节点的连接关系

　　各级节点和信息基地的建设需依据《国家地理信息政务平台建设专项规划》《国家地理信息政务平台建设的指导意见》《国家地理信息政务平台技术设计指南》及相应的标准规范，组织开展数据层、服务层、运行支持层的建设，同时需结合各自的空间尺度和服务特色确定建设重点。

　　2）网络系统

　　"政务服务平台"使用国家投入运行的广域网物理链路，遵循相关广域网管理规章，构建涉密与非涉密两套广域网络，二者均包括纵向和横向网，拓扑结构相似。纵向网络连通国家、省（自治区、直辖市）、市（县）测绘部门，国家基础地理信息中心作为主节点，省（自治区、直辖市）、市（县）级相关地理信息服务机构作为分节点、信息基地，构成三层网络架构，主节点拥有纵向网络的技术管理职责。其中，涉密纵向网络构成测绘业务网。横向网络连通测绘部门与相应层次的政府、专业部门，每个层次的节点为同一级别，各自分别建设接入网络系统，互不隶属，是单层网络架构。

　　3）存储备份系统

　　主节点、分节点与信息基地需要构建专门的存储区域网（storage area network，SAN）以实现海量地理信息的存储备份。其中，主节点与分节点主要包括光纤交换机、磁盘阵列、磁带库、管理服务器等设备，以及数据库管理和地理信息等系统软件；信息基地主要包括光纤交换机、磁盘阵列、磁带机、管理服务器等设备，以及数据库管理和地理信息等系统软件。

主节点配置异地存储备份系统，由广域联网系统、本地主站和（跨省）异地站点组成。采用异步数据远程复制技术，进行基于数据块或字节级别的远程数据存储备份。本地和异地站点软硬件配置相同。

4）服务器系统

各级节点和信息基地配置符合"政务服务平台"业务需求的高性能、高可靠的服务器。"政务服务平台"服务器系统包括数据库服务器、中间件服务器和 Web 应用服务器三类。主节点、分节点、信息基地峰值并发用户数分别不少于 500、100、50，远距离访问地理信息服务的时间等待限制在 5s 以内，互操作和信息加载的服务等待时间不能超过 15s，平均每个用户（按照标准的 GIS 桌面用户考虑）每分钟访问能够显示 6～8 次地理信息图形/图像。主节点配置本地及同城镜像服务器集群，提供负载均衡和灾难情况下的服务快速迁移。分节点服务器需配置本地双机热备份系统，保障异常宕机情况下的服务快速迁移。有条件的信息基地可以配置双机热备系统。

5）安全保密系统

"政务服务平台"广域网必须按照国家安全保密管理部门相关标准和规定要求部署身份鉴别、访问控制、防火墙、入侵检测、防病毒、数据加密、安全审计、介质管理等安全保密产品。

6）标准规范

在测绘与地理信息标准体系框架下，引用现有国家、行业标准的基础上，面向"政务服务平台"具体情况，制订相应的技术规范，包括数据规范、服务规范、应用规范、其他规范等。

平台建设与运行维护需要遵循的其他技术标准与规范，包括数据脱密处理技术规定，以及平台应具备的环境条件（软件、硬件、网络等）、应具备或遵守的安全保密措施等。

12.3 地理信息位置服务

从广义上来说，只要向用户提供与位置信息有关的服务就可以称为位置服务。在这个意义层次上看，传统的车辆导航与监控导航产业也可以纳入位置服务的范畴中。从狭义上来说，LBS 特指面向个人的无线移动定位服务。根据 LBS 终端能力的不同，位置服务可以分为两种类型：第一种是终端功能比较有限（如手机、低档 PDA），服务类型主要限于无线浏览和查找地理信息（以文字和图片的形式显示）；第二种是终端具有导航功能（如高档 PDA、车载导航终端），服务类型在传统的个人和车辆导航之外，增加了与服务器的交互功能，如可以动态获得最新的交通信息等。由于手机终端的巨大数目，第一种服务类型具有更大的商业潜力，也是移动运营商定位业务的主要形式；第二种类型是传统导航产业的增强，前景同样看好。当然位置服务的应用决不限于导航和地理信息浏览，可以说"空间信息的应用只限于人类的想象力"。

12.3.1 系统组成与流程

1. 系统组成

LBS 系统融合了 GPS 卫星定位、北斗卫星定位、伽利略定位技术、Internet 技术、无线通信技术、智能交通技术、物联传感技术、云计算技术等。一个完整的 LBS 系统由 4 部分组成：实时定位系统、移动通信网络、移动智能终端和 LBS 服务中心，如图 12.6 所示。

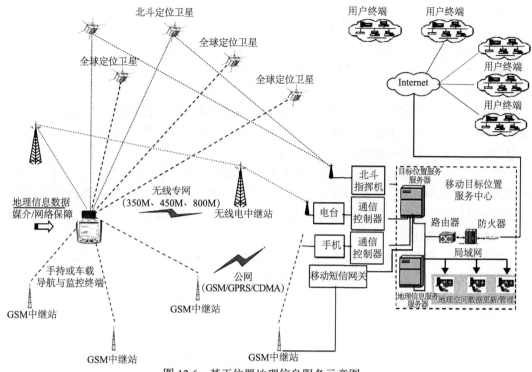

图 12.6　基于位置地理信息服务示意图

移动智能终端是用户唯一接触的部分，手机、PDA 均有可能成为 LBS 的用户终端。但是在信息化的现代社会，出于更完善的考虑，它要求有完善的图形显示能力、良好的通信端口、友好的用户界面、完善的输入方式（键盘控制输入、手写板输入、语音控制输入等），因此 PDA 及某些型号的手机成为个人 LBS 终端的首选。

位置服务中心是定位服务系统的核心。负责与移动智能终端的信息交互和各个分中心（位置服务器、地理信息服务）的网络互连，完成各种信息的分类、记录和转发及分中心之间业务信息的流动，并对整个网络进行监控。中心平台在逻辑上可以分为商务应用、位置服务、地理服务和监控应用用户终端。商务应用负责和用户的交互及用户管理；地理服务应用负责根据用户的地理位置响应或者主动发布地理信息服务。

2. 工作流程

用户通过移动终端发出位置服务申请，该申请经过移动运营商的各种通信网关以后，为移动定位服务中心所接受；经过审核认证后，服务中心调用定位系统获得用户的位置信息（另一种情况是，用户配有 GPS 等主动定位设备，这时可以通过无线网络主动将位置参数发送给服务中心），服务中心根据用户的位置，对服务内容进行响应，如发送路线图等，具体的服务内容由内容提供商提供，如图 12.7 所示。

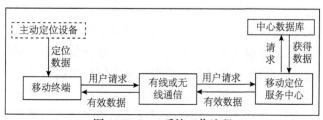

图 12.7　LBS 系统工作流程

12.3.2　移动目标监控功能

移动目标监控终端集成了 GPS、GIS、无线通信、分布式数据库、互联网等技术实现对移动目标定位、监控、遥控和服务等功能。

1. 车辆监控

位置查询：当监控中心发出立即命令之后，GPS 终端及时上传车辆、人或宠物的位置信息（包括经度、纬度、方位角、速度、卫星数等信息）及状态信息，在监控中心的电子地图上可以看到车辆、人或宠物所在的直观位置。

状态查询：行驶状态（行驶在线、停车在线、离线、报警）、车牌号、上报时间、车速、经纬度、当日里程、驾驶员身份信息、地理位置描述等。监控中心可通过无线网络对车辆、人或宠物进行远程监控，可以提供对老人、小孩及宠物的跟踪服务，具有老人、小孩遇到突发事件时的求救等功能。

车辆操作：跟踪车辆、查看历史轨迹、抓拍照片、查看抓拍到的照片、发送短消息等。

控制功能：锁车限速、遥控熄火、遥控器失效、解除、设防、复位、呼叫。

参数远程修改功能：用户在使用过程中若需对若干参数进行修改，可远程通过监控中心用短消息进行修改。

2. 历史轨迹

车辆历史数据统计查询功能和车辆轨迹回放功能。实现对车辆所行驶的历史路线进行查询和回放，由此可加强车队对特殊运输车辆所行驶路线的监管。历史轨迹的明细数据，展示各个点的历史轨迹详情。

3. 区域管理（电子围栏+路线管理）

选择需要创建的区域类型，如矩形、多边形、原型、线路。创建围栏或线路。围栏或线路保存后，对绑定的车辆进行编辑，当车辆超出规定的行车范围时，车台将向监控中心发出越界提示，以便监控中心采取相应措施。

4. 查询统计

车速分析：用于管理员对车辆进行速度分析。设置超速值、持续时间，点击查询，即可查询到指定车辆，在指定时间，车速超过指定车速，并且超过指定时间的车辆信息。

里程统计：常用于物流车队管理，驾驶员的里程考核，即可查询指定车在指定时间段的里程信息。

行车统计：常用于驾驶员的行车工时考核。选择指定时间，设定筛选速度和持续时间，查询出车辆速度大于指定值的运行时间表。

停车统计：物流车队管理停车统计，选择指定时间，设定停车的持续时间，查询出停车时间大于设定值的车辆信息。

5. 联合救援服务

GPS 终端设备设置三个功能键，当按下这三个键中的任意一个时，电话自动接通该键定义的电话号码所在单位，同时向监控中心发送一次定位信息。

意外故障处理：当车抛锚路边时，只要按一下手柄按钮通知为用户服务的救援机构，救援机构会立即知晓情况，包括位置等信息，从而快速为用户提供所需的服务。

意外事故助理：如果某车突遇车祸，信号自动报给产品，产品会将车辆现场的具体位置通知 110、120、122、999，并立即联系用户的投保公司或按事先的确定通知用户的家人或亲友，协助用户在第一时间准确判断，妥善处理。

紧急服务：如果偶遇不可抗力时间或自认为身处危险，只要轻触紧急服务按键，用户的位置信息就会立刻显在运营服务商的监控屏幕上，并且优先安排专人处理用户的事件，接通车内监听电话并联系最近的服务者，传达用户的确切位置和需求。

6. 增值服务

油量明细分析：GPS 终端安装油感传感器，并且标定完毕后，可实现油量曲线的分析功能。

油耗统计：通过对车载终端采集上报的各种数据进行建模分析，汇总成油耗报告，包括发动机油耗、加油报告、异常油量报告、油感曲线、油箱标定等功能。可以查看到车辆油耗使用情况，为燃料的精细化管理提供数据基础。

加油报告：选择车辆、时间范围，查询车辆加油报告。报告包含车牌、组织、加油量、初始油量、结束油量、发生时间、位置等信息。

异常油量报告：选择车辆、时间范围，查询车辆异常油量报告。报告包含车牌、组织、异常油量、初始油量、结束油量、发生时间、位置等信息。

7. 不良驾驶行为分析

驾驶行为管理主要是系统对车辆的各项行为数据根据一定规则进行处理，得到的一系列数据报告在此展示。通过报告，可以直观了解到司机的驾驶行为情况。支持查看不良驾驶行为的详情。具体支持的行为项目如下：超速、严重超速、过长怠速、急刹车、急加速、超转行驶、停车立即熄火、低油量行驶、冷却系统异常、停车状态踩踏油门、长时间刹车、长时间踩离合、粘离合、发动机异常熄火、机油油温异常、猛踩油门、燃油温度过高、空挡滑行、冷车启动、电瓶电压高、电瓶电压低、充电电压低、充电电压高。

12.4　地理信息导航服务

移动目标导航服务是地理信息服务的重要模式之一，解决"我在哪里？"和"周围是什么？"这两个基本问题。把 GPS 应用到车辆上面导航，为汽车驾驶员指路，就成了车载导航系统，它是实时空间定位、高精度地理空间数据、嵌入式 GIS、微电子和移动通信等高新技术有机集成的产物。目前，各种尺度的导航电子地图已经覆盖全国所有省市县。导航电子地图加工生产和更新已经基本形成产业。当前导航电子地图产品，已经从简单、基础的二维导航电子地图，全面向直观、真实的三维实景导航电子地图发展，高精度的导航产品成为汽车自动驾驶的重要组成部分。

12.4.1　实时定位导航仪

实时定位导航服务一般有 3 种：便携式导航仪、车载导航仪和智能手机。

1. 便携式导航仪

便携式导航仪由硬件、导航软件和导航数据 3 个部分组成。便携式导航仪硬件通常由 GPS 模块、数据处理模块、数据存储模块和显示模块组成。GPS 模块用来接收全球定位卫星所传递的定位信息，实时解算定位坐标。显示模块用来显示位置路况等视频图像信息，可选用 LCD、CRT 或 TV 显示。数据处理模块为导航仪的核心，必须体积小、集成度高、功耗低、处理能力强、操作简单便捷。目前较多使用嵌入式操作系统，如 Windows CE 和嵌入式 Linux、Android 等。根据外业使用的频繁性及环境复杂性的要求，它必须可靠性要高，且扩展性和兼容性要好。数据存储模块主要存储导航地理信息（导航电子地图）。

2. 车载导航仪

随着城市的快速发展和交通道路的日益复杂，人们常因不熟悉道路而迷路，从而延误时间。车载导航系统不仅能够准确地提供一条通往目的地的行车路线，而且使得车辆能够避开拥挤的道路，明显改善交通拥堵状况。现在一般的中高档车上导航系统已不再是选项，而成了标准设备。随着这项技术的不断发展及服务提供的不断完善，越来越多的人将会享受到GPS所带来的便捷。

车载导航仪与便携式导航仪类似，由硬件、导航软件和导航数据3个部分组成。导航软件运行的硬件平台主要由嵌入式计算机、触摸式液晶显示器、GPS接收器、压电震动陀螺仪，车速感应器，硬件扩展接口等组成。车载传感器通常包括测量转弯速率的陀螺仪、输出电子速度脉冲的测速计及测量方向的罗盘。这些数据被用来进行航位推算，以便确定车辆相对道路的运动。当GPS遭受偶然的干扰，如坏天气影响、隧道和建筑物遮挡、超宽带无线电通信干扰等时，采用航位推算导航（如惯性传感器）或辅助定位技术作为GPS信号丢失时的补偿，以使导航系统功能连续。

高档汽车增加通信、RFID 传感器、摄像头图像处理等装置，车辆可以完成自身环境和状态信息的采集，通过互联网技术，所有的车辆可以将自身的各种信息传输汇聚到中央处理器，通过计算机技术，这些大量车辆的信息可以被分析和处理，从而计算出不同车辆的最佳路线，及时汇报路况，车辆位置、速度和路线等信息构成的巨大交互网络。

3. 智能手机导航

智能手机（smartphone）是一个微型计算机，具有独立的操作系统，可以由用户自行安装第三方服务商提供的程序，通过此类程序来不断对手机的功能进行扩充，并可以通过移动通信网络来实现无线网络接入。

智能手机具备 GPS 定位功能，通过卫星直接将位置和时间数据发到用户手机。当用户在室内或者反射卫星信号的建筑群中无法精确定位时，Assisted GPS 就可以解决这个问题，现在运营商可以通过蜂窝网络或者无线网络来发送这些数据，这有助于将 GPS 启动时间从 45s 缩短到 15s 或者更短。Synthetic GPS 使用计算能力，提前几天或几周预测卫星的定位，不需要一个可用的数据网络和传递卫星信息的时间，通过缓存的卫星数据，手机能够在 2s 内识别卫星位置。

运营商已经知道如何在没有 GPS 的情况下，应用 CellID 的技术，来确定用户正在使用的 Cell 基站，使用基站识别号码和位置的数据库，运营商就可以知道手机的位置，以及他们与相邻基站的距离。这种技术更适用于基站覆盖面广的城市地区。

WiFi 与 CellID 定位技术有些类似，但更精确，因为 WiFi 接入点覆盖面积较小。实际上有两种方法可以通过 WiFi 来确定位置，最常见的方法是接收信号强度指示（received signal strength indication，RSSI），利用用户手机从附近接入点检测到的信号，并反映到 WiFi 网络数据库。使用信号强度来确定距离，RSSI 通过已知接入点的距离来确定用户距离。

目前，大多数智能手机配有三个惯性传感器：罗盘（或者磁力仪）来确定方向；加速度计来报告用户朝那个方向前进的速度；陀螺仪来确定转向动作。这些传感器可以在没有外部数据的情况下确定用户的位置，但是只能在有限时间内，经典实例就是行驶到隧道时，如果用户的手机知道用户进入隧道前的位置，它就能够根据车速和方向来判断用户的位置。这些工具通常与其他定位系统结合使用。

12.4.2　导航地图数据

道路导航系统是为移动目标道路导航的专用系统。它分为车载导航仪、便携式导航仪和智能手机等移动智能设备上的应用软件系统 3 种模式。它利用 GPS 卫星信号接收器将移动智能设备位置进行精确自主定位，并显示在导航电子地图上，用户设定目的地后，系统会自动计算出一条最佳路径，同时在行进过程中会有自动语音提示，帮助用户安全、快捷地到达目的地。通过本系统还可以查询各类生活信息。

导航电子地图是可以存储于导航设备上的地理信息数据，主要用于路径的规划和导航功能上的实现。导航电子地图是一类特殊的 GIS 数据，其数据结构、数据格式、计算规则等都直接源于 GIS 理论，是在电子地图的基础上增加了很多与车辆、行人相关的信息。导航电子地图是导航的核心组成部分，是否有高质量的导航电子地图直接影响整个导航的应用。

1. 导航地图数据构成

从功能表现上来看，导航电子地图需要有定位显示、索引、路径计算、引导的功能。电子地图主要由道路形状数据、背景数据、拓扑数据和属性数据、注记和 POI 构成，当然还可以有很多的特色内容，如三维路口实景放大图、三维建筑物等，它们之间紧密衔接，共同为车辆导航应用提供服务。

为了数据组织的便利性和数据内容的扩展性，不同的图商和产品还要附加一些新的数据内容，如行政区划和要素名称词典等。由于其特殊需要和实时导航的特点，导航电子地图数据与普通电子地图有若干不同，主要表现在以下几个方面：①数据结构是可计算的。②道路与信息点坐标精确。③可表示道路的拓扑关系。这部分是与传统 GIS 数据最核心的区别，也是导航数据最有价值的地方。由于在传统 GIS 中，拓扑关系多用来进行数据检查、数据存储等，但是一般不直接存储。而导航中，核心的路径导航计算功能需要这一关键数据，而且也不可能实时生成，所以一般拓扑关系都事先构建完成，是导航数据生产中最耗费人力、物力和时间的步骤。④可表示道路的通行能力。⑤可表示交通管理信息。⑥可表示信息点的密集区域。

1) 道路数据

导航用的道路数据包括道路形状数据、拓扑数据和属性数据。道路形状数据主要记录与道路相关的精确地理位置、路面形状、道路隔离带、相应的附属设施等。它必须准确如实地反映真实世界的具体情况，为其他类型的数据提供空间基础，是电子地图与客观世界和各种导航应用功能相联系的纽带。拓扑数据定义了电子地图中各种地物间的相互关系，包括拓扑连接、拓扑相邻、拓扑包含等。拓扑数据的定义使电子地图中的各类数据在内涵上有了关联，使地图数据在语义和概念上更加完整，也更符合客观现实，为电子地图数据自身完备性检查、网络路径分析和实现交通信息处理提供了便利。属性数据记录各类地物除位置信息以外的数据。根据针对的地物不同，属性数据的组织结构也不尽相同。道路的属性数据则要记录道路名称、路面宽度、车道数据、通行级别等。随着导航应用需求的不断扩展，对属性数据完备性的要求也在不断提高，属性数据中包括的信息量及其准确度是评价当今业界领先的导航电子地图质量的重要依据之一。

道路网数据是导航地图的核心部分，详细描述了道路行车路线和路口交叉点的连通关系，是导航路径规划的依据，通常简称为导航线。导航道路路网组成行车的道路网络，因此跨水域的由渡口连接的轮渡线（水道线）也包含在内。导航道路一般由起点和终点两个点组成的线段表示。

道路网数据按矩形分幅，它来自对全国导航数据进行管理时构建的空间网格索引，和地图的分幅编号一样，与经纬度对应。道路的几何要素最重要的有两个点：起点和终点，分别与拓扑关系的表 node_point 对应，用于构建拓扑关系，也是在路径计算时道路网络的重要节点。

在道路数据中，道路的等级也是导航数据中重点考虑的问题，道路的级别为国道、省道、高速公路、主干路、市级路、县路等。但是因为道路等级基本上和其用途相关联，并未考虑导航应用，所以，客观上造成同等级的道路无法联通的尴尬境遇，也就是说高速公路客观上并不总能构成闭合路段而实现全国联通，而是不同等级的道路联合起来构成闭合道路网络，从而实现全网络通行。

道路数据一般基于中心线原则，用单线表示，但是对于单行道及其他信息如实时路况等的描述，往往不够方便。因此，一般对于比较宽的道路、高等级公路（如高速公路、国道等），以及交通流量较大的道路采用双向线表示，线段坐标的顺序和路线交通流方向一致，这样既可以实现双向行驶车辆的计算，也便于后期扩展，如增加路况信息、街景信息等。除了道路信息外，还有道路的限制信息，这个信息一般在道路图层中以属性形式体现。

2）道路检索点

客观世界是由各种各样的事物组成的，这些事物除了具有地理信息外，还具有特定的属性信息（如商场、加油站、学校等）。导航数据中，道路检索点又叫兴趣点（point of interest，POI），是重要的辅助信息，用于进行数据检索。它是数据点图层，表示地名信息。因为道路检索点通常是路径导航的起点或者终点，所以是导航数据的核心内容。与传统的 GIS 地图相比，该数据不是以地物特征为划分依据，而是以导航的应用为出发点，只要汽车能够到达的地方，都可以作为兴趣点。不严格区分地物的类别，也就是说，该图层不仅仅包含道路的、居民地的名字，还包括河流、湖泊、绿地、甚至如非常详细的商店、公司等的名字，可以说包罗万象。

这些信息视为车辆导航中的辅助查询信息，该类信息在车载信息装置中应用在信息查询、地理实体定位及辅助导航。导航系统设计与开发部分使用的导航电子地图中该类图层包括：学校、体育场（馆）、写字楼、邮件、银行、车站、居民小区、商业网点、科研机关、加油站、停车场、医疗机构、政府部门、酒店、企业公司等，这些信息按照行业进行分类，每个地图图层存储一类信息。

3）背景数据

背景数据指的是在地图中用于辅助用户进行定位的数据图层，这部分数据与传统 GIS 的表示和表达完全相同，包括点、线、面三类元素。背景点包括一些著名的地标、地名及一些辅助性图标等。背景线主要有铁路、行政区划线、单线河等元素。中心线图层是用于地图显示的道路数据，而不是导航用的计算数据，因此，属于背景地图。面状地物既包括大海、大江大河、湖泊、绿地、行政区划、面状公共场所等现实意义上的背景信息，又包括各类与智能导航相关的实时交通信息。背景信息的提供优化了地图的显示，满足了实时网络路径分析的需要。

4）其他数据

在导航数据中，除了上面的核心信息外，为了能够更好地提供导航应用服务，还有一些信息也是至关重要的，如语音播报信息、方向看板信息、河流绿地等背景信息。典型的数据包括：虚拟路口放大图、真实路口放大图、电子眼、详细市街图等。

2. 电子地图的种类

电子地图从数据格式上可以分为矢量地图和栅格地图。这里的矢量和栅格之分主要是针对道路形状数据和背景数据中与地物相关部分而言，前者用于地图缩放、路径计算分析等场合，后者则主要用于固定比例尺地图的显示。同时，根据电子地图应用场合的不同，也可将其划分为车载导航地图、应用于监控跟踪的电子地图、用于导游目的的手持式电子地图、用于智能交通全局指挥调度的电子地图等。这些不同的划分也对应着不同的电子地图数据构成要求和技术要求，由此延伸出整个导航应用的完整体系。

3. 电子地图的技术要求

首先，导航用电子地图必须具有极高的精确性，包括地理位置数据的精确性和实际地物信息的准确性。与此同时，电子地图中各要素之间必须具有正确的拓扑关系和整体的连通性，使各地物在逻辑上和语义上能够正确地映射现实世界。这些条件是保证电子地图实际可用性的客观基础。

其次，导航电子地图必须提供完备的地物属性信息。一方面这是电子地图进行查询检索的需要；另一方面也是进行实际智能交通分析及相关导航应用的客观需要。例如，地图数据中需要有表达交通禁则的信息，以说明哪些路口禁止左转、禁止直行等；哪些路段在特定的时间段不许机动车通行或只许单行等；还需要有表达道路特质和运行情况的数据，以表明道路的材质、收费情况、允许哪些车辆类型通过等。这些属性信息与导航应用的需求密切相关，与一般意义上的电子地图有很大不同。

然后，在许多应用场合，如车载系统、手持式设备等环境下，硬件条件相对特殊，对导航电子地图的要求也相应地更加苛刻。电子地图数据必须在保证精度和信息量的情况下尽可能的精炼，同时其数据结构也必须更加符合嵌入式设备显示、运算和分析的要求。

最后，由于导航电子地图使用场合的特殊性，需要配以便捷高效的 GUI，以保证信息的快速获取和用户的安全，其中常常要用到语音、触摸屏、针对强光源的特殊着色等技术，并配合以视频、动画等相关数据来展现丰富的电子地图应用。

导航数据一般采用与 GPS 定位结果一致的 WGS-84 坐标系统（或进行一定的加密，如我国的火星坐标系统），包括道路数据、背景数据、诱导数据及检索数据四大类，其基本要素是空间坐标、拓扑关系及属性。核心是道路数据和检索数据，这两部分可以满足计算机路径规划的需要。另外两类数据都是为了辅助使用者驾驶、在地图中相对定位的目的。这些文件通常采用 GIS 通用格式文件，如 SHAP、MID/MIF 等互换性较强的文件。

4. 导航数据标准

目前，世界上最主要的导航电子数据标准/格式有以下几种：GDF（v3.0/4.0）、KIWI（v1.22）、NavTech（v3.0）。

1）GDF 格式

GDF（geographic data files）是欧洲交通网络表达的空间数据标准，用于描述和传递与路网和道路相关的数据。它规定了获取数据的方法和如何定义各类特征要素、属性数据和相互关系。主要用于汽车导航系统，但也可以用在其他交通数据资料库中。GDF 格式已被欧洲标准委员会（Central European Normalization，CEN）所认可，并已提交 ISOTC204/WG3，最新版本的 GDF4.0 极有可能被 ISO 采纳，而成为国际标准。

2）KIWI 格式

KIWI 格式是由 KIWI-WConsortium 制订的标准，它是专门针对汽车导航的电子数据格式，旨在提供一种通用的电子地图数据的存储格式，以满足嵌入式应用快速精确和高效的要求。该格式是公开的，任何人都可使用。

KIWI 将地图数据分为两大部分：显示数据和导航数据。显示数据包括道路、水系、设施等数据；导航数据分作 POI 检索数据、道路规划数据（路链、路段、结点和交通规制数据）、路径引导数据。在模型定义上，KIWI 将地图显示数据划分出不同的比例尺显示等级，将道路规划数据划分为不同的经路等级，高层的经路采用路链（multi link）的方式。KIWI 按照分层、分块的结构来组织地图，各层的逻辑结构与其物理存储相联系。KIWI 的特点是把用于显示的地图数据和用于导航的数据紧密结合起来，并将数据按照分块方式以四叉树的数据结构保存于物理介质中，不同用途的信息存在不同的块中，从而使数据适合于实时高效应用的要求，其中很多信息以 bit 为单位存储，并以 offset 量提取其索引。这也就是 KIWI 在技术上的目标，即加速数据的引用和压缩数据的量。

KIWI 最重要的特点是其将数据物理存储和数据逻辑结构相结合的优越的机制。KIWI 按分层结构来组织地图，并且这种层的逻辑结构与其物理存储也是相联系的。它可以做到在不同的 level 层之间做快速的数据引用。因此，针对不同的应用目的或不同级别的用户，可以使用或提供不同抽象层次的数据。例如，对于导航应用提供精度相对较高的立交桥数据，而对于一般应用只需把立交桥表示为若干道路结点就行了。而这两份不同抽象等级的数据完全可以由同一份地图数据按要求提取生成。与此同时，在采用了分层次的数据参考后，会使查询、路径分析、连通性分析等各种算法更加快速。

3）NavTech 的数据格式

NavTech 公司致力于生产大比例尺的道路网商用数据，包括详细的道路、道路附属物、交通信息等，这些数据主要用于车辆导航应用。NavTech 公司自有的商用地理数据库的数据格式是 SDAL（shared data access library），通过 SDAL 编译器，可以把一般的电子地图数据转换为 SDAL 格式，进而可以由 SDAL 程序接口调用 SDAL 格式数据用于各种车辆导航应用。

SDAL 格式本身提供了对地图快速查询和显示的优化，可提高路径分析和计算速度，并可存储高质量的语音数据为用户提供语音提示。SDAL 格式的标准也是公开的。

12.4.3　导航软件系统

导航软件实现了以下功能：①地图显示。提供地图选择、图层控制、显示模式、显示方式和漫游方式这五项功能。②信息查询。提供地物查询、常用地址查询、周边设施查询和输入坐标查询这四项功能。③路径规划。提供了出发地和目的地之间的路径规划功能，以及出发地与目的地之间设置经由地和回避地的功能。提供目标选取、目标点管理和规划管理三项功能。④常用地址。主要用于对常用地址进行各种操作。⑤航迹管理。主要用于对航迹记录进行各种操作。⑥标注量算。主要提供距离量算、面积量算、标注服务点、标注道路和标注面域这五项功能。⑦报文管理。提供新建、发信箱、收信箱、草稿箱、位置报文、目标位置、快捷报文和通讯地址本八项功能。⑧系统设置。提供显示设置、道路匹配设置、路径规划条件设置、模拟导航设置、语音服务、数据同步、报警参数设置和串口参数设置这八项功能。

1. 导航数据模型

受硬件环境的制约，同时也由于嵌入式 GIS 的开发与具体应用紧密相连，导航数据模型呈现出许多与桌面型 GIS 的不同之处。最大的特点是导航数据采用了矢量数据分块的方式存储和管理数据，因为任意时刻屏幕显示的图形数据只是读入数据的一部分，所以适当减少非屏幕显示区域的数据，并不影响屏幕图形数据的显示。系统采用矢量数据分块的方法，将空间矢量数据分为 N 份，任意时刻 PDA 显示图形数据时，只是读取部分图形数据以满足快速显示图形的要求和数据存储需要。

导航数据采用层次模型，模型把现实的地理空间（不管是连续的还是不连续的）映射为数据卷。在数据卷所对应的地理空间中，数据模型将连续的地理实体及相互关系进行离散和抽象，建立若干以地理区域为边界的认识地理空间的窗口，即数据集。一般来说，一个数据集对应的地理范围是一个图幅。一个图幅 F 是一个图形对象集合，即

$$F = \sum_{i=1}^{n} \text{object} \ (\text{object} \subset F)$$

用户在任意时刻只是浏览一幅图的一部分，即一幅图对象集合的一个子集，所以可以将一幅图按矩形分块方式划分成若干对象子集。每一数据块为一个格网，每个格网为一对象集合，可以含 0 至任意个图形对象，第 2 行 2 列矩形格网包含一个线对象和一个面对象，所有格网组成一幅图。从整体来看，空间数据是按矩形分块方式进行存储管理的，而每个数据块的内容均是矢量数据。数据块是数据存储和管理的基本单位。

每个数据块包含若干地理要素层，每一要素层包括一组在地理意义上相关的地理要素。在要素层中的几何目标构成一个平面，并建立目标之间的拓扑关系。每个要素层之间在数据组织和结构上相对独立，数据更新、查询、分析和显示等操作以要素层为基本单位。

数据集、数据块、要素层和地理目标构成一个层次地理数据模型框架。在每一个数据块建立自己独立的拓扑关系，数据块之间通过经纬度或矩形分块建立邻接相关关系。

2. 道路导航功能模块

用户利用导航软件可以有效地使用道路信息。导航软件设计时，要处理好庞大的道路信息和有限的计算机资源之间的矛盾。在具体设计中把自导航软件分为以下几个模块，如图 12.8 所示。

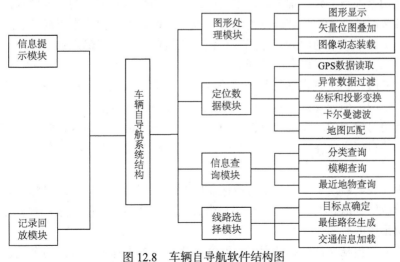

图 12.8　车辆自导航软件结构图

1）图幅数据的调度和管理

大区域、多图幅空间数据的调度、管理主要依据用户工作区的变化进行，其基本思想是根据用户工作的需要（如显示、空间查询等）和图幅的空间位置索引适时匹配，确定装载的图幅。为了获得系统较高的响应速度，图幅的装载与释放是动态进行的。

图幅拼接时，分布于不同图幅的空间实体具有共同的几何特征，合并后其地理空间维数保持不变，几何特征参数进行累加，质量特征参数（要素属性）则保持不变，与其他地理实体的空间关系保持不变。

在图幅装载的同时进行拼接，并不是所有的图层都需要拼接（如只有点要素的层），因此首先要确定要拼接的图层。根据要拼接图层的某种地理单元（线和面目标）的完整性，如果是某一地理实体在一幅图内，就正常进行，否则转入拼接程序。为了保证图幅拼接的顺序和不至于装载的图幅溢出图幅缓冲区，采取后拼接方法，即对于要拼接的相邻图幅如果没有在工作区之内或还没装进缓冲区，便不进行拼接。另外，要根据具体地理要素的不同特性确定拼接方法，如点状、线状、面状等在空间形态上具有不同的特征，在拼接上具有不同的具体实施方法。

按照上述的方法对图幅数据进行组织和管理，保证了工作区内的数据完整性和对数据的有效操作。当对工作区内某个地理实体进行检索时，首先根据要素索引表确定地理实体位于某个图幅，然后只需在本图幅内根据图幅内部的目标查询表检索出某个地理实体。当对空间目标进行修改时，若仅仅是几何位置变化，而组成结构和连接关系不变，则只需重建图的空间索引，否则需重建本幅图的拼接索引和要素索引。

2）图形显示功能模块

图形显示模块提供了图形显示的基本功能，如图形的放大、缩小、漫游等功能。考虑车辆行驶时图形显示的连续性，采取栅格数据与矢量数据的混合方式，即屏幕显示时用位图显示，数据处理时用矢量数据进行操作。这主要考虑位图显示速度不受比例尺的影响，可以叠加其他信息且图形效果更加生动美观等，还克服了当比例尺较小时屏幕更新较慢等问题。另外，大容量的外部存储设备如CD-ROM等为位图大数据量的存储提供了必要条件。

3）信息查询功能模块

信息查询是车辆导航系统的一个重要功能，它是用户获得所需信息的一个必要手段。查询可分为分类别查询与不分类别查询、模糊匹配查询和精确匹配查询、分层查询等。分类别查询提供一种按照地理要素类别进行查询的手段，可以大大加快要素查询的速度。此外，在系统中还提供了模糊查询的功能，即把所有包含或被包含于用户输入数据的地名数据库的数据全部罗列出来，提供给用户自己选择。

对嵌入式GIS来说，查询功能是非常重要的。因为嵌入式设备屏幕较小，不可能像台式机一样显示大范围的地理要素。对于用户来说，要在图幅内漫游一圈来查找自己感兴趣的地理目标是非常费时费力的。而通过查询（包括对居民地、道路、服务设施的查询），用户可以迅速找到并将目标定位在屏幕地图上。因此，有必要对嵌入式GIS矢量数据建立索引以支持查询功能。

在系统中，我们建立了一种基于行政区划的索引机制。这是因为：目标，尤其是居民地目标是包含行政区划概念的，如河南省郑州市二七区下辖的小王庄。这种索引方式也是网上电子地图普遍采用的。

索引数据文件包括文件头和数据区。在文件头中，首先写入行政区的个数、每个行政区的名称及它在数据区的入口地址。在每个行政区的开始处记录有所有目标图层的入口地址。

对于 1∶1 万或更大比例尺的电子地图，目标图层包括居民地、道路和服务设施；对于比例尺
小于 1∶1 万的，目标图层只包括居民地和道路。通过每一目标图层的入口地址，系统能找到
行政区内这一图层包含的所有目标信息。

　　4）GPS 定位数据处理功能模块

　　在 AVLN 中，实时获得车辆的位置是其核心功能。车辆导航系统要有一个稳定的定位结
果，需要满足以下条件：①具有较高精度与可靠性的车辆单点一次连续定位；②高质量的数
字地图；③完善的地图匹配算法。导航系统的定位数据主要通过导航仪的定位传感器获得，
以前以使用惯性导航手段为主，随着卫星定位技术的不断发展和硬件价格的迅速下降，目前
定位传感器主要以 GPS 接收机为主，车辆位置是通过 GPS 接收机按照单机动态绝对定位方
法得到的。绝对定位通常是指在地球坐标系中，直接确定观测站相对于坐标系原点（地球质
心）的绝对坐标的一种定位方法。它的原理是以 GPS 卫星和用户接收机天线之间的距离（距
离差）为基础，根据已知的卫星瞬时坐标，来确定用户接收机天线所对应的点位位置。单点
绝对定位一般至少需要同时观测四个卫星。

　　绝对定位的优点是只需要一台接收机即可独立定位，数据处理相对简单，但是有定位精
度较差、信号易受干扰等缺点，必须对得到的 GPS 定位数据进行加工处理，才能满足车辆导
航的需要。

　　按照 GPS 定位数据与地理底图配准误差的产生及数据处理过程，可将误差分为 4 个部分：
定位粗差、GPS 常规测量误差、GPS 定位测量结果坐标转换误差和投影变换误差及 GIS 数字
地图平面误差。

3. 地图匹配模块

　　为了降低 GPS 的定位误差对导航的影响，系统还要使用地图匹配的算法对汽车位置进行
进一步修正。一方面，地图匹配技术能够保证当定位系统输出的数据偏离了数字地图的道路
链时，可以找到最近的道路路段并把汽车位置修正到相对正确的位置。另一方面，地图匹配
也可以用来平滑定位传感器或定位系统的噪声和改善电子地图的屏幕显示效果。

　　无论采取单点 GPS 定位、差分 GPS 定位或是 GPS 与航位推断系统相集成的定位系统，
得到的实时定位数据都具有一定的误差，仍将难以满足车辆导航的需要。它一方面影响导航
系统的视觉效果，如车辆偏离道路行驶；另一方面影响空间直接定位的结果，如街道交叉点
的定位或某一查找目标的定位。由于矢量化电子地图的道路对象的地理位置是相对精确的，
利用电子地图的地理数据对得到的车辆定位数据进行配准纠正，是可以相对提高当前定位数
据的精度的，结合历史数据的地图匹配方法就是这种思想的体现。

　　地图匹配的基本思想是通过车辆的 GPS 航迹与电子地图上矢量化的路段相近匹配，寻找
当前行驶的道路，并将车辆当前的 GPS 定位点投影到道路上。这样既保证了不会因为定位误
差使车辆定位点偏离车辆当前行驶的道路，又能通过投影使车辆定位数据仅残留了定位误差
在车辆前进方向上的径向分量，从而提高车辆的定位精度。

4. 最佳线路的选择

　　线路确定是自导航系统的一个重要的子功能。该功能的主要任务可以这样描述：在一个
由道路边线限制的交通网络中，从给定的两个道路节点对之间选取节点到节点的线路，这条
线路应是根据用户的需要在满足一定条件下的道路路段的集合。最佳线路不仅是地理意义上
的两点之间的距离最短，还可以有其他的度量方式，如时间、费用、线路容量等。在车辆导航
系统中，线路的规划一般包括时间最少的线路、通行最简单的线路、收费最少的线路等，也可

以是上述几种方式的组合，实际应用中考虑最多的还是行驶时间最短线路的选择问题。无论是距离最短还是时间最快，它们的核心算法都是最短路径的算法，其差别仅仅在于在进行线路选择时赋予交通网络的链段的权值不同而已。当然，在 VANS 中，最佳线路的确定绝不是一个最短线路的计算问题，它还需要大量的辅助信息，包括道路网络拓扑数据和动态的交通信息等。

5. 导航信息提示功能模块

系统导航信息提示功能是为用户提供一个到达目的地的实用手段，主要提供在路口的转弯信息、道路附近的醒目标志物、目的地到达的信息等。为了方便用户的使用并且不影响车辆驾驶人员的正常工作，可以采用声音提示的办法。

导航系统能否广泛地得到推广取决于用户对其功能、可靠性、灵活性及价格的评价。通过模拟人们在线路指南中的知识和经验，就有可能在行进过程中给车辆驾驶人员一个比较合理的信息提示，使得系统更有实用性和贴近人们的生活，这主要是通过建立关于特定用途的规则和事实作为系统一部分的知识库来实现导航信息提示的自动化。

车辆导航要求对行驶中的车辆进行连续定位，实时计算车辆在行驶路线上的平面位置坐标，这是进行导航信息提示的基础。导航信息提示也就是指示车辆驾驶人员从当前位置到达所期望的目的地的一组指令列表，这些指令信息随着车辆位置的更新适时地提示给用户，尽管由于定位误差或判断的失误会使这组指令有可能与实际状况不尽一致。

12.5　汽车自动驾驶系统

自动驾驶汽车（autonomous vehicles）又称无人驾驶汽车、电脑驾驶汽车，是一种通过电脑系统实现无人驾驶的智能汽车。依靠人工智能、视觉计算、雷达、监控装置、全球定位系统和高精度导航地图协同合作，让电脑可以在没有任何人类主动的操作下，自动安全地操纵机动车辆。

12.5.1　汽车自动驾驶系统组成

汽车自动驾驶技术利用视频摄像头、雷达传感器及激光测距器来了解周围的交通状况，并通过一个详尽的地图（通过有人驾驶汽车采集）对前方的道路进行导航。

1. 汽车自动驾驶系统硬件组成

1）激光雷达

车顶的"水桶"形装置是自动驾驶汽车的激光雷达，它能对半径 60m 的周围环境进行扫描，并将结果以三维地图的方式呈现出来，给予计算机最初步的判断依据。

2）前置摄像头

自动驾驶汽车前置摄像头，在汽车的后视镜附近安置了一个摄像头，用于识别交通信号灯，并在车载电脑的辅助下辨别移动的物体，如前方车辆、自行车或是行人。

3）左后轮传感器

很多人第一眼会觉得这个像是方向控制设备，而事实上这是自动驾驶汽车的位置传感器，它通过测定汽车的横向移动来帮助电脑给汽车定位，确定它在马路上的正确位置。

4）前后雷达

在无人驾驶汽车上分别安装 4 个雷达传感器（前方 3 个，后方 1 个），用于测量汽车与前（和前置摄像头一同配合测量）后左右各个物体间的距离。

5）主控电脑

自动驾驶汽车最重要的主控电脑被安排在后车厢，这里除了用于运算的电脑外，还有拓普康的测距信息综合器，这套核心装备负责汽车的行驶路线、方式的判断和执行。

根据自动化水平的高低区分了 4 个无人驾驶的阶段：驾驶辅助、部分自动化、高度自动化、完全自动化。

（1）驾驶辅助系统（driver assistant system，DAS）：目的是为驾驶者提供协助，包括提供重要或有益的驾驶相关信息，在自动驾驶汽车开始变得危急的时候发出明确而简洁的警告。

（2）部分自动化系统：在驾驶者收到警告却未能及时采取相应行动时能够自动进行干预的系统，如自动紧急制动（autonomous emergency braking，AEB）系统和应急车道辅助（emergency lane assistance，ELA）系统等。

（3）高度自动化系统：能够在或长或短的时间段内代替驾驶者承担操控车辆的职责，但是仍需驾驶者对驾驶活动进行监控的系统。

（4）完全自动化系统：可无人驾驶车辆、允许车内所有乘员从事其他活动且无须进行监控的系统。这种自动化水平允许乘员从事计算机工作、休息和睡眠及其他娱乐等活动。

2. 高精度车辆定位技术

高精度的车辆定位技术是实现车道级路径引导的必要条件。GPS 是目前车辆导航领域应用最广的定位技术。民用 GPS 定位精度在 20m 左右，受卫星信号状况和使用环境等方面的影响，GPS 接收机存在不能正常接收卫星信号而无法定位的情况，这会影响车辆导航终端的应用稳定性。GPS 定位技术在定位精度方面和定位稳定性方面都无法满足车道级路径引导的需求。从提高 GPS 定位精度和定位稳定性的角度考虑，利用 GPS/DR 组合定位技术和虚拟差分定位技术，为实现车道级路径引导提供技术支持。

1）差分定位技术

根据差分 GPS 基准站发送的信息方式可将差分 GPS 定位分为 3 类，即位置差分、伪距差分和相位差分。这三类差分方式的工作原理是相同的，都是由基准站发送改正数，由用户站接收并对其测量结果进行改正，以获得精确的定位结果。所不同的是，发送改正数的具体内容不一样，其差分定位精度也不同。虽然应用差分 GPS 可以获得理想的定位精度，但是在车辆导航系统中建设和维护差分基准站需要投入大量的人力、物力和财力，建设大范围 GPS 基准站的费用太高。从车道级路径引导功能实施的经济性方面考虑，采用虚拟差分定位技术，能够获得厘米级定位精度。

虚拟差分定位技术也是有效提高车辆定位精度的方法之一，该技术不需要建立固定差分基站，也不需要向车辆导航终端发送定位修正参数，定位修正参数由车辆导航终端根据当前的行车状态进行估计。实现虚拟差分定位的一般方法是建立 GPS 点与导航电子地图中道路中心的关系，估计差分定位修正参数，因此，虚拟差分定位技术需要与地图匹配技术结合。

对于导航电子地图而言，道路上每一点的经纬度数据均可以通过一定算法计算得到，当车辆行驶在道路上时，一般情况下 GPS 定位点不会落在导航地图道路上，大多数情况下会落在半径为 20m 的误差圆内。

如图 12.9 所示，M 点为 GPS 原始定位点，$P_1, P_2, \cdots, P_n$ 为误差圆内道路中心线关键点，将 M 点与 $P_1, P_2, \cdots, P_n$ 相比较，就会得到与 M 点最近的 P_m 点，这一点就可以作为暂时的虚拟基准站，按照最简单的位置差分理论可得到误差修正值：

$$\begin{cases} \nabla X = X - X_m \\ \nabla Y = Y - Y_m \end{cases}$$

式中，X、Y 为车辆所处位置的实时测量坐标；X_m、Y_m 为 P_m 点坐标。通过修正车辆位置，虚拟差分方法提高了车辆定位的精度，进一步获得了满意的定位精度，GPS 定位误差从 15m 降低至 6m 左右。

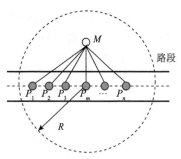

图 12.9　虚拟差分定位原理示意图

2）GPS/DR 组合定位技术

在城市路网中，车辆导航终端上的 GPS 接收信号机易受高楼、林荫道、高架桥、立交桥及隧道遮挡，定位精度和定位稳定性往往随着使用环境而变化。DR 一般由里程计和角速率陀螺仪两部分组成。DR 的误差来源主要包括：

（1）里程计误差。里程计是提供车辆行驶距离的传感器，其基本原理是：里程计传感器检测车辆变速箱转动轴的转角，然后将测得的转角乘上标度系数得到车辆行驶的距离，标度系数与车轮的半径成正比例，因此车轮半径的变化必然造成车辆行驶路程计算的误差。影响车轮半径变化的主要因素包括：车辆速度、轮胎压力和轮胎磨损等。此外，里程计测得的行驶距离还受车轮打滑和路面坡度变化等因素的影响。

（2）陀螺仪误差。用速率陀螺仪前一时刻的车辆行驶方向来推算当前车辆的行驶方向时，当前车辆的行驶方向必将引入前一时刻速率陀螺仪的漂移误差，它将随着时间的推移变得越来越大，容易产生误差累积，不能长时间应用。GPS 信号良好时，可用 GPS 接收机定位的车辆位置对 DR 的里程计和陀螺仪误差进行修正；GPS 信号较弱或遮挡现象严重时，可在短时间内采用 DR 定位设备，并对 GPS 定位进行修正。GPS/DR 组合定位技术不是简单的定位设备之间的切换，而是从信息融合的层面上将两者有机结合，取长补短，获得比单一设备更高的车辆定位精度。

12.5.2　车道级高精度导航地图

城市道路网络是车辆导航系统的基础信息之一，也是导航电子地图主要的研究对象。自动驾驶汽车利用传感器（如雷达、激光雷达、摄像头等）能够探测车辆周围情况，只对整个空间环境具有感知能力，但没有预测能力。高精度地图是自动驾驶的关键，核心功能是帮助汽车驾驶进行规划，提高汽车自动驾驶的预测能力。由于汽车导航和汽车自动驾驶功能不完全相同，对导航电子地图的模型抽象程度和地理信息应用程度存在不同。按照汽车导航和汽车自动驾驶对路径引导功能的不同要求，将路网抽象为道路级抽象和车道级抽象两类。道路级抽象将城市路网抽象为节点-路段结构，其中节点代表交叉口中点，路段表示道路中心线。忽略实际路网的道路宽度、交叉口范围和交通渠化。该抽象策略有利于道路级的路径计算和引导路径显示。车道级抽象将路网抽象为一组节点-路段结构，其中，路段表示实际车道中心线，两条平行相邻的路段间距为车道宽度。

1. 车道级导航电子地图路网抽象

车道级导航电子地图的抽象与表达方式决定了车道级动态路径规划和路径引导的数据

使用复杂度。良好的数据表达模型和存储方式可以减少动态路径规划的时间，也有利于最优路径的查找和显示。为了使车道级导航电子地图不增加额外的存储空间，沿用传统道路级导航地图的路网抽象方法。这样既有利于原有路段及导航地图数据的组织和使用，又便于车道级导航电子地图的设计与制作。车道级导航电子地图的图层类型设置与道路级导航电子地图基本相同，即包括道路网、辅助查询和背景三个主要图层类型，其中，辅助查询类包含的图层与道路级导航电子地图完全相同；背景类图层增加了车道边界线图层，以保证路径引导显示更直观。道路网信息图层比道路级导航地图增加一个图层，即车道图层，将车道抽象为曲线，曲线位于车道中心线，曲线组成关键点顺序与车道行驶方向相同。在处理交叉口处各车道的连接关系上，与道路级电子地图交叉口抽象不同，车道级导航电子地图交叉口处各车道间存在极其复杂的连接关系，如果将每种连接可能都用曲线连接表示，就会大大增加电子地图的存储空间，而影响整个导航终端的使用效率，采取不处理的办法，即在交叉口处各车道间不增设连接线。

1）车道级导航电子地图交通信息表示方法

车道级导航电子地图除了车道图层外，其他图层的交通信息表达和存储格式与道路级导航电子地图相同。车道级导航电子地图将交通管制信息以车道为基础表达，如限速、限型、左转车道、直行车道等，驾驶员对行驶道路的选择转换为不同特征车道的选择。车道信息是通过车道所属路段信息和车道位于路段具体位置信息组合表达的，组合表达的方法可以确保车道表达的唯一性和全面性，同时也提高了数据利用效率。以一个四路交叉口示意图（图 12.10）为例，说明车道信息的表达方法。

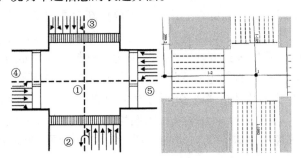

图 12.10　交叉口车道示意与车道级导航电子地图

图 12.10 中虚线表示道路中心线，其中数字①表示交叉口节点编号，②、③、④、⑤表示与交叉口①相邻的交叉口编号。按照路段图层关于路段编码的说明，图下方南进口路段可以表示为 "1-2"，该路段右侧有 5 条车道，各车道对车辆转弯的规定不同，其中包括左转、右转、直行和调头 4 种信息。图中南进口各车道属性数据如表 12.1 所示。其中，车道 "247" 为小型汽车左转和调头专用车道，车道 "250" 为大型车左转车道。

表 12.1　交叉口①南进口各车道属性表

ID	No	Link	Direction	Turning	Width	Speed	Type
247	1	1-2	0	0, 3	2.5	30	1
247	2	1-2	0	2	2.5	30	0
249	3	1-2	0	2	2.5	30	0
250	4	1-2	0	0	2.5	30	2
251	5	1-2	0	1	2.5	30	0

上述车道抽象和表达的方法，忽略了对车道间连通关系的描述。从实现车道级路径引导功能而言，在交叉口处将具有连通关系的车道链接在一起可以提高地图的直观性，降低导航软件路径显示模块的复杂程度，却增加了电子地图绘制的复杂程度和地图存储所占空间，反而不利于导航软件整体效率的提高。实际上在交叉口不设置车道连接线的条件下，也能实现最佳出行路线的显示。

2）动态交通信息的表达与存储方法

支持车道级路径计算的动态交通信息包括车道交通流量、行程时间、速度、交叉口转向延误，以及因道路维修或紧急事件采取的临时关闭车道等。动态交通信息由车辆导航系统信息中心通过无线通信设备提供，因此不能直接存储在导航电子地图数据库中，而是通过车道ID编码建立动态交通信息数据文件与导航电子地图的关联关系。

3）路网增量更新与拓扑重建

城市道路网组成和结构是随时间变化的实体，其中新建道路、道路翻修、交通管制调整等都会影响车辆导航电子地图的实用性。一般情况下，导航电子地图的更新频率为每半年一次，由导航电子地图生产厂家负责新建道路、道路翻修、道路改线和交通管制信息等主要基础地理数据的采集、修改和更新。路网增量数据存放在车辆导航系统中心端数据库中，导航终端用户根据需求下载地图增量数据并进行车载导航电子地图的更新和拓扑重建。导航数据的增量更新和拓扑重建效率直接影响车辆导航系统的实时性和实用性，因此导航终端软件地图更新技术一直是国内学者关注的热点问题。

路网更新是导航电子地图更新的核心内容，主要更新对象包括：交叉口、路段、车道及它们之间的相互关系。下面以一条道路某一侧车道维修封闭，对单向车道改为双向通行情况为例讨论路网增量更新的逻辑表达方式，图12.11为维修封闭路段示意图，其中黑色表示封闭车道，车道封闭导致该道路通行能力下降，产生了车辆通行的瓶颈。

为了准确表示这个交通现象，必须对原有电子地图进行增量更新和拓扑重建。本例中原来的路段对象"1-2"和属性及车道对象和属性均需要删除，取而代之将增加3个路段对象和其附属车道，原来路段两端交叉口对象"1"和"2"保留，同时增加两个新的交叉口对象。

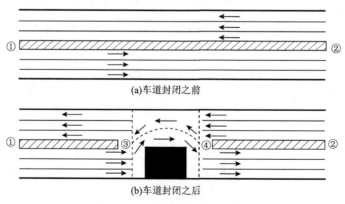

(a)车道封闭之前

(b)车道封闭之后

图12.11　地图增量更新示意图

2. 车道级道路电子地图制作

高精度车道级道路电子地图是实现车辆自动驾驶基础地理信息数据的必要条件。利用无人机获取高分辨率航空影像，结合移动测量车采集三维激光扫描和全景数据，获取满足亚米级自动驾驶要求的道路路网数据，包括车道数、车道宽等属性数据，按照导航电子地图的要求制作高精度的道路电子地图。

车道级道路电子地图制作流程主要包括移动测量数据采集、处理，车道数据及属性信息提取和车道电子地图制作等过程。

1）数据采集

测量系统集成了多个传感器，包括激光扫描仪、GPS、惯导 IMU、控制系统 PC、里程计（DMI）、相机等。从车载激光移动测量系统获取的高密度真彩色三维激光点云数据中可分辨车道分道线、停止线、人行横道线等细节信息，为提取道路路面信息提供了详细、充足的源数据。

车载移动测量系统（vehicle borne mobile mapping systems）作为一种先进的测量手段，不仅具有快速、不与测量物接触、实时、动态、主动、高密度及高精度等特点，而且能采集大面积的三维空间数据，获取建筑物、道路、植被等城市地物的表面信息。在道路上行驶的移动车载测量系统成为各行业关注的对象：它以汽车为遥感平台，安装了高精度 GNSS 和高动态载体测姿 IMU 传感器。基于 GNSS/IMU 的组合定位定姿使车载系统具有直接地理定位（direct georeferencing，DG）的能力，实现了在测量区域内无须地面控制点就可以成图或扫描数据的功能。

根据作业当时的天气条件，调整相机参数，确保照片数据亮度和色彩能与激光点云匹配。参数设置完成后，启动流动站 GPS、PC、IMU 开始静态初始化工作，保持车辆 10min 以上静止不动，之后进行测量作业。作业过程中移动测量车行驶车速以所在车道允许的最低行驶速度为准。一般车速为 60km/h，避免以超车为目的的变道、提速。作业完成后，先关闭激光扫描仪，再关闭相机曝光，保持车身静止 10min，依次关闭 IMU、流动站 GPS、基站 GPS，结束工作。

2）内业数据处理

数据采集结束后，需要及时整理和处理数据，处理流程如图 12.12 所示。

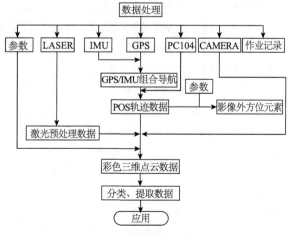

图 12.12　系统数据处理流程图

POS 轨迹解算：利用车载 GPS/IMU 联合 CORS 基站差分解算测量车实时位置。

影像外方位计算：利用 POS 数据与相机的标定参数解算车载相机的影像外方位元素（每

张影像的三维坐标和 3 个姿态角等信息）。

彩色点云解算：利用 POS 数据解算激光点云数据的三维坐标，配影像数据，输出 RGB 彩色点云。三维点云信息包含坐标信息、颜色信息、强度信息、回波信息、扫描线信息等其他相关信息。获取的点云平均点间距小于 10cm。彩色点云数据中包含了极为丰富的地理空间信息，如标牌、路灯、车道线、路边线等。在高密度的彩色三维点云数据上采集车道分道线、人行横道线、交叉路口停止线、交通信息灯等信息，这样既方便使用，又能达到较高的空间几何精度。

点云精度检验：为了验证车载激光三维点云数据精度是否满足车道导航数据的精度要求，使用 CORS-RTK 设备在道路路面选取较明显、易分辨的地物点（主要选择车道标示线及少量路灯作为精度检测点）。将实测的 RTK 控制点与三维点云数据相叠加，选取与控制点对应的同名点云，得到一组平面坐标数据，通过对该组数据进行差值比较和统计，得出车载激光三维点云数据测量精度误差。

车道数据及信息提取：车道数据提取是从彩色点云中采集和提取制作地图所需的车道线、安全岛、绿化带、里程桩、杆状物（路灯、摄像头、交通灯和指示牌等）、交通护栏等特征点线及相关属性（等级、材质、类型、宽度等）的信息。先自动提取特征点，再人工根据彩色点云检查修正，最后根据同步相机获取的高清影像提取相关属性信息，如车道名称、等级、类型、材质、宽度等。

车载移动测量系统精度高、速度快、数据丰富，完全能够满足道路各项基础地理信息数据获取的要求，可制作高精度的道路电子地图，甚至三维地图。将高精度的车道级电子地图与车辆实时定位技术结合，可以提高自动驾驶的可靠性和实用性。

12.5.3　车道级地图的导航软件

导航的关键技术包括自身定位、路径规划和路径引导，对于智能车而言，实时定位作为智能车的关键技术已受到极大重视，目前关于智能车的各种组合定位技术的研究也已经取得了丰富成果。而路径引导，如语音或者图像进行路径提醒对于智能车而言并无作用。所以对于智能车的全局导航关键在于给定一个目的地，能够生成一条完全遵守交通规则的可行路径。全局路径规划，目的是在已知的环境中规划出最优路径，在动态交通路网中还需要考虑实时路况带来的影响，但是无论是距离最优、行驶时间最短路径或者其他最优选择，方法上基本都是基于加权有向图的搜索，其中的区别只是在于不同的权值选取方法。车道级路径规划关键在于构建车道级的加权有向图，而且车道级路径规划是基于车道网络，需要根据车道线等信息考虑换向掉头等操作的可行性，相比于普通车道级的路径规划数据量会大很多，所以算法的耗时也是在动态规划中需要考虑的问题。相比于道路级导航，车道级导航能够将引导的指令细化至车道层面，可以根据前方路口规划进行的操作和存储的车道线等信息进行提前换道，避免临时需要紧急换道造成事故风险及跨实线换道违反交通规则。

1. 车道级地图匹配技术

与一般的道路级地图匹配不同，车道级地图匹配要解决的问题是将车辆的定位坐标合理匹配到车辆当前行驶的车道上，由于相邻车道间距离较近且线形差异不明显，采用一般的地图匹配方法容易造成匹配错误。本书在对车道级地图匹配问题的描述基础上，研究待匹配路段筛选、车道匹配和匹配位置最优估计方法，通过对高程数据模型插值方法的分析，将高程信息引入车辆的定位过程，提高三维电子地图中车道级地图匹配和路径引导的精确性和稳定性。

1）车道级地图匹配基本思路

车道级地图匹配采用道路匹配和车道匹配两级匹配方法，首先完成道路级的地图匹配，即把车辆原始定位点 P 匹配至正确的路段上得到投影点 P_f；然后按照虚拟差分定位修正参数估计方法中定位投影点的调整方法，将匹配至路段的投影点 P_f 调整到车道上得到调整点 P_r；用虚拟差分的定位修正参数修正调整点 P_r 得到修正点 P_c；最后根据修正点 P_c 进行车道级地图匹配的车道筛选和最优位置估计。车道级地图匹配原理如图 12.13 所示。

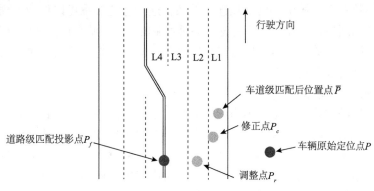

图 12.13　车道级地图匹配原理示意图

2）误差区域确定

进行地图匹配的第一步是要确定误差区域（即判断域），以便从地图数据库中提取候选匹配道路的信息。一般按概率准则定义误差区域，即误差区域必须以一定的概率包含车辆的实际位置。

3）待匹配路段及车道筛选

车道级地图匹配流程中，有两处涉及候选路段或车道的筛选问题，其中，道路级匹配中路段的筛选方法与车道级匹配中车道的筛选方法必然有所不同，因为后者解决的问题是在前者基础上主要进行平行线的筛选。待匹配路段和车道的筛选是实现车道级匹配的关键一步。通过待匹配路段筛选可以排除车辆不可能位于的各条路段，从而确定车辆当前行驶路段，为车辆位置的精确匹配提供保证。影响待匹配路段筛选精度的因素很多，主要包括：电子地图精度、GPS 精度、车行速度、车行方向、路网拓扑关系和车辆所在位置等。一般认为待匹配路段筛选过程就是从确定的误差范围内潜在匹配路段中判断车辆当前最有可能行驶的路段。以车辆为中心的圆形代表定位误差范围，落在圆内的所有路段均为待匹配路段，从许多条待匹配路段中挑选出车辆的行驶路段需要根据车辆行驶特性、电子地图特性和 GPS 定位特性等进行综合考虑。选用的主要技术指标包括：GPS 点与路段间距离、车行速度、车行方向、路网拓扑关系等。下面对这些技术指标进行简要说明。

（1）GPS 点与路段间距离。计算 GPS 点与待筛选路段间距离是许多地图匹配算法采用的一项重要技术指标，城市道路普遍存在曲线特征，导航电子地图中曲线路段采用多条线段组合的表示方法，因此求解 GPS 点与路段间距离实际上是计算 GPS 点到路段组成各条线段的距离。

（2）车行速度。行车速度是影响待匹配路段筛选效率和地图匹配精度的重要因素，在行车速度较低时，会出现 GPS 定位点漂移现象，增加了车辆定位误差。这种情况在城市交叉口附近表现得十分明显，当车辆行驶到交叉口附近时，由于交通信号延误、停车等待及避让等，车流速度往往较低，而交叉口处的待筛选路段数量多且与车辆定位点距离近，仅仅通过距离指标进行路段筛选很明显误判率会增加。通过车行速度指标可以增加待匹配路段筛选算法的判断条件，提高筛选结果的可靠性。

（3）车行方向。在车辆非静止情况下，车辆行驶总具有方向性，实际上该行驶方向与道路方向是一致的。通过对比分析待筛选路段方向与车行方向关系，可以有效从待筛选路段集合中去除不可能路段。

（4）路网拓扑关系。城市路网存在连通关系，这种连通关系可以作为车辆从一条路段到达另一条路段的判断指标。由于交通法规和交通管制的存在，城市道路之间具有一定可达性，某些路段通过路网拓扑关系和可达性可以直接排除。此外，将车辆行驶轨迹与道路线形对比也可以提高待匹配路段筛选效率。

4）地图匹配可信度评价

地图匹配算法的主要任务是找出当前时刻与定位轨迹最相似的道路或车道，以及车辆在该道路上或车道上最可能的位置，但是这一匹配结果的准确性如何，或者说可信度是多少，是匹配算法所没有解决的问题。如果对地图匹配的结果能够有一个准确的评价，那么就可以对是否使用匹配结果做出灵活的决策，即只对那些准确度高的结果加以利用，而放弃准确度较差的结果，从而尽量避免错误匹配带来的风险。

定位轨迹与车辆行驶路线之间的相似性受到多种因素的影响，如定位误差、路网分布等。考虑实际情况的复杂性，要清晰地描述相似程度与这些影响因素的关系是很困难的。实际上，在定位轨迹与车辆行驶路线之间并不存在一种清晰的联系，系统最有可能得出的是如"车辆很可能在该路段上"或"不大可能在某一路段上"这样的模糊结论。为了得到明确的结果，必须对这种模糊性做出合理的评判。

为了评价地图匹配结果，首先引入以下三条评判规则。

规则一：若匹配路段的取向与当前的行车方向估计一致，则匹配路段是车辆当前行驶路段的可能性大。

规则二：若匹配路段接近于当前的传感器定位位置，则匹配路段是车辆当前行驶路段的可能性大。

规则三：若匹配路段的形状与最近一段时间的车辆定位轨迹相似程度高，则匹配路段是车辆当前行驶路段的可能性大。

也就是说，判断匹配是否正确的依据是其与定位轨迹之间的相似程度，而判断相似程度高低的依据主要有三个：方向的一致性、接近程度和形状的相似性。

2. 车道级动态路径规划方法

车道级路径规划方法的研究是实现车道级路径引导功能的关键，因为路径引导指令的生成是以路径规划结果为前提的。车道级路径规划方法是以车道为最小优化单位的路径规划方法，与一般的路径规划问题不同，车道级路径规划问题的复杂度更高，涉及的交通管制信息更多，车辆导航系统对算法求解时间要求也更高。

车道级路径规划算法的思路是：以道路级路径规划算法为基础，将路段信息扩展至车道，即建立车道数据结构，其中路段行程时间、车道限速、车道限型、车道转弯等，在进行算法判断时，将路段信息替换为车道信息即可。

（1）车道级路径规划问题描述。车道级路径规划问题的描述与道路级路径规划描述基本相同，在选择车道阻值替换路段阻值时，需要根据路口的转弯情况进行判断，同一转弯方向如果有多个车道，则选择阻值最小的一条。

（2）路径计算结果显示。如图 12.14（a）所示，交叉口处各进口车道与各出口车道没有任何连通关系，这种设计的优点在于降低了交叉口处车道间的连接线数量，减少了电子地图的存储要素，但是同时也造成了路径显示的问题，最优路径的结果在电子地图上显示是多个不连接车道的组合。

为了解决上述问题，在路径显示的时候需要在车道间断处增加相应连接线段，并将间断车道连接起来，如图 12.14（b）所示。具体方法是选取最佳路径中两间断车道的端点 (x_1, y_1) 和 (x_2, y_2) 加入一个特征变量集合，并根据路径转弯情况增加相应节点。如果最佳路径在该交叉口处左转、右转或直行，则将进口车道与出口车道交点 (x_0, y_0) 加入特征变量集合，两车道没有交点的情况，则将交叉口节点加入特征变量集合；如果最佳路径在该交叉口调头，则将进口车道与右转出口最右边车道的交点加入特征变量集合。通过特征集合中三个节点坐标，可以作出一条折线，将该曲线平滑后显示即可。

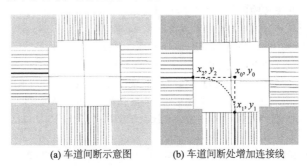

(a) 车道间断示意图　　　　　(b) 车道间断处增加连接线

图 12.14　交叉口处路径显示方法示意

（3）算法流程。车道级路径规划流程包括如下步骤：①最佳路径计算方式选择；②起终点输入；③路网阻值矩阵赋值；④最佳路径计算；⑤车道级最佳路径显示。

3. 车道级路径引导模块

车道级路径引导模块负责根据最佳行驶路径引导驾驶员按照确定车道行驶。车道级路径引导模块包括：车辆跟踪、路径转弯判断、车道级路径显示、偏离路径引导、路径引导指令生成等。

三维立交路径引导模块主要负责三维立交处最佳行驶路径的显示与引导，该模块主要包括：三维立交场景显示、车辆目标定位、视点位置确定、引导路径生成、路径跟踪、引导指令生成、偏离路径引导等。

4. 车道级路网增量更新模块

地图路网增量更新模块负责根据信息中心提供的路网变更文件，对导航终端电子地图数据库进行路网更新，该模块主要包括：路网变更文件读取、路网元素删除、路网元素增加、路网元素拓扑关系重建等。

以上为车辆导航终端软件主要功能模块阐述，通过各模块整合可以实现车辆导航终端车道级路径引导功能。在保证功能实现的前提下，良好的用户界面设计是提高终端实用性的必要条件。

主要参考文献

艾廷华. 2008. 适宜空间认知结果表达的地图形式. 遥感学报, 12(2): 347-352

艾廷华, 成建国. 2005. 对空间数据多尺度表达有关问题的思考. 武汉大学学报(信息科学版), 30(5): 377-382

贲进. 2005. 地球空间信息离散网格数据模型的理论与算法研究. 郑州: 解放军信息工程大学博士学位论文

边馥苓, 石旭. 2006. 普适计算与普适 GIS. 武汉大学学报(信息科学版), 31(8): 709-712

曹雪峰. 2009. 基于地理信息网格的矢量数据组织管理和三维可视化技术研究. 郑州: 解放军信息工程大学博士学位论文

陈军. 2003. 论中国地理信息系统的发展方向. 地理信息世界, 1(1): 6-11

陈述彭. 2007. 地球信息科学. 北京: 高等教育出版社

陈毓芬. 2001. 电子地图的空间认知研究. 地理科学进展, 20(增刊): 63-68

崔铁军. 2017. 地理信息科学在智慧城市建设中作用. 天津师范大学学报(自然科学版), (3): 47-53

董鸿闻, 等. 2004. 地理空间定位基础及其应用. 北京: 测绘出版社

高博. 2000. 基于计算机的地图传输理论. 地图, 2000(3): 5-8

宫鹏. 2007. 环境监测中无线传感器网络地面遥感新技术. 遥感学报, 11(4): 545-551

宫鹏. 2009. 遥感科学与技术中的一些前沿问题. 遥感学报, 13(1): 1-12

龚建华. 2008. 面向"人"的地学可视化探讨. 遥感学报, 12(5): 772-779

龚建华, 李文航, 周洁萍, 等. 2009. 虚拟地理实验概念框架与应用初探. 地理与地理信息科学, 25(1): 18-21

龚建华, 林珲. 2004. 虚拟地理环境: 在线虚拟现实的地理学透视. 北京: 高等教育出版社

龚建华, 林珲. 2006. 面向地理环境主体 GIS 初探. 武汉大学学报(信息科学版), 31(8): 704-708

龚健雅. 2004. 当代地理信息技术. 北京: 科学出版社

龚健雅, 李小龙, 吴华意. 2014. 实时 GIS 时空数据模型. 测绘学报, 43(3): 226-232

关泽群, 刘继琳. 2007. 遥感图像解译. 武汉: 武汉大学出版社

胡绍永. 2004. 基于 LOD 技术的空间数据多尺度表达. 武汉: 武汉大学博士学位论文

胡最, 闫浩文. 2006. 空间数据的多尺度表达研究. 兰州交通大学学报(自然科学版), 25(4): 35-38

华一新. 2016. 全空间信息系统的核心问题和关键技术. 测绘科学技术学报, 33(4): 331-335

黄雪樵. 2002. 试论新世纪地理信息科学的发展. 地球信息科学, (2): 32-37

黄幼才, 刘文宝, 李宗华, 等. 1995. GIS 空间数据误差分析与处理. 武汉: 中国地质大学出版社

景东升. 2005. 基于本体的地理空间信息语义表达和服务研究. 北京: 中国科学院研究生院博士学位论文

蓝悦明. 2003. 空间位置数据不确定性问题的若干理论研究. 武汉: 武汉大学博士学位论文

蓝悦明, 陶本藻. 2003. GIS 中线元不确定性的综合量化. 武汉大学学报(信息科学版), 28(5): 559-561

黎夏, 叶嘉安, 刘小平, 等. 2007. 地理模拟系统——元胞自动机与多智能体. 北京: 科学出版社

李大军, 龚健雅, 谢刚生, 等. 2002. 熵理论在确定点位不确定性指标上的应用. 测绘学院学报, 19(4): 243-246

李德仁. 1997. 关于地理信息理论的若干思考. 武汉测绘科技大学学报, 22(2): 93-95

李德仁, 王树良, 李德毅. 2006. 空间数据挖掘理论与应用. 北京: 科学出版社

李德仁, 李清泉. 1998. 论地球空间信息科学的形成. 地球科学进展, 13(4): 319-326

李军, 庄大方. 2002. 地理空间数据的适宜尺度分析. 地理学报, 57(增刊): 52-58

李科. 2008. 网格环境下地理信息服务关键技术研究. 郑州: 解放军信息工程大学博士学位论文

李霖, 吴凡. 2005. 空间数据多尺度表达模型及其可视化. 北京: 科学出版社

李霖, 应申. 2005. 空间尺度基础性问题研究. 武汉大学学报(信息科学版), 30(3): 199-203

李伟芬, 丁静, 苗翔. 2007. 空间数据多尺度研究综述. 电脑知识与技术, (13): 134-136

李新, 黄春林. 2004. 数据同化——一种集成多源地理空间数据的新思路. 科技导报, (12): 13-16

李云岭, 靳奉祥, 季民, 等. 2003. GIS 多比例尺空间数据组织体系构建研究. 地理与地理信息科学, 19(6):

7-10

李志林. 2005. 地理空间数据处理的尺度理论. 地理信息世界, 2: 1-5

林珲, 龚建华, 施晶晶. 2003. 从地图到 GIS 和虚拟地理环境——试论地理学语言的演变. 地理与地理信息科学, 19(4): 18-23

刘大杰, 刘春. 2001. GIS 空间数据不确定性与质量控制的研究现状. 测绘工程, 10(1): 6-10

刘大杰, 史文中, 童小华, 等. 1999. GIS 空间数据精度分析与质量控制. 上海: 上海科学技术文献出版社

刘芳. 2009. 网络地图的信息传输模型研究. 测绘通报, (10): 15-17

刘纪平, 常燕卿, 李青元. 2002. 空间信息可视化的现状与趋势. 测绘学院学报, 19(3): 207-210

刘妙龙, 黄佩蓓, 杨冰. 2001. 地理信息科学新界说. 地球信息科学, (2): 41-46

刘妙龙, 周琳. 2004. 地理信息科学学科领域界定再思考. 地理与地理信息科学, 20(3): 1-5

刘文宝, 邓敏. 2002. GIS 图上地理区域空间不确定性的分析. 遥感学报, 6(1): 46-49

鲁学军, 承继成. 1998. 地理认知理论内涵分析. 地理学报, 53(2): 132-139

闾国年, 吴平生, 周晓波. 1999. 地理信息科学导论. 北京: 中国科学技术出版社

马蔼乃, 2002. 钱学森论地理科学. 中国工程科学, 4(1): 1-8

马蔼乃, 2003. 论地理科学. 地理与地理信息科学, 19(1): 1-4

马蔼乃, 邬伦, 陈秀万, 等. 2002. 论地理信息科学的发展. 地理学与国土研究, 18(1): 1-5

孟斌, 王劲峰. 2005. 地理数据尺度转换方法研究进展. 地理学报, 60(2): 277-288

孟立秋. 2006. 地图学技术发展中的几点理论思考. 测绘科学技术学报, 23(2): 89-100

苗蕾, 李霖. 2004. 空间认知与现代技术的结合——地理空间数据的可视化. 测绘工程, 13(2): 47-49

千怀遂, 孙九林, 钱乐祥. 2004. 地球信息科学的前沿与发展趋势. 地理学与国土研究, 20(2): 1-7

秦建新, 张青年. 2000. 地图可视化研究. 地理研究, 19(1): 15-19

史文中. 2005. 空间数据与空间分析不确定性原理. 北京: 科学出版社

史文中, 童小华, 刘大杰. 2000. GIS 中一般曲线的不确定性模型. 测绘学报, 29(1): 52-58

史文中, 王树良. 2002. GIS 中属性不确定性的处理方法及其发展. 遥感学报, 6(5): 393-400

舒红. 2004. 地理空间的存在. 武汉大学学报(信息科学版), 29(10): 868-871

宋绍成, 毕强. 2004. 信息可视化的基本过程与主要研究领域. 情报科学, 22(1): 13-18

苏理宏, 黄裕霞, 李小文, 等. 2002. 三维结构真实遥感像元场景的生成. 中国图象图形学报: 7(6): 570-575

孙敏, 陈秀万, 张飞舟, 等. 2004. 增强现实地理信息系统. 北京大学学报(自然科学版), 40(6): 906-913

孙庆先, 李茂堂, 路京选, 等. 2007. 地理空间数据的尺度问题及其研究进展. 地理与地理信息科学, 32(4): 54-56

陶本藻. 2002. GIS 质量控制中不确定性理论. 测绘学院学报, 17(4): 235-238

田德森. 1991. 现代地图学理论. 北京: 测绘出版社

童庆禧. 2003. 地球空间信息科学之刍议. 地理与地理信息科学, 19(4): 1-3

汪品先. 2003. 我国的地球系统科学研究向何处去. 地球科学进展, 18(6): 837-851

汪永红. 2011. 多尺度道路网路径规划理论与技术研究. 郑州: 解放军信息工程大学博士学位论文

王家耀. 2000. 空间信息系统原理. 北京: 科学出版社

王家耀, 陈毓芬. 2001. 理论地图学. 北京: 解放军出版社

王家耀, 孙群, 王光霞, 等. 2014. 地图学原理与方法. 2 版. 北京: 科学出版社

王劲峰, 等. 2006. 空间分析. 北京: 科学出版社

王晓明, 刘瑜, 张晶. 2005. 地理空间认知综述. 地理与地理信息科学, 21(6): 1-6

王艳慧, 陈军, 蒋捷. 2003. GIS 中地理要素多尺度概念模型的初步研究. 中国矿业大学学报, 32(4): 376-382

王艳慧, 李小娟, 宫辉力. 2006. 地理要素多尺度表达的基本问题. 中国科学(E 辑), 36(增刊): 38-44

王晏民. 2002. 多比例尺 GIS 矢量空间数据组织研究. 武汉: 武汉大学博士学位论文

危拥军, 江南. 2000. 地图的信息传输功能及扩展. 测绘技术装备, (4): 21-23

魏保峰. 2006. GIS 空间数据中线元不确定性及可视化研究. 昆明: 昆明理工大学硕士学位论文

魏峰远, 崔铁军. 2006. GIS 叠置后同名点元不确定性的严密估计. 测绘科学技术学报, (1): 56-58

邬伦, 承继成, 史文中. 2006. 地理信息系统数据的不确定性问题. 测绘科学, 31(5): 13-17

邬伦, 丁海龙, 高振纪, 等. 2002. GIS不确定性框架体系与数据不确定性研究方法. 地理学与国土研究, 18(4): 1-4

毋河海. 2000. 地理信息自动综合基本问题研究. 武汉测绘科技大学学报, 25(5): 377-386

吴冲龙, 刘刚, 田宜平, 等. 2005. 论地质信息科学. 地质科技情报, 24(3): 1-8

吴凡. 2002. 地理空间数据的多尺度处理与表示研究. 武汉: 武汉大学博士学位论文

徐冠华, 田国良, 王超, 等. 1996. 遥感信息科学的进展和展望. 地理学报, 51(5): 385-397

宣柱香. 1997. 用信息传输理论的观点看实施中的地图信息传输. 北京测绘, (3): 13-14

杨贵军, 柳钦火, 黄华国, 等. 2007. 基于场景模型的热红外遥感成像模拟方法. 红外与毫米波学报, 26(1): 15-21

杨开忠, 沈体雁. 1999. 地理信息科学. 地理研究, (3): 260-266

应申, 等. 2006. 地理信息科学中的尺度分析. 测绘科学, 31(3): 18-22

张保钢. 2000. 空间数据现势度的概念. 测绘信息工程, (2): 13-14

张海棠. 2006. 移动服务中的空间信息传输与认知模型研究. 测绘信息与工程, (1): 23-25

张洪岩, 王钦敏, 周成虎, 等. 2001. "数字地球"与地理信息科学. 地球信息科学, (4): 1-4

张锦. 2004. 多分辨率空间数据模型理论与实现技术研究. 北京: 测绘出版社

张景雄. 2008. 空间信息的尺度不确定性与融合. 武汉: 武汉大学出版社

张贤科. 2006. 代数数论导引. 北京: 高等教育出版社

章士嵘. 1992. 认知科学导论. 北京: 人民出版社

赵峰, 顾行发, 刘强, 等. 2006. 基于3D真实植被场景的全波段辐射传输模型研究. 遥感学报, 10(5): 670-675

周成虎. 2015. 全空间地理信息系统展望. 地理科学进展, 34(2): 129-131

周成虎, 鲁学军. 1998. 对地球信息科学的思考. 地理学报, (4): 372-380

周成虎, 孙战利, 谢一春. 2000. 地理元胞自动机研究. 北京: 科学出版社

周成虎, 朱欣焰, 王蒙, 等. 2011. 全息位置地图研究. 地理科学进展, 30(11): 1331-1335

朱庆, 林珲. 2004. 数码城市地理信息系统. 武汉: 武汉大学出版社